国家重大出版工程项目

Atlas der Kleintierchirurgie

Weichteilchirurgie

2., vollständig neu bearbeitete Auflage

图解小动物外科技术

——软组织外科、整形外科及齿科

第 2 版

Thomas DáVid 主编
Ingrid Kasper, Markus Kasper 参编
Péter Sótonyi, Csaba Juhász 主编助理

任晓明 主译
缪 勤 参译
张海彬 胡 格 审校

中国农业大学出版社

图书在版编目(CIP)数据

图解小动物外科技术/大卫(Thomas DáVid)主编;任晓明主译.—2版.—北京:中国农业大学出版社,2008.12
书名原文:Atlas der Kleintierchirurgie Weichteilchirurgie

ISBN 978-7-81117-277-5

Ⅰ.图… Ⅱ.任… Ⅲ.动物疾病-外科技术-图解 Ⅳ.S857.12-64

中国版本图书馆CIP数据核字(2008)第183075号

书　名	图解小动物外科技术(第2版)
作　者	Thomas DáVid　主编
	任晓明　主译

策划编辑	宋俊果	**责任编辑**	韩元凤
封面设计	郑　川	**责任校对**	王晓凤　陈　莹
出版发行	中国农业大学出版社		
社　址	北京市海淀区圆明园西路2号	**邮政编码**	100193
电　话	发行部 010-62731190,2620		读者服务部 010-62732336
	编辑部 010-62732617,2618		出　版　部 010-62733440
网　址	http://www.cau.edu.cn/caup	**e-mail**	cbsszs@cau.edu.cn
经　销	新华书店		
印　刷	涿州市星河印刷有限公司		
版　次	2009年5月第1版　2012年6月第2次印刷		
规　格	889×1 194　16开本　25.75印张　720千字		
定　价	188.00元		

图书如有质量问题,本社发行部负责调换

Assc, Prof. Prof. h. c. Mag.
Dr. Thomas DáVid

Dr. med. vet. Ingrid Kasper

Dr. med. vet. Markus Kasper

Die Deutsche Bibliothek – CIP-Einheitsaufnahme

DáVid, Thomas:

Atlas der Kleintierchirurgie / Thomas DáVid / Ingrid Kasper / Markus Kasper
Hannover: Schlütersche, 2000

ISBN 3-87706-389-6

Prof. Prof. h.c. Mag. Dr. Thomas DáVid
Tierklinik Wieden
Wien, Österreich

Dr. Ingrid Kasper
Dr. Markus Kasper
Tierklinik Aspern
Wien, Österreich

Prof. Dr. Péter Sótonyi
Universität Budapest
Veterinärmedizinische Fakultät
Anatomisches Institut
Budapest, Ungarn

Prof. Dr. Csaba Juhász
Budai Kisállat Klinika Kft.
Budapest, Ungarn

Gestaltung und Gesamtherstellung: Schlütersche GmbH & Co. KG, Verlag und Druckerei
Satz: Die Feder, Konzeption vor dem Druck GmbH, Wetzlar
Litho: Die Feder, Konzeption vor dem Druck GmbH, Wetzlar
C & P Composing und Print, Hannover
Druck: Schlütersche GmbH & Co. KG, Verlag und Druckerei
Bindung: Albert Rödiger GmbH, Langenhagen

中译本序言

兽医外科学是动物医学的重要组成部分，是具有重要理论意义和应用价值的兽医临床学科。近年来，小动物医学的迅猛发展极大地促进了小动物外科手术学的理论创新和技术进步。国内相继出版了多部小动物临床方面的教材、专著和译著。然而当我看到这本外文专著时，还是被深深地震撼了。该书用1 400余幅绘图，层次分明且由浅入深地图解了350 余种犬和猫的软组织外科手术过程，使读者犹如身临其境。书中全是手绘图案，能完成如此精细、浩繁的工作实在令人难以置信。这种用静态的图画诠释动态的外科手术过程，不能不让人相信该书是技术和艺术相结合近乎完美的杰作：既是科学著作又是绘画艺术的典范。

细微之处见精神。书中无论从局部解剖结构到各种手术通路，还是从红色的切开线到黑色的缝合线，笔笔精准，细致入微！充分体现了作者精益求精的治学精神和严肃认真的工作态度。该书的学术意义和实用价值巨大，字里行间映射出的科学精神感人！

该书是一部图解小动物软组织外科手术的专著。从外科的基本技术到身体各部位的具体手术，全面而具体，细致而翔实，体现了兽医外科手术学很高的技术水准。该书的撰写特点是，既全面周到又不乏突出亮点，这方面很好地体现在独到之处的整形外科技术部分。在该部分内容中，不但包含了几何学、生理学和解剖学等学科的知识与技巧，而且融入了很多新的研究资料和成果。该书是小动物整形外科学的经典力作，也对人的矫形与整形外科学有很好的参考价值。实际上人的医学和动物医学本来就是一个医学，只是人为地把它们割裂开了。

书中斜体部分是一些理论和技术方面的较深入的解释和说明，读者可以这部分内容作为向导，参考相关文献资料进行深入研究和探讨。

中国农业大学出版社，适时地将这本专著引入中国，能承担翻译工作，为学科的发展贡献绵薄之力感到非常荣幸；并以中文版本作为诸位同道学术发展和临床实践的参考资料，辛苦换来的是欣慰。

本书的第1章由公安部南京警犬研究所缪勤负责翻译，其余所有部分均由北京农学院任晓明翻译，全书由南京农业大学张海彬和北京农学院胡格负责审校，最后由任晓明统稿。

由于书中局部解剖做得非常精细且名称繁多，中文译法不尽统一，加之译者才疏学浅，故书中有些解剖名词可能译得不准，此外，由于时间仓促，很多语句尚欠斟酌等等。凡此种种，祈望学界贤达不吝赐教，以正谬误。

原著的工作量巨大，译著的译审校浩繁。毕竟翻译是再创作，其中大量的心血和辛勤的汗水是不言而喻的。然而毕竟学识水平有限，加之时间仓促，错误和疏漏在所难免，恳请诸位读者批评指正，不胜感激！

在本书付梓之际，对北京农学院研究生朱志宁、朱姗姗以及崔文同学在文字录入上的帮助表示感谢。对始终给予我们理解、支持和帮助的中国农业大学出版社的洪重光等各位编辑们致以深深的谢意！

任晓明

2009 年春于北京农学院

第 2 版序言

对于全面修订像本书这样内容如此丰富的外科学图谱，是一项必须集中投入大量时间的工作。

包括重新编辑所有的图解和制作新图，这项修订工作已经从十年前就开始了。关于描述手术过程等重要内容，确实像书中文字表述的那样，是经过了实际手术操作验证后慎重记述的。所有的图例都是实际手术或者解剖过程中的真实记录。

修订时，在保留原版基本概念的同时，还在如下方面着力进行改进：如根据实际情况尽早地明确手术方向；使内容更加便于理解；预测手术的发展以及能够进行实际操作应变等。重新编辑原文和图例，使本书内容更加充实及明确，更具实际操作性，更便于实际应用。为了在今后实际手术操作中提高效率，增加了描述手术过程和图表的数量，特别是大篇幅地增加了详细描写手术操作的内容，同时也提高了描述的质量。

我们首先对局部解剖学，也就是将要开始实施手术的区域，尤其是最重要的解剖学构造进行详细的记述，然后逐步深入，在正确实施最重要的、决定性的手术操作上进行尝试。

这里登载的手术都是具有一定技术水准的。在所收录的内容中，概括性地、适当地注重软组织外科学理论以及实际的转换性及现阶段外科学的可行性。

书中350种术式，用大约1 400幅绘图分层次地进行图解。这里的描述，原则上是根据术者本人的视觉角度，在计划时基本上没有考虑添加手术助手。

图例用两色印刷，目的是容易辨别重要的部分。红色箭头表示手术过程的操作方向，黑色箭头显示的是组织移动方向。对于在手术过程中必须实施切开的部分，用红色的点线表示，并且，明确地表示切开线和缝线。

在提示所使用的缝线强度时，我们决定采用USP 单位（美国药品食品管理局标准）。这是因为，一方面，我们认为使用米制化制没有实际价值；另一方面，使用USP单位还考虑了诸如作用于机体组织的自然强度、张力以及半衰期等因素。

我们特别注重将自己的实践经验传授给后人。即在书中使用了“提示”和“注意”条目，它是从长期积累的外科实践经验宝库中挑选出的特别提示。

书中的内容分类记述了“外科学基本技术”和“整形外科”以及按身体部位划分的头部、颈部、胸部、腹部和泌尿生殖器官的手术内容。“整形外科”为本书的重点内容，在这里引入了多项研究成果的建议和知识。

通常情况下，书中内容分为适应症、体位、术式、术后护理以及并发症来描述。

我们的写作目标是，为小动物医疗从业者和专业学生提供前瞻性的实用书籍，即所说的“实践应用型”参考书。我们在这里对于普通手术的细微之处也做了特别详细的介绍，特别是在专业教学、实践训练以及实验课上进行手术练习时，本书能起到“直言不讳并切中要害”的作用，并且预先介绍有关文献和专业知识，方便进一步学习。对于任何外科医生，本书都可成为查证适应症及外科学可能性的重要参考资料。

同第 1 版类似，本书的第 2 版也囊括了几十年的临床外科实践经验，是专为经常不分昼夜独自工作的小动物开业医师和小动物外科专业兽医师编撰的图解专著。

感谢专门和我们进行讨论的汉诺威大学的Werner Thiet博士。感谢慕尼黑大学的Sven Reese博士，作为具有专业知识的解剖学家，在本书最后校正时给予了有益的提示。

此外，我们非常感谢Schlütersche出版社的编辑部，为完成该书起到了有力的推进作用。

我们在感谢该出版社对本书进行出色的、精细的出版工作的同时，还对能以修订为契机，给予该图谱第2次出版的机会表示感谢。

Thomas DáVid
Ingrid Kasper
Markus Kasper
维也纳 – 布达佩斯，2000 年 6 月

第 1 版序言

对于从事小动物外科手术的多数兽医师而言，使用外科技术意味着达到了高度的职业技术水准。外科学的各种问题仍然具有挑战性，要求具有诊断的准确性和很高的技术实力，这其中包括使用先进器具、器械和器材。这些观点应给予足够的重视。外科医生和助手协同努力取得漂亮的工作成果，得到个人的满足并受到他人赞誉是对辛苦最好的回报。该工作的成果（该成果无论如何都应该这样认为），包含从得出临床诊断开始到患者恢复健康为止的病程各阶段的全过程。在该过程中虽然不可能根据优先顺序列出哪个阶段更重要，但首先掌握机能解剖学知识、外科学知识以及相关技术是显而易见的。

过去出版过有关外科学技术的优秀图书，其中不少使用了照片图解的方式，不过其中所记述的某些方法往往不太明确。在书中Thomas DáVid博士做成了犹如眼见实物一样的图解，而且完成了几乎不可能画出来的极其详细的外科学铅笔画。他的全面的小动物外科学知识和绘图专家Maidi Röhr的高超的图解力完美地结合在一起。

我相信，两者才能的完美结合，对于学习兽医学的学生和兽医师来说，提供的这部专著，价值之大难以估量，他们应该感谢Thomas DáVid博士的专业造诣和对科学的献身精神。

W.Brian Singleton，C.B.E.,F.R.C.V.S.
American College of Veterinary Surgeons

目　　录

CONTENTS

CONTENTS

CONTENTS

CONTENTS

CONTENTS

CONTENTS

1.1 污染及无菌手术经路

实施高效率手术操作的基本条件是要对手术经路进行周密细致的考虑。“理想的手术经路”应该按照下述原则进行设计：

- 通过分开工作人员与患病动物的通道，达到极高的无菌水平；
- 有独立的储藏和补给区域；
- 最佳的清洗和消毒措施（包括参与手术的人员、患病动物、仪器、手术器具及其他装置、手术室等）；
- 避免不必要的通道。

手术人员进入手术室走通道18，患病动物通过通道1到达手术区域。患病动物在2号（麻醉）和3号（剃毛和清洗）房间做手术准备。为了区分无菌区域和污染区域，对4号和5号房间进行空气隔离。在那里，手术人员接收经过麻醉和清洁的患病动物。污染区域的工作人员不能越过空气隔离室。

普通手术室（9）和无菌手术室（10）共有仪器、材料和药物储藏室（6和8）。

从两个手术室都可以进入盥洗间（7）。在普通手术室的侧面还要留有辅助通道。

第17号房间是消毒间，通过过渡通道（渡槽）与无菌手术室相连。

与浴室相邻的休息室（11）是为了避免参与手术的人员经常外出而设计的。12和13是补给材料的储藏过渡房间和通道（医用材料）。

更衣室（15和16）的地面有特殊标志（屏障）。在屏障的前面脱去上衣，然后在屏障的后面穿上手术衣。无论如何不能逆向通过屏障。

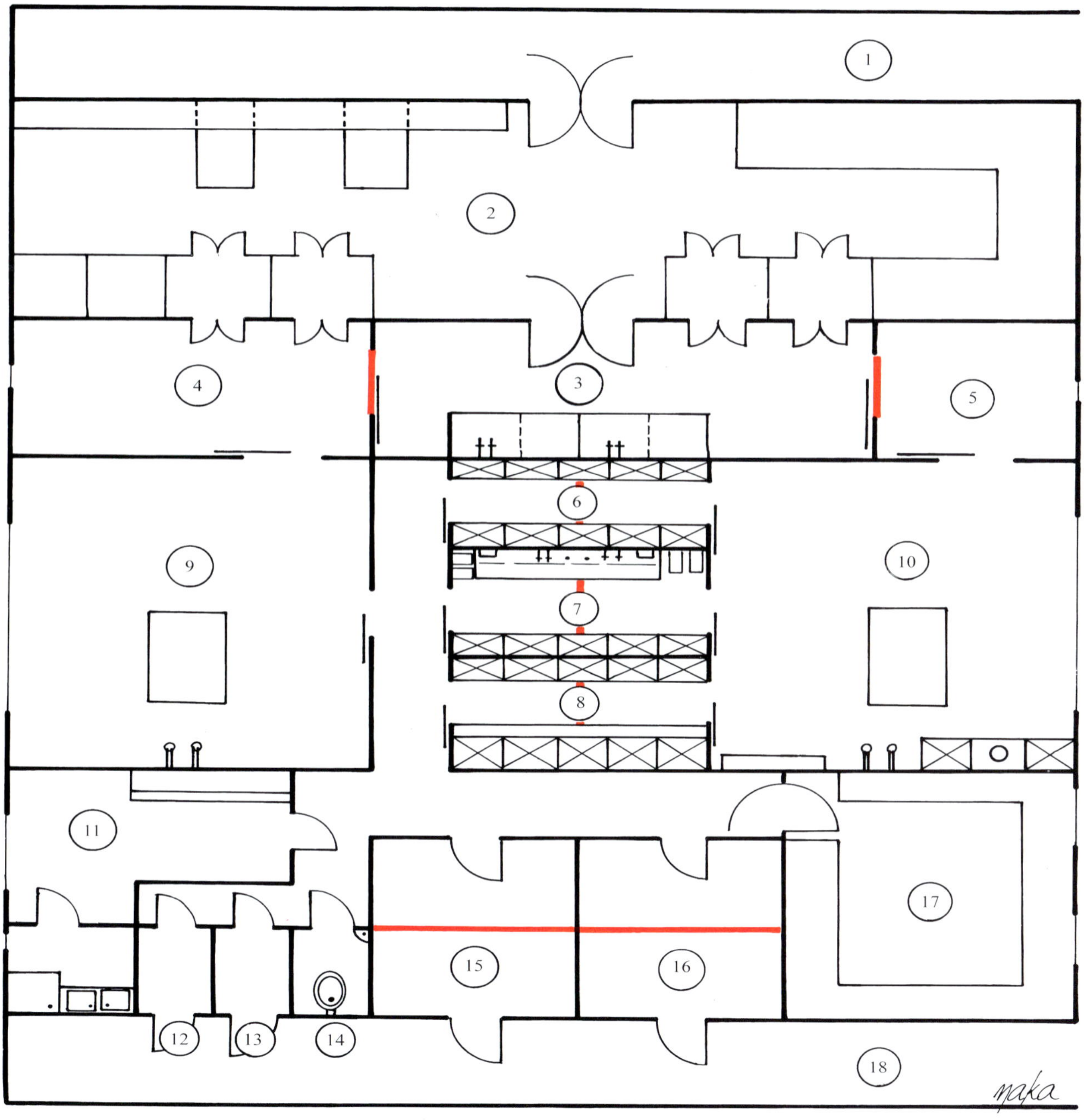
1
2
3
4
5
6
7
8
9
10
11
12
13
14
15
16
17
18
naka

1.2 手术室——外观

将患病动物卧位固定在手术台上，身上覆盖创巾。通过气管导管(1)连接吸入麻醉装置。

在手术期间，通过静脉留置导管连接点滴装置进行点滴(2和3)。4和5显示的是外科医生随时可以使用的无菌冲洗液。

心电图监测仪(6)便于外科医生在手术时亲自监控患病动物的状况。

7、8、9和10为一套电子外科手术器具，包括一把双极镊子和一把单极手柄等部件。

11、12和13是用压缩空气驱动的器具和设备，包括压缩机(11)、冷却液(12)和装着一把振动锯的手柄(13)。

泵(14)和手柄(15)为无菌吸引装置。

在手术中进行清洗和消毒时可以自由使用的消毒液和一个手摇泵(16)。

对这些器具都要覆盖无菌罩布，一部分放在位于患病动物上方的可以放大的器械桌(17)上。在手术中将这些器械收纳于和术野邻近的箭筒形袋(18)中。

最佳的手术照明(19)应该在手术操作时照明(为白色光)，无阴影、不反光。无影灯体应该配备可以进行摇动的消毒的手柄，以便术者在手术时调整光线，使光源对准、集中。

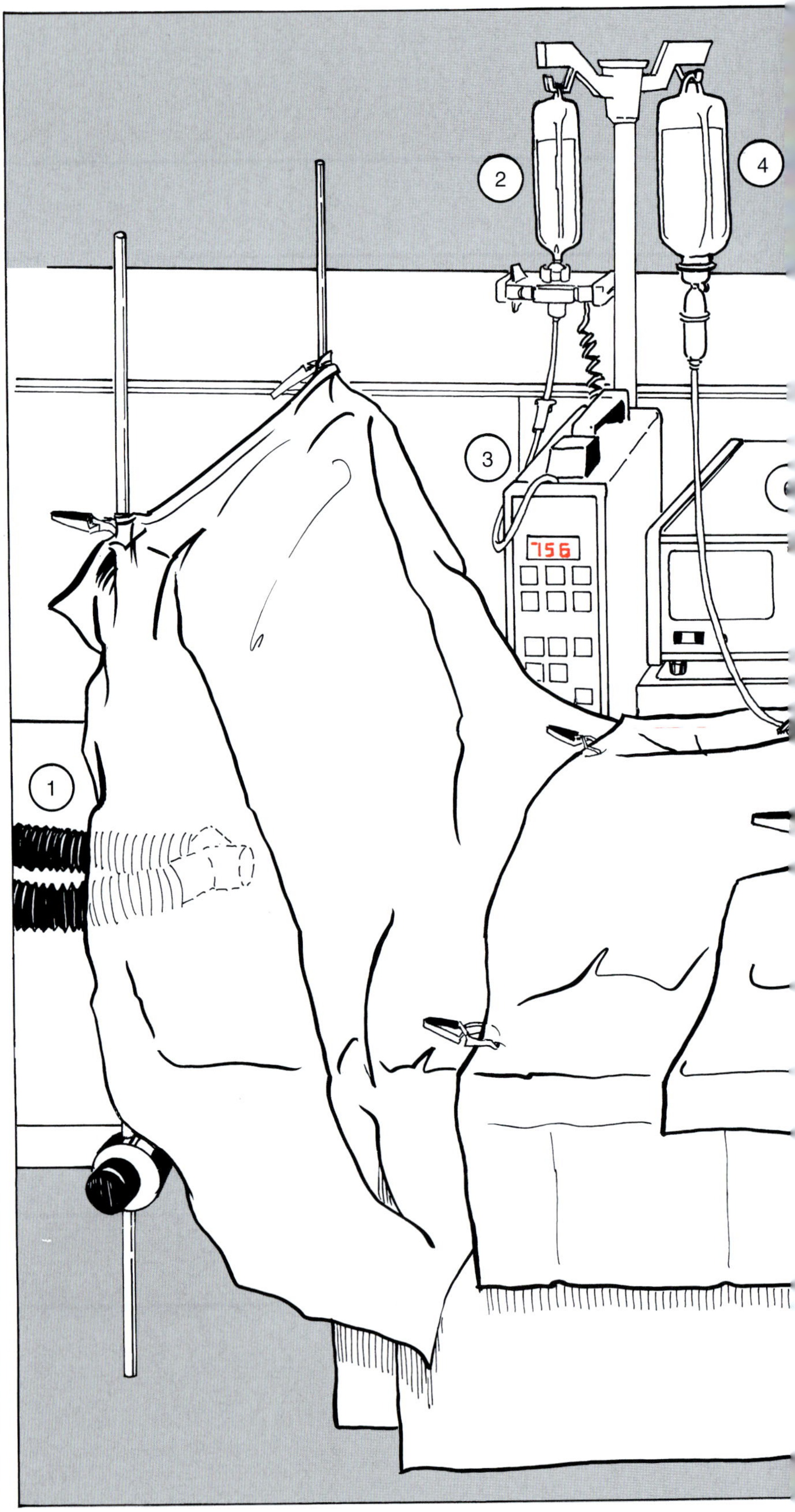

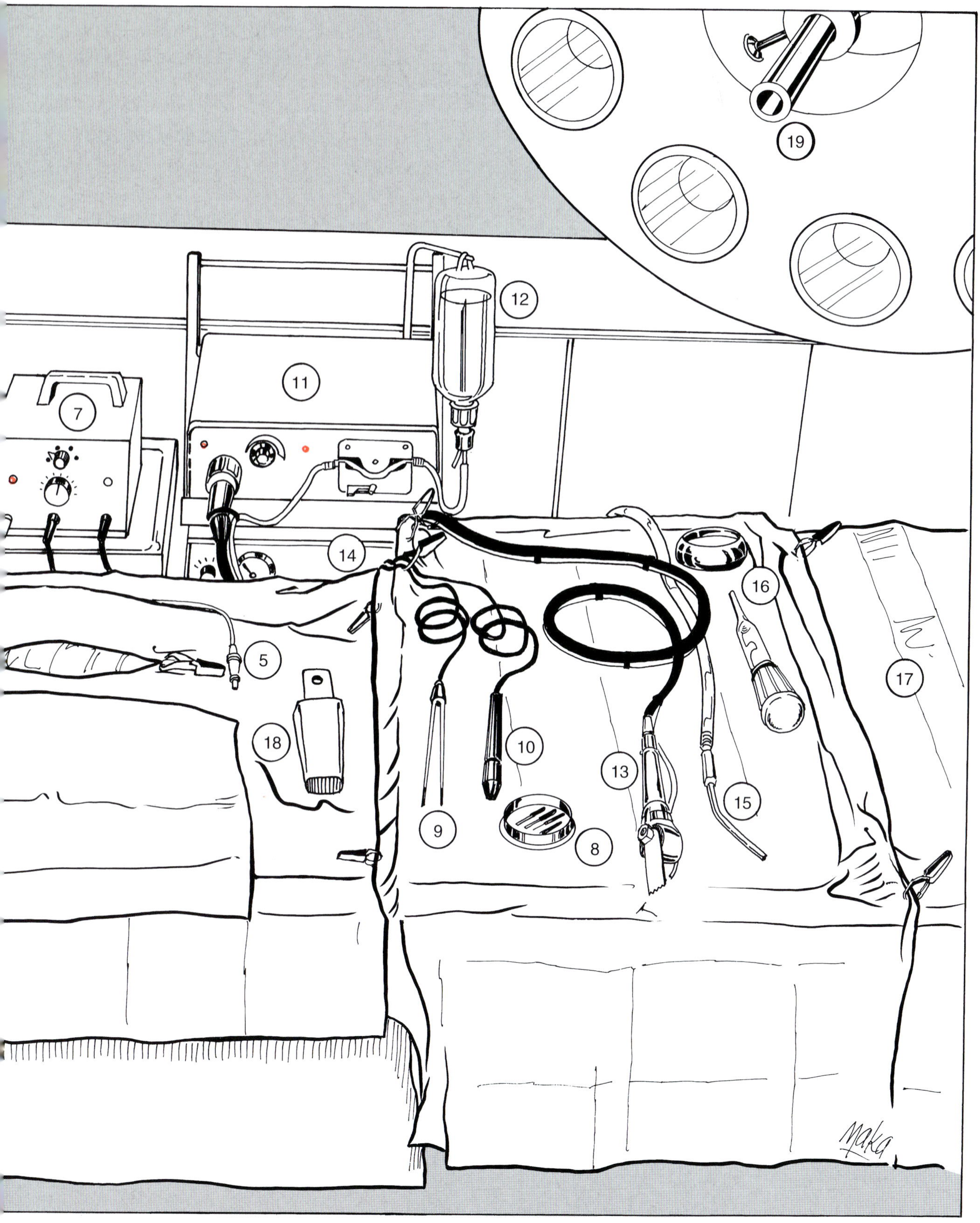
19
12
11
7
14
16
5
17
18
10
13
15
9
8
Maka

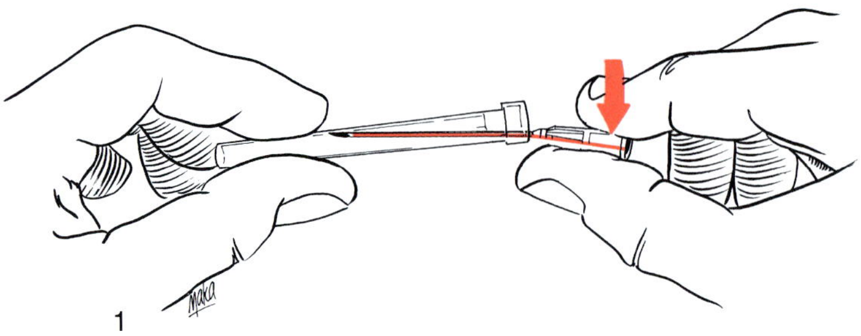

1

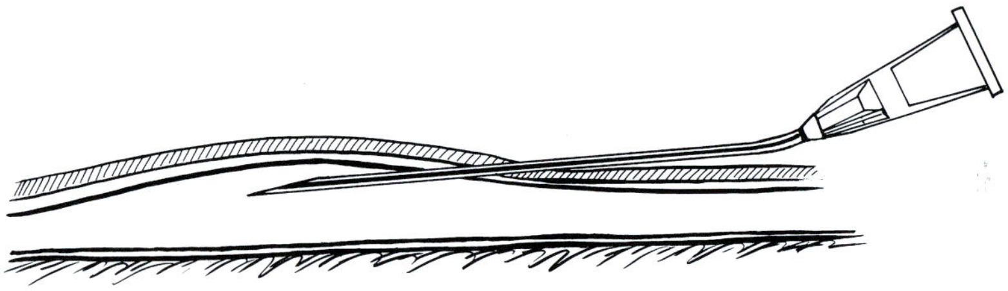

2

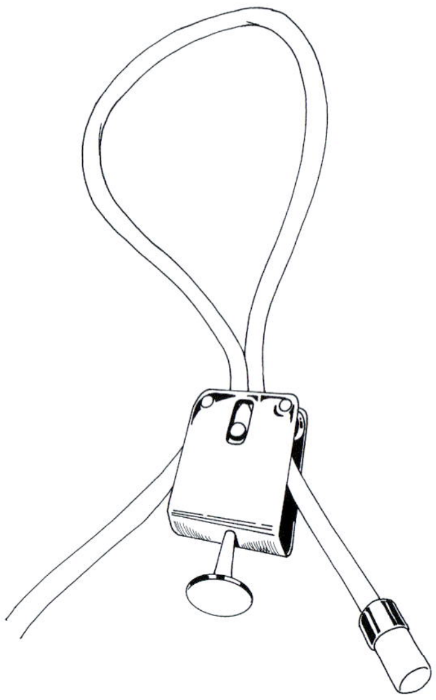

3

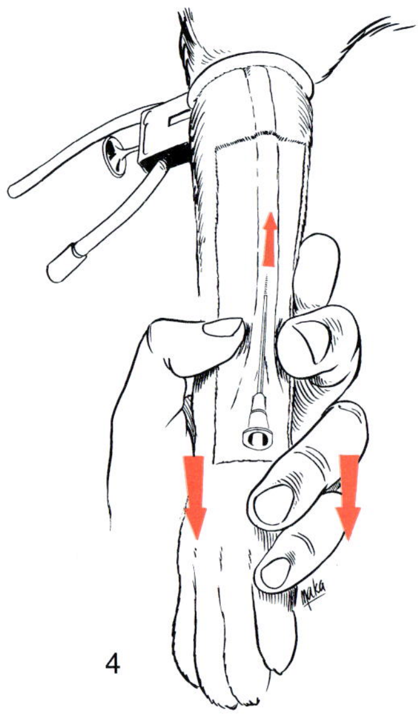

4

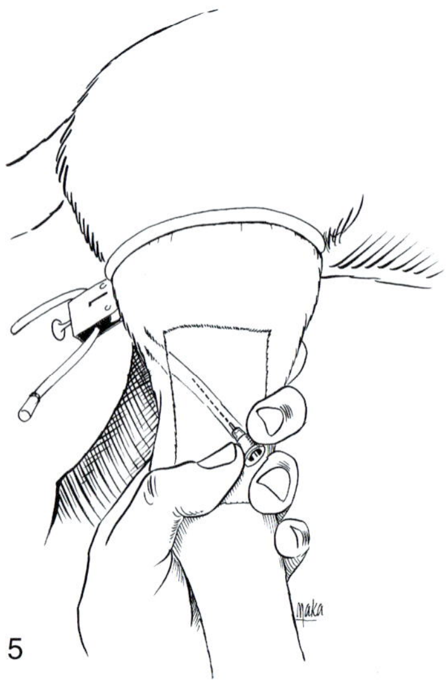

5

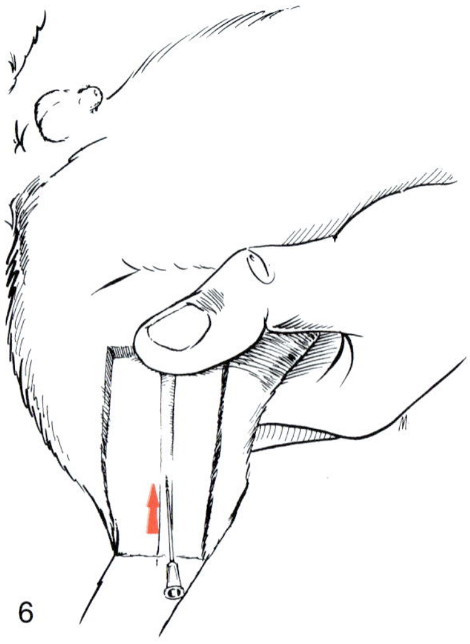

6

1.3 犬和猫的静脉穿刺

进行静脉穿刺前，最好将注射针头用无菌的塑料管稍做弯曲，使针头孔向上（图1）。这样能使针头更容易刺入静脉（图2）。

1.3.1 犬和猫的腕前桡侧皮静脉穿刺（图4）

体位

助手保定犬，使之尽可能保持匍匐状态。

术式

将皮肤剃毛、消毒。

穿刺右肢的桡侧皮静脉时，助手站在患病动物的左侧。用右手握住或者用压迫绷带紧紧压住稍偏离肘关节内侧的部位，聚集血管内血液（图3）。助手从下方用左手握住动物的口鼻部，使动物的头弯向左侧。握住前腿的肘关节向前拉直。术者握住前肢的下端，固定从背侧中间走行的静脉，穿刺血管（图4）。

1.3.2 犬的外侧隐静脉穿刺（图5）

体位

施侧卧或站立保定。将犬的后腿拉直，确实地固定在桌子上。或者由术者自己将犬的后腿拉直。

术式

将欲穿刺部位的膝下外侧的跗部周围剃毛、消毒。使膝关节呈屈曲状态，由助手或用压迫绷带压迫外侧隐静脉使血液聚集，然后进行穿刺。

提示！

术者应该用大拇指和中指固定非常容易移动的圆滑的血管。

1.3.3 猫的股静脉穿刺（图6）

体位

施侧卧位保定。

术式

术者将猫的后肢拉直，或将猫的后肢拉直并确实地固定在桌子上。

对大腿至膝关节内侧进行剃毛、消毒后，助手用手压迫血管驱血，然后穿刺股静脉。

1.3.4 犬(图1)和猫(图2)的颈静脉穿刺

适应症

在无法穿刺四肢静脉时使用以及在采集库存血时使用。

体位

施立位或者侧卧位保定。由助手拉伸头、颈部。

术式

在对穿刺部位进行剃毛、消毒后,术者用左手压迫颈部气管外侧,聚集颈静脉血液。在肩胛骨边缘和下颌角之间中部,逆着血流方向穿刺。

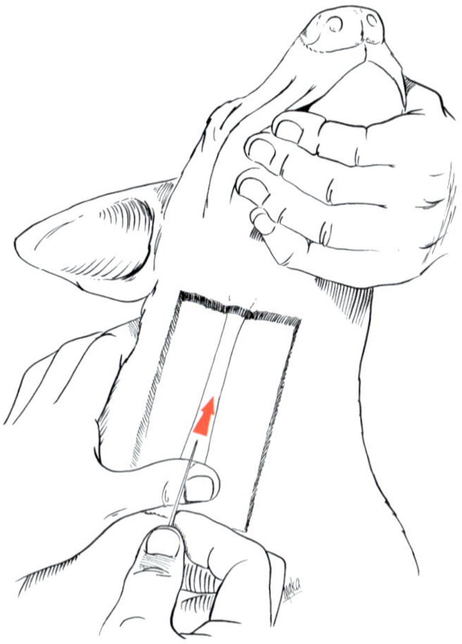

1

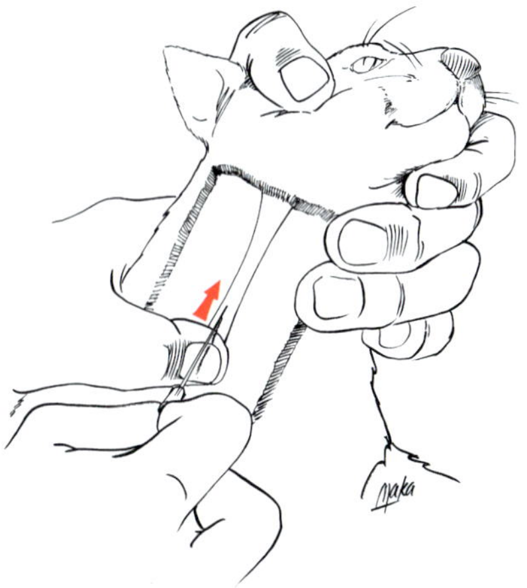

2

1.3.5 舌下静脉穿刺(图3)

适应症

在紧急情况下需要静脉注射镇静、麻醉剂后进行。对丧失知觉的犬作血液检查时采血以及实施静脉注射。

体位

施侧卧位保定。

术式

将舌向前拉伸、旋转,露出舌下静脉。用左手绷紧舌头,穿刺静脉。

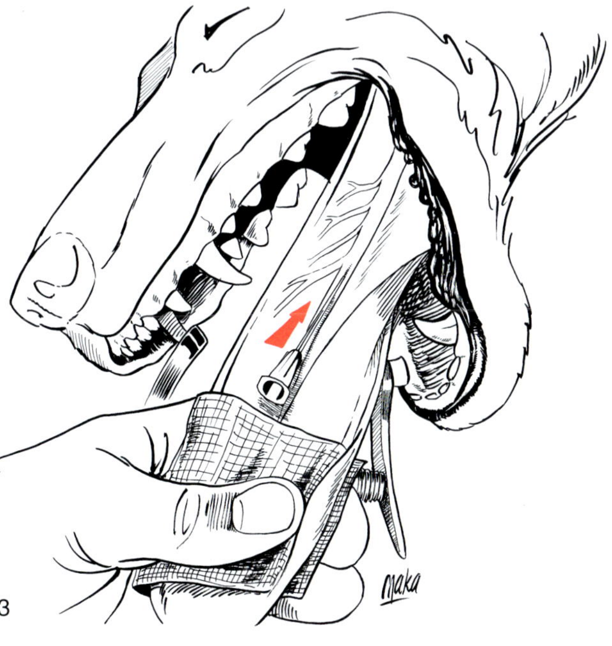

3

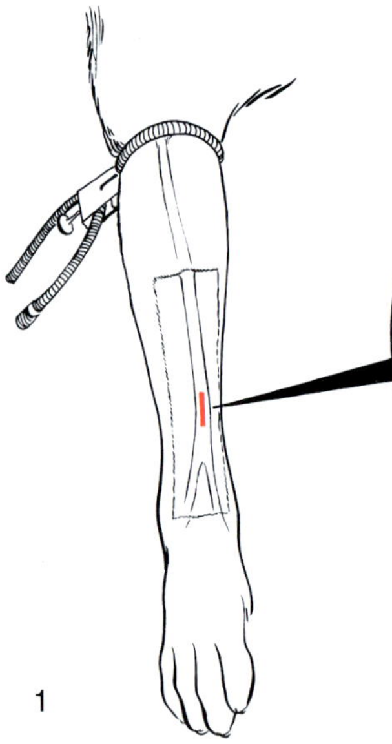

1

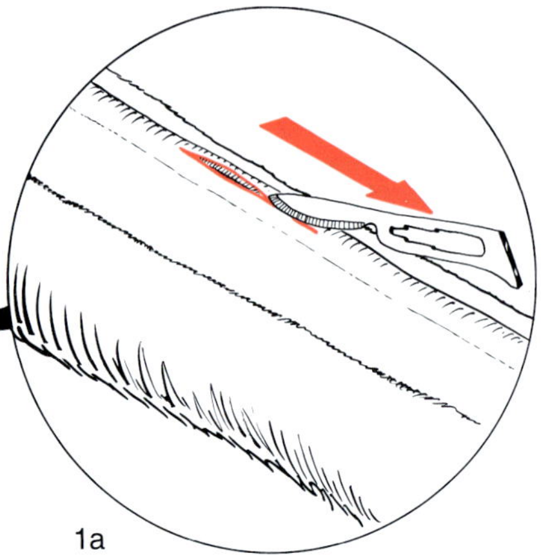

1a

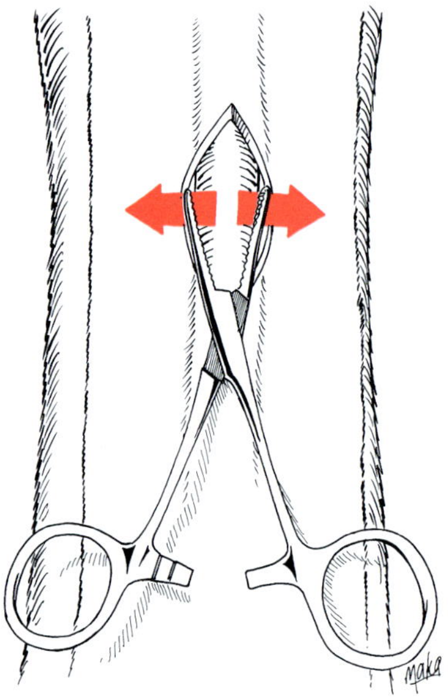

2

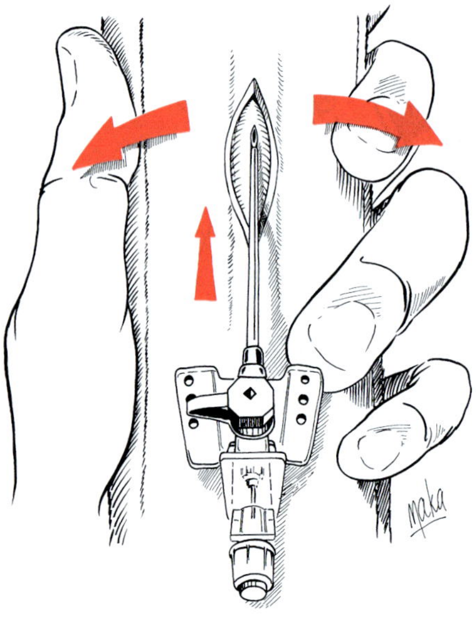

3

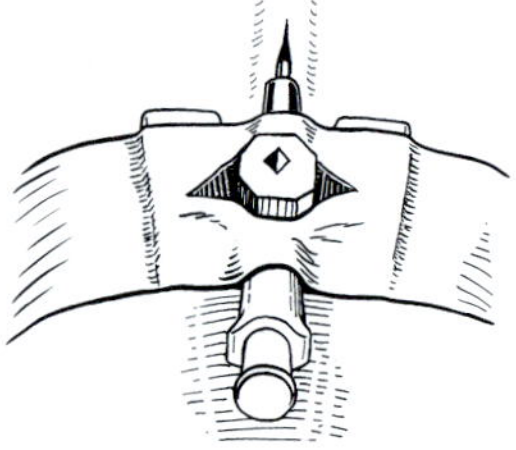

4

1.4 用桡侧皮静脉皮肤切开法保护血管

适应症

设置静脉留置导管。

体位

施前肢前拉的站立保定或者俯卧保定。

术式

在剃毛和消毒后，由助手用手或用止血带压迫桡侧皮静脉（参照1.3.1）（图1）。

在腕前部背侧，从指尖移行至中间的1/3处，用手术刀在静脉上方小心切开0.5~1 cm的皮肤（图1a）。

为了避免损伤血管，可将血管上方的皮肤移位，在血管旁切开皮肤。

用小的细头止血钳小心将静脉从周围组织分开（图2）。

用手将皮肤和血管绷紧。将静脉导管刺入血管，然后在血管内向前推3~5 mm。在导管针处确认逆流的血液，将里面的套管针稍微向回拉，再将用弹性材料制成的外管（静脉导管）尽可能地插入血管深处（图3）。

用注射针芯暂时关闭导管或注入足量的肝素生理盐水。然后用黏性胶带将导管固定在腕前部（图4）。

1.5 将导管系统留置于颈静脉的静脉导管留置法

适应症

肢体静脉的血栓闭塞。

减少形成血栓危险的长时间保留注射通路。

体位

施前肢轻微的向后拉，头颈伸展、侧卧保定。

术式

给患病动物注射镇静剂或麻醉药后，在颈静脉部位进行剃毛和消毒。

在肩胛骨头侧缘和下颌弓之间的中部，用手术刀在静脉上方小心切开 1~1.5 cm 的皮肤切口（图 1a）。然后用小的弯曲的止血钳小心地剥离、暴露出颈静脉。

用无菌的套管针沿着血流方向（也可以逆着血流方向）穿刺静脉，并向前插入 3~5 mm（图 2）。

这时将无菌静脉导管（如 Cook-Vet 品牌的静脉导管）通过套管针尽可能深地插入静脉（图 3）。

退出导管针，将其回收于安全的可以封闭的塑料回收盒中（图 4）。

将导管用胶布绷紧固定在皮肤上，用固定绷带保护使颈部呈伸展姿势。

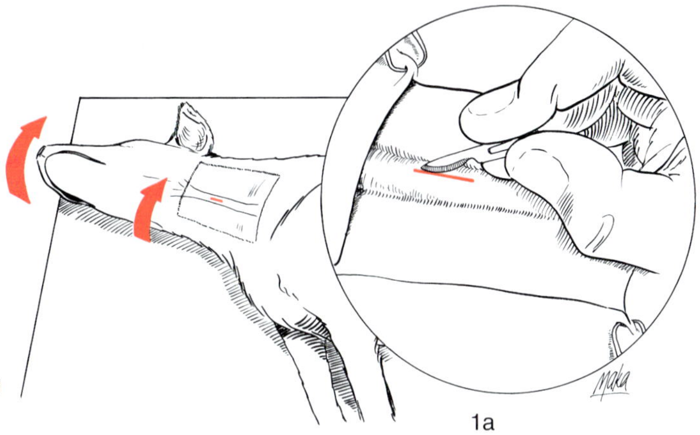

1 1a

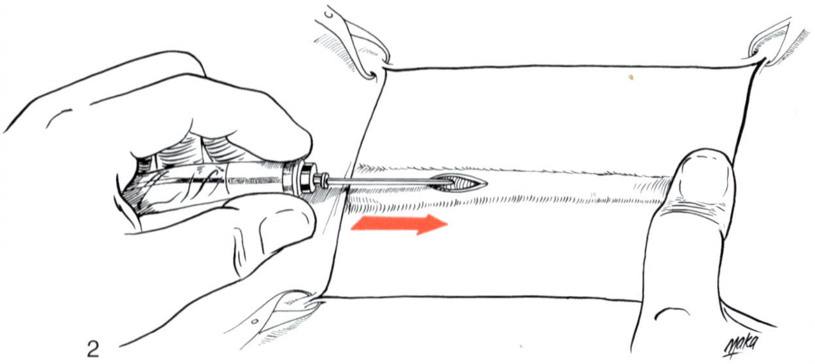

2

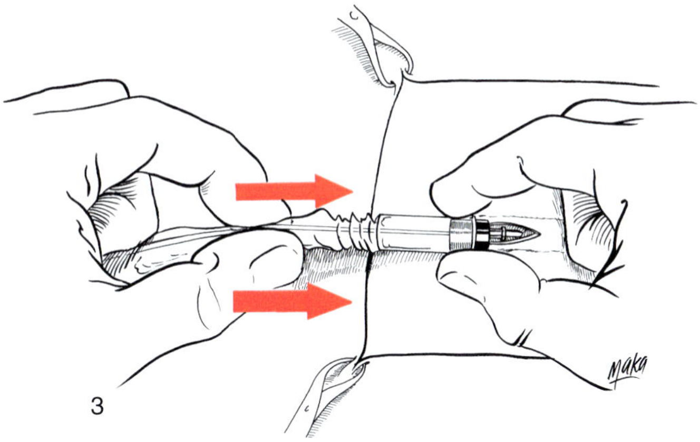

3

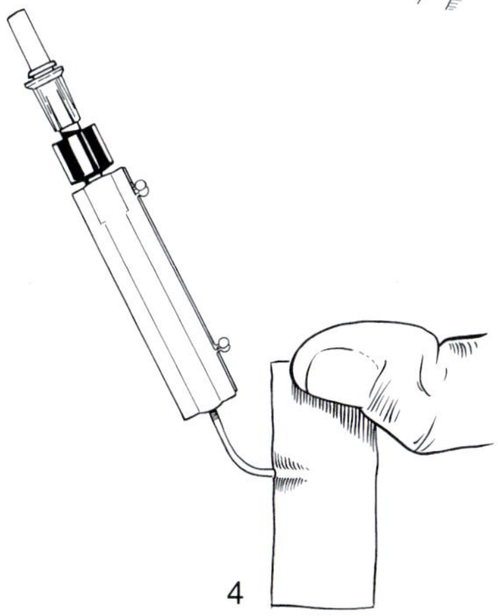

4

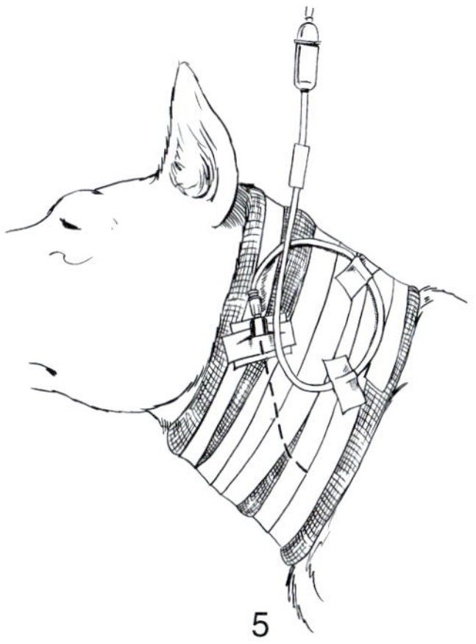

5

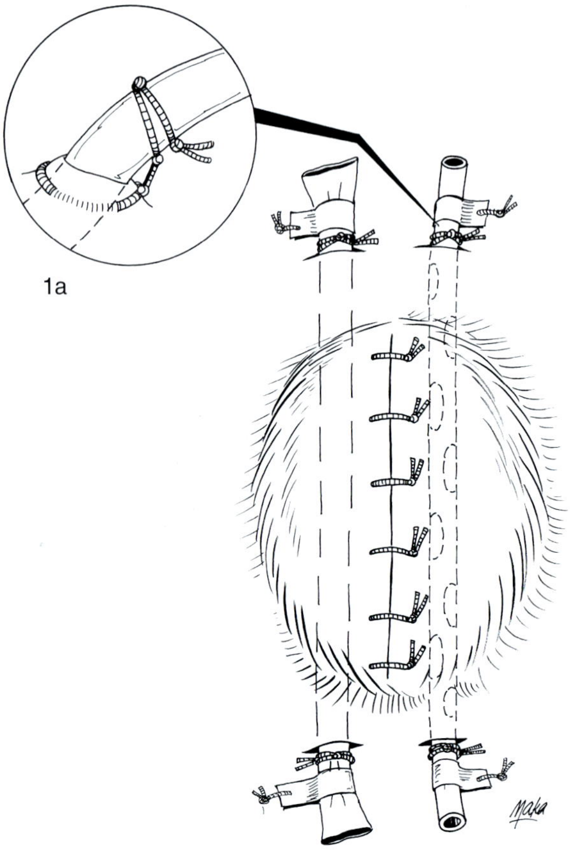

1.6 创口引流术

适应症

避免或防止手术后积液、形成空腔以及感染,或者出于治疗目的。

术式

引流管是一种无菌的、断面呈椭圆形的、在长轴上有孔的导管(排液管)。在组织层之间插入 Redon 引流管或 Penrose 引流管。

在伤口的上方或者下方大约 2 cm 处通过皮肤插入引流管(图 1)。在引流管的近端用胶带粘成小旗状。将小旗用强度为 2–0 或 0 号可吸收性缝线缝合、固定在皮肤上。为了更好地保护引流管,应该将引流管固定在皮肤的进口处(图 1a)。按照这种方式,创口分泌物可以自行流出。

对于感染创也可以通过引流管进行冲洗。

不需要冲洗伤口时,可将引流管的一端插入创腔内的中间部位,将隐藏在伤口中的另一端引出皮肤,并缝合、固定在皮肤上。

提示!

将固定线的线头留长一些，便于以后除去引流管的操作。

其他引流术的方法还有将浸润过碘仿的纱布插入创腔内。该引流法的作用是防止感染的伤口或者创腔内潴留浆液或者渗出液,并促进止血。在进行术后护理时,每天将引流纱布向外拉出大约 10 cm 长,最后等到创口恢复到令人满意的程度后,除去引流纱布。

1.7 气管插管术

适应症

吸入麻醉。

1.7.1 俯卧位气管插管术

体位

俯卧保定。助手用右手握住犬的头部，左手用一块干燥的纱布将犬的舌头拉至下颌切齿上方。

术式

在开大口腔后，术者的左手用一把细长的镊子夹住会厌中隔，将其置于腹侧中间位置（尽量使用喉镜），然后向前拉（图1）。用普鲁卡因等局部麻醉剂喷雾咽喉部进行局部麻醉后，将涂有局部麻醉药软膏的胶管在直视下经过喉头插入气管（图2、3）。小心注入气体使插管壁囊膨胀后，将气管插管固定于上颌骨或者下颌骨。

1.7.2 仰卧位气管插管术（没有图）

体位

将患病动物施笔直的仰卧保定。

用开口器打开口腔后，将动物的头拉展。助手用一个干燥的纱布将犬的舌头拉过下颌切齿上方。

术式

使用喉镜，将会厌向腹侧压，直至可以见到勺状软骨和声门裂。使用利多卡因喷雾进行喉局部麻醉后，将涂有局部麻醉药软膏的胶管在直视下通过喉头插入气管。注入气体使插管壁囊膨胀，直到在气管和插管之间不再有气体流通为止（用耳朵听）。用动脉钳夹住壁囊充气导管，并用塞子塞住。将气管插管的延伸部固定在开口器后方的上颌骨或下颌骨上，或者将其固定在口腔横木上。

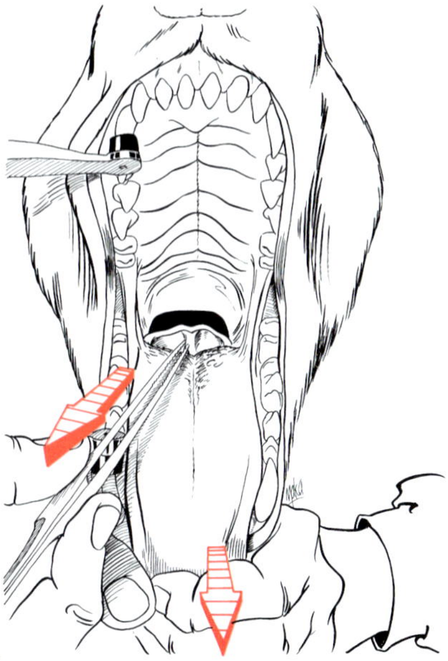

1

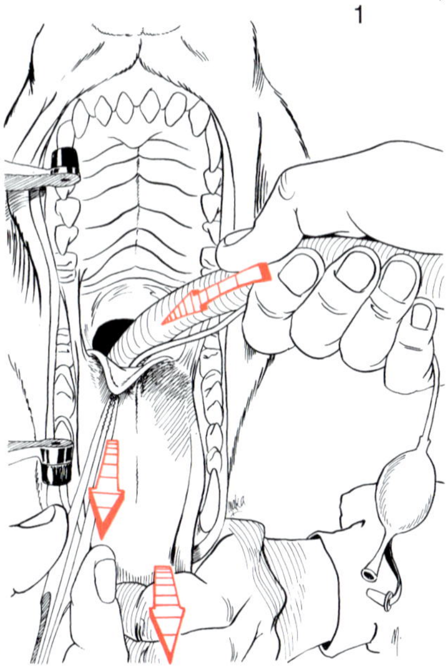

2

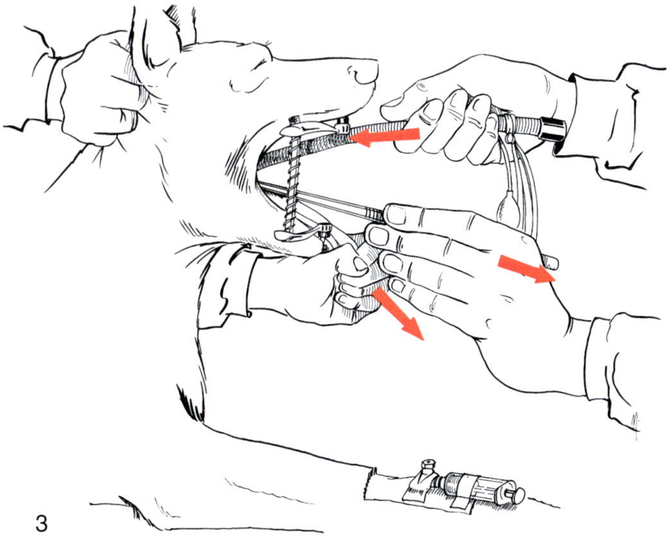

3

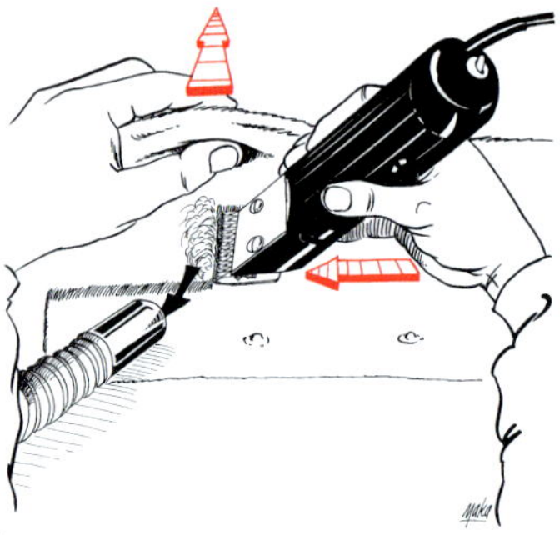

1

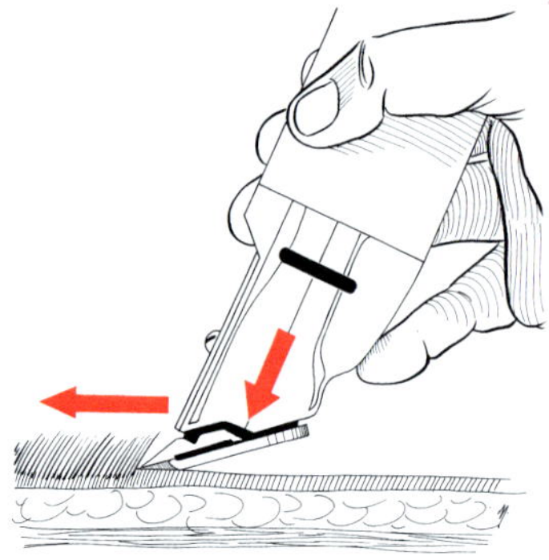

2

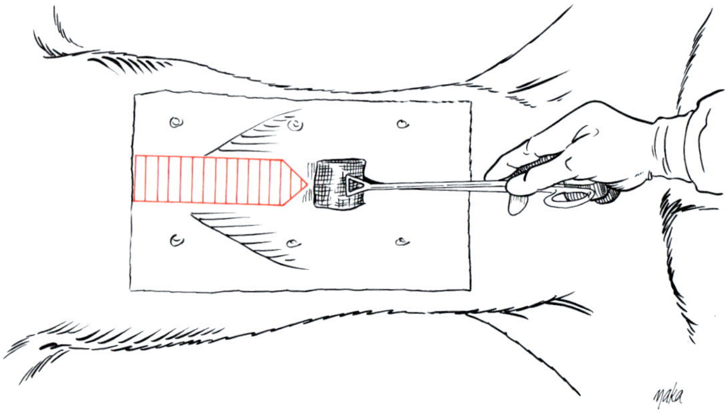

3

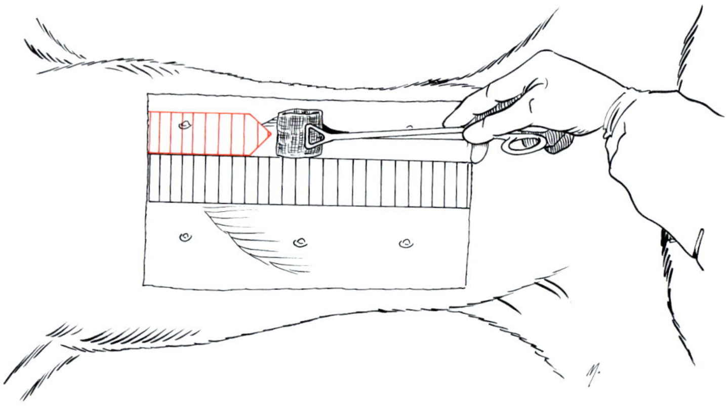

4

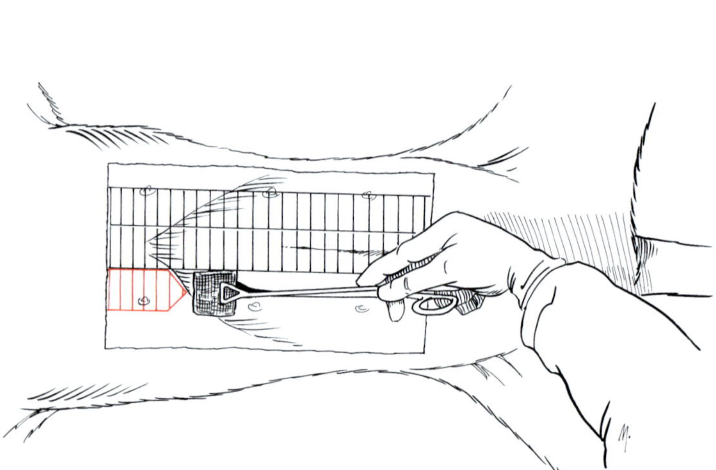

5

1.8 患病动物的手术准备

当出现了镇静效果，或者进入麻醉状态后，将手术预定部位及其周边的 15~20 cm 范围的被毛用细目电动推子(幅宽 0.1 mm)剪毛，立刻用便携式吸尘器吸除干净(图 1、2)。然后将剪毛的部位用消毒用肥皂水洗净，将肥皂冲洗干净。

以前用剃须肥皂和理发推子剃毛，做成完全无毛的术野。但是，由于剃毛操作开放了皮脂腺，其中存在的无数细菌有导致再次感染的危险。对于术野万全的消毒法的讨论仍在进行中(参照 1.11)。

将清洁的术野用手术用消毒液进行彻底消毒。涂抹消毒液时，从中心向外涂抹，每一次都要更换新的棉球或者纱布，同一个棉球不能再用于已经消毒过的区域(图 3~5)。

用第一块创巾覆盖患病动物，然后再用消毒液实施第 2 次彻底涂抹。之后再用消毒液对术野进行细致的消毒喷雾。在手术区域覆盖有窗创巾，只露出术野，然后再进行一次与上述相同的消毒操作。

1.9 患病动物的体位

在理想状态下，必须对患病动物使用舒适的手术台(垫物)，该手术台必须能防止患病动物体温下降，易于清洁(消毒)。对于需要保定于多种体位，而且身体细长的动物，有必要从侧面用支撑物(有弹性的泡沫塑料、沙袋或支架等)支撑。使用“保定四肢的保定带”，在体位固定时和防止动物狂躁或动物突然抖动时都很有用。

1.9.1 仰卧位

适应症

手术在患病动物的腹部或者为了打开手术通路。

术式

见图1。必须使头和颈部保持放松状态。

1.9.2 俯卧位

适应症

手术在患病动物的背部或者背侧以及为了打开手术通路。

术式

见图2。放在下面的垫子是为了使患病动物舒适，并且可作为支撑物。

1.9.3 垫高臀部的俯卧位

适应症

会阴部的手术或者为了打开手术通路。

术式

见图3。在下腹部的下方放置沙袋，由于它的固定作用能使后肢伸直—— 一边使后肢自然下垂，一边用胶布使两后肢平行垂直伸展。沿背正中线将尾巴向前牵引。

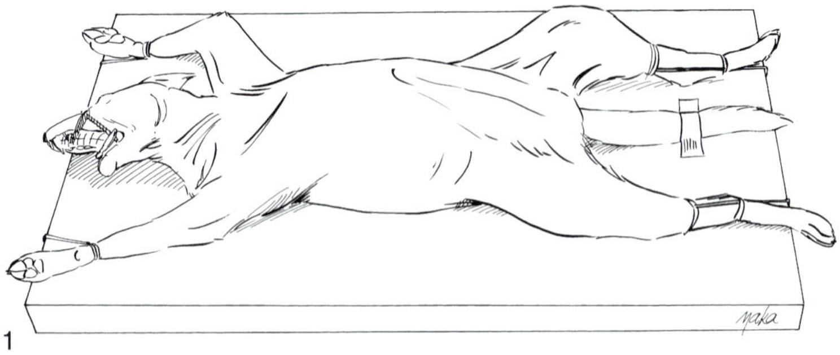

1

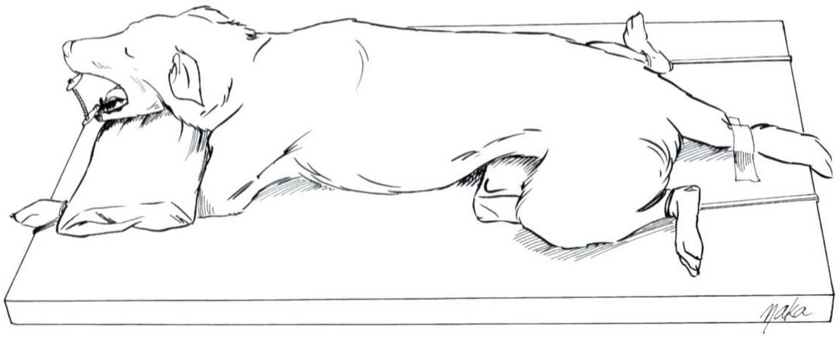

2

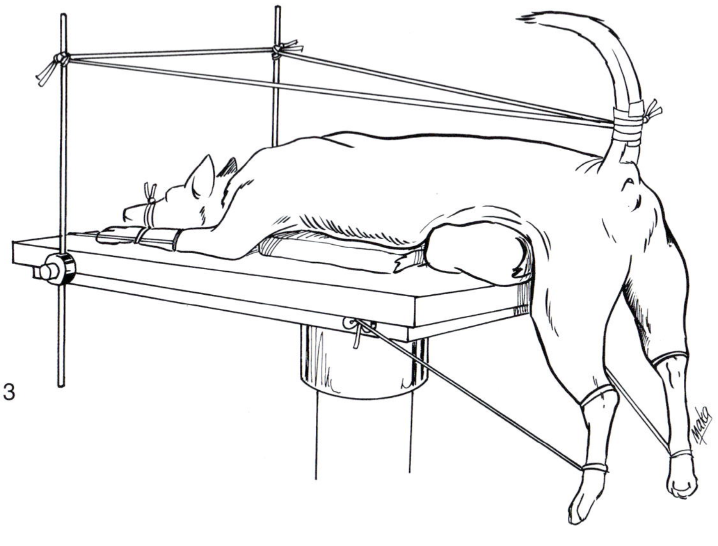

3

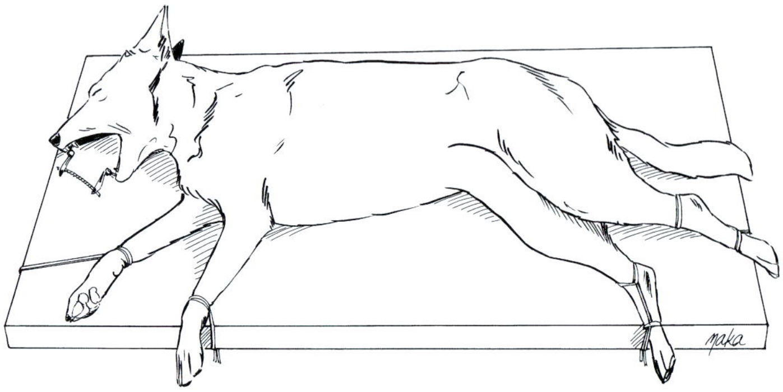

4

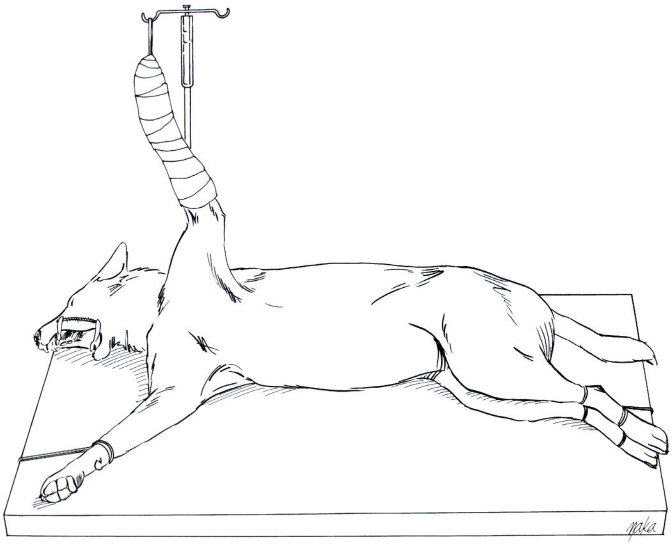

5

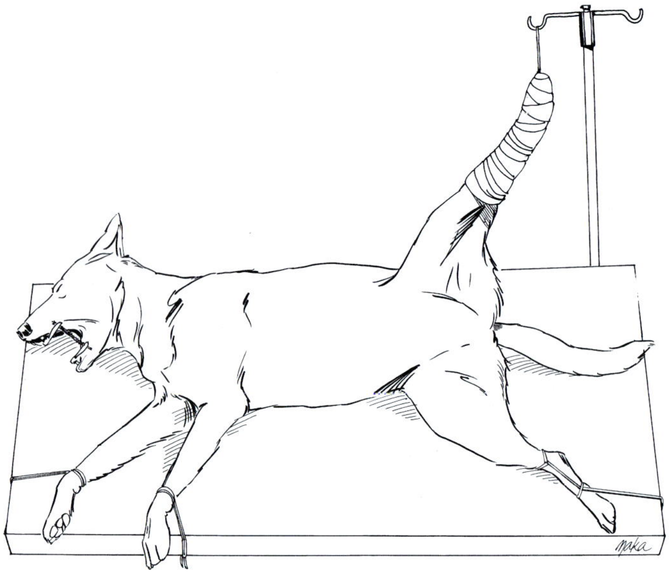

6

1.9.4 侧卧位

适应症

手术在患病动物的侧面或者为了打开手术通路。

术式

见图4。按照术者的选择或者要求，将前肢或后肢用手术台的保定带固定。

在进行前肢或后肢的骨和关节外科手术时，将犬和猫进行特殊的侧卧位保定，并用保定带保定患肢(图5、6)。

1.9.5 将后肢尽量向前拉的仰卧位

适应症

会阴部的手术或者为了打开手术通路。

术式

使患病动物卧倒，使其骨盆和手术台的边缘对齐，或者在极端情况下可以超出手术台边缘少许，再平行向前下方固定后肢，这样进行手术就没有障碍了（图7）。必须将尾巴固定在背侧。在进行任何会阴部周围的手术过程中，为了防止粪便污染术野，在术中都要向直肠内塞入棉塞，并且用荷包缝合法暂时缝合肛门。

提示！

这种体位和1.9.4的体位可二选一。进行会阴疝手术时这两种固定方法都可以，但进行阴道脱垂手术时就只能使用仰卧位保定法。

1.9.6 保定头部的俯卧位

适应症

进行头部、口腔、咽部和喉头的手术。

术式

见图8。头被固定在架子上。

1.9.7 保定头部的仰卧位

适应症

进行上、下颌或者咽部的手术。

术式

见图9。上颌固定在架子上，下颌固定在手术台上。用舌钳将舌头固定于腹侧。

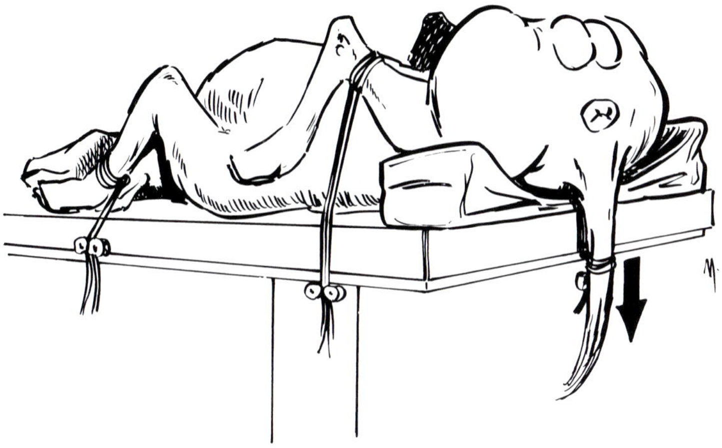

7

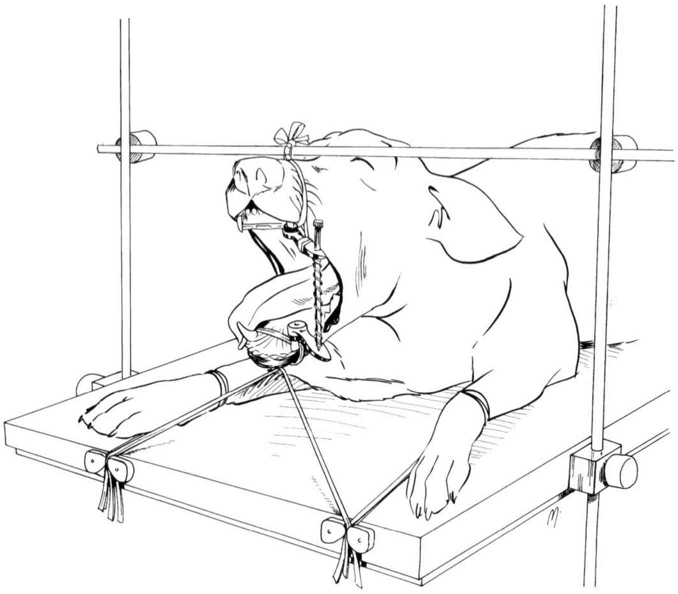

8

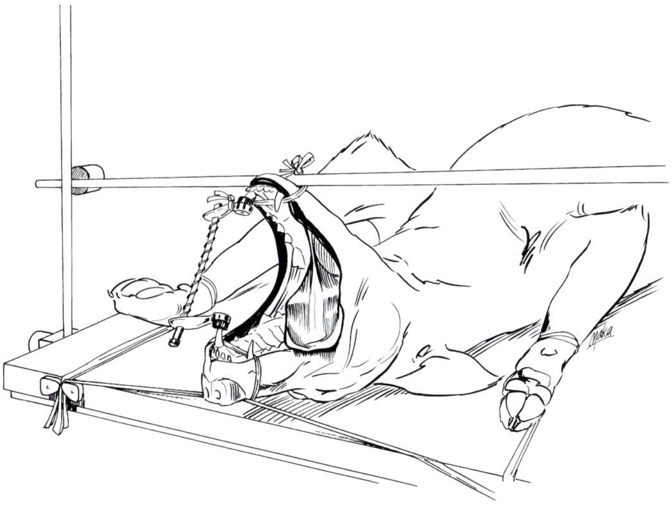

9

在实施严格的无菌手术（例如开胸术、关节手术或者骨外科手术)时,在进行常规消毒后,在覆盖第一层和第二层创巾之间,有必要在欲切开线上贴上无菌的自黏性手术切口用塑料薄膜（图 10、11)。在贴薄膜之前,必须让手术部位干燥。

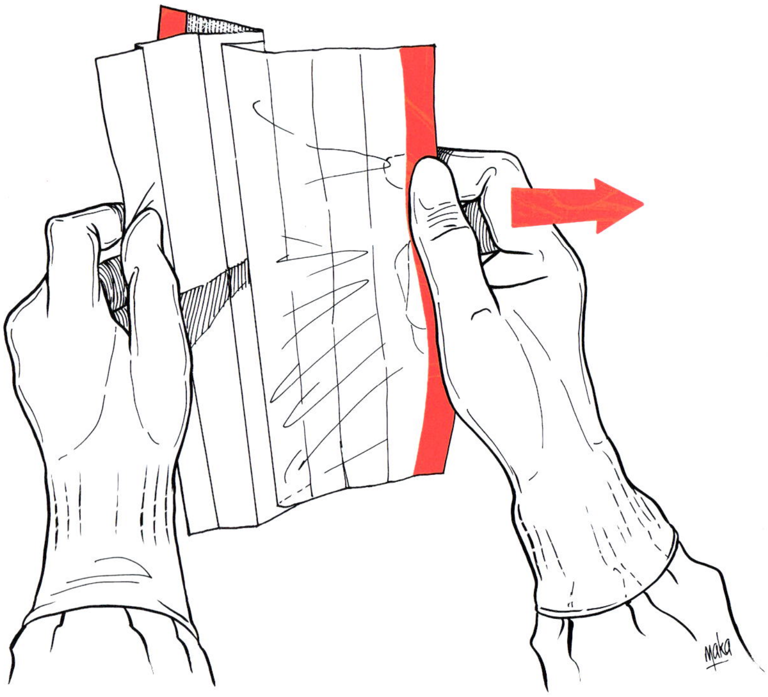

10

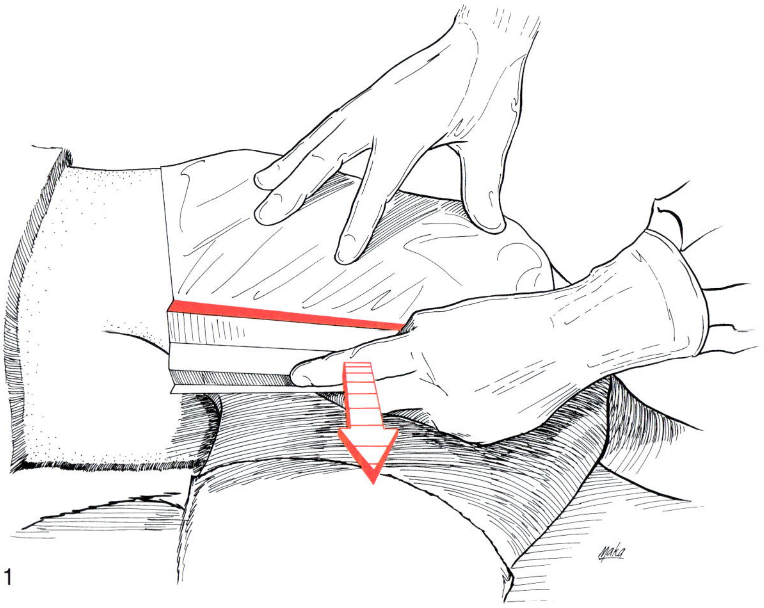

11

接着，按照前述的方法，在术野上覆盖创巾(图 12)。

一次性切开、分割薄膜和皮肤。

然后用 4-0 合成的单股缝线，将创口边缘和薄膜一起缝合(图 13)。

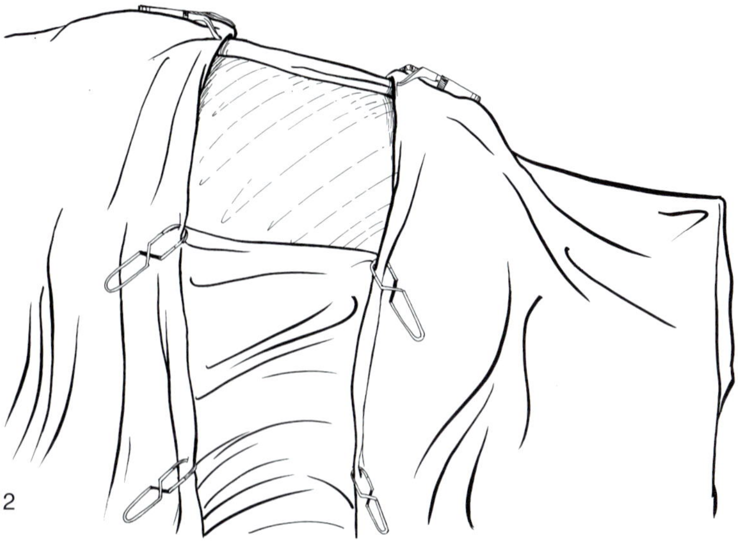

12

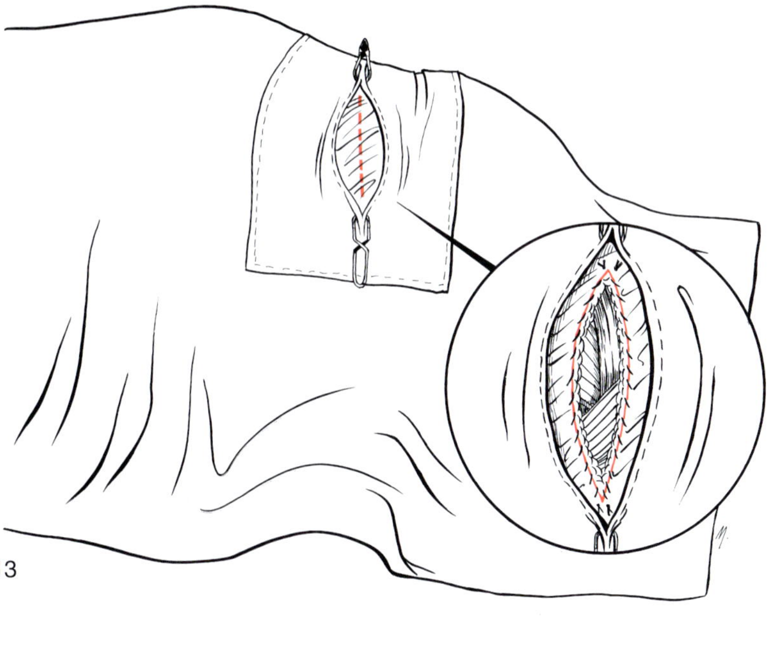

13

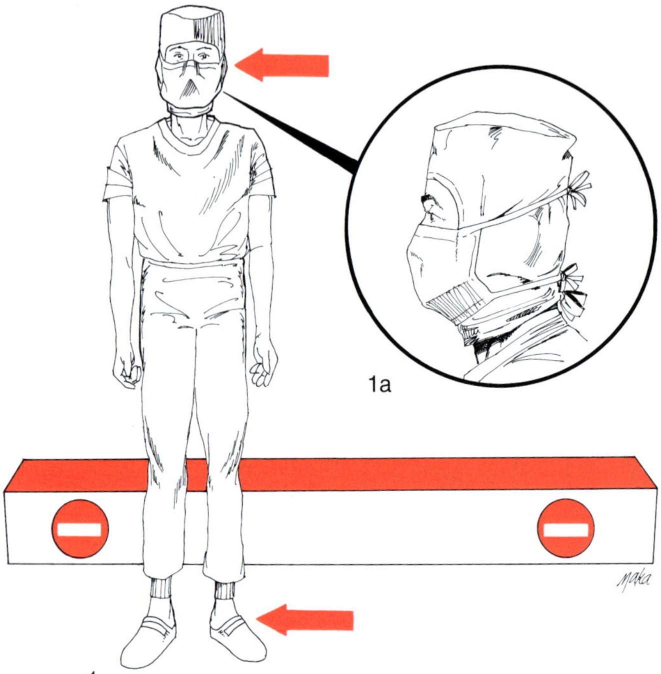
1a

1

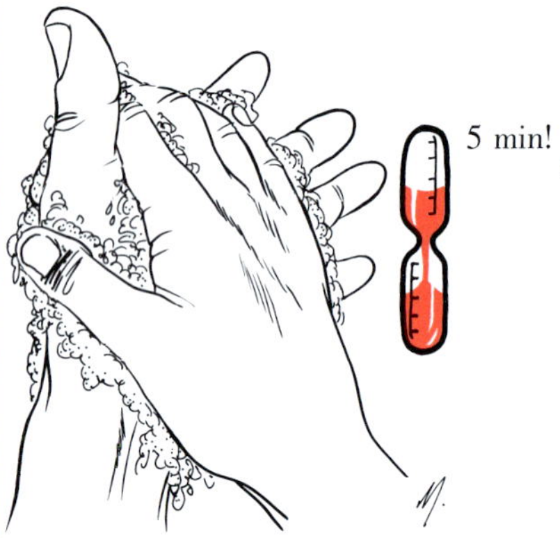

2

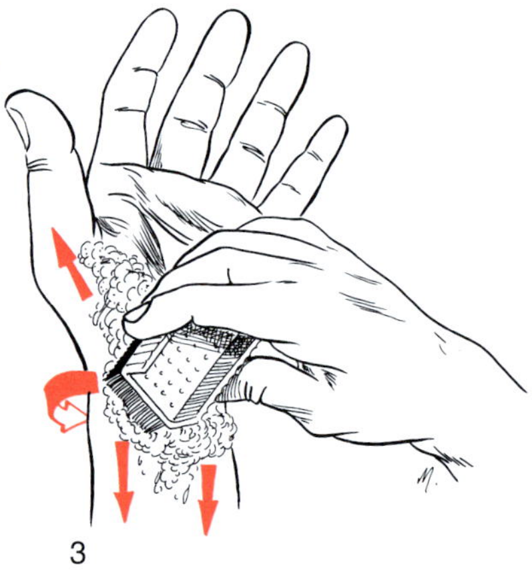
3

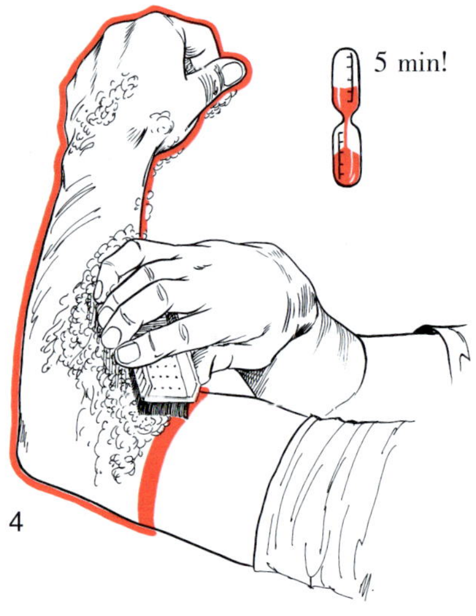

4

1.11 在手术室里的术者消毒法

术者在进入隔离室之前，脱下衣服和鞋子，然后进入隔离室或跨过隔离栅栏。

在隔离室内术者更换手术服

作为术者手术服而穿着的无菌上衣、无菌裤、无菌帽、无菌口罩和无菌鞋或无菌胶靴等，都放置在隔离室内(图 1、1a)。

手和手臂的消毒

注意

在清洗和消毒全过程中(图 2~7)，手必须一直保持高于肘部的状态！

将手和手臂直至肘关节以上部分用消毒肥皂，进行数分钟仔细地清洗(图 4)。

用无菌的刷子和消毒肥皂由远及近环绕手指(尤其是指甲)、手(手背和手掌面，手掌缘的内、外侧面和中间角落)和手臂至上臂的一半位置，进行彻底洗刷(图 3、4)。

必须严格遵守说明书使用产品！

接着，将两手和两腕用温热的流水(35~40 ℃)多次冲洗(图5)。

冲洗后，用无菌的毛巾擦干手和下臂,从手指至肘部用外科皮肤消毒液涂抹(图6、7)。

现在术者可以穿上无菌手术服了。

5

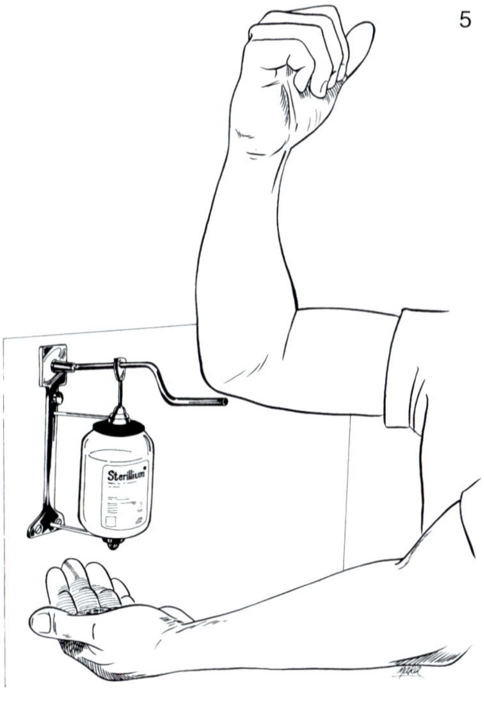

6

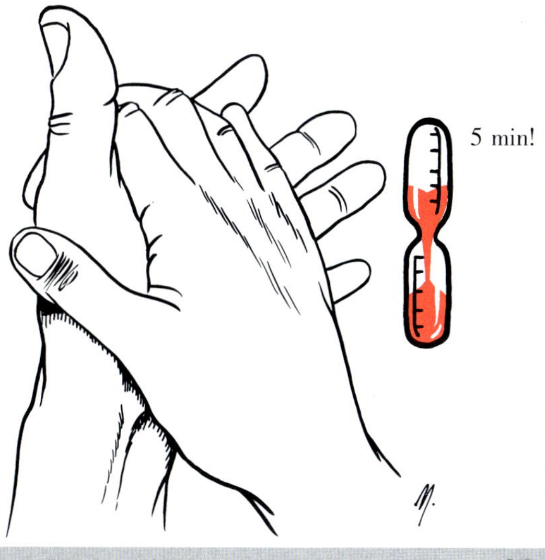

7

1

2

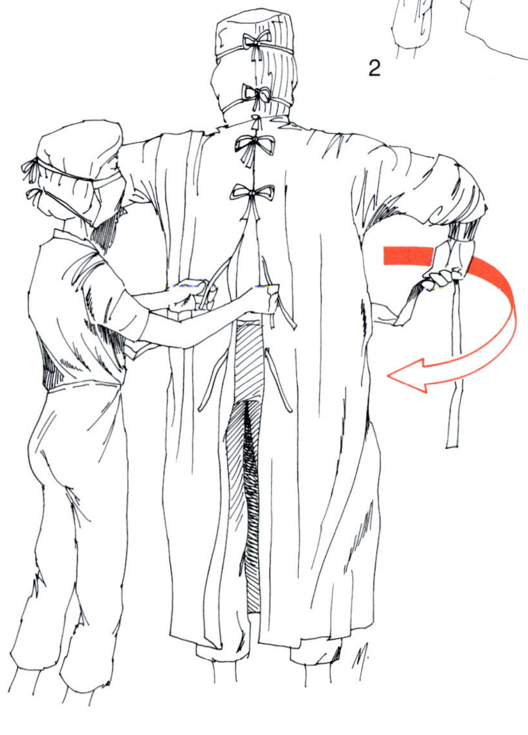

3

无菌手术衣的穿戴

抓住无菌手术服的纽带，抬高、展开(图1)。注意! 无论如何不能使手术服触碰到周围物品。

术者双手沿着袖子向前穿，一直穿至袖口处(图2)。

接着，将手术服上缝好的纽带向后拉，由助手帮助系上(图3)。

术者将手术衣腰带的包装物交给助手后自己系腰带，注意不要触碰手术衣的侧面或前面(图 4~6)。

然后,手术者可以戴无菌手套。

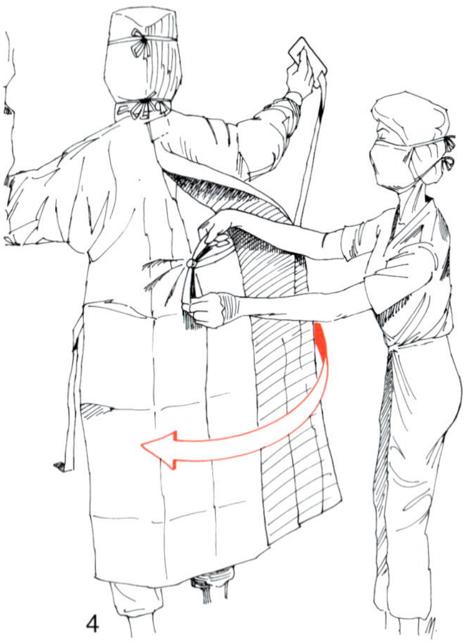

4

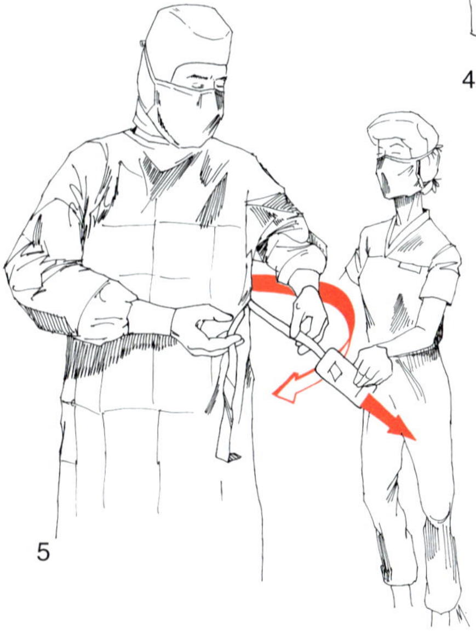

5

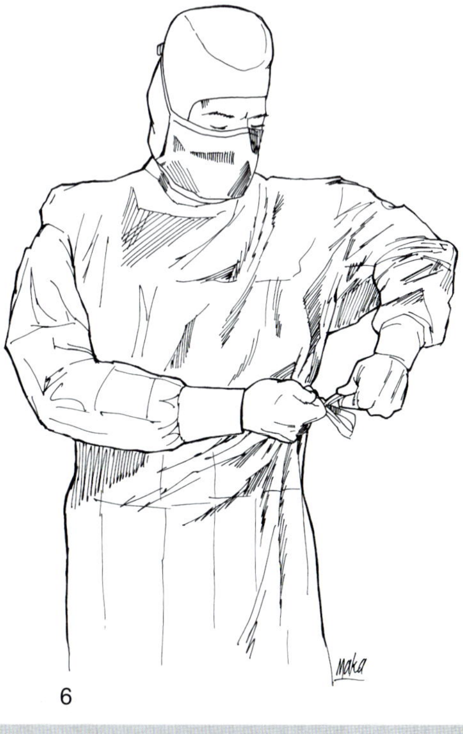

6

在手术室里的术者消毒法

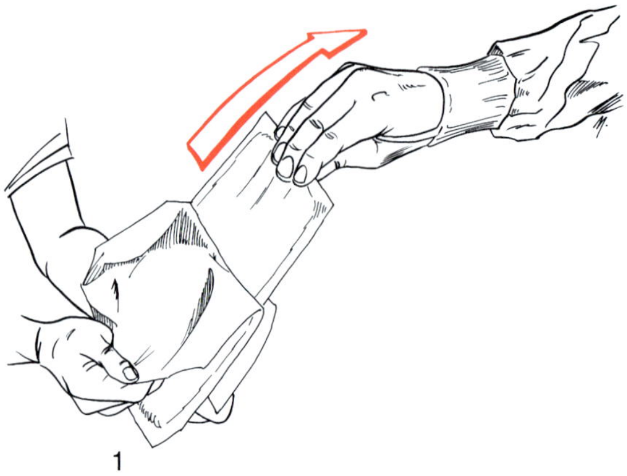

1

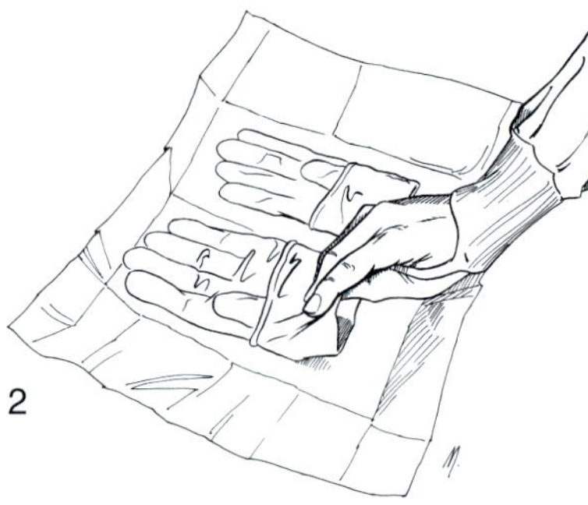

2

3

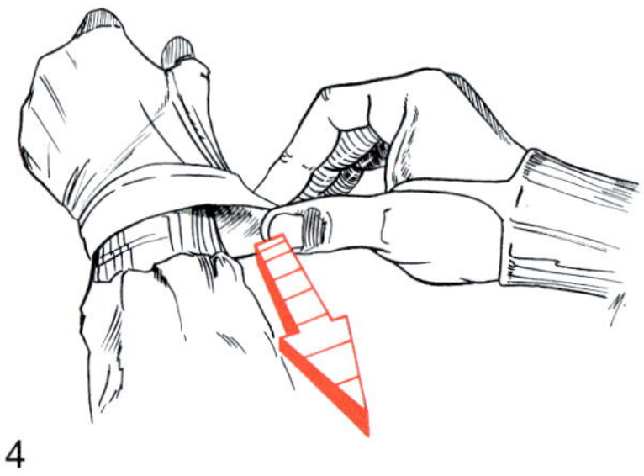

4

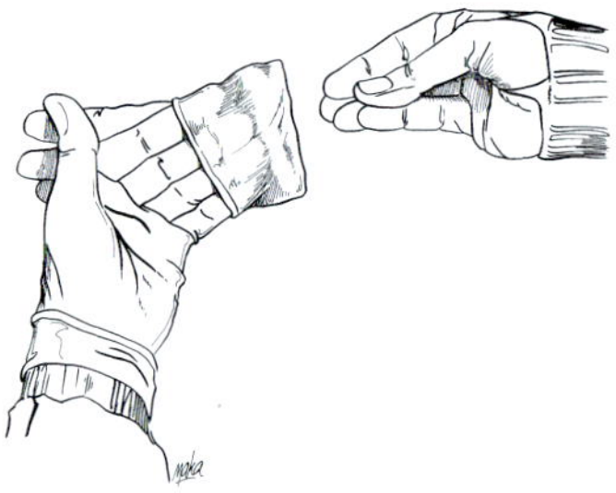

5

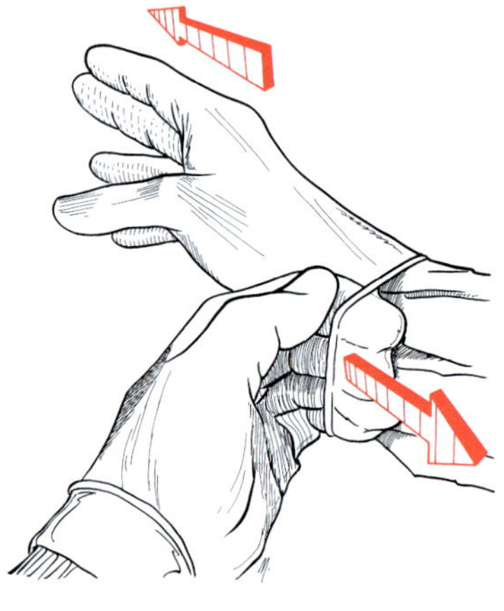

6

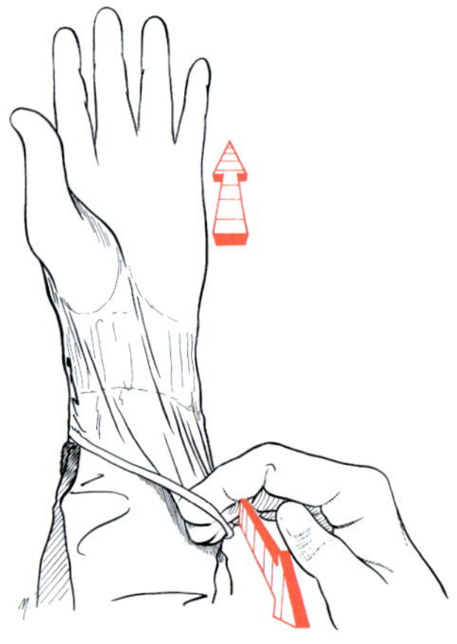

7

戴无菌手套

在穿戴好无菌手术衣后，手术助手打开一次性无菌手套的外包装，将内侧的包装纸连同一次性手套一起交给术者(图1)。

手术者从打开的外包装中，保持无菌状态取出装有手套的内包装袋，并将其放到已覆盖无菌罩布的器械台上。在手不触碰手套外面的前提下展开内包装袋封口。

注意

手指绝不能触碰手套的外面!

术者用右手抓住左手手术手套的内侧,要握紧(图2)。左手完全插入手套中(图3、4)。

抓住左手手套翻卷的手套口，直至左手及手指完全戴好后放开(图4)。

接下来将戴着无菌手套的左手插入到位于右手手套口向外翻卷的两层之间(图5)。在右手完全插入右手手套并戴好之前确实抓住右手手套，并且将翻卷的手套口套在无菌手术服的右侧袖口上(图6)。

然后，用戴好手套的右手插入到左手手套翻卷的手套口之间，将外翻的左手手套的手套口拉至无菌手术衣的左侧袖口上(图7)。

现在术者已经是无菌状态了，做好了实施无菌手术的准备。

1.12 手术的基本技术

切开皮肤时手术刀的正确持法和操作法

用左手的拇指和食指绷紧皮肤，使用手术刀的腹侧刀刃垂直对着皮肤表面，对刀施加垂直均等的压力进行切开操作。一次切开所需要的长度(图1)。

切开时手术刀的正确持法(执笔法)(图2)。

镊子(执笔法)和持针器的正确持法

用拇指、食指和中指握住镊子。在进行单纯结节缝合时，为了正确操作缝合针，将握有持针器的手配合缝合针的弯曲度进行弧线形操作(图3)。

手术时左手操作镊子的正确方法

这种执镊子的方法，可以在不放下镊子的状况下双手连续工作(图4)。

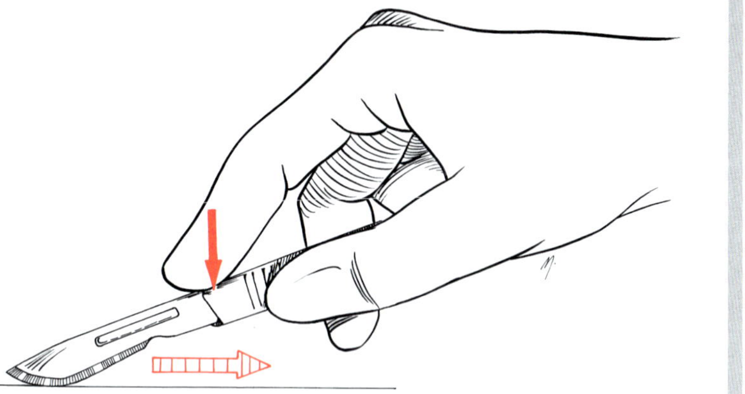

1

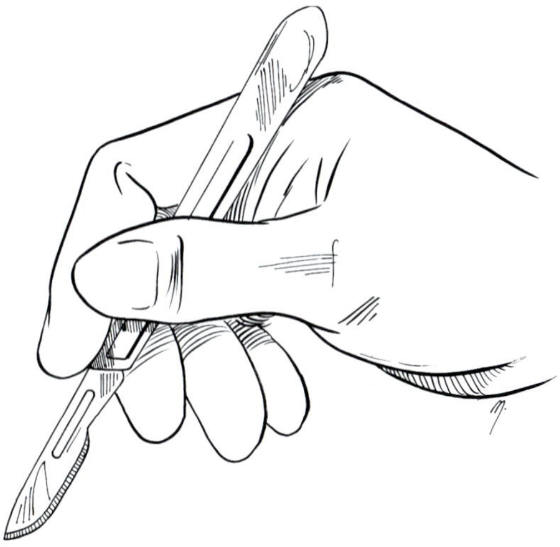

2

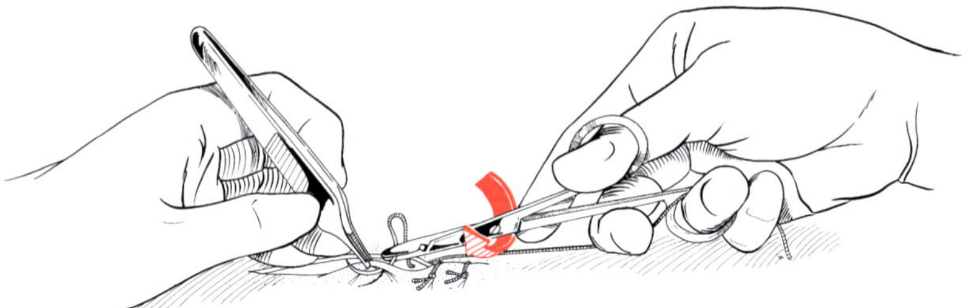

3

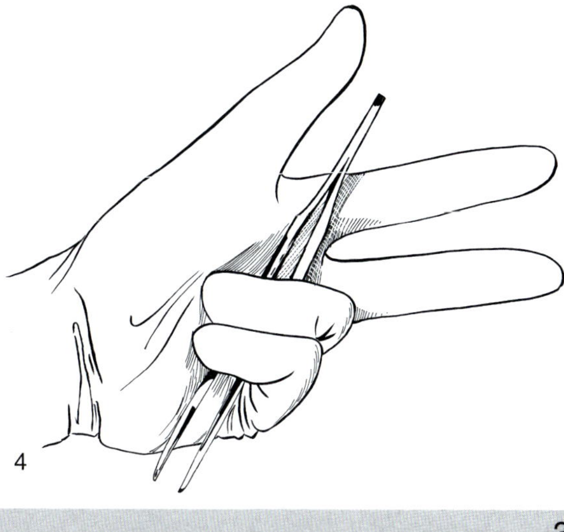

4

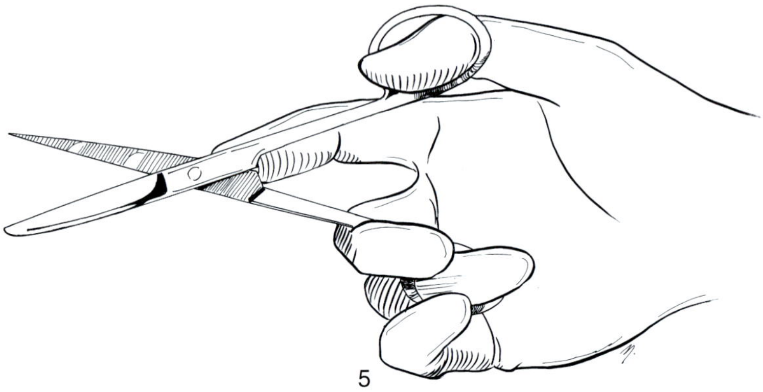

5

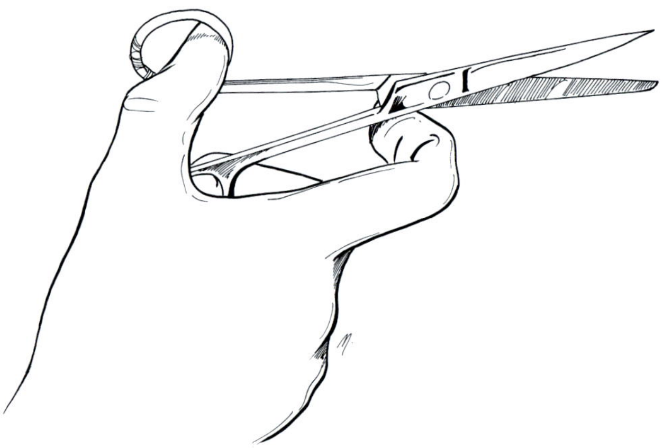

6

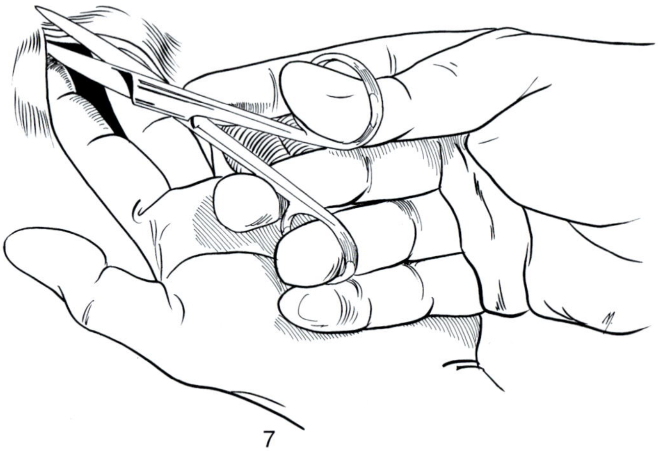

7

右手持剪向左(图5)和向右(图6)剪开时剪刀的持法

注意

当使用钝头且一侧弯刃的手术剪时，必须将弯曲圆滑的一侧朝向患病动物!

为了避免伤及下面的组织，一边用手指保护，一边在体表做切口

用稍稍展开的左手手指在腹壁内侧稍微抬起腹壁，在保护腹腔脏器免受损伤的前提下，将剪刀插入腹壁和脏器之间(图7)。

用组织剪钝性分割和剥离组织的方法

用组织剪使组织可动化时，可通过剪刀脚的开合钝性剥离组织层，使之离开相邻的组织（为了分离粘连的组织，不用锋利的手术刀而用镊子或者手指分离称为钝性分离）（图 8）。

用钝头剪刀通过皮下剥离的方法使皮肤可动化（将皮肤从真皮上钝性分离下来）（图 9）。

注意

与图 8 相比，食指的按压部位和方法有所不同！

用钝头剪子或止血钳分离、暴露血管的方法（钝性暴露）（图 10）。

8

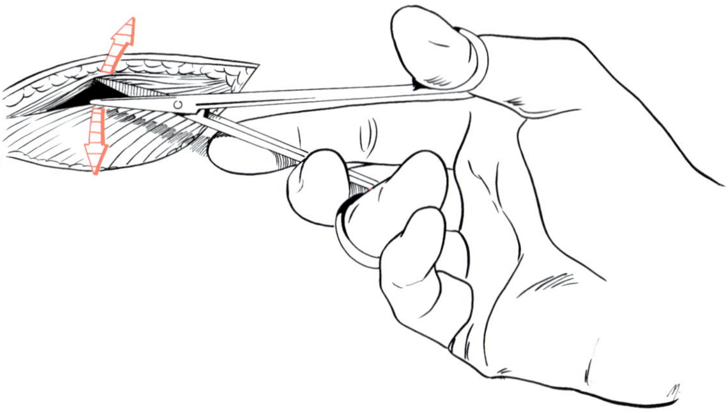

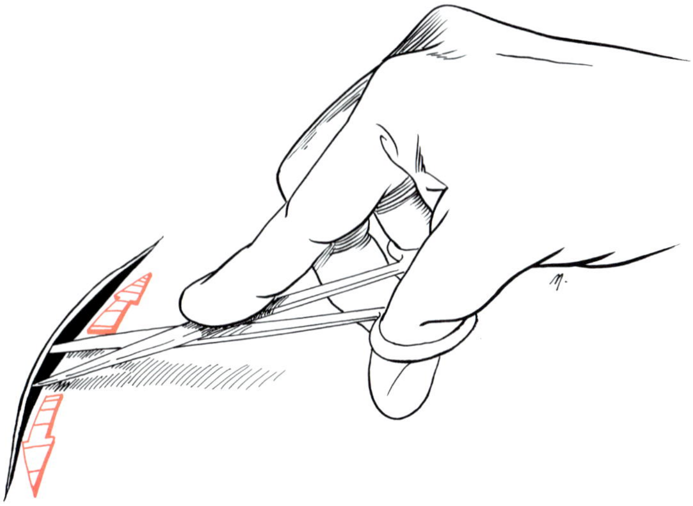

9

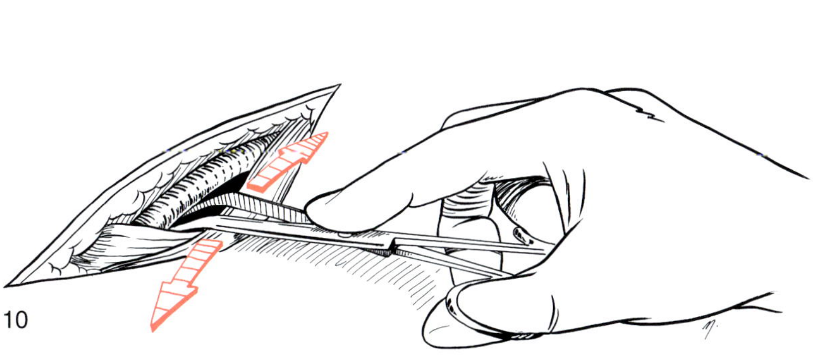

10

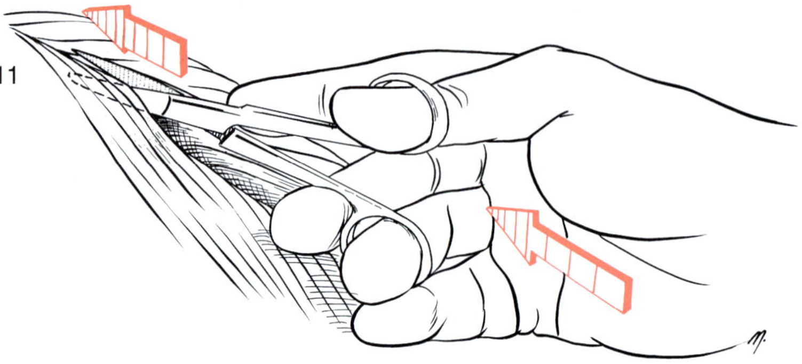

11

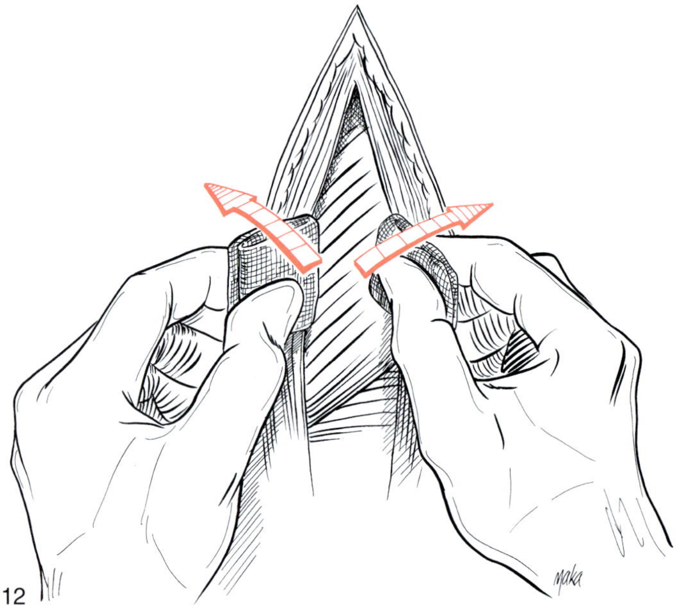

12

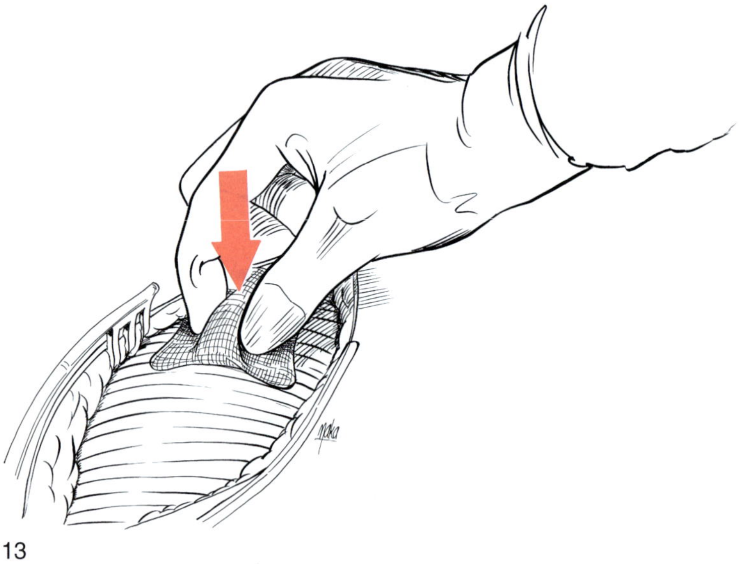

13

用剪刀沿着解剖学结构钝性切开法

沿着解剖学结构（例如在两块肌肉之间）进行钝性切开时，半张开剪刀但不做剪开动作，在组织间进行推进切开(图 11)。

用湿润的纱布进行钝性剥离

用纱布钝性剥离组织，可能是一种最慎重保护组织的方法，特别适用于如去除脂肪或结缔组织等大概性的工作，或者将埋藏在脂肪组织中的神经或血管显露出来(图 12)。

用纱布清洁局部

仅仅用纱布压吸局部(图 13)。

通过用纱布压吸局部来吸除聚集的液体。相反如果用纱布擦拭局部，能使已经停止出血的部位再出血！

提示！

用纱布轻轻地压吸，而不是擦拭！

1.13 缝合材料、缝线的强度以及缝合针

1.13.1 缝合材料

人们将缝合材料划分为天然吸收性材料、吸收过程稳定的合成吸收性材料和非吸收性材料。缝线按构造分为单股缝线、多股缝线、镀膜多股缝线或者说是假单股缝线。关于缝合材料的包装保存方式,采用或者是线团或者是小的集束线包方式。

关于外科缝线的吸收过程，分为被身体组织分解和分解的产物被吸收两种情况。不能将缝线被吸收和在吸收的过程中张力的消失混同起来。缝线的抗张力已经消失,在缝线已经完全不能履行功能时,应该还保留缝线的可见结构。如果缝线的抗张力消失的进程和伤口愈合的进程相同,那么缝线的抗张力消失也无碍大局。至于半衰期问题,根本上是指牵拉强度,即抗张力的丧失情况。

天然的可吸收性缝合材料

这类缝线由天然材料(肠、甲壳素)制成。

制肠线的原料为小羊或牛小肠的黏膜下组织或浆膜下组织。

未经加工的肠线(未处理的)通常在1~2周内被吸收,半衰期为6~7天。

铬肠线(用铬盐浸染过的)通常在3~4周内被吸收,半衰期大约为14天。

合成的可吸收性缝合材料

这类缝合材料由人工合成的糖化合物(聚乙二醇酸或者聚对二氧环己酮)制成。用于肌腱、腹壁和黏膜等各种手术的缝合,也可用于口腔手术的缝合。

聚乙二醇酸(PGS)将水解成 CO_2 和 H_2O。

这种缝线适用于可使用可吸收性缝线的各种场合,可用于各种部位。半衰期约为18天。

聚对二氧环己酮(PDS)通常吸收时间大约为6个月,半衰期约为7周。

非吸收性缝合材料

这类缝合材料包括手术用丝线、尼龙线、聚丙烯、聚酰胺、聚酯和聚乙烯。这类缝合材料用于必须构建长期的组织的替代物(例如韧带)手术的场合。其缺点是在组织内留存多年,有可能引起渗出液潴留或瘘管。

钢丝线应该只被用于闭合皮肤,钢丝线具有高的组织亲和性,没有异物排斥反应,因而也就不会形成瘘管。由于钢丝的物理特性,因此需要特别的打结技术。

1.13.2 缝线的强度

使用何种强度的缝线取决于该组织的特性。关于这方面将在以后各章中加以叙述。

所有在后面将要使用的缝线的强度都援引自美国药典(USP)标准。

美国药典与米制之间的换算

肠线的USP规格	其他缝线的USP规格	米制规格
7-0	6-0	0.7
6-0	5-0	1
5-0	4-0	1.5
4-0	3-0	2
3-0	2-0	3
2-0	0	3.5
0	1	4
1	2	5
2	3	6
3	4	7
4	5	8
5	6	9

1.13.3 缝合针

根据缝合针的形状、强度(大小)和针尖的横切面形状来分类。缝合针形状可以根据占完整圆的比例来划分(如3/8、1/2等)。在特殊情况下使用直针或半弯针进行操作。

缝合针的横断面

像三角针具有锐利断面的缝合针，用于缝合皮肤、筋膜、腹壁和韧带等组织。

具有圆形断面的圆针(无损伤),用于缝合浆膜、肌肉以及黏膜等组织,也用于胃、肠道和泌尿道、实质器官、血管、支气管和肺组织的缝合。

缝合针的强度用直径来表示。

使用缝合针的强度和形状,根据使用的目的、机体组织的种类、伤口的深度和特性、使用缝合材料及其强度等来决定。

1.13.4 缝合针和缝线的组合

带线缝针的优点是,缝线与针的末端圆滑过渡(线被压入或被穿入缝合针)，这种组合在穿过组织时对组织损伤较小。

带线缝合针的缺点是,与单个缝合针或者缝线相比明显价格高。

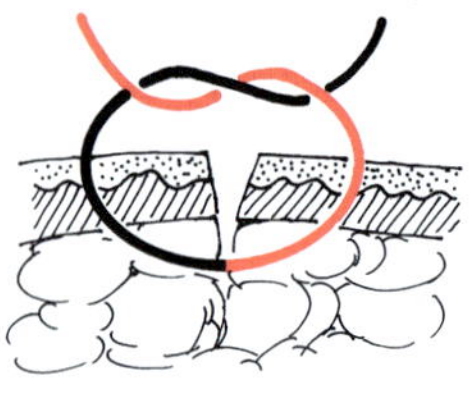

1

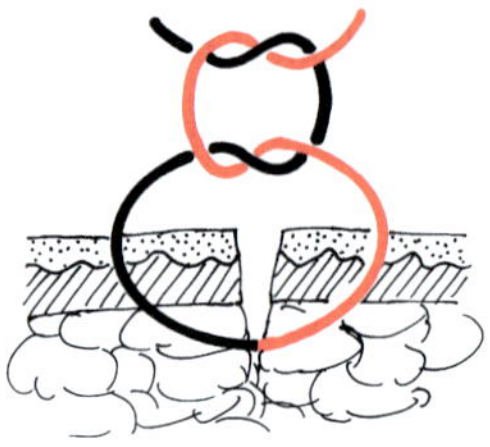

2

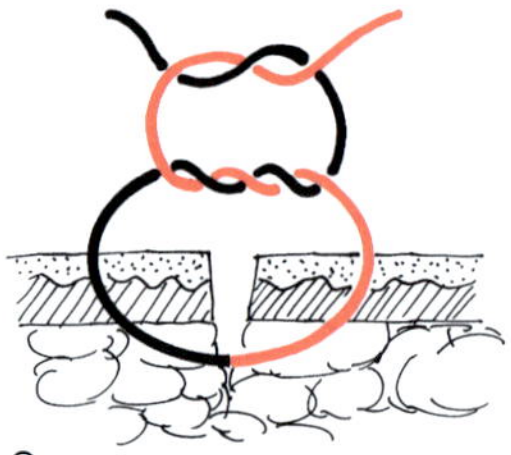

3

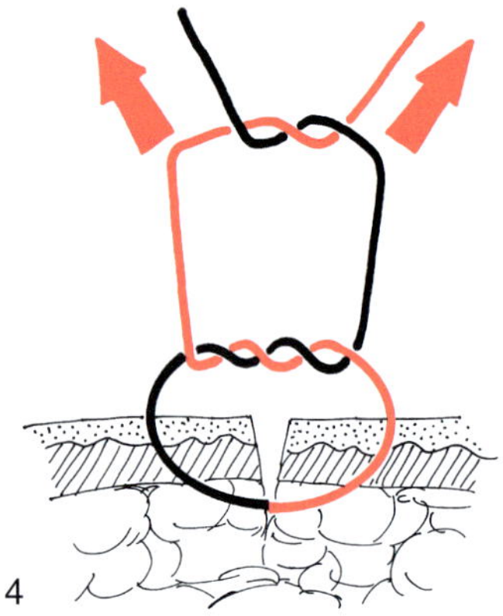

4

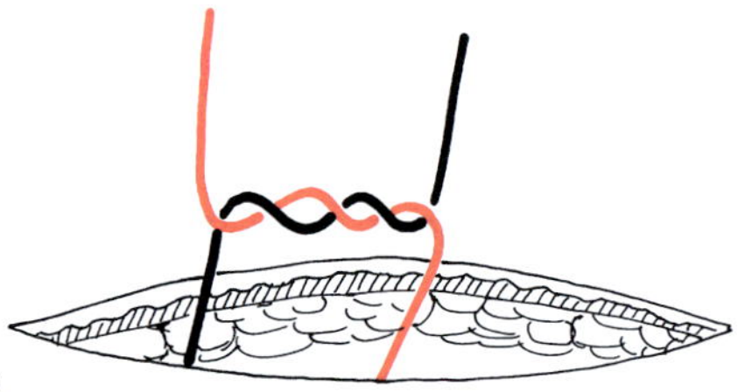

5

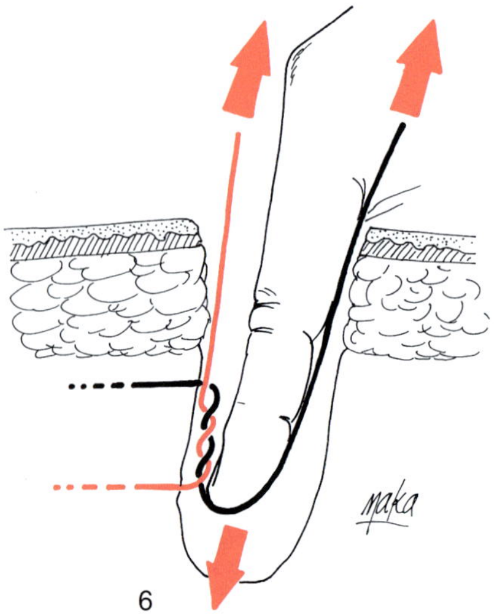

6

1.14 打结的技术—结扎法

1.14.1 结的分类

单结(图 1)

这种结本来的意思是由一个单环结构成,而作为真正的结至少由两个环构成。

滑结(立刻能够松脱的不良打结)(没有图)

该结是围着自身缠绕的两个环(骑马环)。因此,这种结可以自行打开,所以不能用于外科手术的打结。

方结(渔夫结)(图 2)(单-单)

这种平整、牢固的结通过改变线的方向,使线与第一个环结相交而成。方结特别适用于小血管结扎。

外科结(图 3、4)(双-单)

在环绕两次之后,必须改变固定的单结打结方向和牵拉方向(图 3),这样打成的结为平整、牢固的外科结。

注意

打结时,第一个结是合拢,第二个结是固定!

体腔内的外科结(图 5、6)

首先,在体腔外做成最初结的形状(图 5)。用中指在结的附近将结的一侧缝线压入创口,拉紧两根线,将结引导入结扎的部位(图 6)。中指压迫固定的同时还起引导方向的作用。

1.14.2　打结的技术

双手打方结(将文字叙述参照右侧的图例)

在无需器械帮助下的徒手打结的技术，在整个打结过程中不松开线是很重要的。

将线平行地用两手持握(图 1)。

绕过右手的中指和无名指后，将线的两端置于相反的方向平放(图 2)。

用右手中指一边在左下方形成环结，一边同无名指一起夹住缝线的一端，左手拉紧松弛缝线(图 3、4)。

双手交叉拉紧第一个环(图 5)。

在两手返回时，用右手伸展的食指钩住左侧的线(图 6)并将其向右侧拉。

松开右侧线，一边在左侧线下做成环一边拉紧(图 6、7)，在不形成交叉的情况下拉紧成结(图 8)。

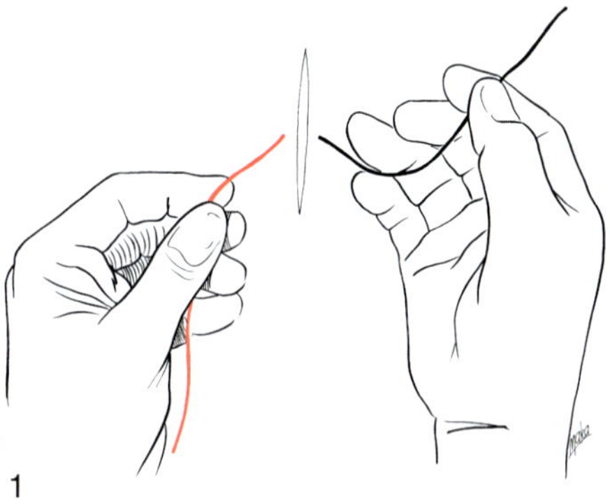
1

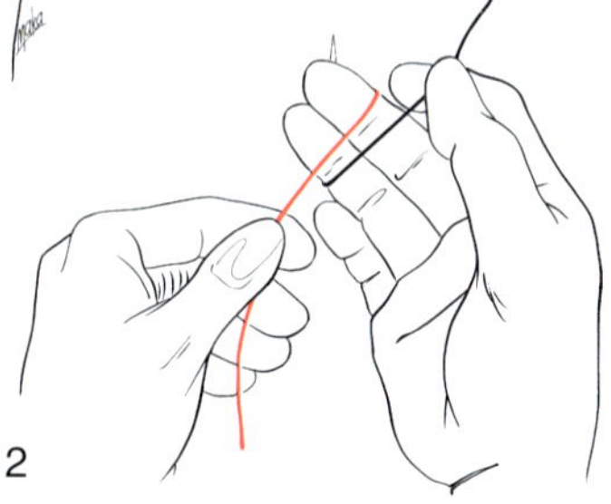
2

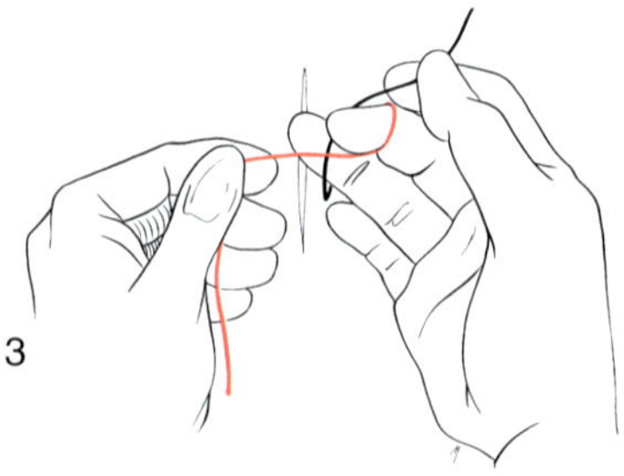
3

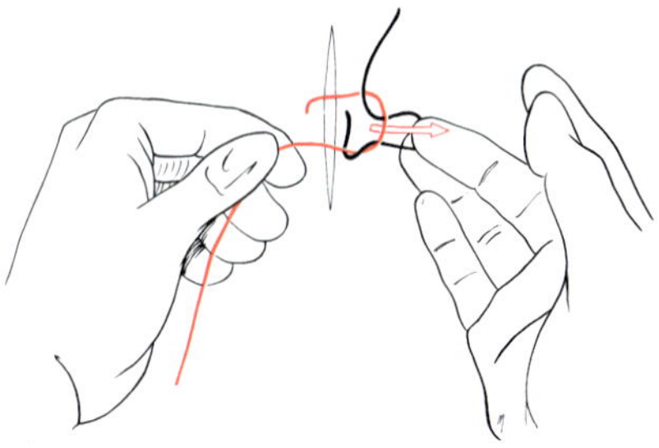
4

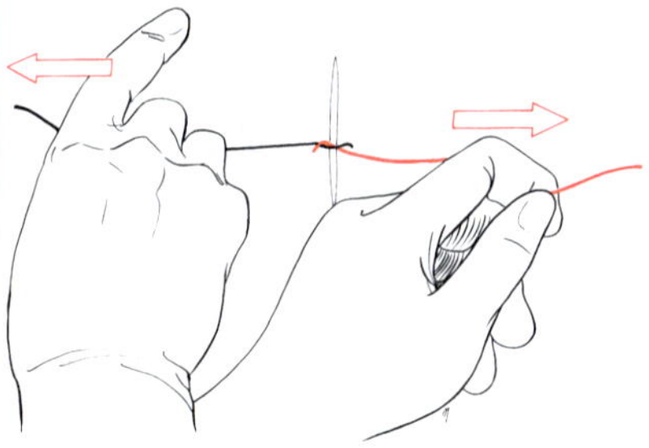
5

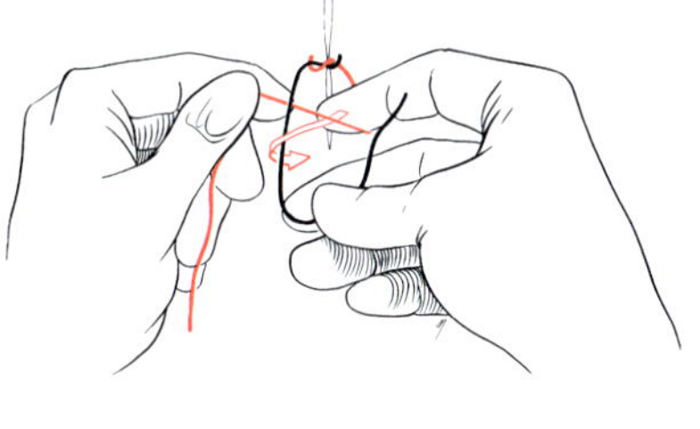
6

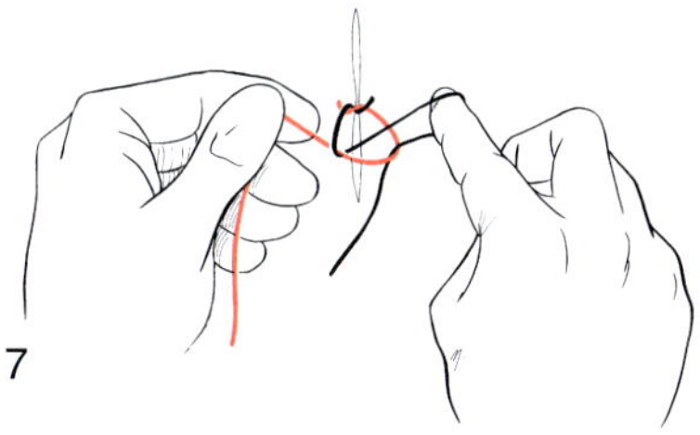
7

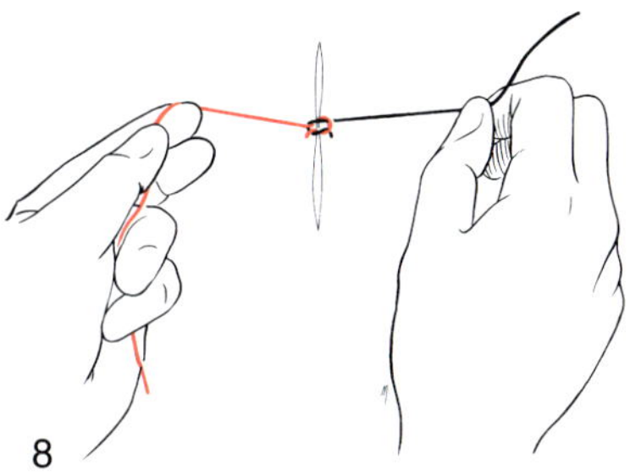
8

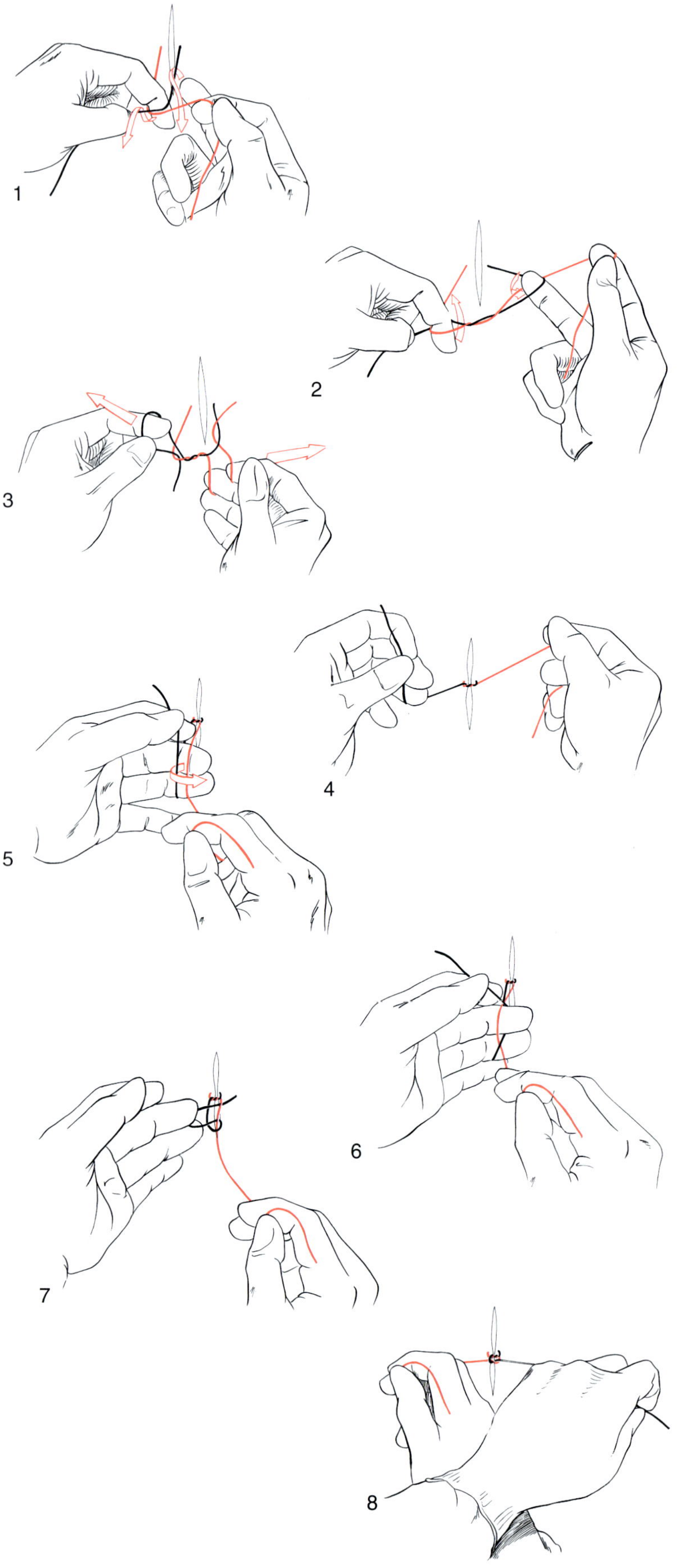

双手打外科结

一边将 2 根线交叉一边用两手持握，为了起到支撑缝线的作用，在左手的食指上缠绕缝线(图 1)。

一边松弛缝线的张力，一边将对侧的缝线形成环在下面穿过(图 1~3)。

两手不交叉,将双重环拉紧(图 4)。

接着,按照上述的方法做成一个单环，此时用左手做引导(图 5~7)。

最后，像前面讲的那样双手交叉拉紧(图 8)。

如果有必要，并且依照缝合材料的特性,也可以在上面再打多个单环结。

用持针器打外科结

双手和持针器位于创口的同侧。当缝线上带有缝合针时，左手抓住带有缝合针的一侧缝线，然后围着稍微开口的持针器缠绕两次(图1)。

用持针器夹住对侧游离的缝线另一端,通过双环并拉紧(图2)。

一边在平面上交叉两手，一边拉紧双环结(图3)。

在创口右侧,将左手拿着缝线的一端,围着稍微开口的持针器缠绕一圈。再稍稍打开持针器，用持针器夹住对侧游离的缝线另一端（图4)，穿过单环再一次进入对侧,引出缝线(图5)。

拉紧、固定外科结(图6)。

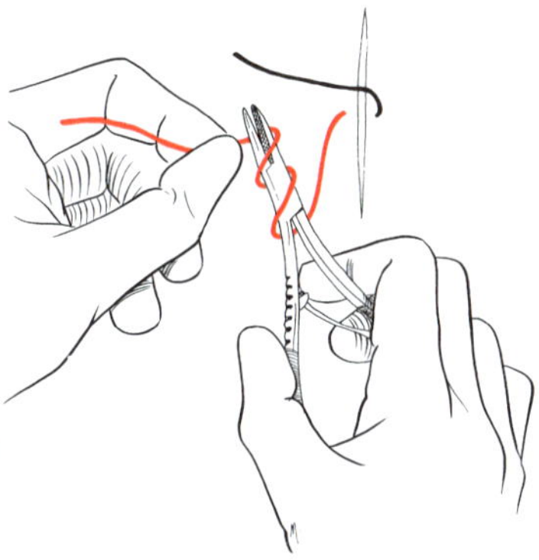
1

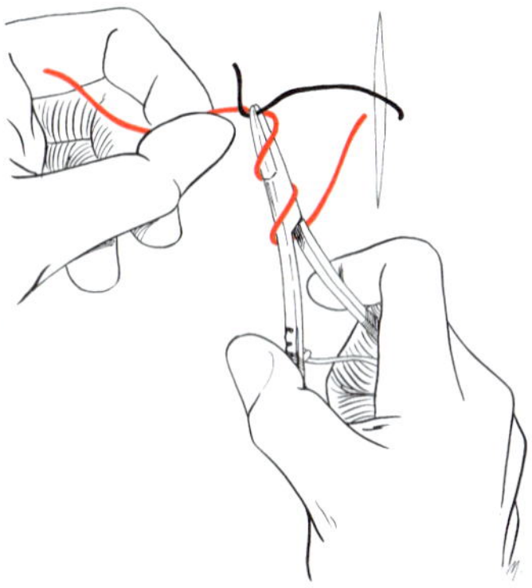
2

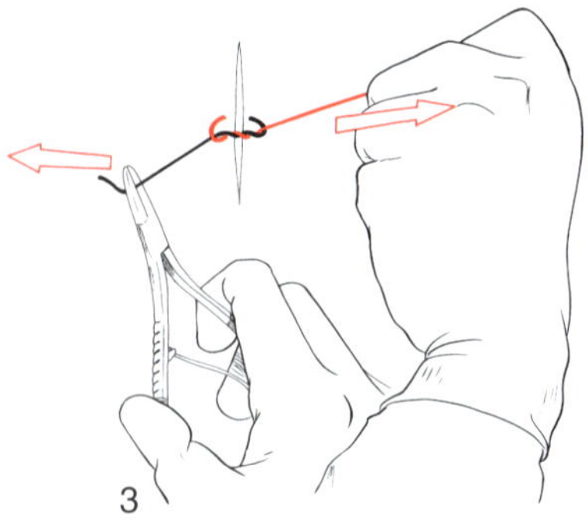
3

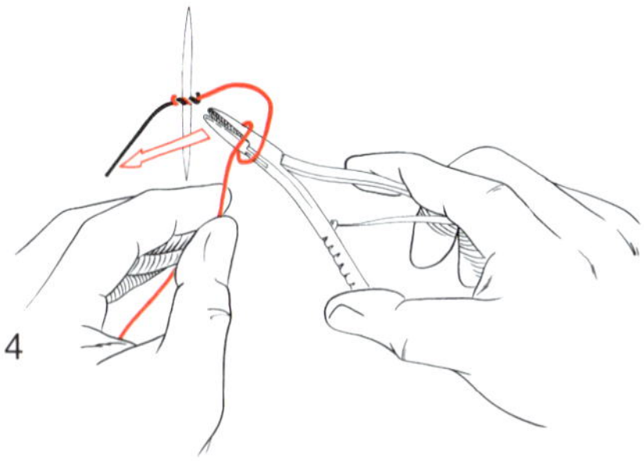
4

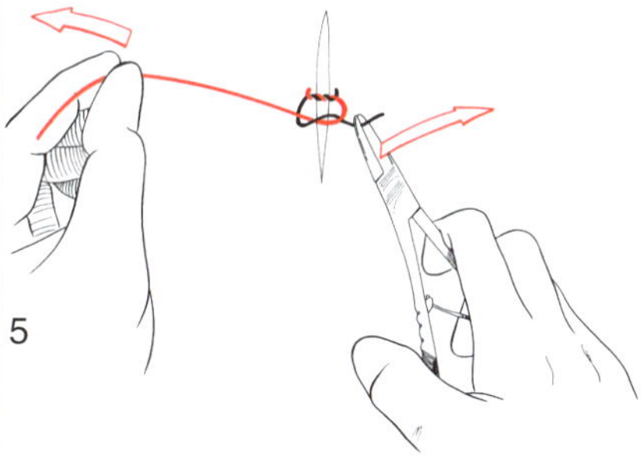
5

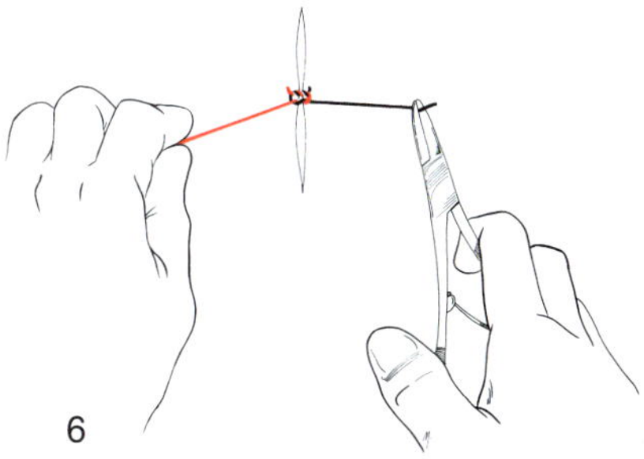
6

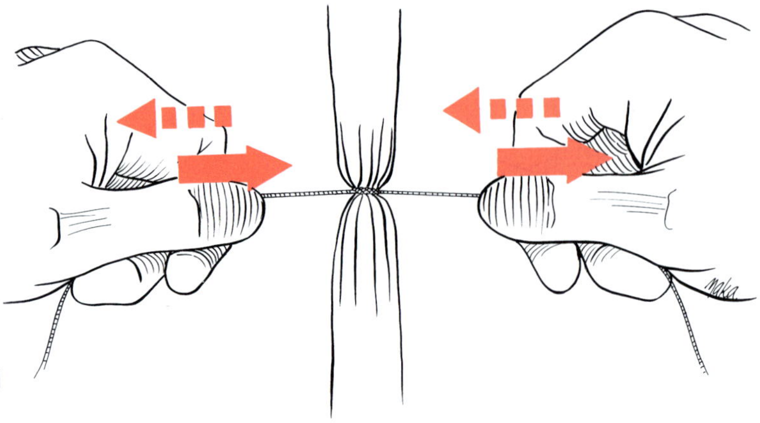

1

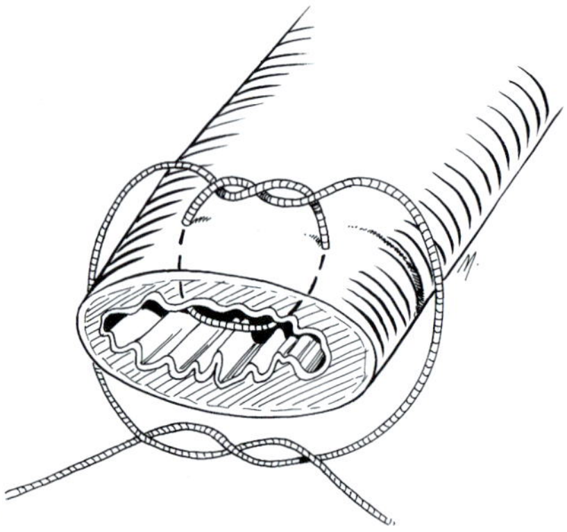

2

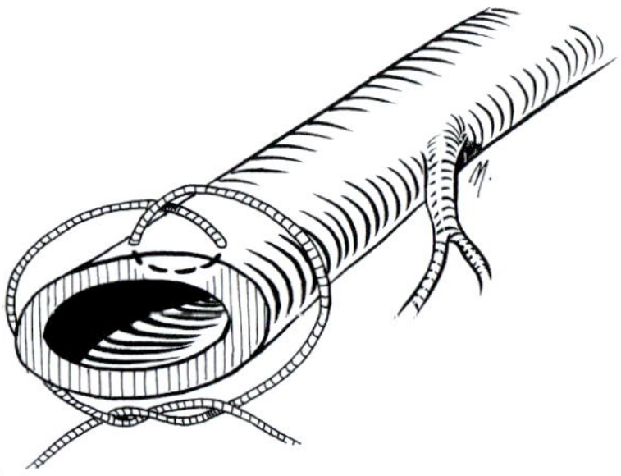

3

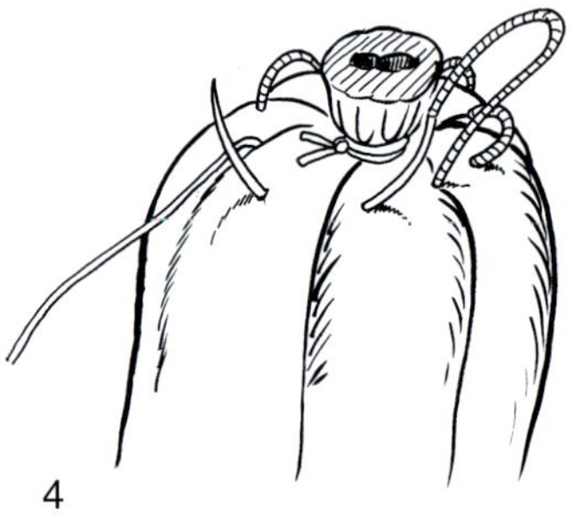

4

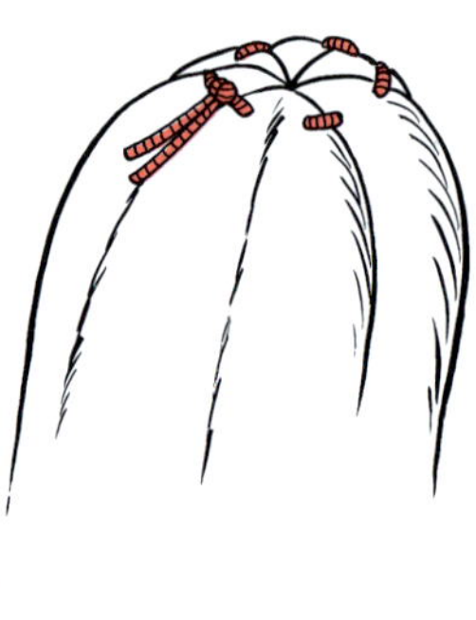

5

1.14.3 结扎

结扎线的强度，应该由结扎的规模、目的和被结扎组织的种类特性来决定。

牵拉两根缝线末端，向左右做轻微的摆动，尽量在同一平面上（在同样的轴向和平面上）操作，直到达到所期望的结扎程度为止（图 1）。

固定结扎［霍尔斯德氏缝合法（缝合创口时，将缝合针穿过表皮下进行步行缝合）］

图 2 显示的是为了闭锁大的血管使用的结扎法。此时缝线贯穿动脉内膜。该血管在中枢近侧时还必须额外追加缠绕束口结扎（扎口袋嘴儿的方法）。

对于比较细的血管的固定结扎

对于比较细的血管，将结扎线如图所示穿入结扎（图 3）。

荷包缝合

用这种特殊形式的固定结扎法，可以通过多次环状的缠绕，闭合相对大的开口。

图 4、5 显示的是切除后的空腔器官。在进行会阴部位手术时，应用荷包缝合法将肛门做暂时闭合。作为本法的其他适应症，当猫出现轻度至中度的直肠脱垂时，可在肛门周围进行荷包缝合，但必须留下一个小的排便通道（宽度为镊子直径大小），使其康复。

血管的结扎

血管的结扎用于严重出血的小血管，这里描述的是适用于结扎皮肤血管的方法。

首先，用止血钳前端夹住出血的血管，进行暂时的钳压止血（图6）。

接着将止血钳竖起，将一根结扎线（一般选择3-0~2-0铬制肠线或者丝线）尽可能靠近血管出血位置（图7）。

稍稍提起夹着血管的止血钳，尽可能长地暴露血管断端，然后，在其基底周围打外科结实施结扎（图8）。

在这里讲的是竖起止血钳进行结扎，其实在实际操作中，将止血钳放倒更容易实施结扎操作。在取下止血钳后，必须认真检查止血情况。

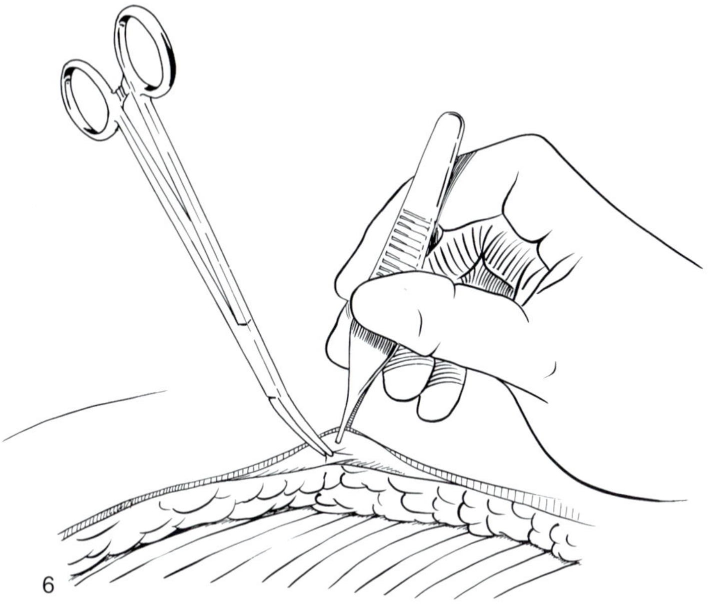

6

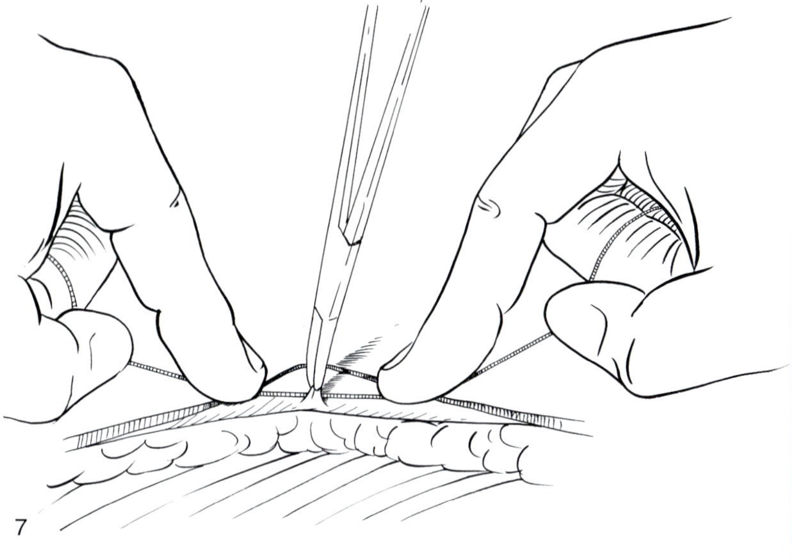

7

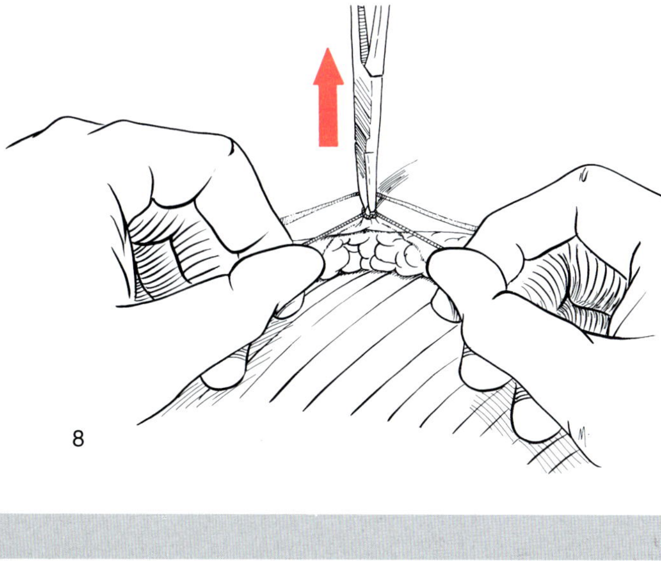

8

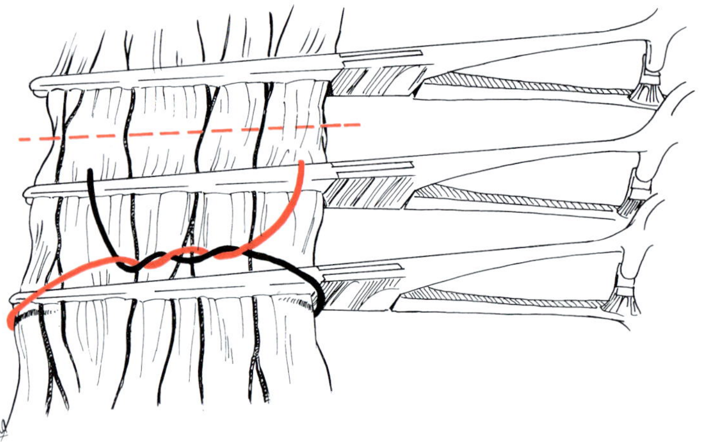

9

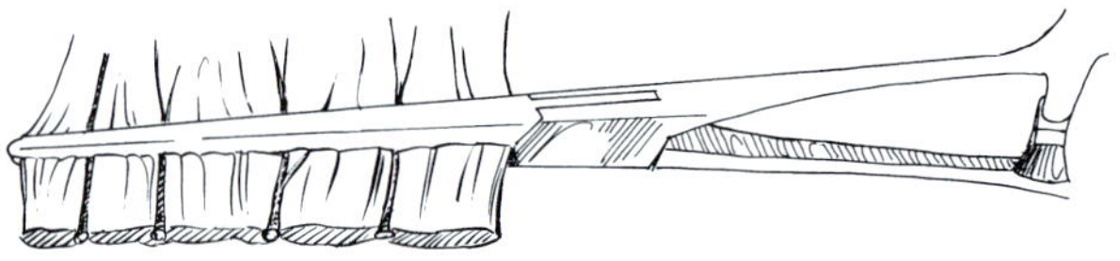

10

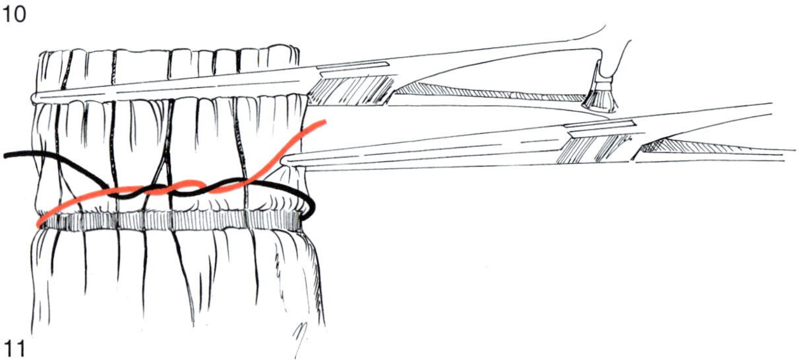

11

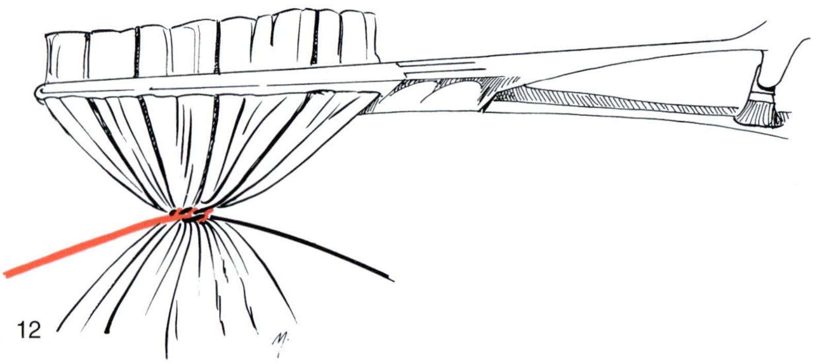

12

断端集束结扎法(3钳止血法)

对于含有多数小的和中等大小血管的组织,可采用集束结扎法进行止血。例如,在子宫卵巢摘除术时进行的子宫膜及卵巢韧带等的结扎。这里描述的是切除子宫颈时的结扎。

以1~1.5 cm的间隔距离夹上3把大的止血钳(图9)。

在位于近端的止血钳的近前方实施结扎。为了结扎确实,在取下这把止血钳过程中逐渐系紧结扎线,最后拉紧结扎线(图11)。在第二和第三把止血钳之间切断组织(图10)。

在取下最后一把止血钳后,认真检查结扎部位的结扎和止血情况。无误后将线末端留下大约1 cm长线头后剪去(图12)。

1.15 创口的闭合

下面列出的原则，在闭合创口时，在缝合针刺入组织的方法上具有特别的意义。

- 创口的深度。
- 断面的断离形式或者原因（参考图 4）。
- 在创面上真皮的厚度。关于这方面可以参考 2.1。

这里必须使用锋利的三棱弯针，穿过创口最深处下方的组织(图 1~3)。

如果创口在深处扭转了方向（主要是撕裂挫伤）(图 4)，使用简单闭合创缘的方法会使愈合过程变得复杂。为了不延迟愈合的时间，不使创口发生凹陷，必须使用弯缝合针做大弧度的组织穿刺(图 4、5)。

当发生包括皮下组织在内的全层断裂时(图 6)，皮肤损伤严重，由于有可能出现讨厌的渗出液肿胀或血肿情况，为了预防术后形成囊腔，应一起贯通皮下的肌肉组织并缝合固定(图 6、7)。

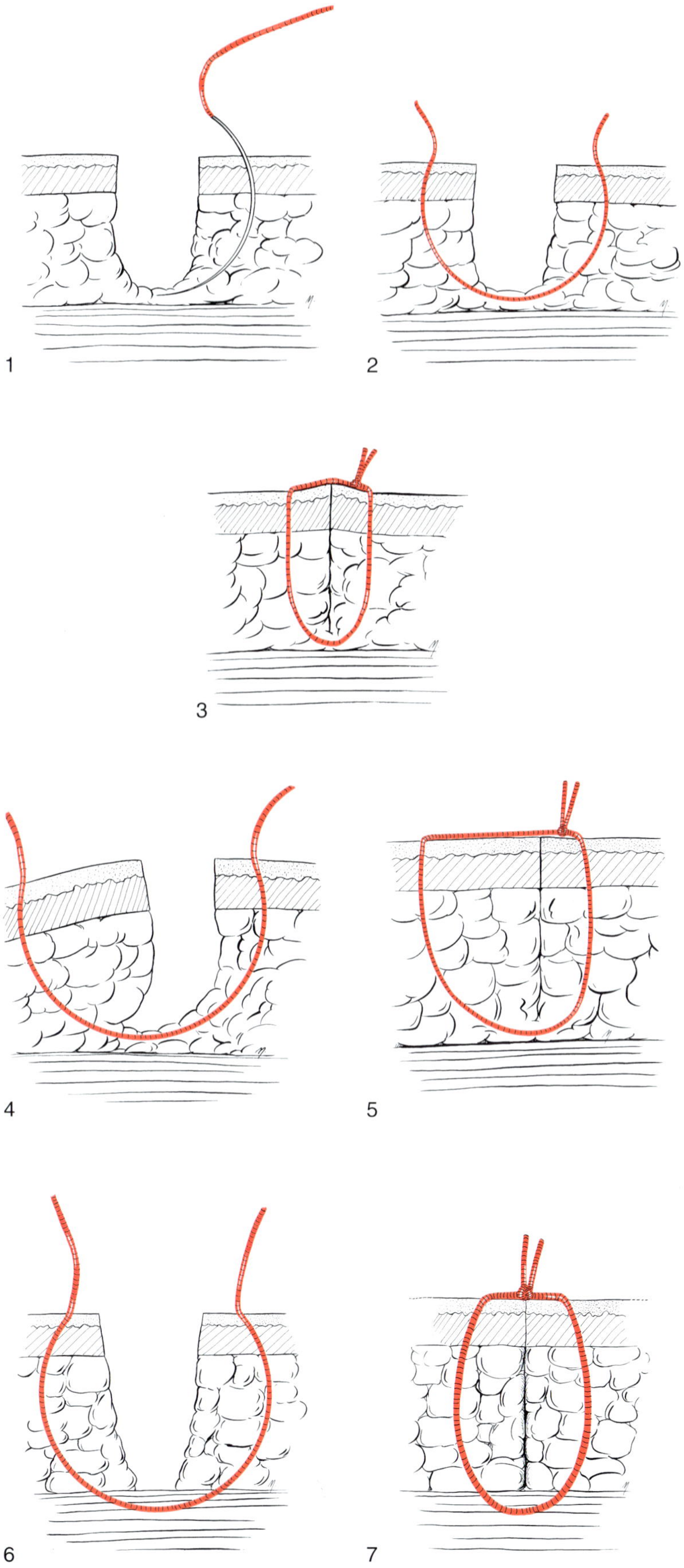

1 2 3 4 5 6 7

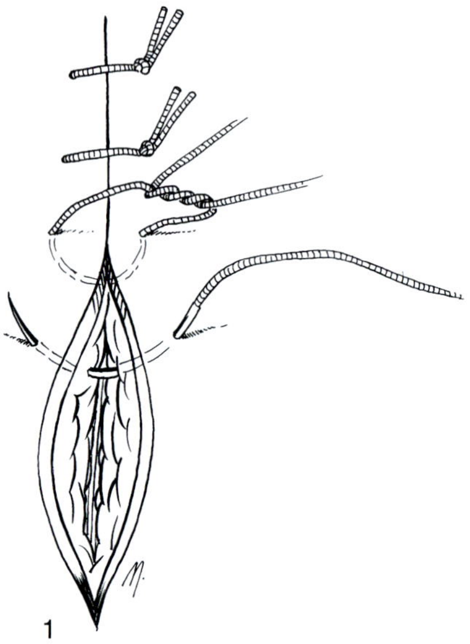

1

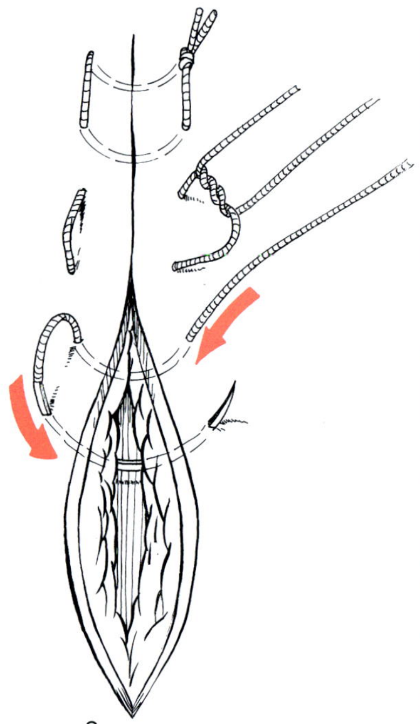

2

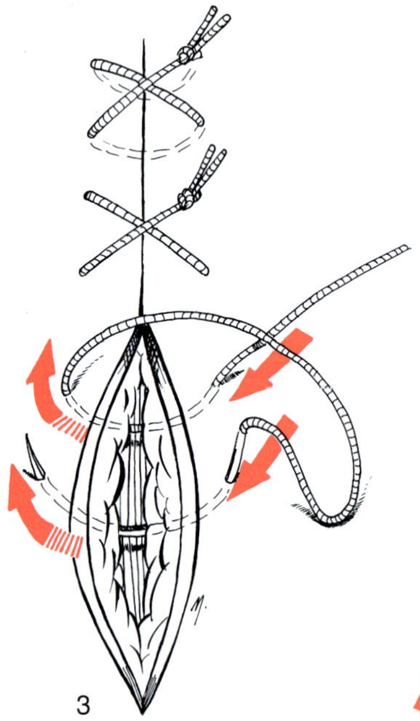

3

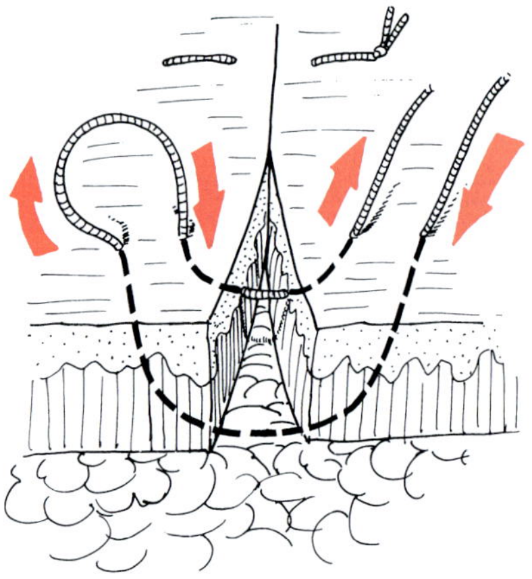

4

1.15.1 缝合法

1.15.1.1 单纯结节缝合

狭义的单纯结节缝合是在闭合皮肤创口时最常用的缝合方法。应用于创缘间张力较小的闭合。

夹住创缘，刺入或刺出位置之间的距离应与皮肤的厚度成比例(图 1)。

犬的缝合间隔大约为 1 cm，猫的缝合间隔为 0.5 cm,最大间隔距离为 1 cm。关于打结,应尽可能统一排列于创缘的一侧。

水平褥式缝合(水平缝合)是一种最简单的减张缝合法。这种缝合能使创缘在平面上良好、切实地对接(图 2)。水平褥式缝合法适用于以下情况:在进行单纯结节缝合时,由于创缘紧张而导致缝合部位皮肤断裂时；预料到创缘可能裂开的场合；或者预料到术后的创口可能发生肿胀的情况等。

对角缝合是两次从同一侧创缘进针(图 3)。这种缝合法特别适用于在狭窄的区域创口出现较高的张力时，以及用于关闭穿刺切开创（例如在胃或肠严重鼓气时放气后穿刺创的闭合)。

垂直褥式缝合（垂直 U 型缝合)由于缝合时连带着相对多的组织，故可用于减张缝合(图 4)。

（垫在缝合伤口上的）**圆枕缝合**（图5）用于在皮肤张力较大部位的减轻张力。在皮肤和缝线之间插入小垫枕（纱布卷）或者小塑胶管。为了使皮肤完全对接或者调节张力差异，在圆枕缝合之间再加入单纯结节缝合。

进行穿针引线操作时，方法同于垂直褥式缝合。

图6显示的是用细的塑胶管做垫枕的水平褥式缝合。

皮肤皱襞（多余的皮肤）的遮盖缝合（图7~9）用于如上位尿道切开术时，需要进行特别的伤口保护，将较大的纱布卷放在已经缝合好的伤口上面。在距伤口两侧约3 cm处进行缝合，拉近两侧的皮肤，使两侧的皮肤在纱布卷上面松弛地对接。缝合的间隔同样为3 cm，通常在术后次日去除这种保护性缝合。

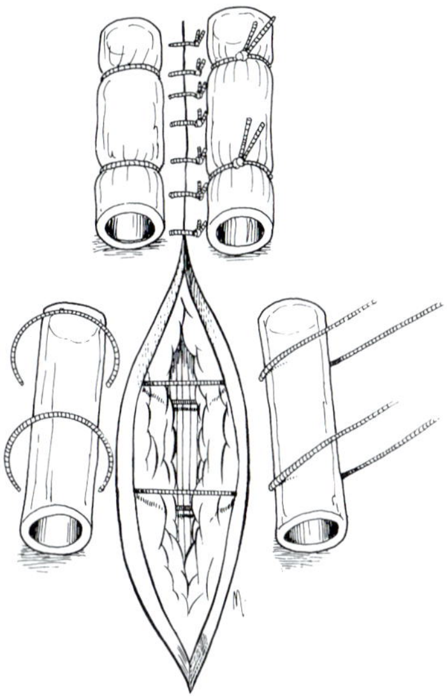

5

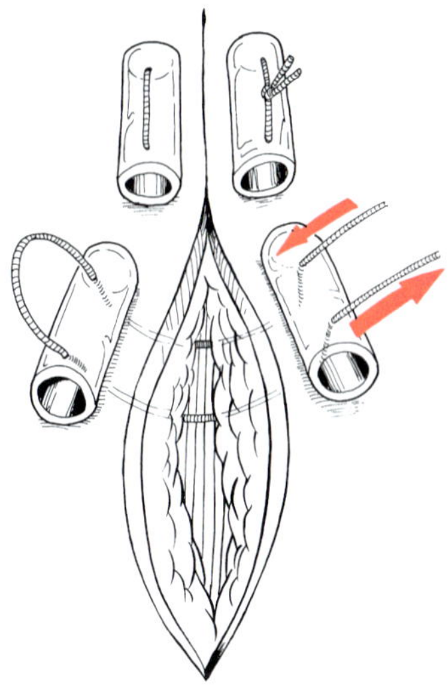

6

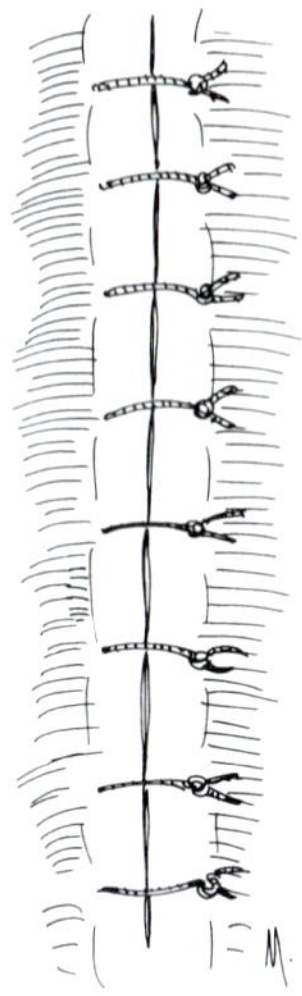

7

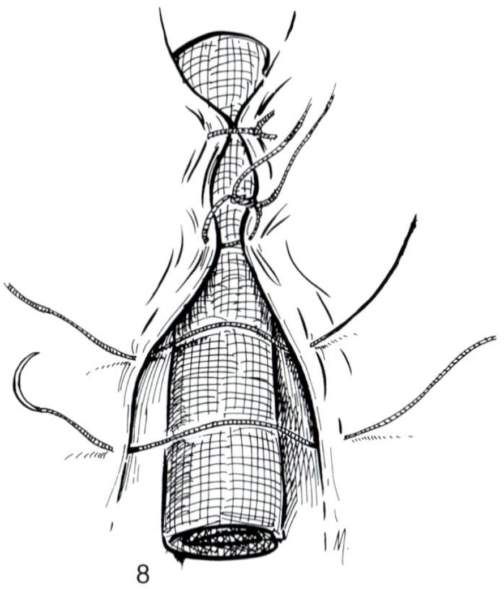

8

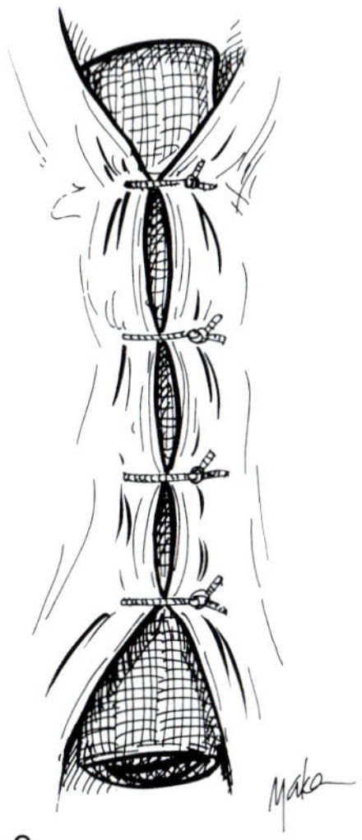

9

1

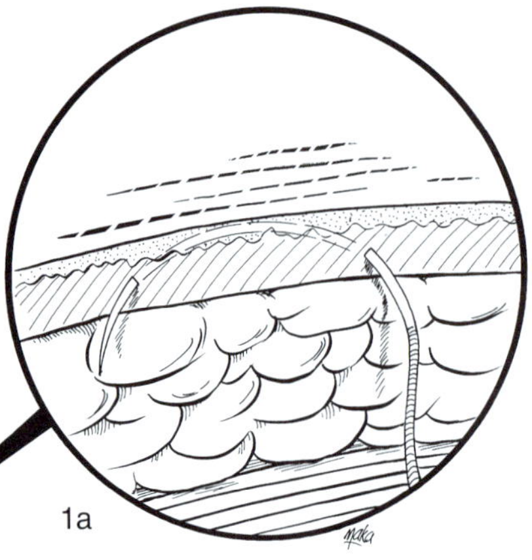

1a

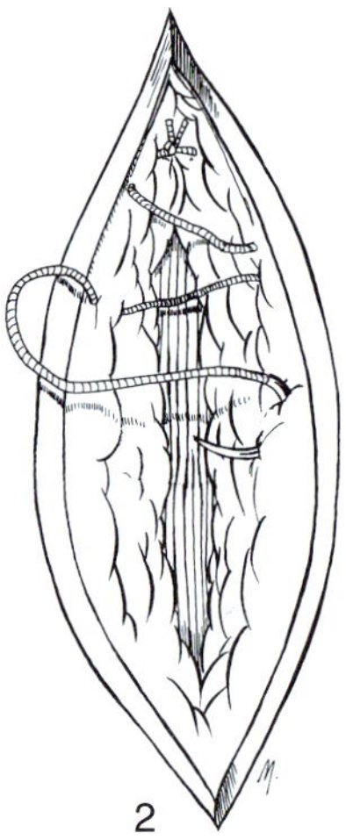

2

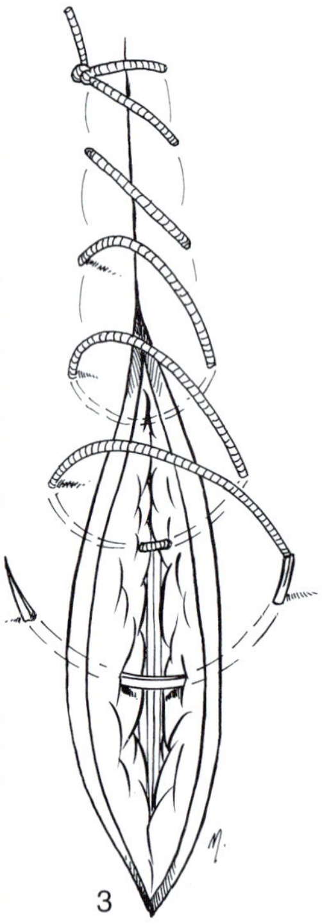

3

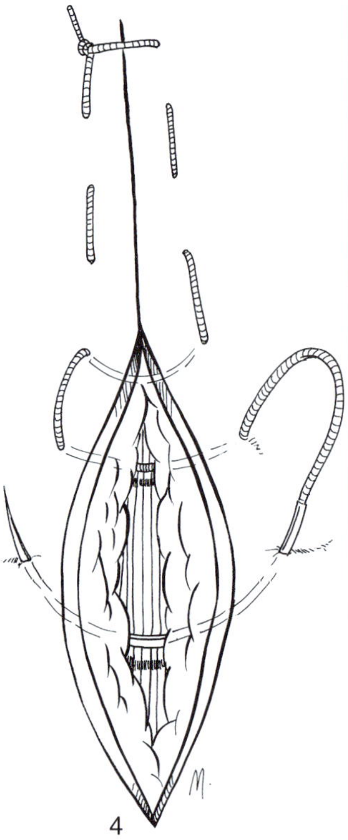

4

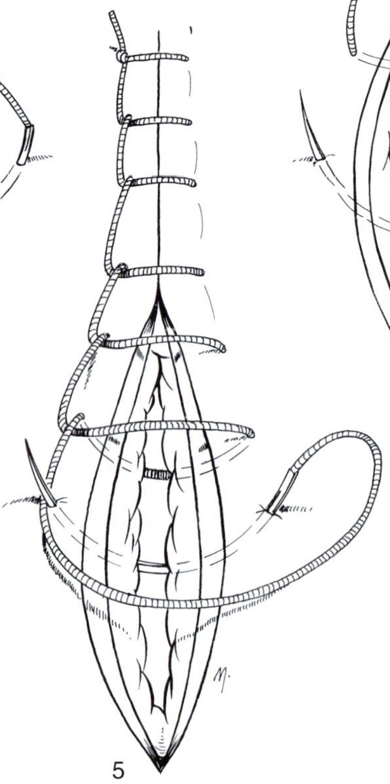

5

1.15.1.2 连续缝合

进行**皮内缝合**时，缝合针严格平行于皮肤表面穿过皮内(图 1、1a)。这种缝合技术可使伤口愈合后几乎不留瘢痕。缝合开始和结束的结都位于皮肤外面，因此在伤口愈合后,可以轻易地剪开结节,将缝线去除。也可使用可吸收性缝线,此时应将缝合开始和结束的结埋在皮下。

进行**皮下缝合**时，可使用单纯结节缝合法或连续缝合法。皮下缝合一方面能使创腔变小，另一方面在开始缝合皮肤前缝合真皮层。缝合技术和缝线的走向相当于螺旋缝合(图 2)。

单纯连续缝合（螺旋缝合或连续内翻缝合）是将第一针的缝线在伤口一端的外侧打外科结,剪短缝线头,然后如单纯结节缝合一样进出针(图 3)。在缝合过程必须保持缝线的张力。在刺入最后一针时做成襻状,最后缝合针刺出伤口对侧皮肤后,将缝线末端和襻打结并剪短。

连续褥式缝合就是连续水平褥式缝合(图 4)。

锁边缝合是在缝合针周围做成单侧环的一种单纯连续缝合(图 5)。这种缝合特别适合于闭合皮肤和隔膜不能承受张力的部位。

提示!

在缝合期间，应该让助手将缝线始终保持紧张状态。

1.15.2 肌肉缝合术

关于肌肉断端的缝合，应选用不太强的合成可吸收性缝线，采用水平褥式缝合法进行缝合(图 1)。由于在缝合部有撕脱的危险，故必须考虑在张力不太大的状态下进行操作。不仅如此，因为缝线有切割肌肉的可能性，因此还应该在吻合位置的周围用单纯结节缝法合缝合、固定筋膜。

1.15.3 肌腱缝合术

关于肌腱的缝合，应尽量使用细的非可吸收性缝线，以及使用带线的非损伤缝合针进行缝合。

Friedrich 肌腱缝合法是指使 2 根缝线垂直、相互交叉的立式缝合。肌腱在手术后必须保持非张力和非负重状态（图 2a、2b）。

Bunnel 肌腱缝合法是在肌腱断端的近中枢侧进行 2~3 次对角缝合。缝合针从肌腱断端的内侧(横切面)刺入，拉紧缝线并交叉后，按照同样的方法处理腱的另一端。用双斜向牵拉的方法进行闭合（图 3a）。缝线打结后肌腱外表呈波浪状（图 3b）。这样可以最大限度地分散张力。

肌腱重叠缝合法用于缝合细、薄的肌腱。缝合时将肌腱末端相互重叠放置，用褥式缝合法便可缝合固定(图 4)。

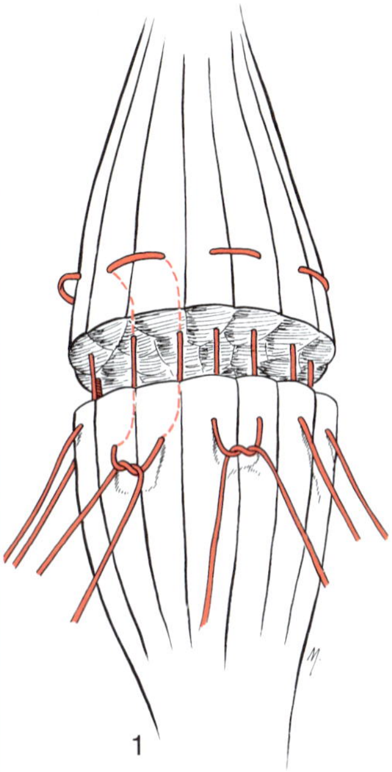
1

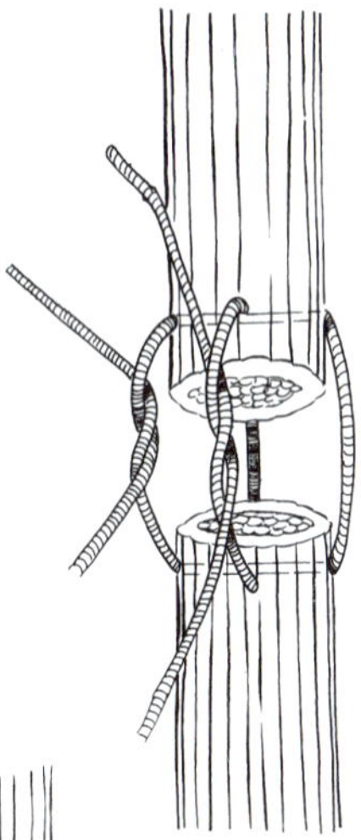
2a

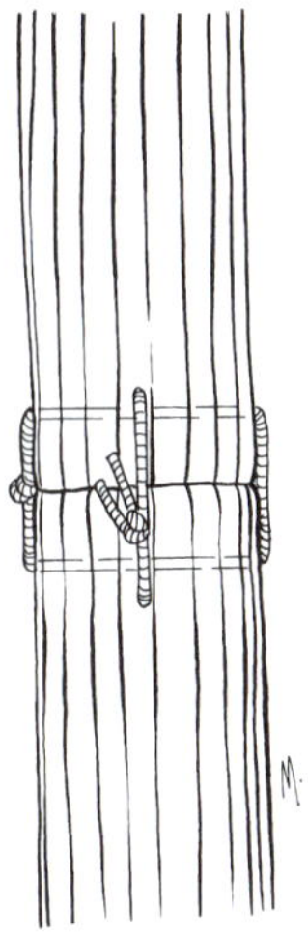
2b

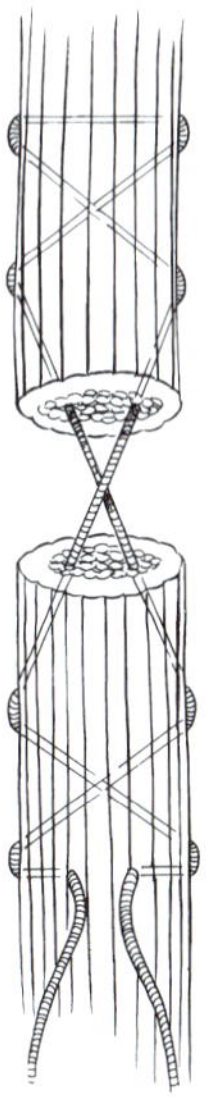
3a

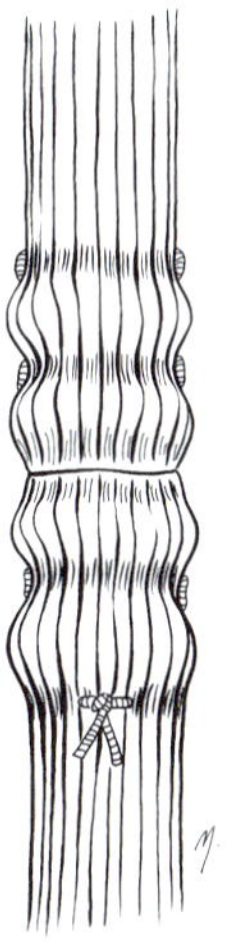
3b

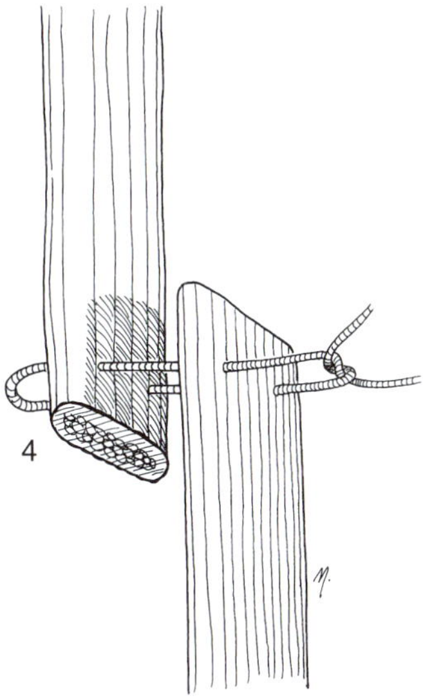
4

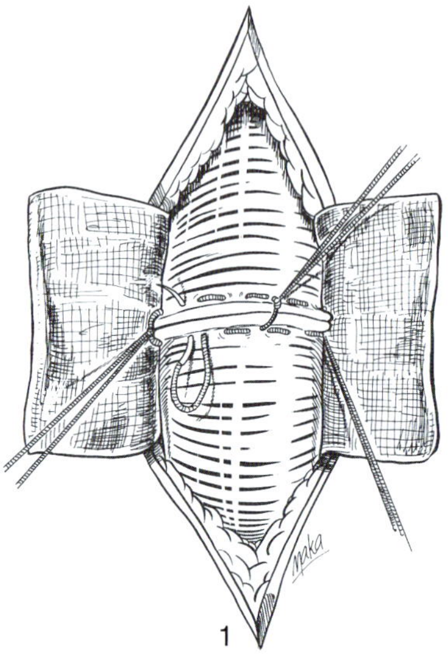

1

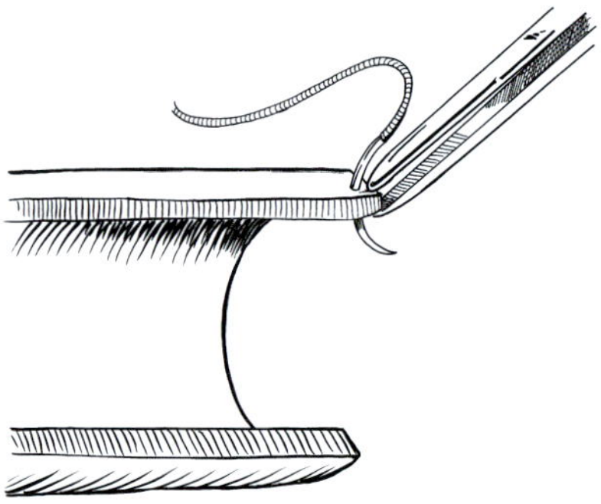

1a

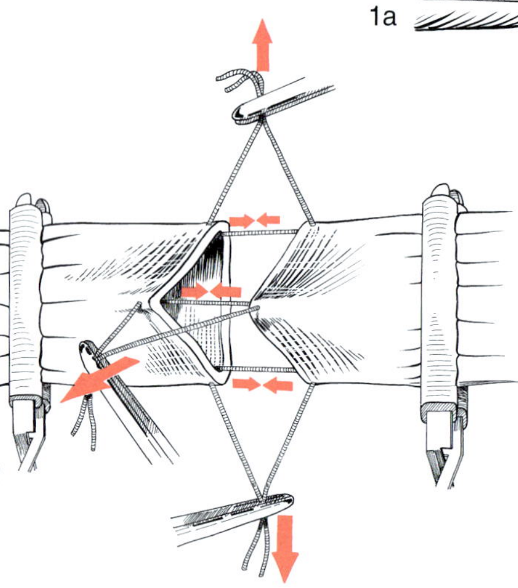

2

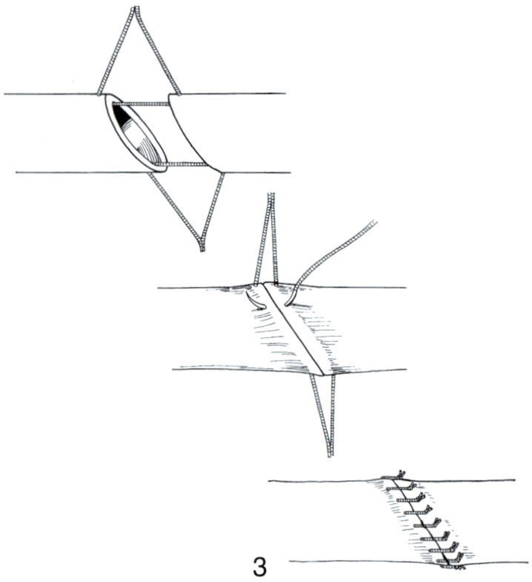

3

1.15.4 血管缝合术

注意

应该使用放大镜或手术显微镜。

大的血管

首先，用两把前端套有软管的止血钳夹住受伤的血管两端。去除血管腔内血凝块。以 120°的间隔，对两端血管进行 3 次单纯结节缝合作为牵拉线（图 1）。接着对血管的环状缘施行细密的连续的褥式外翻缝合(图 1)。缝合时，将血管末端用最细的解剖血管用的镊子或专用血管镊子夹住（图 1a)。缝合材料：带有 6–0~12–0 非可吸收性缝线的非损伤缝合针。

中等血管

首先用 2 把小的套有软管的止血钳夹住血管两端并驱血，然后最好使用眼科手术剪将血管断端修剪成便于缝合的断面形状。为了使两血管断端接近，如上面描述的那样，在血管断端设置 3 根牵引线(以 120°的间隔)(图 2)。用 6–0~8–0 缝线对血管施行严密的单纯结节缝合来吻合血管。

对于斜向损伤的血管，也要修剪断端使之并列对接，再按照上述的方法实施吻合(图 3)。

注意

在血管缝合结束后，首先取下无血一侧血管上的止血钳，然后再取下朝向血流方向一侧的止血钳！

对于极小的血液渗漏可通过压迫来止血。如果压迫止血不成功，那么就必须进行补充缝合。

微血管

使用 Millesi 微血管吻合技术，理论上和大血管吻合术相同。但是，如果不使用显微镜吻合微血管，该方法是不可能的(图 4)。使用 10-0~12-0 缝线吻合微血管。

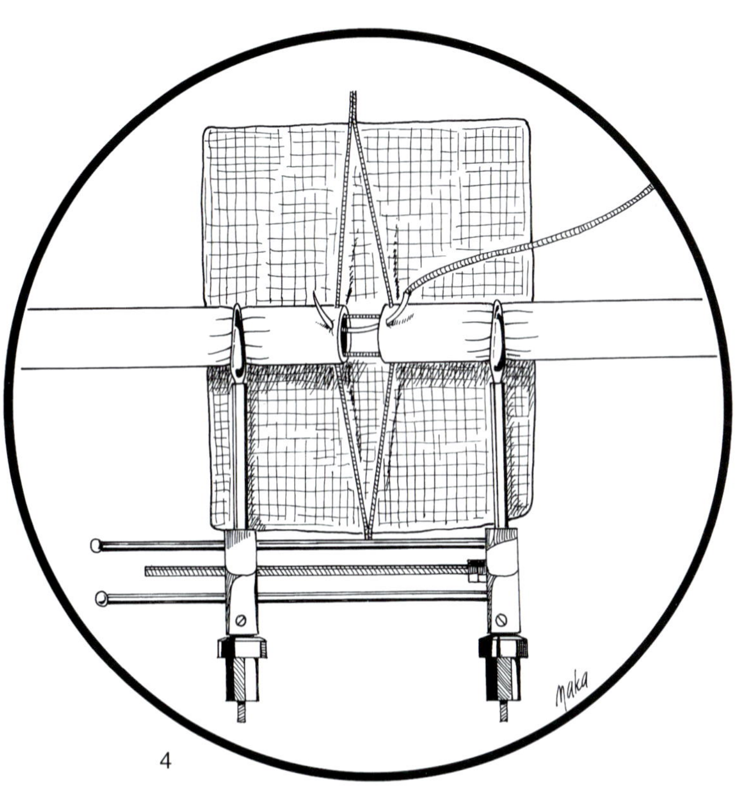

4

1.15.5 神经缝合术

当露出的神经断端不整齐时，用一把锋利的小剪刀修剪游离的神经末端(图 1)，同时保护神经外膜。确认每一个神经纤维束，并尽可能按照功能或至少按照肉眼观察的相同程度把同一功能的神经归拢在一起。归拢后先用纤维蛋白黏结剂黏结，然后进行神经吻合术。

进行神经吻合术时，用 11-0 缝线(图 2、2a，手术显微镜)进行神经周围组织的缝合。这种缝合本来仅仅具有固定作用。然后让肢体保持安静状态至少 4 周。神经吻合成功的前提是在非张力状态下吻合，这种吻合在愈合后不会形成粗大的瘢痕。

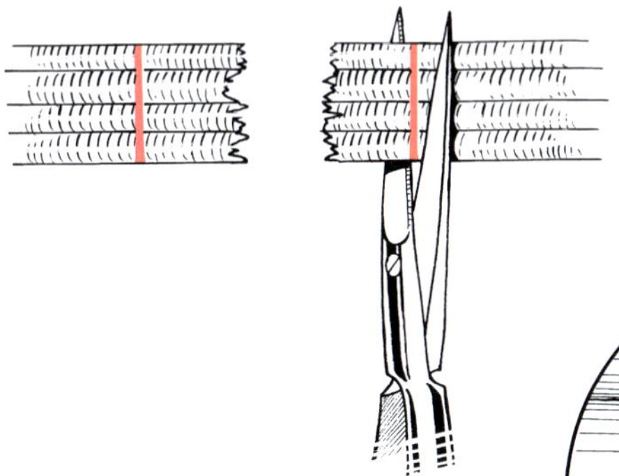

1

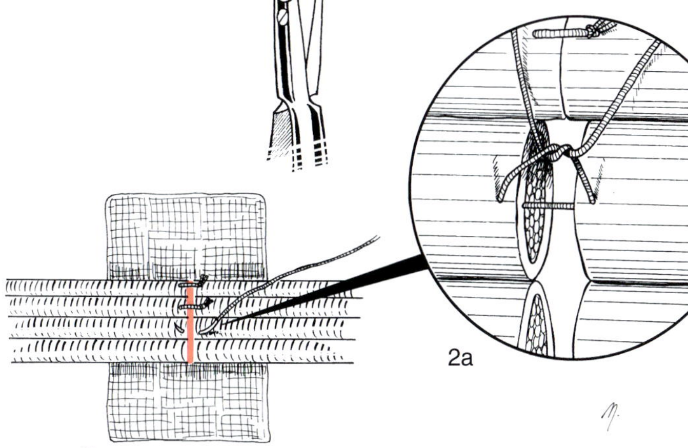

2a

2

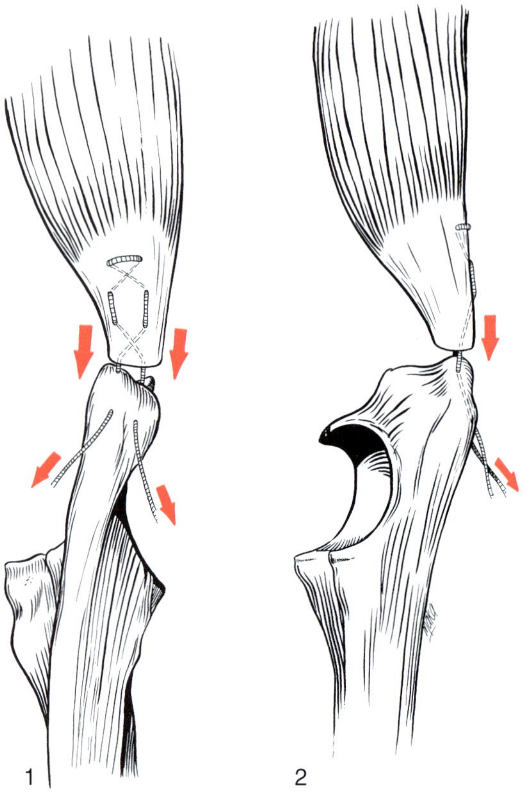

1　　2

1.16　腱和骨的再固定

适应症

肌腱撕脱。肌腱撕裂。

体位

根据肌腱撕脱或撕裂的位置确定体位。

术式

在肌腱原来附着位置的骨上打两个孔，孔的大小要与非吸收性缝合材料的粗细相适应。两个孔的距离由肌腱横断面大小和2根缝线的出口而定。

缝合肌腱时，根据肌腱的强度一次或多次贯通肌腱，通过骨钻孔拉紧缝线。将肌腱断端紧密地附着在固定的位置，在骨上将缝线两端打结(图1、2)。

术后护理

将患肢装上硬化绷带，至少固定8周。

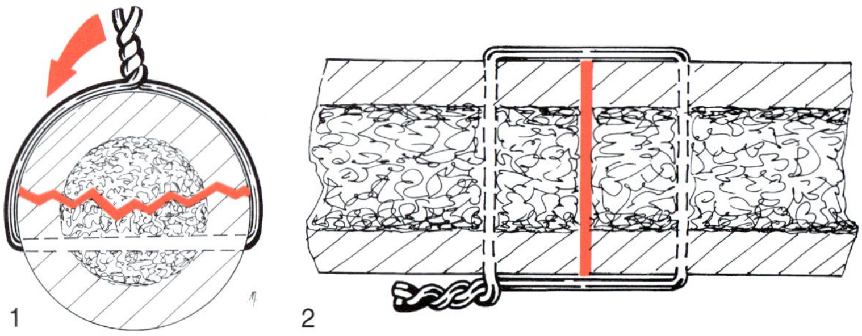

1　　2

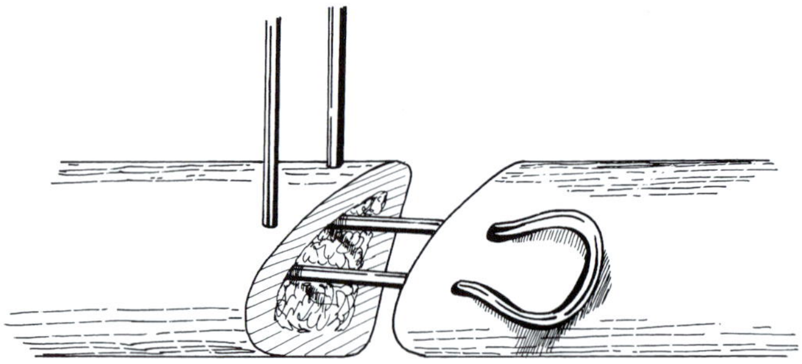

3

4

1.17　用金属丝捆绑固定

横向半环扎(图1)

纵向全环扎(图2)

纵向U形半环扎(图3、4)

用强度为0~4环扎钢丝，可将骨折断端或骨折片进行纵向、横向的半环状固定，使之成为一体。

1.18 穿刺术

在实施穿刺术时，原则上要按照无菌术和防腐术的标准进行。剃毛、清洗与消毒都必须按照关节和骨外科手术的要求进行。

1.18.1 关节穿刺术

适应症

为了获得用于实验室检查用的滑膜液（关节液）。排出关节腔内过多的关节滑膜液。注射药物。

体位

侧卧保定。

术式

肩关节——外侧面

令关节稍微弯曲。

穿刺部位位于距肩峰数毫米中心点不远处和肱骨大结节下部中心附近（图1）。首先将穿刺针垂直刺入皮肤，然后向下部中心方向插入（箭头所指位置），直到从针头里排出滑膜液为止。

肘关节——颅侧面

令关节稍微弯曲。

穿刺部位位于桡侧腕短伸肌外侧缘的肱骨小头远端数毫米处（图2）。

先将穿刺针垂直刺入皮肤，然后向着下部中心方向推入，直到排出滑膜液为止。

膝关节——外侧面

将关节保定于中间位置。

穿刺部位位于髌骨韧带侧缘、髌骨和胫骨粗面的正中间（图3）。将穿刺针垂直刺入皮肤，然后向着下部中心方向推入，直到排出滑膜液为止。

跗关节——外侧面

将关节保定于伸展位置。

沿着踝远侧和腓骨肌腱背侧的近背侧方向穿刺（图4）。接着穿刺针改向沿着足底背侧方向穿刺。

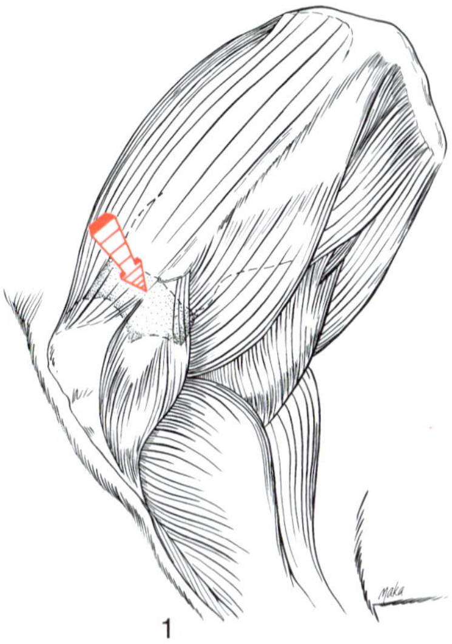

1

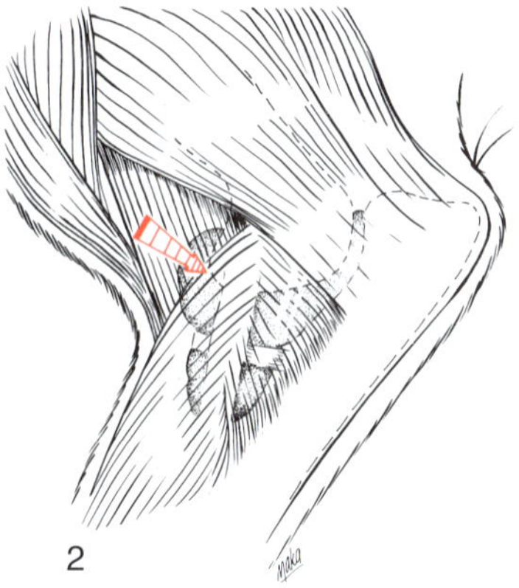

2

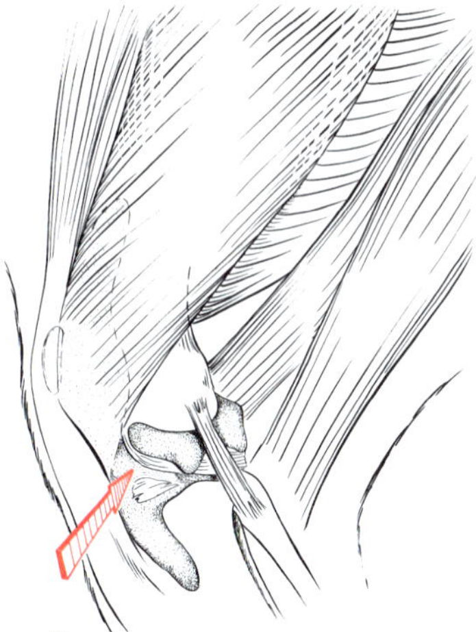

3

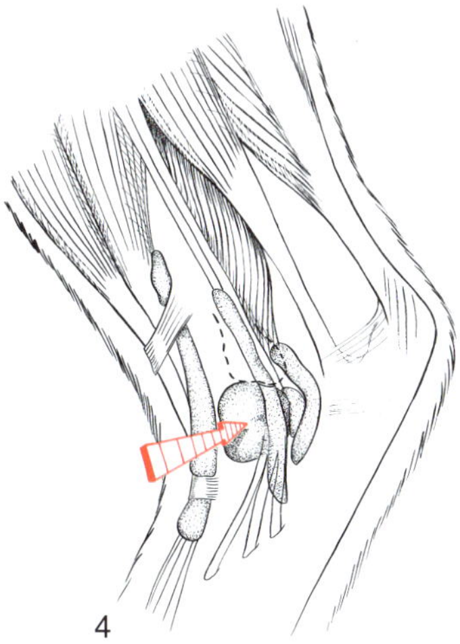

4

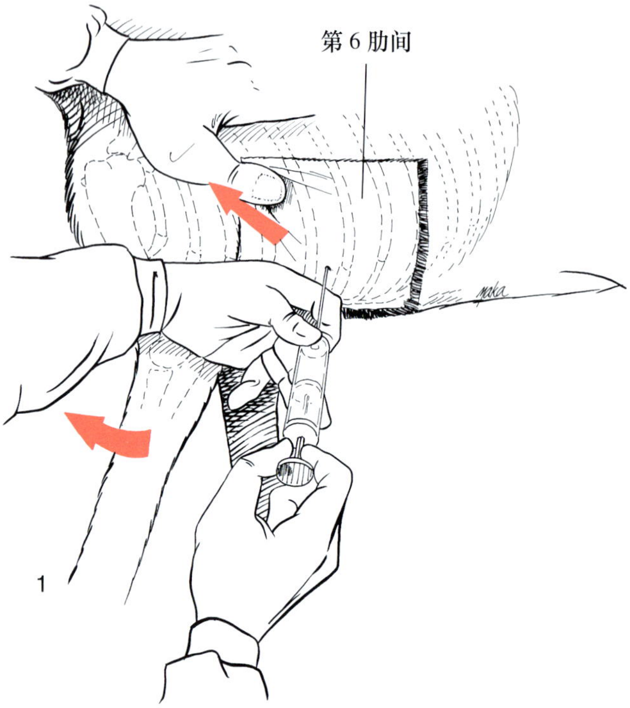

1

1.18.2 胸腔穿刺术

适应症

排出胸(膜)腔积液或在气胸时排出气体。

体位

站立或俯卧保定，将穿刺侧的前肢向前拉。

术式

穿刺位置位于第 6 或第 7 肋间、肋软骨和肋骨接合部的上方(图 1)。吸出气体时穿刺位置位于背侧的上 1/3 处。

为了在移去套管针后皮肤能覆盖住穿刺孔，由助手将穿刺部位的皮肤向头侧拉紧，然后进行穿刺，完成穿刺后松开皮肤，复位的皮肤盖住穿刺孔，这样将不会发生气胸。

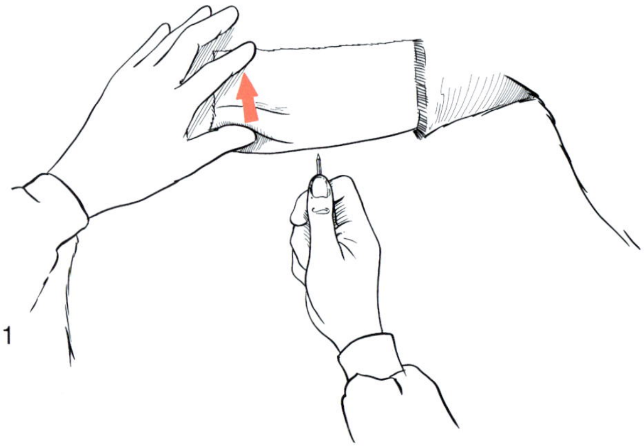
1

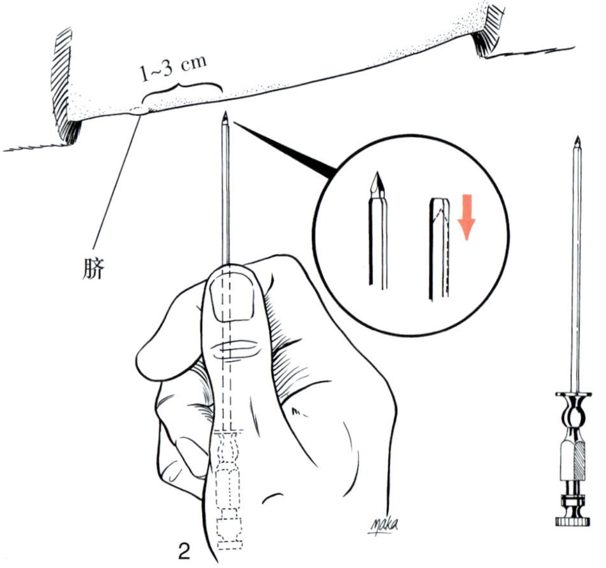

2

1.18.3 腹腔穿刺术

适应症

为了进行实验室检查而进行的腹水采样。腹膜透析。向腹腔内注入清洗液或者抗生素。排出腹水。

提示!

当有大量腹水潴留时，不可一次快速排出腹水。否则会出现虚脱或者休克情况。

体位

施立位或者侧卧位保定。在操作前应该排空膀胱。

术式

在胸骨柄后方腹正中线区域作 15 cm× 15 cm 面积的剃毛、消毒。

为了在术后盖住穿刺孔，穿刺前将皮肤向前滑动，距脐部尾侧 1~3 cm 的正中线上用套管针穿刺(图 1)。用套管针穿刺时，在穿刺针外面套上导管，针和导管一同穿过腹膜。穿刺的深度与腹壁的厚度相当。然后取出内针，小心地只将导管插入腹腔(图 2)。

1.18.4 蛛网膜下腔穿刺术

适应症

采取或者排出脑脊液。在注入药物或造影剂前吸出部分脑脊液。

1.18.4.1 枕骨大孔穿刺术

体位

侧卧保定（或在特殊情况下施俯卧保定）。

术式

做彻底的全身麻醉。将穿刺部位剃毛并消毒。

将头部至少屈曲 90°并保定。触摸到头后外隆起和寰椎翼后，在两者之间中间的凹陷部(正中线位置)，用穿刺套管针垂直穿刺(图 1)。在越过头后寰椎膜后进入硬脑(脊)膜。拔去套管内针，将无菌的可自由弯曲的导管与注射器相连（如果事先和导管连接上留置针装置和翼状针的话，操作起来比较方便)，慢慢地采取脑脊液。不用注射器抽，让脑脊液从导管中自然流出，然后再接取脑脊液更好。

提示!

获取脑脊液时，要注意该操作只能进行一次。让脑脊液自然滴下而不是吸出。如果过快吸出脑脊液有发生蛛网膜疝的危险。含血脑脊液的检查结果不准确。

1.18.4.2 腰椎骶椎间穿刺术

体位

俯卧保定，使后肢悬于桌缘下面，这样骨盆部位便会急转弯而使骨盆倾斜。

术式

从第 6 腰椎至骶骨正中间的区域进行剃毛及消毒。

准确触摸髂骨翼和第 7 腰椎的椎骨棘突三点突起(图 2、3)。

将食指放在第 7 腰椎棘突上，在距离该食指指尖尾侧方向 2~3 cm 处，用一根至少 10 cm 长的穿刺套管针或者穿刺针，从斜后方向头腹侧方向（食指的下方）以 45°角刺入(图 3)。在穿过黄韧带后接触骨骼时，将穿刺套管针回拔 1 mm，这时穿刺套管针便位于硬膜下腔（或者蛛网膜下腔)。在短暂的吸取或排出液体后便可注入药物。

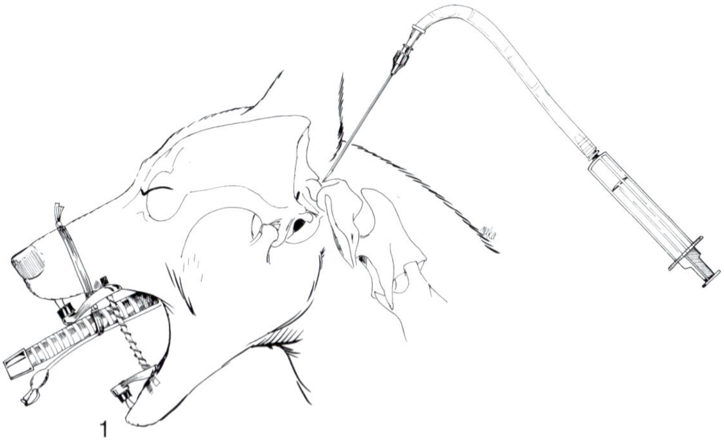

1

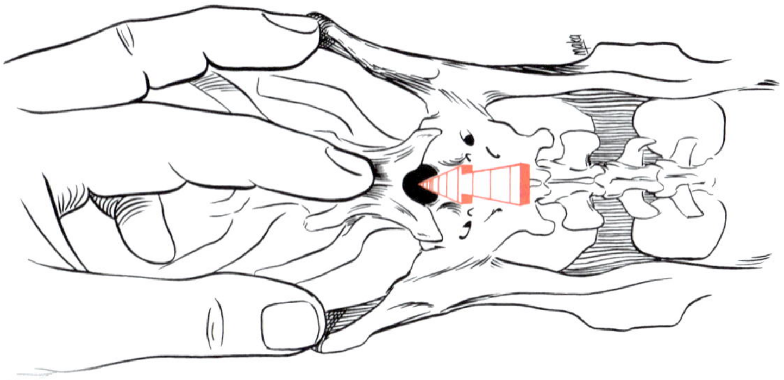

2

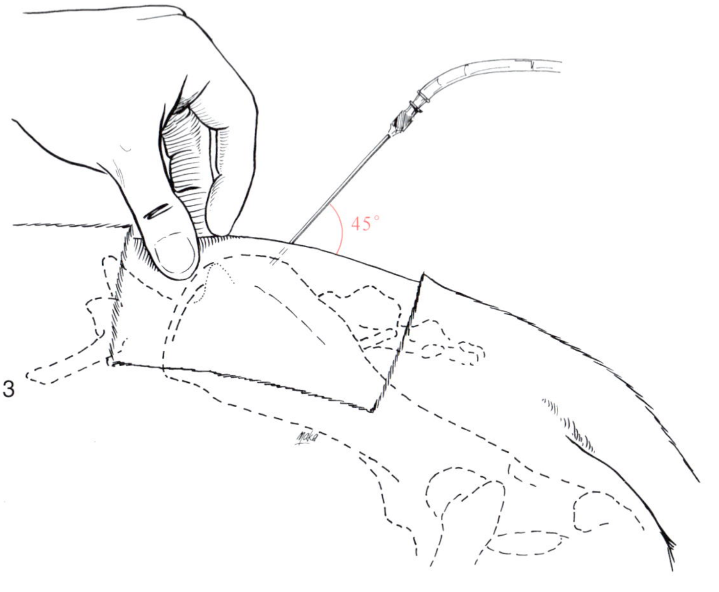

3

1.19 绷带法

适应症

保护伤口。止血。预防由于动物自身引起的抓伤或擦伤。固定。防止发生水肿和促进动脉循环。

1.19.1 一般的绷带结构

虽然有些绷带的局部构造有所不同，原则上所有的绷带构造相同。

保护伤口（涂抹或者不涂抹药物）

材料：在通常情况下，为了保护伤口或者在上面涂抹软膏，羊毛织物是最适合的。作为止血的压迫绷带可以放置多层纱布垫。对于渗出物较多的湿润伤口，应该使用涂敷调制的创口粘贴药物或者浸有油脂的纱布。这是因为这些物质不与伤口粘连，在换绷带时不会损害再生的组织。喷雾含有抗生素的喷雾剂适用于已经缝合的干燥伤口或者有毛的部位。

衬垫

原则上，使用衬垫是在褥疮或其他外伤上面起到支持的作用（参考下述内容），也能起到防止夹板引起的擦伤和褥疮的作用。此外，衬垫物还可以分散牢固缠绕绷带纱布的压力，保持绷带的稳定性。

对于衬垫物，使用卷成棒状的胶布，将其接合面朝上固定在被毛或皮肤上。然后将胶布长于衬垫上方或下方于大约 5 cm，并且一边在患部垫上衬垫物一边卷起绷带，然后折转棒状胶布的两端。有些动物，特别是那些白色被毛或皮肤光亮的动物，对胶布有个体过敏性，出现局部皮炎。对这类患病动物需使用价格较高的无过敏的黏性胶带。在炎热的季节必须重视这个问题。

材料：用 10~15 cm 木棉卷成各种形状的衬垫，或使用较贵的羊毛材质的绷带。医用脱脂棉衬垫虽然好，但在分泌物多，伤口湿润的情况下，分泌物会使棉花硬化，因此最好不用。

绷带的固定

为了固定绷带而需要的一定力度，来源于缠绕绷带的方法。要对纱布的边缘进行编织，不要露出纤维或破损。由于纱布没有弹性，缠绕后产生的压力阻止血液循环而导致局部缺血，对此应予注意并设法缓解。用纱布绷带可以巧妙地做成各种形状。现在新出现一种自黏性的绷带材料（Vetrap® —3M），满足了绷带的固定和保护作用的所有要求。操作简单，没有过度的黏性。

绷带的保护

强黏性的布质绷带或无黏结剂的自黏的材料（见上述）比较有用。为了保持绷带的透气性，缠绕时应该留有一些空隙。卷轴绷带由棉花编织成大网眼，然后卷成轴状。这种绷带富有横向弹性，还具有透气性和吸湿性，而且不滑动，对于各种形状的患部都能紧密缠绕。

支持、辅助材料（硬固定）

为了固定关节和骨折部位，通常使用木片或金属夹板、石膏绷带或合成树脂硬化绷带。使用夹板固定时，必须事先考虑按一定的生理角度屈曲关节。

1.19.2　头部绷带法

耳部绷带

体位

俯卧保定。犬施坐姿式或站立保定。

适应症

耳血肿手术或耳外伤后，作为简单的压迫绷带用于固定一只或两只耳朵。

术式

对于将要包扎的耳朵，为了防止滑脱或者移位，用黏性绷带垫上软垫固定于背侧(图 1)。然后使用衬垫材料，围着头部进行圆形交叉对角转圈包扎。缠绷带时要将另一只耳朵露出来。绷带的固定方法与前述相同(图 2)。为了防止呼吸困难，在咽喉部周围的绷带不要过紧，要留出 2~3 指宽的空间松缓缠绕。

提示!

通常耳朵被固定于背侧，取下绷带时一般在颈腹侧中线部位剪开。

为了防止头部绷带滑落，可用肩部作支撑，可以在颈部额外再加绷带(图 3)。垫软垫和固定的方法都与头部绷带一样。

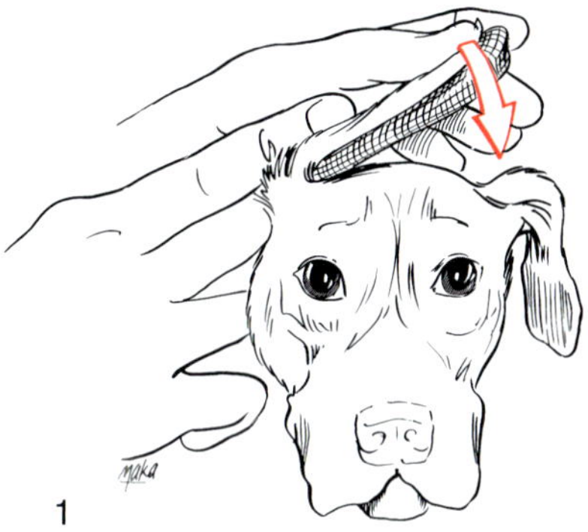

1

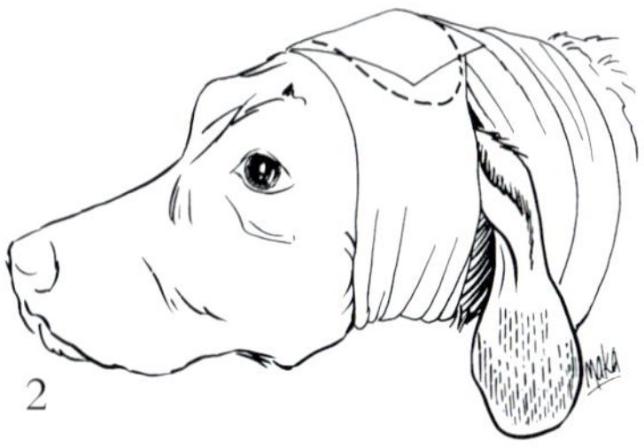

2

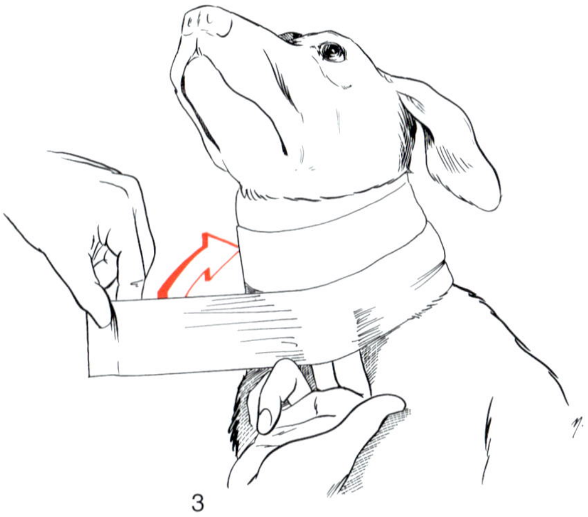

3

1.19.3　胸部绷带法

适应症

保护胸部伤口免受抓伤或擦伤。

体位

站立保定。

术式

使用棉布等材料做成躯体形状(图 1)，或者如上面描述的方式打绷带，包扎胸廓部位，将肢体露出来(图 2)。

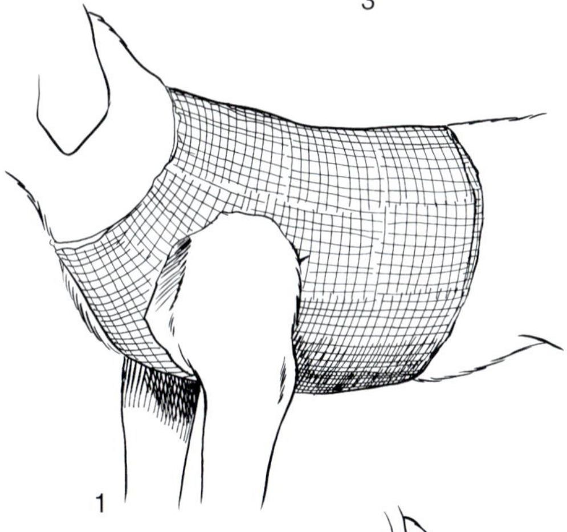

1

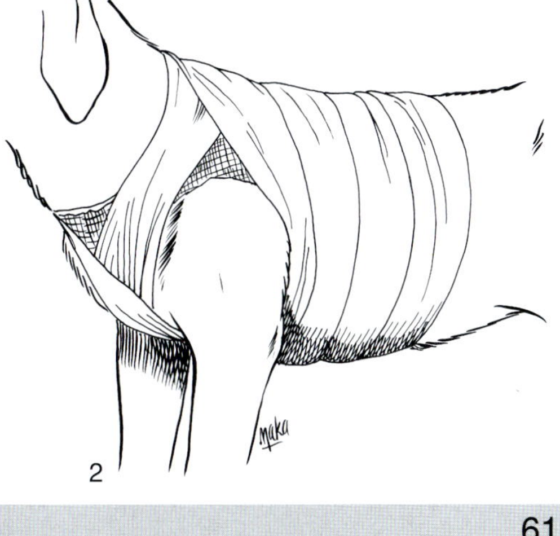

2

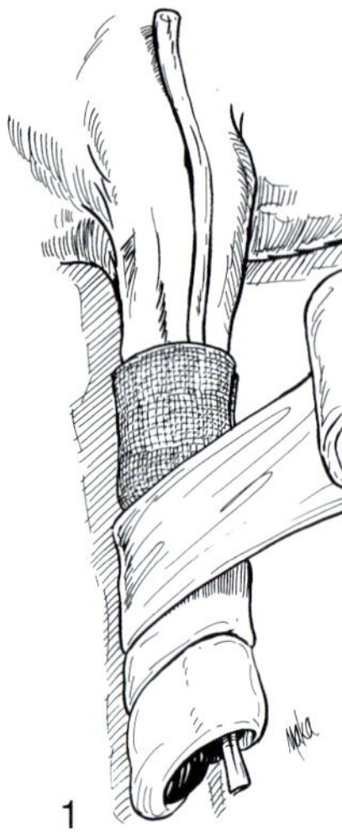
1

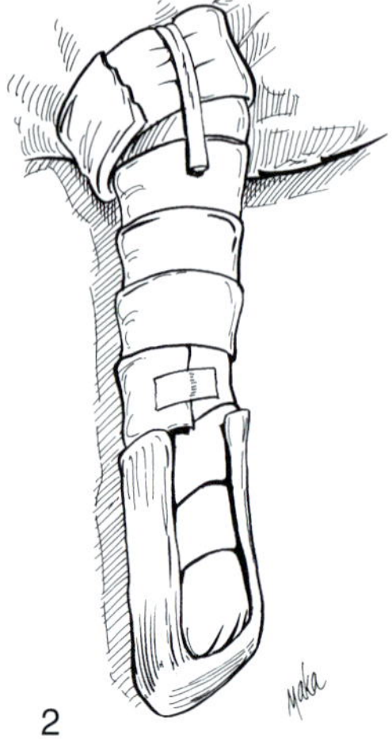
2

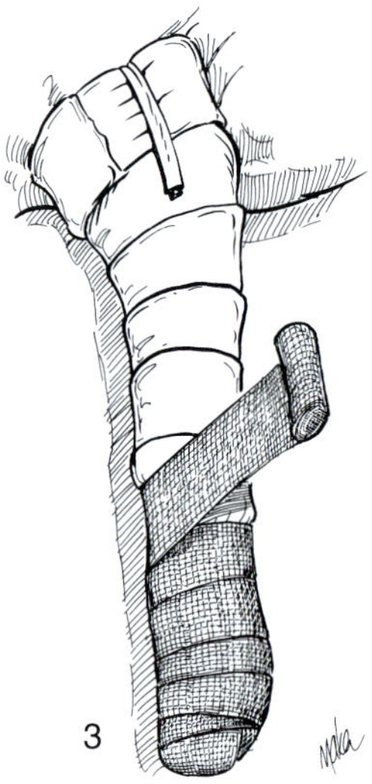
3

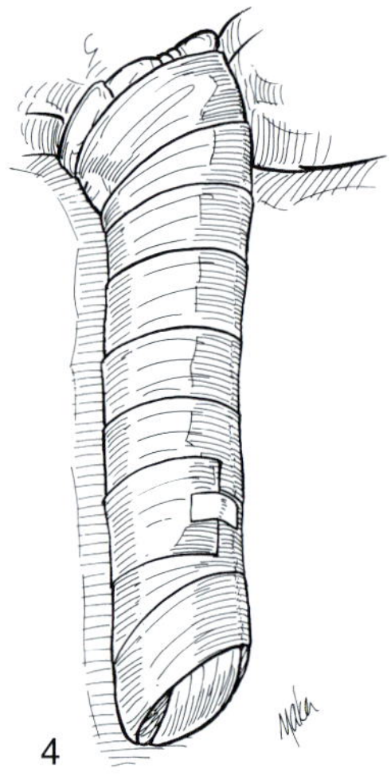
4

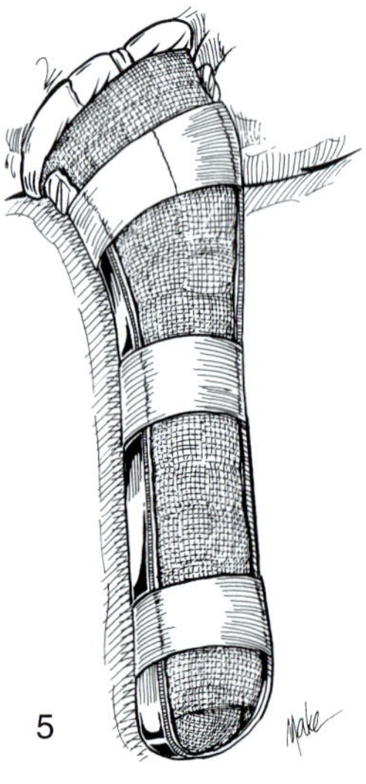
5

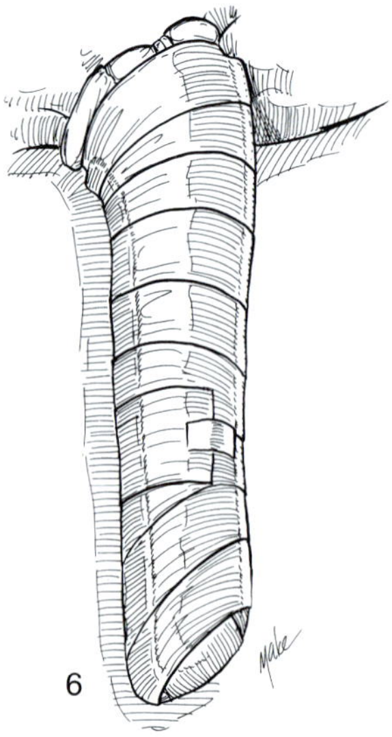
6

1.19.4 四肢绷带法

必须按照生理学姿势中等程度的角度固定肢体。除非为了帮助伸展身体的损伤部位时牵引肢体而使用绷带，或将肢体有意固定于屈曲姿势。

做四肢绷带时，应该将整个患肢完全包扎起来。如果不包扎指(趾)端部，必然会引起水肿(狮爪症)，继续发展的话会变成象皮病甚至导致坏死。

在各指(趾)之间必须垫上捏扁的棉球。

适应症

创伤和骨折的保守治疗(非手术)时的肢体固定。手术后作为软膏绷带。对自己抓伤的保护。

体位

侧卧保定。施绷带侧的患肢向上。

1.19.4.1 保护绷带

术式

用通常的方法包扎伤口(图 1)。

用卷轴的黏性绷带贴于患肢外面。如果有必要也可以贴在内面。

将衬垫物垫在伤口中心，从远侧开始以较紧的力度缠绕，并将关节部位留出空当。然后用近位的压迫绷带和由同样材料构成的竖向的胶带将衬垫物包裹在里面(图 2)。

使用无间隔的紧凑的纱布绷带固定衬垫物(图 3)。

1.19.4.2 固定绷带(夹板)

术式

必须注意使用足够数量的衬垫物！

在衬垫物之上加上符合肢体生理角度的固定夹板（图 5）。依照骨折的部位和种类，在 3 面或者 4 面装上夹板。

用纱布绷带或黏性胶带固定绷带头(图 4、6)。

提示！

当全身或者患肢发热，由于啃咬损伤绷带时，绷带滑脱时，分泌物多润湿绷带时，严重污损或者绷带丢失时，必须立即找兽医。

1.19.4.3 固定绷带

前肢

适应症

肘关节脱臼（非观血整复或者外科手术整复）。

体位

站立保定。

术式

将前肢稍稍抬起，并轻轻地向前拉。

用黏接绷带在腕关节绕一圈，然后由前向后将腕关节做环状缠绕包扎，并将胸部包裹起来（图1、2）。将绷带缠至对侧前肢的后部（图3）。

术后护理

在14天后取下绷带。

后肢

适应症

髋关节脱臼（非观血整复或者外科手术整复）。

体位

站立或者侧卧保定。

术式

将患肢所有关节强制屈曲。

第1圈的绷带包扎方法：用自黏绷带在足中部远位1/3处缠绕并自己相互粘住。然后尽可能围着大腿内侧里边缠绕（图4）。

第2圈包扎方法：绷带回绕到足中部，将绷带从内侧再向上经过腘窝上方，然后再回绕到足中部（图5）。

第3圈包扎方法：将绷带交叉缠过第一层，然后在内侧再向大腿上方缠绕（图5）。

第4圈包扎方法：将绷带向下拉至足中部，在内侧经过踞骨关节于尾背侧方向向大腿上方缠绕（图5）。

第5圈包扎方法：在大腿部外侧围着弯曲的膝关节缠绕。

第6圈包扎方法：从胫骨粗面出发，经过骶骨部围着腹部缠绕2圈（图6）。

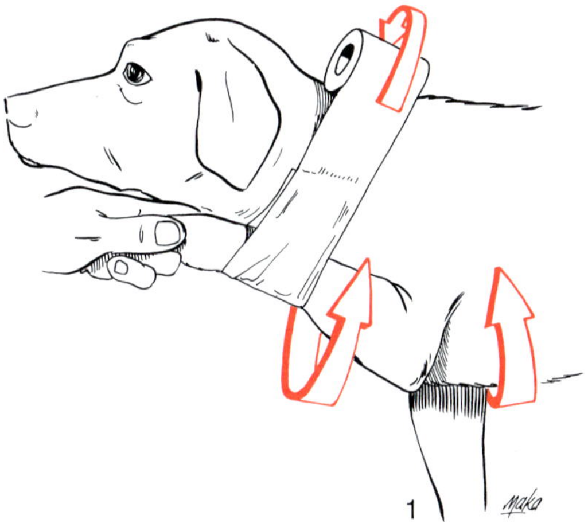

1

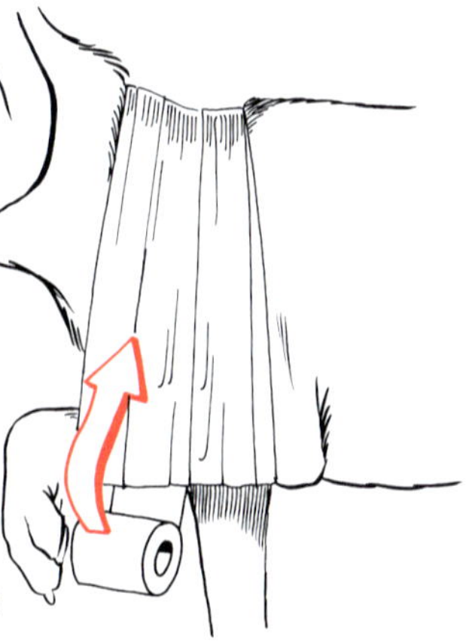

2

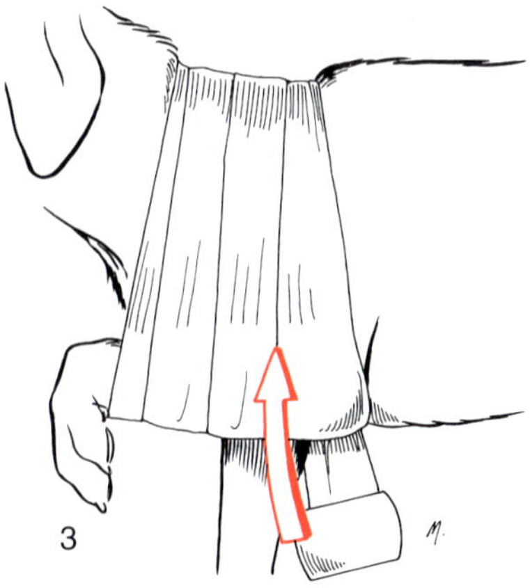

3

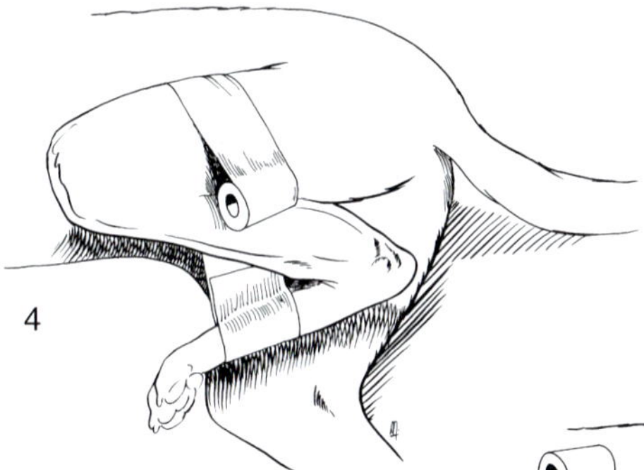

4

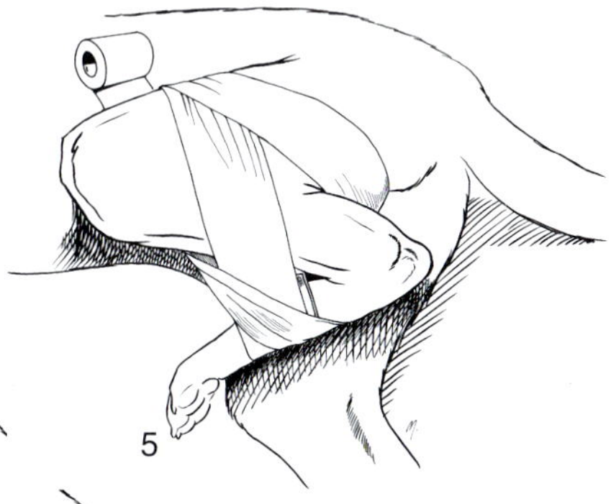

5

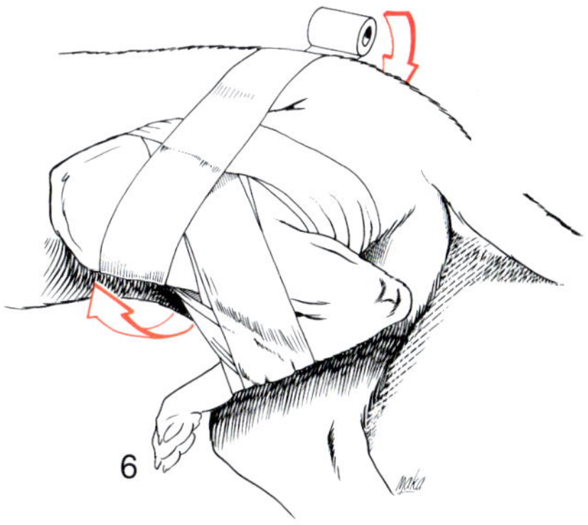

6

关于整形外科本书有详细的操作描述。整形外科的操作是基于灾害外科学和再生外科学重要的基本原则而建立的，目的是将皮下组织对皮肤的保护机能尽早地，而且很好地再生出来。

关于整形外科学，现在已经不仅仅出于“美容整形手术”迫切性。典型的“受损部位皮肤的瘢痕化”，即伴有肉芽组织的形成而向上膨胀的瘢痕问题，使机体陷入不稳定状态，而这种状态更容易使病原体侵入感染机体。

为了除去这样的瘢痕，或者预防发生这样的瘢痕，整形外科学和再生外科学提供了很多方法。

其应用范围与身体区域、皮肤缺损的大小和几何学要素有关。通常身体区域皮肤的可动性是重要因素。但是究竟采用何种方法，必须由外科医生根据临床情况来自己决定。本书的描述只是在某种程度上提供技术的支持和参考。

达成手术目标的重要前提条件是，在最初皮肤缺损部位，使代偿组织在非张力状态或者非错位状态下成活、生长。

再者，为了覆盖生长了多量新生血管肉芽床的缺损部，应该动用邻近的周围皮肤。

如果不能动用邻近的周围皮肤，应该考虑采用移植技术，即从远处区域向患处移植皮肤。在这里也要首先确认移植床上有充分的新生血管。

原则上，重新构建皮肤时不能操之过急，否则有可能欲速不达。消除感染，移植床上已经开始形成健康的肉芽组织时，是实施外科处置的最佳时机。而且，从这时开始对于皮肤缺损部位能够实施促进肉芽组织形成的措施（热浴，用锦葵叶提取液洗患部，软激光治疗等）。

对于移植组织，不能操之过急地强行采取。通常的做法是采取适当的措施帮助、支持缓慢的治愈过程。在任何情况下，积极地、按规则处置创口是必要的。最后彻底修复大面积的皮肤缺损（通常伴有化脓和坏死）。

术后护理特别重要。间隔较短的时间多次更换绷带具有很好的促进愈合的效果，还具有预防发生并发症的功效。

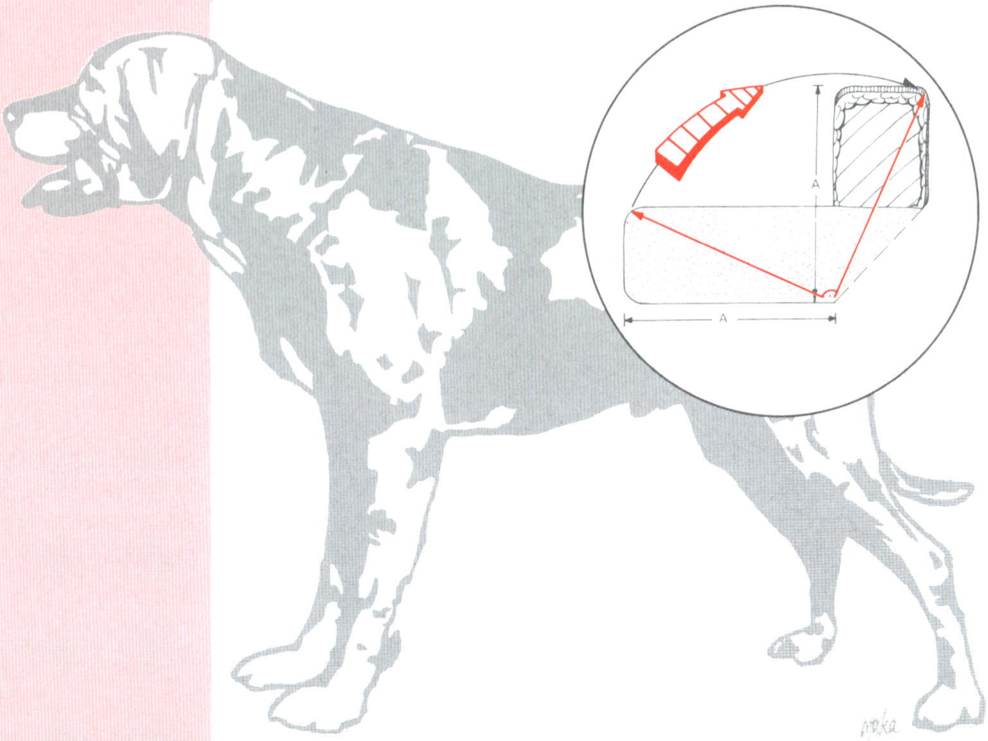

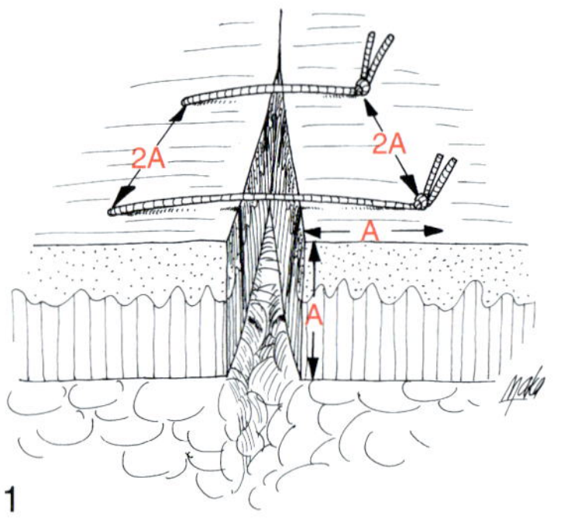

1

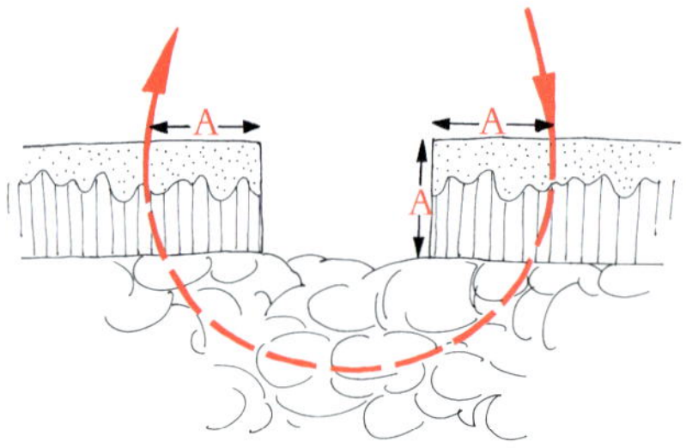

2

正

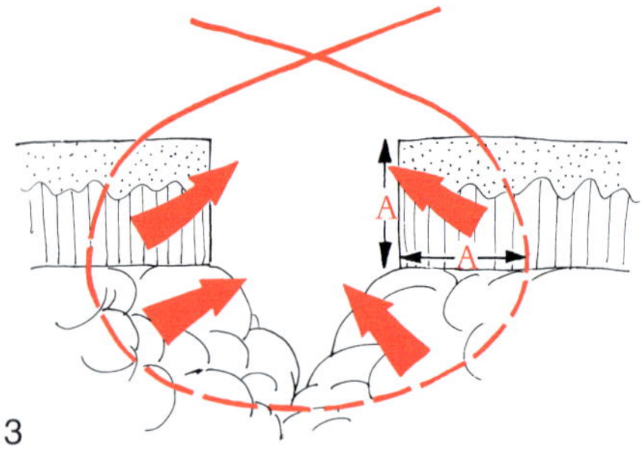

3

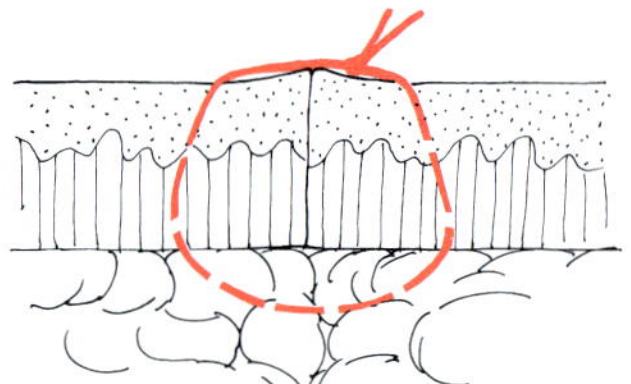

4

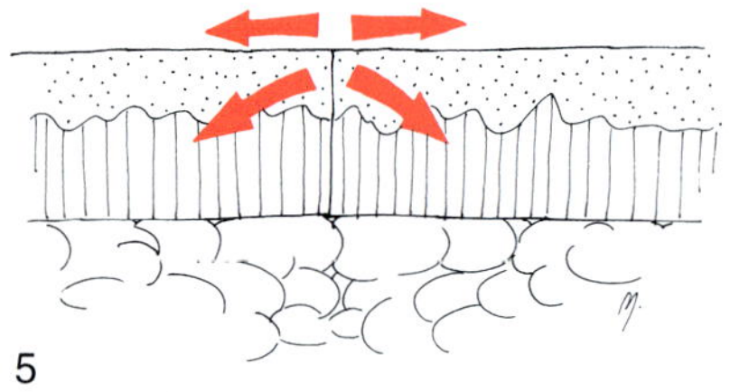

5

误

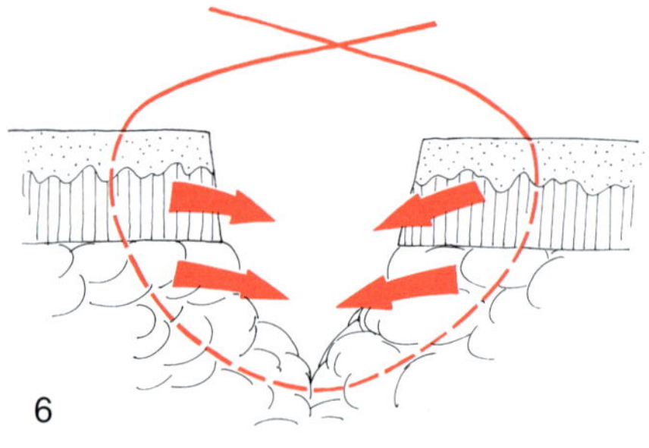

6

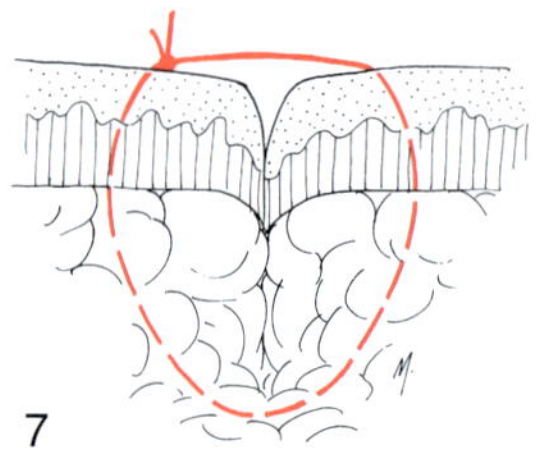

7

2.1 基本技术

皮肤整形外科以及再生外科学的目标是，愈合的创口没有错位，痕迹平滑，在人为调控下实现创口的第一期愈合，使缺损的皮肤恢复到具有负荷能力的皮肤组织。所谓理想瘢痕的概念的正确表述是，呈线状的，对合良好的，瘢痕中没有过度形成的肉芽组织，且能够耐受各种应激的瘢痕。作为整形外科工作者，为了能够达到这种状态而应该为之努力。

大部分的犬猫皮肤是比较容易移动的，故缝合或者用皮瓣修补头部、驱干部皮肤损伤时，一般没有大问题。

依据闭合伤口的几何学法则（第1章），在整形外科学中，是以结果来验证是否严格执行了操作准则。缝合的针距（图1中2A）通常是皮肤厚度（图1中A）的2倍。缝合针数的原则是，在厚皮肤减针，在薄皮肤加针。

为了使接合的创缘不发生错位，一方面在必要情况下必须密针缝合，一方面还必须注意不能由于过密缝合而压迫、阻碍血液循环。因为缝合间隔太小，抑制局部血液循环，不但妨碍伤口愈合，严重时还可造成坏死。

2.1.1 具有对称性的创缘

在部分带有皮下组织、表面呈直线形的创口（图2），从创缘进出的针距必须和皮肤厚度相等。

大致与皮肤成直角刺入缝针。为了减轻缝线损伤皮下组织，防止发生皮下渗出液肿胀，运针时必须带上一部分皮下组织一起缝合，最大限度地缩小死腔（图3）。为了拆线时能够使瘢痕平滑（图5），进行外科创伤缝合、闭锁时，应使创缘稍微外翻（图4）。在伤及深层且呈直线形创口（图3）的场合，应进针至创口深部，尽量多带上一些组织缝合、结扎。这样做使组织的压力朝向皮肤表面，使皮肤外翻，于是便可使创缘平滑接合。

图6、7显示的是错误的运针走线方法。由于没有充分地带上创腔深部组织就进行了缝合，结扎时创缘内翻，形成不好的愈合过程，不可能得到皮肤对合的良好愈合结果。

2.1.2 创缘非对称性的伤口

在斜面创口(图 1)不能进行创缘的直角接合时，在钝角侧距离创缘近处进针(图 1 中 B)，在锐角侧距创缘远处出针(图 1 中 A)。为了避免创缘裂开，可用单纯结节缝合法进行缝合。

在创缘高低不平时(图 2)，可用特殊运针法进行调整。从高创缘处进针，从低创缘处出针。在皮下组织较厚的创缘上缝合时，多带上一些皮下组织(图 3)。这样在结扎时，皮下组织便会向薄的创缘下移动(图 4)。

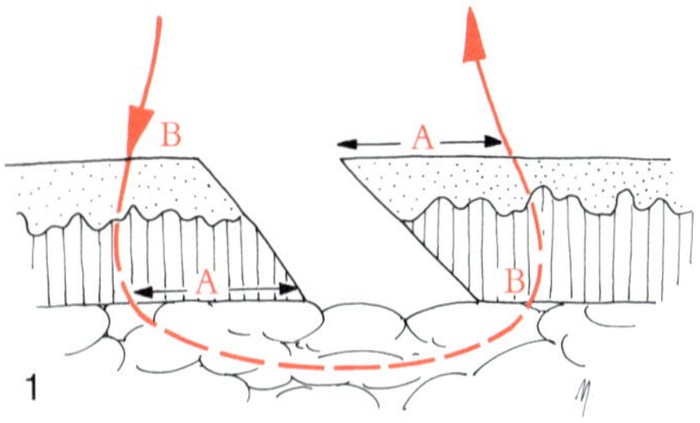

1

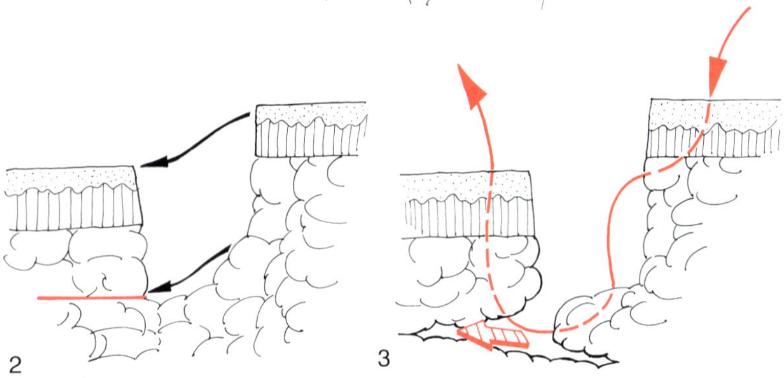

2　3

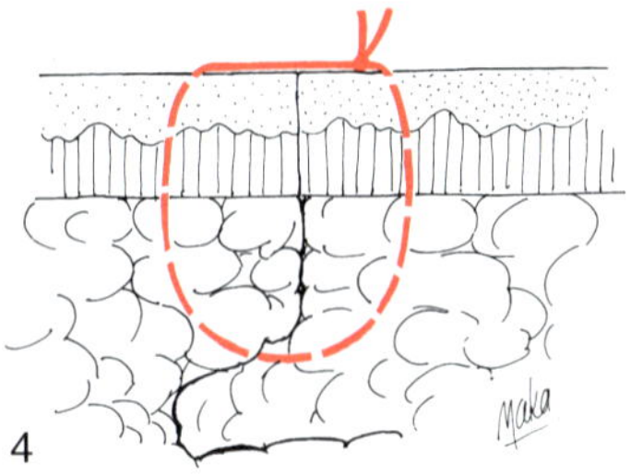

4

2.1.3 减张缝合

垂直褥式缝合(图 1)

减张缝合是缓解创缘接合部张力的缝合方法。从创缘远处进出的针距为 8 mm，从创缘近处进出的针距为 4 mm，在创缘的远近位置进行如此配置。

缝合时贯通创缘的深处，并带上其下面的筋膜，这样可以减少形成死腔以及凹陷可能性，防止形成血肿或者浆液肿胀。

皮肤表面的缝线位置有如下作用，即通过改变穿过皮内的缝线的位置，适用于调整各种皮肤的厚度。

在缝合中加入单纯结节缝合，可以强化创缘接合的稳定性(图 2、3)。

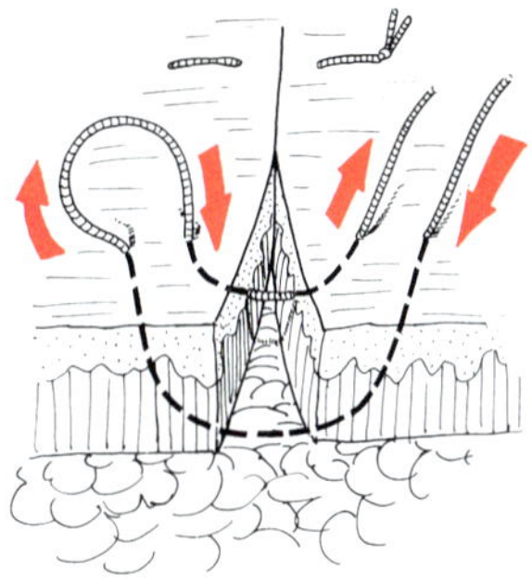

1

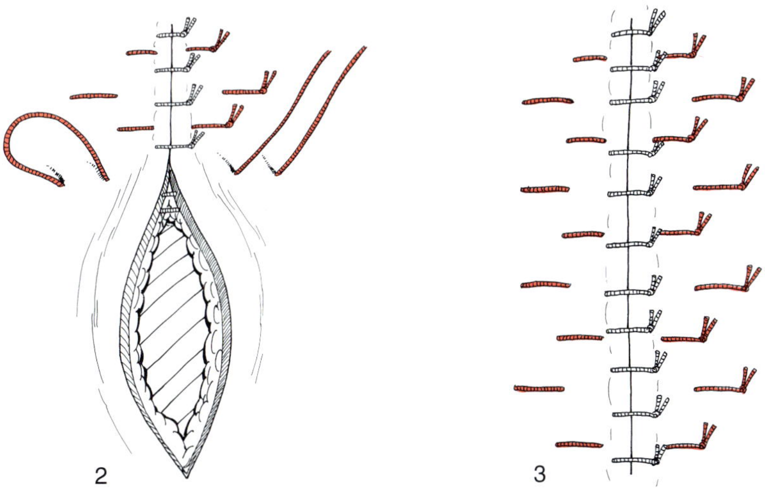

2　3

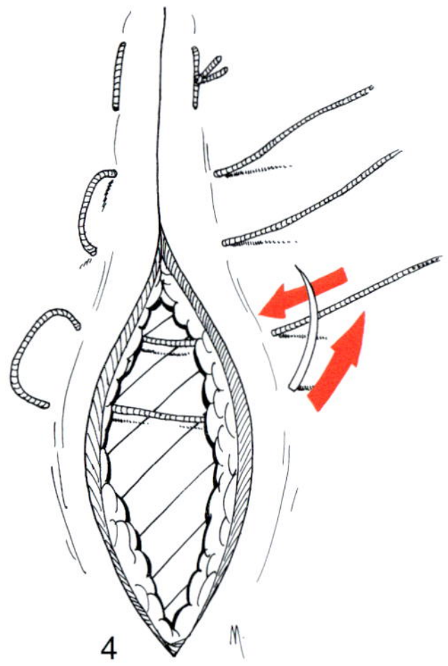

4

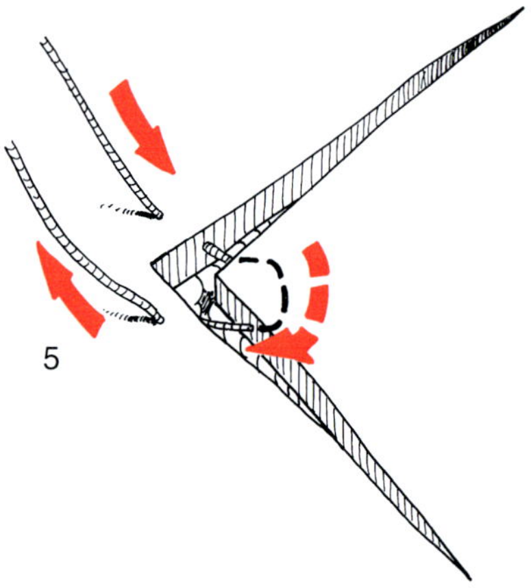

5

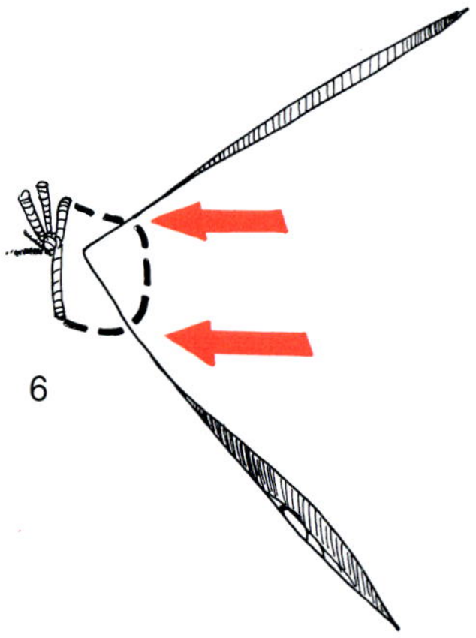

6

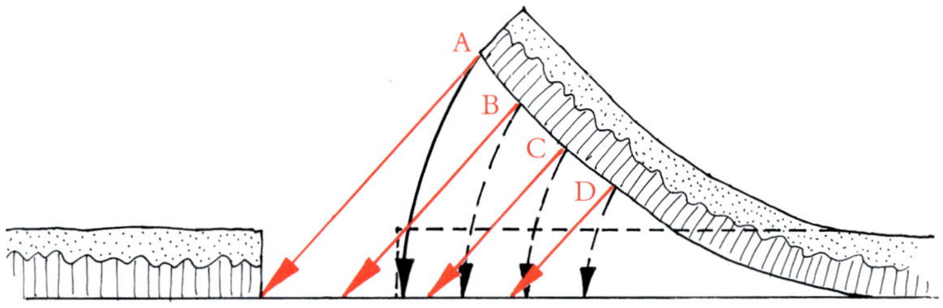

7

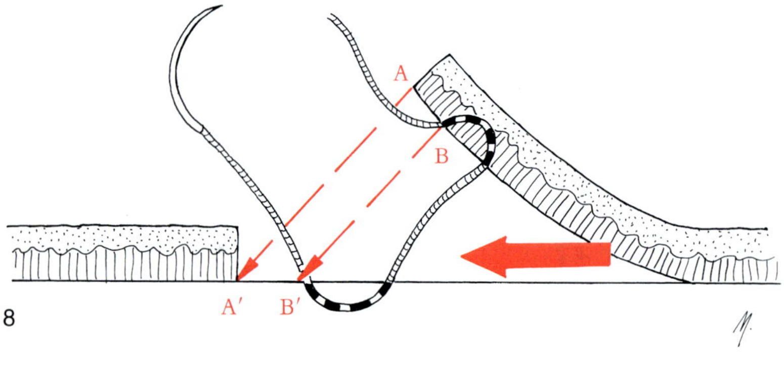

8

水平褥式缝合(图4)

该缝合特别适用于大的创伤缝合,可以使创缘接合并减少紧张状态。由于该缝合的这些特点,适用于创缘裂开大、有向内侧凹陷倾向的伤口。

必须斜向进针出针,斜向通过皮肤运针。依靠这种运针方法,在更大的平面上分散缝线的压力,使之成为稍稍的外翻状态。

角缝合(**或称三点缝合**)

该缝合为水平褥式缝合的变种(图5),在皮肤整形技术上有多方面的应用(Z成形术、V成形术、VY成形术)。有助于创缘角(图6)的无错位接合。该缝合一般作为最初缝合,可为计划和实施下一步缝合打基础。为了避免该部位发生坏死,缝线在创口V形顶端(平行于皮肤表面)穿过皮内。

步行缝合(walking suture)

主要适用于伴有高度紧张的大范围的皮肤缺损,这种缝合有助于缩小该区域的损伤,并最终闭合创口。

这种皮下缝合不贯通皮肤,将皮肤的深层和皮下筋膜接合起来。作为该缝合的结果形成的"皮肤接合样式",如图7、8所示。

该缝合方法可以消除"死腔",因而有助于防止术后血肿以及浆液肿胀,是一种替代费用高昂的皮肤移植技术的方法。

术式

病例：在胸壁侧面发生比手掌大的皮肤缺损。

用弗里德里希（Friedrich）法切除创缘（参照2.3），尽量使伤口形状完整（图9，做成平行的带有细尖角的纺锤形）后，用手术剪一边保护营养皮肤的血管，一边做皮下剥离使之可动化（刺入缝针的一侧皮肤）。

将如此操作形成的皮肤缘，用皮下单纯结节缝合法向创口中间移动。实施1列步行缝合。这时作为先行措施，将缝线尽可能地刺入皮层（图8中B）。然后作为第2步措施，将缝线穿过筋膜引至固定部位（图8中B′）。缝针穿刺皮肤时不要穿过皮肌。一边确认皮肤和筋膜的接合、固定状态，一边进行步行缝合，并依次进行结扎（图9a）。对于这种损伤情况，通常进行2、3列的步行缝合后，一侧的皮肤创缘便可覆盖到中间部位。用同样的操作向中间移动另一侧皮肤，两侧的皮肤便可对接。依次用连续皮下缝合和皮肤缝合（根据对接时的紧张状态）进行闭合。

2.1.4 伴有皮瓣移动的减张切开

病例：膝部发生的手掌大的皮肤缺损。

用弗里德里希（Friedrich）法切除创缘后，用手术剪钝性剥离皮肤缺损部的外侧，并使将要闭合的皮肤缘至少可移动至缺损部的一半位置（图1、2）。作为移动皮肤的辅助性措施可以进行减张切开（图2）。对于用减张切开做成的皮瓣的宽度，必须至少为切开长度的一半，以便保障血液供应。由于采取了减张切开的措施，以通常的缝合顺序便可以闭合伤口。如果切开的皮肤发生错位和这部分皮肤（肘）移动性太大时，可将皮瓣进行辅助性的步行缝合，以此进行定位移动。如果进行两侧减张切开，可能发生该部分皮肤的血液供给障碍问题（图3）。

由于使用压迫绷带，固定了损伤部位。为了减轻缝合的负担，在移动皮肤区域的皮肤上面施加轻柔的压迫绷带。

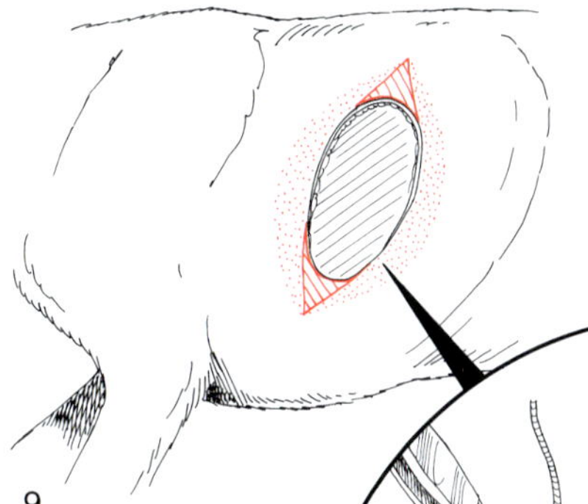
9

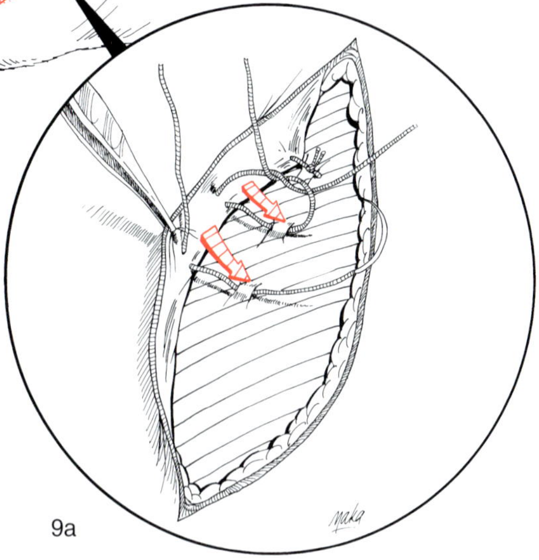
9a

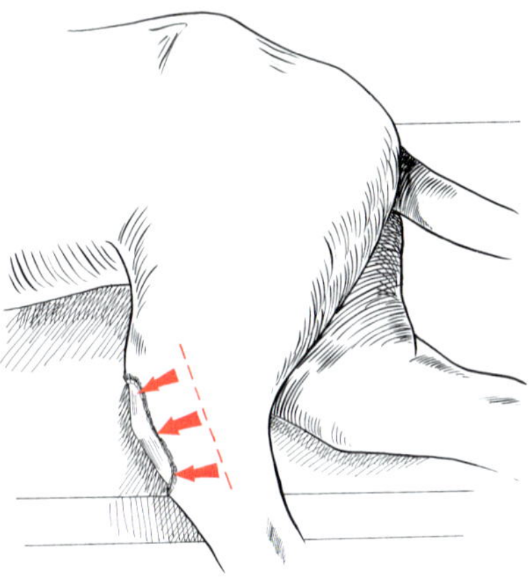
1

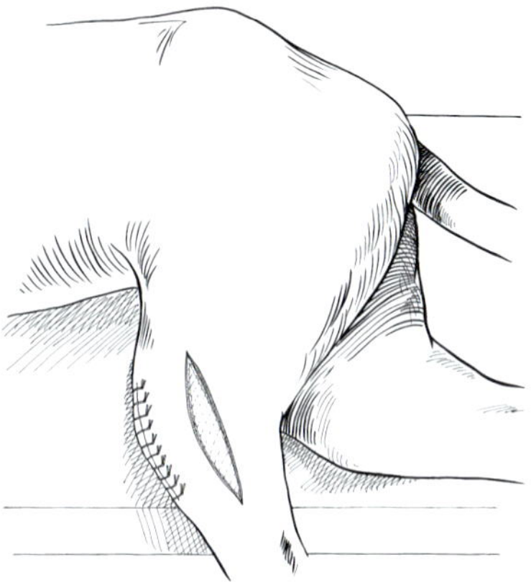
2

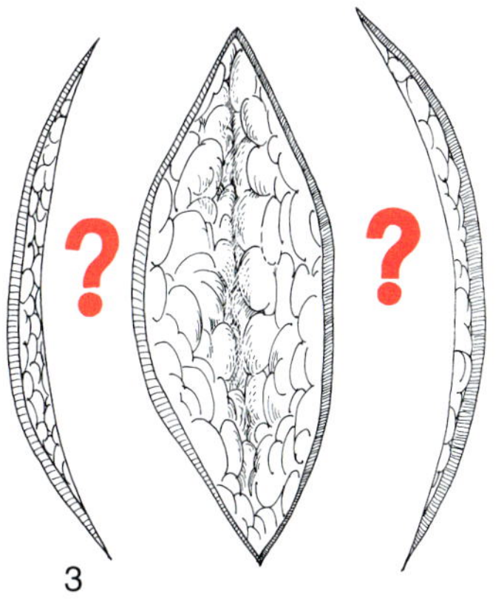

3

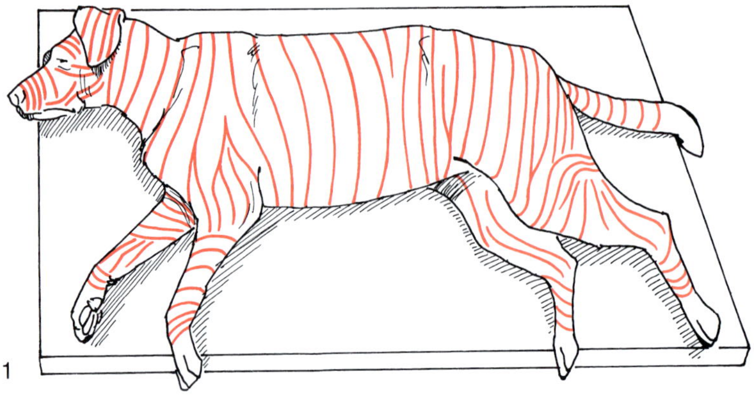

1

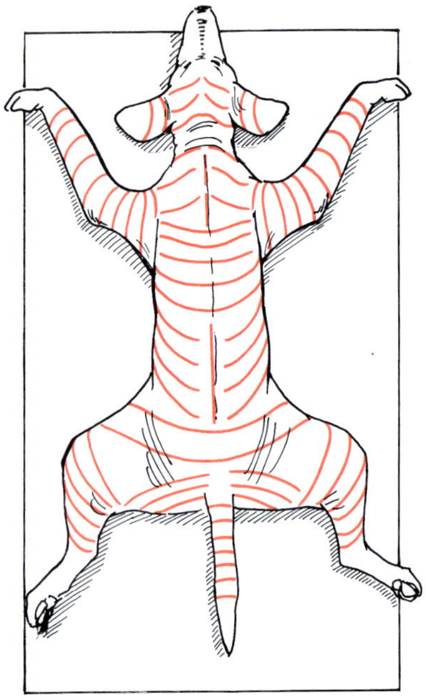

2

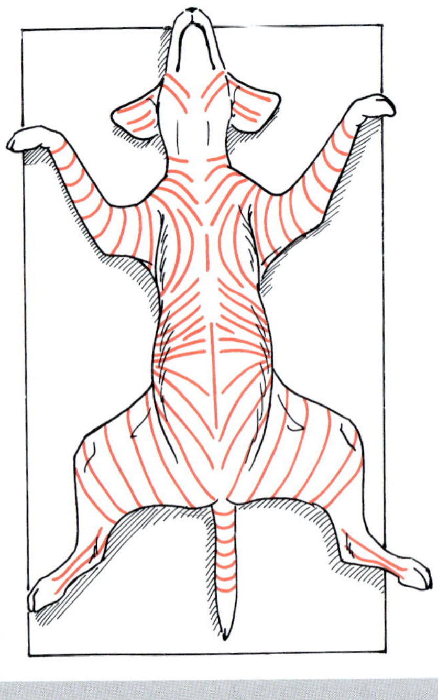

3

2.2 皮肤的张力线和创口的张力

2.2.1 切开和缝线

对于犬猫的皮肤，完全向同一方向，或者同等程度地移动位置是不可能的。皮肤在富含伸缩性的隆起的组织部分形成具有张力的皮肤张力线。在图 1~3 中，将这种情况在躯干的侧面、背面以及腹面都进行了表述。这种张力线对于策划手术方案是重要的。皮肤张力线在不同的动物种类、性别以及年龄等方面有所不同。

与张力线成直角的切开或者伤口，创腔扩大，愈合缓慢，形成大量的肉芽组织以及大的瘢痕，并且在进行缝合时，由于皮肤的张力可能导致缝合部位裂开。

2.2.2 基本原则

应该尽可能地平行于皮肤张力线切开皮肤。

对于现有的伤口，应在使其发生最小张力的方向上进行缝合。

注意

在切开之前，应在各个方向拉伸术野内的皮肤，根据皮肤的伸展情况，检查欲切开区域的状况，这样可以容易地确定切开线。

通常的打开手术通路方法，应考虑皮肤张力线。对于皮肤张力线实施直角切开时，创腔开张大。并且，斜向走行的切开创可导致弯曲的伤口。

伤口两侧发生的大的多余皮肤褶（称为“犬耳”）（参照 2.4.1），多数发生在逆皮肤张力缝合的情况下，如果注意皮肤张力线，基本上可以避免发生这种情况。

特别是在四肢发生大的皮肤缺损时，在皮肤过度张力状态下缝合创口，会发生以伤口为中心的缺血危险。如果因缝合四肢周围大的皮肤缺损而导致发生张力状态，倒不如进行皮肤移植、皮瓣成形术或者作为开放创口治疗，更有利于创伤愈合。

2.3 切除创缘

特别对于陈旧的伤口，创缘不规则而且有污染的伤口应切除创缘。在切除创缘，使伤口变得平直时，也应注意皮肤的张力方向。做成纺锤形的伤口往往可获得好的结果(图1)。

切除创缘有下述优点（从外侧向内侧进行），变陈旧创为新鲜创，去除坏死组织或者病理性肉芽组织。

使伤口平直，通过缝合可容易闭合伤口，获得良好的愈合过程。

对于减少伤口区域的病原菌也是必要的。

对于血管来说，用手术刀形成新的伤口能改善血液供给，而这是创伤愈合不可缺少的。

对于圆形的伤口(图2)，由于张力的作用变成了椭圆形(图3)。为了不形成“犬耳”状多余皮褶，对伤口角实施纺锤形切除(图4)。

当去除呈大致圆形的变形皮肤时，有必要进行较大的纺锤形皮肤切开。纺锤形切除皮肤的长度，应为伤口直径的3.5~4倍(图5)。

注意

要事先向动物主人说明要切成较大创口的原因，以求理解和配合。

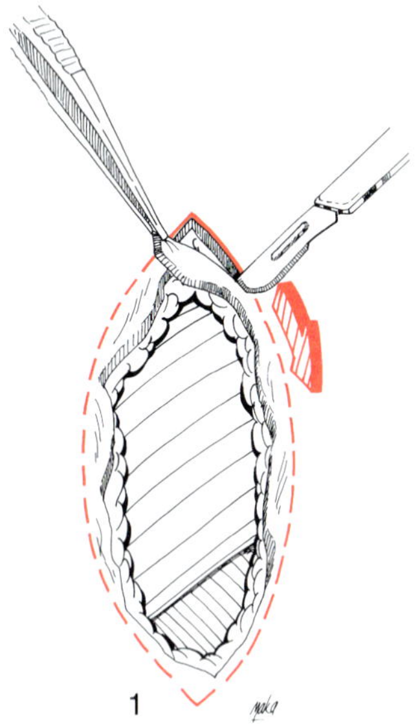

1

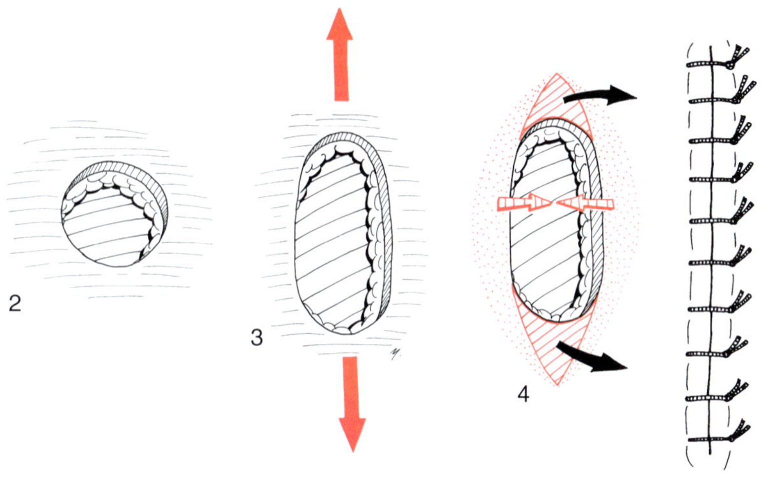

2

3

4

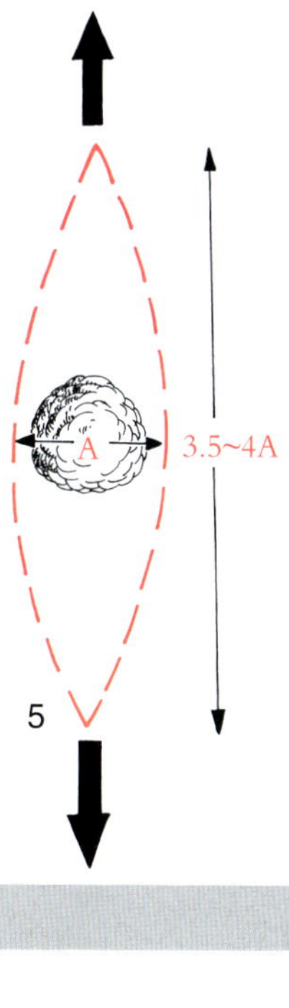

5

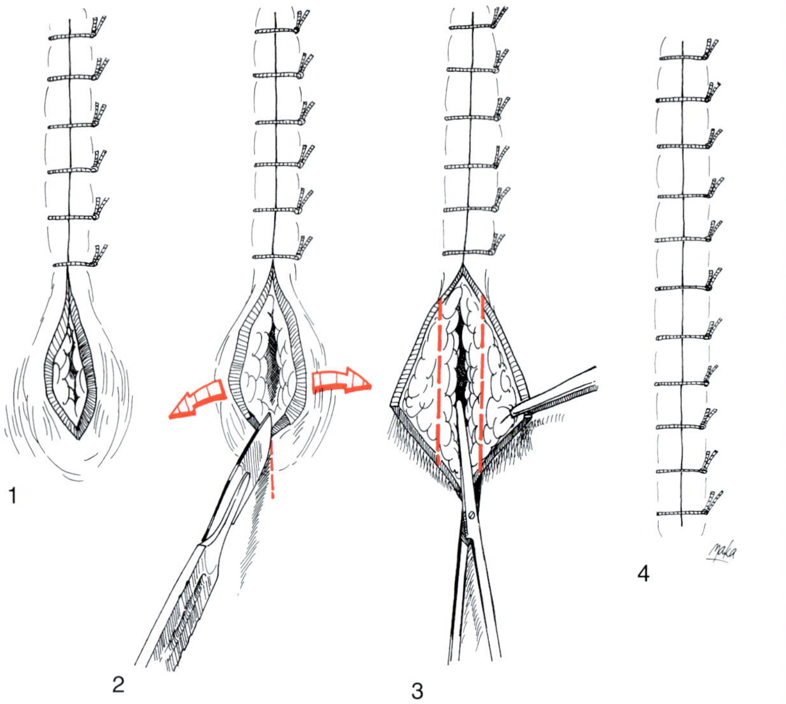

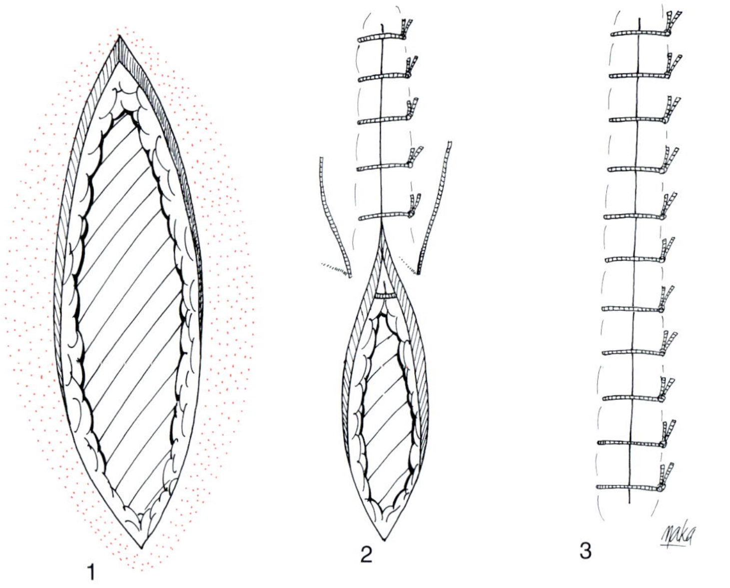

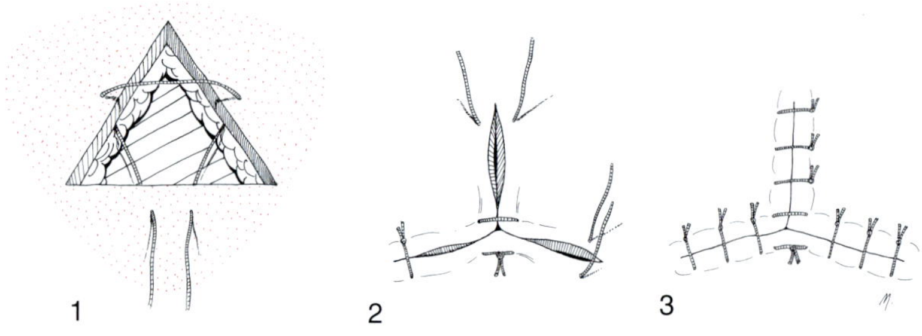

2.4 较小的几何形皮肤缺损的闭合

2.4.1 “犬耳”

正确地实施伤口切除后做成的新伤口,其长度至少应为宽度的 4 倍。该比例越小,越容易在伤口的一端形成所谓的“犬耳”(图 1)。避免发生这种多余皮肤的情况,不但在美容上有意义,而且有利于避免并发其他病症及阻碍伤口的愈合。在“犬耳”处形成多余的堆积肉芽组织,该肉芽组织阻止形成正常愈合的瘢痕。如果开始就断定不可避免地形成“犬耳”,应将其修正。修正的伤口方向,应顺着“犬耳”的纵轴方向的一切两半(图 2)。对于多余的皮肤,用手术剪分 2 次修剪,顺着伤口的走向并行切除(图 3)。然后就可以依次完全缝合伤口(图 4)。

2.4.2 椭圆形伤口

用手术剪剥离创缘两侧皮肤并使之可动化后(这种减缓皮肤张力的操作,应最大限度地保护该处的血管,在皮下剥离)(图 1),将伤口依次实施皮下连续缝合和皮肤的单纯结节缝合(图 2)。

2.4.3 三角形伤口

有必要使皮肤大面积可动化。这种情况下,对于创角部分(创端),需要比其他类型伤口更多能改变创缘位置的皮肤。

注意

皮肤向倒三角形方向移动(图 1)。

为了开始闭合伤口,使用变形的水平褥式缝合法(图 1)使创缘接近。该缝合可能适用于紧张度大的皮肤,使伤口闭合确实。接下来从创角开始,用单纯结节缝合法或者水平褥式缝合法进行相同的闭合(图 2)。形成 T 字形或者 Y 字形瘢痕(图 3)。

2.4.4 正方形以及短形伤口

必须要注意的是，有必要使伤口侧面和角部位的皮肤可动化。在实施大范围皮肤可动化(皮下剥离)后(图 1)，从缺损部的各个角交互处开始缝合，使用单纯结节缝合法或者水平褥式缝合法进行闭合(图 2)。在进行最后的中央部位缝合时，将其固定于下面的筋膜上。形成 X 形瘢痕(图 3)。

在长方形伤口的场合(图 4~6)，闭合方法原则上与上述相同。只是在缝合时努力使伤口形成两个 Y 字形瘢痕。

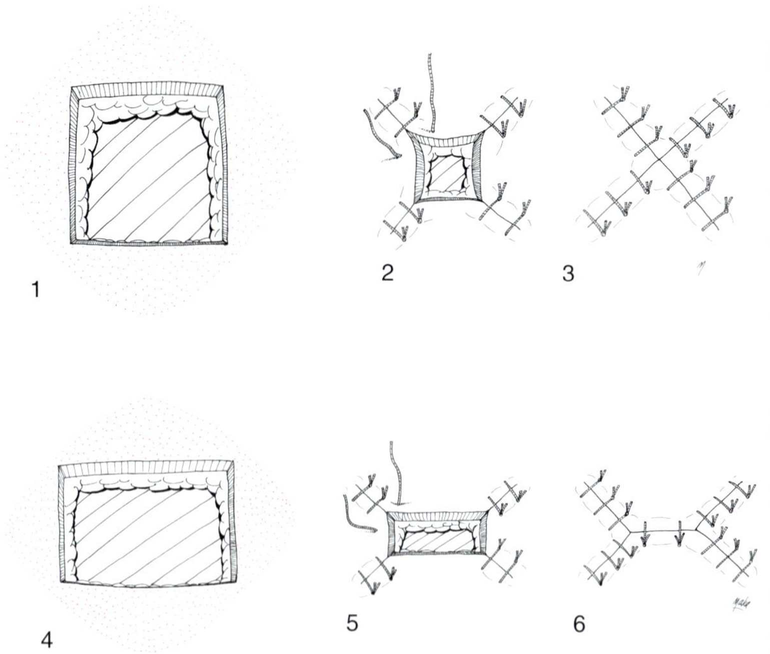

2.4.5 扁菱形伤口

箭头显示的是，皮肤可动化后闭合伤口的计划。将短边及其角一起用定位缝合法（为了把应该缝合的部位固定于正确的位置进行的假缝合）和长边缝合在一起(图 1)。追求的目标是形成笔直的直线瘢痕(图 2)。

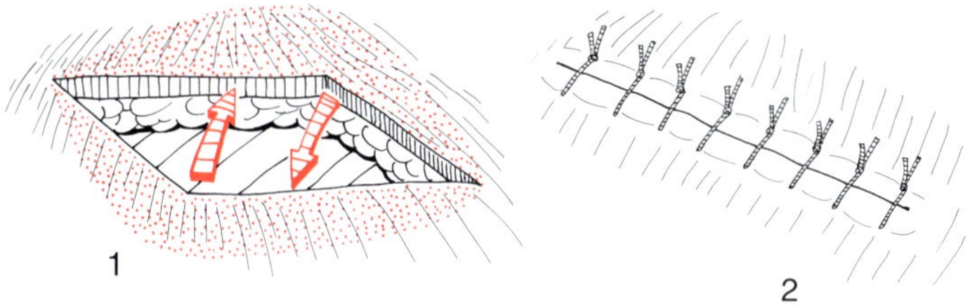

2.4.6 半月形伤口

将单侧创缘可动化后（将长的大弧形创缘和短的固定创缘缝合在一起），大致在伤口中间最宽的部位进行接合定位缝合(图 1)。下一步将剩余的一半伤口再分成两等份进行缝合，直至通过缝合使整个伤口形成弓形瘢痕(图 2、3)。

注意

单侧创缘越弯曲，在闭合伤口时越容易形成“犬耳”！作为对策，刺入缝合针时由长创缘侧向短创缘侧进针，并且多带上一些长创缘侧的组织，这样可以减少伤口的紧张程度。

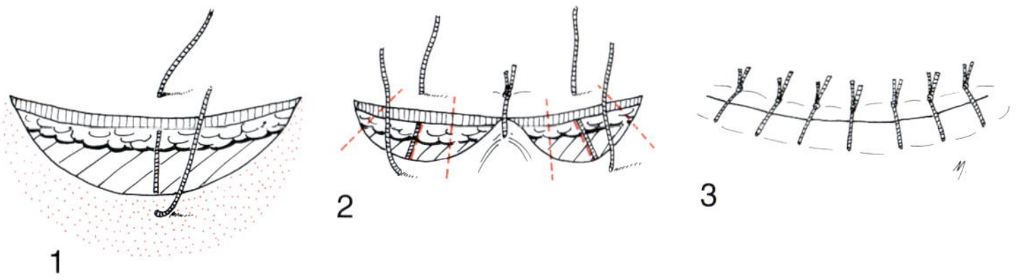

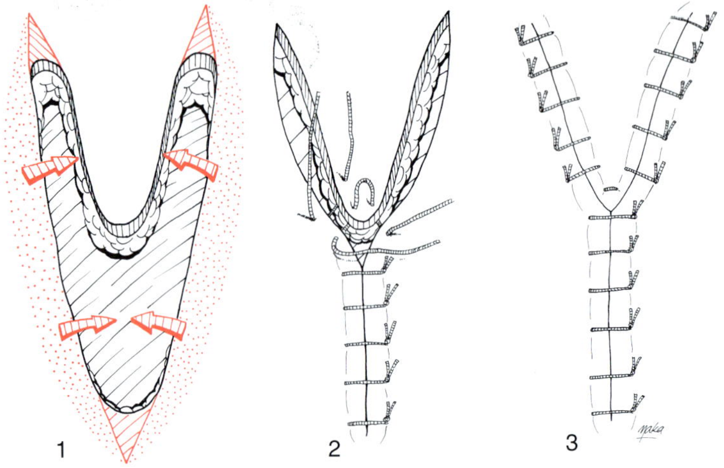

1　　2　　3

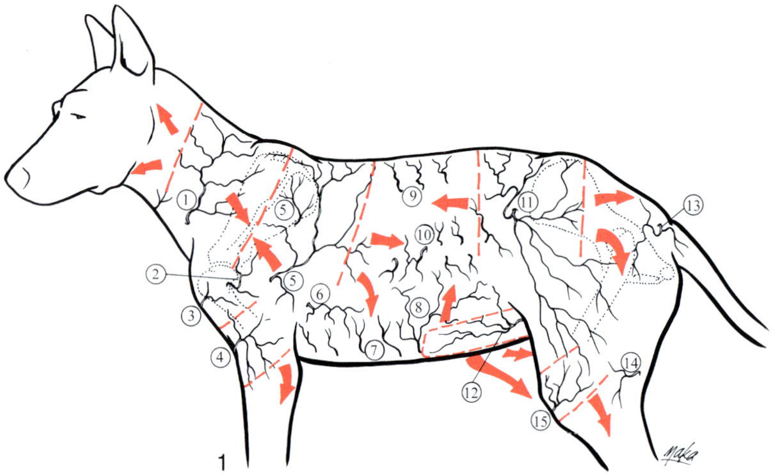

1

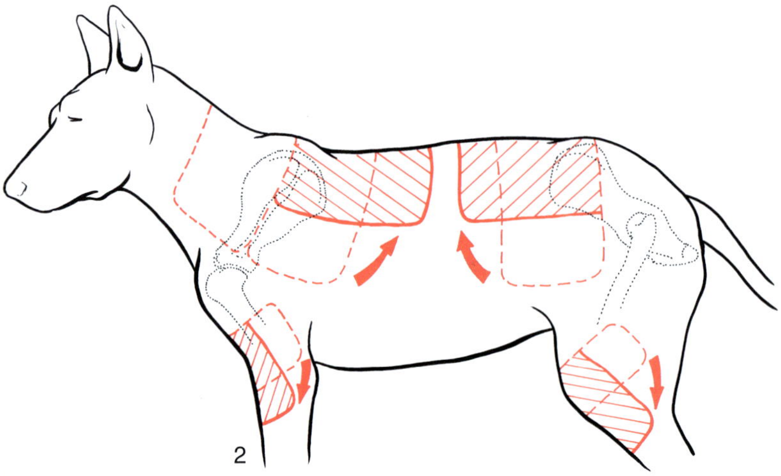

2

2.4.7 裂创(挫创)

通常,裂挫创由咬伤引起。

由于犬猫皮肤有很大的可动性,撕咬引起的裂挫创的皮肤片(皮瓣)不会被完全撕掉而残留着。外面见到的皮肤缺损,是由于皮肤或者纤维收缩和外科修正创噪而产生的。

为了避免缝合区域不必要的张力,将V字形的伤口缝合成Y字形(图1~3)。伤口的闭合从垂直的Y字形的角开始。在这些操作中还可以进行很多修正。在Y字形3个角的结合点进行角缝合(请参照2.1.3),在中心部位实施水平褥式缝合(图2)。如果两角长度不相等时,通过这种缝合可以调整张力的差别。

提示!

经常会出现创口的大小和创腔之间不对称的情况。如果开始不能做到彻底清创和消毒,可以预料到会发生浆液潴留和化脓时,应在创腔内设置引流管(参照1.6)。

术后护理

处置伤口。

术后10~14天拆线。

2.5 犬的新生血管皮瓣

2.5.1 躯干皮肤的血管(图1)

1.颈浅动脉上行支
2.腕后上旋动脉皮支
3.腕前上旋动脉皮支
4.桡侧近位副动脉皮支
5.胸背动脉皮支
6.外侧动脉皮支
7.内胸动脉腹侧皮支
8.腹壁浅前动脉
9、10.肋间动脉外侧皮支
11.肠骨浅旋动脉皮支
12.腹壁浅后动脉
13.外侧尾浅动脉皮支
14.大腿后动脉皮支
15.膝内侧动脉

2.5.2 皮瓣的采取部位和移动方向

不能通过直接接合创缘来闭合的大面积伤口,采用带有营养血管的皮瓣来闭合是一种可选择的方法(图2)。原封不动地保留皮瓣血管供给血液,能减少愈合过程中发生并发症的可能。

体位

关于体位(根据皮瓣的采取部位),与2.5、2.6、2.7、2.8相同。

取侧卧位保定。

将呈松弛状态的前、后肢以自然姿势进行保定,这样对于所有的皮肤缺损部都能容易地打开手术通路。

关于特殊的保定体位将在各章中加以说明。

2.5.2.1 腕前上旋动脉皮支

适应症

面部皮肤损伤。耳廓再生。颈部皮肤损伤。肩部皮肤缺损。腋下皮肤缺损。

术式

尾侧缘切开：从肩峰向背侧方向切开。

头侧缘切开：与肩甲骨呈 2 倍的间隔，平行于尾侧创口切开。

2.5.2.2 胸背动脉皮支

适应症

胸壁缺损。肩部缺损。前肢上部皮肤缺损。腋下部皮肤缺损。

术式

头侧缘切开：从肩峰向背侧方向切开。

尾侧缘切开：距肘延长线 2 倍距离，平行于头侧切开线实施切开。

2.5.2.3 肠骨深旋动脉

适应症

胸壁皮肤缺损，外侧腹壁皮肤缺损，腹侧皮肤缺损，外侧和内侧的皮肤缺损，大转子上皮肤缺损。

术式

尾侧缘切开：在大转子和肠骨翼中央部垂直线切开。

头侧缘切开：连接最后肋弓的垂直线切开。

2.5.2.4 腹壁浅后动脉

适应症

腹侧皮肤缺损，大腿内侧皮肤缺损，膝部皮肤缺损，会阴和包皮皮肤缺损。

术式

内侧缘切开：沿腹壁正中线切开。

外侧缘切开：并列于内侧缘切开线，与乳腺留有充分的间隔距离。

该术式可以改变皮肤的长度。为了安全起见，应该确实保护尾侧部的 4 个乳腺群及其皮肤。

2.5.2.5 胸背动脉皮支

适应症

肘外侧和腕前部外侧皮肤缺损。

术式

近位切开：垂直于腕上骨骨干中央部切开。

远位切开：并行于近位切开，横向于肘关节切开。

2.5.2.6 浅动脉皮支

适应症

腿下部近位外侧皮肤缺损。

术式

近位切开：在膝上 2~3 指宽的位置，几乎垂直于大腿轮廓切开。

远位切开：平行于近位切开线，从胫骨粗面开始切开。

2.5.3 不能获得皮瓣的皮肤区域

图 1 和图 2 表示的是不能获得犬新生血管皮瓣的区域。在前肢标记了腕浅上动脉皮支支配的区域，在后肢的界限为浅动脉皮支支配的区域。在这些区域发生比较大的皮肤缺损时，必须用筒状皮瓣移植、直接皮瓣移植（植皮）、网状皮肤移植或者皮岛移植来闭锁。

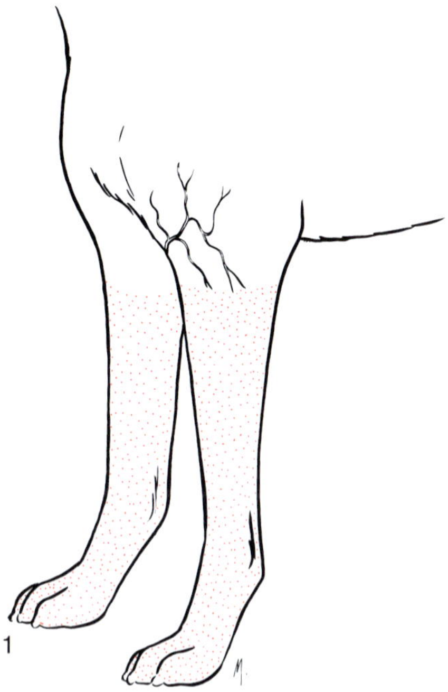

1

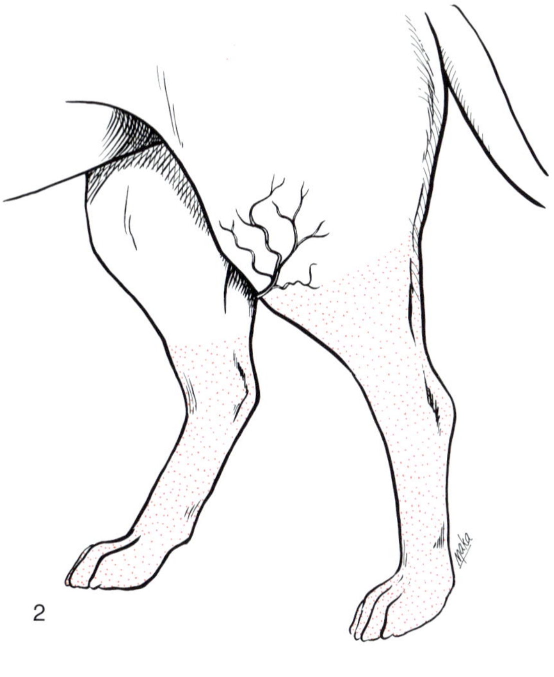

2

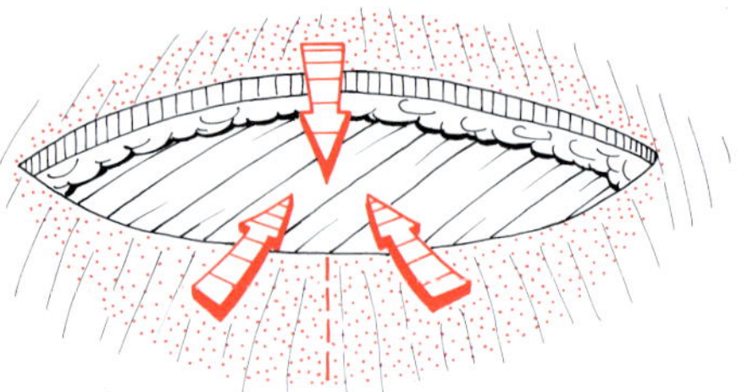
1

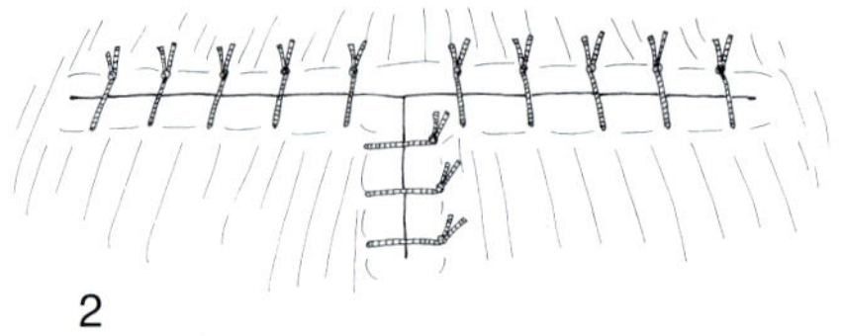
2

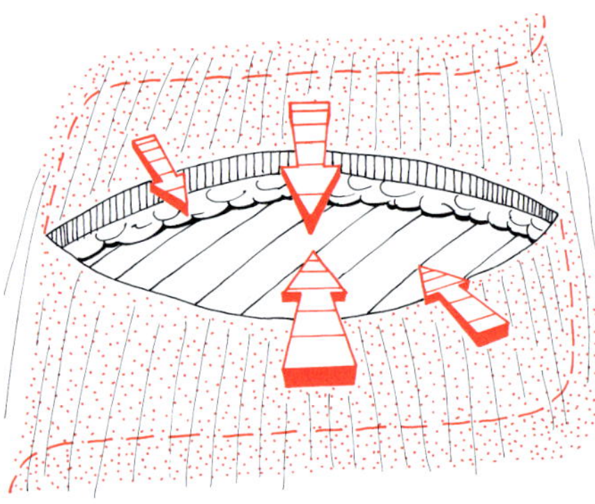
3

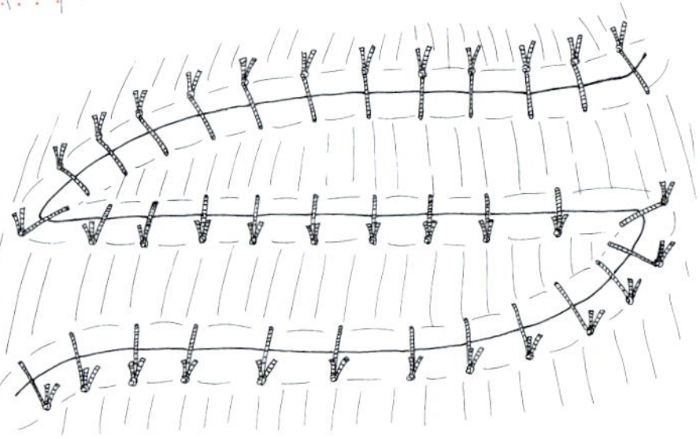
4

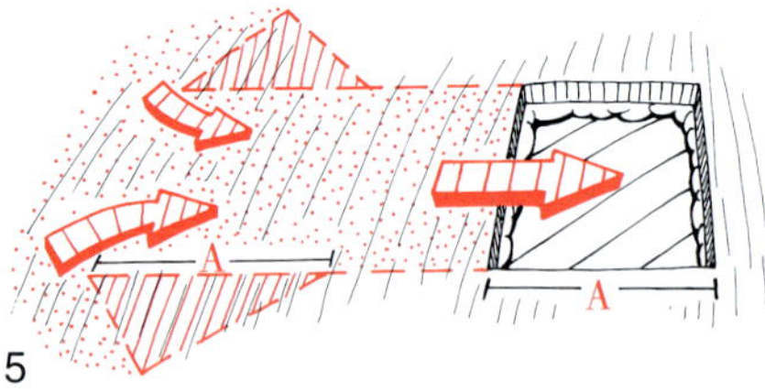

5

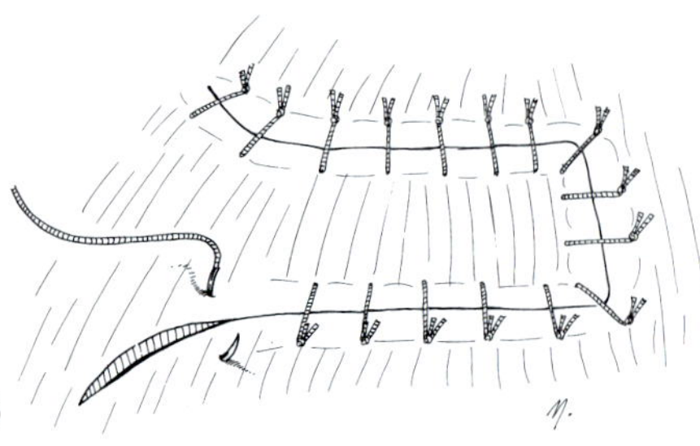
6

2.6 皮肤成形术

移动接近伤口区域的皮肤，该移动是为了覆盖缺损的皮肤。

依照定义,有以下操作。

移动皮瓣(直线、曲线),VY 成形术和 YV 成形术,回转皮瓣,Z 和 W 成形术。

注意

用移植的皮肤等组织与体内的组织器官连接、生长来修复、治愈伤口。只有可动化的皮瓣非紧张地良好缝合，才能取得应该得到的良好经过。由于皮瓣包含其下部的营养血管，因此在移动时不可进行过度拉伸、过度旋转等操作(可动化)。

适应症

作为修补皮肤缺损和创伤，各种手术方法究竟使用哪一种，应由损伤的具体情况而定(参照 2.9.1 和整形外科头部部分)。各种手法、技巧也取决于具体可实施的方法。

术式

首先用手向各个方向牵引、拉伸皮肤，以此来了解皮肤的张力线方向，然后用无菌记号画出欲切开线。最初的缝合在缺损部位的远角进行。该缝合起固定皮瓣的作用。另外,在这个缝合阶段还可以修正“设计失败”。通常先从皮瓣的边缘进针,接下来从固定侧的伤口边缘出针。

2.6.1 移动皮瓣

2.6.1.1 笔直移动(前进)皮瓣

术式

在大的椭圆形皮肤缺损时实施**单侧减张切开**(图 1、2)。

依靠这个简单的创缘移动，来实施 T 字形缝合。优点：因为几乎不移动组织器官,故没有什么危险性。

在非常大的椭圆形皮肤缺损时实施**两侧 S 形减张切开**(图 3、4)。

为了移动大的相邻的皮肤区域，需要先作设计。该技术特别适用于能进行充分组织移动的皮肤区域。

(增加皮肤紧张性后的)**正方形或者长方形皮肤缺损的修复**

- **单侧的、长的、笔直移动皮瓣**(图 5、6)

当发生长方形或者正方形皮肤缺损时,为了覆盖笔直的皮肤缺损区域可以拉近距离。为了避免形成大的“犬耳”和紧张,在皮瓣的基部切除“单位三角形”,以此来减轻负担。至少三角形的底边，必须准确地和缺损部长轴方向侧面的长度相等(图 5 中 A:A)。其结果,在缝合创缘时形成弓形的缝合末端(图 6)。

● **H 成形术：两侧的、笔直移动（前进）皮瓣**（图 7、8）

H 成形术适用于当发生比较大的皮肤缺损时，只用单侧移动皮瓣来覆盖组织的面积太小，或者在发生高度皮肤张力的区域。

在这些病例中，为了减轻局部单位负荷而切除的三角形皮肤的底边，必须是缺损长度的一半（图 7 中 A/2:A）。

● **单侧短的笔直的移动皮瓣**

用减轻负荷三角形（单位三角形）的 2 面切除方式，做成一个移动皮瓣。此时三角形的底边和缺损的长度相等（图 9 中 A:A）。通过这些操作覆盖缺损的组织，并且避免形成“犬耳”状态。

注意

产生必要的极小的可动性！

● **伴有皮瓣基部减张切开的长的、单侧的移动皮瓣**（图 11 ~ 14）

关于移动皮瓣的分散性的底边和基部的减张切开，可稍微包含一些邻接的皮肤表面，在不太增加外伤的情况下可以做成皮瓣。皮肤的钝性可动状态与做出的皮瓣相关联。

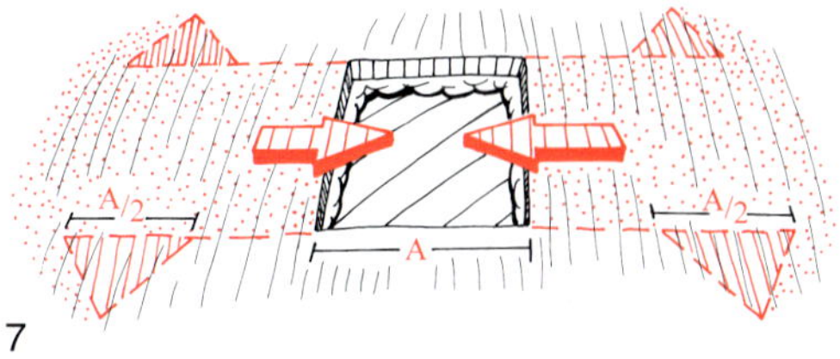

7

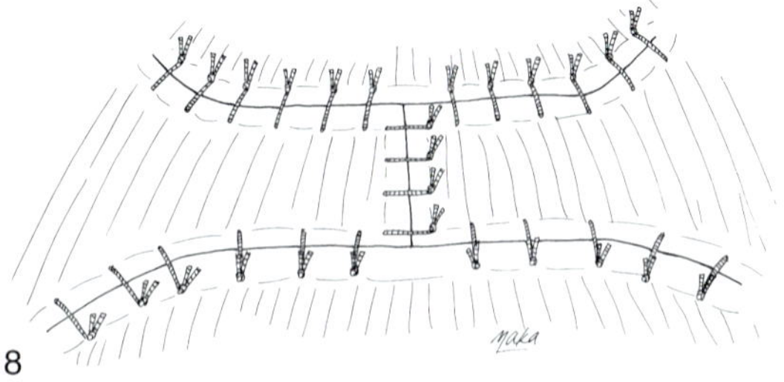

8

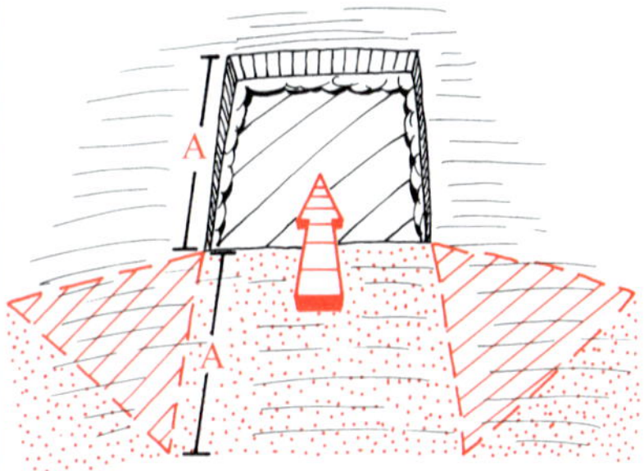

9

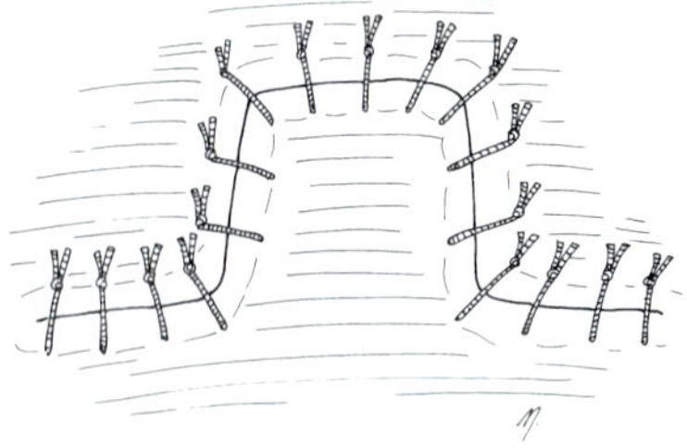

10

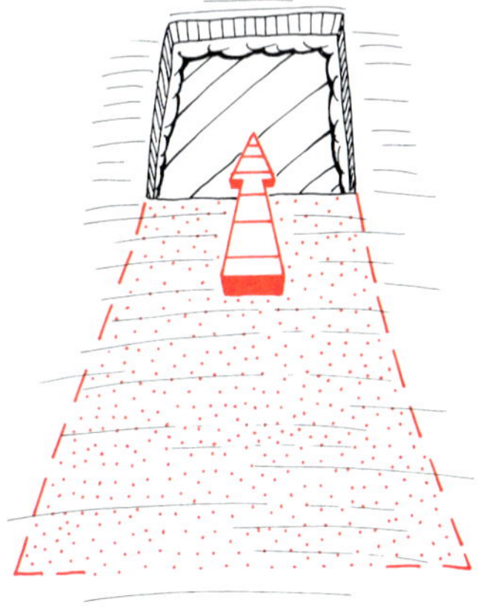

11

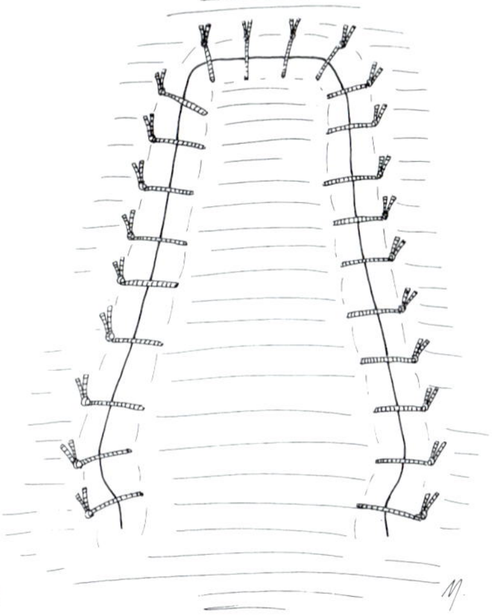

12

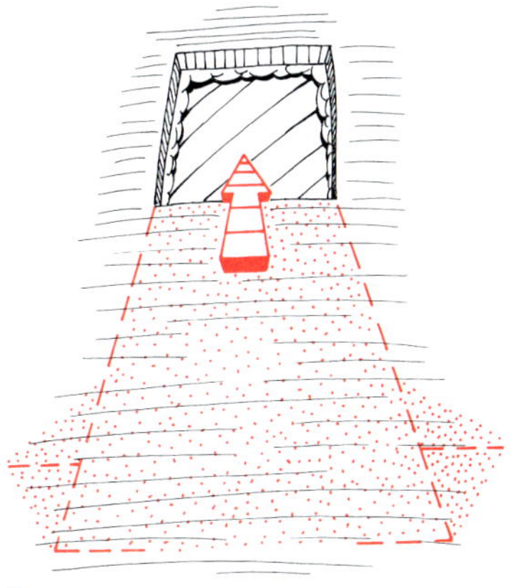

13

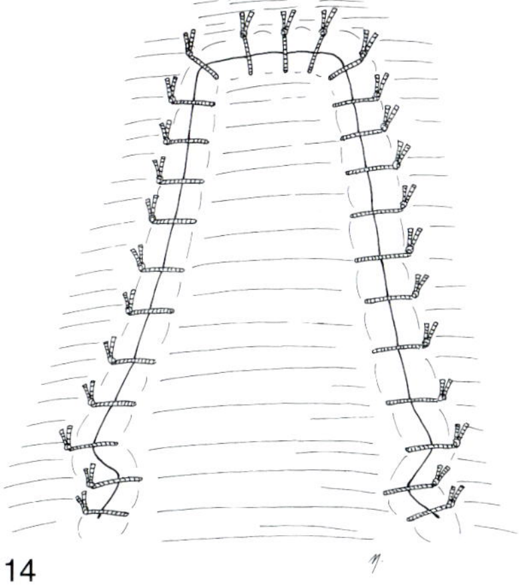

14

1

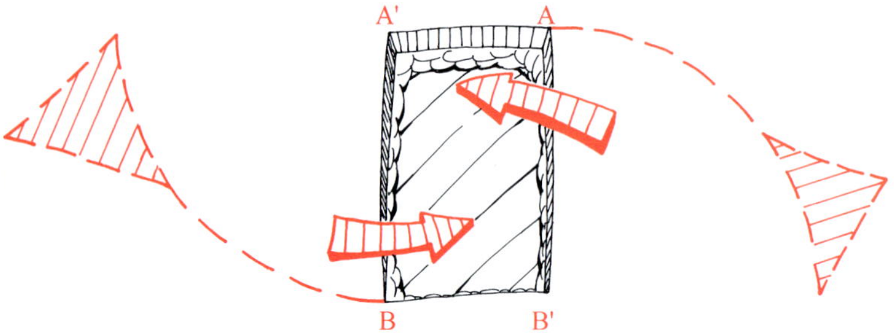

2

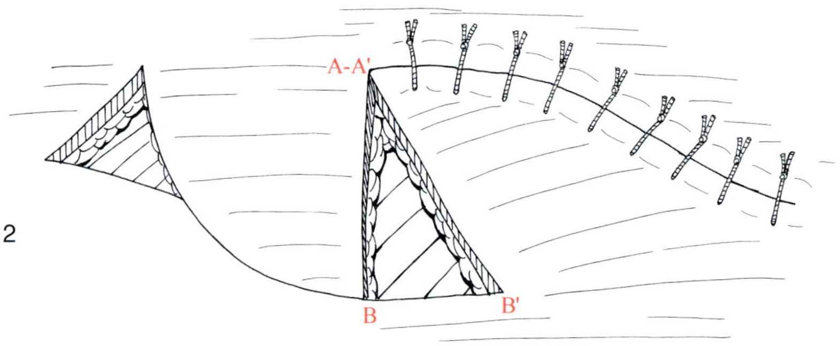

3

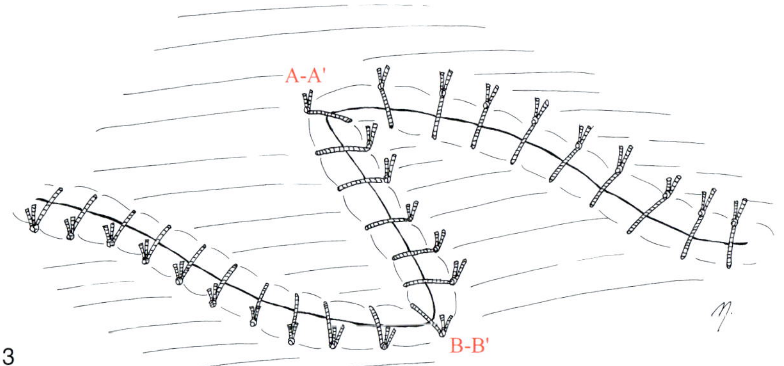

1

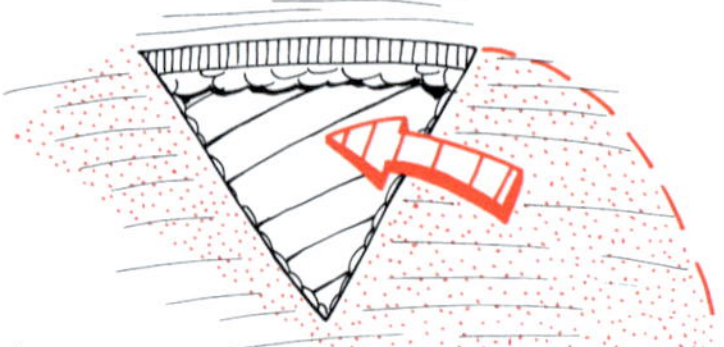

2

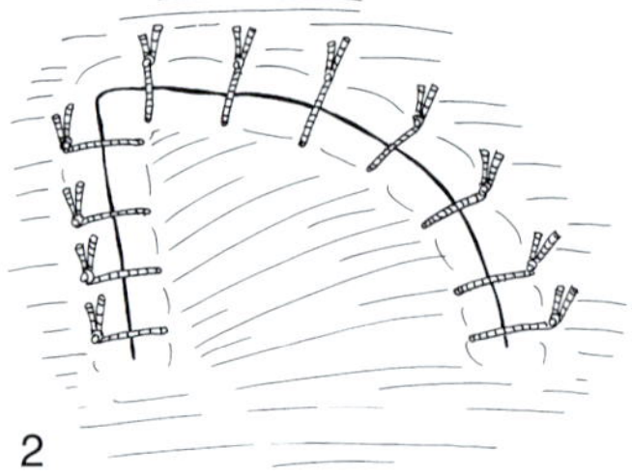

2.6.1.2 弓形移动皮瓣

适应症

在限定的场合或者状态，例如发生在大腿内侧等部位，中等程度至手掌大小的皮肤缺损。

当发生长方形皮肤缺损的场合(图 1)，伤口角顶点 A′和 B′标志着两侧的 1/4 的圆形皮瓣的中心点。然后，沿着标记画线把它们切开，之后这些切开区域只有一部分参与覆盖缺损的皮肤。用钝性分离法使皮瓣可动化后，将短边角的顶点重合(A→A′)。B′为皮瓣的支点(图 2)。将缺损部位一半的创缘缝合后(B→B′)，再缝合对角线上的皮瓣边缘(图 3)。如果只缝合皮瓣的顶端边缘，有发生浆液性肿胀、血肿的危险，因此应先用步行缝合法将皮瓣固定于皮下的筋膜上。

优点

只需要比较小的覆盖组织，故负担也小。实施该手术的条件是，缺损区域的两侧必须有足够大的且可移动的皮肤。

2.6.1.3 三角形伤口的闭合

术式

单侧弓形皮瓣(图 1、2)

该手术技术和上述“二等份皮瓣法”相似。切开和缺损部位大小几乎相同的弓形皮瓣，钝性剥离使之可动化。为了方便操作，再将远侧的缺损部位边缘进行适当的可动化(图 1)。这样一来，可使皮瓣较小，避免缺损部位不必要的张力以及可使创缘柔软地对接。

依次闭合创口。

两侧弓形皮瓣(图3、4)

像照镜子一样，用对称的半圆形的2个皮瓣来闭合三角形的皮肤缺损。该方法特别适用于高度自然张力皮肤区域，例如骶骨部位。

单面以及双面的三角形皮瓣(图5~8)

该技术适用于解剖学上移动可能性大的皮肤，例如颈部或者额部皮肤。沿缺损部底边，用单向或者双向切开法，使V形伤口变成T形伤口（图6、8）。需要特别说明的是，该方法几乎不给组织造成外伤。

伴有切除单位三角形的皮瓣(图9、10)

为了减轻缝合负担而进行的三角形切除，是该手术方法的核心要点。该方法适用于皮肤比较紧张或者皮肤状态不好的区域。

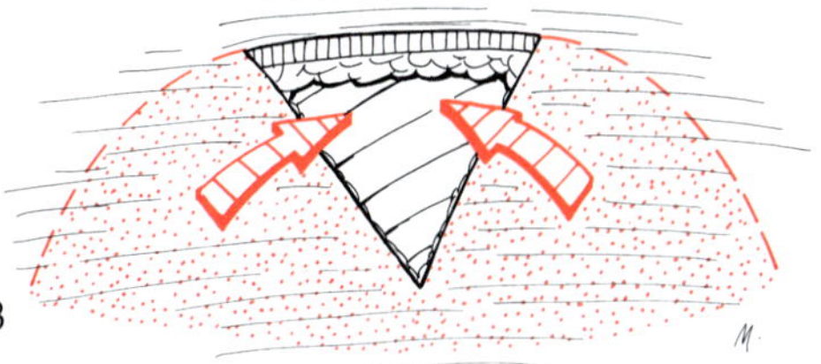

3

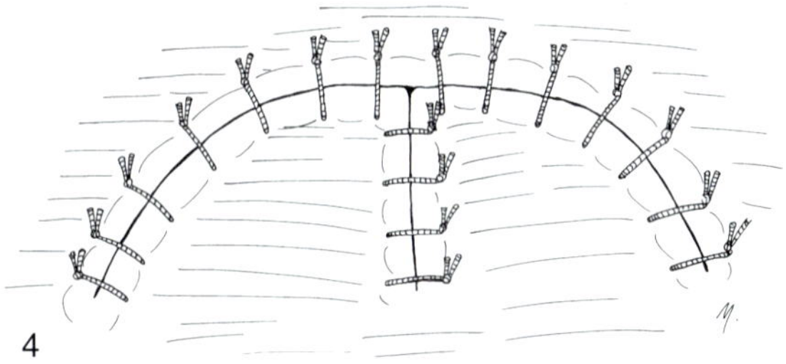

4

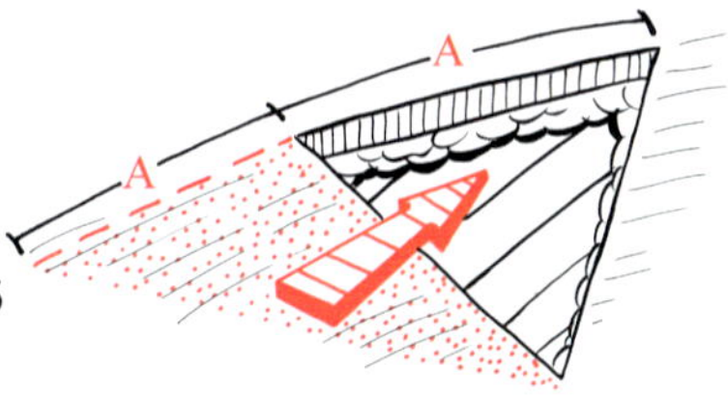

5

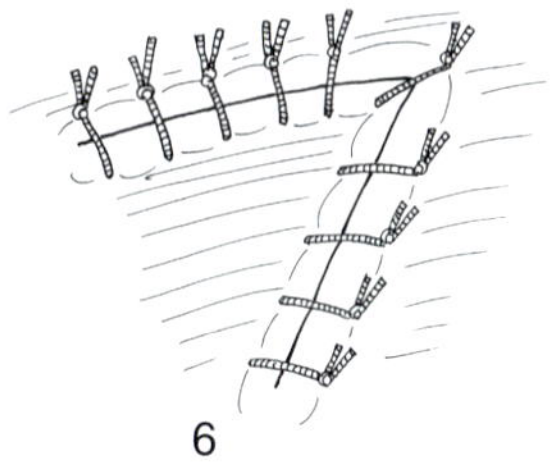

6

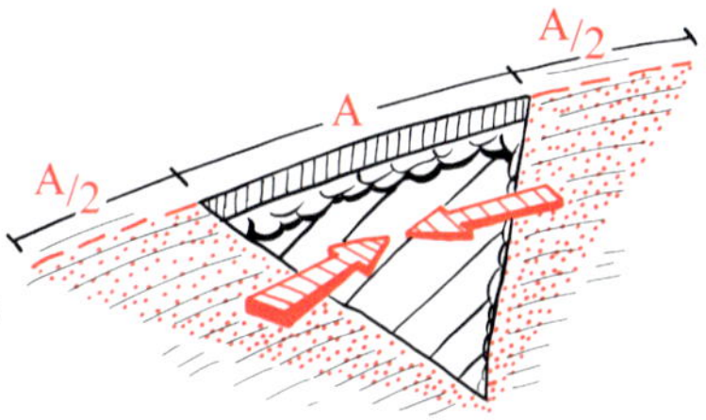

7

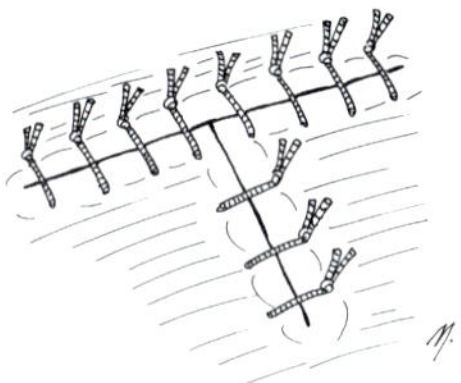

8

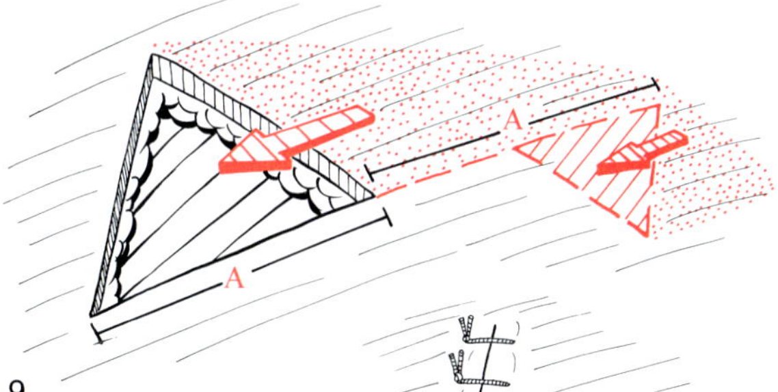

9

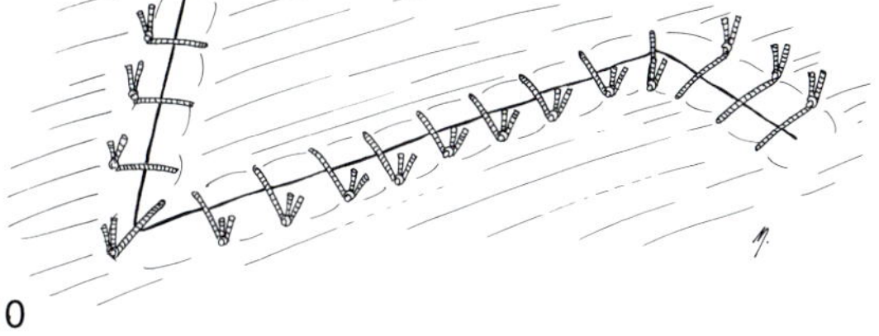

10

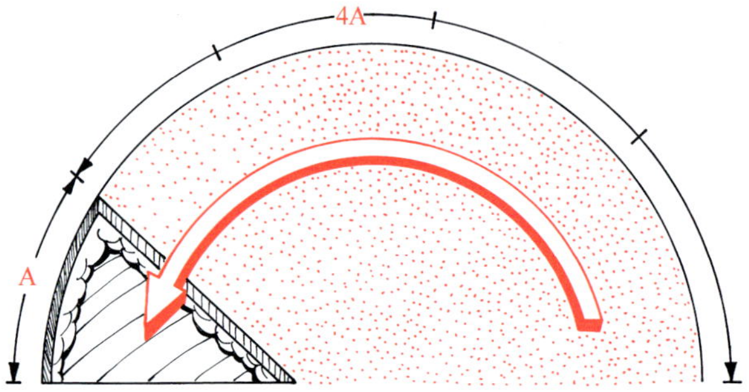

1

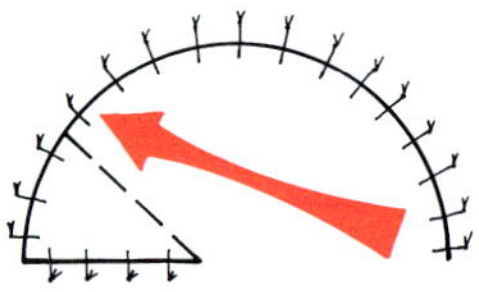

2

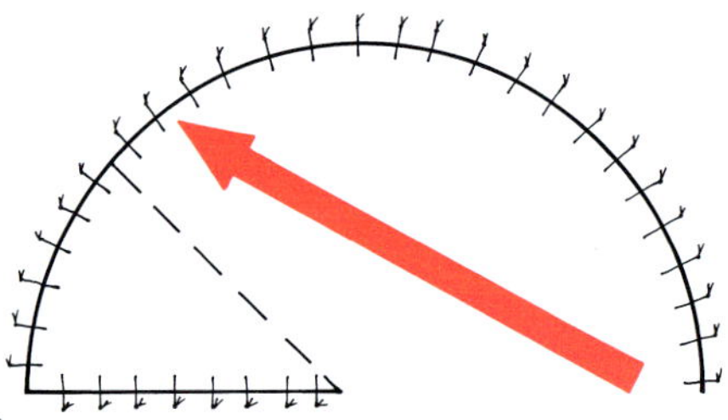

3

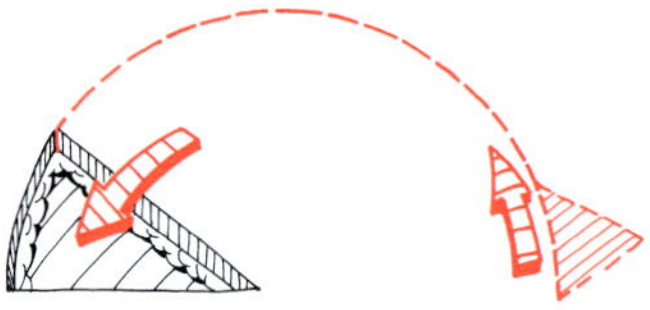

4

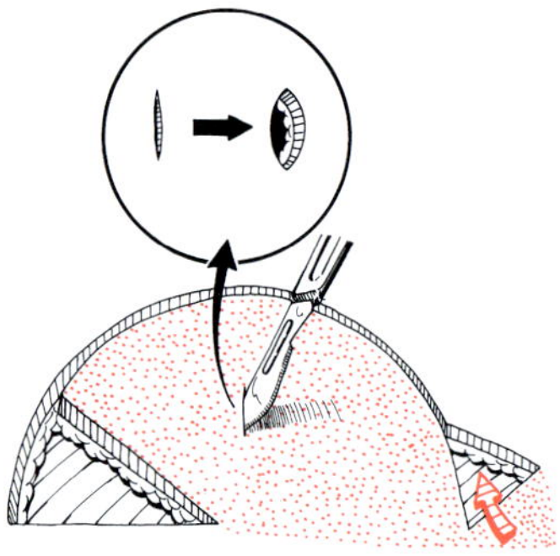

5

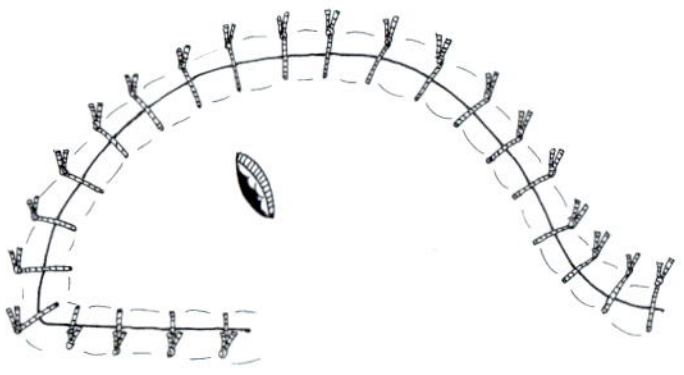

6

2.6.2 回转皮瓣

所谓回转皮瓣，是指半圆形或者3/4圆形的完整的皮瓣(带有皮下组织)。该皮瓣经过一个转点呈弓形旋转，该移动的目的是覆盖三角形的皮肤缺损。能够想到的最好的回转皮瓣是，其长度大致为应覆盖缺损部的4倍左右(A:4A)的半圆形皮瓣(图1)。

适应症

只能在一侧获得皮瓣，且该皮瓣有可能覆盖住三角形的皮肤缺损，该三角形缺损的部位可能发生收缩或者捻转等生理学改变。例如发生于眼睛、肛门或者包皮周围的三角形缺损。

术式

检查缺损的周围皮肤，确定回转皮瓣能否在非张力状态下覆盖伤口。施画切开线。对于进入画线内的皮瓣(按计划切开皮肤前，用无菌记号笔在皮肤上画线)，用手术剪进行钝性剥离使之可动化。此时，尽可能多地带上皮下组织以及皮肌。应避免损伤皮瓣下部的组织和营养血管。

在可以进行修复时，即在移动、缝合及固定皮瓣之前，在缺损部角的部位将皮瓣用结节缝合法做暂时固定，以便检查张力程度。

缝合、连接皮肤。

在皮瓣的一端，由于多余的皮肤而形成“犬耳”时，必须将其切除(参照2.4.1)。

比较小的皮瓣，尤其在其中央部位比大的皮瓣更容易发生紧张情况(图2、3)。作为对策，在确定最大限度的可动性和张力性之后，将皮瓣穿刺切开(图5)，而且，为了避免形成“犬耳”，用切除单位三角形(图4)的方法来缓解紧张状况。

在实施回转皮瓣技术时，为了去除“犬耳”必须优先实施“单位三角形”切除术，因为这样可以避免切除更多的、必要之外的组织。用步行缝合法可以预防组织渗出液的潴留(图6)。

2.6.3 回转(轴状)皮瓣

所谓回转(轴状)皮瓣,是指多为直角的、伴有充分的新生血管皮下组织的皮瓣。该皮瓣经过明确规定的旋转点,它可用于修补与它周边相邻的缺损,但主要是用于修补周边不相连的皮肤缺损而做成的皮瓣。虽然皮瓣位于和缺损皮肤不同的轴上,但是,通常皮瓣与缺损部位呈直角位置关系。

2.6.3.1 皮瓣的强化(图 1~4)

适应症

对于皮瓣移动距离短的区域,使用带有新生血管的皮瓣来覆盖缺损的皮肤。

根据经验我们知道,在大多数情况下,没有必要为了回转皮瓣而进行特别的准备。但是,在非紧急闭锁缺损的情况下,在覆盖缺损之前有必要进行皮瓣的强化。对于回转皮瓣也可以不必进行活力强化(皮瓣的强化),直接缝合于清洁的、被修复的缺损部位。

术式

在保证血液供应的前提下进行三个方向的分离(图 1)。用外科手术剪钝性分离使皮瓣可动化(图 2),进行再缝合(图 3)以及为了将来使用该皮瓣而实施的再缝合,可以强化存留于皮瓣上的营养血管(图 4)。

优点

即使在重伤情况下,用适当的支持疗法(例如照射低能量的射线、用锦葵茶洗浴、涂抹创伤膏、全身使用抗生素等),几乎都可以在治疗期间使之痊愈(不过,当缺损部位脆弱、周边发生坏死以及有感染时,不宜进行皮瓣移植)。

缺点

在治疗伤后缺损部位时需要较长的治愈时间(10~14 天)。应该考虑到在制作回转皮瓣时形成比较大的二次损伤。当由于血液循环不良而发生坏死时,皮瓣的状况也会变得恶化。

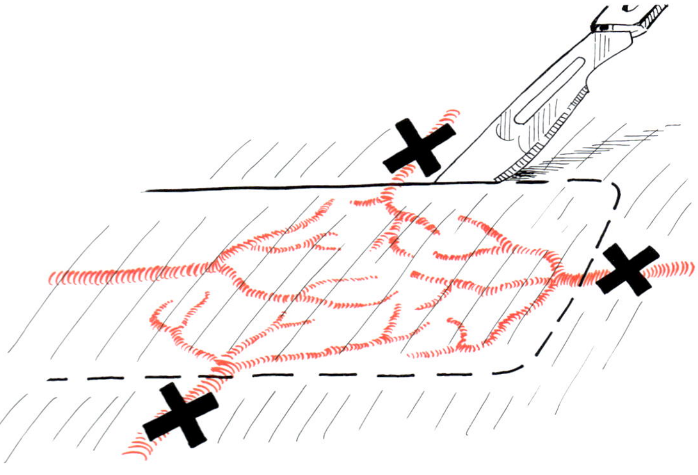

1

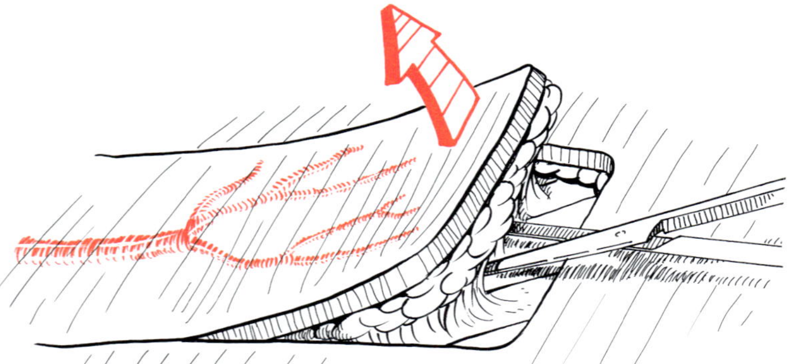

2

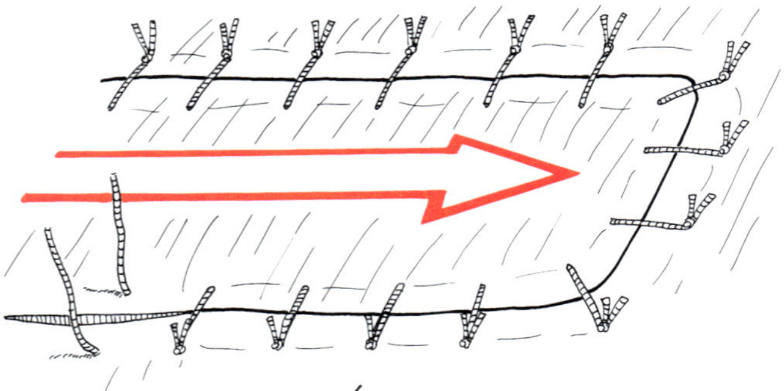

3

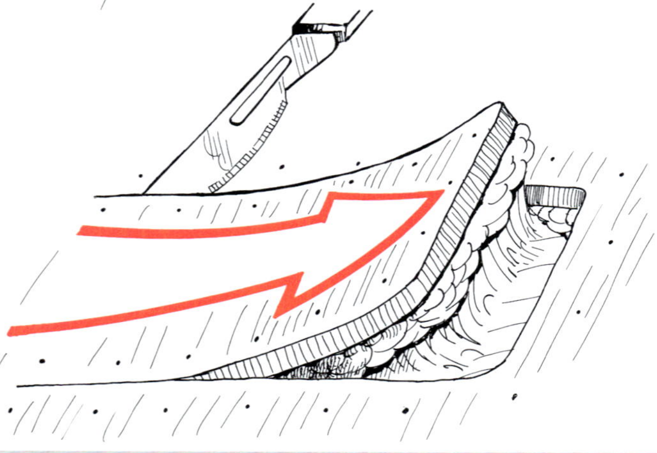

4

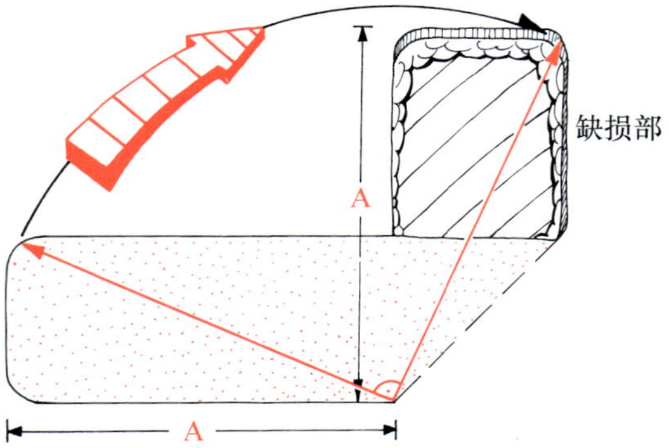

1

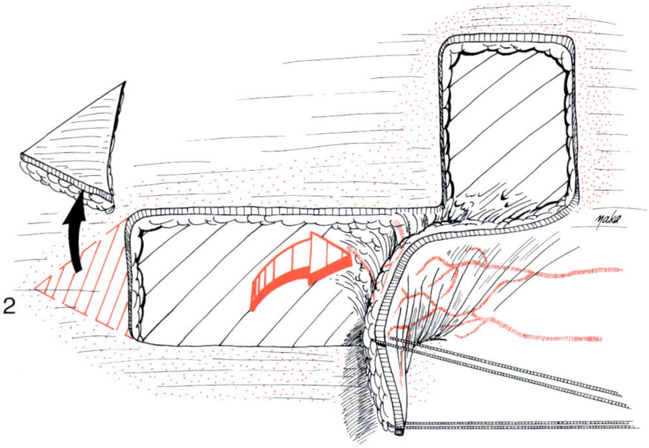

2

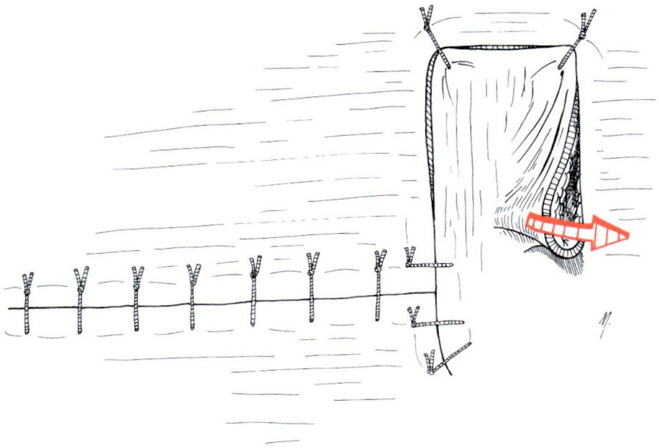

3

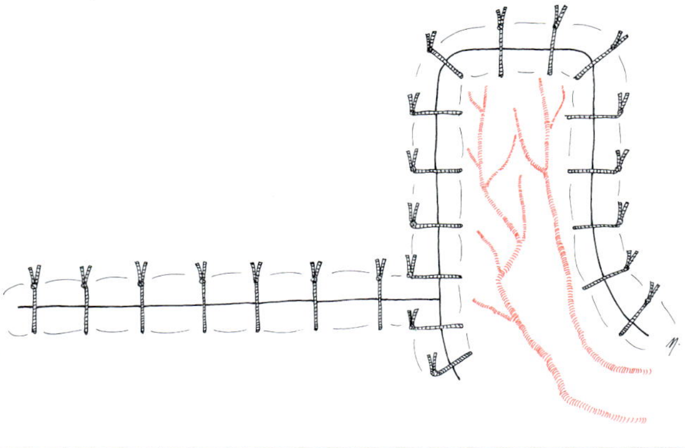

4

2.6.3.2 单纯回转皮瓣

适应症

回转皮瓣是自由活动的，广泛地应用于皮肤丰富的区域和相邻的皮肤缺损区域。如前额、上眼睑、下眼睑、头后部、会阴部、肘部以及膝盖等区域。

覆盖肘部和膝盖部皮肤缺损时，两者也都可以使用回转皮瓣。

术式

一个皮瓣回转的距离越长，皮瓣会越缩短。对于这种情况在制定手术方案时必须予以考虑。关于移动的距离和“由于回转造成的损失”如图1所示。过度缩短的皮瓣在缝合时，会给对侧皮肤创缘造成张力。

提示！

用布片模拟回转皮瓣形状，在实际操作时十分有用。

将具有充分新生血管的皮瓣可动化后，将手术区域的全部边缘也用手术剪进行剥离。但是，不要剥离回转皮瓣的皮下基部(图2)。

将该皮瓣向移植床移动，首先将前角部位做2处单纯结节缝合进行固定(图3)。

接下来的操作是闭合皮肤移植受体侧的伤口。此时，在供体侧短边的边缘切除楔形的皮片，这样一来便可以在不形成“犬耳”的非紧张的状态下闭合伤口(图3)。

通常在缺损部附近的皮瓣基部发生“犬耳”。对于这个问题可以用延长创口的方法来解决(参照2.4.1)。在这种场合，作为预防的方法可以不必切除“单位三角形”，对于多余的皮肤用延长切开线的方法进行修正(图3)。

接下来将皮瓣用单纯结节缝合法和移植床缝合(图4)。

2.6.3.3 嵌入皮瓣

嵌入皮瓣是回转皮瓣的一种特别形式。这时，移植床的区域和供体区域不相邻。分布于覆盖缺损部位皮瓣上的血管向内部生长后，将血管从原来血液供应通路上分离下来。因此，提前进行皮瓣的血管强化是必不可少的操作(参照 2.6.3.1)。

嵌入皮瓣位于单纯回转皮瓣（参照 2.6.3.2)和直接植皮之间(参照 2.6.3.1)。回转皮瓣的大小及移动依照皮瓣的设计、移动的几何学比例、获取和回转皮瓣时造成的缺失而定。

适应症

参照回转皮瓣。

术式

该手术的术式以皮肤移植术式为基础。

嵌入皮瓣回转区域的角度大致为 15°(图 1)。回转角度太大时压迫营养血管，而回转角度太小有时又会导致皮肤区域之间的坏死。

设计完皮瓣转动方式后，用无菌记号笔画出切开线，然后实施皮瓣采取部和移植床的切开以及进行钝性可动化处理(图 1)。

接下来对于采取皮瓣的供体部位的缺损，用切除三角形皮瓣的方法进行闭合。闭合缺损部位时，必须特别注意角的缝合。为了能使移植的皮肤在移植床上接合、生长，实现伤口在非紧张状态下的愈合过程，缝合角度必须为 45°(图 2)。

约 14 天后，将皮瓣从原来的血液供应通路上分离下来，进行最后缝合。确实发生“大耳”情况时，慎重地将其除去(图 3)。最后将皮瓣供体部位进行最终缝合(图 4)。

并发症

该术式在兽医外科学领域使用频率不高。在这种情况下，嵌入皮瓣基部的一部分在正常皮肤的上面，因此，发生阻碍血液循环、感染的危险性很高。应用圆筒皮瓣成形术(参照 2.7.1)可以防止发生这些问题。

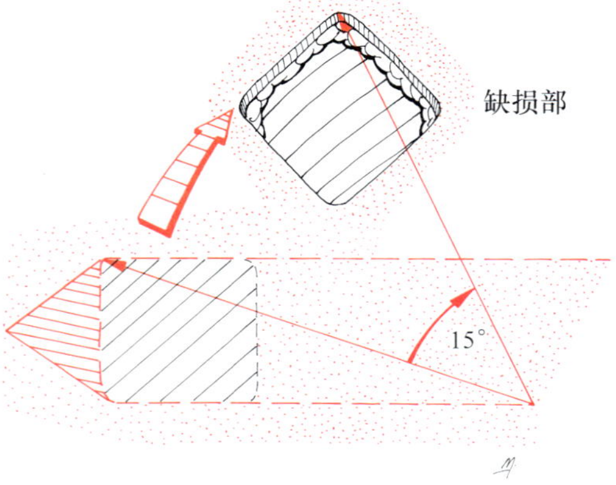

1

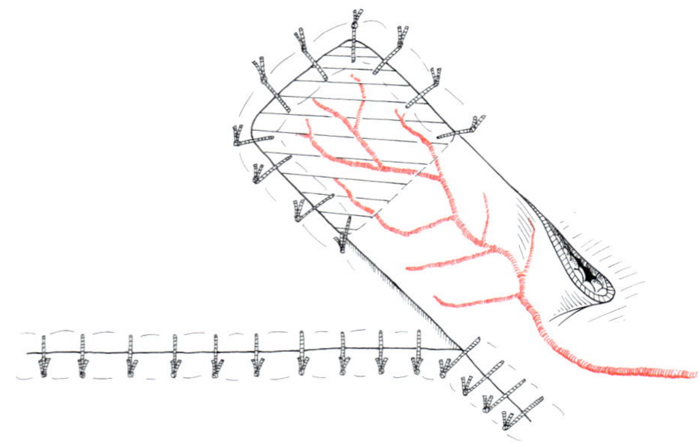

2

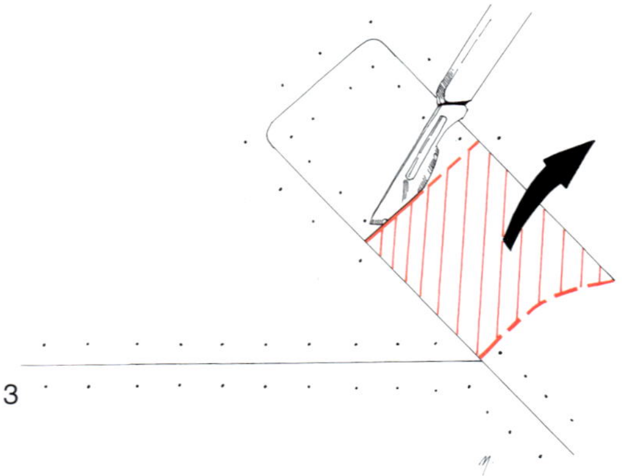

3

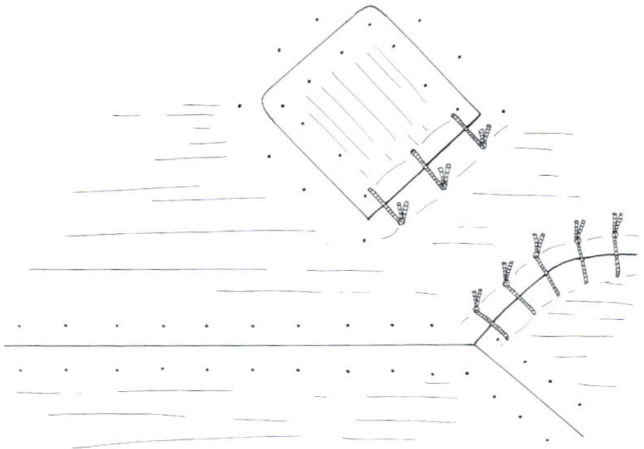

4

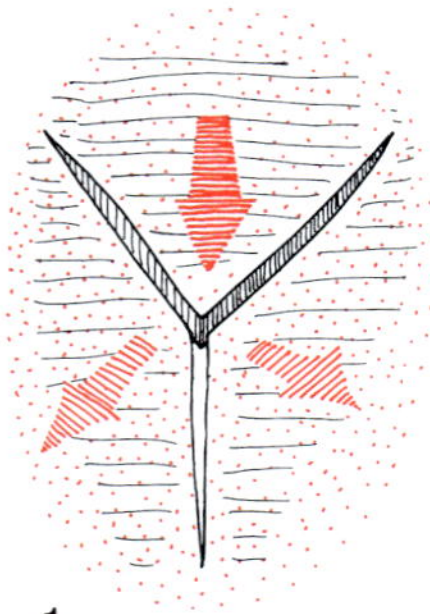
1

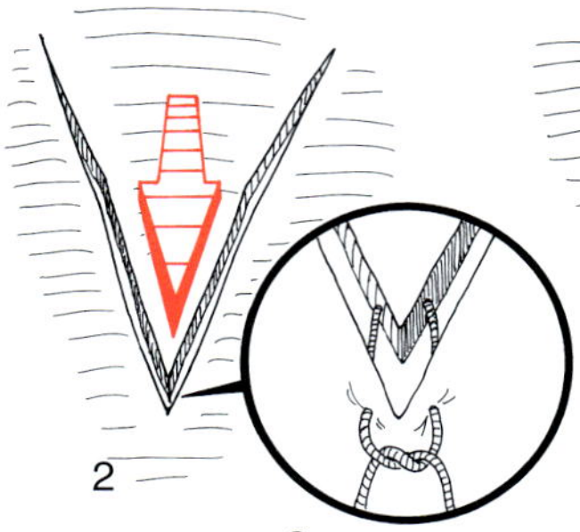
2

2a

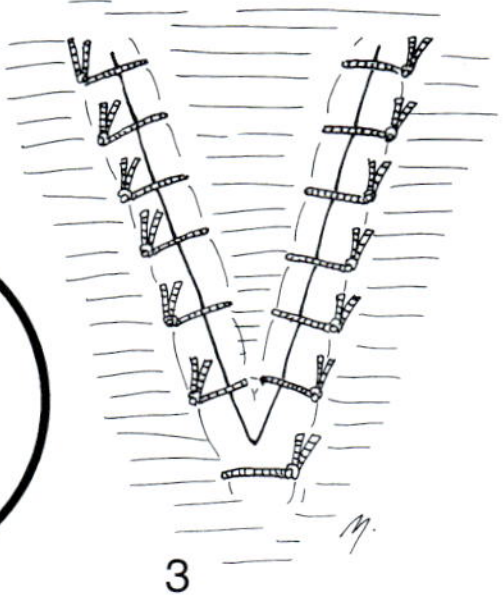
3

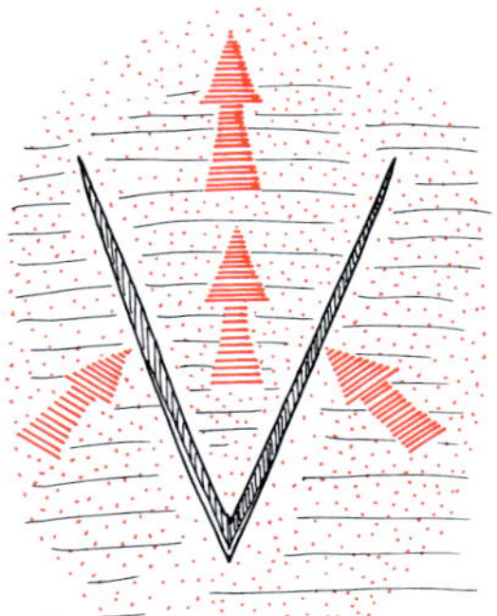
3

4

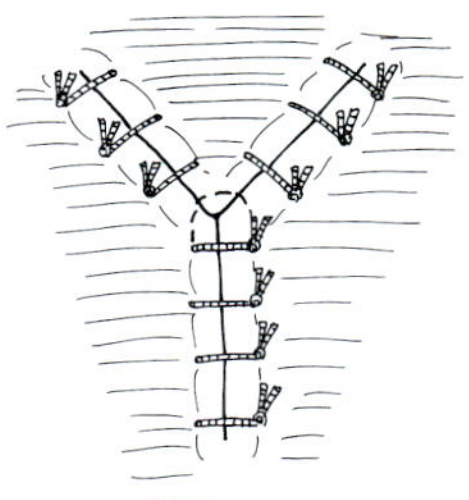
5

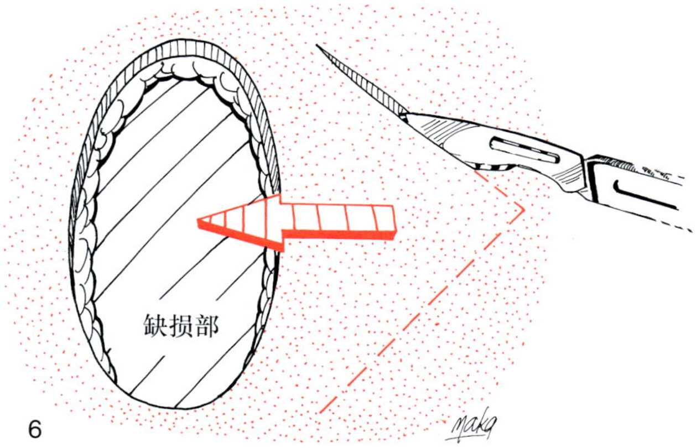

6

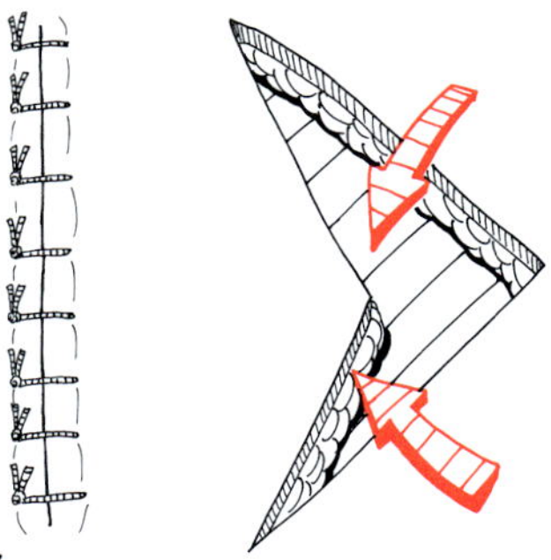
7

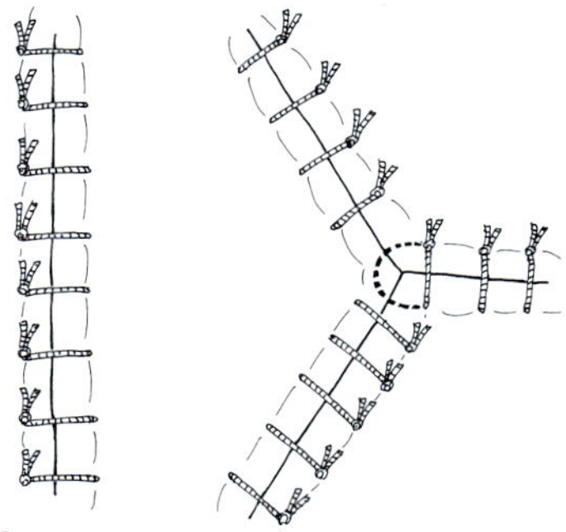
8

2.6.4 YV 成形术和 VY 成形术

在某些皮肤区域，YV 成形术会发生严重的张力情况。其结果必须用移动多余皮肤的方法来进行修正。“Y”形的垂直线部分越长张力越大，皮肤移动的区域越广泛。

与此相反，VY 成形术可减少皮肤的紧张程度。“V”字形越大减张效果越好。

2.6.4.1 YV 成形术

适应症

眼睑内翻症(参照 3.4.3.6)。Hinz-Zepp 手术的术后辅助成形术(参照 3.5.2.3)。Y 字形皮肤损伤。

术式

进行成形术设计和切开后，进行大规模的皮肤可动化(图 1)。可动化皮肤的范围也可以由“Y”字形上部移动的程度来决定。将“Y”形中心的楔形皮肤部分向基部的方向牵拉，就变成“V”字形状，将“V”字形的前端用角缝合法进行最初固定(图 2、2a)。加上下横线部分的缝合便完成了全部的缝合(图 3)。

2.6.4.2 VY 成形术

适应症

眼睑外翻(参照 3.4.3.7)。紧张状态下的 V 形伤口(例如裂创或者裂挫创)。减张切开术。

术式

进行设计后用记号笔画出草图，然后按图切开(图 3)。

钝性剥离周围皮肤使之可动化，利用该皮肤张力的作用将楔状皮肤向回牵引。将其前端和距“V”字形顶角部一半的创缘，用角缝合法进行接合(图 4)。

接下来缝合“Y”字形的竖线部分以及上部的两个斜线部分(图 5)。

2.6.4.3 减张切开术

VY 成形术的特殊形式。

适应症

由于创缘张力或者周边皮肤硬化，造成不能缝合的慢性皮肤缺损。为了准备覆盖的皮肤，在距离缺损部很小的距离实施 VY 成形术。

术式

为了覆盖缺损部需要准备多少皮肤，可用切开的方法来决定(图 6)。

在“V”字形和缺损部之间的皮肤很难进行移动，或者是不能移动的皮肤。“获得的皮肤”是“V”字形切开后缺损区域的皮肤。

在成形术的中心，用角缝合法闭合缺损部和进行如前述“Y”字形缝合(图 7、8)。

2.6.5 Z 成形术

Z 成形术由中心线和由此延伸的 2 根横线构成。这 2 根横线成一定角度。横线和中心线的长度相等(图 1)。设定这些角度为 30°、45°或者 60°(图 2a~2c)。

Z 成形术多用于缓解伤口张力,或者用于存在瘢痕情况，为了修正瘢痕而进行的手术“为了获得足够的切开长度(负担伤口的宽度)”。该手术由移动 2 个相互咬合的三角形皮瓣来完成(图 4)。在最开始的中心线轴处缓解张力。

适应症

缓解限制关节活动的瘢痕。水平治愈不良的伤口。为了闭合伤口而获得足够的皮肤。眼睑成形术。美容整形术。

术式

注意

用无菌记号笔施画切开线时(图 1),应该使用能够灭菌的三角规(图 2a~2c)。这是为了防止修正后再次发生张力情况。

对于不利于皮肤牵引方向的宽幅瘢痕,用图 3~5 的方法或者 2.6.5.2 和 2.6.6 的方法进行修正。

将瘢痕用纵切开的方法切开，然后将切开线呈 45°角切开(图 3)。将周围区域和产生的皮瓣(包括皮下组织)进行钝性可动化处理。

接下来，将皮瓣角的顶点 A 与 A′重合向第 2 个移植床移动。然后逆向将 B 向 B′移动(图 4、5)。

对于皮瓣的前端，将角的顶点用半层式水平褥式缝合法进行定位缝合（为了将应该缝合的部位正确固定而进行的假缝合)(参照 2.1.3 的图 5、6)来固定(图 6、6a、7)。

最后缝合横线和中心线。根据情况再进行辅助步行缝合(参照 2.1.3 的图 7、8)。

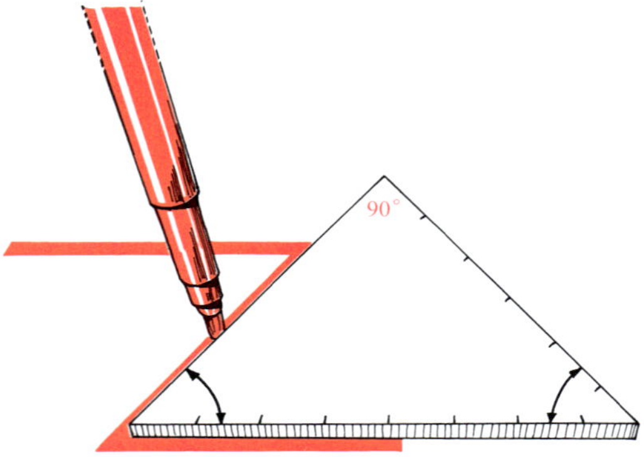

1

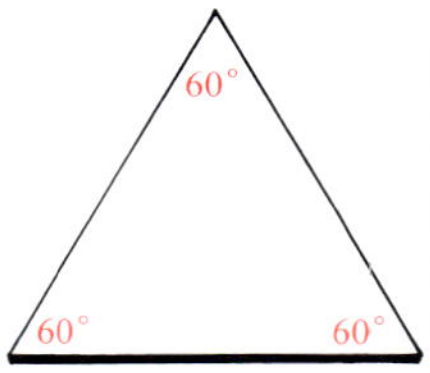

2a

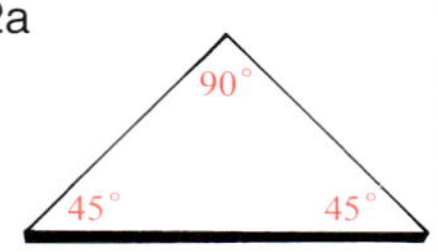

2b

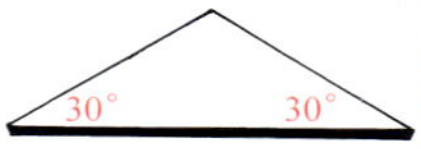

2c

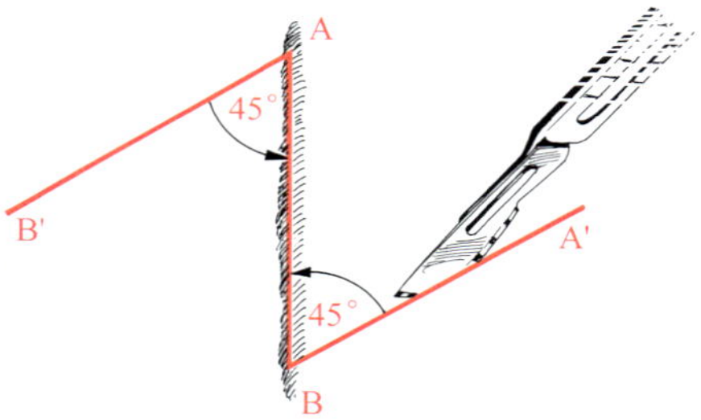

3

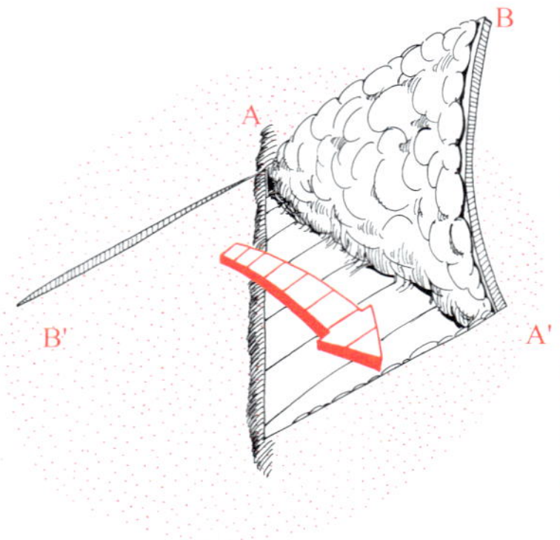

4

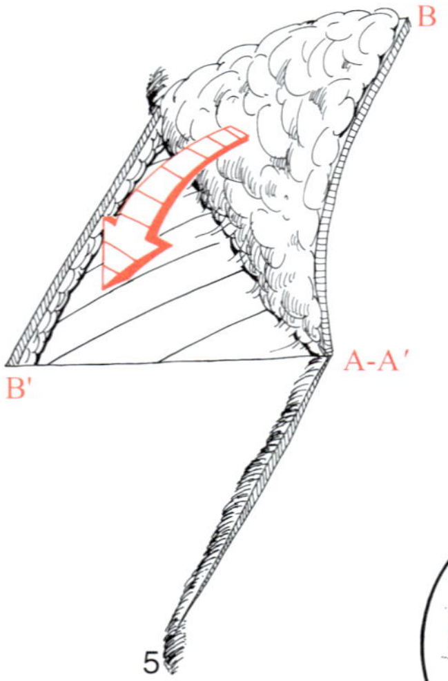

5

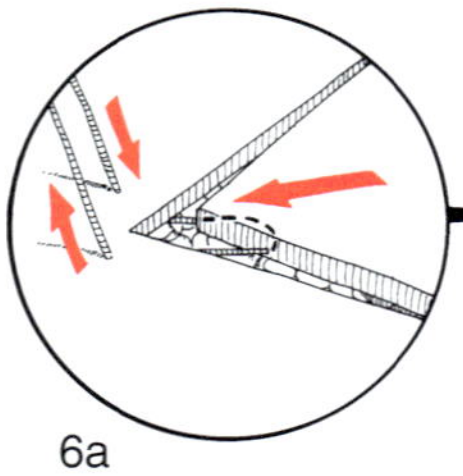
6a

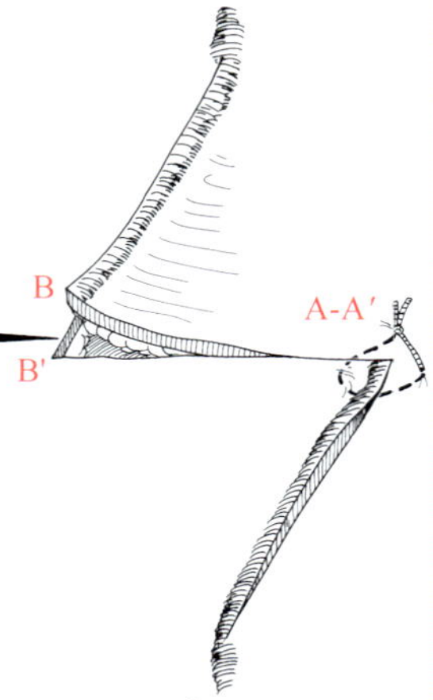

6

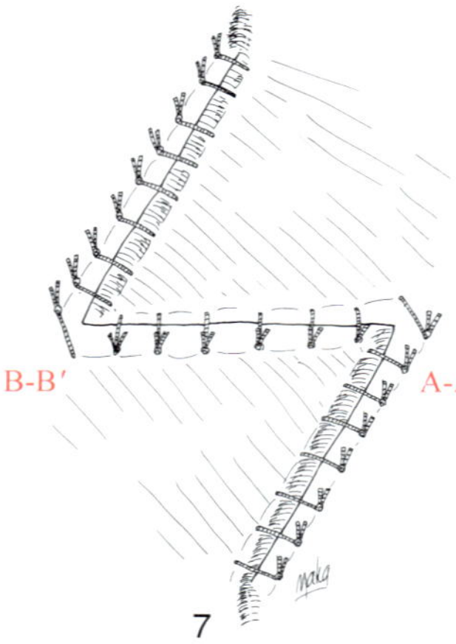

7

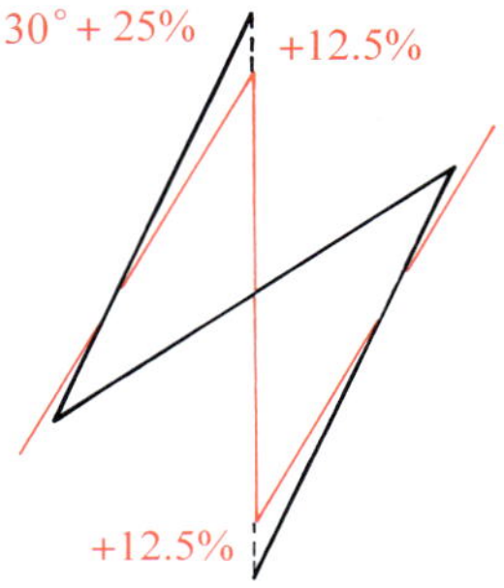

1

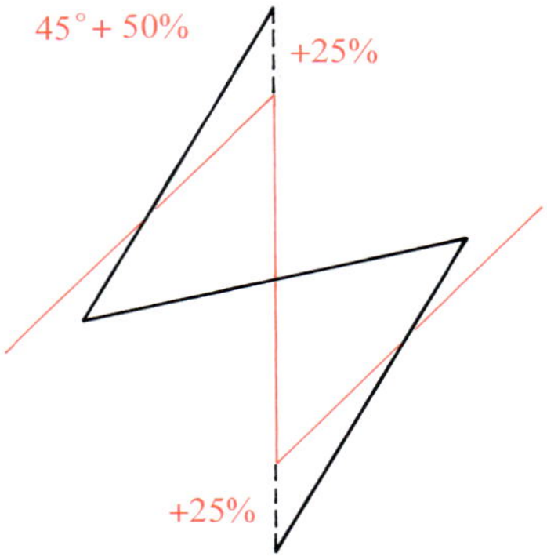

2

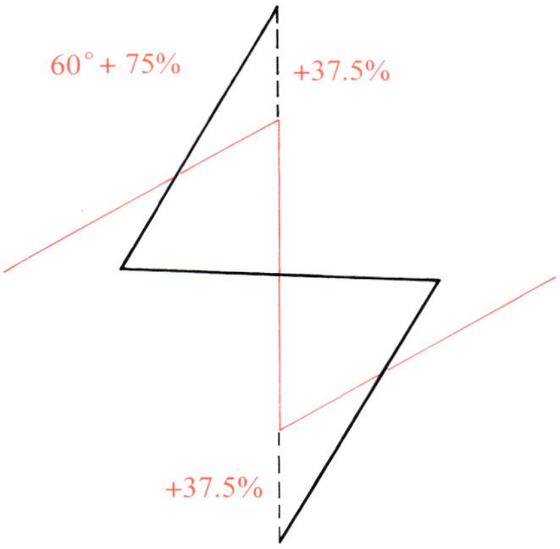

3

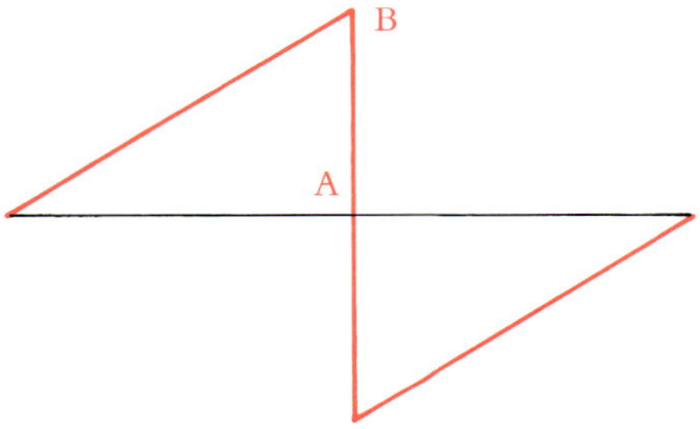

4

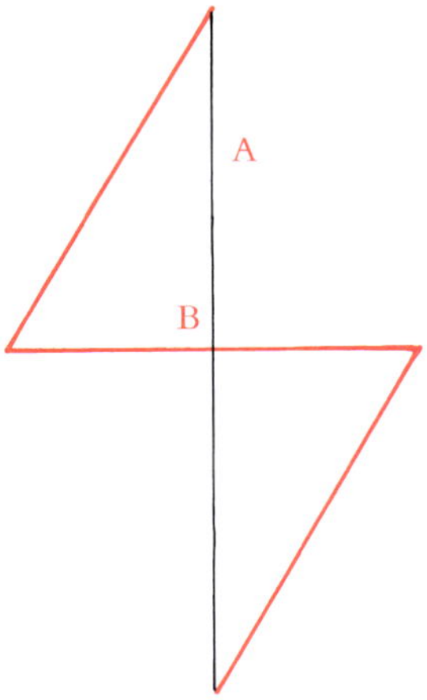

5

2.6.5.1 Z 成形术的几何学

图 1~3 显示的是设想了各种各样的角度，理论上能增加纵向的长度。Z 字形上下两条横线的角度越变大，预期增加纵向的长度越长。因此在这种情况下，中心线的两端各伸长了一半的长度。成形后宽度也同比例地减少(红的部分)。

Z 成形术	增加的长度
30°	25%
45°	50%
60°	75%

纵向长度增加的绝对量，也可以由中心线的长度来决定。

图 4、5 显示的是 Z 成形术的尺度，纵、横向比例的变化。

注意

纵轴、横轴的变更。

图 4 设想的轴 A 变成图 5 伤口的轴 B，B 成为 A。为了置换皮瓣后增加轴 A(图 5)，同比例地减少轴 B。

作为几何学的图形，Z 成形术只能回转 90°，其结果正是对侧的投影。

2.6.5.2 用 Z 成形术修复瘢痕

适应症

陈旧的、幅度很宽的胶原纤维膨胀的水平瘢痕。该瘢痕经兽医师反复介入开始修复。在不能确实固定的水平创口，由于皮肤紧张使创缘裂开，使已经初期愈合的创伤延迟治愈。由于经常出现感觉敏感的情况，导致动物时常舔伤口，或者拉扯擦蹭，因此容易发生感染。就除去伤害的意义上来讲，也应该实施瘢痕修复。

术式

纺锤形切除瘢痕。与纺锤形纵轴线成60°角切开，做成 Z 字形的 2 条横线，并与想象的纵轴线相交。在伤口区域进行大致的钝性可动化处理(图 1)。

移动在两侧形成的三角形皮瓣的位置，将该伤口修正为沿张力线方向(图 2)。

接下来对于皮瓣前端的固定，采用半透式水平褥式缝合法进行定位缝合，用单纯结节缝合法(图 3)闭合伤口，进行步行缝合来支持、固定皮瓣。

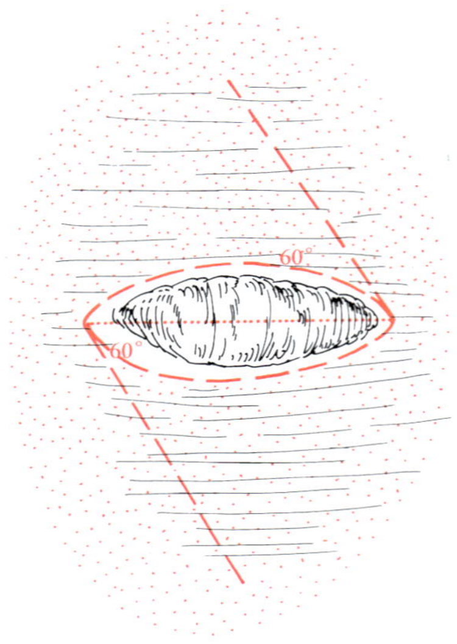

1

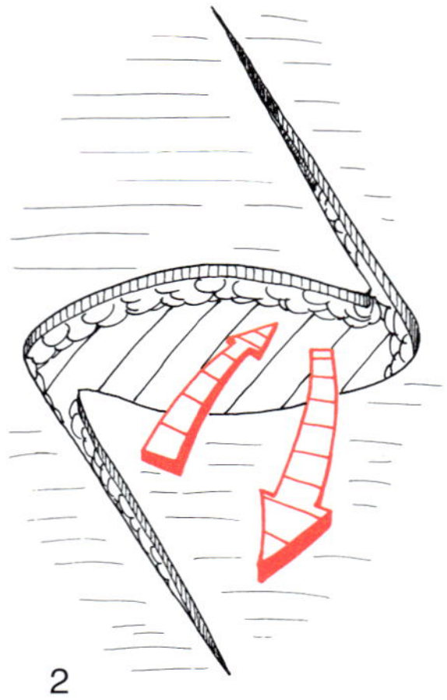

2

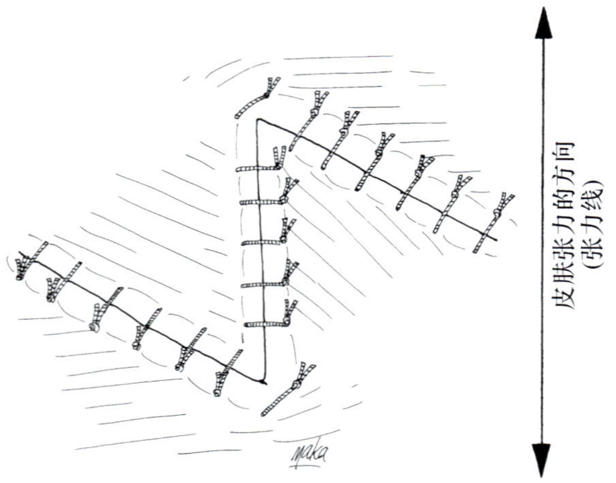

3

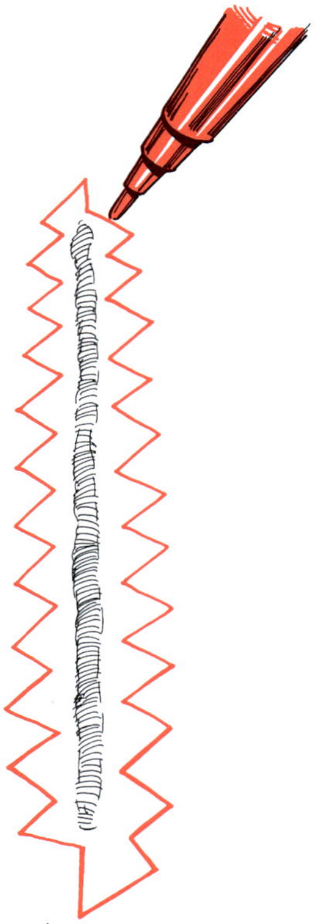

1

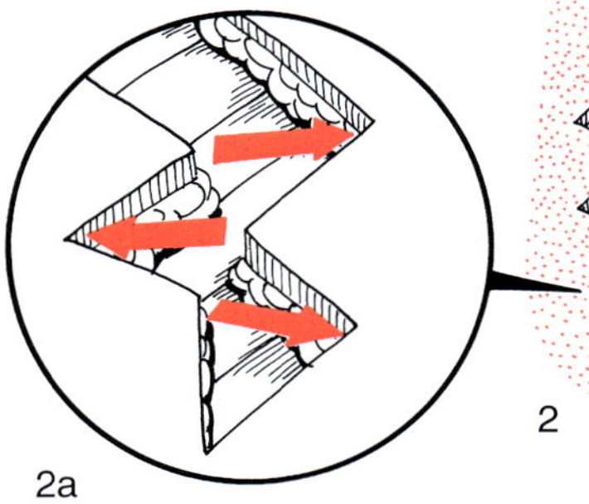

2a

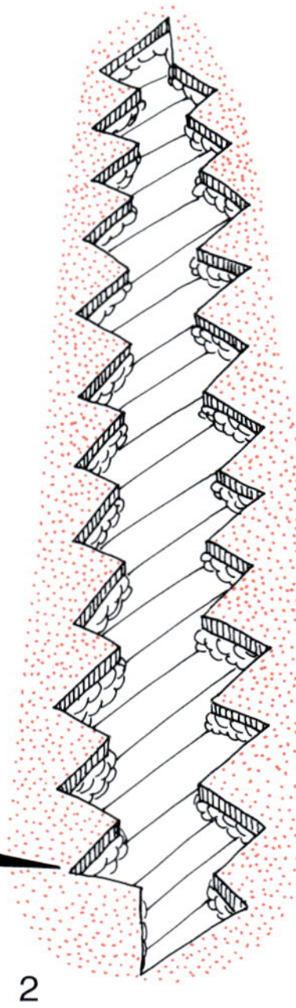

2

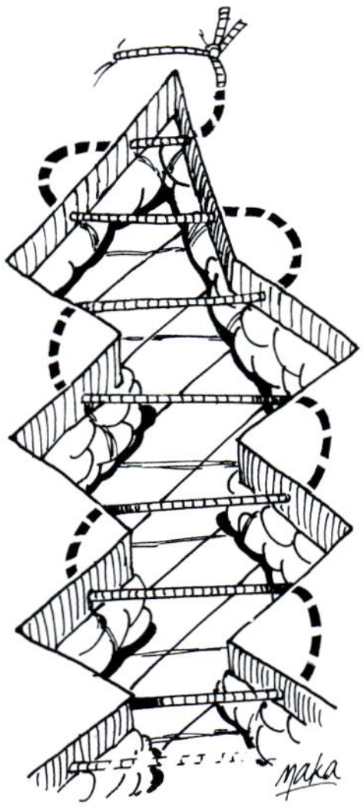

3

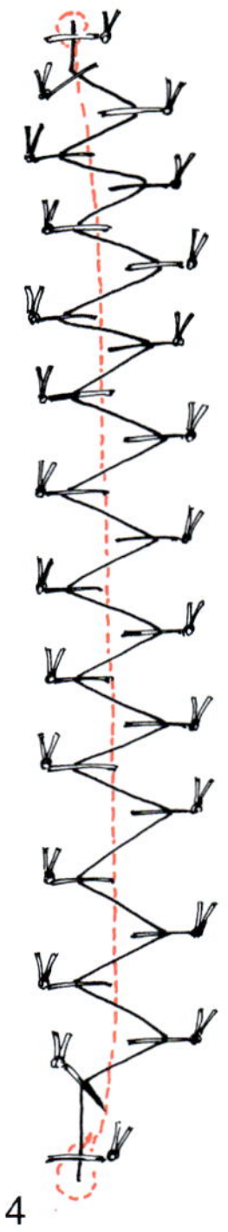

4

2.6.6 W 成形术

适应症

矫正长的直线形瘢痕或者弯曲的水平瘢痕，或者将其切除。

特别是短毛犬、猫的肥大的瘢痕，从兽医学的角度来讲，不仅仅是美容上的问题。对于肥大瘢痕的不良影响的认识，来自于治疗神经疼痛的基础研究，以及如何应对发生于损伤部位的问题。切除和矫正这样的瘢痕组织，在整形外科上的意义是不言而喻的。特别对于猫的肥大瘢痕，是否具有能改变自然治愈的过程，使伤痕平整光滑的外科技术实力，实际影响着实施手术的决定。

禁忌

瘢痕的收缩和由于增生了多余的胶原纤维而形成特殊的瘢痕（网状、圆形以及凹陷状瘢痕）。

W 成形术不只应用于皮肤的张力部位，该术还能使皮肤在斑痕的两个方向（纵向和水平）移动，在这方面也有应用的价值。

术式

预先设计外科手术创口具有特别重要的意义。

将瘢痕按照锯齿状图形切除。锯齿的长度应该在 1~2 cm，而且互相必须正确咬合（图 2）。

W 成形术的两端如图 1 和图 2 所示，在瘢痕延长线上做成直线，其长度决不能超过 W 锯齿的长度。皮瓣的角度为皮肤基座和齿尖方向约 60°（图 1）。

切除瘢痕后，将其周围的皮肤如图 2 所示实施钝性剥离使之可动化。

关于伤口的闭合，首先在皮下用“水平褥式缝合法”将两端进行固定缝合。就是说，在皮瓣的齿尖一侧也用水平进针的方法，在皮内继续进行操作。针的进出距离大致为 W 齿单侧边长的 1/3~2/3（图 3）。拉紧缝线使皮瓣进入新的伤口部位，相互咬合，因此在伤口一端结扎缝线后，缝线变成一条直线。在所有皮瓣的锯齿尖部都用单纯结节缝合法进行辅助固定（图 4）。

2.7 远离皮瓣成形术(从远离病灶处取得有蒂皮瓣进行的成形术)

圆筒状皮瓣成形术(间接皮瓣),直接皮瓣(参照 2.9)。

进行远离皮瓣成形术时,和临接皮瓣成形术相反,移植皮瓣的供体区和受体区不邻接。它们也可能位于相隔很远的躯体不同部位。

2.7.1 圆筒状皮瓣成形术

圆筒状皮瓣成形术当属于带柄的皮瓣,看上去和"管状手柄"相似(图 4)。

一般来讲,应用该技术是以有配合良好的患病动物和动物主人为前提条件的,因此,在兽医外科学上,该技术见于皮肤复原的最后选择手段。该技术需要投入大量集中的时间和护理并且必须分阶段进行,在具体实施上存在这些问题。在治疗和治疗之间,特别是为了不损伤动物体上的筒状皮瓣,必须小心慎重结扎绷带,实施非常短时间的绷带更换(每隔 1 天)。

适应症

该技术适用于闭合比较独立的伤口,例如四肢的切断术的断端,以及和游离皮瓣二者选一时。

2.7.1.1 用形成皮肤桥的方法获得圆筒形皮瓣

设计切开范围时,必须注意侧面的比例(A:B)不能大于 1:3。如果不注意的话很可能危及皮瓣柄中心的血液供给(图 1)。圆筒状的柄越长,越应该事先制作圆筒形皮瓣,为了将带有新生血管的皮瓣移植到移植床上,必须实施"血管强化"(参照 2.7.1.2)。再者,切开回转面时应短于侧面(避免形成"犬耳")。

将周边实施可动化后(根据皮肤的实际需要),或者将皮肤桥(图 1)从皮下完全剥离下来后,至少要进行 3 处的单纯结节缝合(图 2)。依靠这些缝合的形式和结扎方法来进行剩余的缝合、皮瓣的回转。因此该 3 处结节缝合起着指示线的作用(图 2、3)。同时置于末端的线还起着状圆筒皮瓣非张力界限的作用(图 3)。此时,将圆筒状皮瓣下方的 V 字形扩大的创口及开口部,用单纯结节缝合法进行缝合。或者是配合步行缝合法实施闭合(图 4)。可以将筒状的 V 形端缝入创床上留下的相同形状创口(图 4a)。

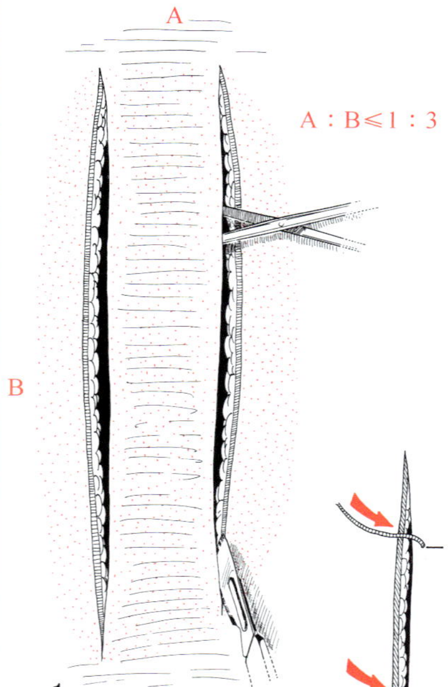

1

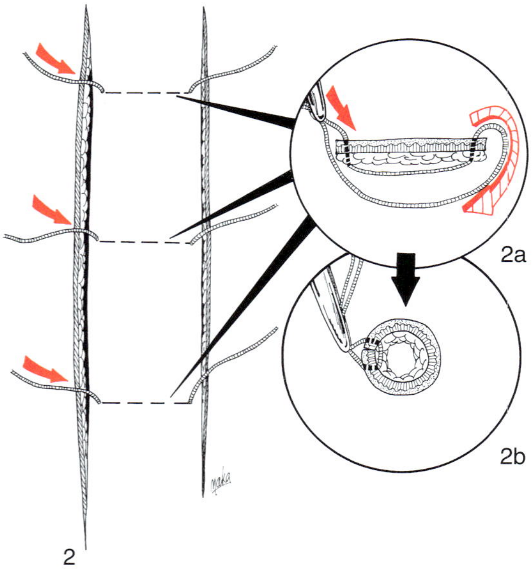

2 2a 2b

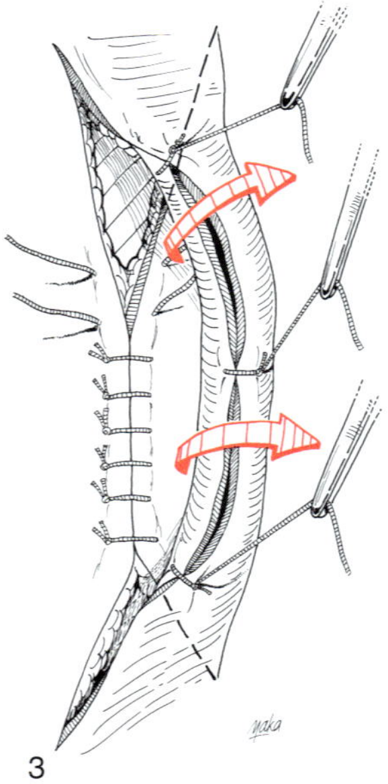

3

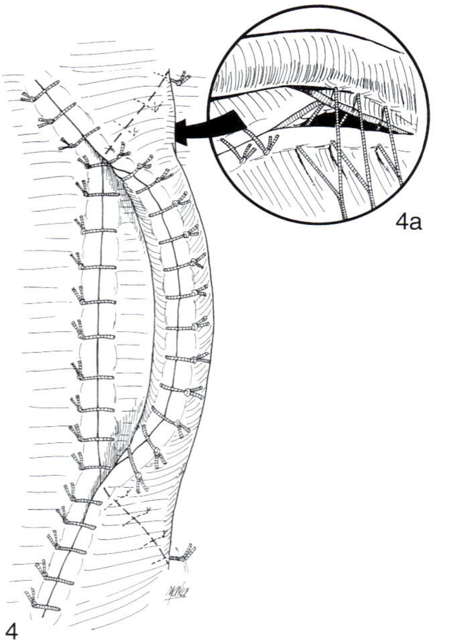

4 4a

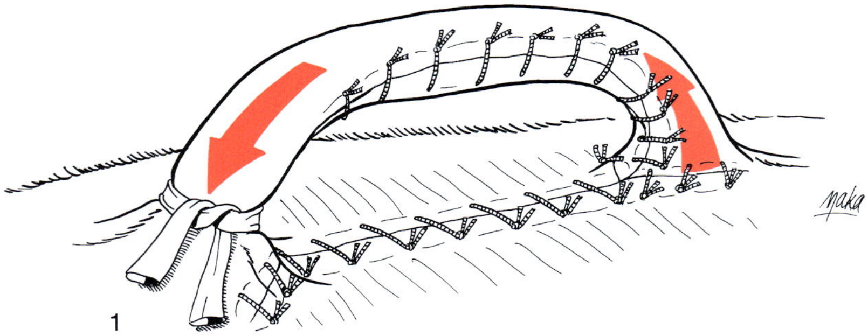

1

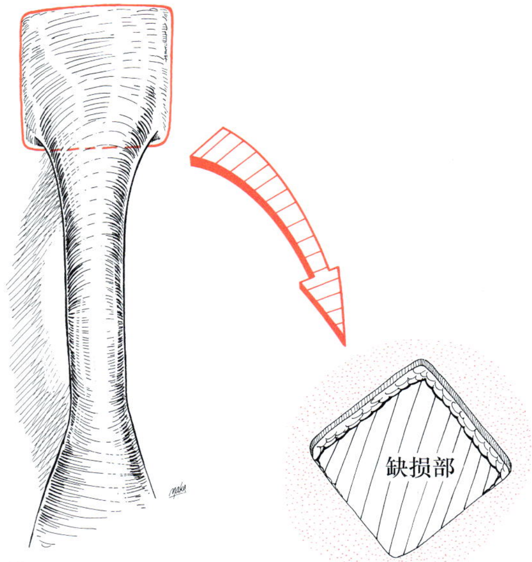

2

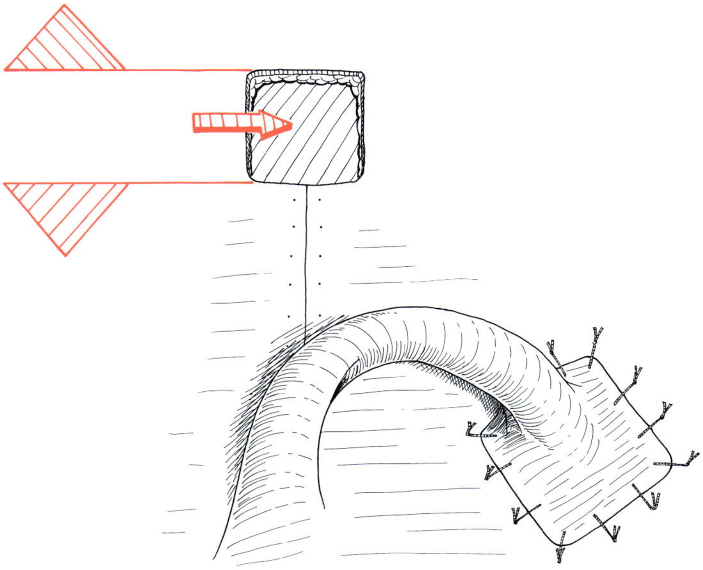

3

2.7.1.2 手术时期

第一次处理

1.手术时期的计划

2. 获得皮瓣和形成管状的构想（参照2.7.1.1）

3.管状皮瓣的设计(图 1)

进行包埋，以便给将来的供体提供最好的前提条件。在多数情况下特别是管状皮瓣很长,达到或者超过纵横临界比(1:3)的场合，有必要进行促进皮瓣的血液供应的工作(驱血)。向供体部位供应血液时,有时(每隔一定时间)可用脐带胶布或者塑胶带进行部分结扎操作。停止结扎后,在供血区域会发生反射性地或者血液动力性地充血。同时也会促进管状皮瓣的血液循环(驱血)(图 1)。

第二次处理

4.受体部位的可动化和覆盖(图 2、3，参见 2.7.1.5)

5.供体缺损部位的闭合

向受体移动皮瓣后，将供体部位的缺损用前行皮瓣以切除单位三角形的方法进行覆盖。但是,原则上根据现存组织和身体部分的情况，也可以考虑使用其他适当的皮肤成形术的方法，直至使用游离皮瓣移植术。

术后护理

每日进行伤口护理和监控皮瓣活力。

进行局部消毒。

全身使用抗生素。

术后 10~14 天拆线。

2.7.1.3 用移动皮瓣的方法获得管(筒)状皮瓣

关于覆盖采集圆筒状皮瓣的部位,也可以使用宽幅的移动皮瓣。覆盖缺损部位的问题,必须在进行手术设计以及切开皮肤时就应该予以考虑。

对于所获得的皮瓣,在进行大范围的可动化后,在皮肤桥的下面牵拉取出,并于皮瓣筒的侧方缝合(图 1、2)。

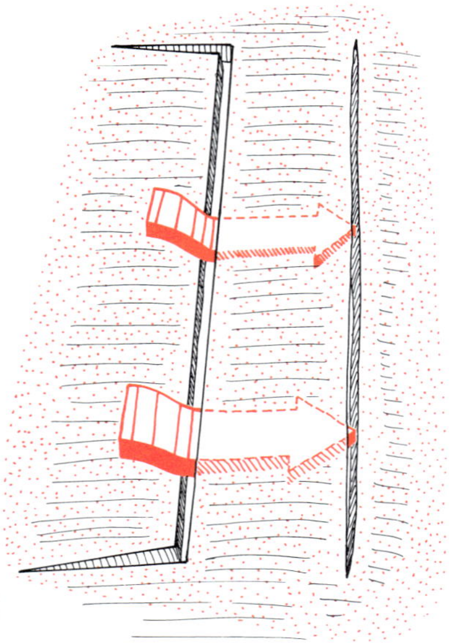

1

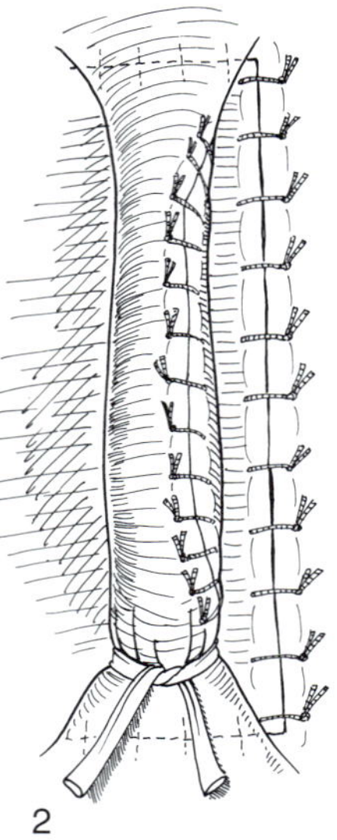

2

2.7.1.4 克服较大的间隔——临时性固定

当提供的筒状皮瓣不能一步移植到位,距离受体部位较远时,必须延长圆筒状皮瓣(参照 2.7.1.6)或者固定于暂时的留置场所。原则上使用临时的连接法,能够从三种移动方法中任意进行选择(图 1~3)。

华尔兹法(以舞蹈步法的顺序移动连接)(图 1)

该连接移动方法为,交替移动筒状皮瓣的两端,从供体向受体方向移动。

缺点

该方法每次都得改变毛囊方向。而且,这种移动方法至少在完成最后包埋之后,存在视觉上的缺欠(不好看)。

履带法(像毛毛虫前行的样子)(图 2)

先将筒状皮瓣的一端尽量向受体部位移动一步。在临时的附着部位进行包埋后,再将筒状皮瓣的另一端向前做最大限度的移动。这种移动方法很像毛毛虫爬行。

优点

可保持被毛的毛流方向不变。

转笼法(图 3)

该方法的最初一步,可获得相当大的移动距离。该方法节约时间,也省略了中间连接、包埋的步骤。但问题是,由于强烈扭转筒状皮瓣而影响血液向皮瓣的供应。

当应用转笼方法时,由于组织的扭转而存在发生筒状皮瓣坏死的危险性。相对而言华尔兹法和履带法的危险性较小。

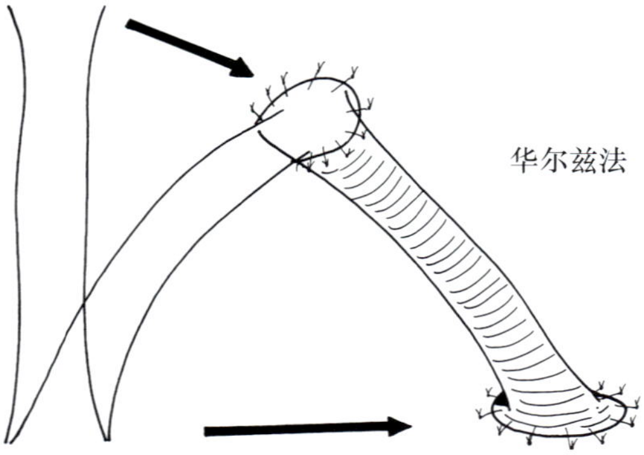

1

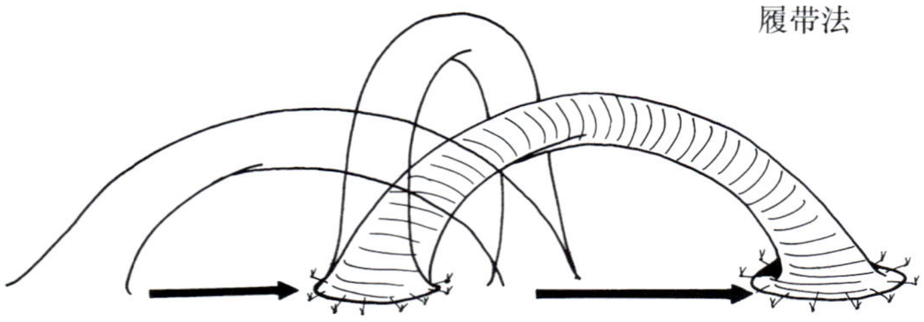

2

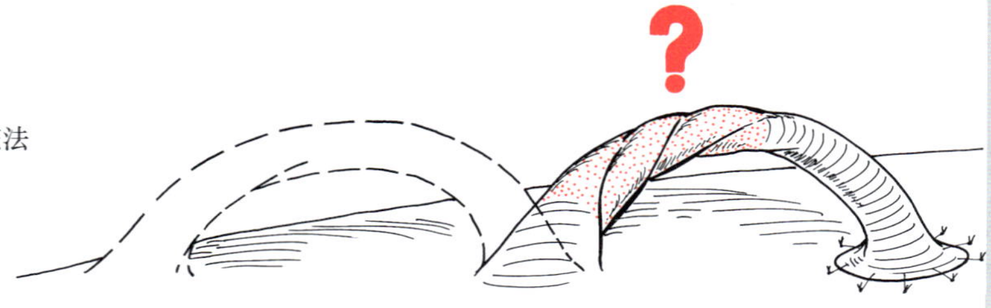

3

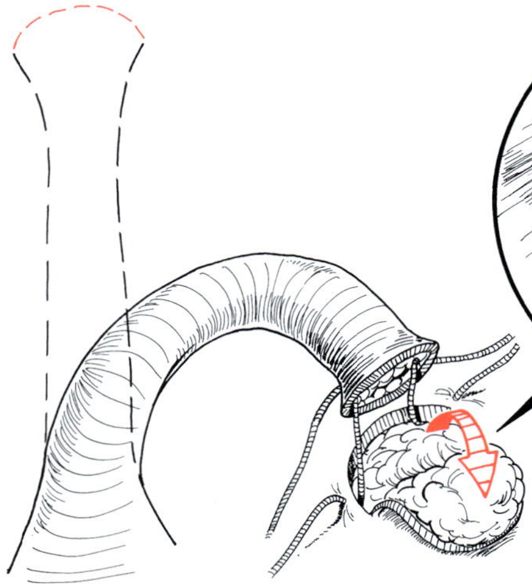

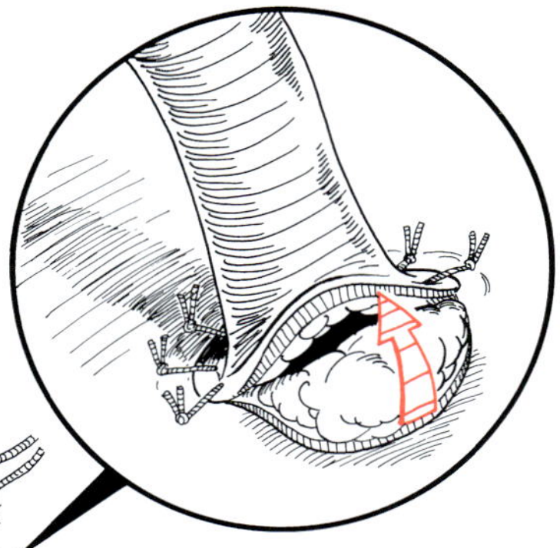

4a

4

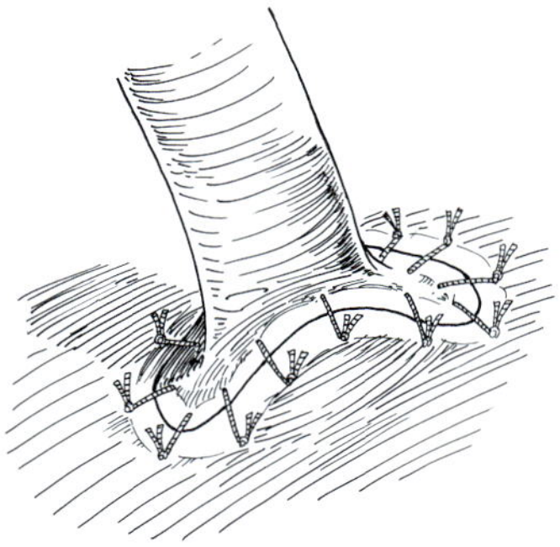

5

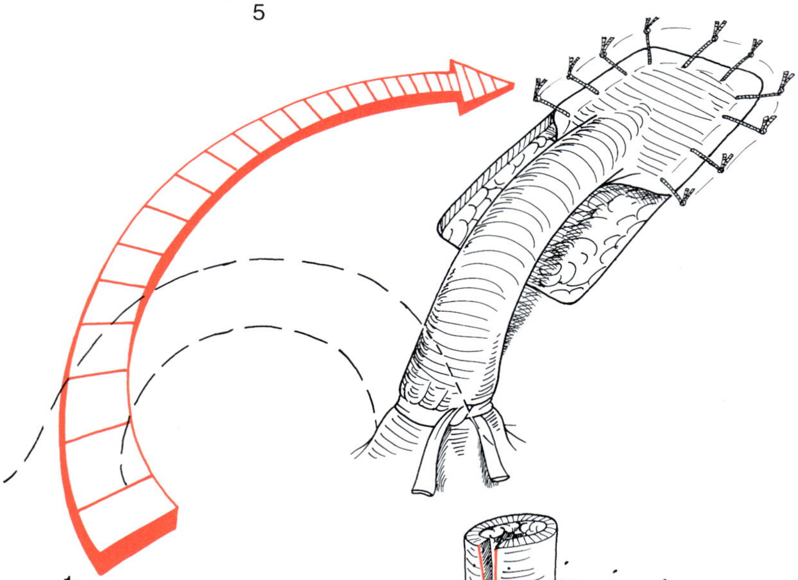

1

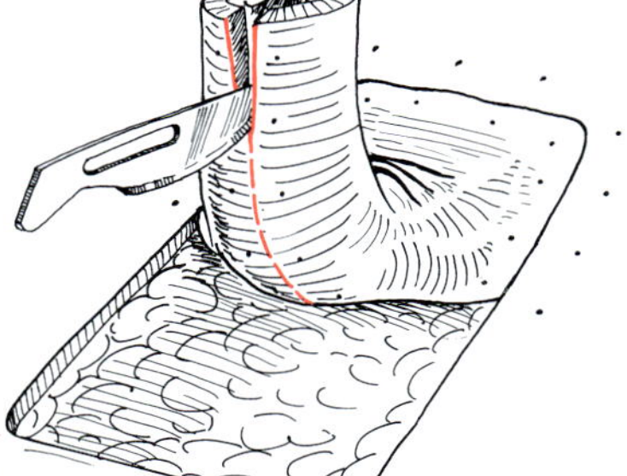

2

暂时附着(中间附着)

如果必须制作临时性附着部位，应尽快从供体部位将用于获取皮瓣而做成的皮筒的端头分离下来(图 4)。

用还在出血的圆筒断端，在新的附着部根据其大小做成记号。准确地沿着记号的边缘切开半圆形皮肤并折转过来(图 4)。

最初的步骤是，将圆筒的断端置于切开的圆口上，然后和半圆形的皮瓣缝合在一起(图 4a、5)。由于表面积的扩大，给暂时附着部的血管再生创造了有利条件。

2.7.1.5 受体部位的闭合和覆盖

获得皮瓣约 14 天后(在圆筒皮瓣成形术期间，用暂时性止血胶带反复进行驱血操作)，对于初始的缺损部位，可通过获得的带蒂皮瓣，用圆筒状皮瓣的一端进行覆盖(参照 2.7.1.1)。

此时的皮瓣不能大于缺损部的面积。这是因为圆筒状皮瓣的一部分也要被拉至缺损部用于覆盖。

将所获得的皮瓣，根据皮瓣成形术的使用原则缝入缺损部（图 1),10~14 天后(对皮瓣进行驱血操作，图 1)，可以开始覆盖缺损部位。

拆除缝线，准确确定必要的圆筒长度后，纵向一分为二切开并展开圆筒皮瓣。

最后将皮瓣缝合在移植床上(图 2)。

在实施单纯结节缝合时，如果从外侧进行，多余的皮肤会向中央部位聚集。因此，应该从中央向外侧进行(图 3)。

对于在此之前进行血液供应的圆筒的另一端，同样地用手术刀将其切断，将小伤口用单纯结节缝合法进行缝合(图 4)。

用**摊煎饼法**获得皮瓣

该法用于不可能获得皮瓣的场合。为了覆盖缺损部位，在间断性附着部位用“煎饼”的形式也是最合适的方法。

开始，将圆筒从其下部分割并进行部分扩展。然后沿长轴方向实施切开，完全扩展圆筒(图 5)。用这种扩大表面积的方法，使其适合于移植床部位。该方法几乎可以做成圆形的皮瓣(图 6)。为了避免形成太大的缺损部位，对于带蒂的皮瓣，在蒂和创缘的中央部位用定位缝合法固定于缺损部位上。

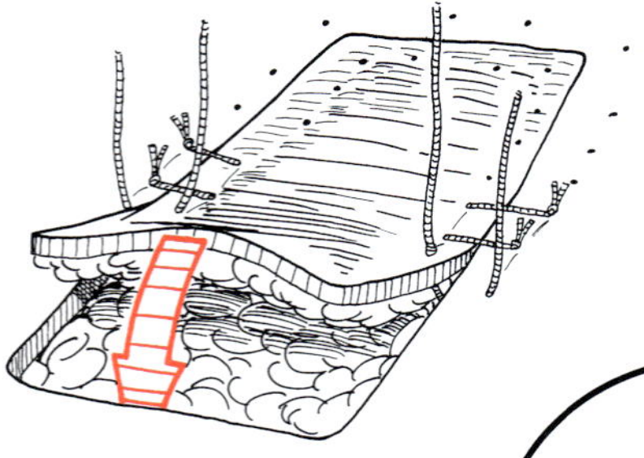

3

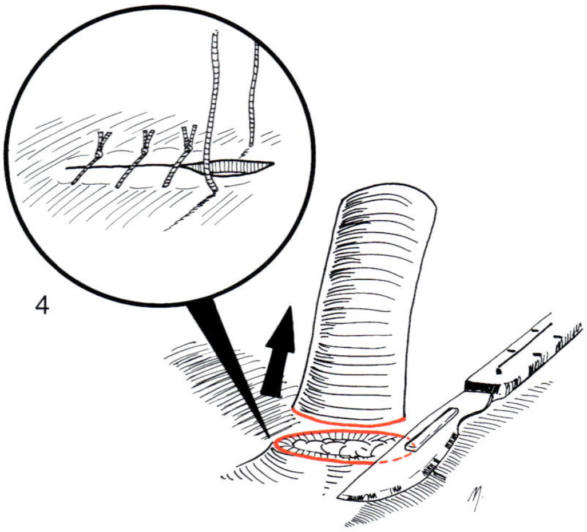

4

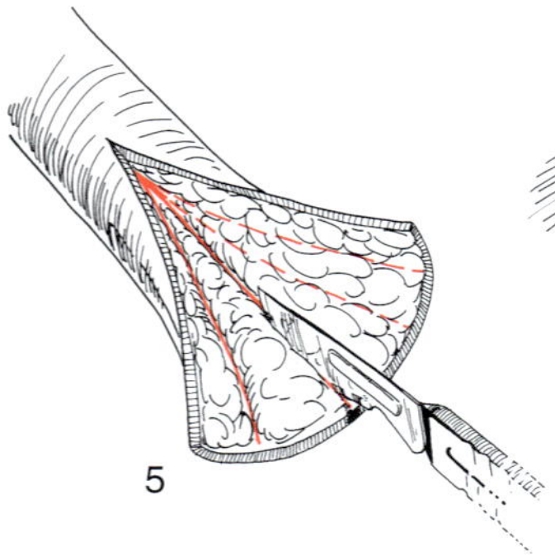

5

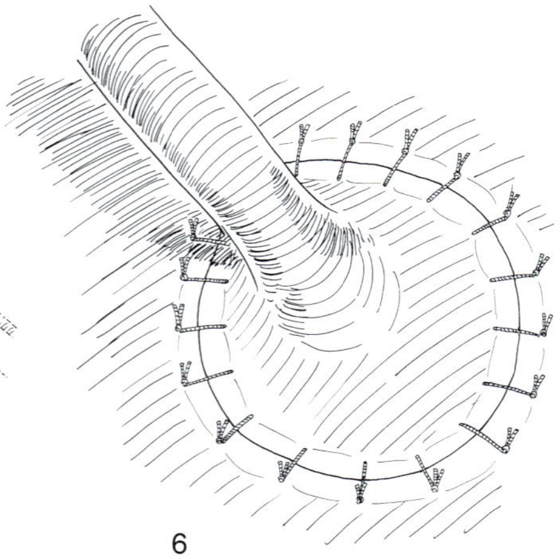

6

2.7.1.6 圆筒的延长

在血行力学允许的范围内，可以延长圆筒状皮瓣至最大长度。

在两侧，形成生长了新生血管的圆筒状的皮瓣(进行皮瓣驱血)，拆线后(约 14 天后)为了获得皮瓣，在附着部的一端实施第 2 次皮肤切开并延长圆筒状皮瓣(图 1)。然后进行皮瓣的可动化处理。此时，由于该部位与其周围组织愈合，故血液运行状况良好。为了促进剩余血管的血液循环，再次缝合于原来的受体移植床侧(图 2)。14 天后，为了将延长的圆筒部分做成圆手柄状(参照 2.7.1.1)，而保留单侧良好的新生血管(图 3)。

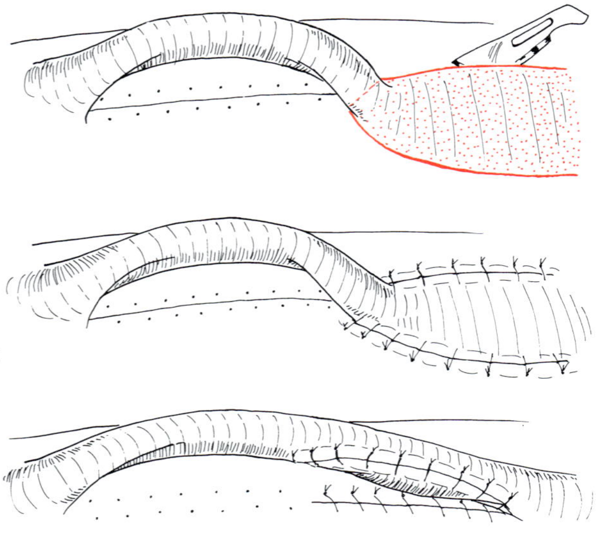

1

2

3

2.8 游离皮肤移植

游离皮肤移植技术比较容易，与圆筒状皮瓣成形术相比不需要太多的外科器械、经验。该方法从本质上讲更节约时间。这是因为用一次治疗便可闭合缺损部位。并且会大大减轻患者的心理负担以及生理负担(麻醉、恢复期)。

该术式对于新生血管的负面影响以及包埋和活化的可能性，与圆筒状皮瓣移植技术相比大致相同。就是说，可以早期预料到万一出现失败的情况，提高应对该情况的效率。

所谓全层皮肤移植是指移植时包括皮肤的所有层。在采取移植组织片时带着皮下组织，然后原封不动地或者在采取之后去除皮下脂肪以及皮下组织后进行移植。这样做的好处是，不妨碍定植生长的脂肪、结缔组织，有可能直接吻合或再生供给皮肤血液的毛细血管和神经(最大限度地降低危险性，节约时间)。

2.8.1 游离网状皮肤移植

适应症

在缺损部位附近，没有能用于直接闭合缺损的皮肤，如手关节、足关节等远位的大的损伤。

术式

关于供体部位的选择应作如下考虑，采取移植组织后，应具有供闭合缺损而使用的足够大的皮肤，应考虑选择和受体部位被毛生长方向相同的身体区域(主要为外侧的胸部皮肤)。

为了进行无菌手术，对于供体部位和受体部位应进行同样的手术准备。

对于已经生长肉芽的创缘，用镊子和手术刀进行修整、切除，然后用湿纱布覆盖。在供体部位用无菌记号笔画出欲切除的范围。此时用特别设计的纸片(或者无菌布片)来确定应采取皮肤片的大小是非常实用的做法。

2.8.1.1 手工做成网状移植片

术式

为了采取和评价(净化、选择)移植的组织片，需要边缘有足够数量的刻度而且能够灭菌的操作台。将已知的组织实施网眼状切开时,使用牵引(支持)缝合(图 1),皮下组织朝上进行固定并将其展开拉平(图 2、3)。

用手术剪除去皮下组织和脂肪组织(图 2)。

用小的尖的手术刀，将皮瓣做网眼状切开。每个切口的大小长 0.75~1.5 cm,切口的间隔为 0.5~0.75 cm。切口的排列应相互错开(图 3、3a)。先将做成的移植片的一侧缝在移植床上，然后将另一侧修整成合适的大小及形状(图 4)。用 3 点缝合法缝合移植片。这时被覆盖的筋膜在固定移植片上起作用(图 5、5a)。

为了避免移植片下面形成血肿，在缝合部位的前端用灭菌纱布将积留的血液全部吸除干净。如果形成血肿可能阻碍新生血管的再生。

特别是移植片移植在凸凹不平的部位时,应在移植床上多做几处固定缝合。固定缝合在切开的网眼上进行。

术后护理

将移植的组织用无菌的、有吸收性的、不会发生粘连的纱布和绷带进行包扎。特别是在关节领域。为了切实固定,最好在术后 7~14 天用固定绷带(石膏绷带)进行辅助保护。

对于包扎移植组织的绷带在最初的 7 天内必须每天更换。

在移植部分消肿，移植片由青紫色变成红色或者粉红色,伤口的分泌物减少后,可适当延长更换绷带的时间(可 2~4 天更换一次)。根据临床症状的情况,可在术后 21 天后去除绷带。

并发症

移植片坏死(变成白色,皮肤紧张度消失)

部分或全部切除移植片，对伤口实施开放性治疗。或者在创缘形成健康肉芽组织后再度进行皮肤移植。

感染

进行细菌学检查以及药敏试验，进行局部或者全身抗生素治疗。

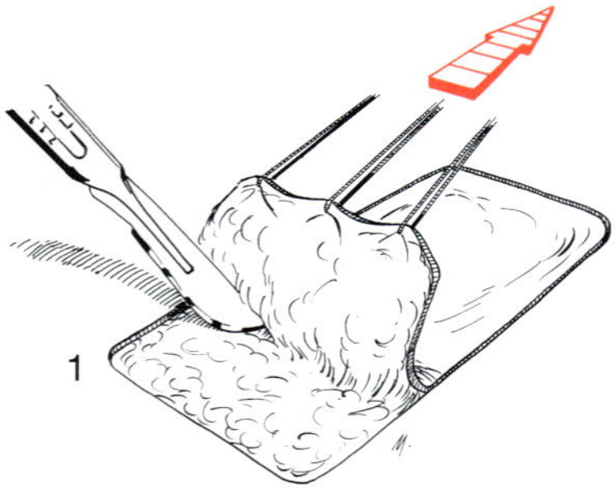

1

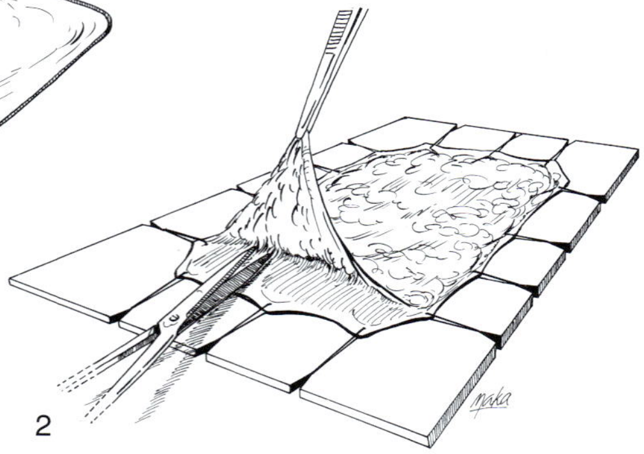

2

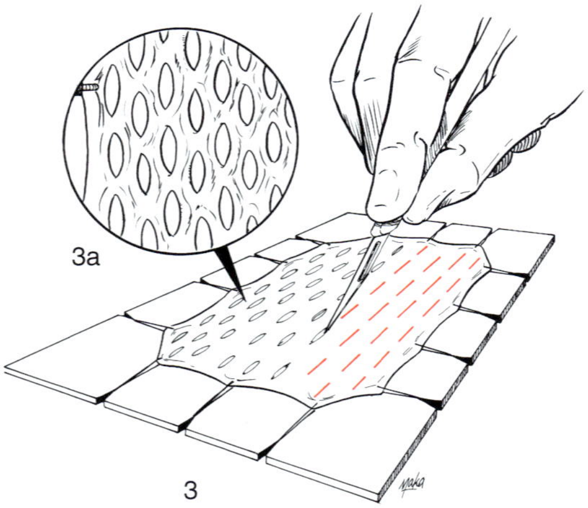

3a

3

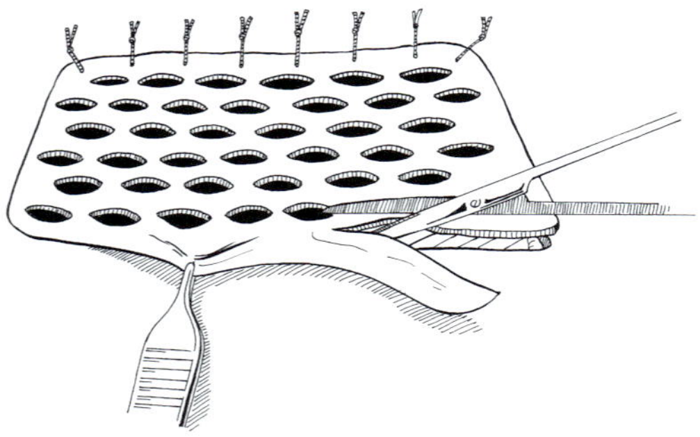

4

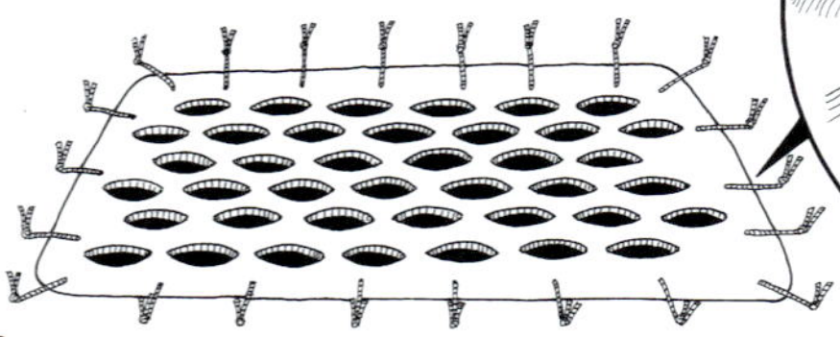

5

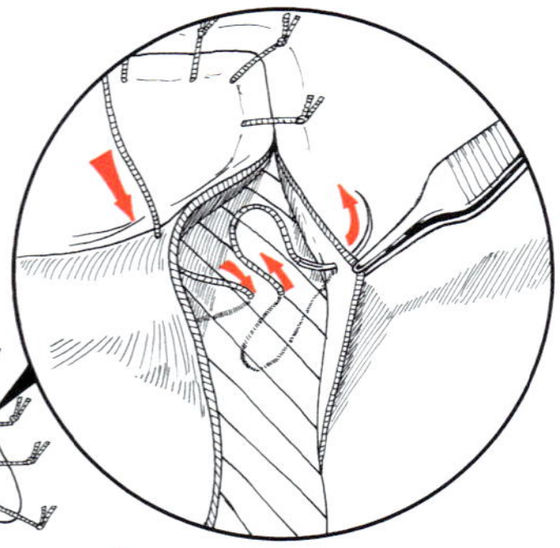

5a

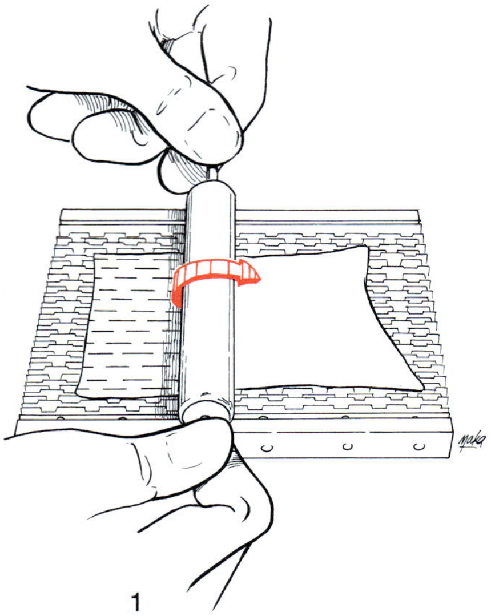

1

2

2.8.1.2 用机械方法完成网状成形术

为了进行网状成形术，也可以使用专用切割装置来完成。此时，改变相互错开组合的刀片数量是十分重要的。也可以改变切断面的长度和切断面之间的间隔。如2.8.1.1描述的那样，做成游离皮肤片，在网状切开操作台上用4根牵引线进行固定。

施加适度压力，将轴状刀轮滚过皮肤片，通过该操作将皮肤片用轴状刀轮上的刀片进行网状切开(图1)。

使用这种技术，可获得采取皮肤片面积3倍大小的组织片(图2)。这样一来，会极大地缩小因采取移植用皮肤片发生的组织缺损的面积。

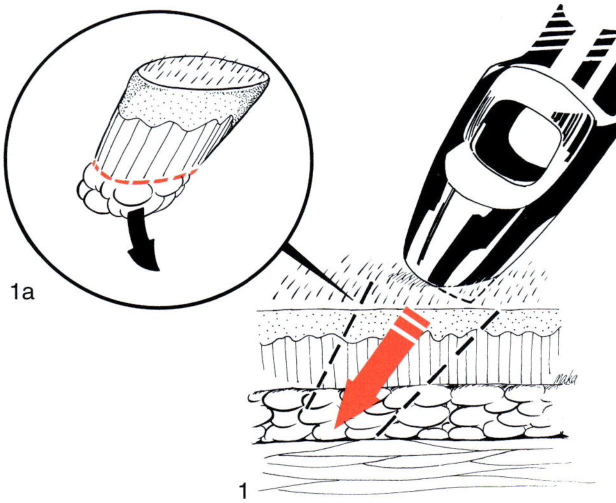

1a

1

2.8.2 全层皮肤充填(栓)

适应症

特别适用于在四肢远位，用其他方法不能覆盖的大的皮肤缺损的情况。

术式

用皮肤或组织取样器（内径约5 mm）从供体部位先采取全层皮肤片。将取样器与皮肤成45°插入皮肤组织中，通过该操作可将皮肤栓形成圆筒状断面的几何形状(图1)。然后用捻转的方式将表皮从皮下组织剥离下来(图1a)。

使用该方法的受体部位前提条件是，已经形成了充分的肉芽组织和生长良好的新生血管。

有两种移植方法：

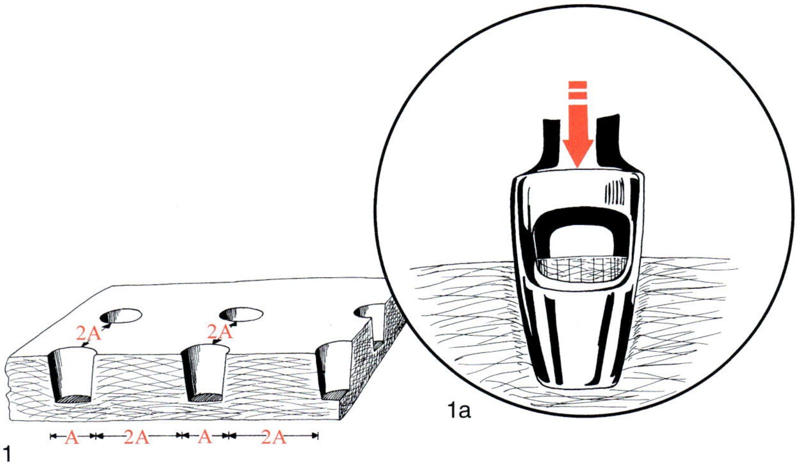

1a

1

2.8.2.1 用采样器充填(栓)

在受体区域实施充填(栓)时，使用比采取皮肤组织时小一号的采样器作移植准备。

关于受体部位的移植间隔，应该约为采样器采取皮肤拴直径(A)的2倍(2A)(图1)。用采样器尽量垂直拔除肉芽组织（图1a)。充填拴的形状和移植孔穴的形状不一致，这样可使移植组织很好地接合和定植。

2.8.2.2 兜状充填

对于已经形成良好肉芽组织的初期伤口,用特殊的外科手术刀,间隔 5~7 cm,做斜向 2~4 mm 的兜状切开(图 1)。

用细的镊子掀开兜盖,往窝洞内填塞充填物(图 2、2a)。

2、3 天后,可见采样器充填法和兜状充填法相同的断面。

几乎垂直于皮肤表面排列着移植的组织片(图 3)。

关于供体部位的闭塞,可以分别缝合每一个皮肤小孔(图 4),也可以将供体部位的皮肤全部做纺锤形切除,将创缘可动化后进行缝合(图 5)。

术后护理

用无菌的、吸收性的而且不粘连的绷带包扎伤口。最初一周,可使用压迫绷带并且每天更换一次。然后换用保护绷带实施 2 周包扎保护。

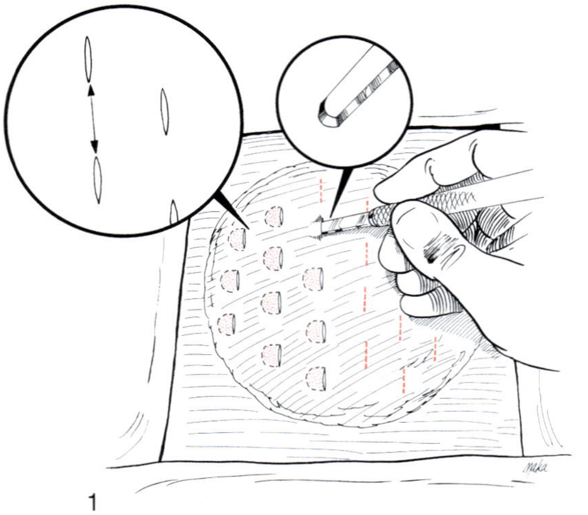

1

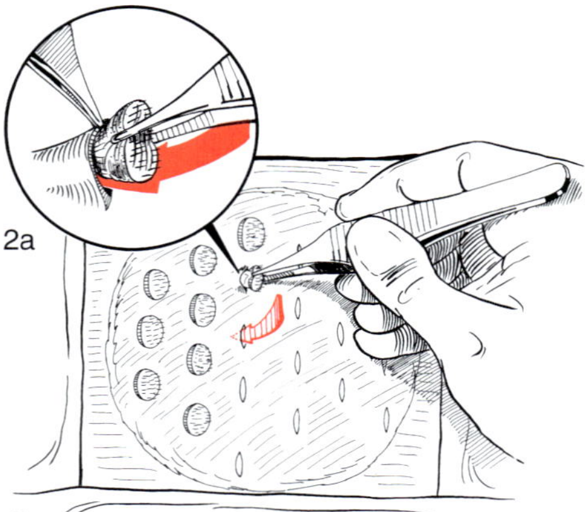

2a

2

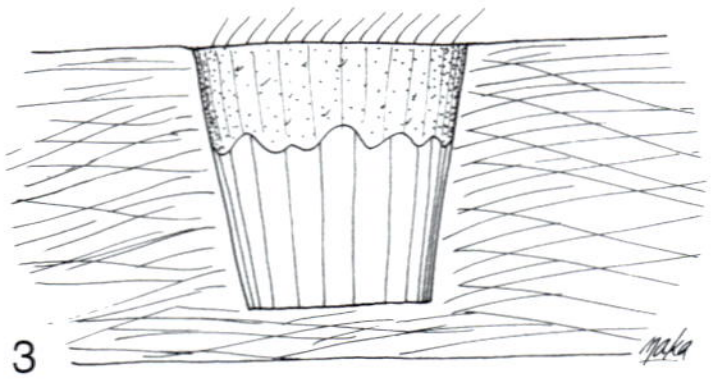

3

4

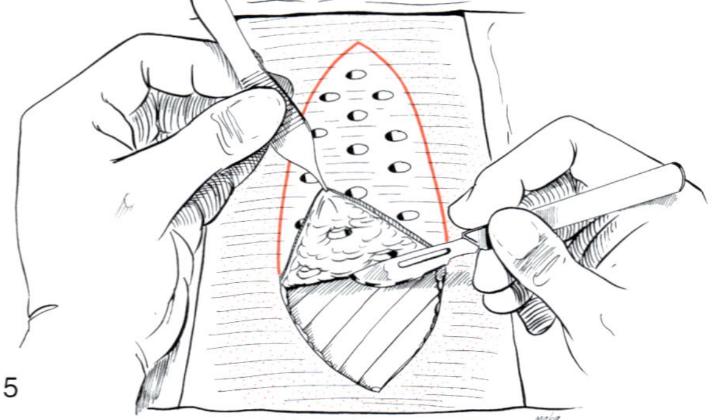

5

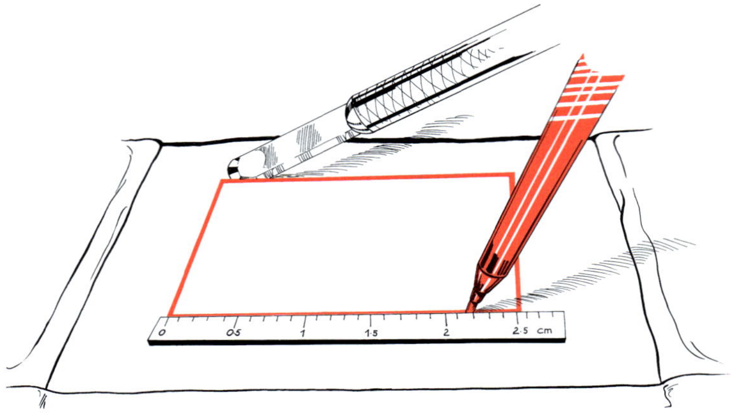

1

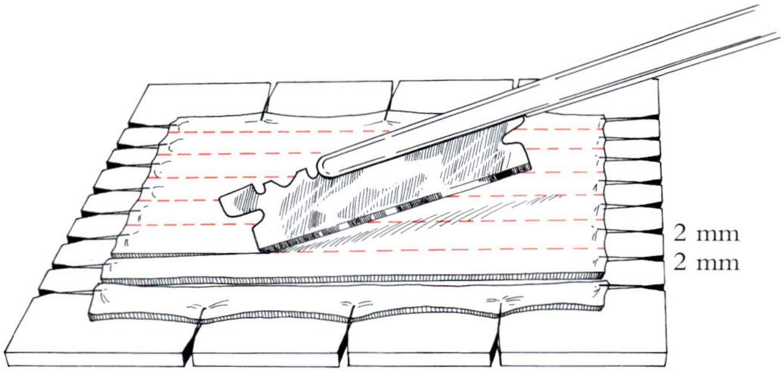

2

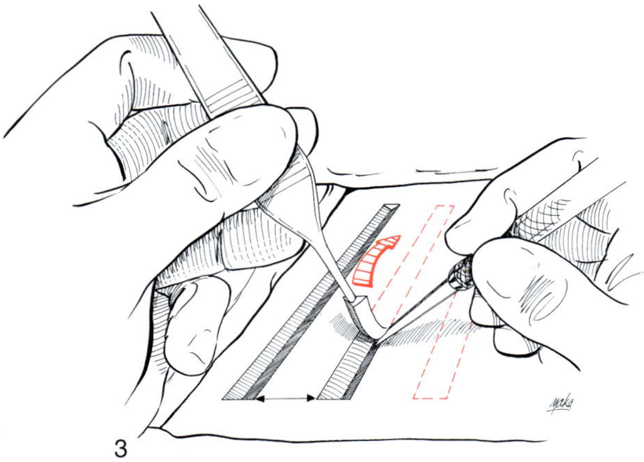

3

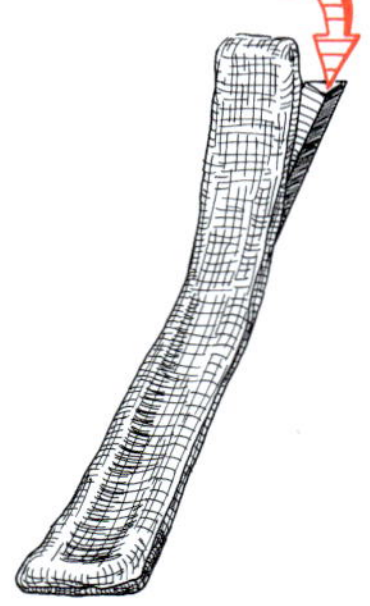

4

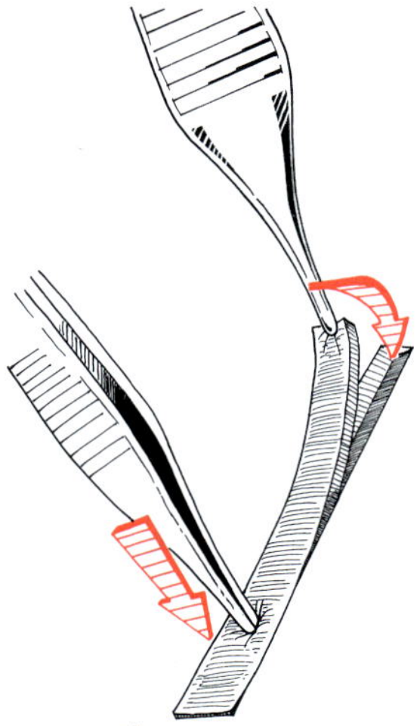

5

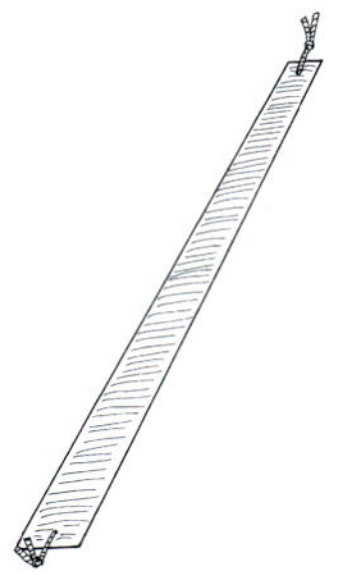

6

2.8.3 带状移植片

适应症

不能用移动局部组织来修补缺损部位的伤口。从大的创伤到非常大的伤口，特别是用皮瓣技术不能闭合的伤口。四肢远位的缺损。

术式

主要的供体部位在胸侧部。设计和施画(用无菌记号笔)(图 1)切开线后，采取移植片。

然后将移植片置于全周带有刻度的操作台上并将其展开拉平。因为间隔 2 mm 设置一条牵拉线，故在两条牵引线之间有足够的余地实施纵向切开。

用止血钳夹住消毒过的半个刮脸刀片，在牵引线之间均匀地分割条状的皮肤移植片(图 2)。

受体部位的准备

在受体部位间隔 3~4 mm(约为移植条带的 2 倍宽)切除沟槽状的肉芽床(图 3)。在沟槽内埋入移植片前，覆盖上浸有 1:4 稀释的洗必泰液的纱布(图 4)。

带状移植片的移植

将带状移植片置于移植床的沟槽，用闭合的镊子将其压入沟槽内(图 5)。

然后切除多余的移植片，用单纯结节缝合法进行固定(图 6)。

术后护理

参照网状成形术(参照 2.8.1)。

并发症

参照网状成形术(参照 2.8.1)。

2.8.4 有血管的带蒂网状成形术（多点减张切开）

适应症

实施点状减张切开的目的，首先是尽量减少创缘的转移规模或者减少皮瓣的面积和规模；其次是避免闭合创缘之间的紧张程度。网状形成术也经常用于远位的损伤,特别是四肢远端的损伤。

2.8.4.1 用减张(缓解)切开法移动创缘

术式

用外科手术剪剥离皮下组织，使伤口周围的皮肤可动化。用特殊的手术刀贯穿皮肤的全层，不断变换位置进行减张切开(图 1),获得扩大的皮肤面积的比例为 1：(2~2.5)。缝合伤口时,在非紧张状态下先进行皮下组织的连续缝合，然后可以用单纯结节缝合法依次进行缝合(图 2)。

1

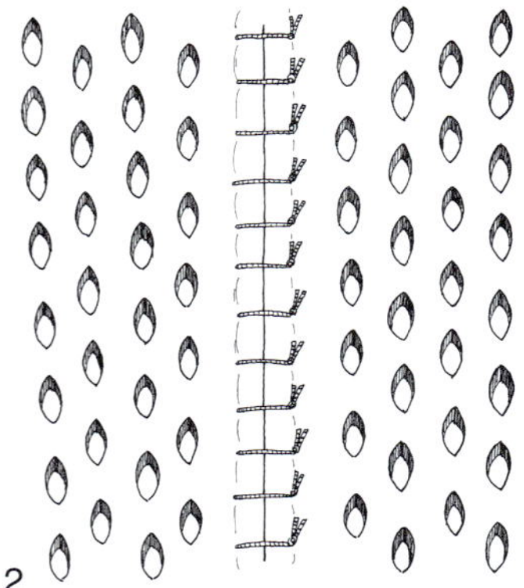

2

2.8.4.2 多点减张切开的带蒂前行皮瓣

术式

用平行切开延长创缘的方法分割皮瓣。将缺损部周围的皮肤,包括前行皮瓣在内,用外科手术剪钝性剥离使之可动化。用外科刀将皮肤做平行或者相互错开的减张切开。其目的是缓解皮瓣的紧张状态（图 1)。依次闭合伤口(图 2)。

术后护理

用无菌的、吸收性的而且非粘连的绷带包扎伤口。每日更换一次！随着肉芽组织的形成和渗出液的减少，可每周更换 2~3 次绷带。术后 2~3 周内进行治疗。

并发症

由于移动的皮瓣固定不确实，固定不牢固,可能导致皮瓣移动。有发生血肿或者浆液渗出的危险！并有可能愈合不良。

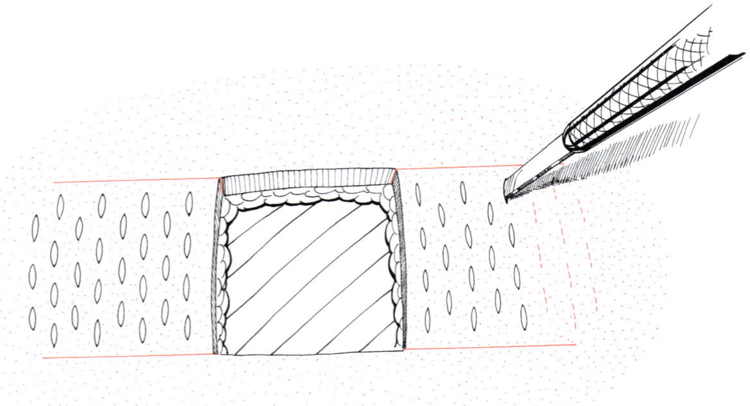

1

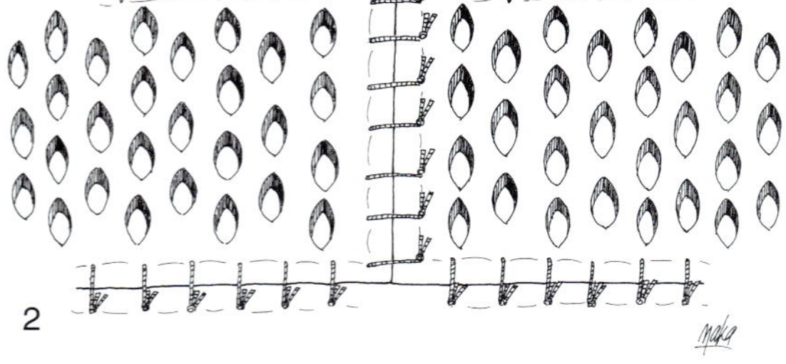

2

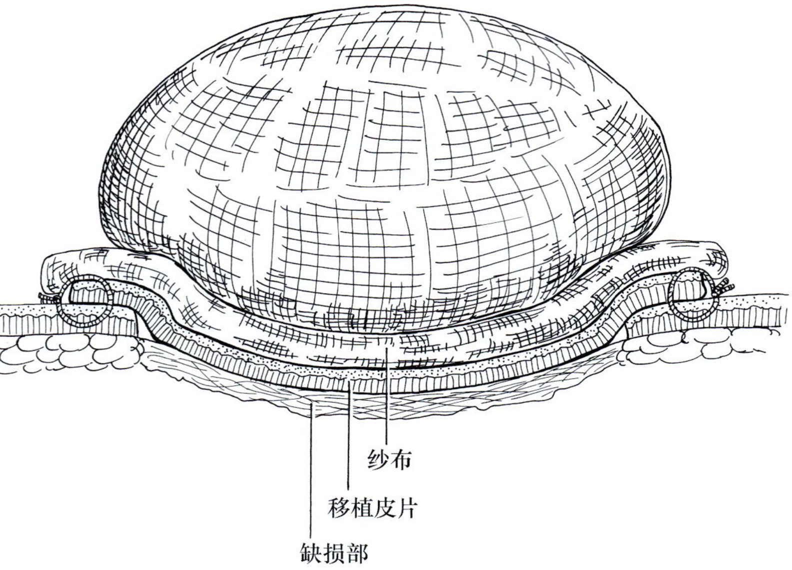

1

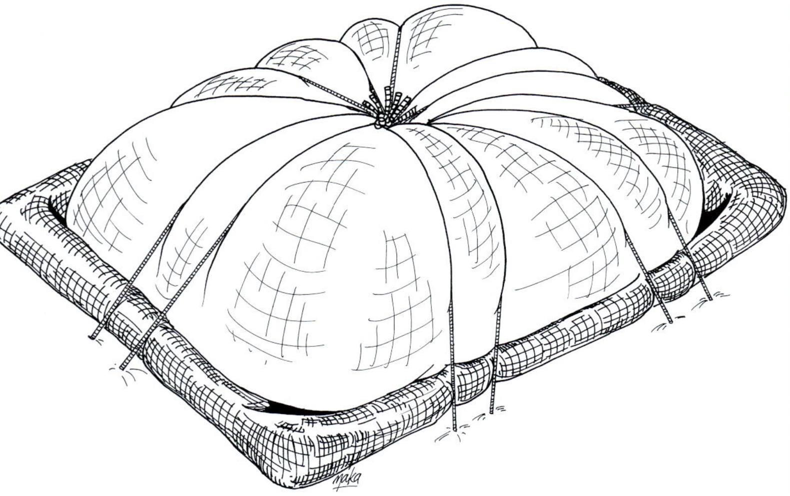

2

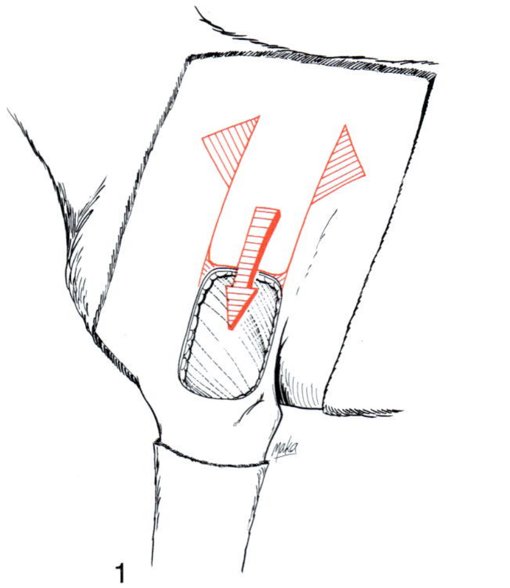

1

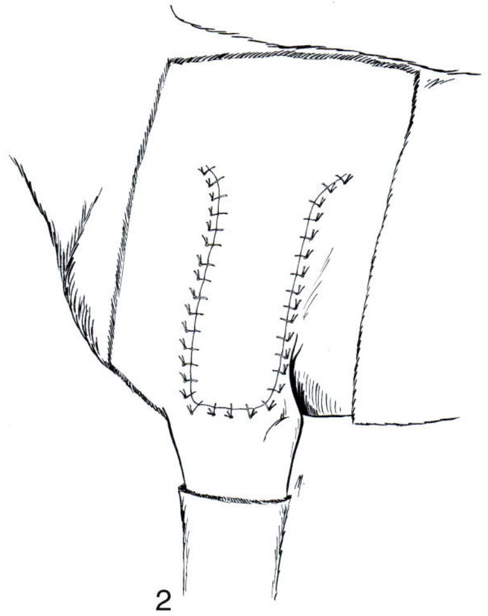

2

2.8.5 游离皮肤移植组织的保护——压迫绷带(tie-over-bendage)

适应症

皮肤移植组织的固定——压迫绷带。这种操作特别适用于移植组织的边缘大于缺损部创缘时、凹陷形的缺损创以及预料到在固定移植片时会发生问题的情况（图1）。该操作的目的是，通过施加均等的压力避免移植组织下积留血液或浆液，因为这些液体的积留会阻碍毛细血管的再生。

术式

在移植组织的上面直接施压无菌的吸收性非粘连的绷带，并且反复折转绷带，将其做成有一定硬度的垫枕压迫、覆盖在创面上(图1)。

将移植组织周边外侧(距离周边约1 cm)固定用的尼龙线，全部在中心集中结扎。这样可以对移植组织施加均等的压力(图2)。常用下面的操作来调整压力：扭转尼龙线结，然后装上金属夹子进行固定(图2)。

术后护理

在没有感染、坏死的情况下，绷带可以原封不动地固定5~7天(最好是3~4天)。

2.9 四肢部位特殊的皮肤成形术

在本章，频繁列举发生于四肢的皮肤损伤以及外科的处理方法。各种外科处理技术都具有同样的价值，不过我们认为应优先考虑下面的方法。

2.9.1 前肢

2.9.1.1 肩外侧部的移动皮瓣

适应症

发生于由背至腹侧的手掌大小的皮肤缺损。

体位

侧卧保定。使患肢处于生理位置。

术式

将计划的术野周边约10 cm进行大范围剃毛、清洗和消毒后覆盖创巾。

用无菌记号笔施画切开线。

切除缺损部的边缘(如果有必要的话)。

为了避免张力应做单位三角形切除，从肩胛骨区域切开和分离移动皮瓣(图1)。

依次缝合缺损(图2)。

缝合材料：3-0单股非可吸收性缝线（根据情况同时使用2-0肠线实施步行缝合)。

术后护理

进行伤口护理。
全身使用抗生素。
10天后拆线。

2.9.1.2 腕上部外侧保有血管的回转皮瓣

适应症

平行于上腕骨的正方形手掌大的缺损。

体位

侧卧保定，使患肢处于生理位置。

术式

将计划的术野周边约 10 cm，进行大范围的剃毛、清洗和消毒，然后覆盖创巾。

用无菌记号笔施画切开线。

修整缺损部的边缘(如果有必要的话)。

制作由腕前上浅回旋动脉(参照 2.5.1)皮支供血的回转皮瓣(参照 2.6.3)(图 1)。

为了能够使供体部位非紧张地闭合，在取得皮瓣的伤口处做单位三角形切除(图 1)。

如 2.6.3.2 解说的那样，用角缝合法进行开始的缝合。采取这样的缝合方法，可以调整可能发生的紧张状态。

依次闭合缺损(图 2)。

缝合材料：使用 3–0 单股非可收性缝线（根据情况同时使用 2–0 肠线实施步行缝合）。

术后护理

装保护、压迫绷带，每 2 天更换一次绷带。

全身使用抗生素。

术后 14 天拆线。

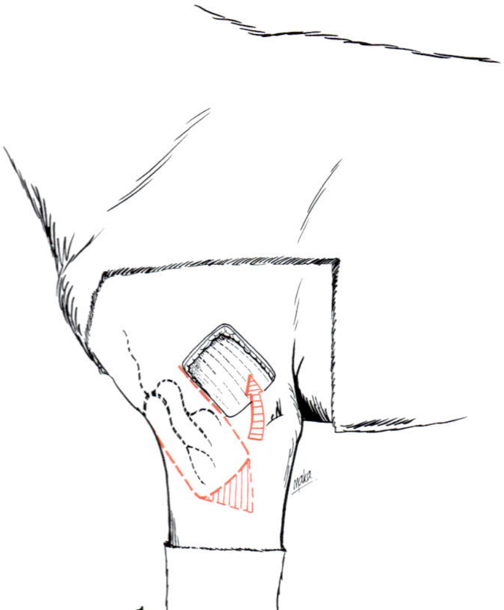

1

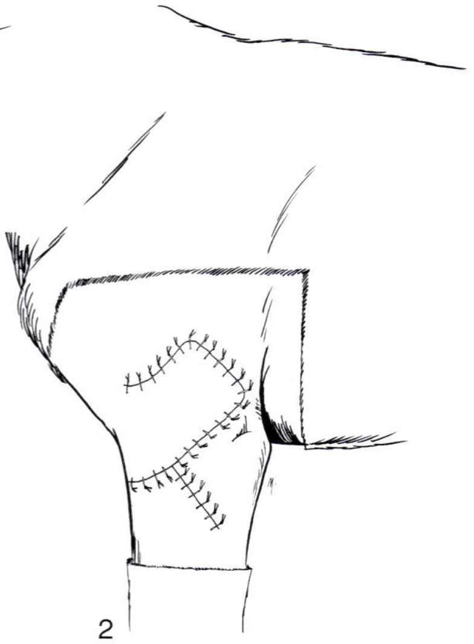

2

2.9.1.3 肘外侧区域的回转皮瓣

适应症

实施肘部肿瘤切除后。为了获得皮肤和避免紧张，不需要使用其他区域的皮肤，因此该方法十分有用。

体位

侧卧保定，使患肢处于生理位置。

术式

将预定的术野周边约 10 cm 进行大范围剃毛、清洗和消毒，然后覆盖创巾。

休整缺损部的边缘。

用无菌记号笔施画回转皮瓣的切开线。

切开伴有单位三角形的皮瓣后(图 1)，钝性剥离创缘内侧的皮肤使之可动化（参照 2.6.2）。

从移植皮瓣角的部位开始缝合（检查合适性和紧张程度）。

依次闭合缺损(图 2)。

缝合材料：使用 3–0 单股非可吸收性缝线。

术后护理

装保护、压迫绷带，每 2 天更换一次绷带。

全身使用抗生素。

术后 14 天拆线。

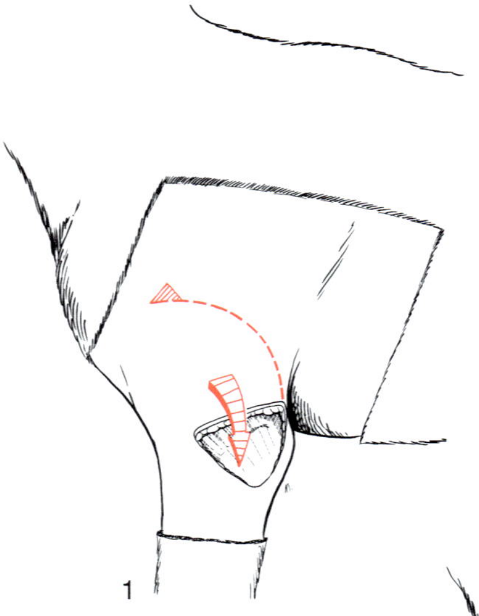

1

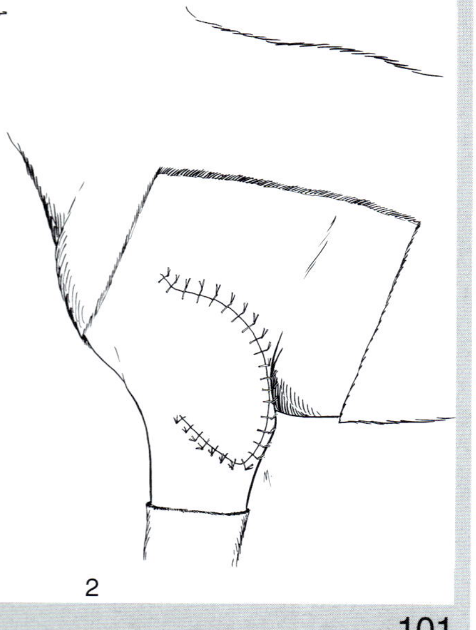

2

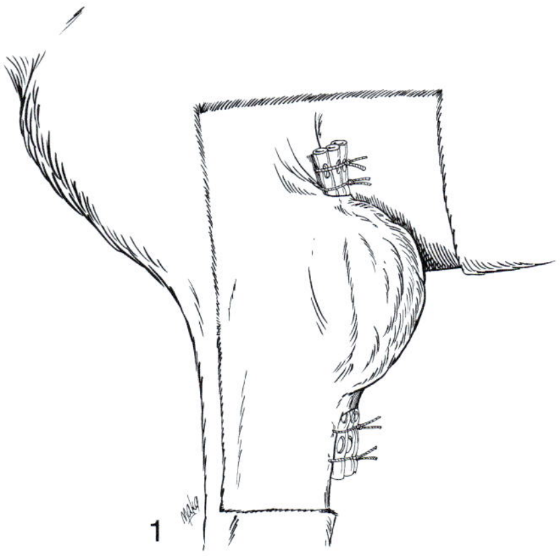

1

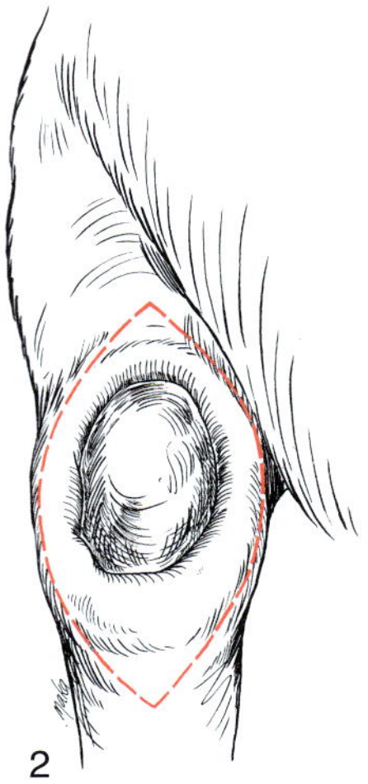

2

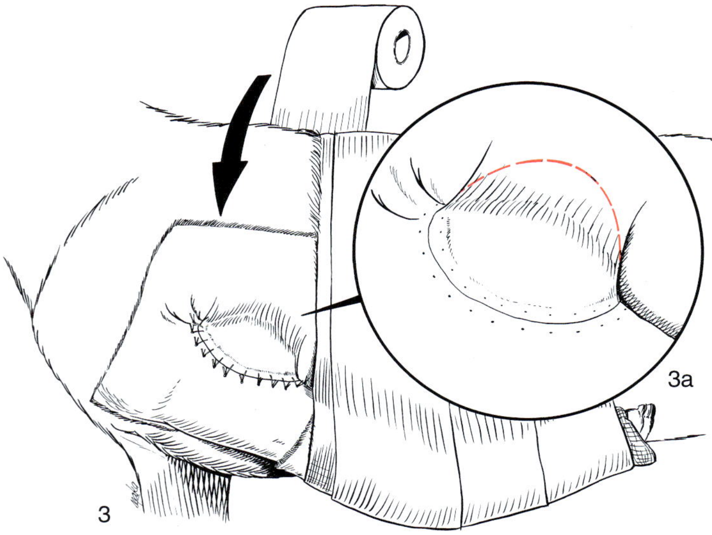

3a

3

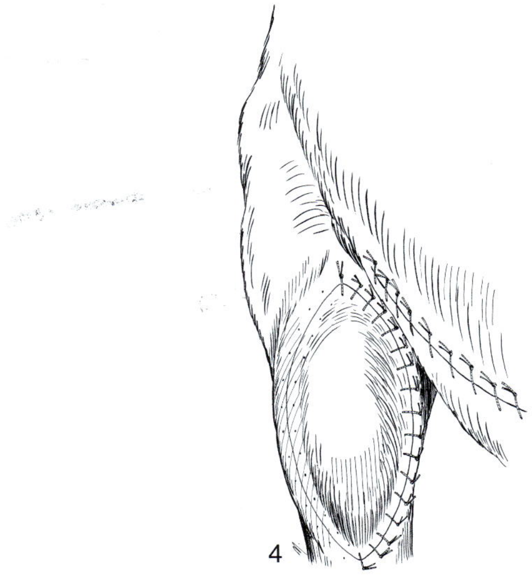

4

2.9.1.4 无菌性肘关节黏液囊肿

只要没形成溃疡，可以尝试使用引流管排液疗法。对于两侧大的囊肿，不应同时排液。这是因为在术后必须用带有硬片的夹板绷带(鞍状绷带)进行最大限度的固定。

体位

侧卧保定。为了使患肢保持可动性不要保定患肢。

术式

实施肿瘤上下对称切开，用手指一边触诊一边去除纤维素凝块、血块等内容物。接下来将腔内彻底清洗干净。根据囊肿的大小，设置2~4根引流管，用2-0肠线固定两端(图1)。

术后护理

用吸收性垫枕或者夹板绷带进行包扎。

全身使用抗生素（只用于感染囊肿的情况)。于术后5~7日每日更换绷带。7天后，一边每隔3天换一次绷带，一边装保护绷带。

在确认没有浆液渗出时除去引流管(约2周后)。术后14天拆线。

避免置动物于硬的床板或者地面上！

2.9.1.5 肘部形成溃疡

肘部形成的溃疡，经常是肘部黏液囊肿的并发症。施创缘切除术后，根据伤口的大小以及不能直接从周边部位获得皮肤，决定了成形术的再建手术的必要性。

体位

侧卧保定。为了使患肢保持可动性不要保定患肢。

第1阶段的治疗

术式

将肘的周围剃毛、洗净及消毒，覆盖创巾后，将以溃疡为中心开始实施大范围切除(图2)。彻底除去变性、坏死组织。将患肢肩关节最大限度地向后方屈曲，在胸壁用无菌记号笔画出皮瓣的切开线。

钝性剥离游离的半月形皮瓣缘，使之可动化后，用3-0单股可吸收性缝线将其和肘外侧创缘缝合(图3)。

第1阶段的治疗完成后，为了保护移植组织，用绷带将患肢最大限度地呈屈曲姿势固定于胸壁(图3)。

术后护理

每日更换绷带。

一般术后14日皮瓣能够愈合，此时可以拆线(图3a)。

第2阶段的治疗

术式

从胸壁外侧完全分离下来适用于肘部缺损的皮瓣(图3a)。然后用3-0单股非可吸收性缝线，在内侧将皮瓣缝合在开始的肘的创缘上(图4)。对于创缘，如果有必要的话，必须进行再次修复。

对于胸部的缺损部位，用一侧或者两侧的移动皮瓣，依次进行闭合(图4)。

术后护理

术后1周内，一边将患部用固定绷带或者压迫绷带进行保护，一边在肘的生理姿势下每日更换绷带。

全身使用抗生素。一般术后14日可以拆线，不过这时要用保护绷带包扎移植组织。

2.9.1.6 直接用兜状皮瓣移植

适应症

小型犬至中型犬的腕前部外侧大的皮肤缺损(图 1)。

体位

侧卧保定，不用保定患肢。

第 1 阶段的治疗

术式

将腕前部和胸壁外侧的术野周围约 20 cm 范围剃毛(图 1)。

清洗、消毒，将剃毛界的周边覆盖无菌创巾，将患肢的远位也包扎无菌创巾。为了防止胸壁皮瓣兜的感染，必须将创巾包扎至患肢远位的皮肤缺损部位附近(图 2)。

最大限度屈曲肩关节，以此来确定移植位置并做标记(图 2)。

在两侧带蒂切开超过皮肤全长的皮瓣，并使之可动化。

将患肢从皮瓣桥下插入、通过，将腕前部皮肤缺损部位置于皮瓣下(图 3)。

(下接 104 页)

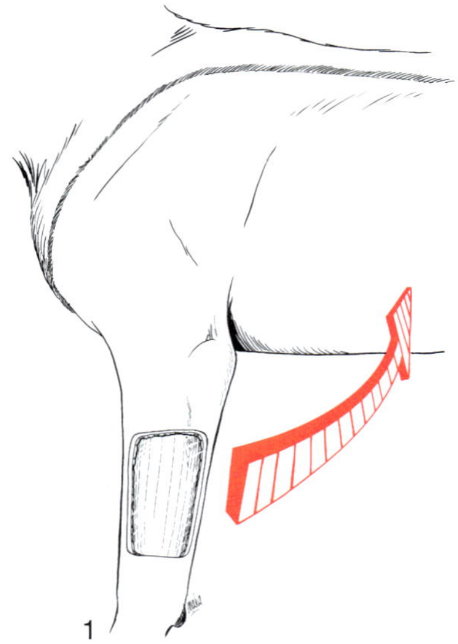

1

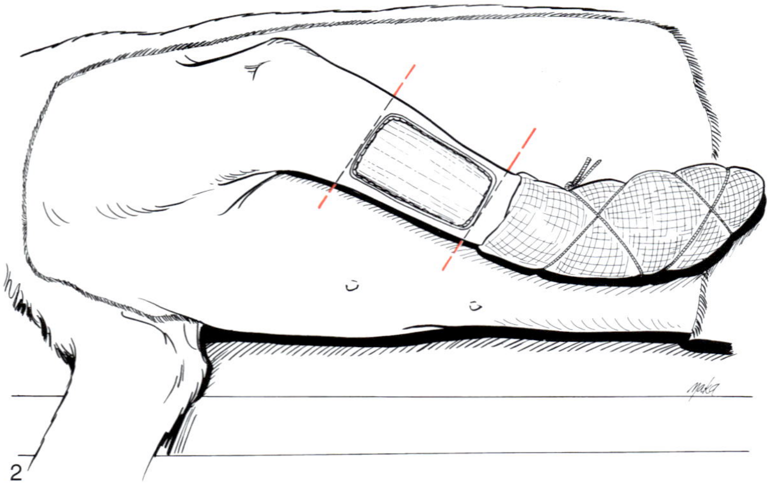

2

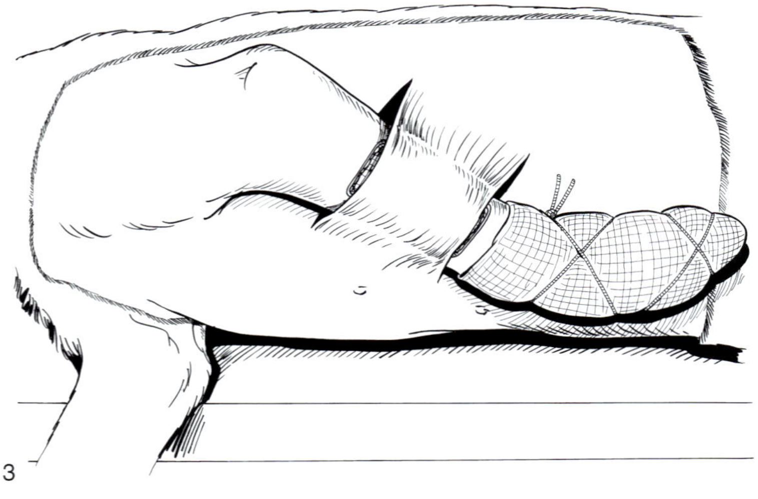

3

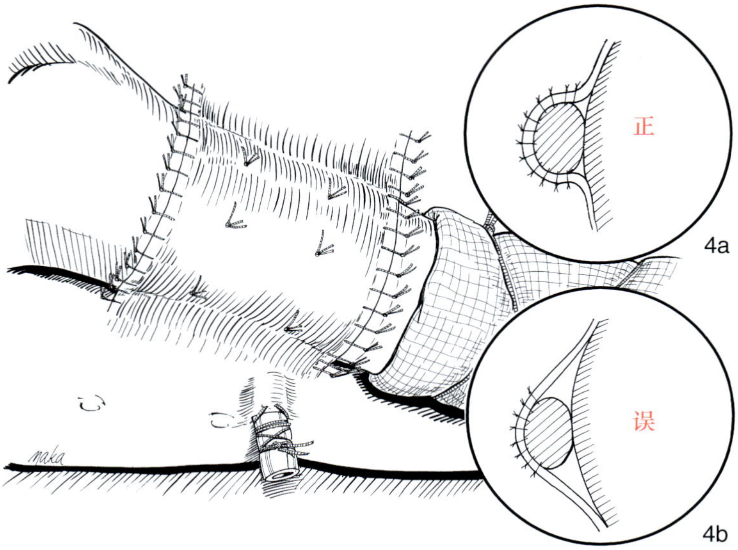

4

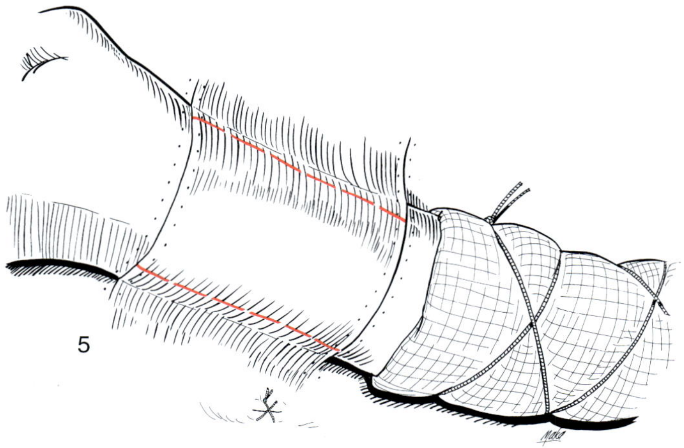
5

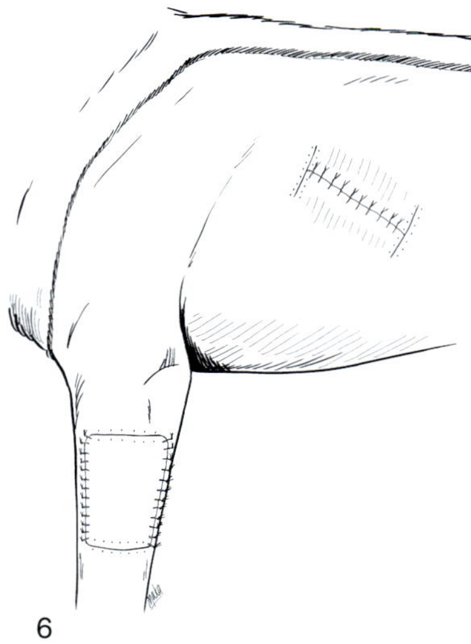
6

为了固定移植床内的兜状皮瓣，进行成列的2、3针经皮的单纯结节缝合(图4)。

用3-0单股非可吸收性缝线，用单纯结节缝合法缝合创缘。在腕前部环状面的周围,尽量宽幅缝合创缘(图4a)。为了进行更有效的固定,提高密接程度,该缝合应一直缝到胸壁。

注意

经皮固定可增强移植组织在移植床上的稳定性!

为了排除渗出液，在移植组织下面插入引流管，依次进行固定。之所以进行引流，是因为分泌潴留的液体刺激和供体区域紧密接触的患肢皮肤有可能发生阻碍愈合的危险。

术后护理

为了固定患肢，应持续包扎鞍状绷带14天。

全身使用抗生素。

第2阶段的治疗

术式

拆线。

除去引流管。

对兜状(桥状)皮瓣做如下处理,在两侧沿着轴状的初始创缘，大于患肢的宽度进行分离(图5)。

对一部分已经连接愈合的移植组织，将其进行分离后，最后再用3-0单股非可吸收性缝线进行缝合。

用两个移动皮瓣闭合胸壁的缺损创(图6)。只有预料到伴有渗出的炎症时才进行引流术。

术后护理

全身使用抗生素。

给患肢包扎绷带至肘关节附近。绷带的主要作用是保护移植组织，另外也有给覆盖的伤口施加适当压力。

开始每天更换绷带。当检查伤口后确认获得满意结果时，可适当延长更换绷带的时间间隔。

2.9.1.7 直接皮瓣移植

适应症

腕前尾侧部的手掌大小的缺损(图 1)。

体位

侧卧保定。为了保持患肢的可动性不用保定患肢。

第 1 阶段的治疗

术式

将患肢和胸外侧预定手术部位的周边做 15~20 cm 宽剃毛(图 1)。

清洗、消毒术野后，将患肢远位和术野覆盖创巾。

最大限度地将肩关节向尾侧牵引，将腕前部拉近移植部位，设计采取皮瓣的部位并画线。

切开皮瓣并使之一侧带蒂，钝性剥离使之可动化。皮瓣的大小不应大于腕前部的缺损部(图 2)。

用远位移动的皮瓣来闭合胸壁的伤口，以此来阻止腕前部皮肤造成的伤口刺激和感染(图 2a)。

缝合覆盖腕前部缺损一半的皮瓣（图 2)，此时尽量多地缝合腕前部环状面，而且连胸壁也应进行缝合(参照 2.9.1.6)。

缝合材料：使用 3-0 单股非可吸收性缝线。

术后护理

装胸壁鞍状绷带固定患肢 14 天。

全身使用抗生素。

频繁更换绷带，控制体位和活动性。

第 2 阶段的治疗

术式

约术后 14 天拆线。

最后从供体部位分离皮瓣，使用 3-0 单股非可吸收性缝线，缝合残留于尾内侧的腕前部的缺损(图 3)。

用移动皮瓣闭合供体部位的缺损(图 4)。

术后护理

装上起保护和适当压迫作用的绷带至肘的附近。

全身使用抗生素。

开始的 8~10 天每天更换绷带，确认移植组织的活力。约术后 14 天拆线。

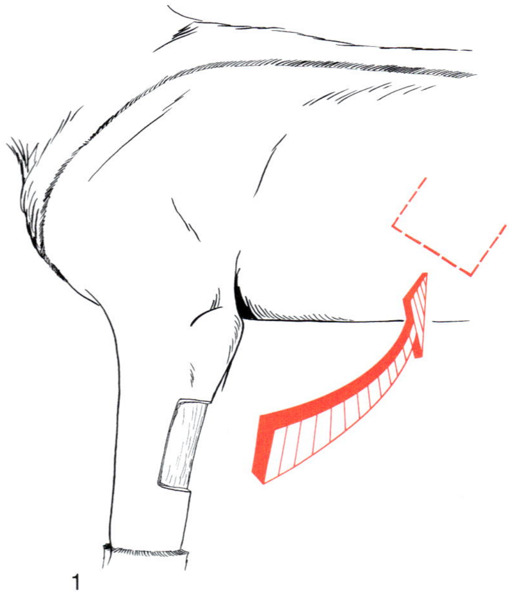

1

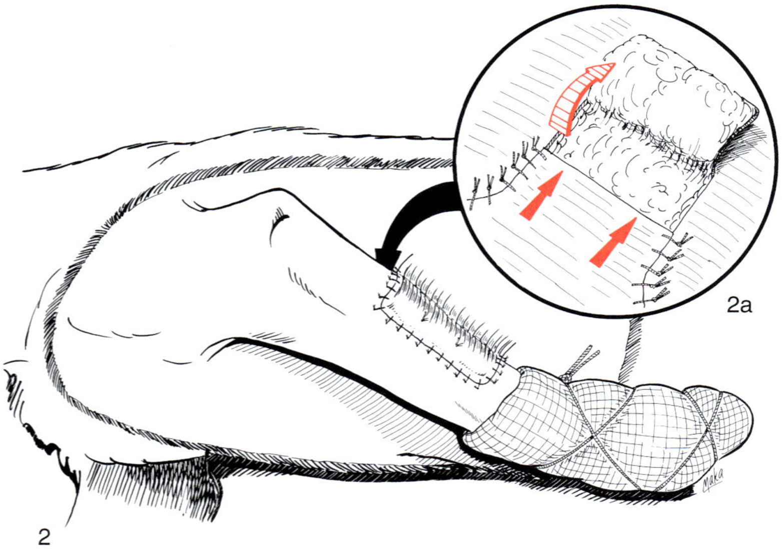

2a

2

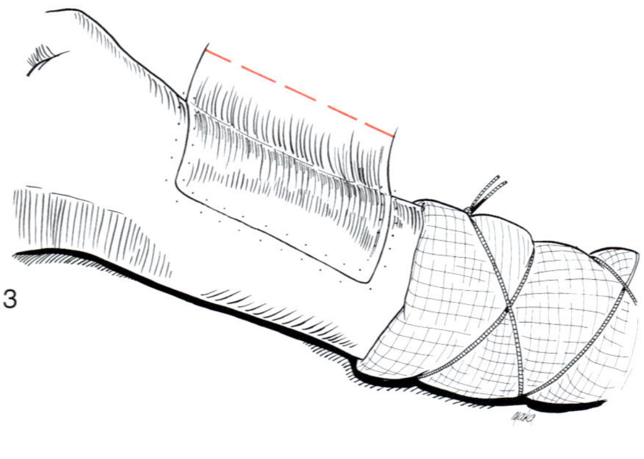

3

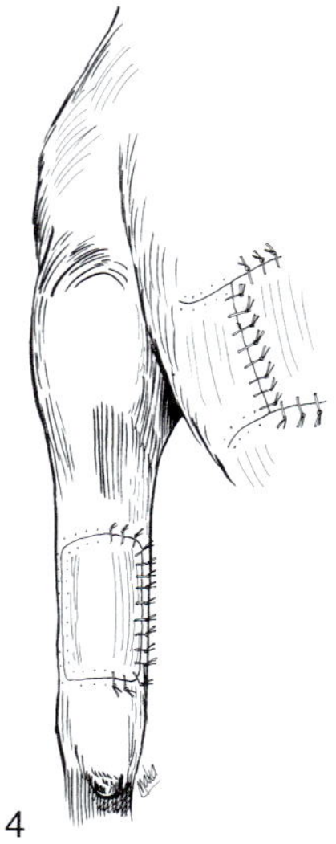

4

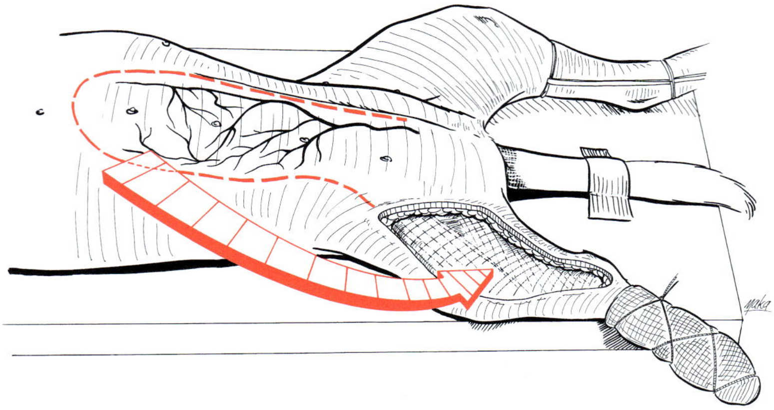

1

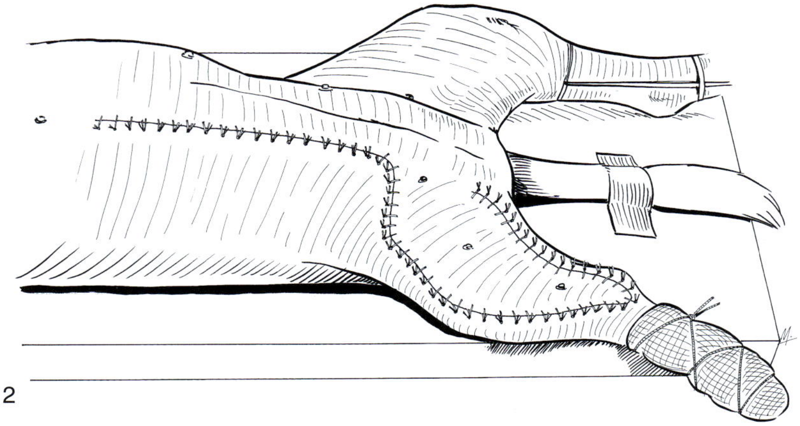

2

2.9.2 后肢

2.9.2.1 保留血管的回转皮瓣

适应症

移植于大腿内侧的，伴有前浅或者后浅腹壁动、静脉的皮瓣移植(参照 2.5.2.4)。

大腿、小腿中部大的皮肤缺损。

体位

仰卧保定，患肢朝下，将对侧肢最大限度地向尾侧方向保定。

术式

当覆盖如此大的缺损时，有可能发生皮瓣或者移植床活力下降的情况，因此有必要移动带有来自于腹部乳腺血管的皮瓣。在这些区域，即使像乳腺肿瘤摘除术那样的较大的皮肤缺损，也能通过大范围的皮肤移动进行覆盖，因此可以作为皮肤移植的供体部位。

将后方腹侧、腹部、大腿中部以及从跗关节侧方至远位进行剃毛。清洗消毒后，依次覆盖创巾(图 1)。

在确定和标记回转皮瓣时，必须包含前浅、后浅腹壁动、静脉走行路线和支配的区域(图 1)。

将皮瓣连同附着的乳腺群一同切开并分离，回转、移动皮瓣后缝合于患肢的缺损部。为了确定皮瓣的正确缝合位置，先实施间隔 5 cm 的固定缝合。通过固定缝合，可以使回转皮瓣正确地接合于受体部位(图 2)。

注意

对于较大的移植组织，必须在绝对非紧张状态下缝合。如果在紧张状态下缝合，压迫了分布于皮瓣上的血管，导致供血中断，使移植手术全部失败。用 3–0 单股非可吸收性缝线，在非紧张状态下，将皮瓣缝合在缺损部的皮肤上(图 2)。

术后护理

限制动物自由活动，由于绷带可能导致移植组织的不稳定，故不要包扎绷带。

全身使用抗生素。

最初每天消毒伤口。

术后 14 天拆线。

2.9.2.2 使用VY成形术的减张切开

适应症

大腿的远位和大转子上部的手掌大的皮肤缺损。

体位

侧卧保定。

术式（参照2.6.4）

进行大范围的术野剃毛、清洗和消毒。

依次在周围覆盖创巾。

如果有必要，为了做出新鲜创可以切除创缘。

在缺损的头侧方向5~10 cm处做V形切开。该V字形的两脚距离至少要和缺损直径相当(图1)。

皮下剥离V字形切开的头侧部以及切开创和缺损部之间的皮肤，使之可动化。

依靠该操作可以在非紧张状态下覆盖缺损部(图1a)。对于呈开口状态的减张切开创，同样在非紧张状态下，用Y字形缝合来闭合(图1b)。

缝合材料：使用3-0单股非可吸收性缝线。

术后护理

包扎创口。

全身使用抗生素。

每3天处置一次伤口。

术后14天拆线。

2.9.2.3 跗关节外侧区域的回转皮瓣

适应症

切除椭圆形的皮肤肿瘤。

体位

根据皮肤缺损的状态来决定。

术式（参照2.6.3）

按程序做手术准备。

设计并画切开线。

为了在非紧张状态下闭合供体部位，进行单位三角形的皮肤切除并延长切开线(图1)。

实施肿瘤切除术。

进行皮瓣切开、可动化和回转(图1)。

用定位缝合法（为了将应该缝合的部位固定在正确的位置上进行的假缝合）进行最初固定。

缝合因获取皮瓣所形成的新的皮肤缺损(图1a)。

缝合材料：使用3-0单股非可吸收性缝线。

术后护理

用绷带包扎患肢，并固定于生理的屈曲状态下约10天。

最初阶段每天处置伤口和检查皮瓣活性。

全身使用抗生素5~8天。

术后14天拆线。

2.9.2.4 跗关节外侧区域的移动皮瓣

适应症

由于肿瘤切除术后形成的圆形皮肤缺损。

体位

根据皮肤缺损的状态来决定。

术式

按程序做手术准备。

设计并画切开线(图1)。

通过进行该切开并实施皮瓣周围的钝性分离使之可动化，能够实现在非紧张状态下的皮瓣移动(图1a)。

术后护理

用绷带将患肢包扎、固定于生理的屈曲状态下约10天。

全身使用抗生素5~8天。

术后14天拆线。

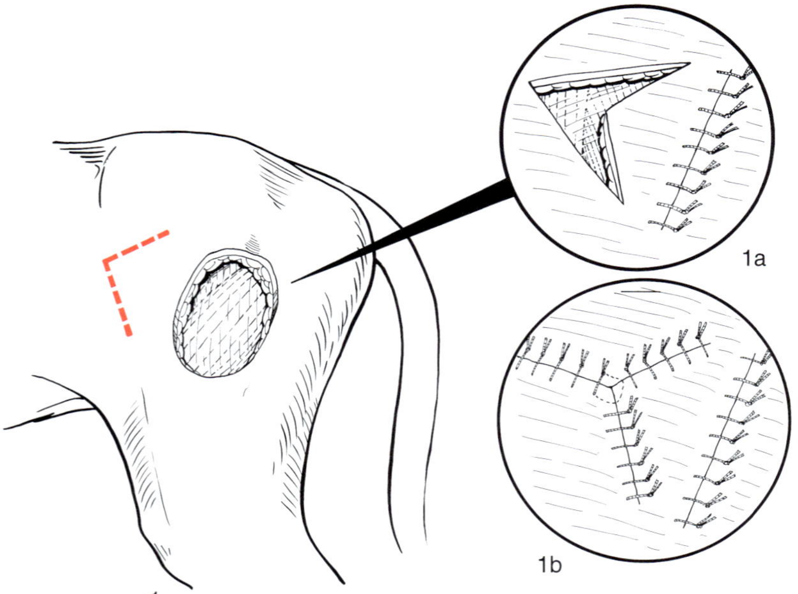
1a
1b
1

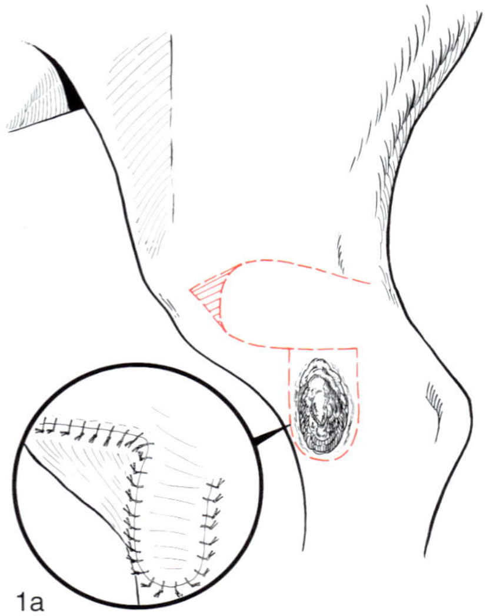
1
1a

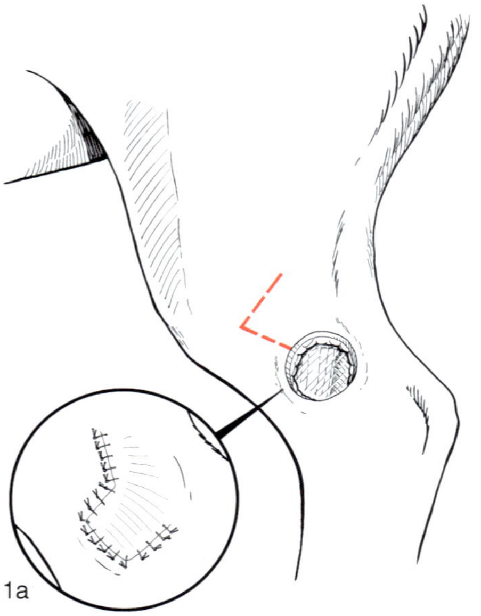
1
1a

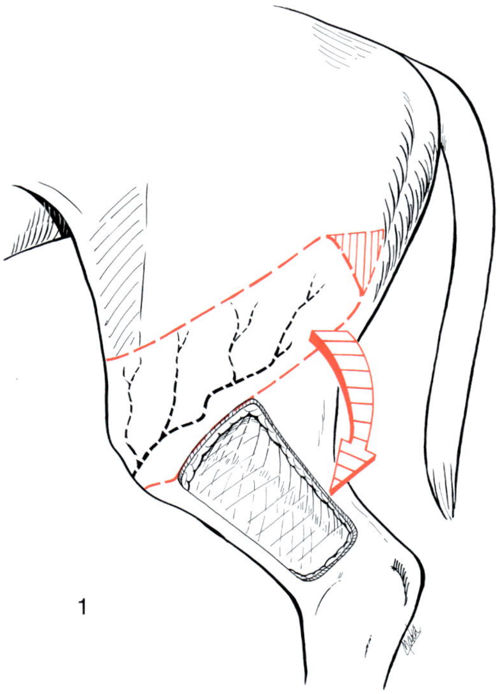

1

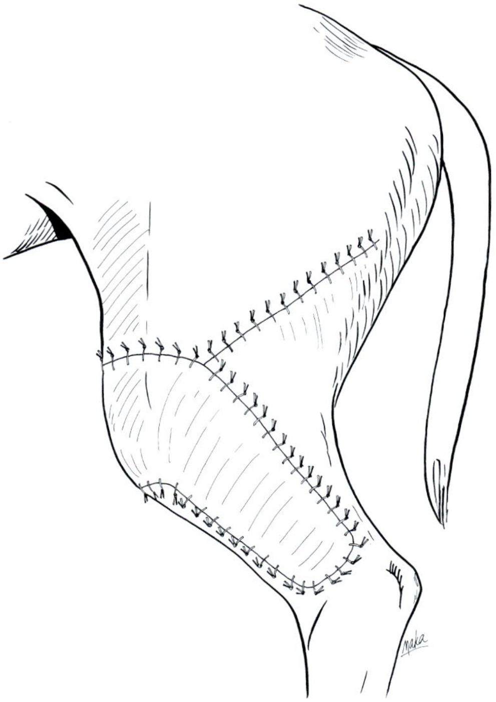

2

2.9.2.5 在腿下部外侧保留血管的回转皮瓣

适应症

为了覆盖占据几乎整个腿下部外侧的大的皮肤缺损，使用分布有隐动脉皮支的回转皮瓣。

体位

侧卧保定，将患肢保定于生理学的位置。

术式

从骨盆区域开始到跗关节远位，包括大腿内侧和外侧，进行大范围的剪毛，按程序进行手术准备。

为了消除张力而在皮瓣末端切除单位三角形皮肤同时，进行皮瓣的设计和画线，该皮瓣保留了分布于大腿尾侧近位的血管，并实施切开(图1)。

注意

为了避免由于膝关节的活动导致的皮瓣活力下降，将膝区域的整个外侧皮肤作为回转皮瓣的蒂部来使用。

做成皮瓣(图1)并使之可动化后，回转该皮瓣并将其缝合到缺损部。

检查皮瓣和缺损部的合适性，修正后将皮瓣从缺损部的近位至远位进行缝合。

闭合供体部位(图2)。

缝合材料：使用3-0单股非可吸收性缝线。

术后护理

将患肢包扎保护、固定绷带2~3周。

最初阶段每天处置伤口和检查皮瓣活性。

全身使用抗生素5~8天。

术后14天拆线。

2.9.2.6 腿下方头侧中部的双蒂前进网状皮瓣(参照 2.8.1)

适应症

腿下部溃疡。

体位

侧卧保定，将患肢的对侧肢用保定架呈悬吊姿势保定，将患肢固定于生理学的位置。

注意

外科医生和术野的无菌操作必须遵照接骨术的方法进行。

术式(参照 2.8.1)

将缺损部位清洁之后，用双蒂前进皮瓣—网状成形术(图 1)实施闭合。对于缺乏血液循环的皮下组织，为了保证皮瓣的活力，可将胫骨部位人工造成出血。为了进行该操作，通过网状成形术的开口部，用微型穿孔器(齿科、颌面外科使用的器械)打孔，孔的深度比照皮肤的厚度(图 2a)，通过露出的骨膜可见到骨骼，在该骨骼上钻小孔(图 2)。流出的血液填满网眼部位。在修复骨和骨膜的过程中，给皮肤成形术带来充分的新生血管。

术后护理

用无菌的、吸收性的及不粘连的纱布做成直接的伤口保护、压迫绷带。

每天换一次绷带。

这种病例全身使用抗生素是非常重要的！

术后 14 天拆线。

在应用该方法之前，要充分评价和估计有效性和危险性，正确而且慎重地加以应用。操作骨组织的前提条件是需要丰富的经验。如进行适度的穿孔(不过多、不过深的穿孔)不会对骨的负荷能力造成影响。现在正在讨论的是将穿孔的数量和深度选择其一，用软激光来促进网状成形术的生长和定植。

2.9.2.7 在跗关节区域的回转皮瓣

适应症

覆盖肿瘤切除术后形成的皮肤缺损。

体位

由皮肤缺损的情况来决定。

术式

从跗关节区域可以取得回转 90°的回转皮瓣(图 1)。依靠这种方法，即使在移动皮瓣后切开关节部位的皮瓣，也会保持于非紧张状态。

对于供体部位，通过实施内侧(外侧)皮肤的可动化，也可以在非紧张状态下进行闭合(图 1a)。

缝合材料：使用 3–0 单股非可吸收性缝线。

术后护理

装上固定关节的保护绷带。

全身使用抗生素 5~8 天。

频繁检查和处置伤口，确保皮瓣活性。

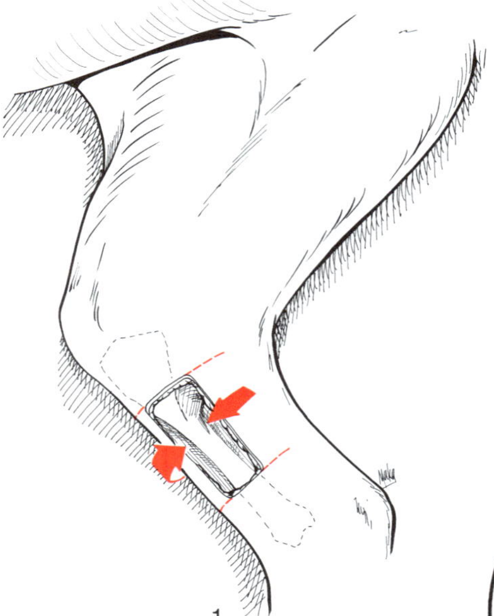

1

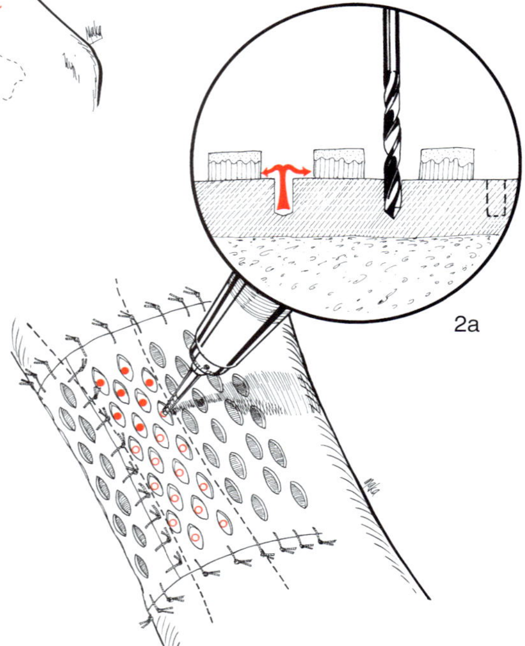

2a

2

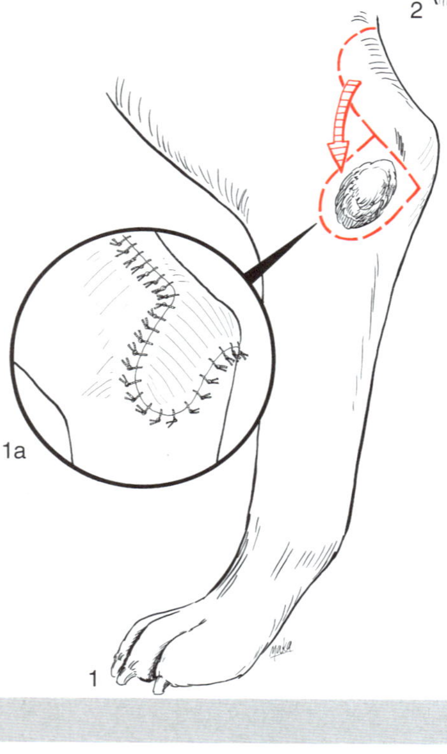

1a

1

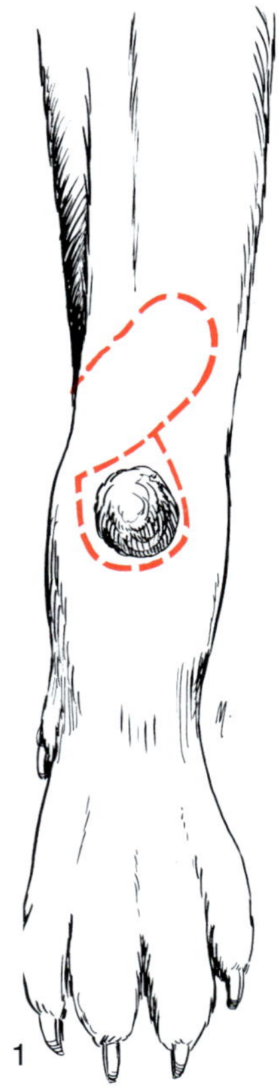

1

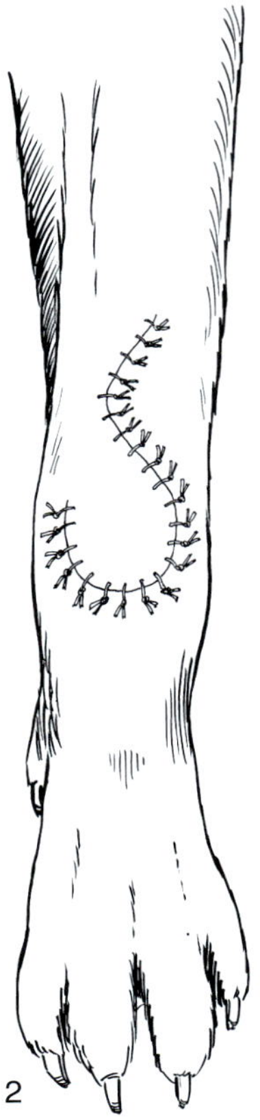

2

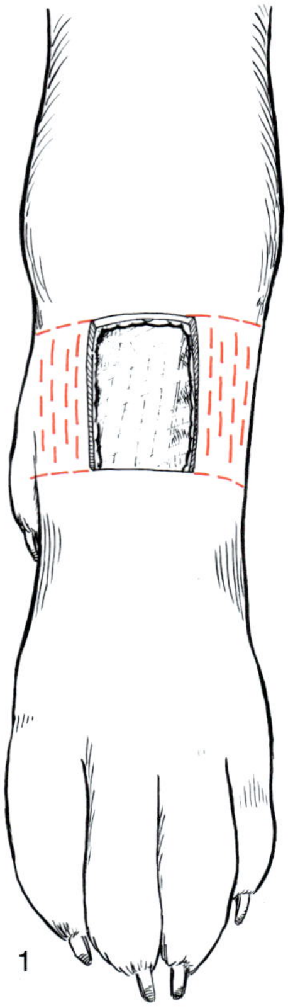

1

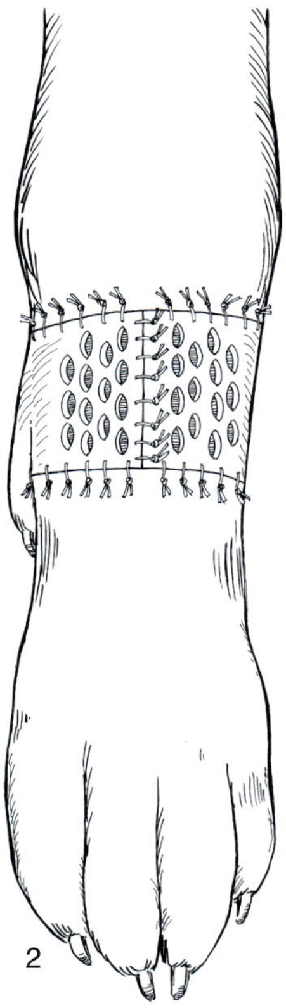

2

2.9.3 四肢的远端

2.9.3.1 位于系腕关节的回转皮瓣

缺损位于剧烈活动的关节部位，故覆盖比较困难。覆盖这种缺损可用90°回转皮瓣来实施。

适应症

肿瘤切除术后的缺损。交通事故造成的皮肤缺损。

体位

仰卧保定，将患肢拉向前方并用绳索固定。

术式(参照2.6.3)

按程序准备手术。

切除肿瘤或者创伤的挫灭组织后，设计并施画回转皮瓣切开线，以便能够使用3–0单股非可吸收性缝线，在非紧张状态下(图1、2)覆盖、缝合缺损部(图1)。

术后护理

将患肢包扎具有保护功能的弹性绷带。用绷带固定系腕关节。这样操作可以使关节在拆线后(约14天)马上负重。

2.9.3.2 系腕关节上方的双蒂网状皮瓣(图1、2)

替代法：网状皮肤移植(参照2.8.1)。

根据损伤状态，可以使用从腹壁外侧采取移植组织。

适应症

表皮剥离或者制动损伤，切除肿瘤后形成的深的皮肤缺损。

体位

仰卧保定，将患肢拉向前方并用绳索固定。

术式(参照2.8.4.2)

将前肢肢端覆盖创巾，按程序做手术准备。

采用弗里德里希(Friedrich)创缘切除术修整缺损部的形状。

切开2条平行的皮肤切开线，延长皮肤创缘，并钝性剥离皮下组织使皮肤可动化。

进行2列减张切开，在非紧张状态下覆盖创伤(图1)。用该方法还不能使创缘皮肤接合时，以整列切开线的方式增加减张切开，直至能用3–0单股非可吸收性缝线，在非紧张状态下依次闭合缺损部(图2)。

术后护理

可用包扎夹板、压迫或者弹性绷带，为了增强皮瓣的紧密接合程度，也可以用套筒绷带进行包扎。

开始一段时间每天更换绷带和处置手术部位，增强活力。

全身使用抗生素。

约术后14天拆线。

并发症

为了避免过度的减张切开，首先尽量实施双列减张切开，必要时再追加切开！

2.9.3.3 腕关节和掌关节区域的游离网状皮肤的移植

适应症

例如机动车事故后的大范围的皮肤剥离。

在开始阶段，要认真进行伤口的预处置。

提示！

在该缺损的区域，在没有并发感染的情况下，并且在创缘已经形成了良好的肉芽组织的早期，如果不能获得直接皮肤，应实施游离的皮肤组织移植。

体位

仰卧保定，将患肢拉向前方并用绳索固定。

术式

将移植床和供体部位按程序做手术准备。

对于皮肤缺损部进行弗里德里希(Friedrich)创缘切除术实施整形(图1)，用浸有灭菌生理盐水的纱布覆盖伤口。

采取、缝合网状皮肤移植片（参照2.8.1）。

注意

采取移植片的面积为1:(2~2.5)。

术后护理

配戴伊丽莎白项圈。

全身使用抗生素。

装压迫、弹性绷带(参照2.8.5)(图2、3)，在移植部的肘关节附近装上夹板，使患肢伸展，10天内经常更换绷带。

当绷带压力过大时，患肢的远端发生血液循环障碍，导致趾端部发生水肿或者坏死。

已见移植组织干燥，同时见到皮肤活性和形成肉芽组织征兆后，再给患肢装保护绷带约1周时间。

约术后10天拆线。

提示！

我们认为，照射软激光(低能量的软激光)能够促进血管再生和形成肉芽组织。

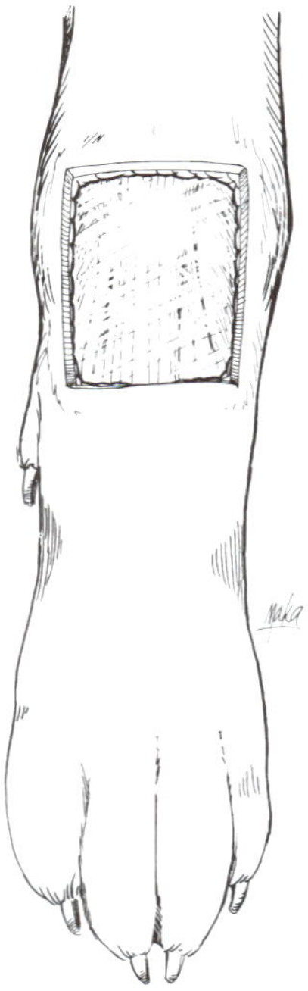

1

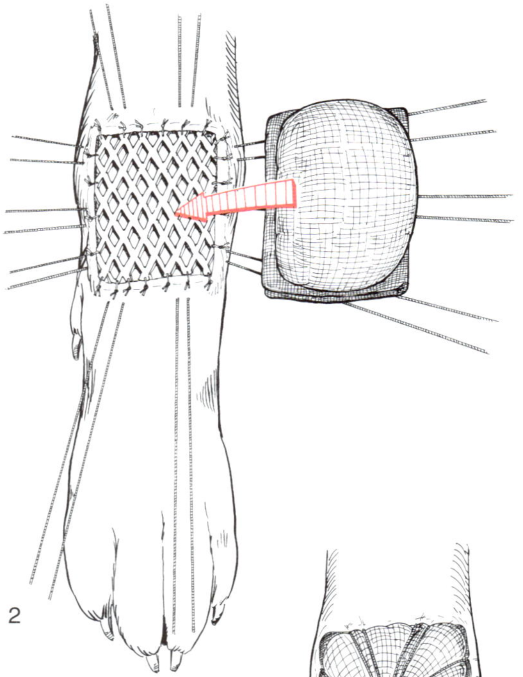

2

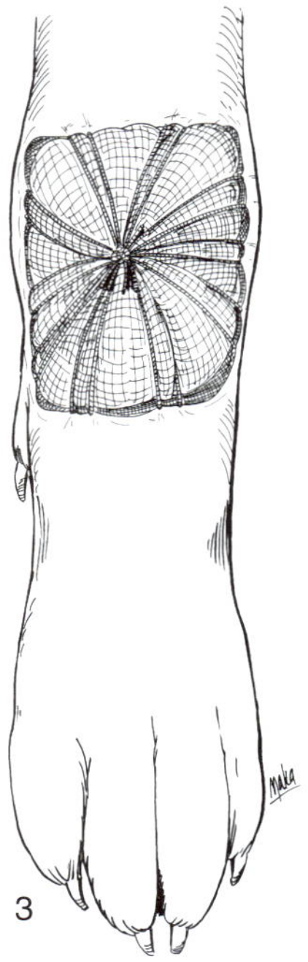

3

2.10 皮肤特殊损伤的处理

2.10.1 咬伤

狭义的咬伤，通常是指皮肤和软组织或者它们各自发生的裂创或者刺伤（刺创）形式的损伤。

2.10.1.1 咬伤的症状

在皮肤上确认的损伤，经常是对其下部的组织、器官等构造已经造成了广泛而深刻的破坏，却只见到较小的创口。特别是小型犬被大型犬咬伤的场合，牙齿突破表皮、皮下组织及肌肉，直至埋没腭部，这时基本上皮肤上的开口较小，但是广泛性地破坏了皮下的筋膜、肌肉、腱、动脉、静脉以及神经。在多数的情况下，作为咬伤的结果，受伤部位常发生发生粉碎性骨折。并且这些受伤的动物们有时会运动神经的轻度至重度麻痹症状。

所有的咬伤都是感染创！

背毛、皮肤上存在的细菌侵入咬伤的局部，有时发动攻击动物口腔内的病毒也感染被咬伤的伤口！

被咬伤后组织失去活力、坏死的同时还形成浆液肿，大的皮下死腔是细菌（需氧菌和兼性厌氧菌）最适宜的生长环境，因此它们在这里迅速生长繁殖。

而且，再加之小的伤口很快闭合，分泌物不能向外排出，常常发生所谓的蜂窝织炎。

2.10.1.2 咬伤新鲜创的处置

对尚未到达皮下的较小的新鲜咬伤，可将损伤局部剃毛，清洗、消毒创腔，涂抹抗生素药物，让动物主人1日数次用高于体温的锦葵茶清洗伤口即可治愈。

在比较大的新鲜咬伤场合，因为咬伤涉及下面的软组织，故需要进行外科手术处理。

术式

以受损部为中心进行广泛的剃毛、消毒，覆盖创巾。

对于咬伤，实施局部的弗里德里希（Friedrich）创缘切开术（通常由外向内进行，参照2.3），或者做大范围的圆锥形切除术。

去除污染的挫灭、坏死组织。实施创内检查时注意不要损伤重要的血管、神经。

用2-0可吸收性缝线缝合软组织和皮下组织。

根据创腔的大小和预测分泌物的量和性质，插入1根或者数根导管（引流管或者清洗管，参照1.6）。

用3-0单股非可吸收性缝线闭合皮肤。

全身使用抗生素。

对于呈休克状态的动物，开始手术前应进行抗休克治疗。

2.10.1.3 脓肿

动物被咬伤时，经常由于动物主人的疏忽而不能及时被发现。随着受伤时间的延长，动物发生麻痹或者身体局部的肿胀、全身倦怠、精神不振以及发热等临床症状。

特别是在室外自由活动的猫，经常是在肿胀已经很大或者自溃排脓时才被送去就诊。

术式

将脓肿区域剃毛后，经过仔细检查可以确定脓肿的规模以及伴随持续性发热的咬伤痕迹。

对于成熟的可分离的半球形脓肿，脓肿囊壁的一处或者几处很薄，其内容物呈流动状态。

但是，对于被膜紧张且很厚的脓肿，采用多次温热疗法（使用治疗用红外线灯照射）以及用浸有锦葵茶的湿热布热敷使脓肿成熟（该方法也适用于蜂窝织炎）。

关于脓肿的切开，先保定患病动物（通常可在非全身麻醉下施术），在脓肿的中央部用外科手术刀进行穿刺切开（术前进行术部的剃毛、消毒）。通常流出茶褐色或者黄绿色、恶臭的内容物，将内容物彻底挤出后，用消毒液彻底清洗创腔。

涂抹抗生素软膏后，嘱动物主人每日数次用比体温高（约40 ℃）的锦葵茶水清洗脓肿的切口。

术后每隔2~3天进行一次局部处置。

当脓肿在进行外科切开前已经破溃排脓时，可将开口部切开、扩大，做成可操作的排出通路。之后的处置和前述脓肿切开后的处置相同。

2.10.2 制动（刹车）损伤

制动损伤主要发生于四肢。其原因为刹车时，被固定了的汽车轮胎对肢体造成的损伤。汽车轮胎将表皮和皮下组织从其下部的组织上大范围地掀起，剥离表皮。

通常形成大范围皮肤和皮下组织缺损。

肌肉、腱、韧带、骨、骨膜以及关节发生严重的损伤或者破坏。

经常可以见到骨上面有橡胶的碎片，或者在创腔内有沥青、焦油、污物以及感染情况。

术式

进行局部周围的剃毛、清洗和消毒后，为了修整创缘实施弗里德里希（Friedrich）创缘切除术。然后进行多次清洗，清洗时由外向内清洗伤口（用消毒剂和生理盐水交替进行）。用镊子进行大致的清创，然后用外科刀一边切除创伤表面挫灭组织，一边仔细清创。

彻底清除没有活力的、污染的组织。

彻底清洗暴露的关节，实施外科处理（尽量进行缝合）。对于制动伤害发生时造成严重损伤的关节，也可以经过适当的治疗而表现出良好的治愈倾向，在这方面根据笔者的经验已经有很多例证。

多数情况下，几乎不能修复在直接或者间接的皮肤损伤区域发生缺损。对于大的组织缺损可采用整形、再生外科学技术进行处理。

术后护理

处置伤口，配戴伊丽莎白项圈，包扎绷带。进行频繁的绷带更换和处置伤口。用软射线疗法促进组织再生和血液循环。

全身使用抗生素。

并发症

对于所有的制动损伤，向动物主人详细说明并发症是十分重要的。必须考虑到大面积的组织坏死、化脓、浆液肿以及缝合的关节发生的软骨损伤。通常对于组织再生情况，预后结果通常比开始预料的要好。

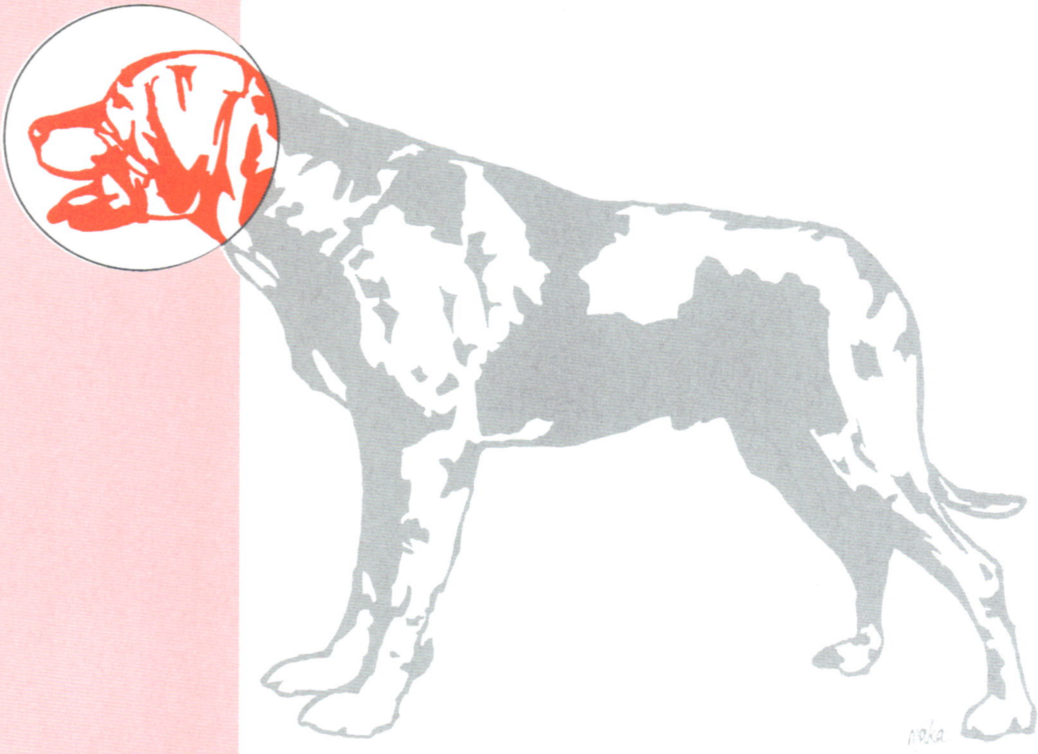

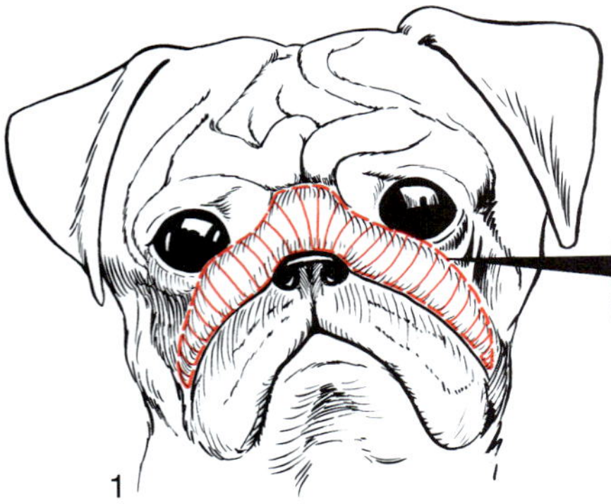

1

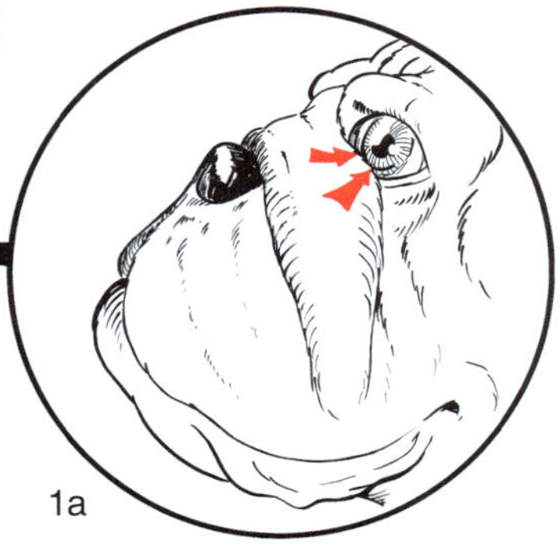

1a

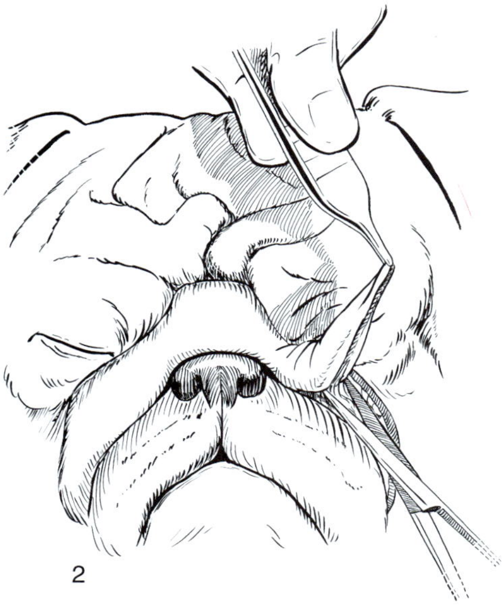

2

3

3.1 头部的特殊成形外科

3.1.1 短头种犬的鼻部皱皮切除术

适应症

慢性角膜炎，鼻部褶皱导致的睫毛乱生及其继发症。持续的眼分泌物导致的局部皮肤炎症(图 1、1a)。

体位

俯卧保定，头下垫枕，抬高头部。

术式

术部剪毛、消毒。

用消毒记号笔画出切除线(图 1)。

用手术刀实施切开。将鼻部褶皱的两侧从末端向正中线仔细切开皮肤并除去(图 2)。

关于脸部的左右对称性，要一边留意两侧脸部的表情，一边仔细对比，必要时做适当的修补。

将皮下组织用 3-0 铬肠线做连续缝合。将皮肤用 4-0~5-0 单股非可吸收性缝线，用单纯结节缝合法缝合(图 3)。

术后护理

配戴伊丽莎白项圈。

术后数日进行伤口处置。

术后头几天饲喂易消化的食物。

术后 10~14 天拆线。

3.1.2 眼周围皮肤缺损

适应症

能用前额部皮肤来覆盖肿瘤切除后的创伤和其他损伤。

体位

俯卧保定，头下垫枕，抬高头部。

术式

术部剪毛、消毒。

因为几乎所有的犬前额部皮肤都可能被拉伸，故即使在非常大的皮肤缺损，作为第一选择仍可用同区域的皮肤加以修补。

当内眼角缺损时，即使有必要进行其他手术，在所有缝合术中应该优先实施内眼角缝合术。

闭合眼睑下部的肿瘤切除创可使用**回转皮瓣**(图 1、1a。术式参照 2.6.3)。

内眼角剥离伴有皮肤缺损，裂挫的修补及缝合可使用前行皮瓣。缝线要长期留置在缝合部位，故缝线一定不能发生松动。在前额部切下的三角形皮瓣，其面积大小应合适于皮肤缺损的范围(图 2、2a)。

闭合上眼睑长方形的皮肤缺损使用前行皮瓣(图 3、3a)。

在缺损部缝合前行皮瓣时，不要由于前行皮瓣的收缩影响眨眼功能，因此必须确保足够大的皮瓣。

术后护理

配戴伊丽莎白项圈。

术后当日和第 7 天处置伤口。

术后 10~14 天拆线。

并发症

可能发生由于皮瓣的瘢痕收缩导致眼睑位置异常。为了解决该问题可再度实施成形手术(参照 3.4.3)。

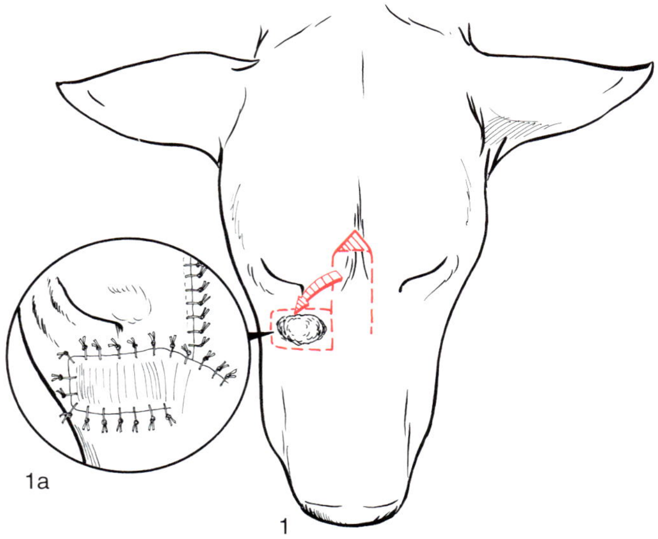

1a

1

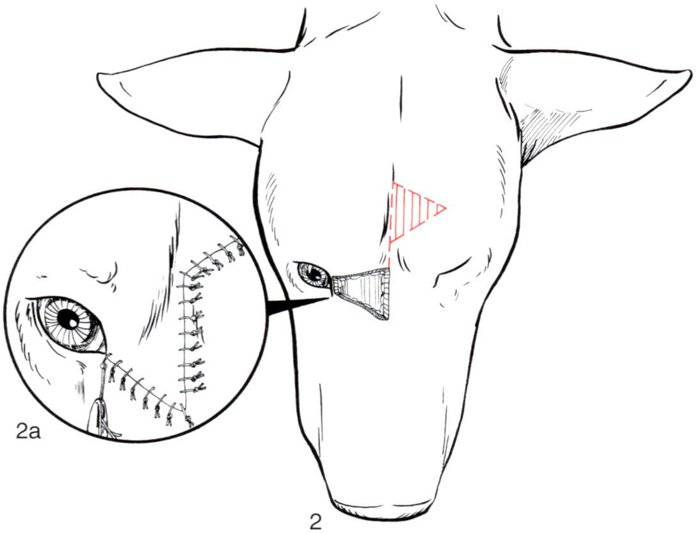

2a

2

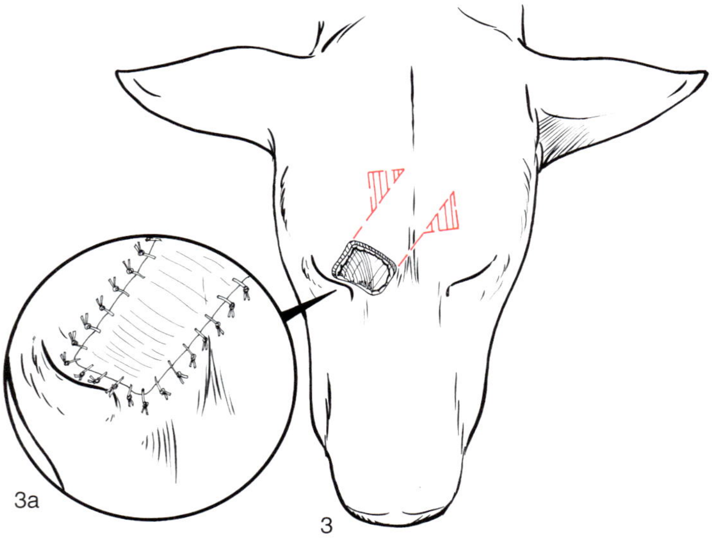

3a

3

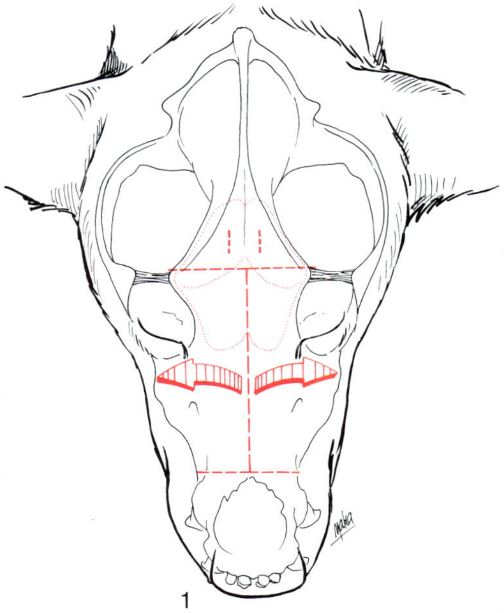

1

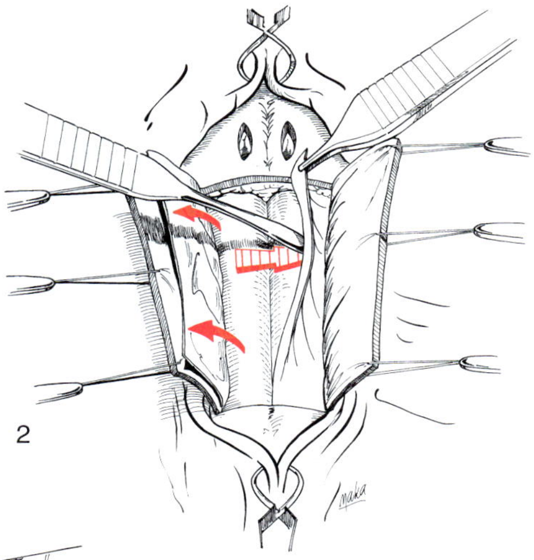

2

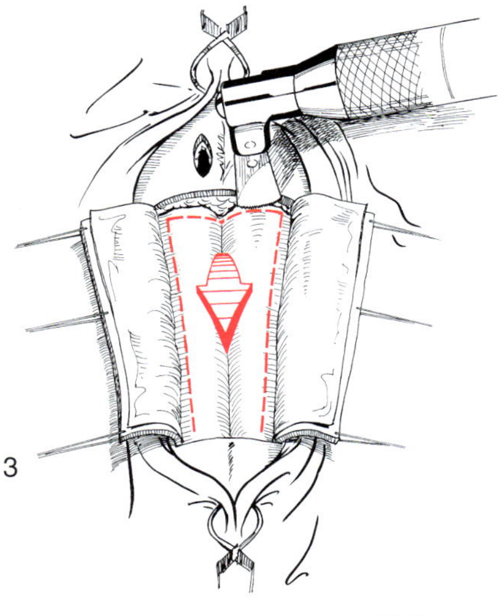

3

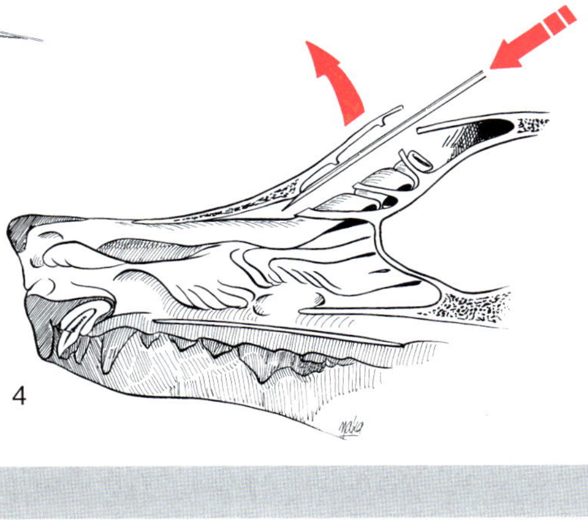

4

3.2.4 犬的鼻腔及副鼻窦背侧切开术

适应症

慢性、难以治愈的蓄脓症，异物，肿瘤。为了诊断和治疗真菌感染所进行的处置。

在单侧、双侧均可实施该手术。

体位

俯卧保定，抬高头、颈部。

术式

实施全身麻醉，气管插管。

进行连续点滴输液。

准备暂时性的气管切开术。

进行该手术时必须使用单极或者双极电刀。

将前额部以及鼻上部区域剪毛、消毒，覆盖创巾。

进行翼状皮肤切开的图示(图 1)。

- 尾侧横切开：在头骨两侧的颊骨突起上切开。
- 吻侧横切开：在第一前臼齿的水平线上切开。
- 正中线切开。

平行于创口尾侧旁正中线约 1.5 cm，设置两个切口。这两个切口是为了排出分泌物而置的引流管所用。

切开皮肤、皮下组织、筋膜以及骨膜。

将皮瓣分别作 3 处牵引缝合，向两侧翻开皮肤，用开创器固定。用骨膜剥离器剥离骨膜，也向两侧翻开(图 2)。

然后，在骨正中横向插入振动锯或者骨刀进行单向或双向横切开，再进行两侧纵向切开。断离 3 边做成骨瓣(图 3)。

注意

为了避免锯齿损伤窦腔，锯开时最好将锯齿稍微向吻侧倾斜。

用很薄的骨凿从尾侧向吻侧从切开的缝隙插入，从鼻中隔上撬开骨瓣(图 4)。

一边用低温乳酸林格尔液进行清洗，一边将前额窦、鼻腔、副鼻窦（背鼻甲骨、中鼻甲骨及腹侧鼻甲骨）的病变部位或者变性部位彻底切除。必要时，用锐利的骨匙、电动切骨器切除或用骨钳进行清除（图5）。这时，特别是在筛骨板部位必须进行迅速而确实的止血。

局部止血使用酸性纤维海绵或含有肾上腺素的止血纱布。也可实施部分血管结扎。作为预防措施，可在术前、术中注射止血剂。

于骨切除部位的尾侧，在先前实施皮肤切开（2处）的前额骨内侧，用电打孔器钻2个孔（图6、6a）。在该孔内插入能用于清洗的 Rredon 引流管（或者插入侧壁开口的灭菌导管），将管的先端通过鼻孔引出（图7）。此时，在该通路的背侧广泛存在着碍事的骨桥，必须用穿孔器将其贯通（图6）。然后，将插入的导管固定于头前部皮内。

作为另一种方法，在鼻窦内插入止血棉塞（将含有碘酊的纱布绷带，穿过鼻孔引出）后，还原骨瓣，将骨瓣用不锈钢丝（USP 0）或者 0–2–0 单股非可吸收性缝线固定（图8）。

对于骨膜，用 2–0~3–0 铬肠线或者合成可吸收性缝线，用单纯结节缝合法使之一体化。将皮肤切开创用 4–0 或 5–0 单股非可吸收性缝线缝合。

对于创口，用纱布卷轻轻压在创口上并固定（图9）。

术后护理

将患病动物置于笼内保持安静7天以上。安静可以减少术后出血的危险！

术后 3~4 天除去引流管和绷带卷。

鼻窦内插入的止血棉塞，在术后2天左右向外牵引使之缩短，约8天后完全除去。

术后 10~14 天拆线。

如患犬暴烈，可酌情使用镇静剂。

并发症

患犬需要长期的愈合时间，对此必须有心理准备。

除去止血棉塞后再发生出血时，应重新插入止血棉塞并注射止血剂。

有窒息危险时，立刻就地实施气管切开术！

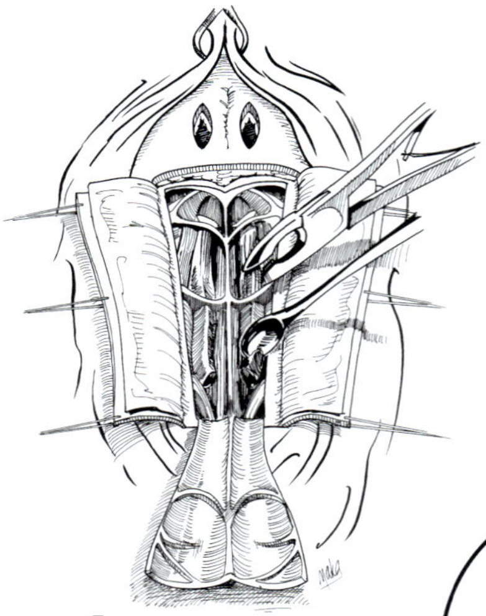

5

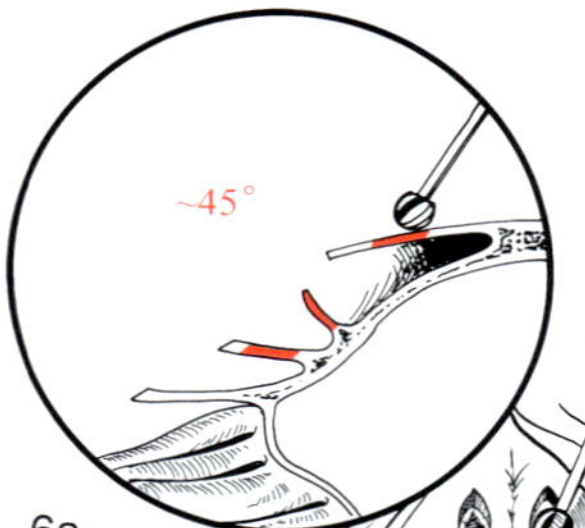

6a

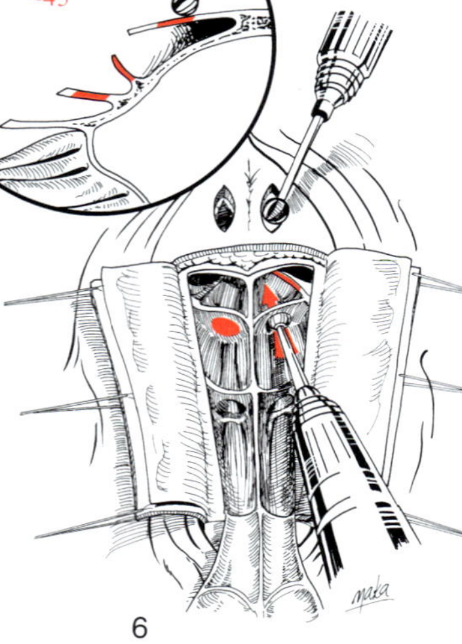

6

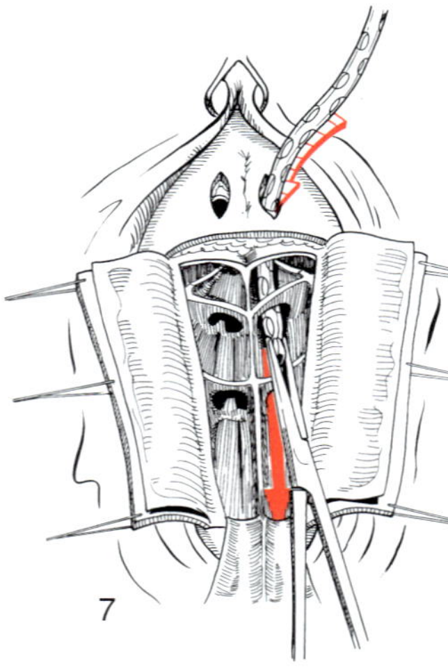

7

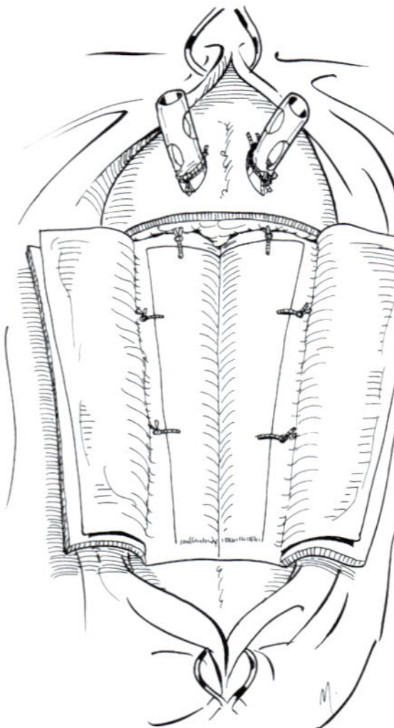

8

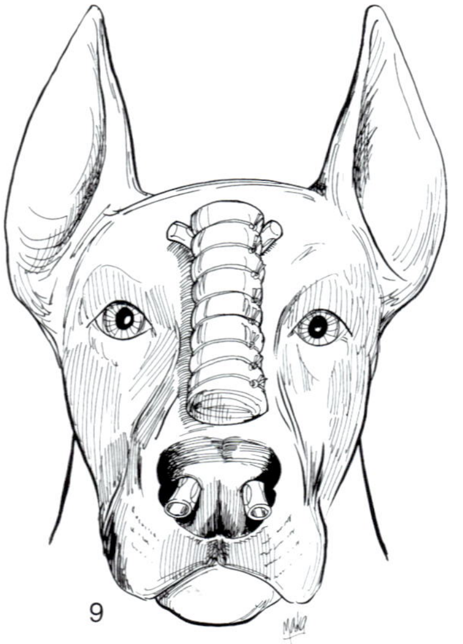

9

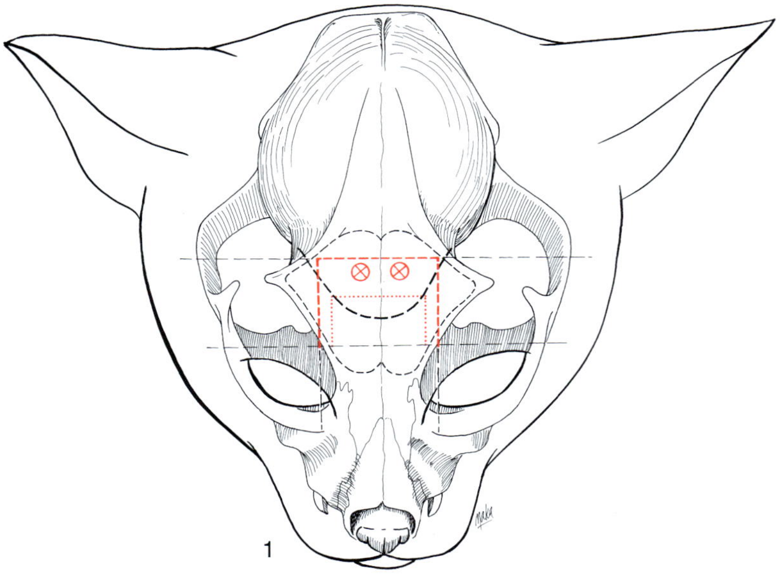
1

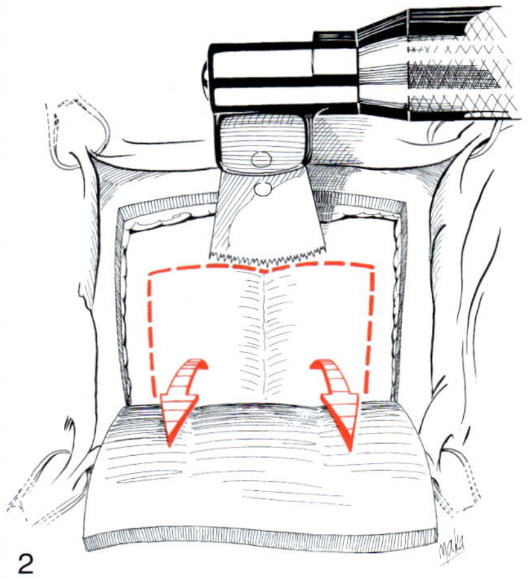
2

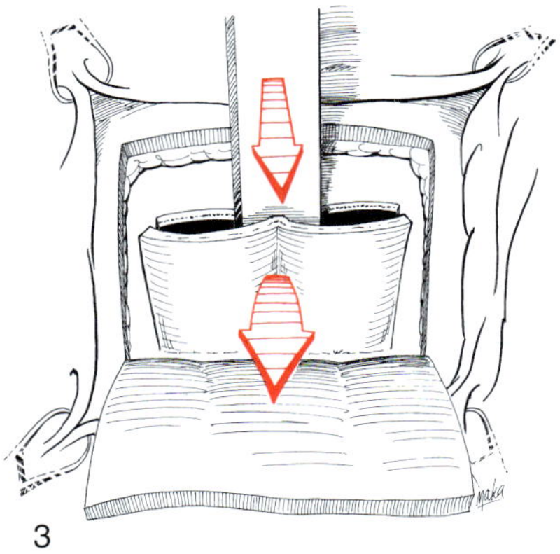
3

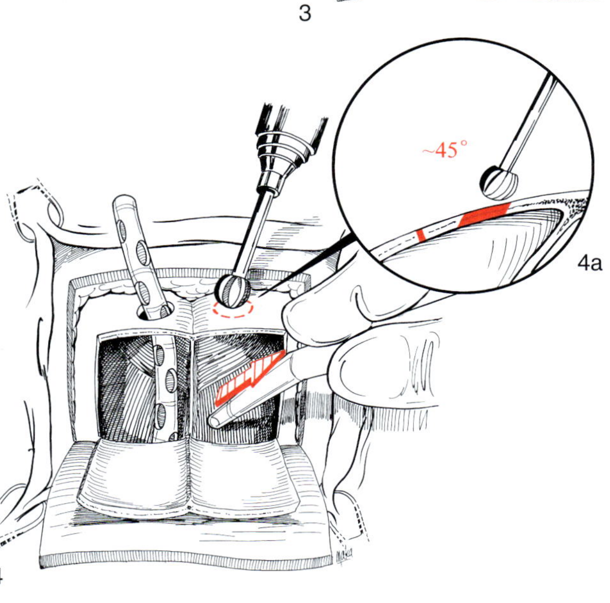

4a

4

3.2.5 对猫通过背侧手术通路实施鼻腔和副鼻窦切开术

适应症

慢性、难以治愈的副鼻窦和前额窦蓄脓症。对异物、肿瘤、真菌感染诊断、治疗上的处置。与犬的该手术不同，猫只能在两侧实施该手术。

体位

俯卧保定，抬高头、颈部。

术式

瓣状皮肤切开样式(图 1)。

- **横切开**——在距离颧骨一指左右距离的尾侧切开。
- 将左右两侧**向箭头方向切开 2 条线**直至眼窝线之前。

切开皮肤、皮下组织及骨膜，然后向吻侧掀开。

用振动锯实施 3 边切开，做成 2.5 cm×1.5 cm 大小的骨瓣(图 2)。

用极薄的骨凿从鼻中隔上撬起，掀向吻侧(图 3)。

一边用乳酸林格尔溶液清洗、抽吸，一边彻底除去前额窦、鼻腔及副鼻窦（背鼻甲、中鼻甲及腹鼻甲）的病变部位。必要时，也可用骨匙、单极电刀或骨钳子将筛骨板、鼻中隔切开、除去(图 4)。此时，必须实施迅速而确实的止血，尤其是筛骨区域。

局部止血可用酸性纤维海绵或者肾上腺素纱布，在部分区域也可配合血管结扎。作为预防措施，最好在术前、术中注射止血剂。

在骨切开部的尾侧，朝向前额窦的中部，用微穿孔器打 2 个孔(穿孔部位在切开皮肤部位和切除骨部位之间；图 4、4a)。之后，为了能够进行彻底冲洗，插入 Redon 引流管(或管壁带孔的灭菌导管)，通过外鼻孔引出。

还纳骨瓣回原位，用骨科不锈钢丝或单股非可吸收性缝线固定。将骨膜用3-0铬肠线,用单纯结节缝合法固定(图5)。

接下来将皮瓣用4-0或5-0单股非可吸收性缝线依次缝合(图6)。

术后护理

术后3~4天除去引流管。

术后10~14天拆线。

注射镇痛剂缓解疼痛!

并发症

术后恢复期长,对此必须有所准备。

当发生窒息危险时，立即实施气管切开术!

3.2.6 对猫实施鼻腔和前额窦清洗及引流术(窦腔冲洗)

适应症

慢性、难以治愈的副鼻窦炎。或进行组织检查、细菌学检查(分离、鉴定)和药敏试验时采样。

体位

俯卧保定，将头部用头保定垫支持并固定。

术式

实施全身麻醉,气管插管。

头部的打孔位置如下，头正中线旁开数毫米，两上眼眶突起连线和两眼球间连线,所形成的区域内1/2高度处(前额窦的范围,见图1红点线画出的部分)。

前额窦打孔的方法如下，切开皮肤和骨膜,用玫瑰花打孔器与水平面成45°角打孔(图2)。

在此处可采取检验材料。

在开口部插入冲洗用的引流导管,把导管缝合、固定在皮肤上(图3)。

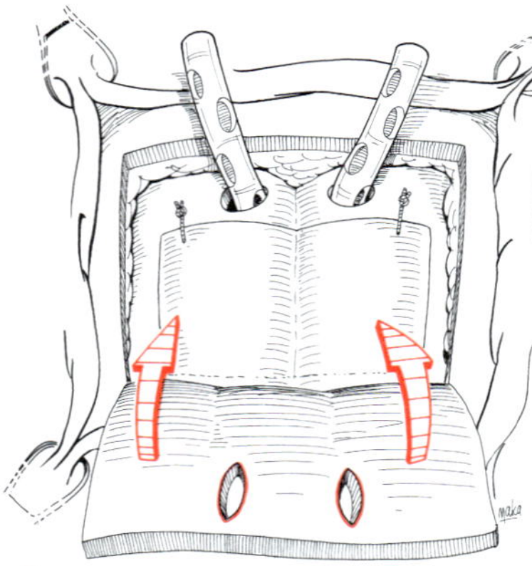

5

6

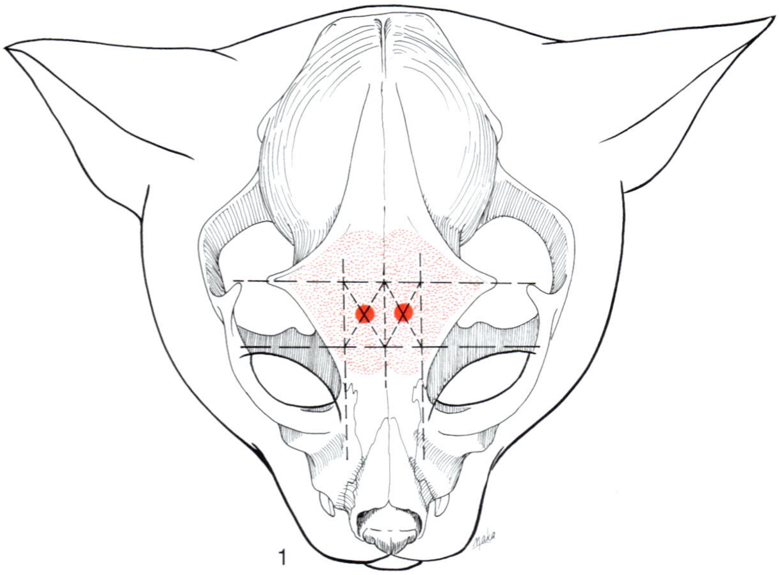

1

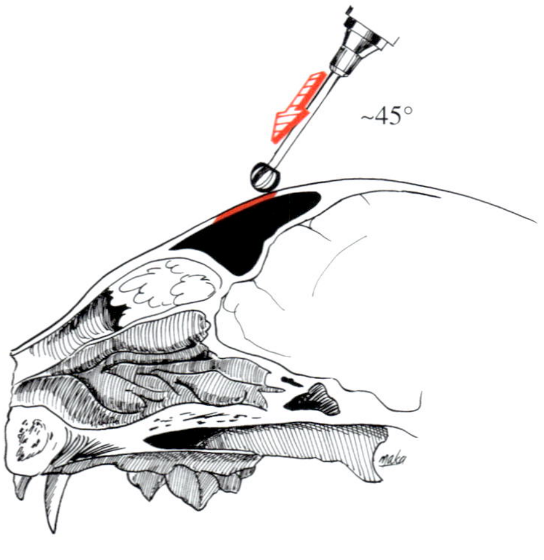

2

3

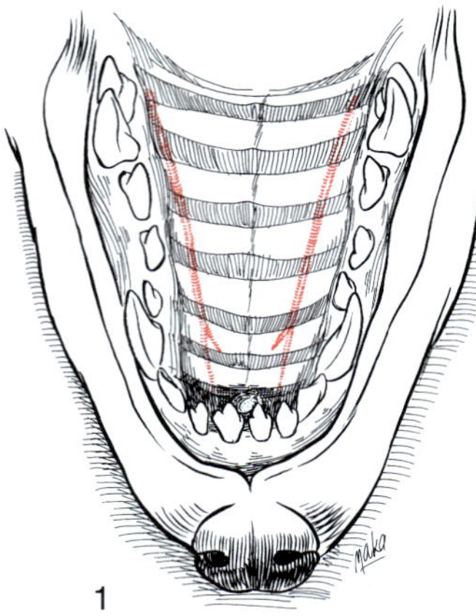
1

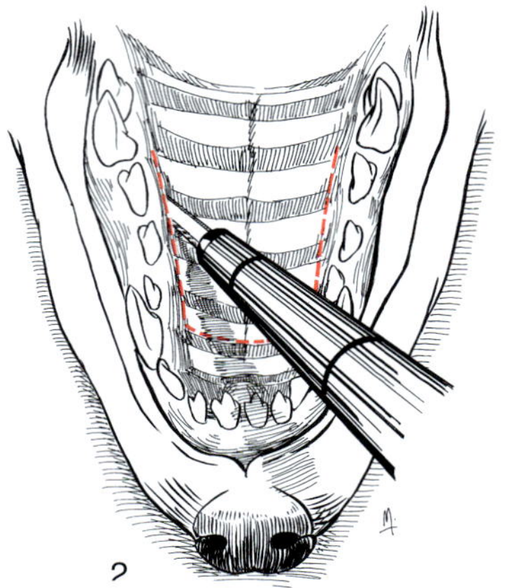
2

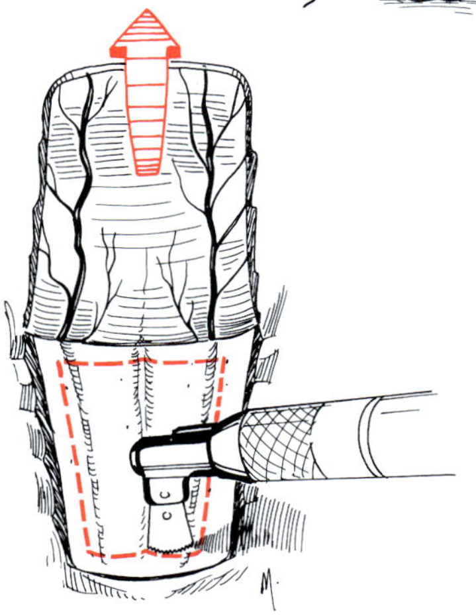
3

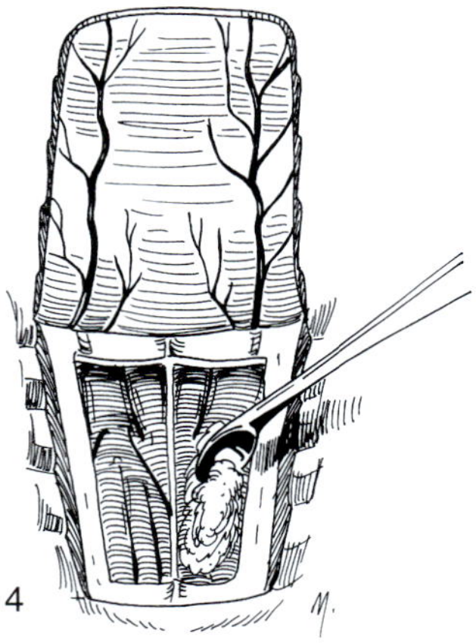
4

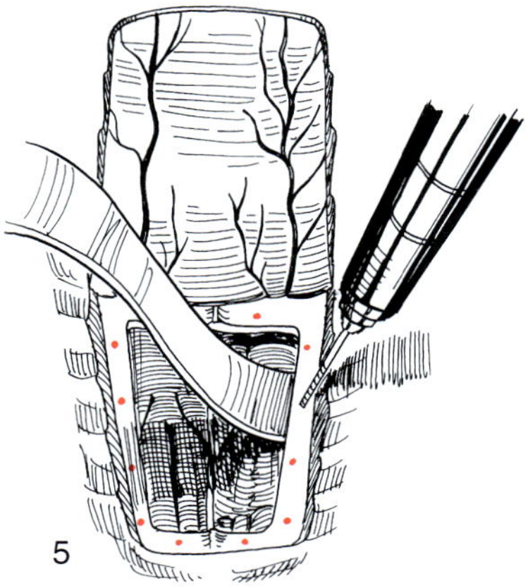
5

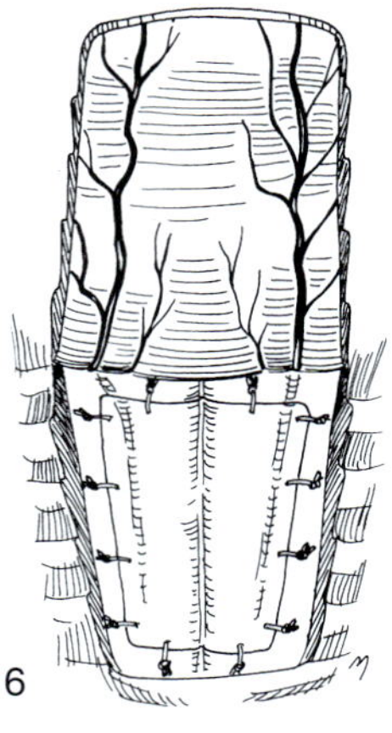
6

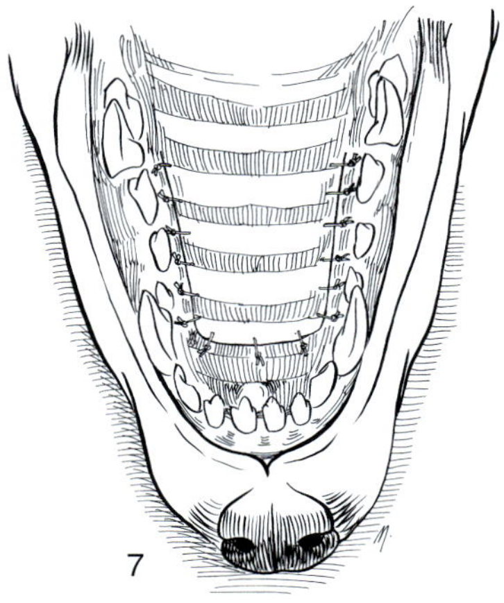
7

3.2.7 通向犬鼻腔及副鼻窦的腹侧手术通路

适应症

慢性、难以治愈的窦蓄脓症。对异物、肿瘤、真菌感染的诊断、治疗上的处置。

体位

俯卧保定。头、颈伸展并保定。

术式

连续实施静脉输液。

实施全身麻醉、气管插管。

图1所示为硬腭动脉的走行情况。用电刀沿硬腭和齿槽顶端的交接处切开黏膜、骨膜。为了保护硬腭，在分布于头部的血管神经束的头侧切开，这样可以避免损伤这些血管、神经(图2)。用骨膜剥离器在两端剥离骨膜，使之成为黏膜骨膜瓣并向尾侧方向翻转。出血时用结扎法或者用“浸有肾上腺素的棉棒”压迫止血。如果使用电凝血的方法止血会影响瓣膜再固定时的愈合，故最好不用。

用振动锯距创缘 0.5 cm 处切除骨瓣(图3)。切除骨瓣时，一边保护犁骨，一边用极薄的骨凿从鼻中隔上十分小心地撬起。鼻中隔的用途是，将骨瓣复原位时作为正中线上的支柱。

达到手术目的(图4。参照3.2.4)，插入止血棉塞后，一边保护软组织，一边在硬腭及骨瓣上穿数个小孔(图5)。将骨瓣复位，用2-0~0号骨科不锈钢丝或者单股非可吸收性缝线固定于原位(图6)。接下来将黏膜骨膜用4-0或5-0单股非可吸收性缝线进行单纯结节缝合(图7)。

术后护理

将患病动物置于笼内7天以上，保持安静状态，可以减少术后出血的危险！

将止血棉塞每2天稍稍拔出一点，缩短长度，约8天后完全去除。

术后10~14天拆线。

注射镇痛剂缓解疼痛！

并发症

术后恢复期长，对此必须有所准备。

当发生窒息危险时，立即实施气管切开术！

当去除止血棉塞后再发生出血时，应重新插入，并注射止血剂。

3.3 口腔外科及颌面外科

3.3.1 犬和猫的齿列

犬的齿式表

	I	C	P	M
上颌	3	1	3	3
下颌	3	1	3	4

猫的齿式表

	I	C	P	M
上颌	3	1	3	1
下颌	3	1	2	1

图 1、2 显示的是具有正常齿列的成犬、成猫的头盖骨。为了显示齿根数、形态、位置以及长度，以开放齿槽的方式进行显示。下颌体中提示了在内部下颌管走行的情况。下颌管收纳了营养下颌齿群的下颌骨神经以及与其伴行的血管，并与下颌孔相通。在进行下颌的外科手术时，必须将下颌管和齿槽双方都予以保护。

所有的牙齿外部都有珐琅质，由齿冠、齿颈和齿根 3 部分组成。

图 3 中用红点线画出各类牙齿（切齿、犬齿、2 根齿和 3 根齿）齿髓腔的范围和伸长方向。

在每个齿槽中（牙齿支持组织、牙周组织）固定牙齿的方式有，齿根在下颌内以钉植的方式植入下颌骨内，以及从颌骨长出的骨纤维，如具有弹性的绳索一样网络成悬吊网，将牙齿牢牢地固定于齿根的牙骨质上（图 4、4a：2 根齿的纵向断面图）。轮转韧带以强化的结缔组织形式紧密连接于齿龈的齿冠部位。

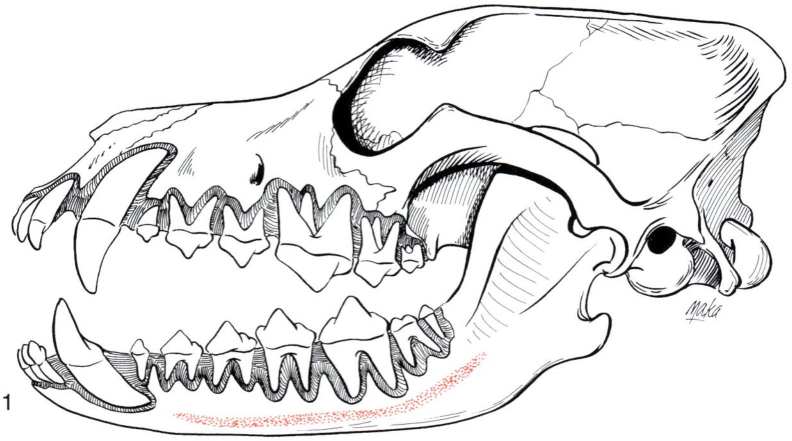

1

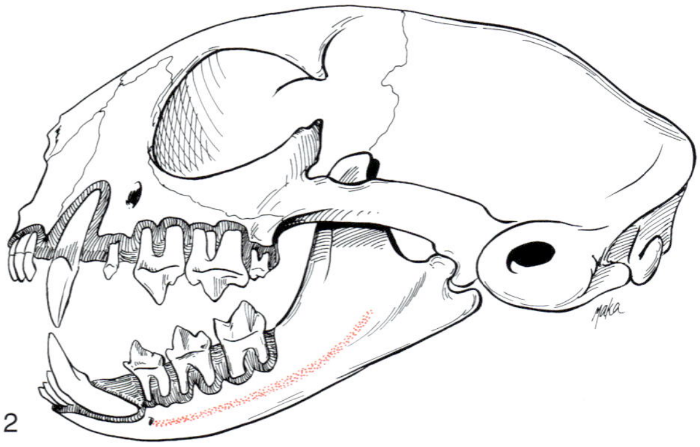

2

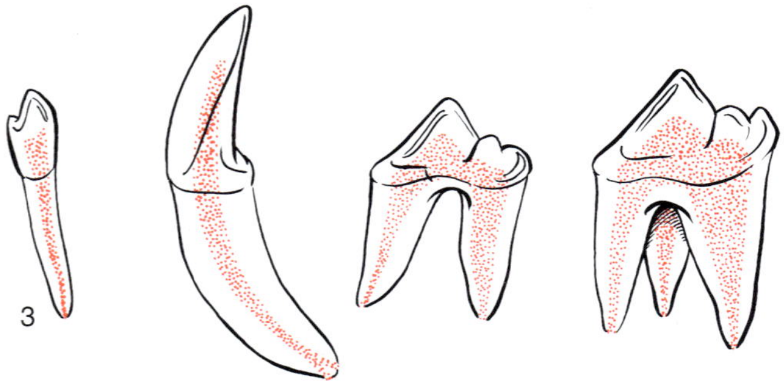

3

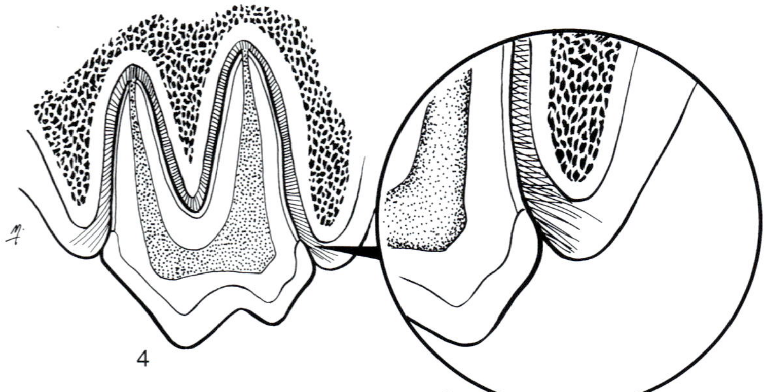

4

4a

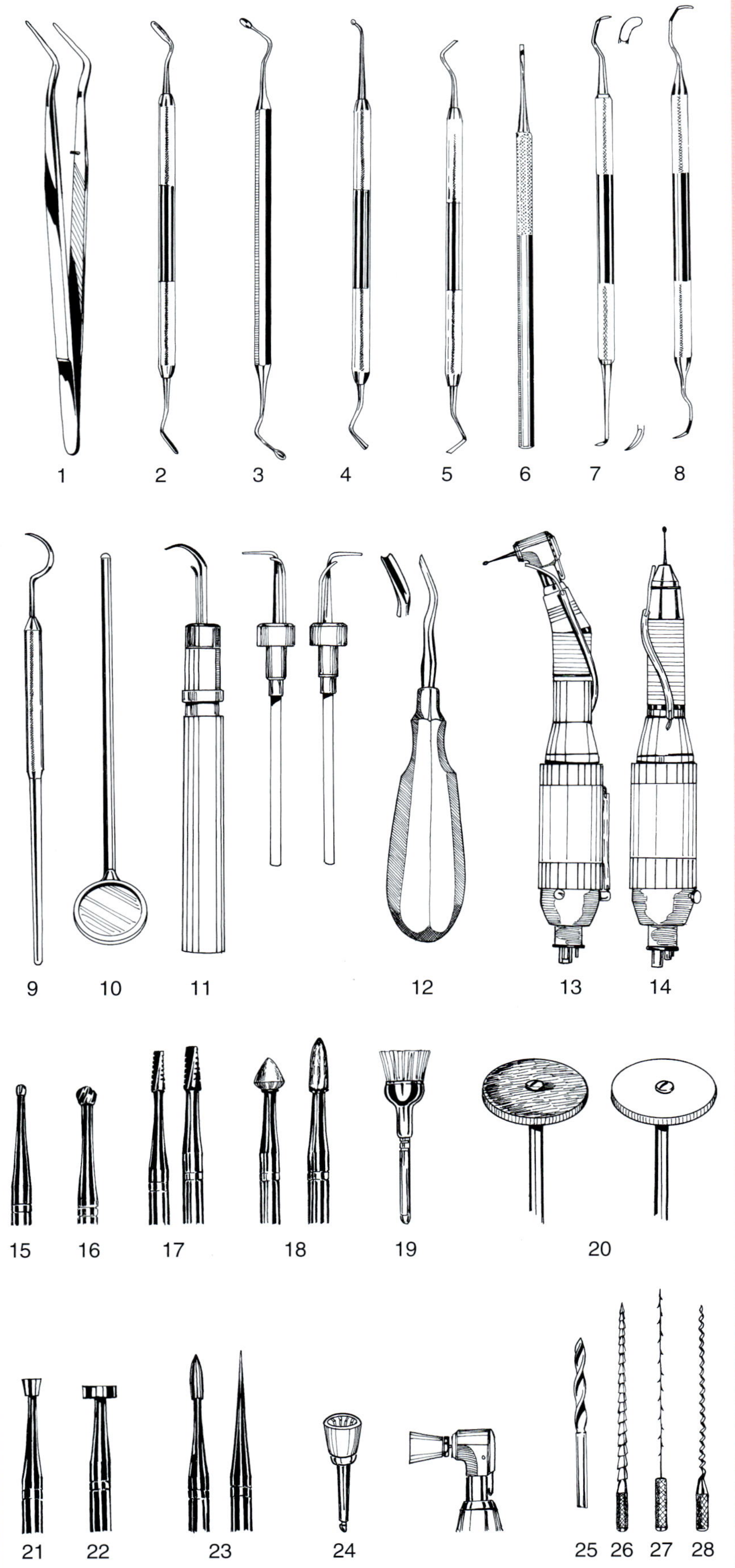

3.3.2 齿科器具一览

1.隅角镊子
2.海德曼压舌子
3.弯匙形齿挖掘器
4.汞膏输送器以及球头填充器
5、6.凿形齿石去除器
7、8.钩形齿石去除器
9.单头探子
10.口镜
11.超声波冲洗器
12.弯挺
13.直牙钻
14.弯牙钻
15.梨形万能穿孔器
16.蕾状杆
17.带侧孔的裂沟状杆
18.钻石打磨器
19.研磨器
20.分离轮锯
21.倒圆锥形穿孔器
22.轮状杆
23.针状穿孔器
24.研磨材料输送器
25.根管穿孔器
26.扩大根管螺旋杆
27.取髓针
28.齿根填充器

3.3.3 机械去除齿垢、齿石

适应症

形成齿垢、齿石并由此引起齿龈炎。

体位

左侧卧或右侧卧保定，支撑头部并固定。使用开口器。

术式

实施镇静或全身麻醉并进行气管插管。

对于堆积形成的较高的齿石，先用直形或镰形的冲洗器或齿钩进行大致清除。此时，用冲洗器从齿龈边缘向齿冠方向操作（图 1）（以免伤及齿龈——译者注）。

接下来，再用超声波冲洗器进行精细清除（图 2）。这时将圆头的冲洗器对着牙齿表面保持 45°角进行操作。冲洗器在接触牙表面时应经常保持移动状态。如果不这样操作，由于温度升高，即使有水继续持续冷却，也可能损伤牙齿的珐琅质。

用器具清除齿石后，在牙齿表明形成了粗糙不平的状态，可用牙科砂轮或钻石打磨器（图 3）以及用橡胶制作的磨光器（图 4）进行打磨。如不进行该操作，短期内在该部位可能再次发生齿石。

术后护理

注射抗生素（螺旋霉素）。

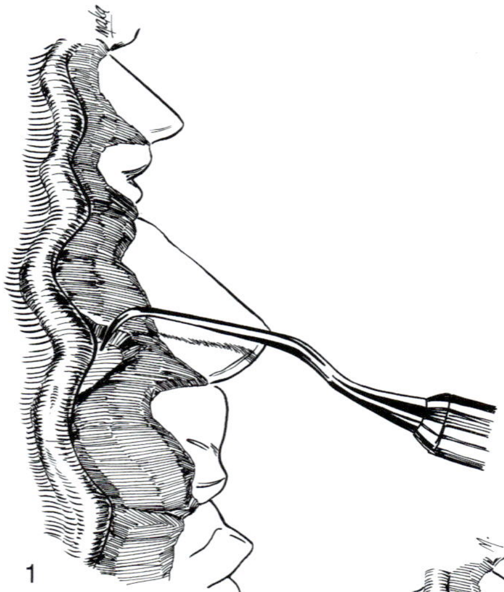
1

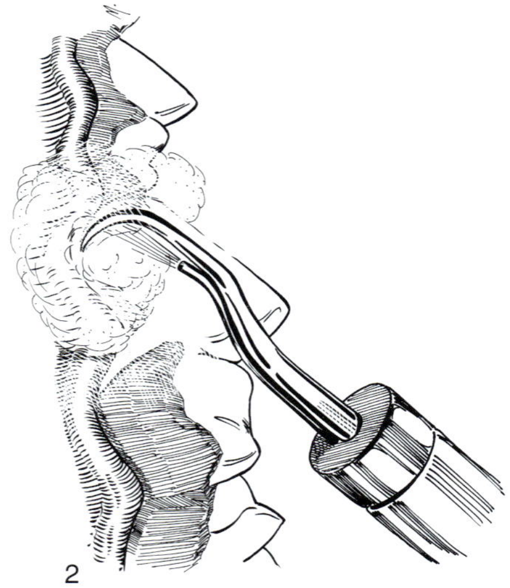
2

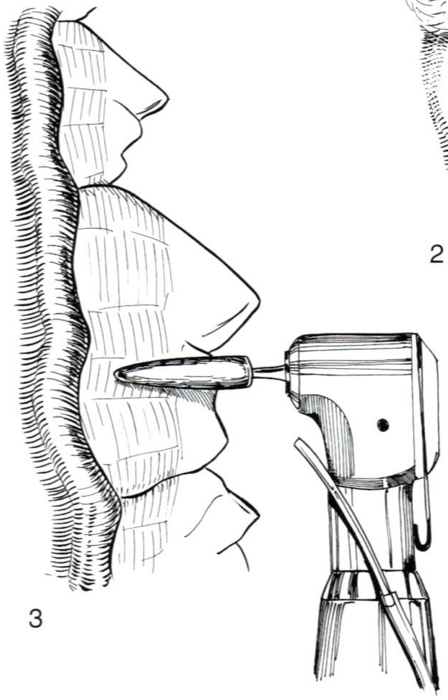
3

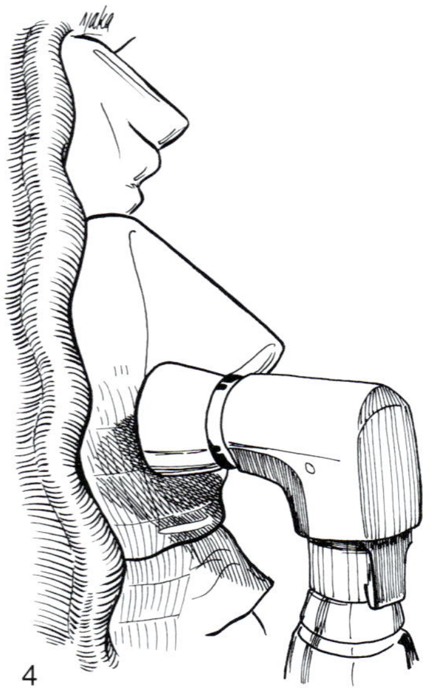
4

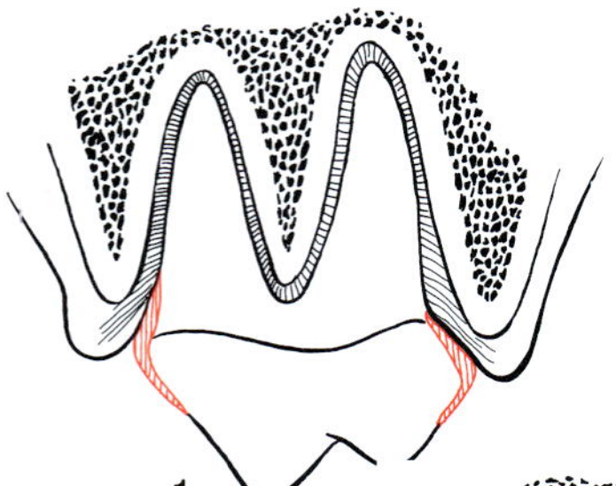

1

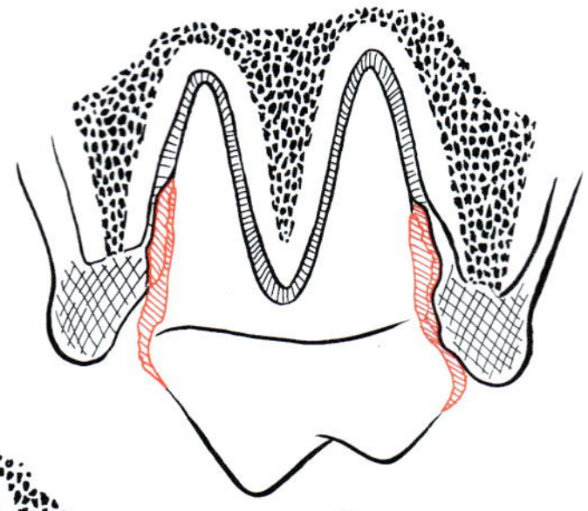

2

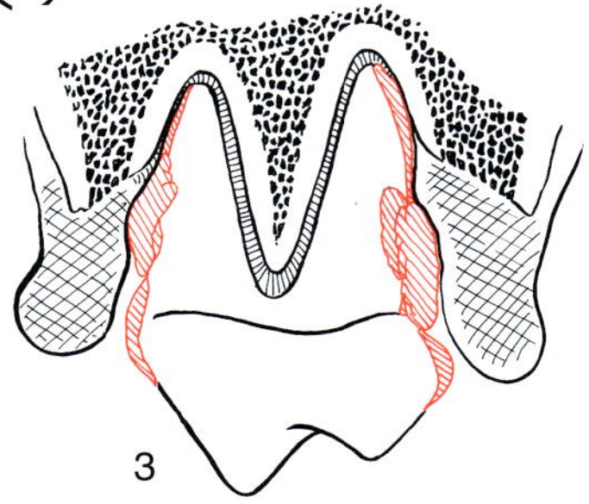

3

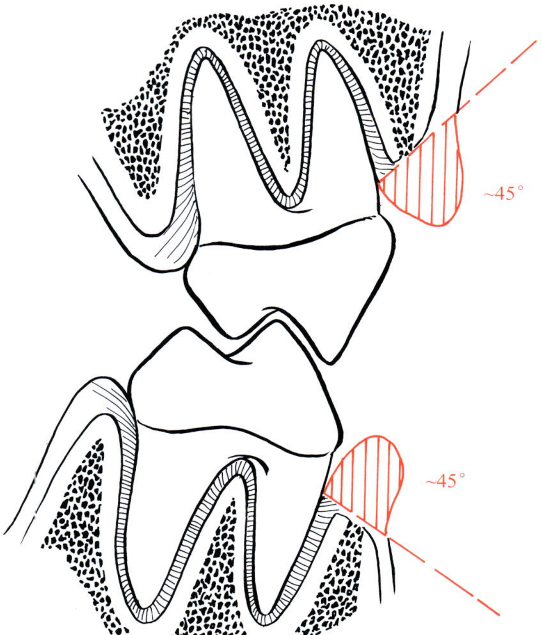

4

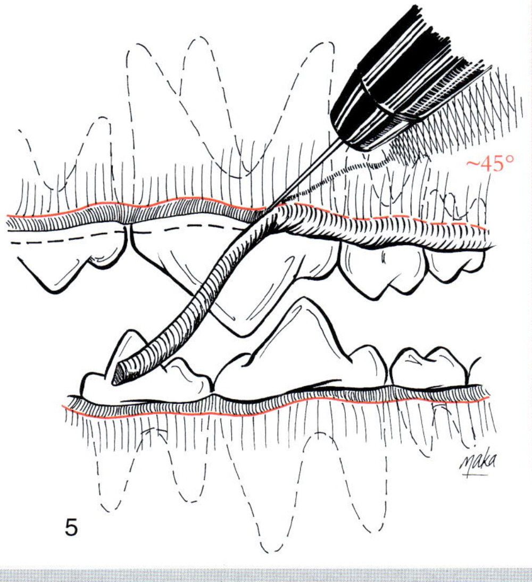

5

3.3.4 齿龈切除术以及齿龈成形术

适应症

齿龈囊(齿龈兜),齿龈增大,齿龈瘤,齿龈下齿石。

为了明确该手术的意义，图 1~3 显示了齿龈囊的发生状态。

图 1 显示的即所谓的“装饰面”(牙齿表面的真菌性、细菌性薄膜)。这些细菌、真菌产生毒素,损伤齿龈或者牙周(牙周炎)。由于溶酶体（细胞溶酶体）发生的分解过程,破坏齿龈的固定作用。其结果导致牙齿松动和形成齿龈囊。在数毫米深的囊中,不能很好地发挥口腔的自净作用，唾液中的盐分及离子沉着囊中，导致齿龈下形成齿石或者伤及骨头(图 2、3)。

体位

侧卧保定,固定头部。

术式

使用开口器,气管插管。

该手术的目的原则上是恢复口腔的物理性自净作用。为了恢复有效的自净作用(舌的运动,唾液的流出),首先,必须除去能见到的齿石。然后切除齿龈囊。用带有毫米刻度的牙科探针探查、确定囊的深度,以此来确定是否进行齿龈切除术或齿龈成形术。这两种手术,只是在切除齿龈结节状肿胀和改变的角度(45°以上)过程中的程度有所不同(图 4)。

为了在切开面止血以及最终修整牙齿,最好使用单极电刀切除齿龈囊。

术后护理

注射抗生素(螺旋霉素)。

3.3.5 齿龈瓣手术

适应症

形成深的齿龈囊兜。骨囊兜。“装饰膜”。齿石和犬齿松动。

体位

俯卧保定，抬高并固定颈部。

术式

实施全身麻醉，进行气管插管。使用开口器。

先进行齿龈切除术(图 1)。此时，清除隆起状的齿龈肿大部(参照 3.3.4)。

将两侧犬齿的齿龈，沿齿根切开至骨膜，将齿龈钝性剥离成瓣状，连同骨膜一起做成齿龈瓣并翻转(图 2)。

去除“装饰膜”和齿石后，将呈开放状态的齿根部表明磨平(图 3，必要时修整隆起状的齿槽缘)。彻底清除坏死组织。

接下来复位齿龈瓣，在牙齿周围实施锁扣缝合固定(图 4)。

进行该缝合时，在齿龈的唇侧和齿侧贯通齿龈进行缝合(图 5)。

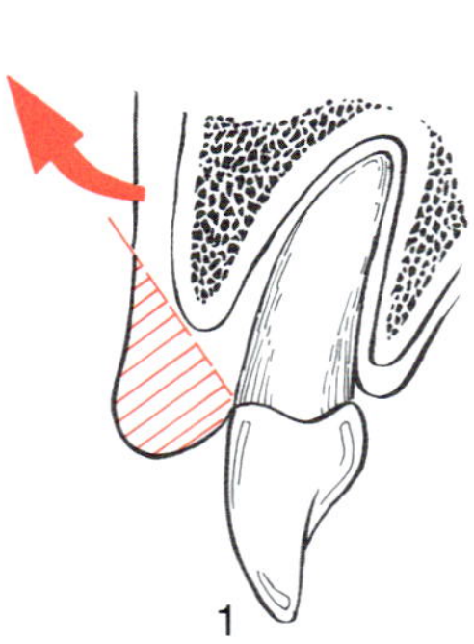
1

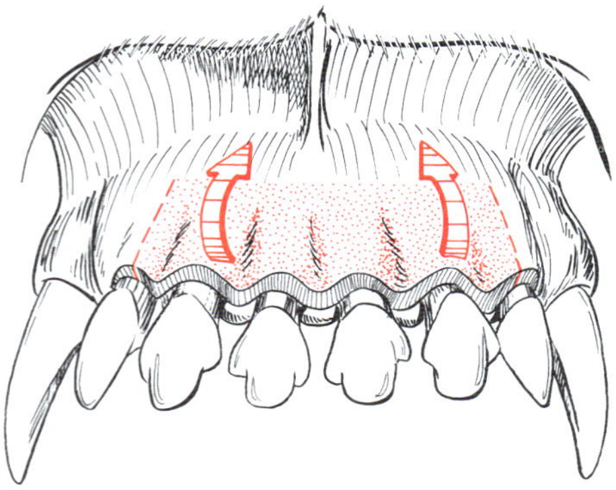
2

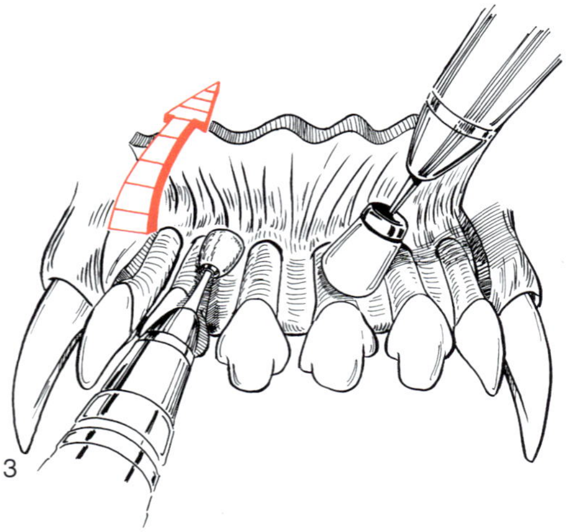
3

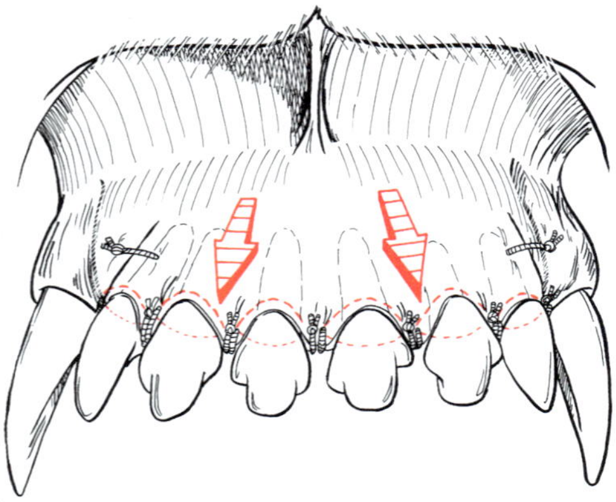
4

5

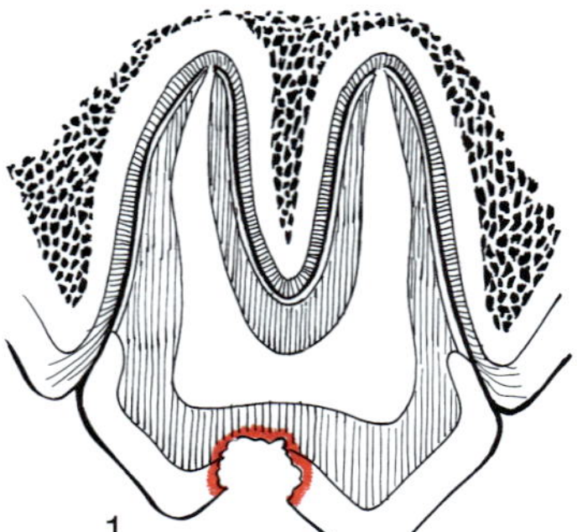
1

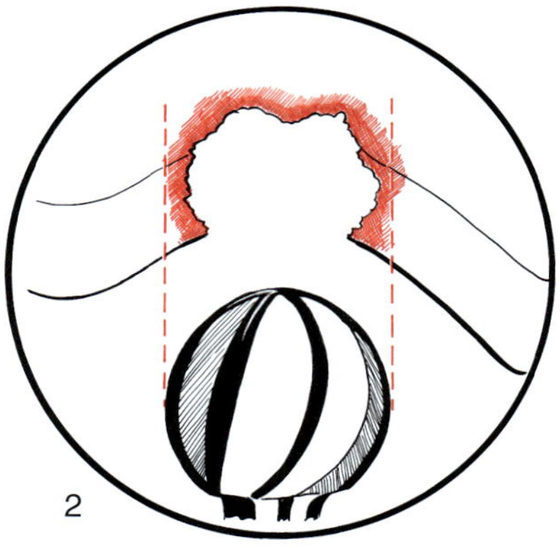
2

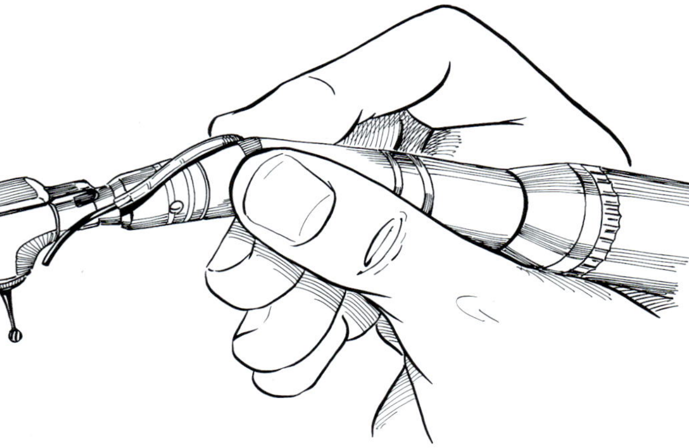
3

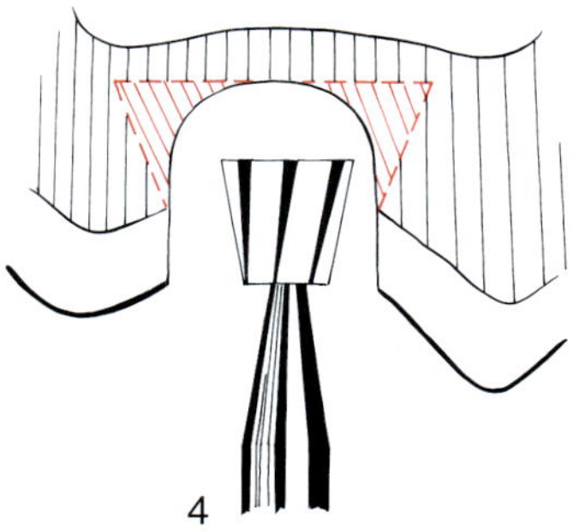
4

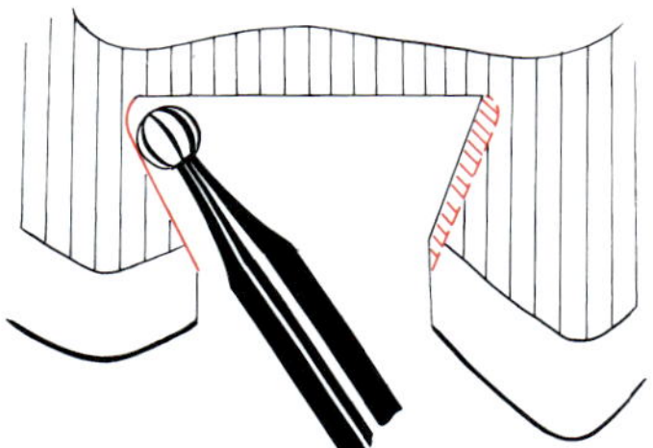
5

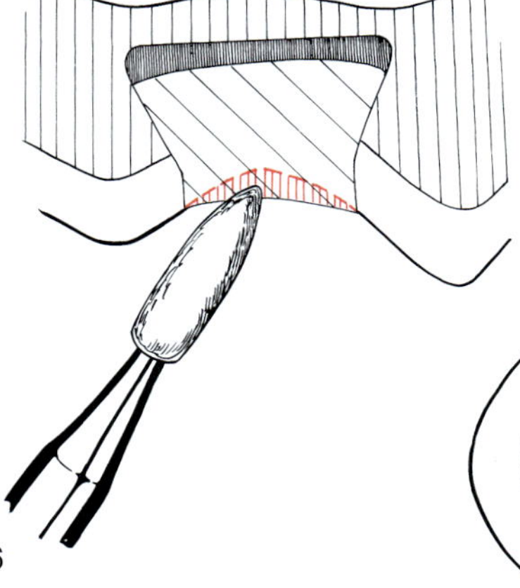
6

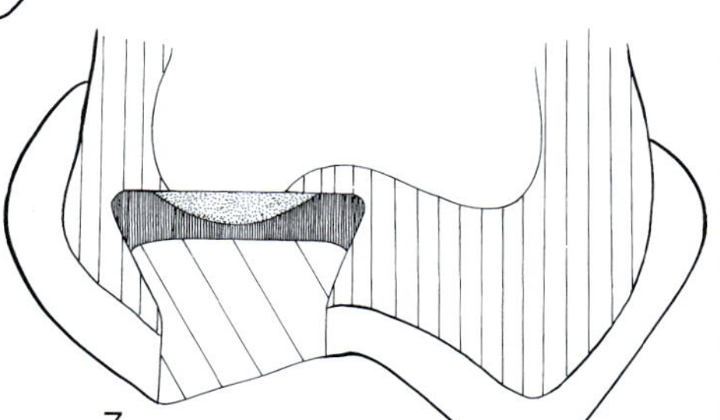
7

3.3.6 保守的齿科处置

3.3.6.1 齿冠部的填补

适应症

由于龋齿造成的疼痛，牙釉质缺损。

体位

将患病动物保定于能够进行患侧牙齿治疗、处置的侧卧位。

辅助保定头部。

去除齿窝洞

术式

实施全身麻醉，进行气管插管。使用开口器。

在口腔内插入吸引器。

仔细清除齿石，清洗、消毒牙齿表面。对于腐蚀病灶(图 1)的处置方法是，使用适合病灶大小的玫瑰花穿孔器(图 2)扩大病灶的孔穴部位。

注意

由于穿孔时产生高温，不可在一处穿孔时间过长，应使穿孔器呈圆形或弓形移动，并且应该一边稍稍施加压力，一边移动穿孔器(图 3，穿孔器的持握方法)。

将齿窝洞用圆形穿孔器扩大成倒圆锥形(图 4)。齿窝洞的直径最少应达到 3 mm，必须将底部的锐边锐角用梨形穿孔器打磨光滑(图 5)。

必须将变性的组织全部清除干净。

为了防止再次形成龋齿，用洞窝形成穿孔器在咬合面的沟槽处，包括填充部分在内进一步向下挖掘。

用匙状穿孔器轻柔地检查变性的象牙质，主要检查齿窝洞的段层和凹陷情况。

用酒精进行消毒并用送风器吹干。

间接装齿冠(在不开放齿髓腔的情况下)

术式

为了阻断温热以及压力，在柔软状态下填充快速硬化的内贴式黏合剂或内衬式黏合剂。黏合剂凝结硬化后，将齿窝洞用汞膏或不含汞的合成物质填充。将干燥的汞膏少量多次地用球头填充器压实填充。打磨掉超出牙齿轮廓的部分，对于齿髓腔填充物也要进行打磨(图 6)。

直接装齿冠(在开放齿髓腔的情况下)

术式

对于开放的齿髓腔，用棉花蘸上少许充填剂涂上一层来保护齿髓(图 7)。其他的操作参照间接装齿冠的做法进行。

3.3.6.2 齿髓截断术

适应症

伴有齿髓感染或齿髓坏死的陈旧性牙齿折断(图 1)。

体位

将患病动物保定于能够顺利打开手术通路,进行患齿处置的侧卧位。确实保定头部。

术式

使用罗森穿孔器在象牙质上尽量大口径打孔，以便通过该孔尽可能大范围地暴露齿髓组织(图 2),用消毒剂清洗齿窝洞。把残留的齿髓用棉球涂抹上凝固膏，对齿髓洞依照直接装冠法实施封闭(图 3)。

术后护理

如果怀疑发生齿根尖端肉芽肿或齿漏,可在数周后进行 X 线检查来确诊。

并发症

当发生齿根尖端肉芽肿或齿漏时,可实施齿根前端切断术或拔牙术。

3.3.6.3 齿髓摘除术

适应症

伴有广泛的感染和无治愈可能的齿髓污染的牙齿折断(图 1、2)。

体位

将患病动物保定于能够顺利进行处置患齿的侧卧位。必须确实保定头部。

术式

在上颌内的犬齿肌上打辅助孔和辅助管,以便通过该孔道到达齿髓(图 3)。经由该孔道插入神经针，慢慢转动神经针卷出齿髓(图 4)。清洗消毒后,将齿根管用次氯酸液清除污染，再用 3%的过氧化氢中和。用吹风和纸卷的方法干燥根管后，用齿根锉刀扩大孔道，并且磨去干燥白色的象牙质,直至除去切削层,清除感染的象牙质层(图 5)。

再次进行消毒和干燥后，用齿根螺旋填充器将齿根充填剂慢慢捻转，一边用抽吸泵抽吸,一边进行充填(图 6)。为了充填确实,可在充填剂中插入杜仲胶钉。将该孔用汞膏或者不含汞的填充剂填充(图 7)。磨平珐琅质。

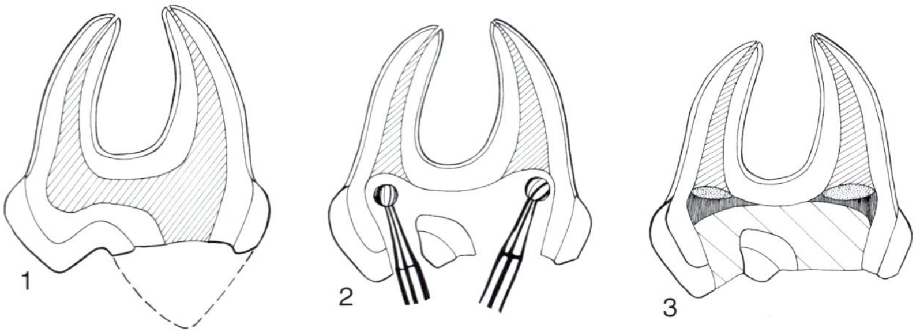

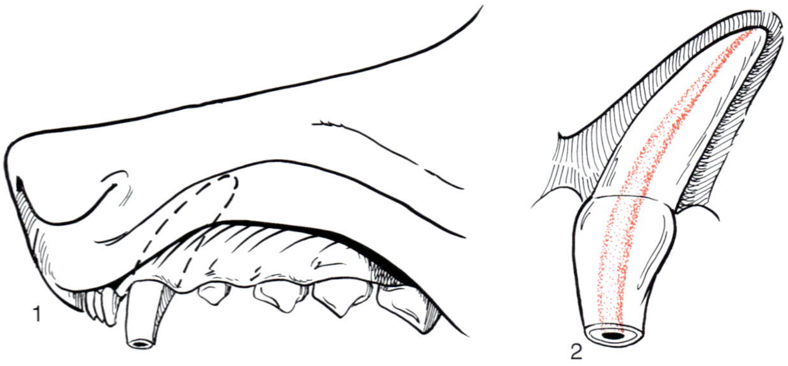

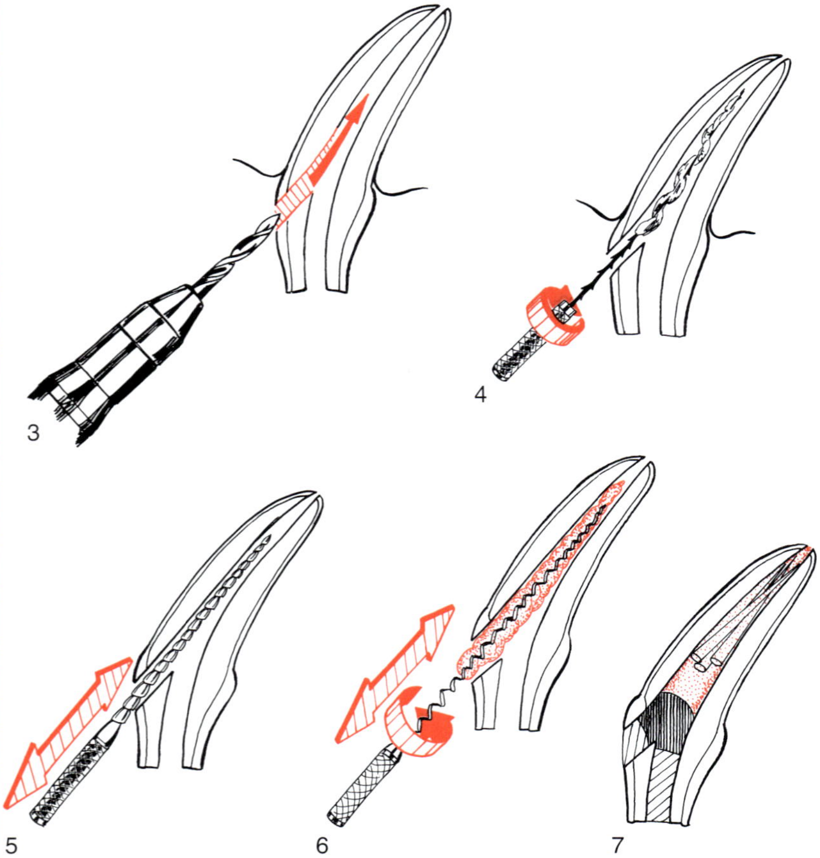

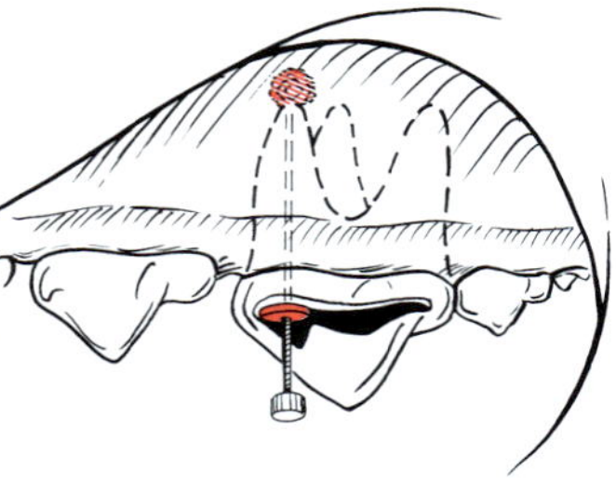
1

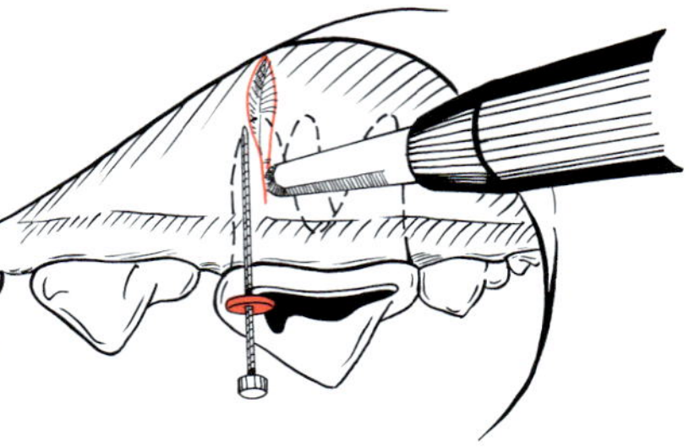
2

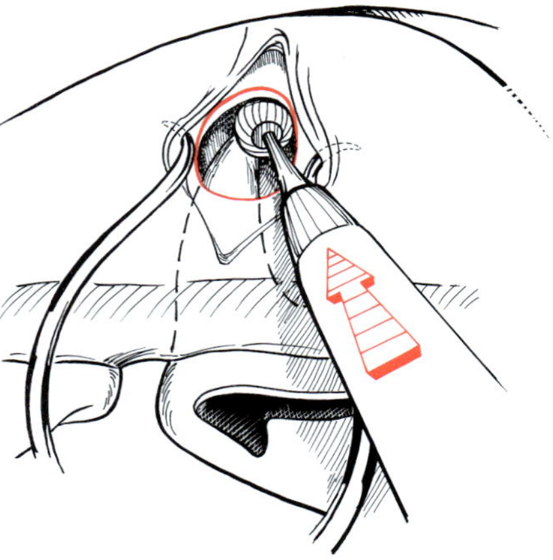
3

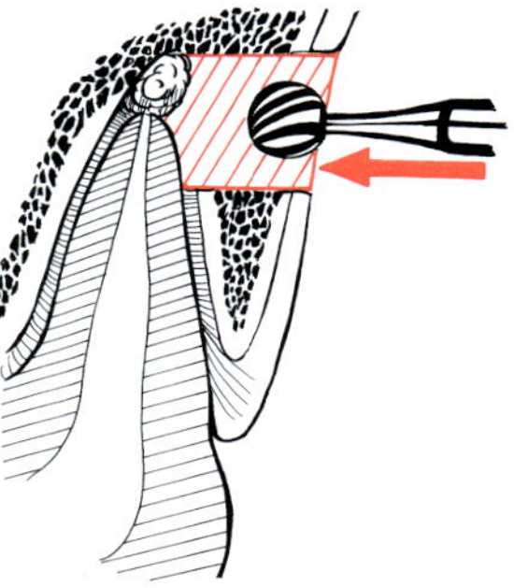
4

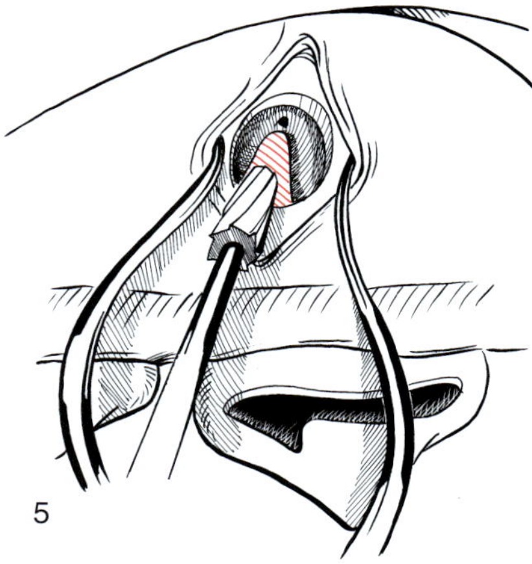
5

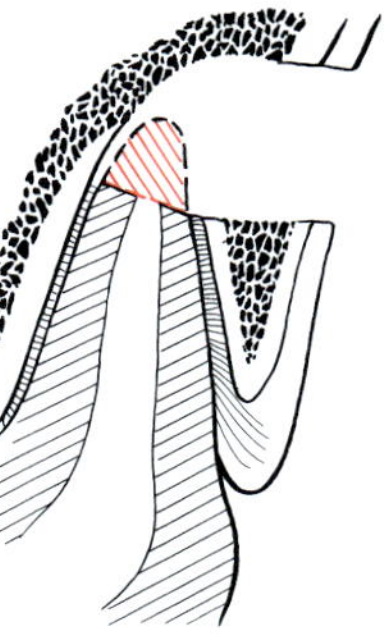
6

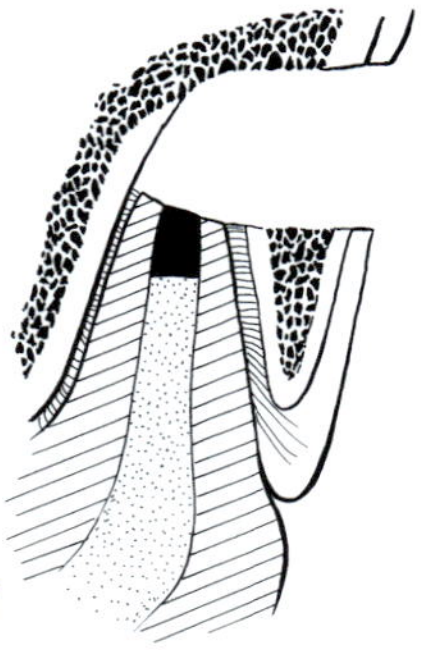
7

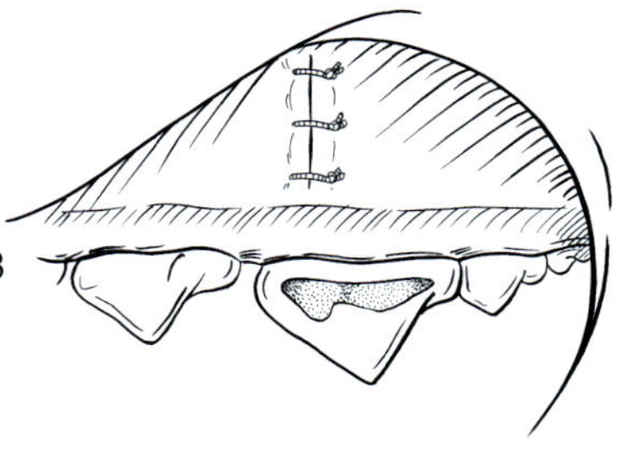
8

3.3.6.4 齿根前端切断术

适应症

齿根前端化脓性肉芽肿或者由此产生的齿漏。

体位

将患病动物保定于能够顺利打开手术通路，进行患齿处置的侧卧位。确实保定头部。

术式

首先钻开齿髓，除去齿髓（参考3.3.6.3）。

使用齿根管器具，确认该齿根的位置和深度(图1)。接下来，标记出齿根前端的位置。用手术刀平行于齿根切开齿龈和骨膜(图2)。

切断骨质的齿槽壁，用根管锯或牙钻钻出圆孔(图3、4)。

这时，将能看见的齿根用窝洞形成穿孔器或者牙钻斜向切断(图5、6)。

用这些操作在切断的齿根管和入口处扩大切开的孔道，消毒干燥后，用汞膏或者不含有汞的合成物质实施充填（参照3.3.6.3）(图7)。

使用强度4–0PDS(合成可吸收性缝线)，用单纯结节缝合法闭合黏膜创口(图8)。

3.3.7 犬和猫的拔牙术

3.3.7.1 拔除残留的乳犬齿

适应症

特别是在小型犬，到了 7 月龄可见到过多的犬齿(图 1)。

作为永久齿的犬齿，大致存在于上颌的舌侧和吻侧;下颌的一般只存在于舌侧。

通常犬齿十分尖锐,弯曲度也很大,比永久齿要尖锐得多。

体位

将患病动物保定于能够顺利打开手术通路,进行患齿处置的侧卧位。确实保定头部。

术式

通常,拔除如犬齿不必切开齿龈,可以用牙科梃子将齿根部从齿槽骨中分离开来，松动犬齿后用拔牙钳子小心地拔除(图 3)。

当偶尔出现犬齿和颌齿槽骨紧密接合时,可用骨凿和锤子打开吻侧的齿槽壁,此时可以很容易地拔除露出的齿根。

并发症

当齿根折断时，必须除去大的齿根部分。残留的小部分不会发生反应而被吸收

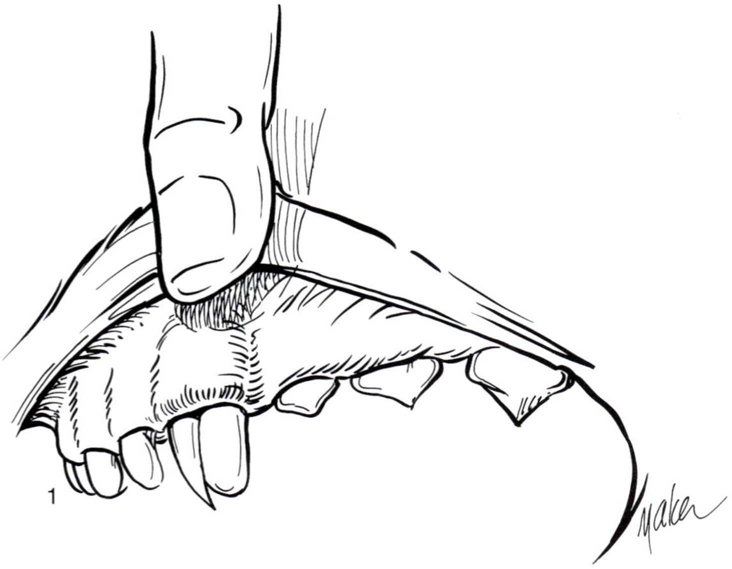

1

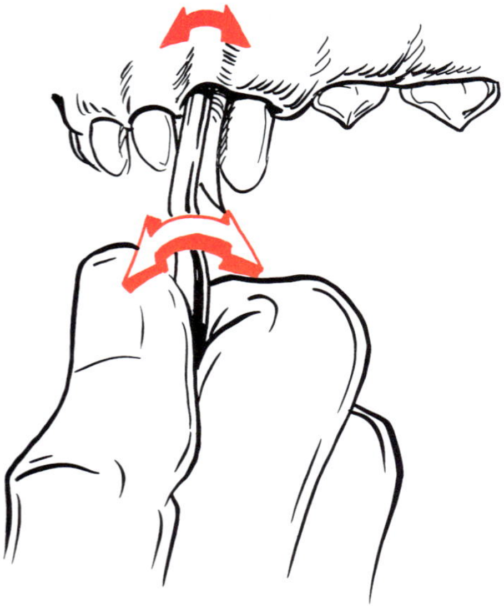

2

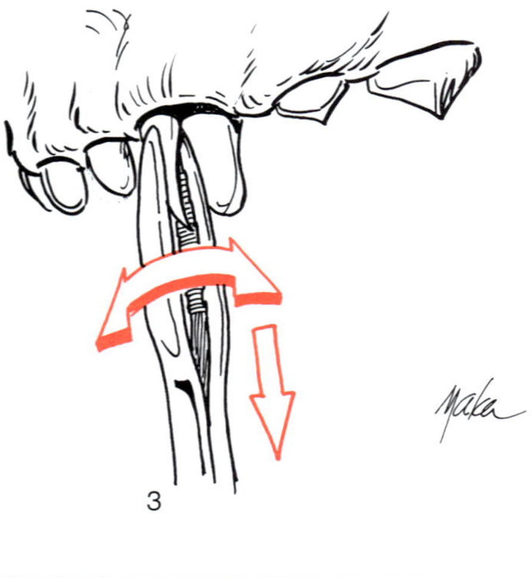

3

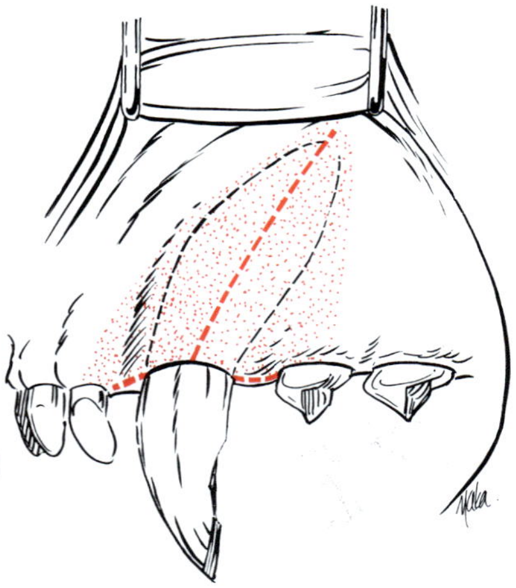

1

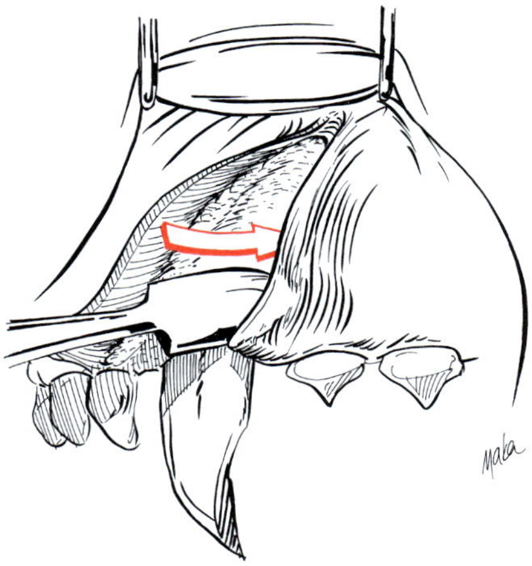

2

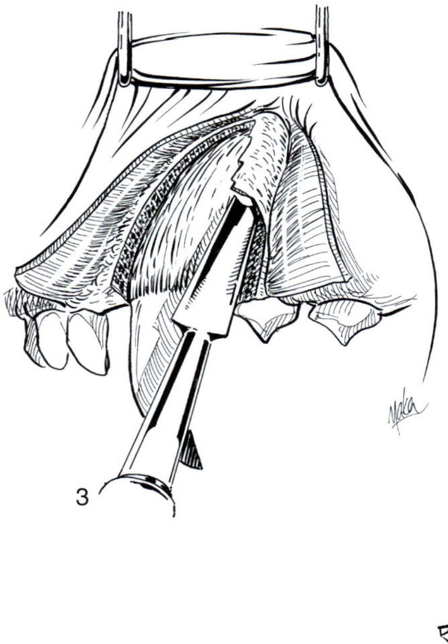

3

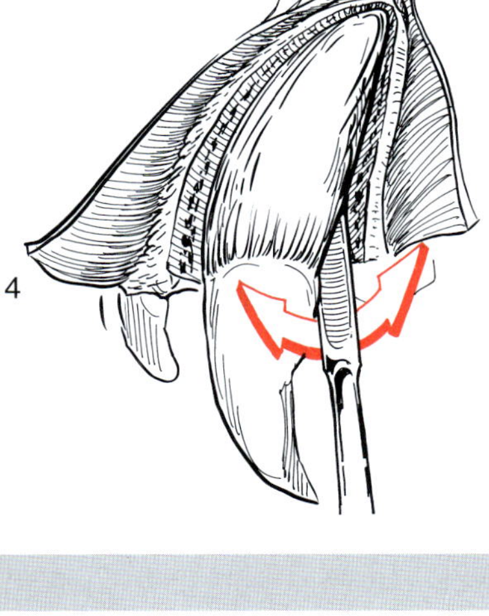

4

3.3.7.2 拔除永久犬齿

体位

将患病动物保定于能够顺利打开手术通路，进行患齿处置的侧卧位。必须确实保定头部。

术式

沿着齿根切开全部齿龈和骨膜（图1）。

用骨膜剥离器将齿龈从齿槽中剥离开来（图2）。

接下来用圆骨凿和锤子或者用穿孔器装上圆盘锯头切除齿槽壁的外侧（图3）。

用齿根梃子将部分露出的齿根的舌侧从齿槽骨上分离下来并使其松动，拔除犬齿（图4）。

使用强度4–0的PDS，用单纯结节缝合法闭合齿龈创口。

注意

对于牙周病致使齿根松动的犬齿，通常不用分割齿槽便可以用拔牙钳子拔除。

3.3.7.3 拔除多根齿

适应症

几乎不可能实施保守疗法或者动物主人不希望进行保守疗法的牙周病或者牙的损伤。

体位

将患病动物保定于能够顺利打开手术通路，进行患齿处置的侧卧位。保定头部。

术式

用牙科梃子，将由于牙周病而松动的齿根部的周围充分剥离开，然后用拔牙钳子一边转动活动的齿根一边拔除牙齿（图1、2）。

对于齿根连接牢固的多根齿，为了防止齿根的破碎断裂，用牙科轮锯或者钻石轮锯实施分割。然后将每个齿根作为单根齿进行拔除。

齿的分割图(图3)。

沿着齿龈缘，切开黏膜的颊侧面(图4)，然后用骨膜剥离器抬向腹侧并翻转(图5)。

用圆骨凿在齿根一半高度处除去齿槽壁外侧(图6)。

（下接140页）

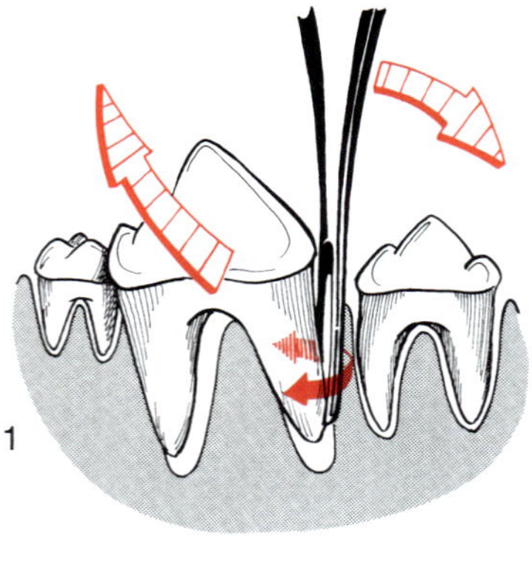
1

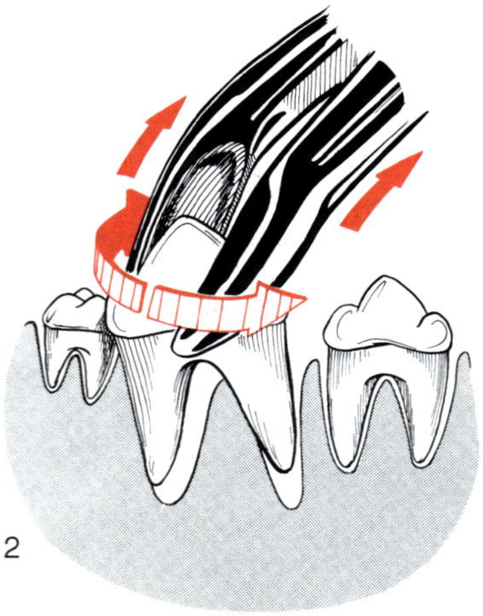
2

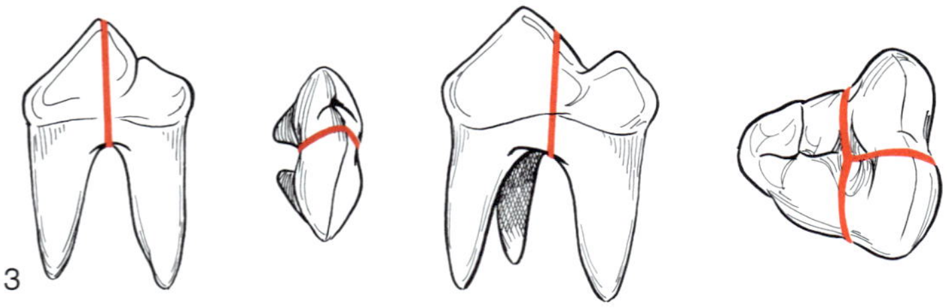
3

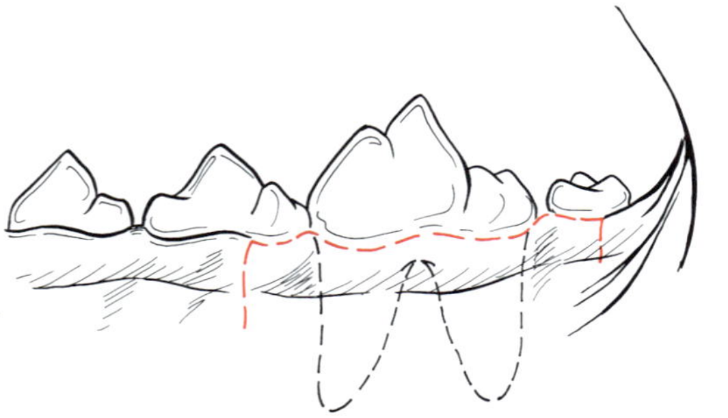
4

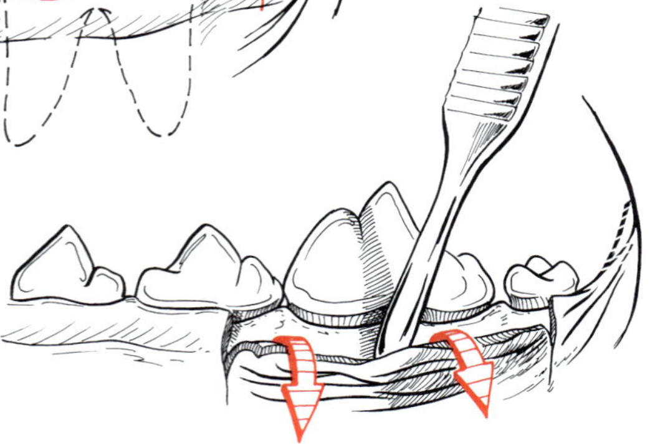
5

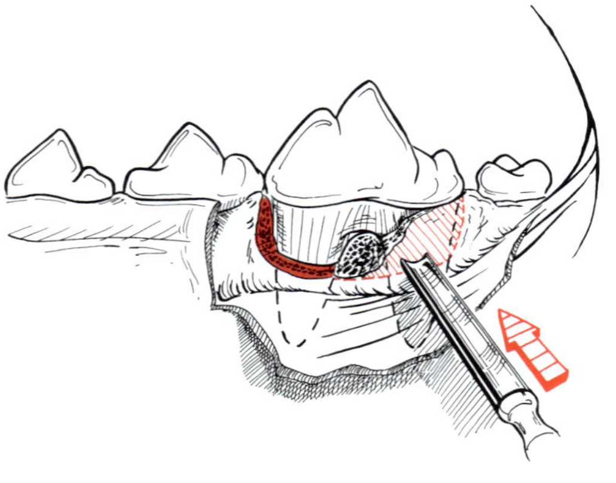
6

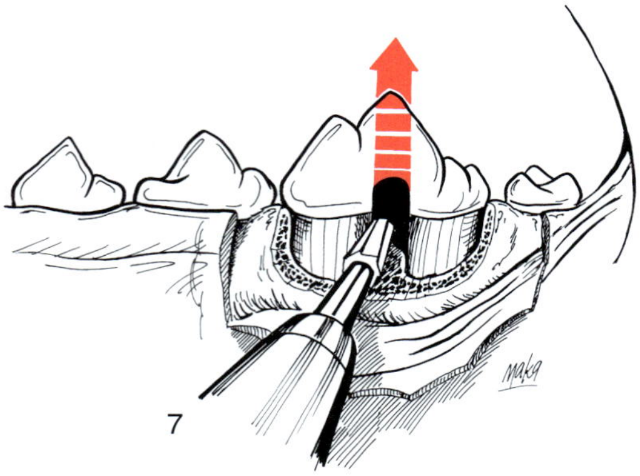

7

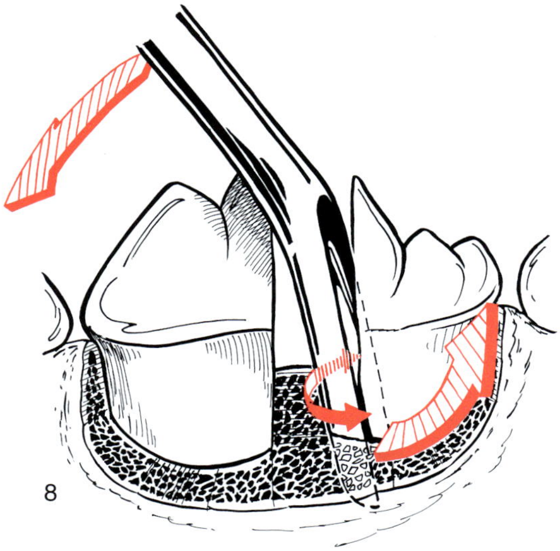

8

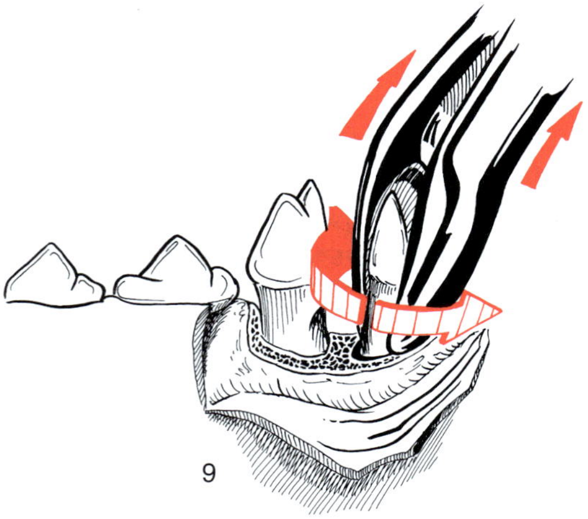

9

10

使用窝洞形成穿孔器或者钻石轮锯实施齿的分割。在分割时，原则上应从齿颈向齿冠方向进行(图 7)。

分割牙齿后，将各个齿根用牙科梃子从齿槽骨中分离并松动。然后以邻接齿作支点，将齿的一部分提起(图 8)，再用拔牙钳子一边转动一边拔除牙齿(图 9)。

注意

松动牙齿时，只能依靠手指的操作来破碎齿根，因此，绝不能以肩为轴进行该操作。

对于拔牙后形成的较大的伤口孔洞，在做成移动齿龈瓣后进行创腔的清洗和消毒，可用 4-0 合成可吸收性缝线(PDS)，用单纯结节缝合法进行缝合（参照 3.3.8.2）(图 10)。

3.3.8 口腔整形外科

3.3.8.1 口鼻瘘(管)的闭合

适应症

犬齿缺失后，由于感染或损伤导致的持续性口腔和鼻腔的瘘管。

体位

侧卧保定。

术式

实施全身麻醉，气管插管，使用开口器。

将瘘管周边用手术刀实施圆形切除。

并行于齿根管切开齿龈和骨膜（图1）。以相同长度延长该切口，直至口唇黏膜（图2）。

除去骨膜，用骨钳子缩短齿槽骨缘（图3）。

接下来用锐匙刮除齿根管的坏死组织，彻底清除后用复合碘甘油或聚乙烯吡咯酮碘进行消毒，用生理盐水清洗。

为了闭合瘘管可制作口唇黏膜瓣。使其充分可动化后，前移黏膜瓣越过缺损部位（图3）。

对于粘膜瓣做如下缝合，首先将创缘用4–0合成可吸收性缝线（PDS），用单纯结节缝合法实施平行固定（图4）。之后将瘘管部分用水平褥式缝合法缝合，注意不要使缝合部发生张力（图5）。

术后护理

注射抗生素。

配戴伊丽莎白项圈。

术后禁食48 h，然后数日饲喂易消化食物。

并发症

当发生缝线断裂或者缝合部位裂开导致缺损时，可在数周后再次进行缝合。

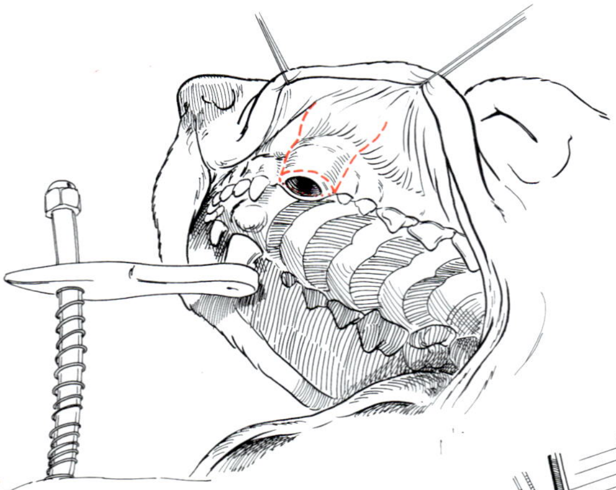

1

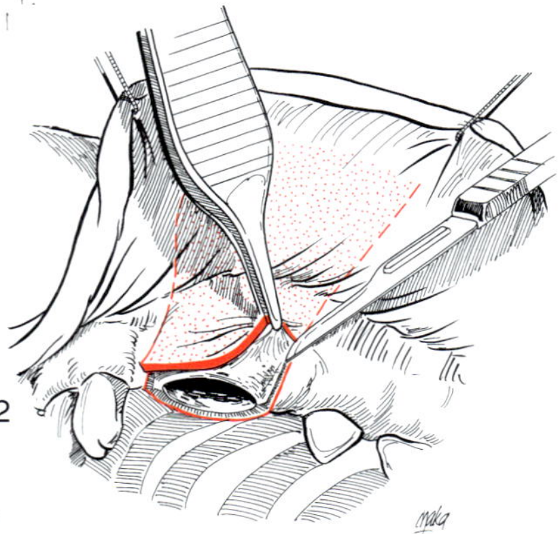

2

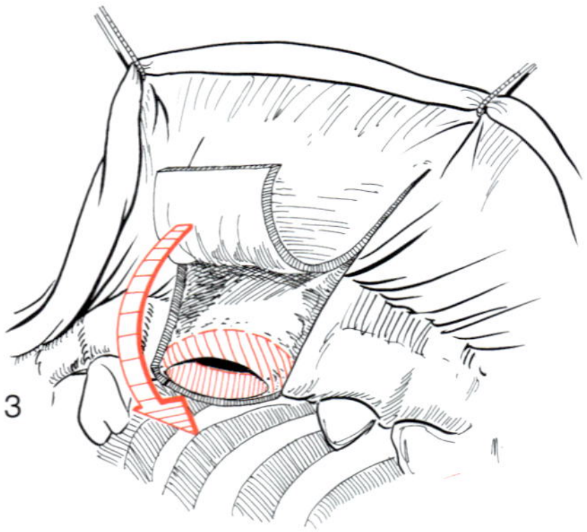

3

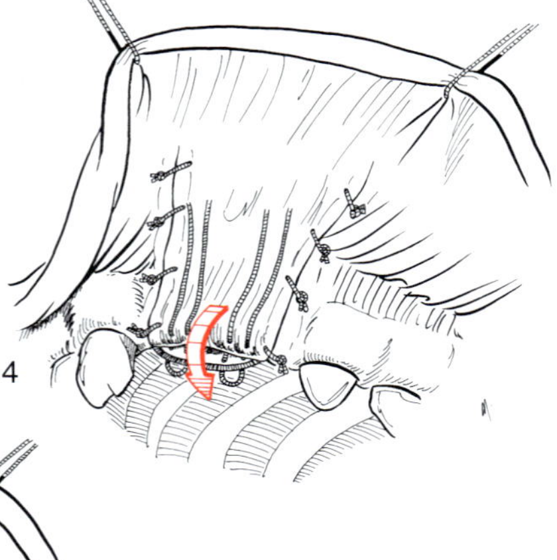

4

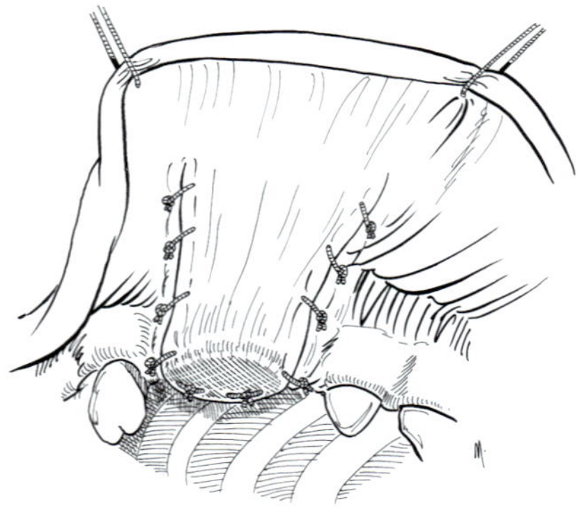

5

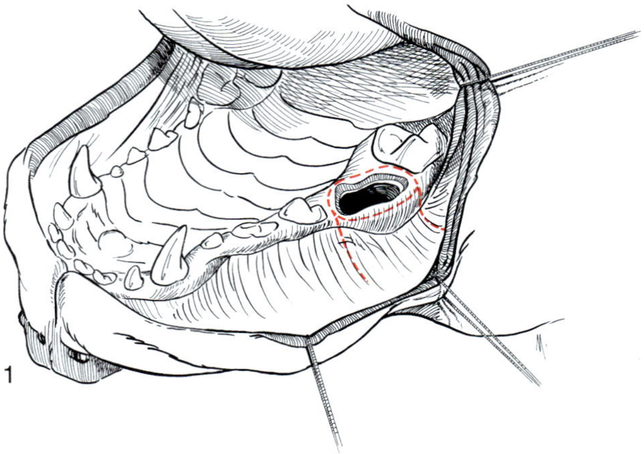

1

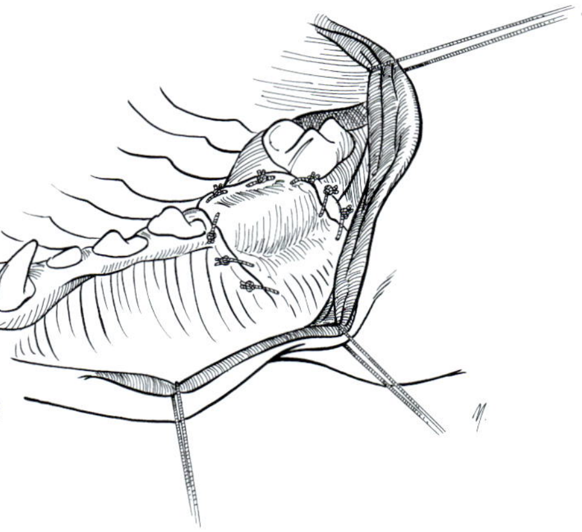

2

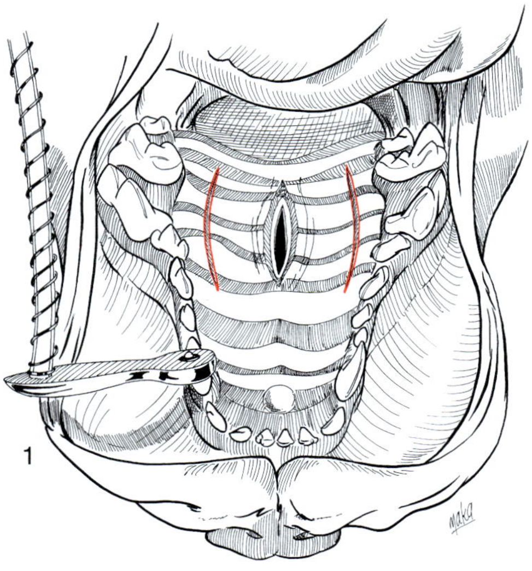

1

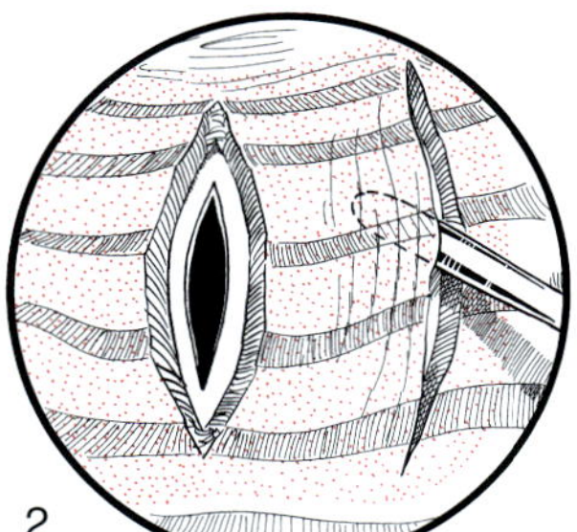

2

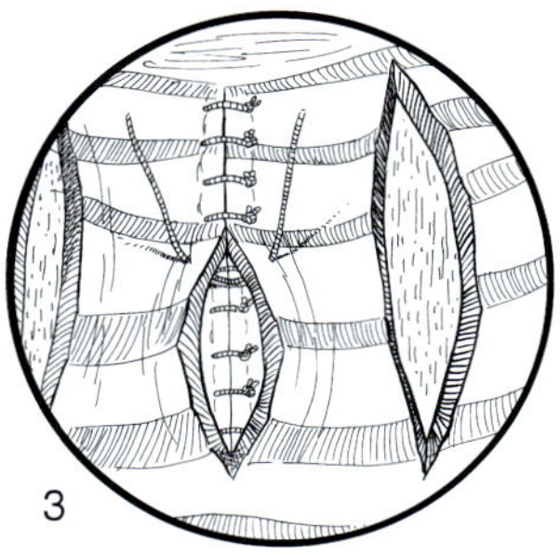

3

3.3.8.2 拔牙创的闭合

适应症

由于拔牙导致的较大缺损。可能造成周围软组织损伤的锐利的齿槽骨缘。

体位

行适合于进行该手术的仰卧或者侧卧保定。

术式

实施全身麻醉,气管插管,使用开口器。

修整缺损部位的边缘。用骨钳子缩短齿槽骨缘。

并行于齿根管切开齿龈和骨膜，和缺损部位长度相等延长该切口直至口唇黏膜,做成黏膜瓣(图 1)。

闭合缺损部位之前，用生理盐水彻底清洗齿根管。

钝性分离齿龈黏膜瓣使之可动化,将其覆盖缺损部位。

将黏膜瓣的两侧用 4–0 合成可吸收性缝线(PDS 等),用单纯结节缝合法固定,将黏膜瓣的断端用水平褥式缝合法在非紧张的状态下进行闭合(图 2)。

术后护理

注射抗生素。

配戴伊丽莎白项圈。

术后禁食 48 h,然后饲喂易消化食物数日。

3.3.8.3 闭合较小的硬腭裂

适应症

先天性硬腭裂或者是外伤性硬腭裂。

猫由于坠落导致的外伤性硬腭裂时，如果裂开在 3 mm 以内没有必要进行外科治疗。

体位

取仰卧位保定。伸展头颈部,下面垫上保定头垫。

术式

实施全身麻醉,气管插管,使用开口器。

用手术刀或者电刀切除硬腭裂边缘。

一边注意不要损伤硬腭动脉，一边依照缺损的大小，留有适当的距离做两处平行的减张切开(图 1)。

在硬腭裂和减张切开之间，用骨膜剥离器钝性剥离黏膜和骨膜并使之可动化(图 2)。

将鼻腔侧的黏膜用 2–0 合成可吸收性缝线(PDS),用单纯结节缝合法进行闭合,将骨膜和硬腭黏膜用 4–0 缝线进行缝合(图 3)。

术后护理

注射抗生素。

术后禁食 48 h，然后饲喂易消化食物数日。

3.3.8.4 闭合较大的先天性硬腭裂

体位

仰卧保定，伸展头颈部，颈下垫枕。

术式

实施全身麻醉，气管插管，使用开口器。

用细的电刀或者外科手术刀，做成比缺损部位大的黏膜瓣(图 1)，用骨膜剥离器剥离骨膜直至缺损部边缘。

在缺损部的对侧，实施黏膜旁正中线减张切开并使之可动化，用事先做好的黏膜瓣覆盖缺损部并实施缝合闭锁(图 2)。因为游离的边缘插进了对侧黏膜瓣的下部，因此成了双层骨膜的状态(图 3、5)。

最后，将两方黏膜瓣平行于原来的缺损部边缘，将两侧面的全层用 2-0~4-0 合成可吸收性缝线(PDS 等)，用水平褥式缝合法实施缝合固定(图 4、6)。

术后护理

注射抗生素。

配戴伊丽莎白项圈。

术后禁食 48 h，然后饲喂液态或者粥状食物 3~4 周。

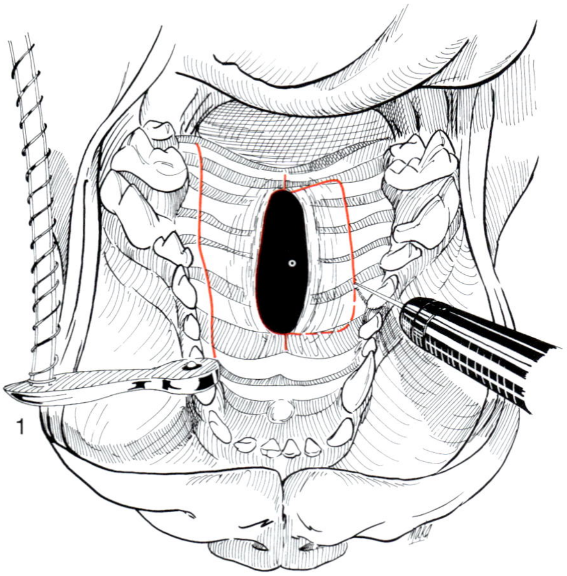

1

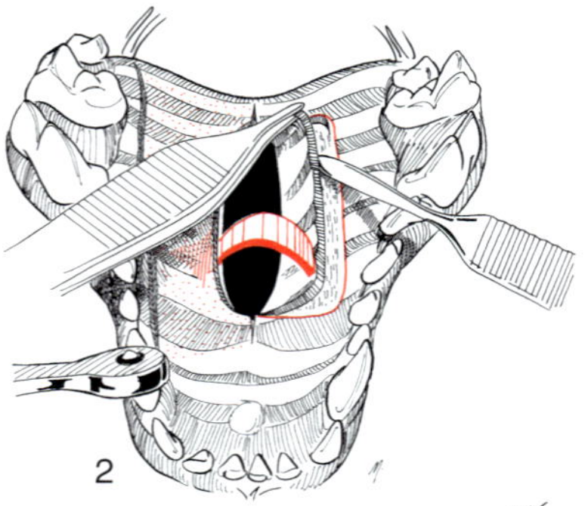

2

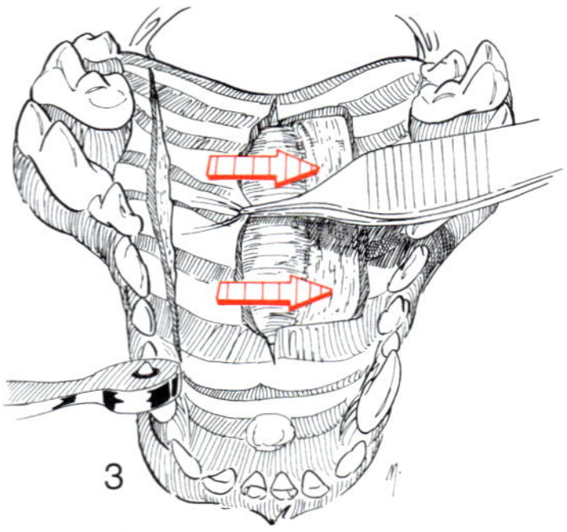

3

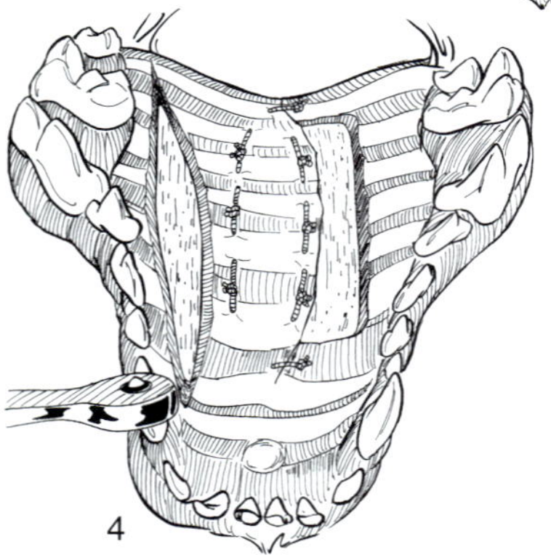

4

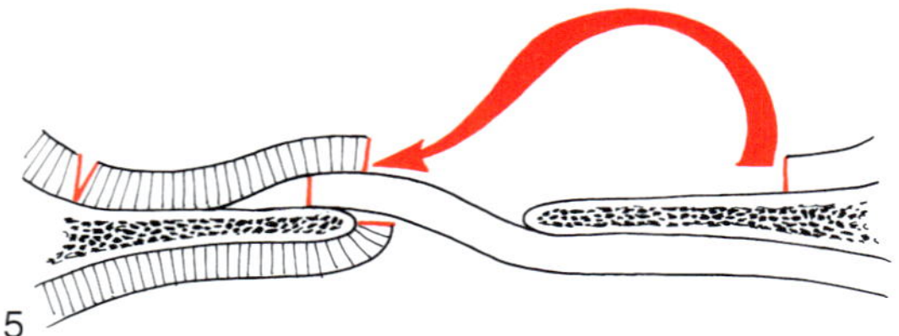

5

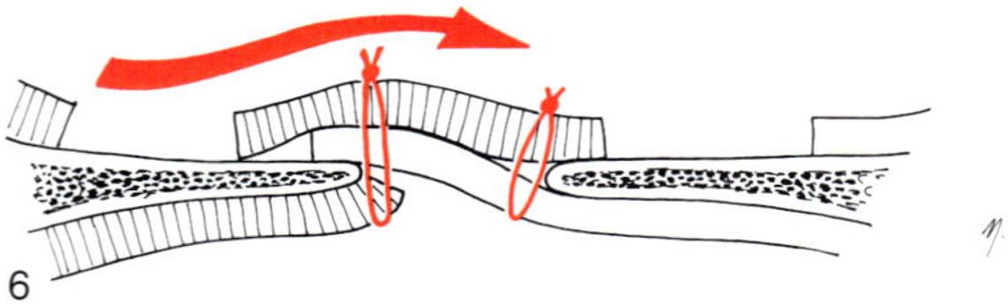

6

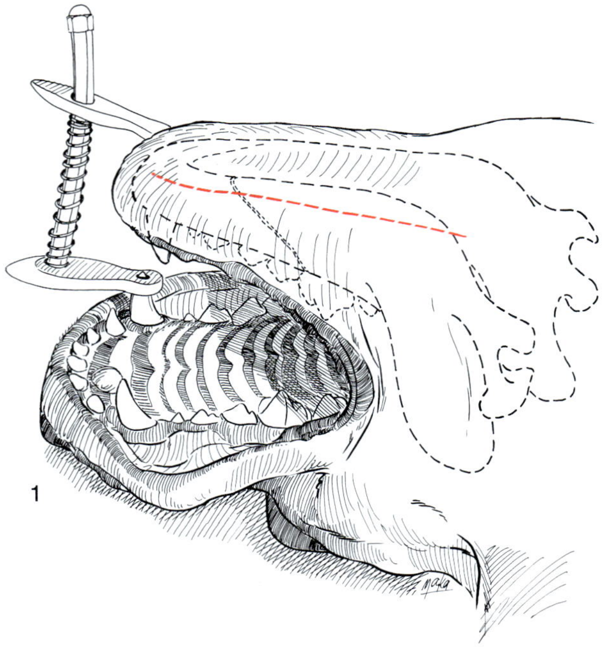
1

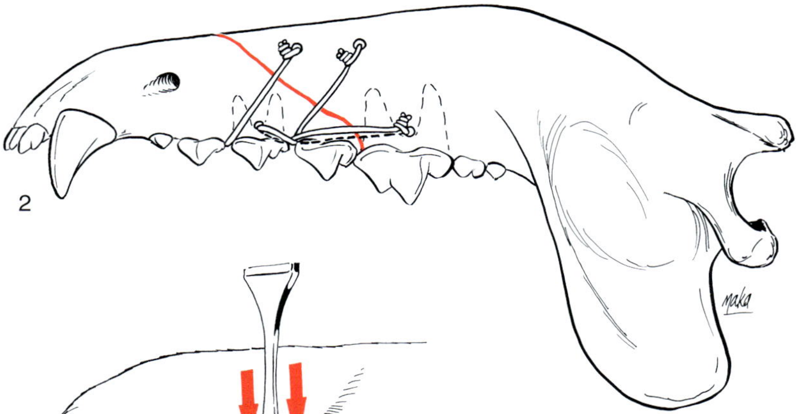
2

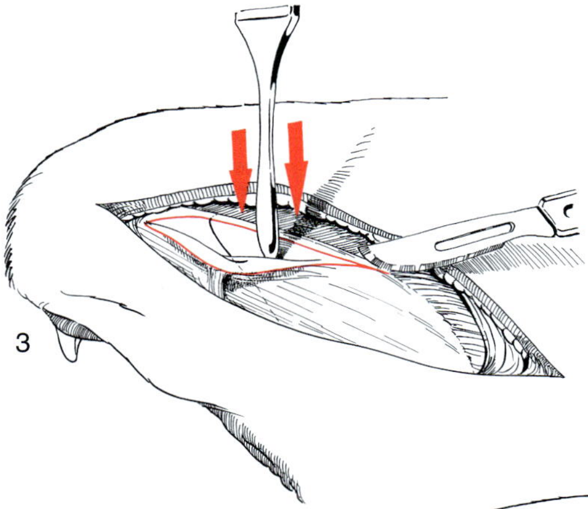
3

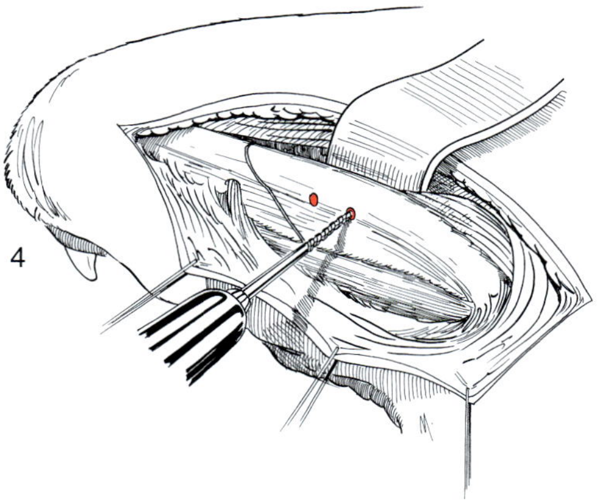
4

3.3.9 下颌骨骨折

为了固定下颌骨的骨折部位而使用骨科不锈钢丝的场合，应该原封不动地固定6周左右的时间。在此期间饲喂流食。

注射抗生素10天以上。

3.3.9.1 下颌体的斜骨折

适应症

斜骨折（图1）。横骨折以及复杂骨折。

体位

仰卧保定。

术式

实施全身麻醉，气管插管，使用开口器。

该手术的目的是，在骨折端使用2根骨科不锈钢丝进行适当的固定。在第三前臼齿和第二后臼齿间（图2）穿过8号骨科不锈钢丝，采用骨接合术施加辅助的牵引力，增加负荷耐久性，用外力的方式来阻止骨折线的裂开。

在下颌部的外侧旁正中线，平行于下颌体的腹侧缘切开皮肤，使骨折线大致位于切开线的中部（图1）。

在腹侧缘上切开下颌体，用骨膜剥离子把肌肉从骨骼上剥离下来（图3）。

从下颌体正中表面钝性剥离下颌中间部的皮下组织和肌肉组织，用弹性的霍曼梃子将它们去除。

一边注意不要损伤颌下腺管，一边在近位骨折片的腹侧打2个孔（图4）。两个钻孔的距离大致相当于该部位的一根牙齿的宽度（该处是第三臼齿的宽度）。

在外侧皮肤切开缘上做牵引缝合，以此来保证术野的大小。

先用粗注射针头进行穿刺，将骨科用不锈钢丝在内外侧导入正确的位置。在注射针的引导下，在一侧将不锈钢丝缠绕于下颌的周围，在另一侧将不锈钢丝穿过钻孔(图5、6)。

将不锈钢丝的两端在腹外侧面铰接，压迫固定骨折两端(图7)。

用同样的方法处理第2根不锈钢丝(图8)。

依次闭合手术创。

接下来，如开始描述的那样，使用8号骨科不锈钢丝进行固定。在下颌骨的内侧和外侧于齿根间切开黏膜和骨膜，以便设置钻孔。如图所示导引不锈钢丝，于尾侧铰接(图9)。

术后护理

注射抗生素。

饲喂粥状食物14天以上。

约术后6周除去不锈钢丝。

5

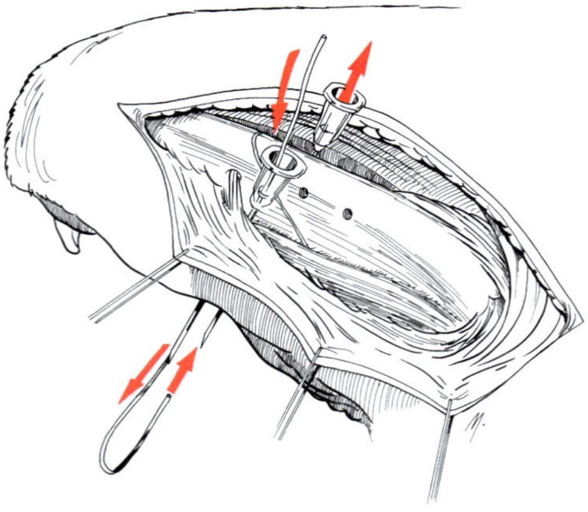

6

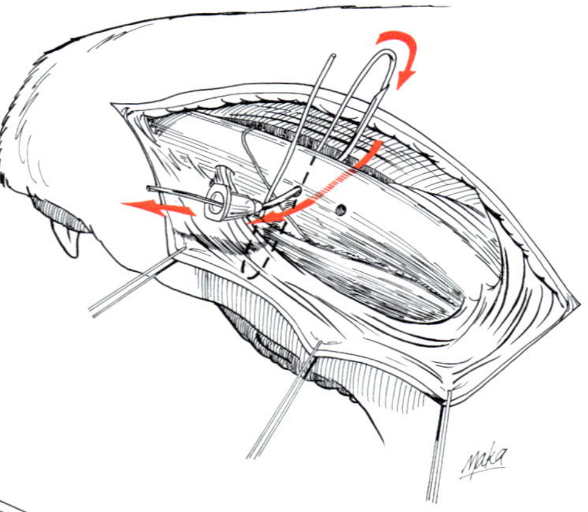

7

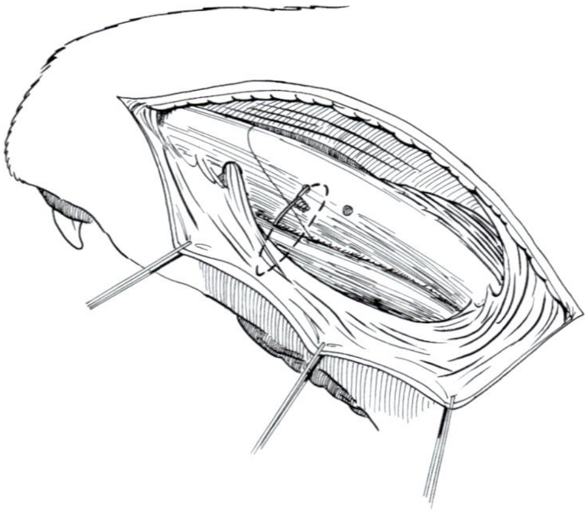

8

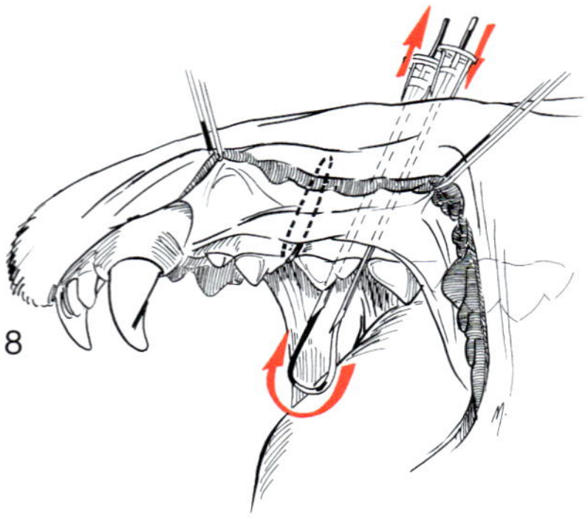

9

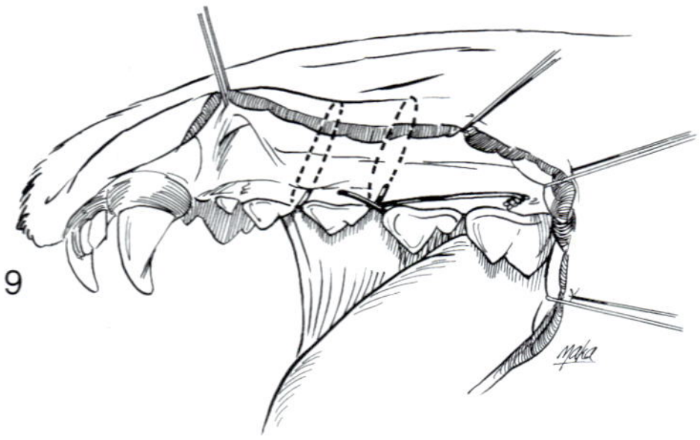

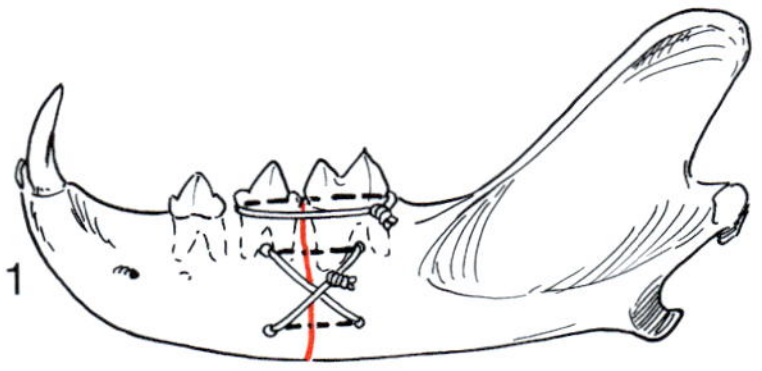
1

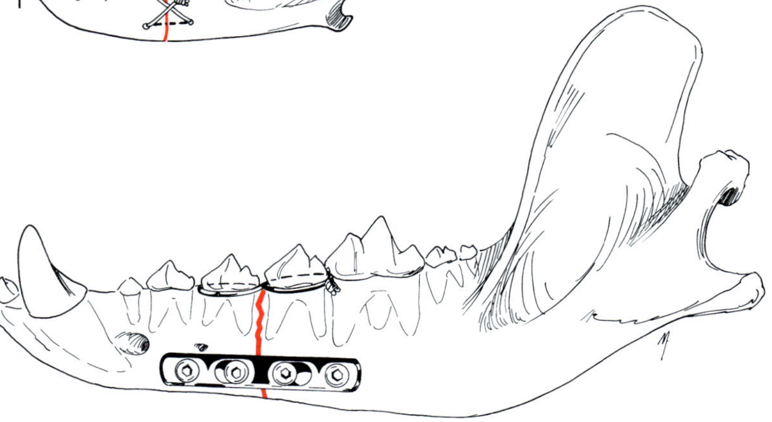
2

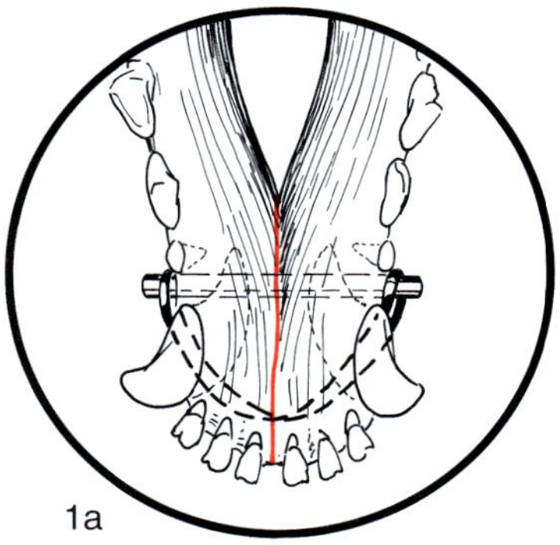
1a

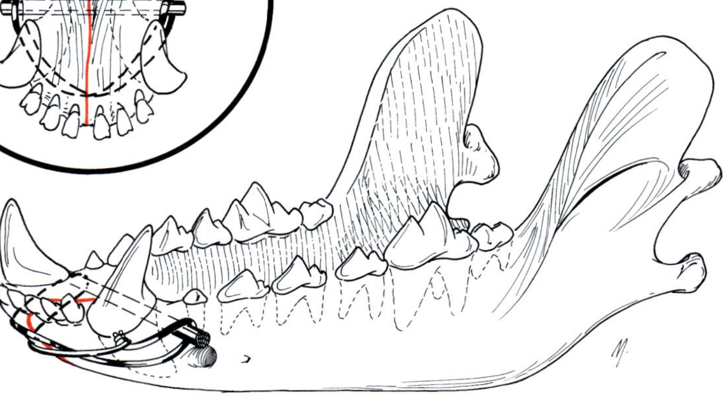
1

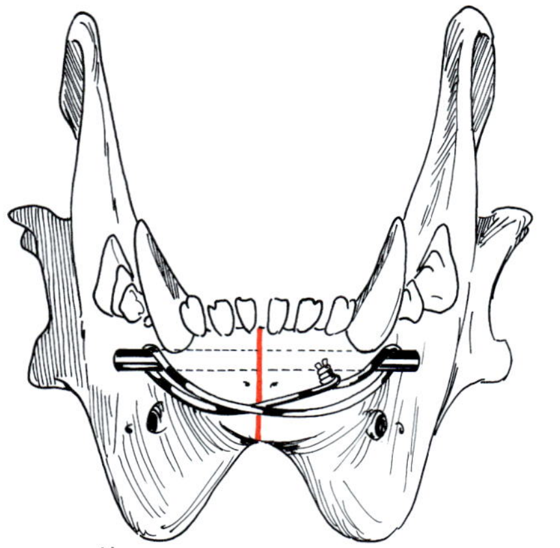
1b

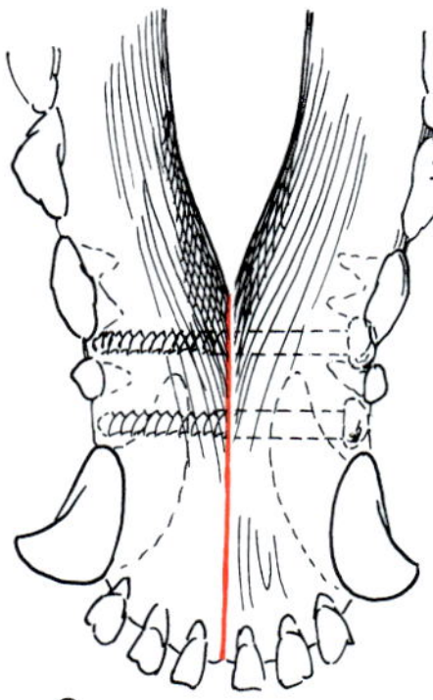
2

3.3.9.2 下颌体的横骨折

体位

取侧卧位保定。

用骨科不锈钢丝整复处理猫的骨折

术式

一边小心处理下颌管，一边将骨折端之间用不锈钢丝做十字交叉缠绕压迫固定。为了阻止骨折线裂开，在齿颈部周围缠绕不锈钢丝加以辅助固定(图1)。

用内固定器整复犬的下颌体骨折

术式

充分满足下颌骨折的整复要求且具有高稳定性的骨接合术，一般应用于下颌体的腹侧区域的骨折。固定时，一边慎重处理下颌管，一边用DPC内固定板(图2)进行固定。

关于该手术的详细操作方法，请参照各种文献和AO系统的操作指南。

3.3.9.3 整复下颌间咬合部的骨折

体位

俯卧保定。为了便于在下颌部钻孔，头下垫枕，抬高头部并使头部保持横向位置。

用内固定钉和不锈钢丝固定

术式

用手整复骨折部位。

切开齿龈和骨膜。

检查咬合部位，将下颌骨做如下操作：在下颌孔头侧，于犬齿和第一臼齿之间，根据动物的大小，用修德曼内固定钉或者内固定用不锈钢丝完全贯通下颌骨的两侧。

于露出下颌体两侧的内固定钉上用8号骨科不锈钢丝做8字形缠绕，一边再次检查下颌咬合部的接合状态，一边确实绞结钢丝(图1、1a、1b)。

用2根骨内固定螺丝钉整复骨折

术式

于犬齿和第一臼齿之间设置贯通的孔。

在第一臼齿和第二臼齿之间同样设置钻孔。在每个孔内插入内固定螺丝钉并拧紧固定骨折部。关于详细的操作方法请参考收录于AO系统的书籍资料(图2)。

3.3.9.4 多重骨折

用骨科不锈钢丝整复猫的骨折

体位

侧卧保定。

术式

图1显示的是，对一个下颌体、下颌角以及下颌支骨折的病例，用骨科固定用不锈钢丝进行的整复。

用创外固定法整复骨折

体位

取侧卧位保定。

术式

将各个骨折片用内固定钢丝或者通过穿孔插入创外固定钉。为了求得头侧部和尾侧部的稳定性，可将部分固定钉贯穿至对侧的下颌体。经由创外固定钉，通过连接于各个固定钉的连接棒产生作用于下颌的力，以此来加强稳定性（图2、3）。

两侧的下颌骨骨折

体位

仰卧保定，头颈伸展。

术式

用内固定钉固定并连接创外固定器具，来达成骨折部分的固定和最大限度的稳定性。

对骨折部分做如下处理，整复后，使用内固定钢线横向贯穿下颌，直至到达对侧部的下颌骨。对贯穿的固定钉用不锈钢丝固定，以此来起到类似建筑工地的脚手架的作用，巩固创外固定法的稳定性。

将连接各个固定钉的不锈钢丝用石膏或者环氧树脂包裹铸型（图4）。

由于石膏固化时发热，故在石膏固化过程中用流水冷却。

术后护理

约10周后，用X线检查确认愈合程度后，除去创外固定钉。去除过程中保持钉眼部位清洁，必要时可局部涂抹抗生素软膏做成被膜。每周检查一次钉眼部位！

在使用创外固定装置进行固定期间，给患病动物配戴伊丽莎白项圈。

1

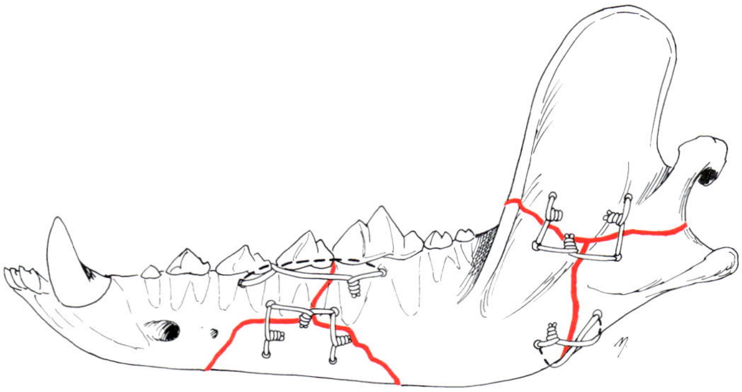

2

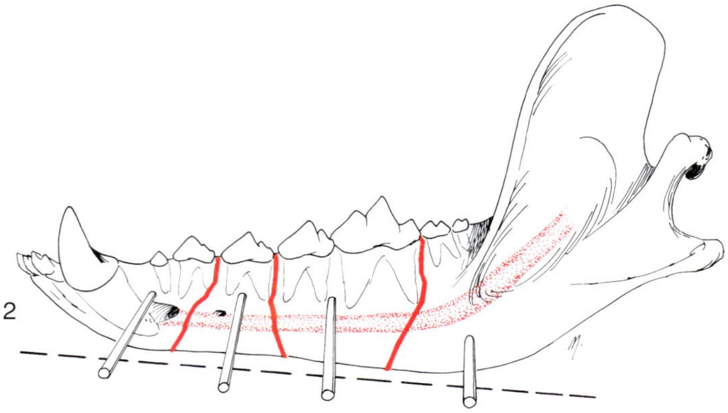

3

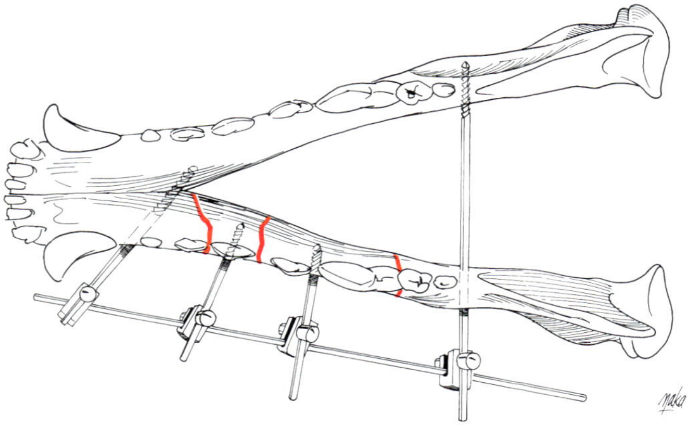

4

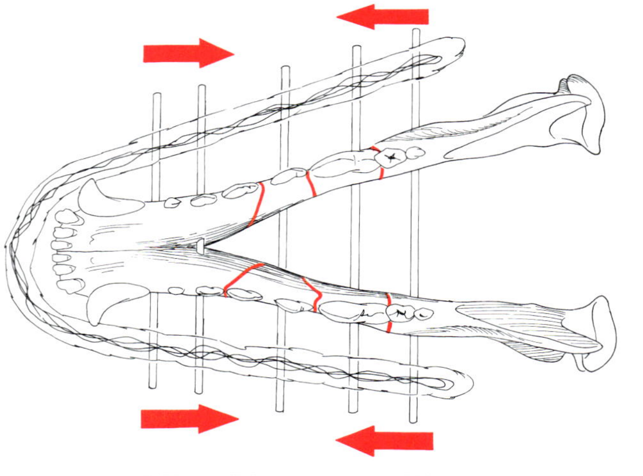

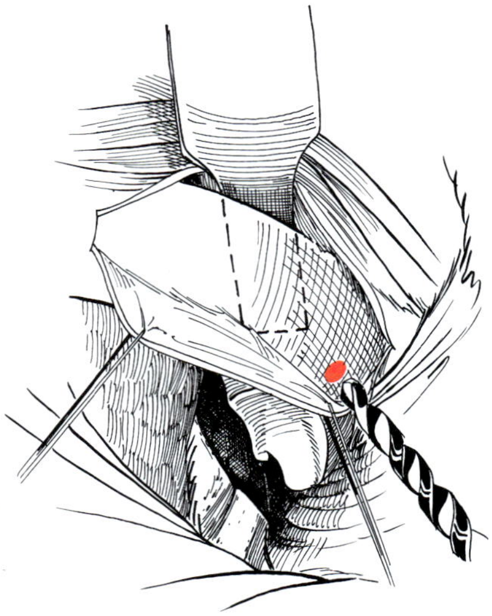

4

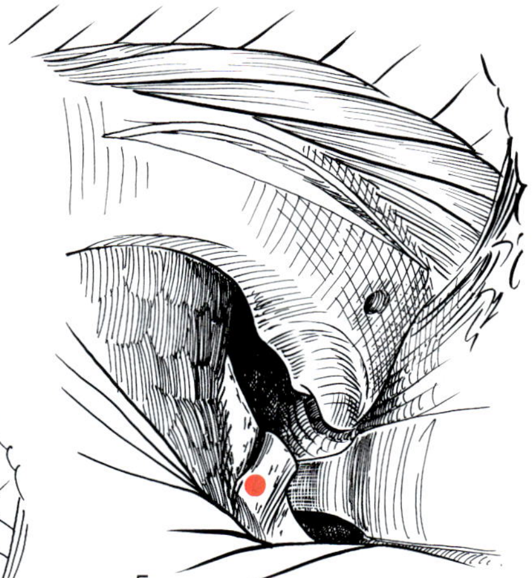

5

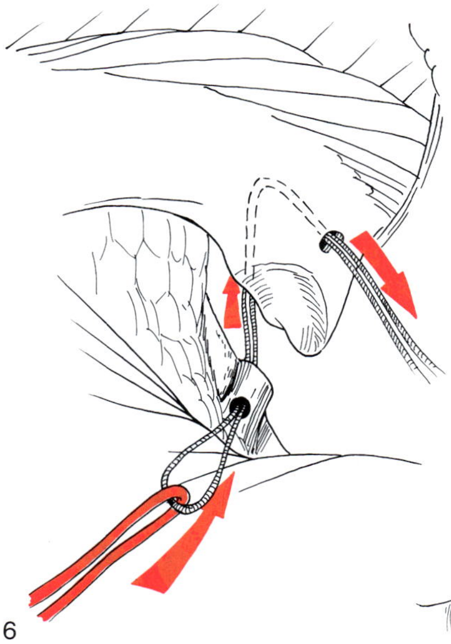

6

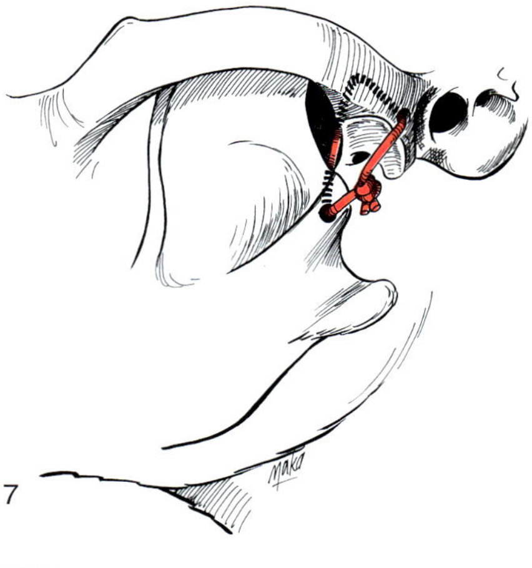

7

在距下颌窝数毫米的背侧，用 2 mm 直径的钻头在头骨侧面颊骨突起处打孔。在下颌支前端附近，从头外侧向尾侧正中打同样的孔（图 4、5）。在两个新关节面之间，插入大腿筋膜或者冻干的脑硬膜小片。应用不锈钢丝捆绑原理，将非吸收性合成材质的绷带（聚四氟乙烯胶带、特氟隆胶带）两端通过两个孔导入，在外侧结扎。将相对应的骨骼位置关系置于合适的解剖学位置上（图 6、7）。有时也可以使用非吸收性合成材质的绷带但不进行固定。

将颊骨弓的骨膜和咬肌的切开创用 2-0 可吸收性缝线进行缝合。

依次闭合皮肤切开创。

术后护理

注射抗生素。

配戴伊丽莎白项圈。

术后 3 天饲喂流食。

术后 10~14 天拆线。

3.3.12 咽头腔(中咽头)

3.3.12.1 切除软腭(软口盖)

适应症

由软腭过长(软口盖过长)引起的呼吸困难(打呼噜)。

体位

俯卧位保定。使用开口器最大限度开张口腔,用保定绳将头部固定于支柱上(参照 1.9.6)。

术式

在喉头和舌的生理位置状态下，抬起勺状软骨，将接触勺状软骨的过长软腭缝上 2 根牵引线做上记号(图 1、2)。

进行气管插管(图 3)后,用有齿钳子夹住软腭的中部并拉向吻侧，和牵引线一起向外拉。

在牵引线的附近，用 2 把弯动脉钳子从两侧夹住软腭的切除线。

用手术刀或者外科手术剪，沿着钳夹线将软腭从两侧切向中部。将断端用 2–0 可吸收性缝线进行单纯结节缝合(图 4)。

用同样的方法切除、缝合对侧的软腭。

接下来用钳子去掉牵引线(图 5)。

术后护理

为了预防软腭切除部分发生肿胀,可注射肾上腺皮质激素。

术后 3 天内饲喂粥状食物。

并发症

当预料到术后可能引起严重的气管阻塞时,或者重新进行气管插管,或者实施气管切开术插入气导管。

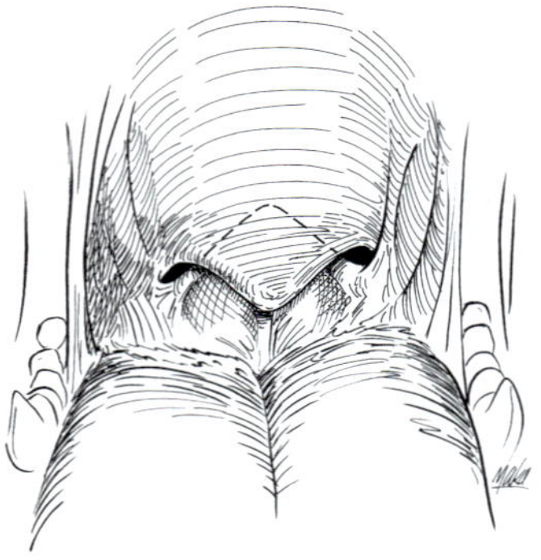

1

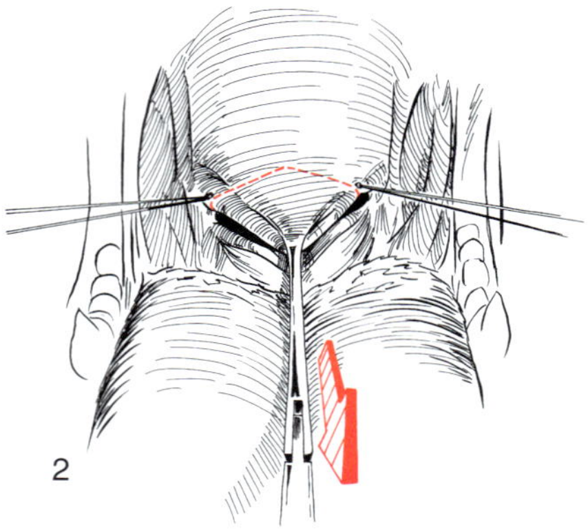

2

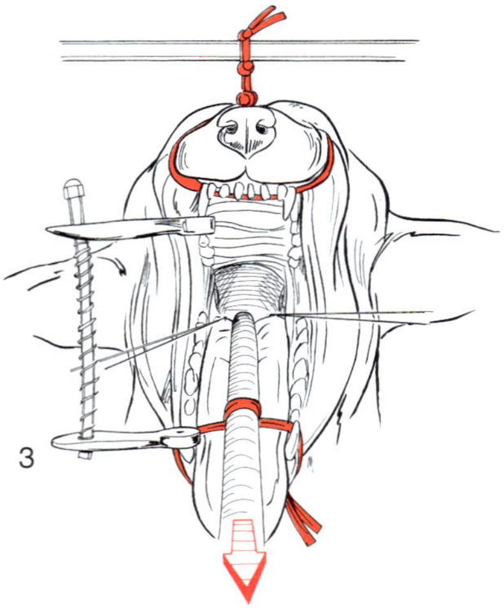

3

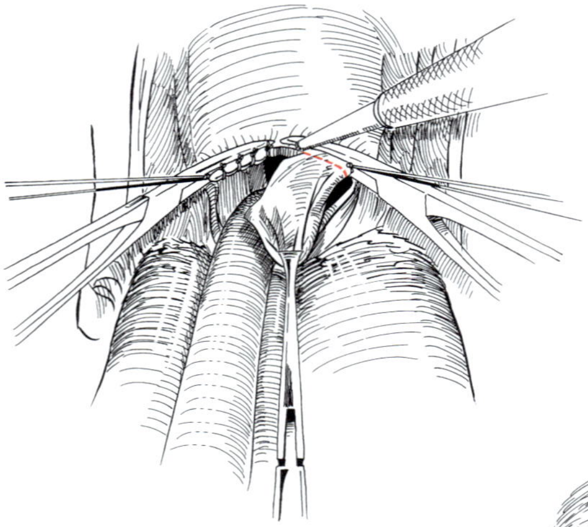

4

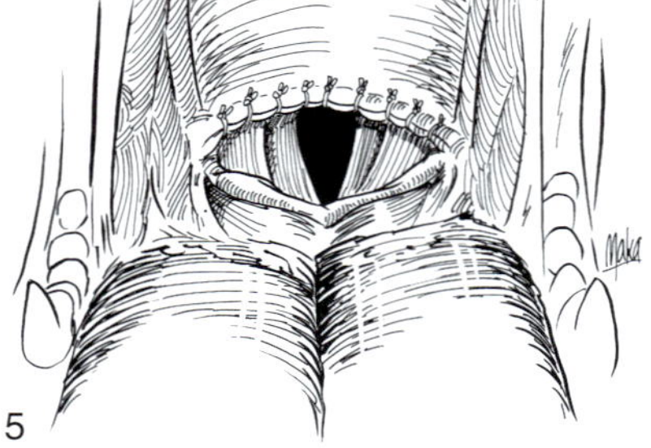

5

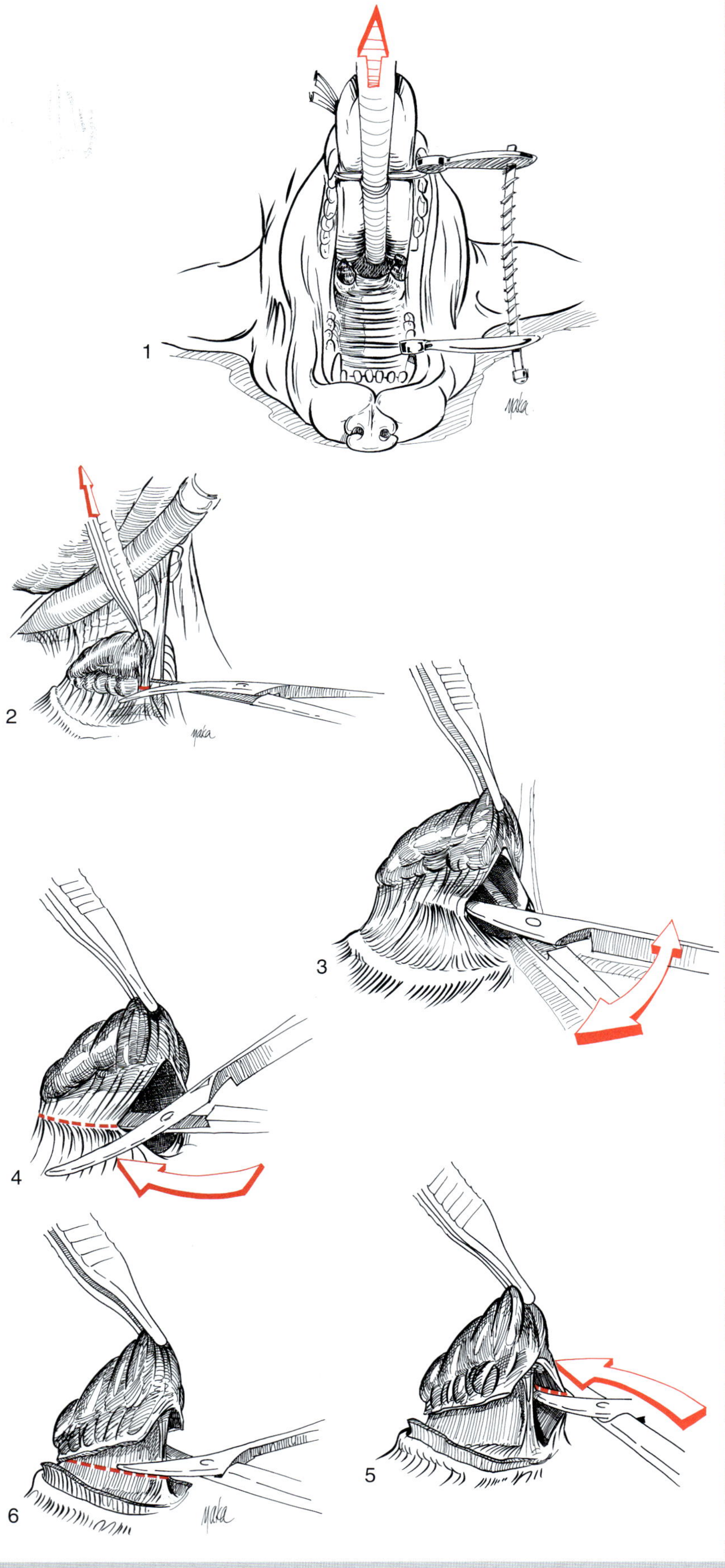

3.3.12.2 扁桃体摘除术

适应症

慢性扁桃体炎。扁桃体肿瘤。

体位

仰卧保定。将头及颈部放低并固定于横向位置。

术式

全身麻醉并实施气管插管后，使用开口器扩大口腔(图 1)。

用舌钳子夹住舌并向前拉。在扁桃体基部进行局部麻醉。通过该操作,在进行局部麻醉的同时，可以明显地从凹陷部把扁桃体区别出来。用镊子或者止血钳夹住扁桃体的吻侧部，并将其拉向吻侧的腹侧。通过该操作使扁桃体周围的黏膜紧张,界限清楚。将其基部用弯手术剪剪出印记(图 2)。

将紧张的黏膜外侧沿着扁桃体实施钝性分离，以此方法把扁桃体从下部组织中分离出来(图 3)。

对于分离后面的黏膜，首先一边注意与正中连接的中央扁桃体和存在于扁桃体凹陷内面的细菌,一边在外侧进行分离,此时切断连接于扁桃体的黏膜(图 4)。

最后用剪子将和扁桃体连接的组织进行 2、3 次的切剪，将扁桃体从基部分离下来(图 5、6)。

由于在未经消毒的伤口表面有发生脓肿的危险，故不用缝合黏膜的方法来闭锁伤口（口腔内常在病原菌的感染可能形成化脓性扁桃体炎)。

术后护理

扁桃体摘除术完成后的 10~15 min 内要进行止血。

并发症

通常在手术完成后，特别是在切除创的尾侧部，可见从分布于外侧创缘的上行硬腭动脉分支中有少量出血。对于该出血可用浸有肾上腺素的纱布压迫止血。如果出血量多，可用 2–0 可吸收性缝线进行结扎或者实施电凝止血。

用电刀实施扁桃体摘除术

术式

用外科镊子或者止血钳夹住扁桃体，并向吻腹侧拉。平行于扁桃体用单极电刀分层切断扁桃体周围组织。术后出血时,用双极电刀实施电凝血。

3.3.12.3 犬咽喉插管给饲法

适应症

对于食欲废绝、不能采食并且不呕吐犬的胃管营养法。外伤后食欲不振，口腔疾患，咀嚼障碍或者口腔或颜面损伤（上颌或下颌骨折）。

体位

侧卧保定。

术式

在全身麻醉或者镇静状态下实施气管插管后，使用开口器扩大口腔。
首先在体外测定欲插入导管或胃管的长度（图 1）。

图 2 显示的是有关导管插入部位的局部解剖。红点显示的是位于舌颜面静脉的背侧、咬肌的尾侧以及颌下腺的腹侧的皮肤切开位置。

术者将食指伸入口腔触诊，确定欲切开部位的位置（安全区域）。

该位置位于舌骨和下颌角之间（图 3）。包括咽头黏膜在内实施全层切开，然后用 2 把钳子把导管送入咽头腔内（图 4、5）。为了把导管导入咽头腔，也可以将弯止血钳钝性插入前述的安全区域皮下，切开止血钳前端突起的皮肤，露出止血钳的头部，用该止血钳夹住导管前部并将其牵引、插入咽头。

（下接 156 页）

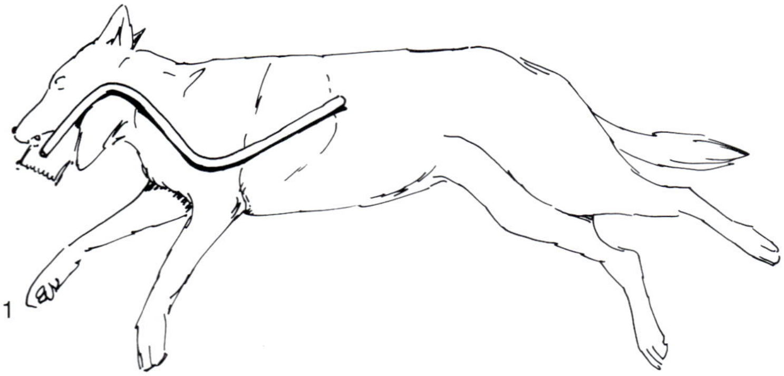
1

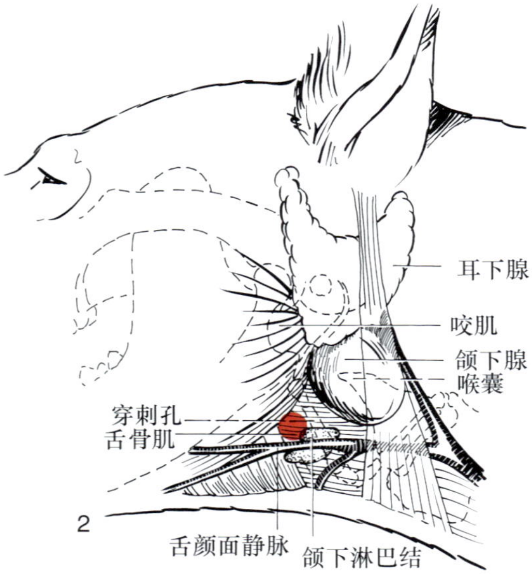

2

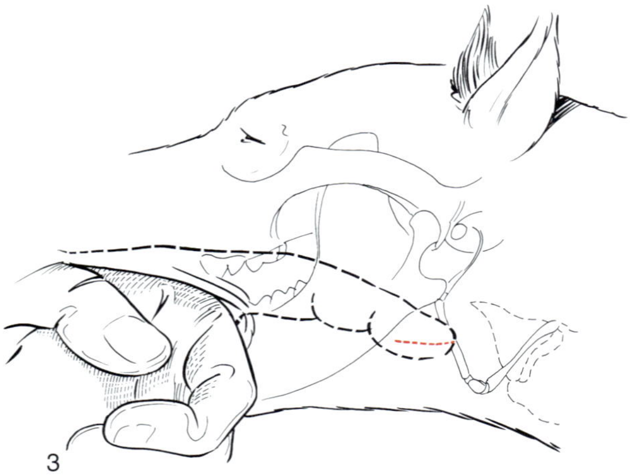
3

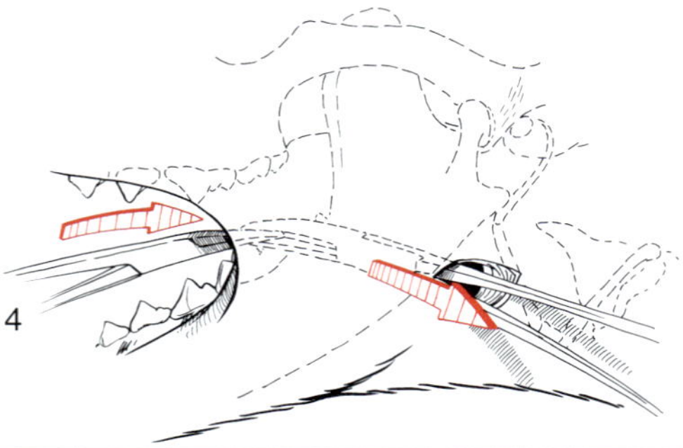
4

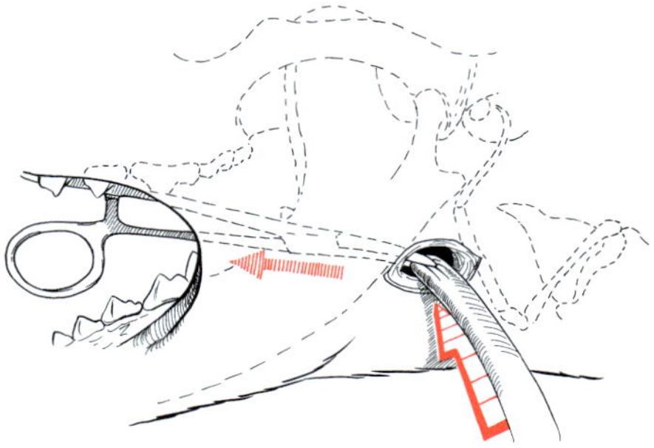
5

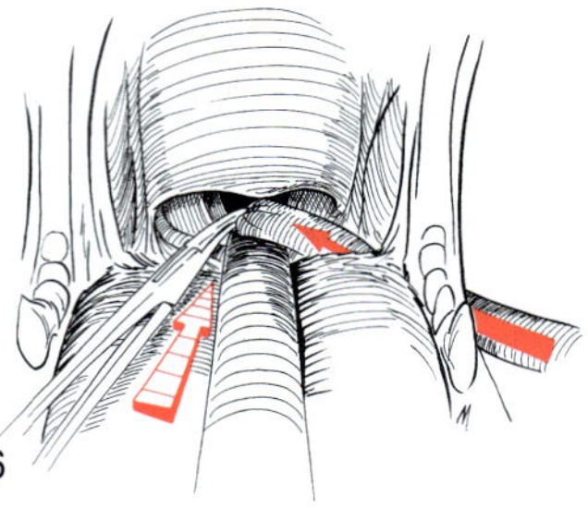
6

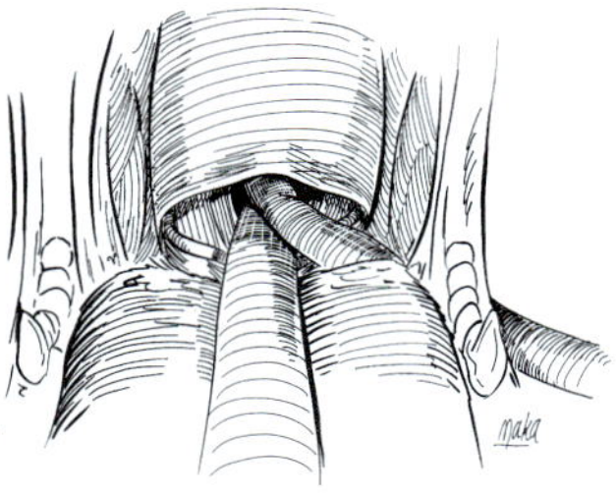
7

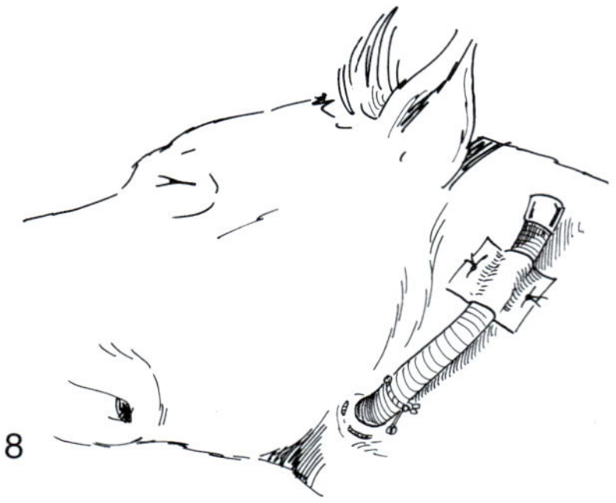
8

在咽头腔内看到导管时(图 5),用止血钳将其插向喉头方向，用手把预先确定长度的导管插入食管内(图 6、7)。将插入导管露在外面的末端在颈部皮肤处实施双重缝合固定。将缝线的两端结扎在导管上部来辅助固定导管(图 8)。

术后护理

给患病动物配戴伊丽莎白项圈。

当不需要进行胃管给饲时拔除导管,用外科缝合法闭合咽头部留下的导管孔道。

3.3.12.4 猫咽喉插管给饲法

适应症和体位

参照 3.3.12.3。

术式

原则上与犬的该手术术式相同（图 1~4）。

该手术猫与犬本质不同点是，在舌骨尾侧部将导管设置于咽头吻合部位。

最近猫的导管给饲法受到重视，不过也可以采用鼻插管给饲法。这种非观血的方法对于非麻醉的动物也可以实施，在需要长时间进行导管给饲法的情况下，猫也能很好地耐受。

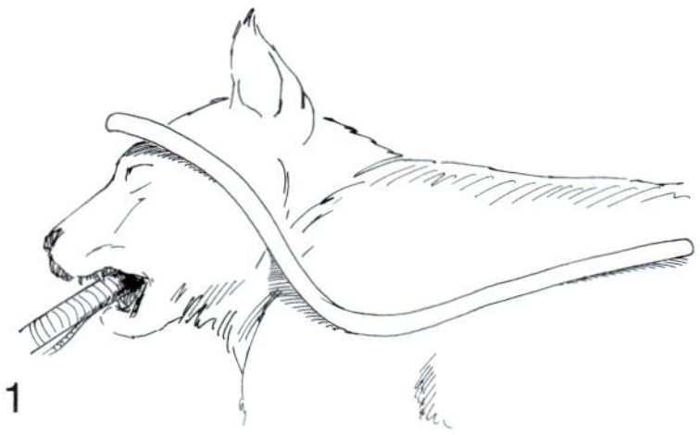
1

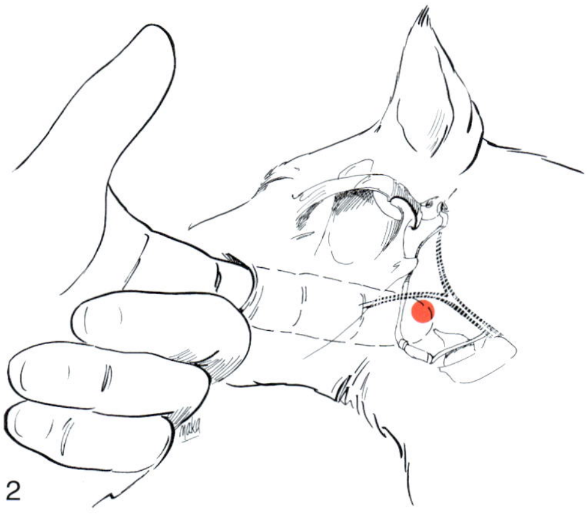
2

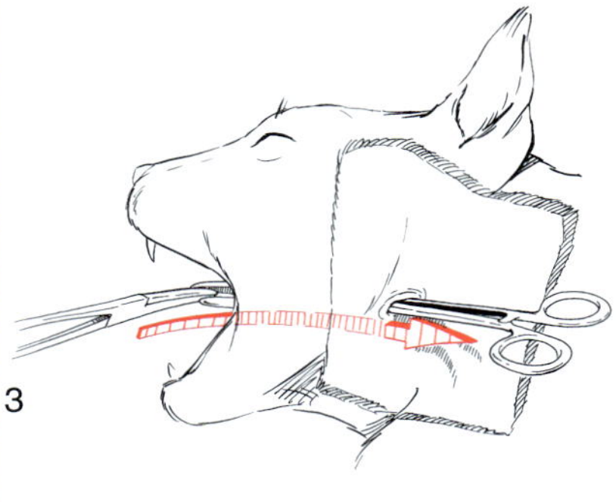
3

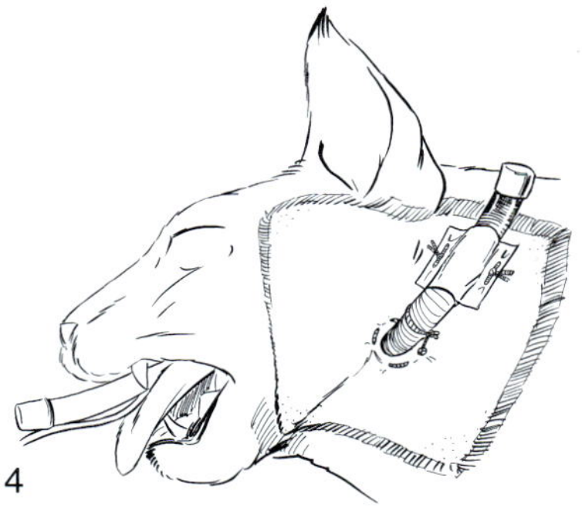
4

3.3.13 唾液腺

3.3.13.1 舌下囊肿·造袋术

适应症

内部舌下囊肿(口腔黏液瘤)。由于颌下腺或者舌下腺排泄障碍造成的唾液腺囊肿。

体位

侧卧保定。

术式

在全身麻醉状态下实施气管插管,使用开口器扩大口腔。

该手术的目的是使唾液顺畅地流出,为此造出持续性瘘管。

将舌向头侧牵引(图1)。然后用镊子或止血钳夹住黏液瘤。接下来用弯手术剪将黏液瘤的外侧壁从尾侧向吻侧做大范围地切除(图2)。

吸引、排除黏液瘤的内容物。

为了造出持续性瘘管,将黏液瘤切除缘残留的薄组织,用3-0合成可吸收性缝线,用单纯结节缝合法缝合于黏膜表面上(图3)。

术后护理

给患病动物配戴伊丽莎白项圈。

饲喂流食3天以上。

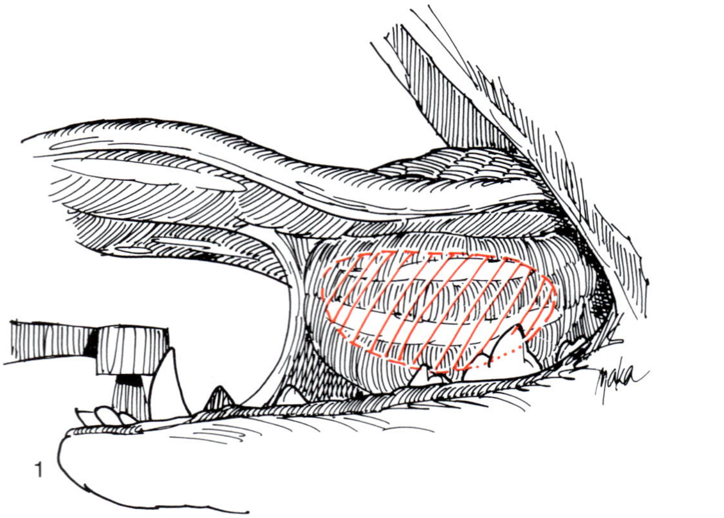

1

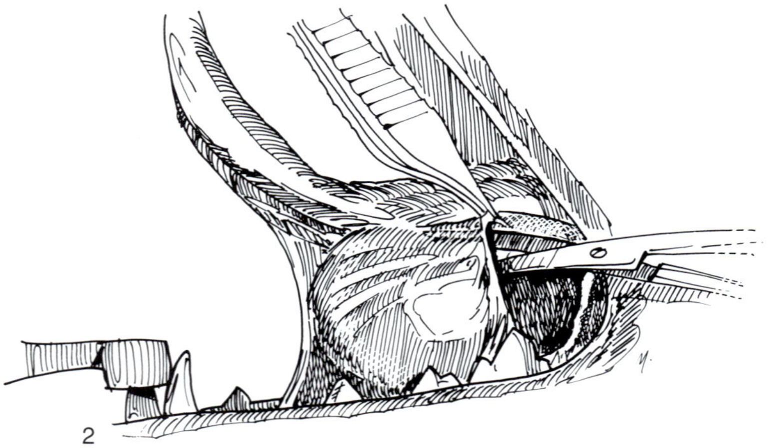

2

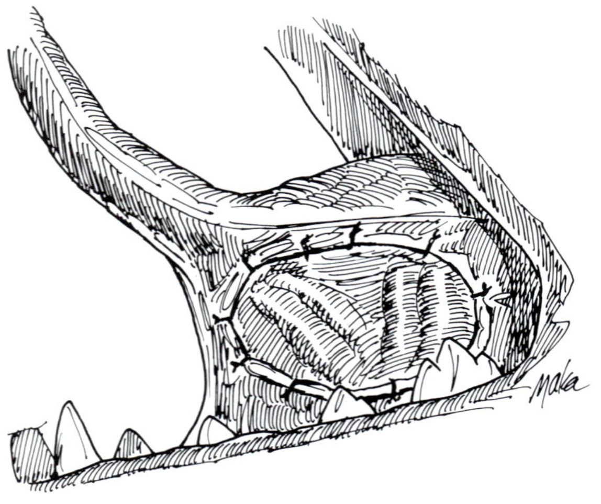

3

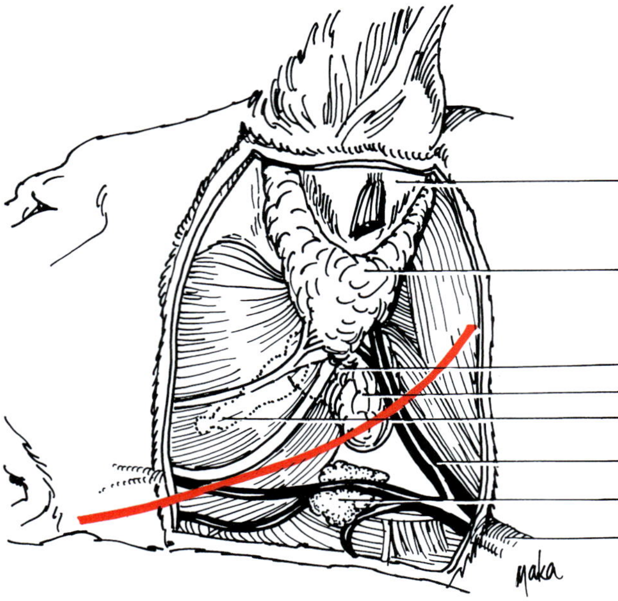

1

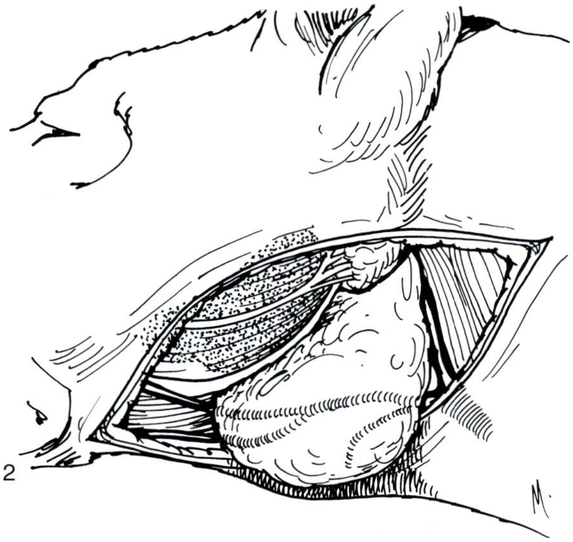

2

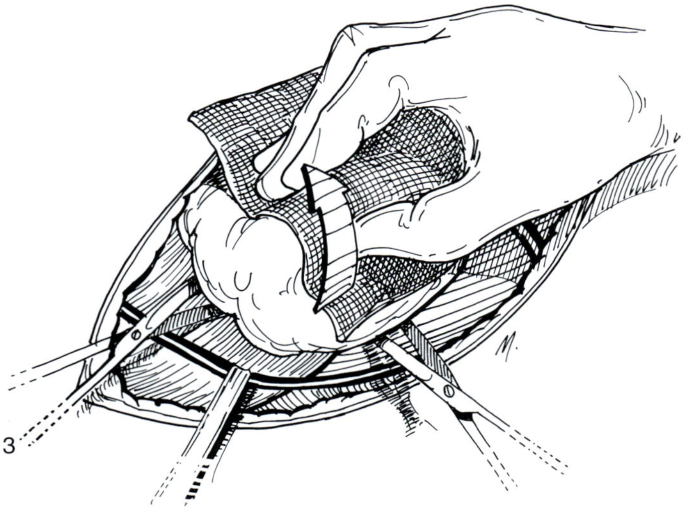

3

3.3.13.2 唾液腺切除术

适应症

黏液腺瘤。颈部囊肿。唾液腺囊疱。外部黏液瘤。

体位

侧卧或者仰卧保定，头颈伸展，头下垫枕。

术式

在全身麻醉状态下实施气管插管。

图1显示的是正常唾液腺周围组织的局部解剖。图2显示的是囊状肿大了的腺体的局部解剖学状况。

该手术的目的是将颌下腺与舌下腺一起切除。

在颈肌的下颌体、咬肌以及颌下腺上弓形切开皮肤。

剥离舌静脉和下颌淋巴结后，认真辨认，将位于该部位的颌下腺和舌下腺囊沿皮肤切开方向切开，一边小心处理并持握腺体，一边谨慎地用外科手术剪钝性剥离（图3）。

结扎并切断分布于腺体正中部的血管。

在切除腺体时，为了实施进一步的分离应保持腺体组织紧张。一边牵引颌下腺，一边向吻侧方向钝性分离。以此方法使颌下腺和囊一体化，这样便能够确认位于吻侧方向的单口舌下腺和沿排泄管分布的多口舌下腺(图4)。

尽量在吻侧结扎、切断唾液腺排泄管，除去腺体。同时完全切除位于头侧部的多口舌下腺。如果有腺体残留就会发生唾液漏出、聚集，由此可能带来严重的并发症。

在颌二腹肌横向扩大创口，以便容易地切除腺体及排泄管。特别是在排泄管吻侧部有黏液囊存在时，该操作尤为重要。

将颌二腹肌用2–0可吸收性缝线与肌肉缝合连接。

为了防止浆液、血液积留于创腔内，可设置引流管。

依次缝合皮肤创口(图5)。

在特殊情况下，切开显著肿大的颈部唾液腺囊，排除积留其内的血样黏液的同时，有时可切除唾液腺和腺囊。缝合颈部创口。为了能够排除分泌液，术后数日设置引流装置。

术后护理

术后3~5天除去引流装置。

术后10~14天后拆线。

4

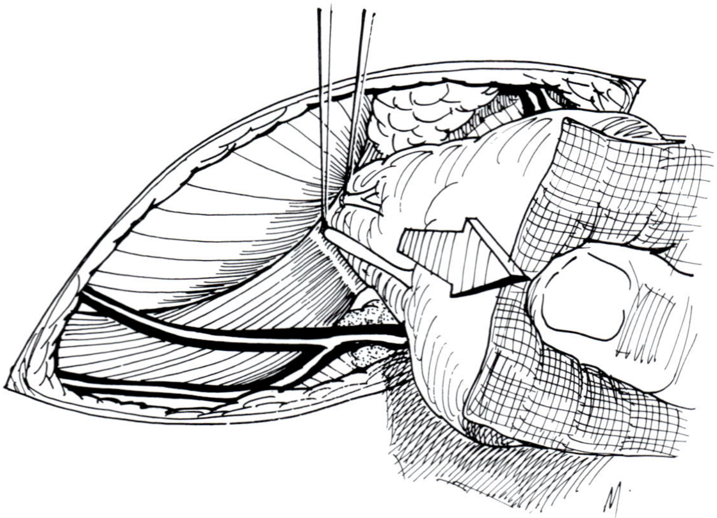

5

3.4 眼

3.4.1 眼的解剖

眼睑(图 1)。

从吻侧方向看到的眼球肌肉(图 2)。

从外侧方向看到的眼球肌肉(图 3)。已除去了颊骨弓。

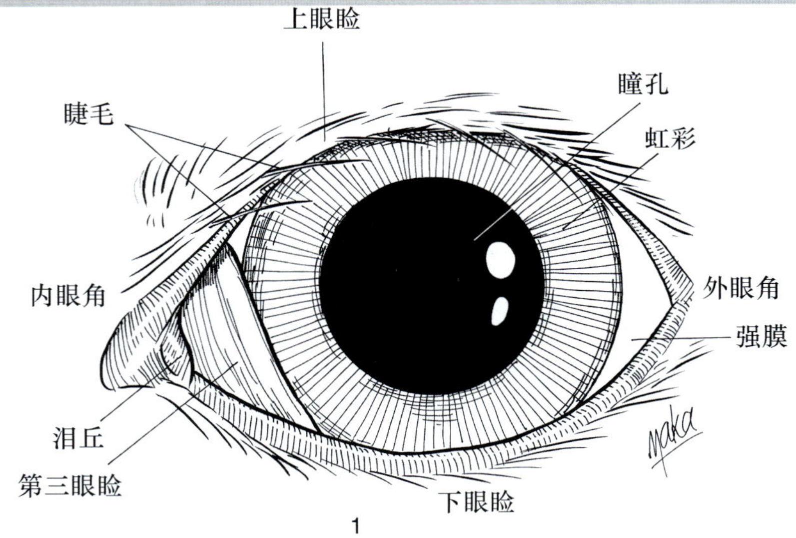

1

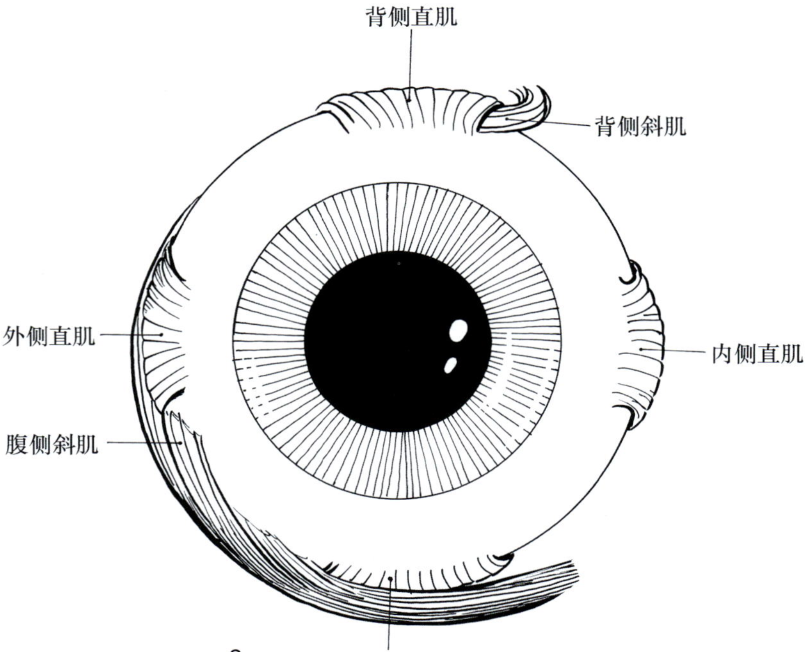

2

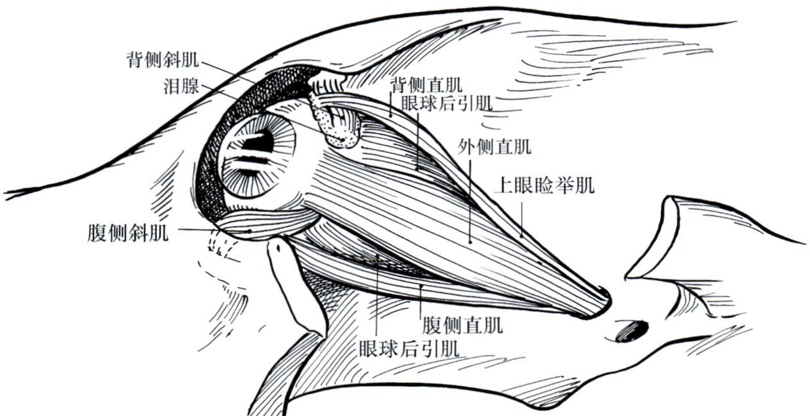

3

眼球内部构造。在眼球轴水平上的眼球断面图(图 4)。

眼睑周围的肌肉(图 5)。

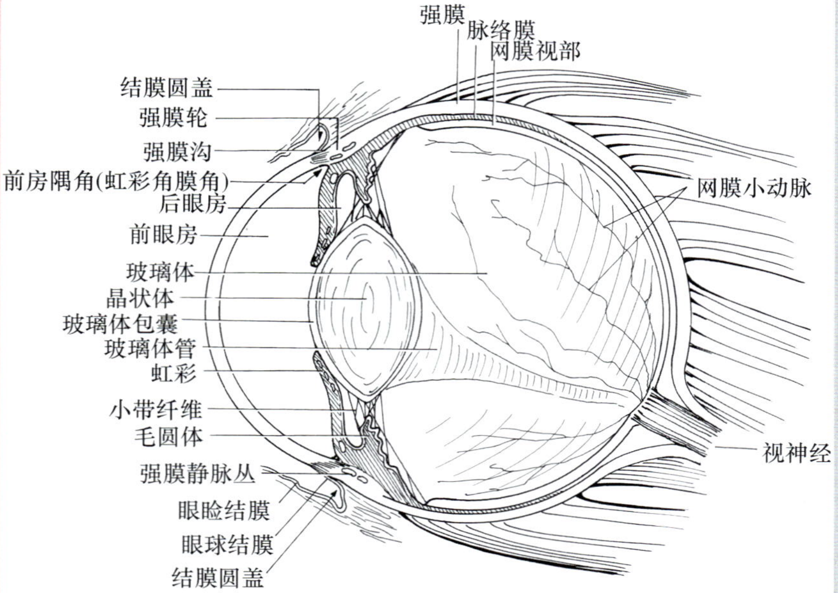

4

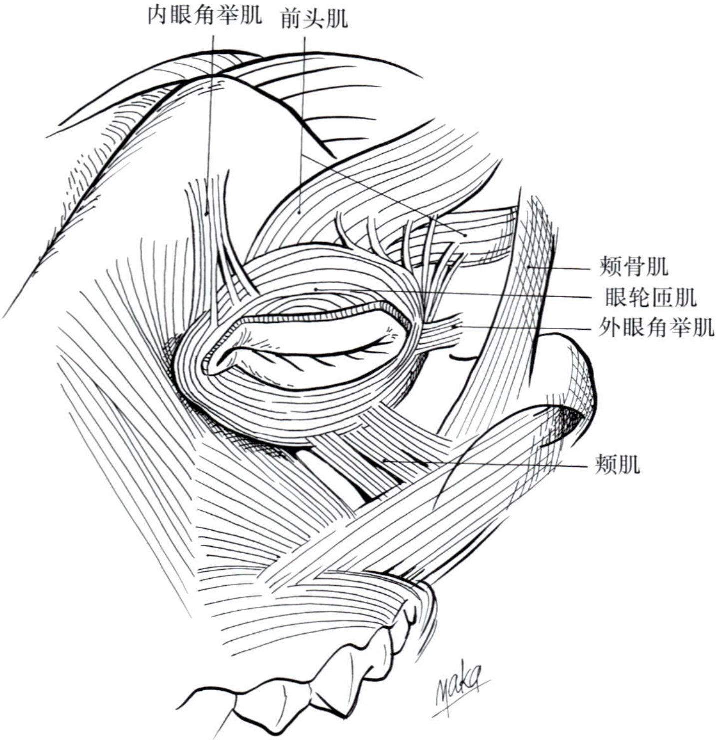

5

3.4.2 眼的手术准备

体位

侧卧保定。

3.4.2.1 在眼的周围覆盖创巾

术式

实施眼周围剃毛。

实施2次消毒。

在眼的周围覆盖灭菌的布制或者纸制创巾(图1)。

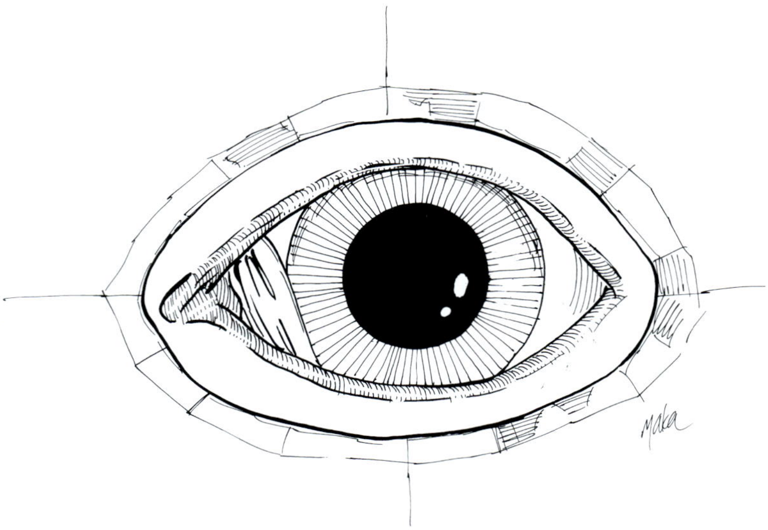

3.4.2.2 暂时性外眼角切开术

适应症

眼球脱出时为了整复或者还纳,为了进行眼球或者晶体摘除术，暂时性扩大眼裂。

术式

用尖头眼科手术剪将外眼角向头侧方向直线切开,直至结膜囊(图1)。达到手术目的后,将外眼角实施外科缝合。为了使外眼角正确接合,第1针应实施定位缝合(图1a)。再进行第2、3针闭合创口(图1b)。

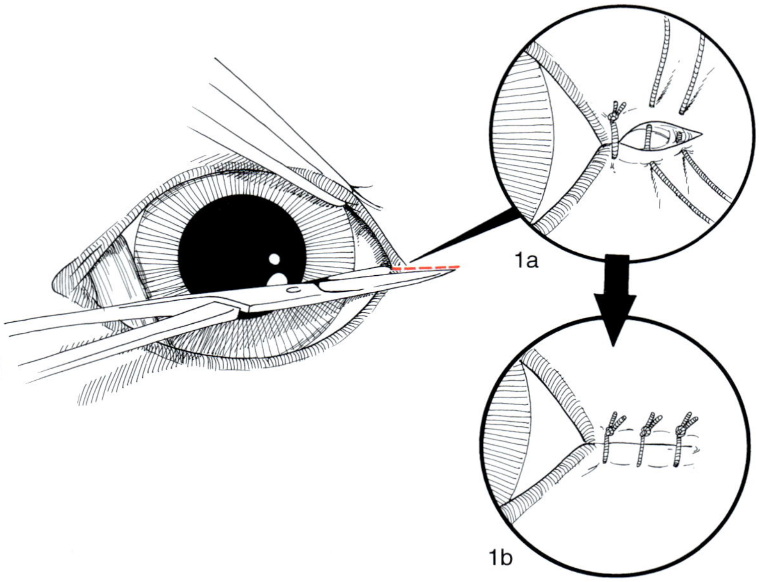

3.4.2.3 结膜下注射(浸润)

适应症

在结膜下注入药液。

术式

用拇指和食指扩大上下眼睑(图1)。

用非损伤性眼科镊子帐篷状夹起球结膜(图1)。

然后平行于眼球面，用细注射针头刺入夹起的球结膜中,注入药液(针头斜面朝上!图1)。在该注射部位最多可注射0.5 mL液体。

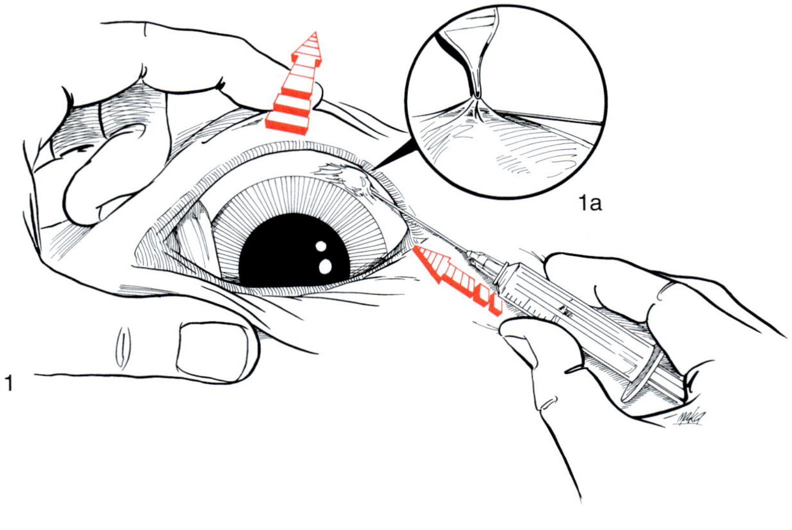

3.4.2.4 球后注射(向眼球后方注射药物)

适应症

向眼球后方注入局部麻醉药、抗生素。注射类固醇药剂。

为了进行眼球窝的X线摄影注入造影剂(阳性或者阴性)。

向眼球后部(玻璃体、后部强膜、脉络膜以及视神经等)组织注入药液。

术式

为了将药剂注入到眼球后方,必须将眼球实施创巾缝合。图1中红色箭头指示的是最初刺入方向。针的前端穿过眼球膨大部后,将针头向外倾斜刺入眼球后方(图2)。

关于针头刺入部位,在眼的腹侧区和外侧区比较合适(图2)。

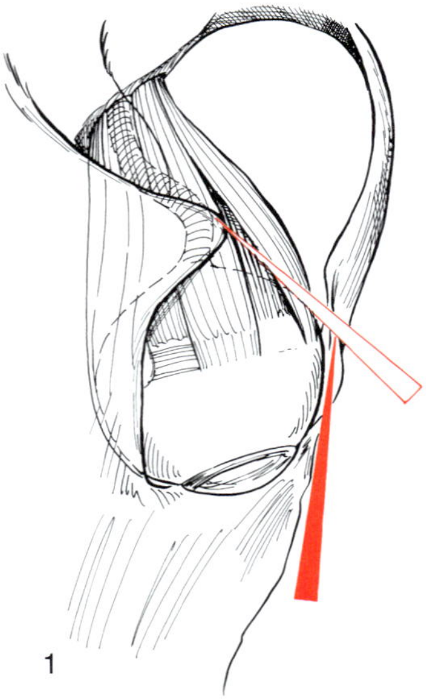
1

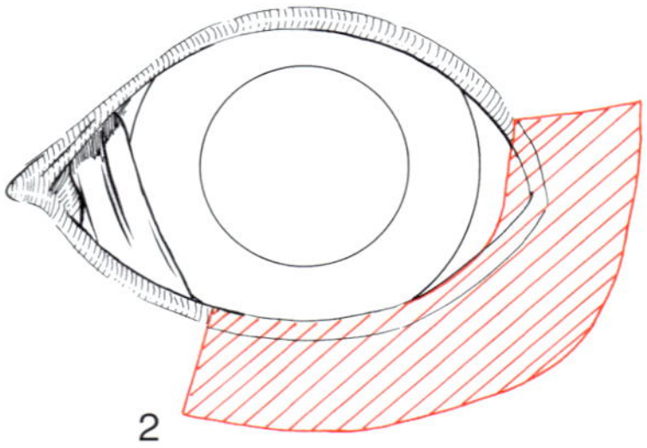
2

3.4.2.5 在眼睑下设置留置导管

适应症

对于难以处置的动物,有必要进行反复多次给药并伴有眼损伤的场合。

术式

在背侧结膜囊中,插入柔软的静脉用留置管。将粗注射针头在上眼睑斜向背侧插入(图1)。然后将导管逆向插入针头内一定长度,退出并去除针头(图2)。使导管平行于眼睑缘,在几处实施结节缝合,将导管固定于眼睑外皮肤表面上(图3)。

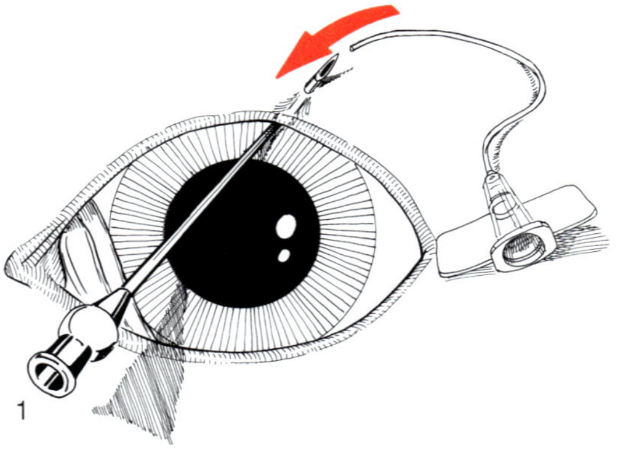
1

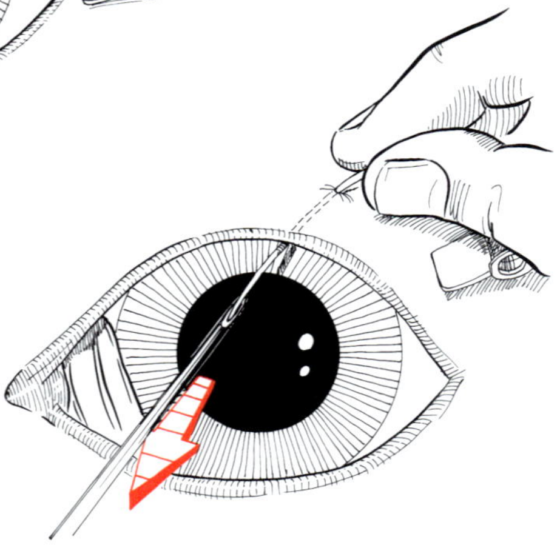
2

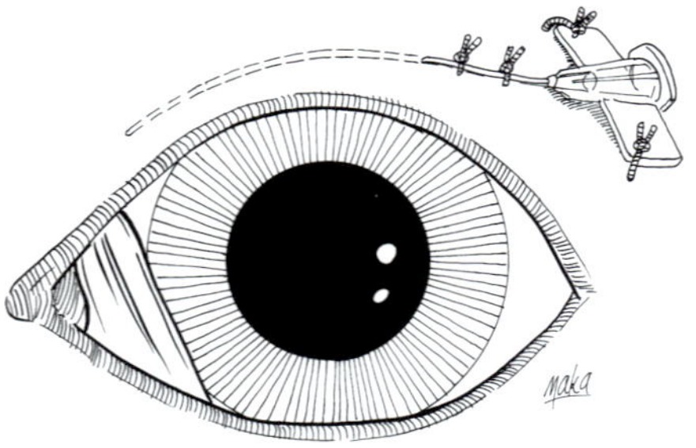
3

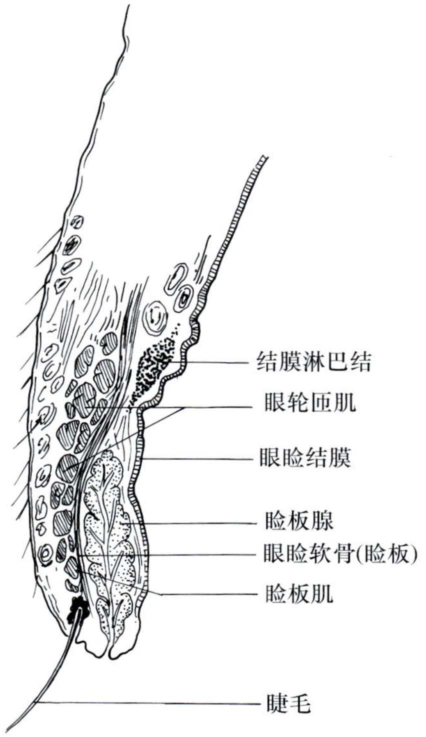

1

3.4.3 眼睑

3.4.3.1 眼睑的解剖

上眼睑的断面图(图 1)。

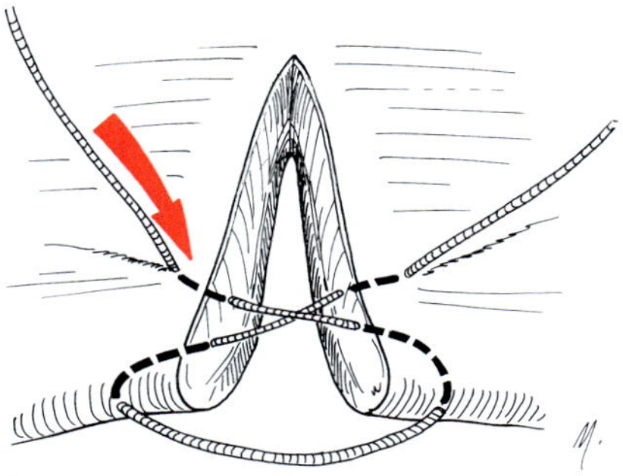

1

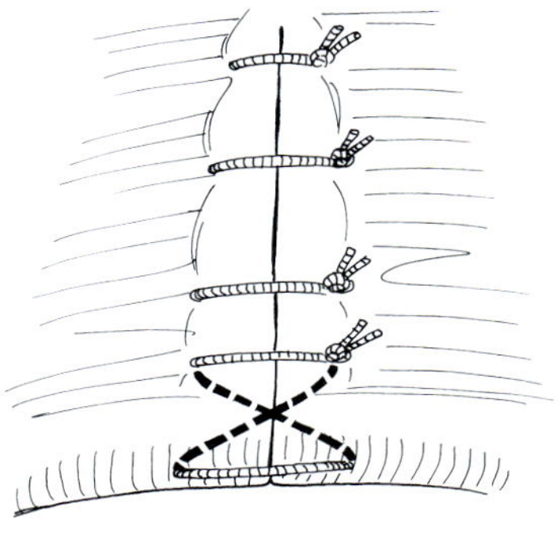

2

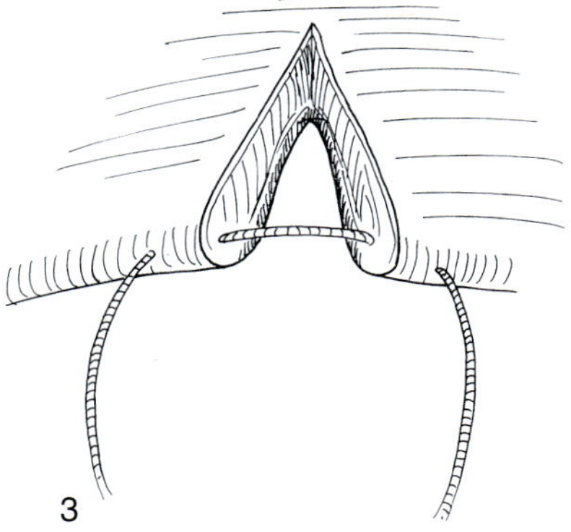

3

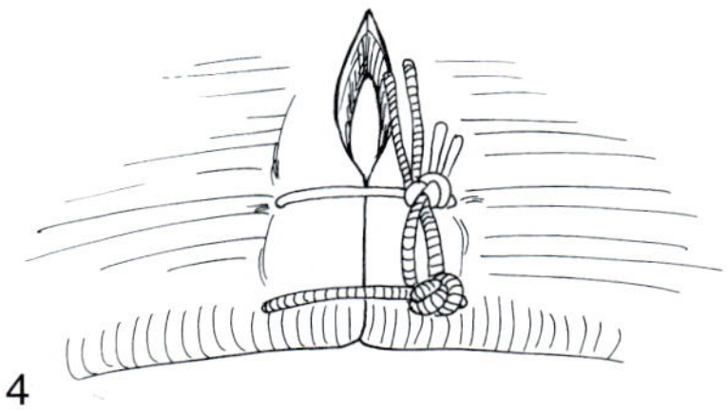

4

3.4.3.2 眼睑缘内缝合

将眼睑缘用 X 形皮内缝合进行连接。开始在距离眼睑缘一定距离的位置进针。继续深入皮内，通过对侧创缘，最后再于距离眼睑缘一定距离的位置出针并结扎(图 1)。

进一步的缝合方法如下，用 5–0 缝线，用结节缝合法依次实施缝合。缝合时，缝线不能贯通结膜层(图 2)。

用单纯结节缝合法实施边缘内缝合的方法如下，首先从眼睑缘刺入，然后通过对侧创缘内部(图 3)。

将眼睑缘松弛地接合，并留有较长的缝线头，和别处留置的缝线头结扎、固定(图 4)。

3.4.3.3 眼睑损伤的外科处置

下眼睑裂创

术式

修剪创缘使其平直。

实施前述的眼睑缘内缝合和单纯结节缝合(图 1、1a)。

当发生结膜囊裂创时，不能与眼睑缘一起缝合，应单独进行结膜缝合。

术后护理

用抗生素眼膏一日数次涂抹于结膜囊内和眼睑缝合处。

配戴伊丽莎白项圈。

术后 10 天后拆线。

上眼睑裂创(图 2)

术式

为了避免组织缺损和以后的有关眼睑闭锁问题，不进行创缘多余部分的切除，而是用锐匙刮出新鲜创(图 3)。

首先作为定位缝合，进行眼睑缘内缝合(图 4)。进而将皮瓣用单纯结节缝合法进行缝合(图 5)。

术后护理

用抗生素眼膏一日数次涂抹于结膜囊内和眼睑缝合处。

配戴伊丽莎白项圈。

术后 10 天拆线。

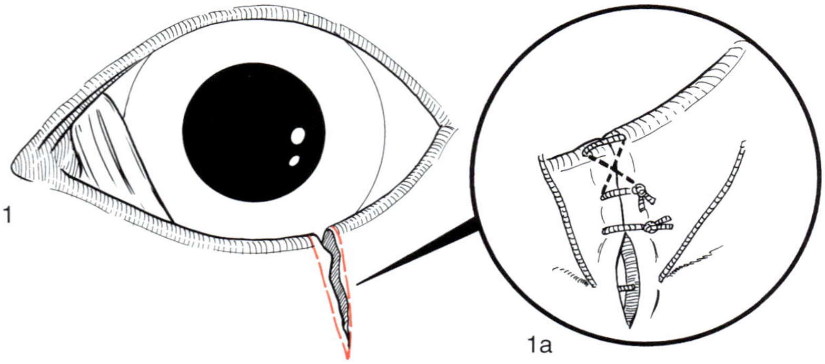

1

1a

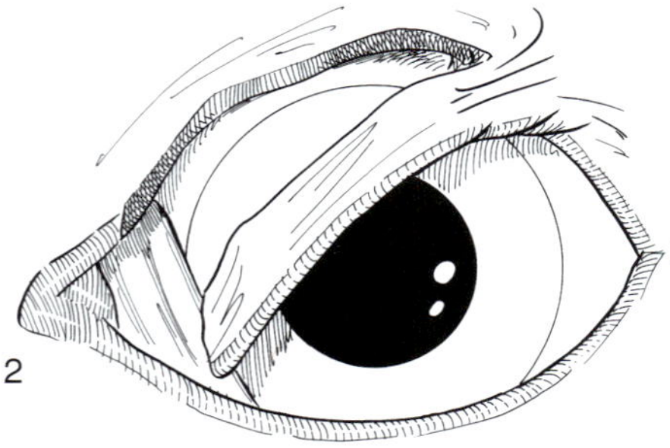

2

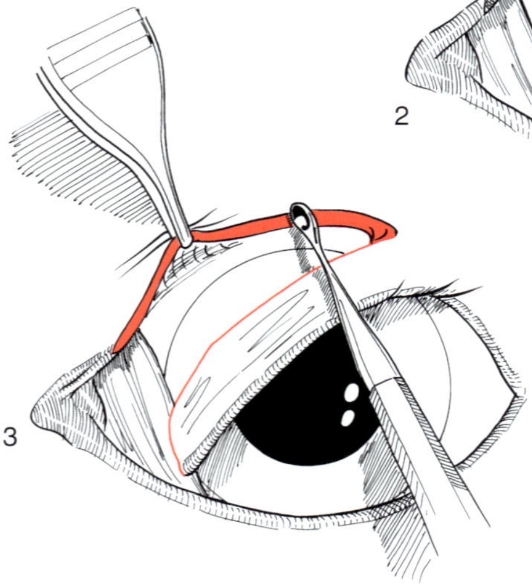

3

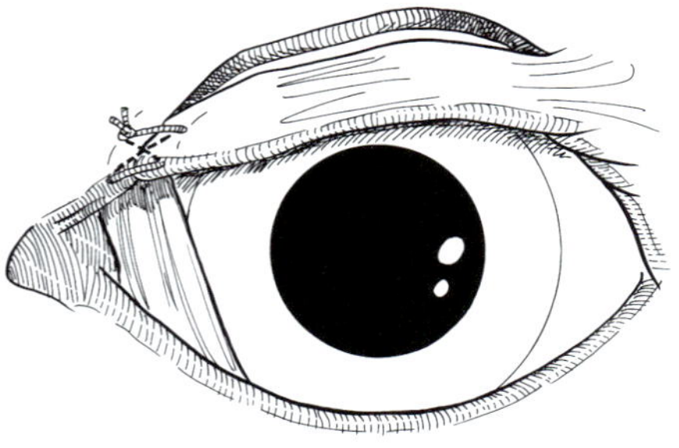

4

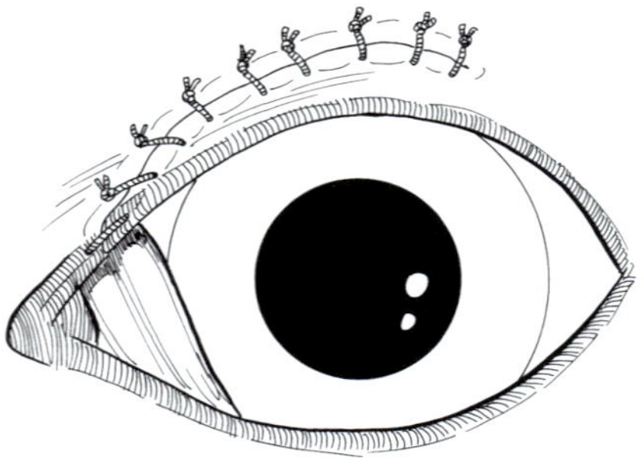

5

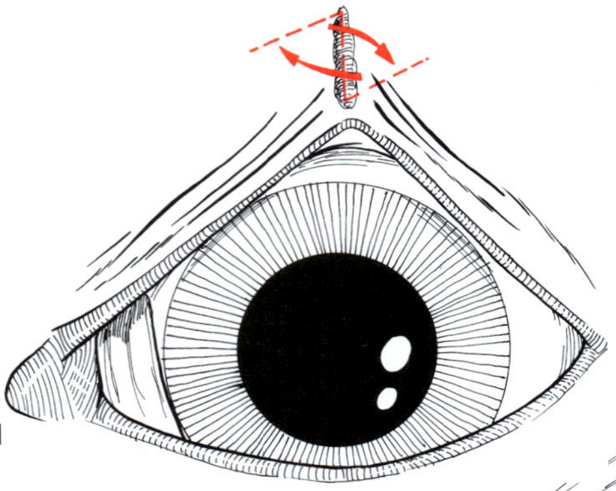
1

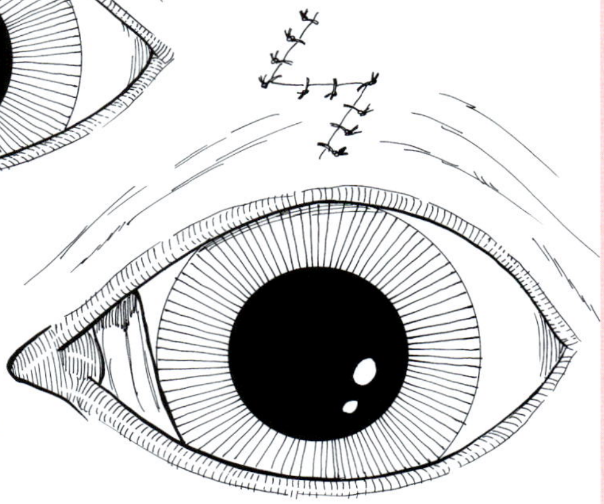
2

3.4.3.4 犬的眼睑成形术

适应症

上眼睑的瘢痕收缩(图 1)。

术式

切除瘢痕组织后，用 Z 成形术缓解张力(图 2)。使用相应的手术方法,可使眼睑恢复至原来的解剖学位置。

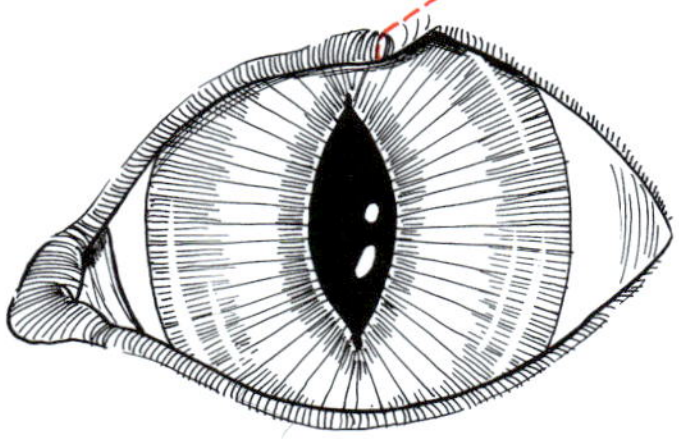
1

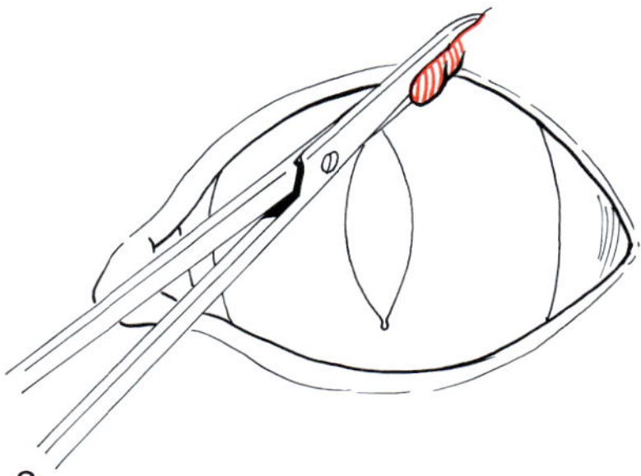
2

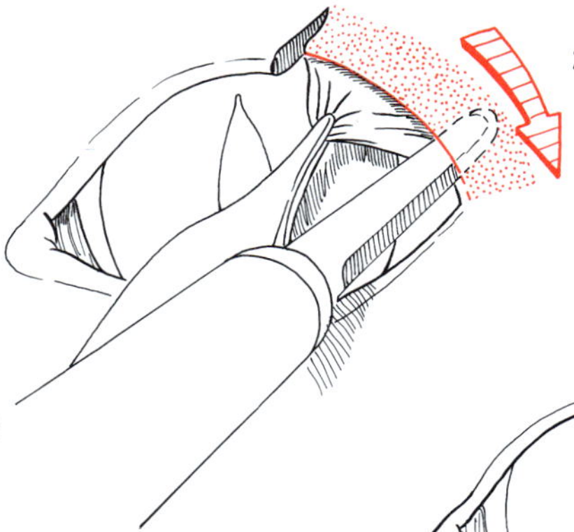
3

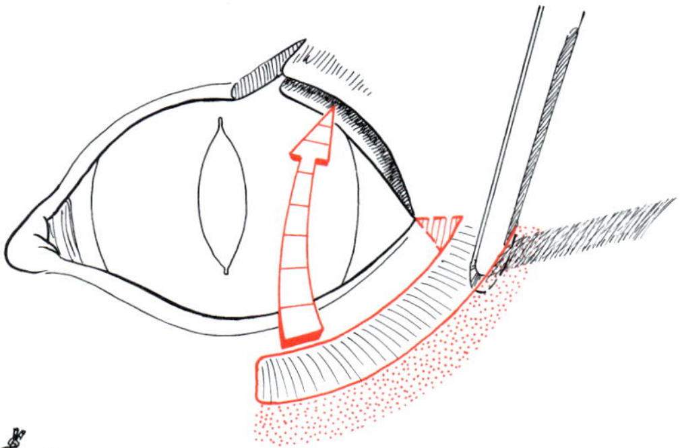
4

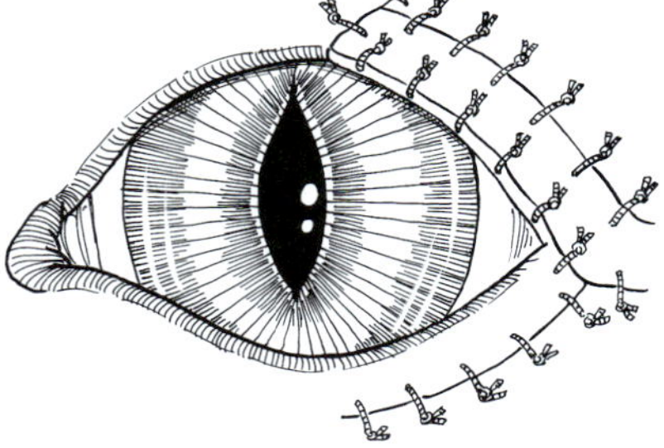
5

3.4.3.5 猫的眼睑成形术

适应症

猫的部分眼睑缘形成不全(图 1)。

术式

准备进行 2 阶段移植的术式部位。

● 用手术剪剪开正常眼睑缘的移行部分(图 2)。

● 用眼科手术刀将形成不全的眼睑缘平行于眼睑切至数毫米深，分割出 2 层(图 3)。平行于下眼睑，做成并移动与上眼睑受体部位正好合适的长方形翻转皮瓣。为了改善外眼角的“犬耳”(多余部分)状态，可切除单位三角形的皮片，延长眼睑裂(图 4)。向移植受体部位移动翻转皮瓣，进行眼睑缘内定位缝合来固定皮瓣。将皮瓣用单纯结节缝合法，在非紧张状态下实施缝合。用同样的单纯结节缝合法缝合移植的供体部位(图 5)。所有的缝合均使用 5-0 非可吸收性缝线。

术后护理

涂抹抗生素眼膏。

配戴伊丽莎白项圈。

定期进行检查，术后 10 天拆线。

并发症

在皮肤向黏膜过渡处发生紧缩。在皮瓣移植处眼毛生长方向发生变化造成乱睫毛(多发于长毛猫)。

无论发生何种并发症都有必要进行修正。

3.4.3.6 眼角成形术

通过 Wyman 进行头侧部的眼角成形术

适应症

特别是在大型犬种，常发生眼睑头侧部的眼睑内翻以及眼睑外翻症。

术式

将外眼角外侧区域，间隔 2~3 mm 进行 Y 字形切开，并从眼轮肌上进行大范围钝性分离(图 1)。

在眼角附近，移动眼轮肌的两个肌束(将一个肌束由背侧向腹侧移动；将另一个肌束从腹侧向背侧移动)(图 2)。

这些肌束平行于头侧部产生张力，将切开创的近位和远位进行水平褥式缝合，固定于颊骨弓基部的骨膜中(图 3)。

将皮肤创口进行 V 字形缝合。结果使外眼角向头侧方向牵引(图 4)。

为了将创口从 Y 字形过渡到 V 字形缝合，开始应在创角外侧进行定位缝合。

术后护理

涂抹抗生素眼膏。

配戴伊丽莎白项圈。

定期进行检查，术后 10 天拆线。

并发症

由于矫正过度(过度向头侧部收缩)引发慢性结膜炎。

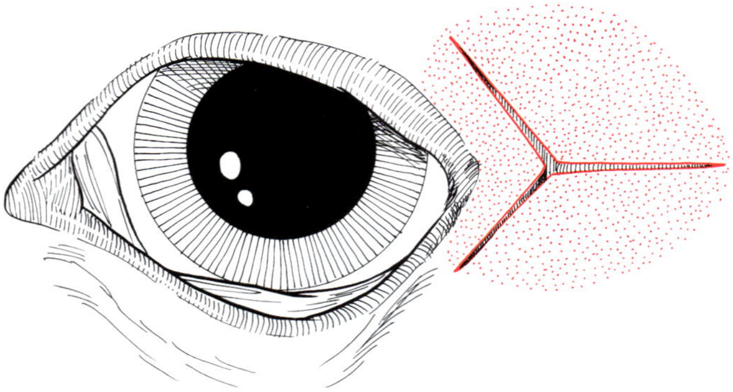
1

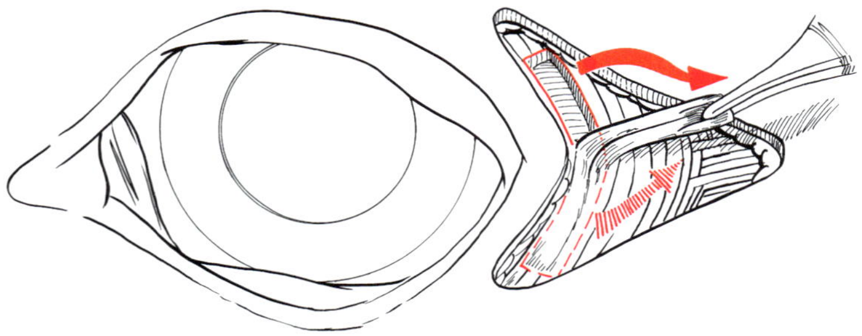
2

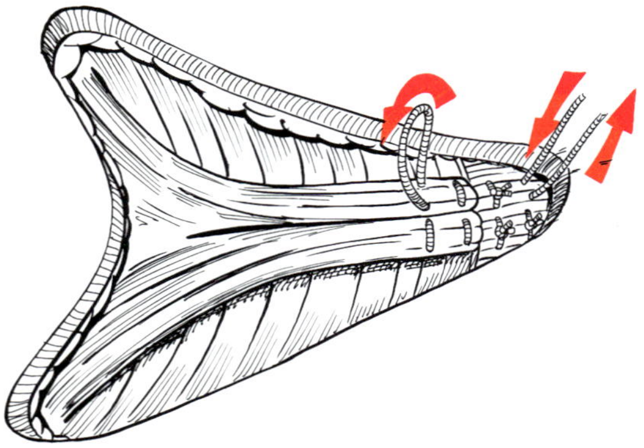
3

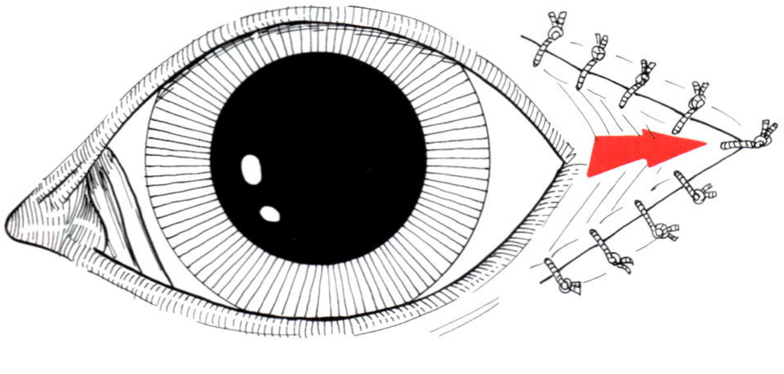
4

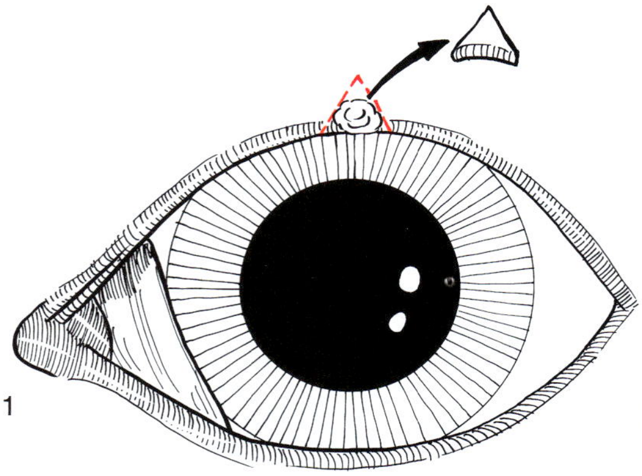

1

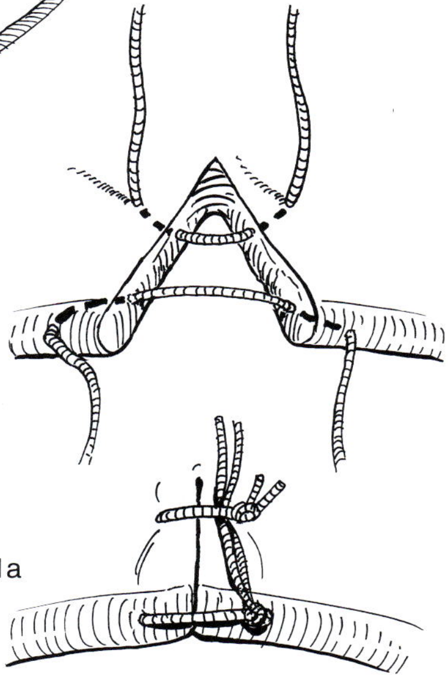

1a

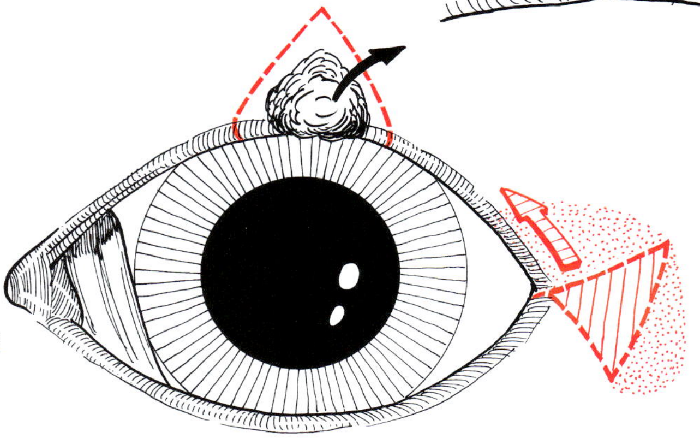

2

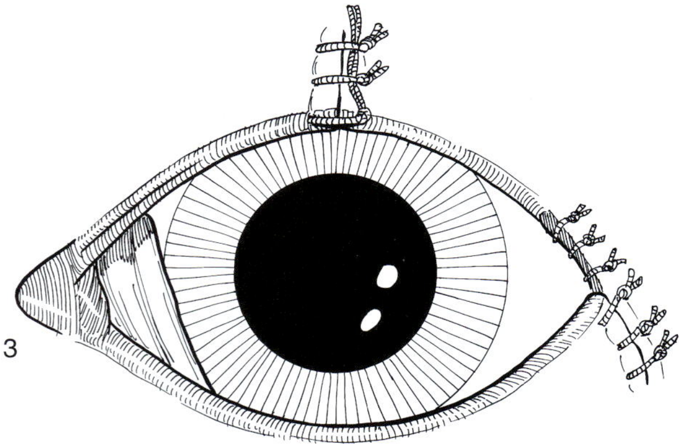

3

3.4.3.10 眼睑缘肿瘤摘除术

适应症

睑板腺的腺肿瘤。眼睑肿瘤。肥大细胞肿瘤。

术式

楔形切除术

对眼睑缘的肿瘤，用细长尖端的眼科手术剪实施直线楔形切除(图 1)。

在非张力状态下，用边缘内缝合法闭合眼睑缘楔形切口(参照 3.4.3.2)(图 1a)。

在比较大的楔形切除术场合，可能发生眼睑缘缩短的情况(图 2)。

在这种状况下，通过实施眼角成形术来防止眼睑裂缩小(参照 3.4.3.6)。

关于实施眼角成形术时切除三角形皮肤片的大小，应适合于楔形切除的大小。

用 5–0 非可吸收性缝线，缝合外眼角切开创(图 3)。

术后护理

涂抹抗生素眼膏 3~5 天以上。

配戴伊丽莎白项圈。

定期检查创口状况，术后 8~10 天拆线。

前行皮瓣

在眼睑发生大的肿瘤，实施楔形切除术时过度损伤了眼睑的情况下，为了修复切除术后缺损的眼睑采用皮肤成形术。

图 1~4 显示的是，用前行皮瓣修补上下眼睑肿瘤切除术后的眼睑缺损。

尽量保护下面存在的结缔组织和结膜，将肿瘤做矩形切除(图 1、3)。

为了修补眼睑缺损，要做成一个前行皮瓣。在眼睑区域特别重要的是，为了使缝合部不发生太大的张力，在皮瓣的基部切除两个等腰三角形皮片(图 1、3)。

将皮瓣向受体侧移动、缝合时，使用 5–0 非可吸收性缝线，用单纯结节缝合法进行缝合。不过，不能将眼睑缘一起缝上(图 2、4)。

术后护理

涂抹抗生素眼膏。

配戴伊丽莎白项圈。

术后 8~10 天拆线。

并发症

用于前行皮瓣的皮肤非常柔软，过度拉伸会使皮肤变形。

作为皮肤偏位的结果，像眼睑内翻的情况一样，错向伸出的睫毛经常刺激角膜内部，有时会引发慢性角膜炎。

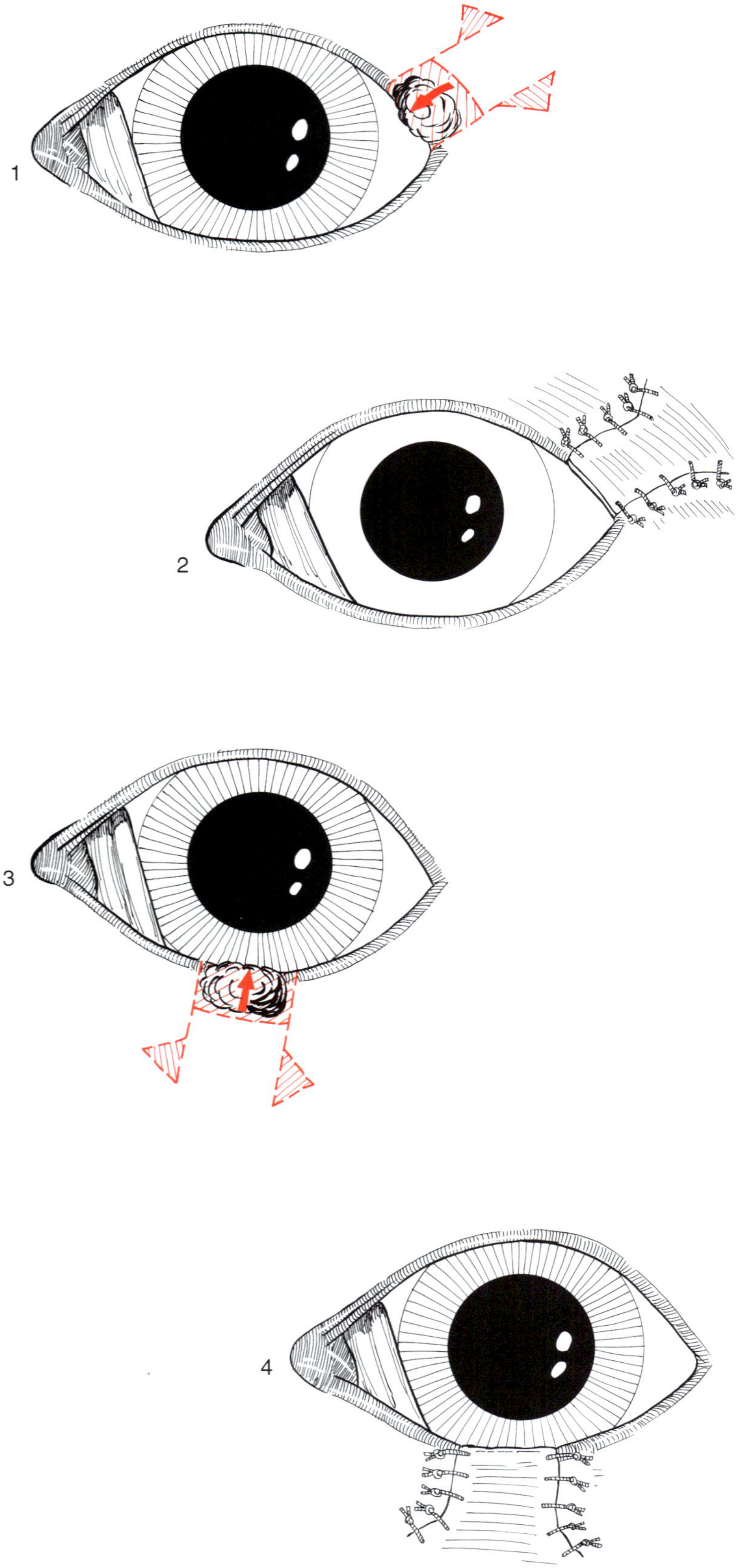

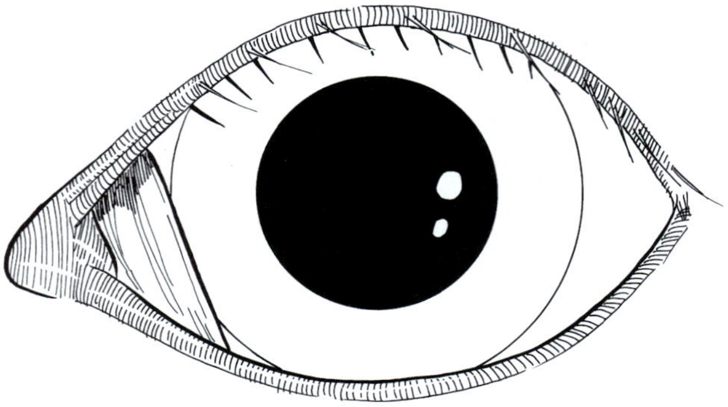

1

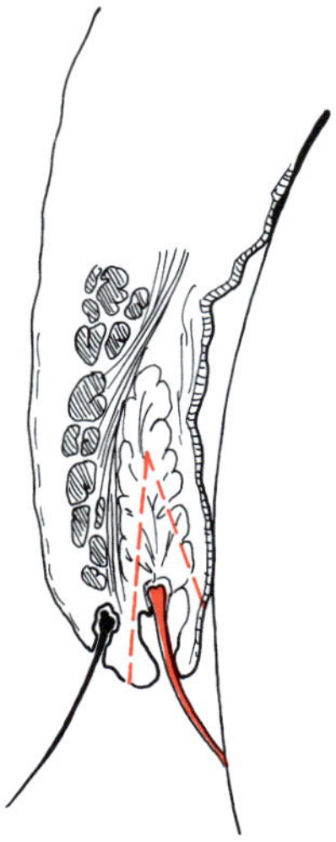

2

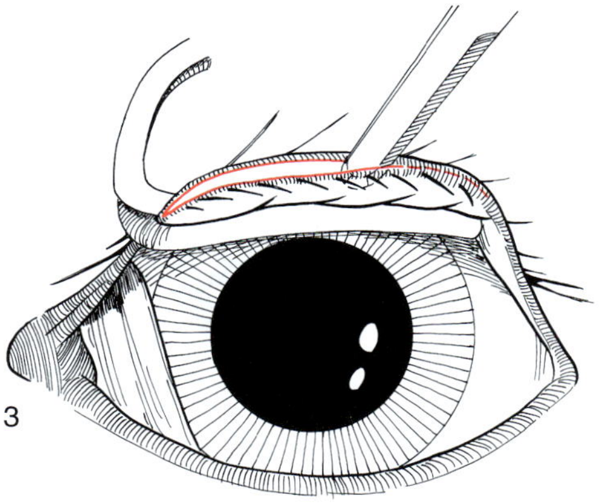

3

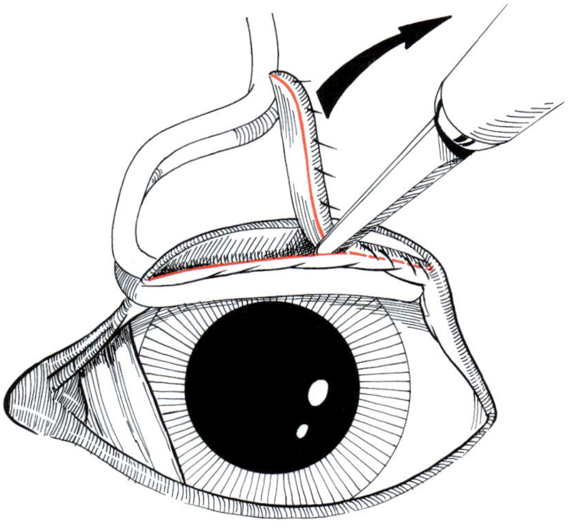

4

3.4.3.11　睫毛偏位(图 1)

3.4.3.11.1　睫毛重生

从睑板腺导管长出睫毛，形成多余的睫毛列(图 2)。

术式

用眼睑缘楔形切除法除去多余睫毛列

将该眼睑作如下处置,距眼睑缘 0.5 cm 处，用无齿眼睑缘钳子或者麦粒肿钳子持握眼睑,翻向外侧。

包括开口于皮肤和结膜交界的睑板腺在内,用眼科手术刀作楔形切除(图 3、4)。

不缝合创口(缝合会形成瘢痕收缩!)。

术后护理

为了降低残留的睑板腺的炎症反应，每日涂抹两次含有醋酸氢化可的松的抗生素眼膏。残留腺体的分泌物(淡白色液体)10~14 天后消失。

约 10 天后形成瘢痕愈合。

并发症

由于眼轮肌的疤痕收缩导致继发性眼睑外翻,接下来发生眼睑痉挛。大面积切除时会减少发生眼睑痉挛的危险性。

用电脱毛装置除去多余睫毛

电脱毛可用于睫毛异生（参照3.4.3.11.2）或者睫毛乱生症（参照3.4.3.11.3）。

使用手术用扩大镜或者显微镜，将探针插入睑板腺导管并至底部，然后一边进行电脱毛，一边放置不动 3~10 s(图 5、5a)。

并发症

如果不破坏毛囊，部分睫毛还可能再生。这种情况下必须再次进行脱毛。当脱毛时电流强度过高(最大 100 mA),或者脱毛时间过长(最长 10 s)时，有发生瘢痕和眼睑缘坏死的危险。

5

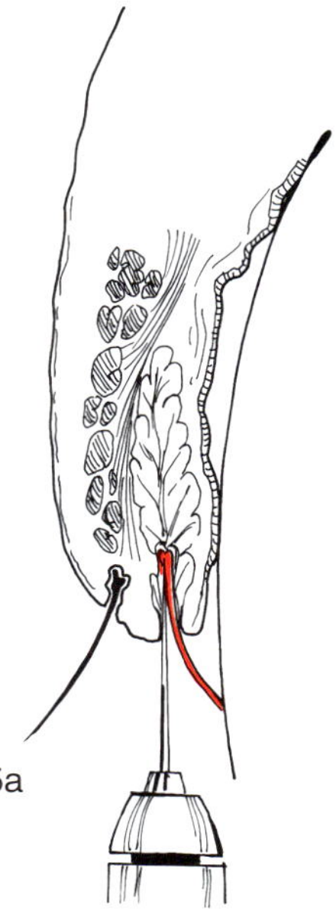

5a

3.4.3.11.2 睫毛异生

伸向眼球侧的睫毛和伸向眼球并导致球结膜穿孔的睫毛(图 1a、b)。

术式

用电脱毛器除去异生睫毛(图 2)

参照 3.4.3.11.1。

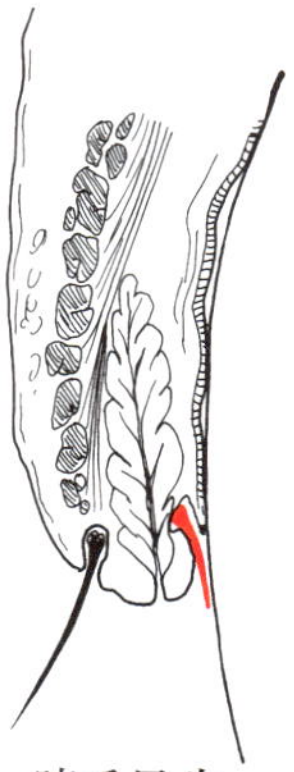

1a 睫毛异生

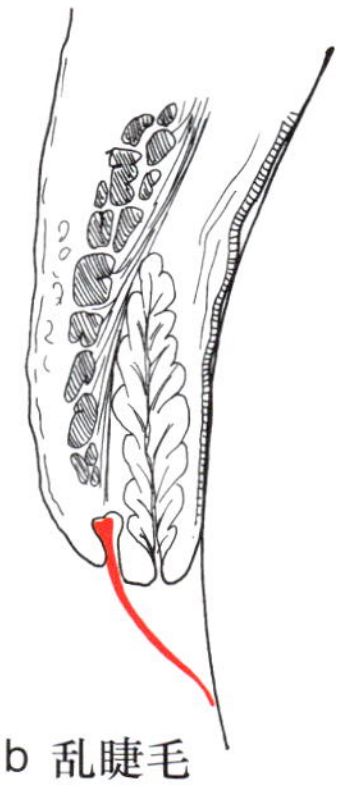

1b 乱睫毛

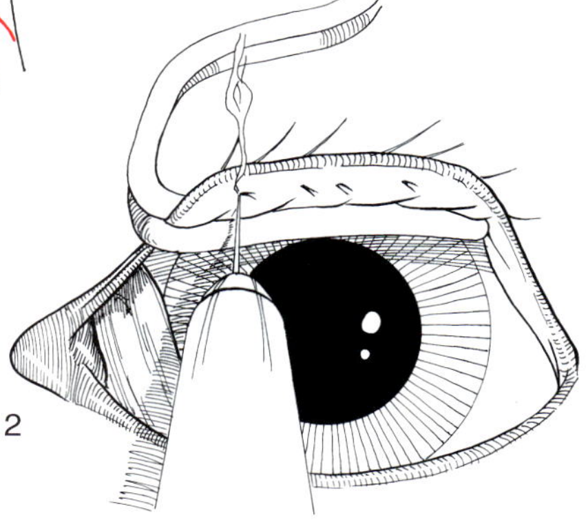

2

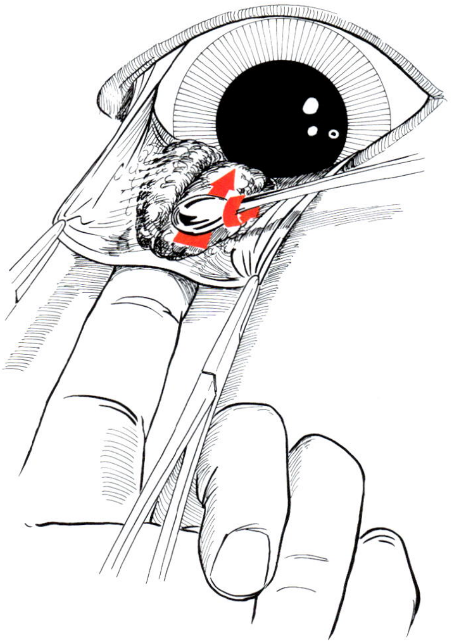

1

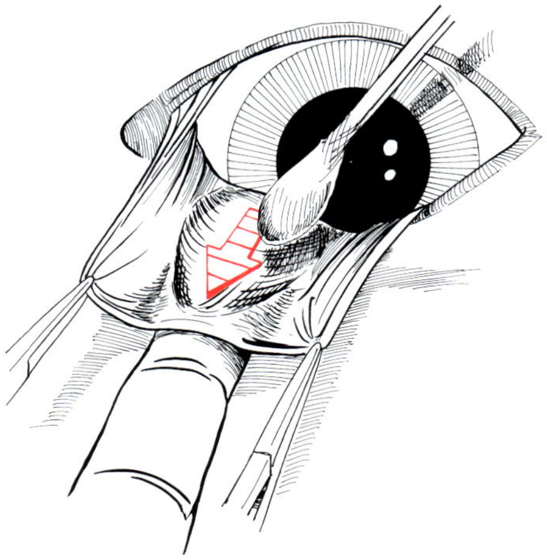

2

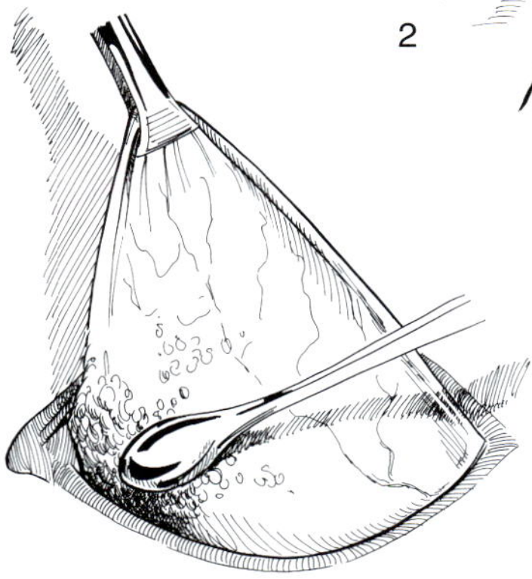

3

3.4.5 结膜

3.4.5.1 滤泡性结膜炎的刮剥

适应症

包括瞬膜在内，发生于全部结膜的滤泡性结膜炎。

术式

通常对于温顺且能够配合的犬，可以在非麻醉状态下，只进行表面麻醉便可实施手术。

注意

为了不损伤瞬膜腺，在刮剥第三眼睑内面时必须向眼球方向刮剥(图 1)。

接下来将刮剥部位再用 2%的硝酸银进行腐蚀。此时为了避免硝酸银对结膜的损伤，应将蘸有硝酸银的棉棒由内向外涂抹(图 2)。

然后,用生理盐水充分中和、冲洗掉硝酸银。

注意

必须将滤泡(结膜囊上部、结膜囊下部以及包括小滤泡)全部清除!（图 3)。

术后护理

用抗生素眼药水点眼,1 天 3 次，连用 3 天以上,然后注射抗生素和涂抹氢化可的松软膏。

配戴伊丽莎白项圈。

并发症

为了获得满意的效果，对于同一个病例要进行 2~3 次刮剥。

3.4.5.2 部分结膜瓣

适应症

角膜缺损和角膜溃疡的治疗。

体位

侧卧保定。

术式

装上开眼器和进行结膜囊清洗。

用眼科剪在轮部附近将球结膜做 2/3 周切开，然后从结膜下组织上钝性分离结膜并使之可动化(图 1)。为了覆盖缺损的部分角膜,将做成的结膜瓣向腹侧牵引。然后将移动的结膜瓣内侧和头侧用 6–0 非可吸收性缝线,用单纯结节缝合法进行固定(图 2)。

将结膜做半圆形切开。将切开的基部的两侧做三角形切除,向腹侧移动结膜(图 3)。覆盖缺损部,将结膜在内侧和头侧各做两处缝合，缝合时使用 6–0 合成可吸收性缝线,用单纯结节缝合法进行固定(图 4)。

术后护理

用抗生素点眼液局部点眼。

配戴伊丽莎白项圈。

术后 10~14 天拆线。

表层性损伤治愈后，约 1 周后将结膜在麻醉状态下剥离去除。2~5 周后将溃疡性损伤的角膜在麻醉状态下剥离去除。

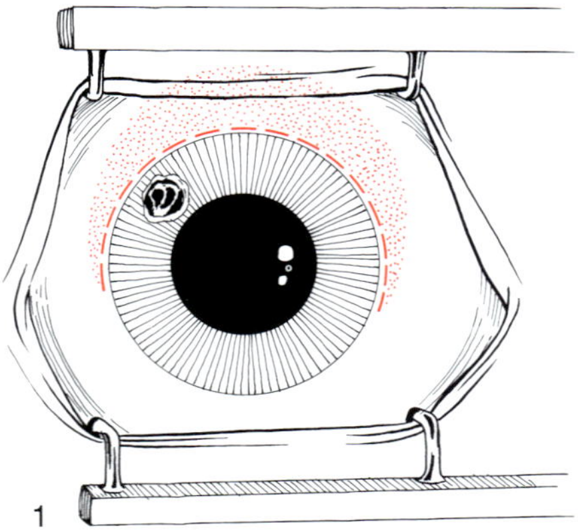
1

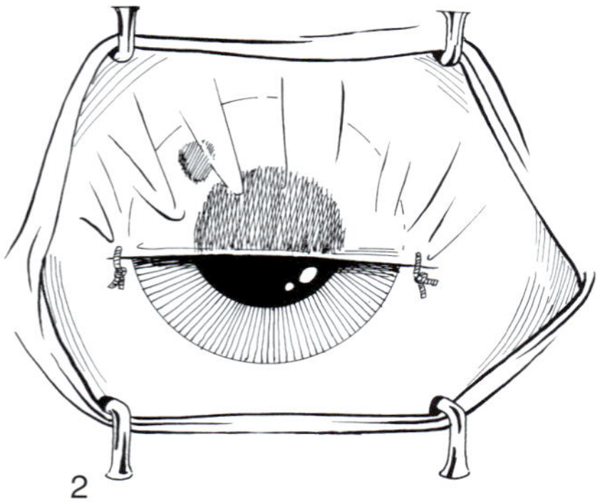
2

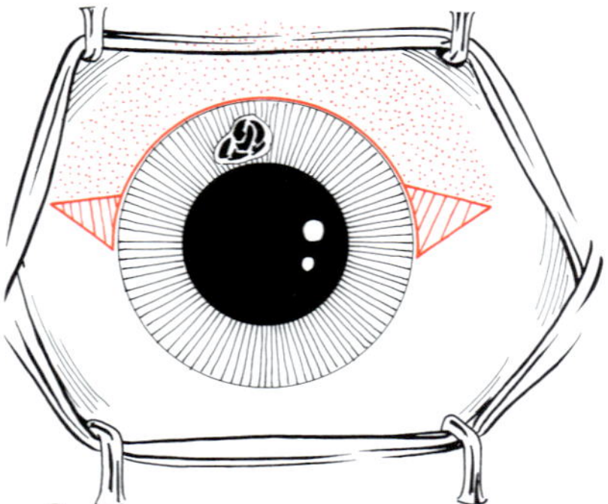
3

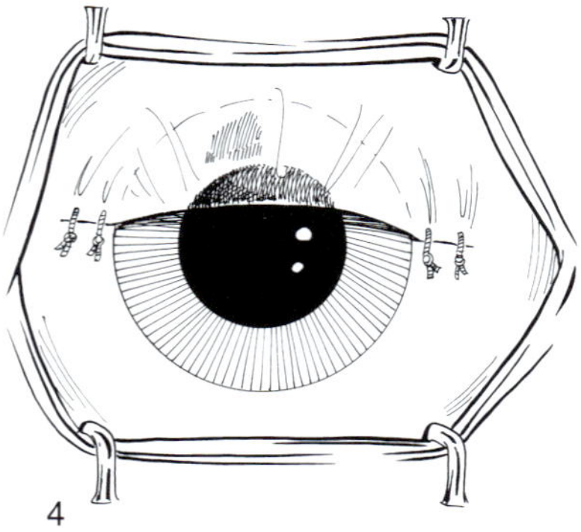
4

1

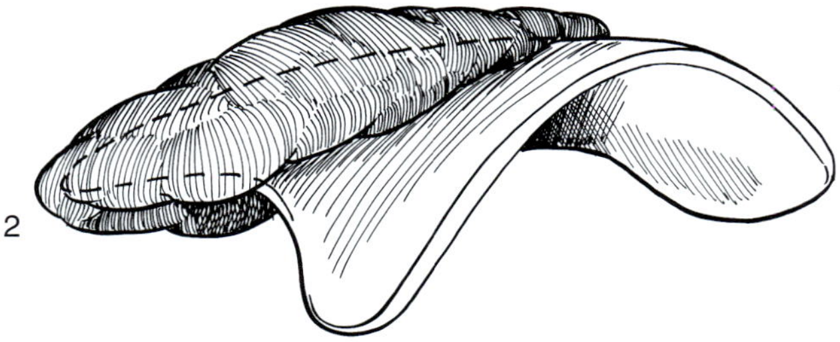

2

3.4.6 瞬膜（第三眼睑）

3.4.6.1 瞬膜的解剖

瞬膜由几乎呈垂直状态的结膜褶构成。在褶的中央有T字形的软骨结构。软骨的横长轴朝向瞬膜的游离缘（图1）。

瞬膜腺（第三眼睑腺）也叫副泪腺，位于以软骨为轴的基部（图2）。犬通常在瞬膜的前端有色素沉着。

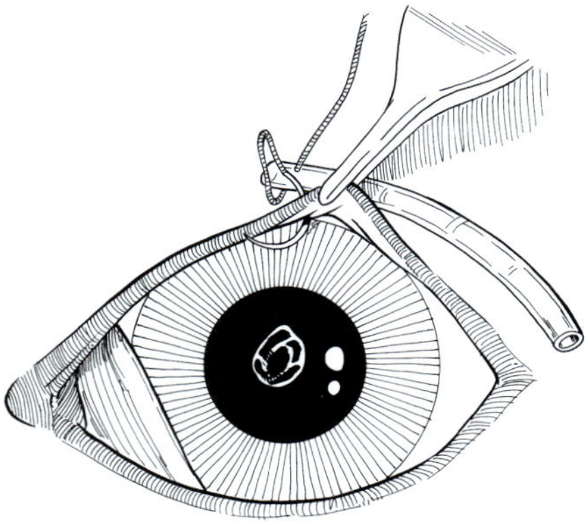

1

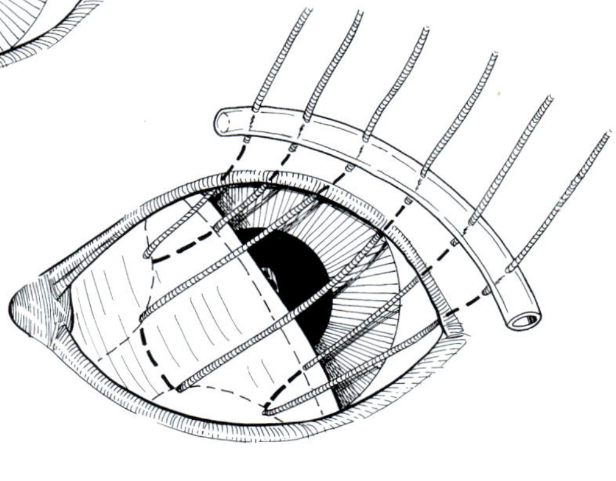

2

3

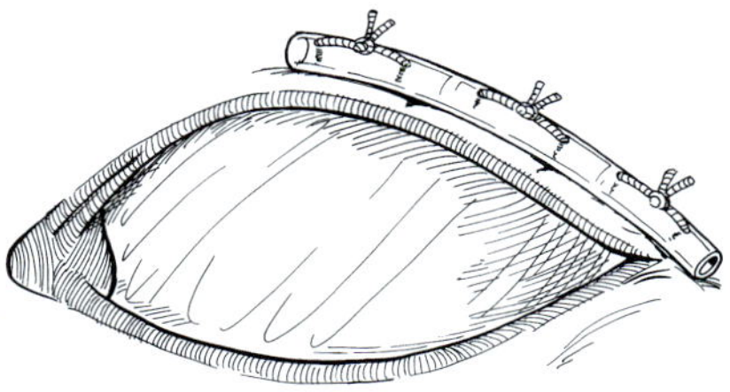

4

3.4.6.2 瞬膜瓣

适应症

对于角膜缺损和角膜溃疡，为了使角膜损伤部再上皮化而使用瞬膜覆盖。

体位

侧卧保定。

术式

清洗结膜囊。

结扎瞬膜的软骨周围，将瞬膜和上眼睑做3处缝合固定（图1、2）。这时，缝线不能贯通眼球侧的结膜（图3）。

为了减轻缝线对上眼睑的压迫，缝合时垫上一段输液管（垫枕）（图4）。

术后护理

每天3次涂抹抗生素软膏。

配戴伊丽莎白项圈。

术后10~20天在局部麻醉状态下拆线。

3.4.6.3 切除瞬膜的软骨部分

适应症

由于瞬膜软骨先天性外翻致使第三眼睑(图 1)外翻。特别是在大丹、圣伯纳、波音达、赛特、斯班尼以及金毛猎犬等品种多发此病。

体位

侧卧保定。

术式

将瞬膜最大限度地向前牵引移动。在内侧屈曲部分的上面切开长轴上部(图 2)。在创缘两侧钝性分离软骨折曲弯转部分，以此方法从内部逐渐地进行剥离、除去软骨(图 3、4)。

由于结膜具有良好的自愈性，故不必缝合创口(图 5)。

术后护理

涂抹抗生素软膏 5 天以上。

配戴伊丽莎白项圈。

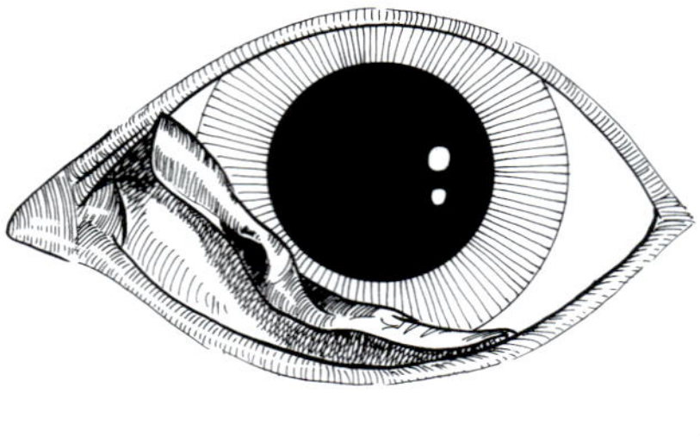

1

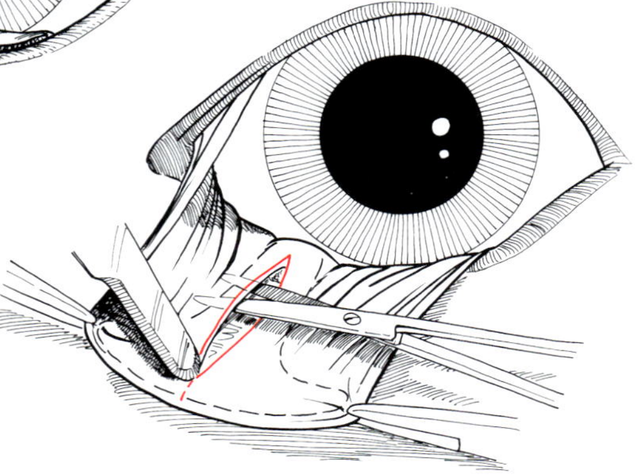

2

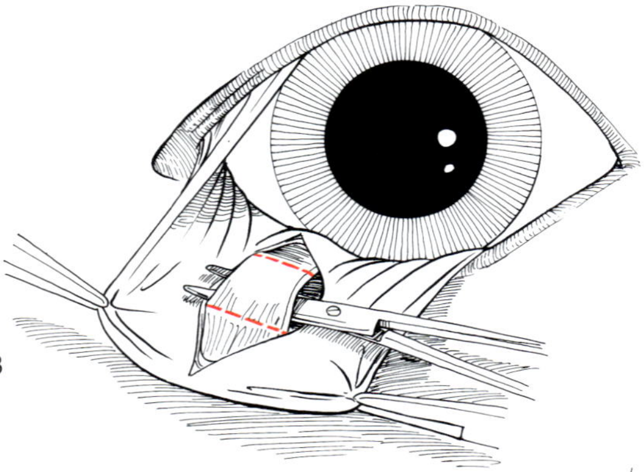

3

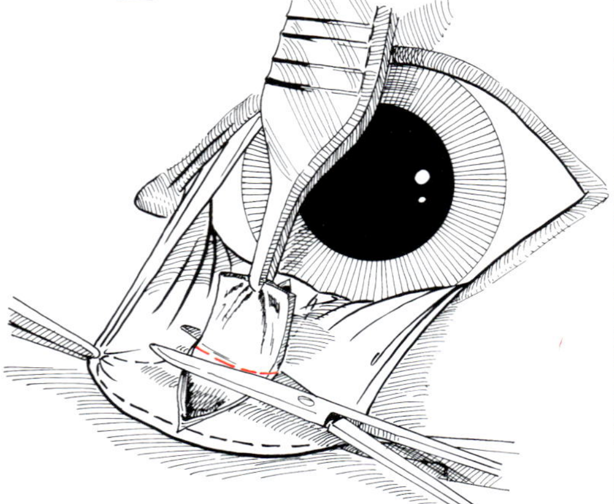

4

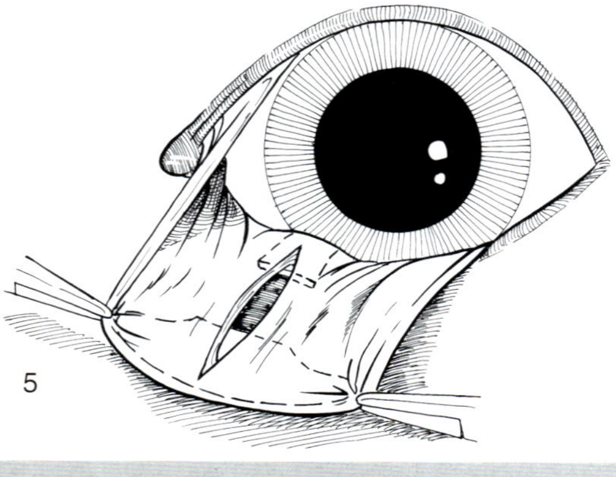

5

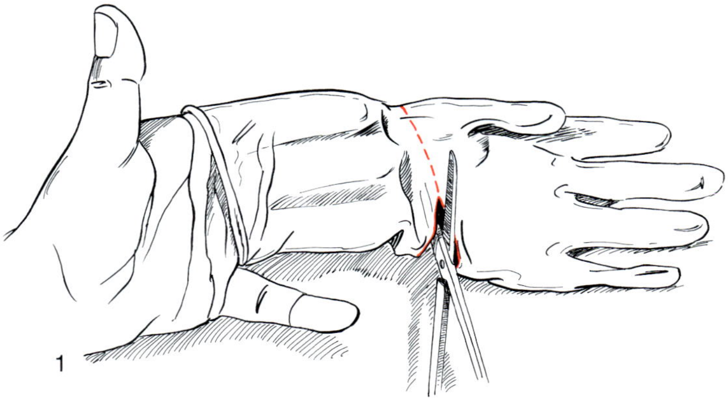

1

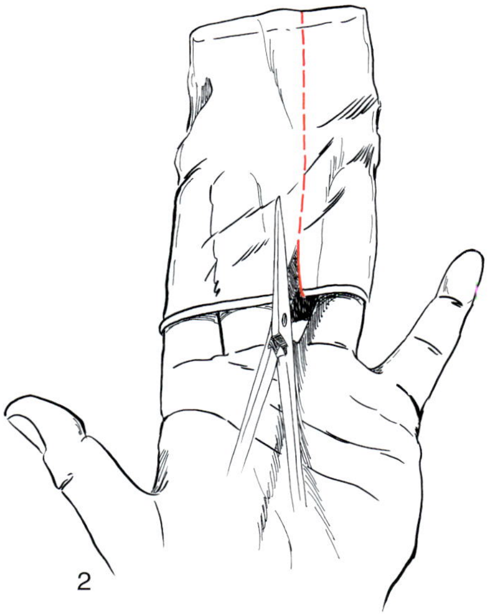

2

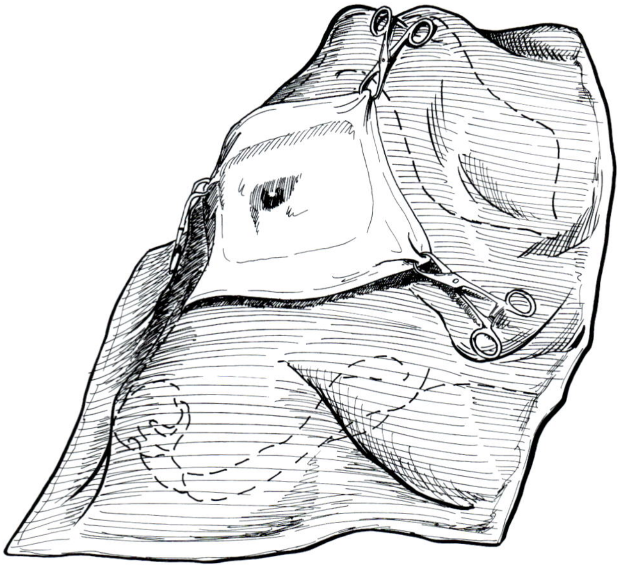

3

3.4.7 眼球内手术的准备

实施眼周围剃毛和消毒后，盖上灭菌创巾。

作为第2种覆盖物，可以使用洗净消毒的手术用乳交手套。

切除手套的手指部分(图1)后,剪开管状部分(图2),绷紧覆盖在眼的上方并用巾钳固定(图3)。

作为第 3 种覆盖物，使用灭菌的有窗创巾，用巾钳固定（图 4）。

在眼的上面横向切开手套（图 5）。

切开外眼角后（参照 3.4.3.6），用开睑器将创巾缘和眼睑扩张（图 6）。

为了固定眼球，在对角线上的结膜轮部做 2 针牵引缝合。将缝线固定在开眼器上。固定时使用钳子或者用 6–0 单股非可吸收性缝线（图 7）。

4

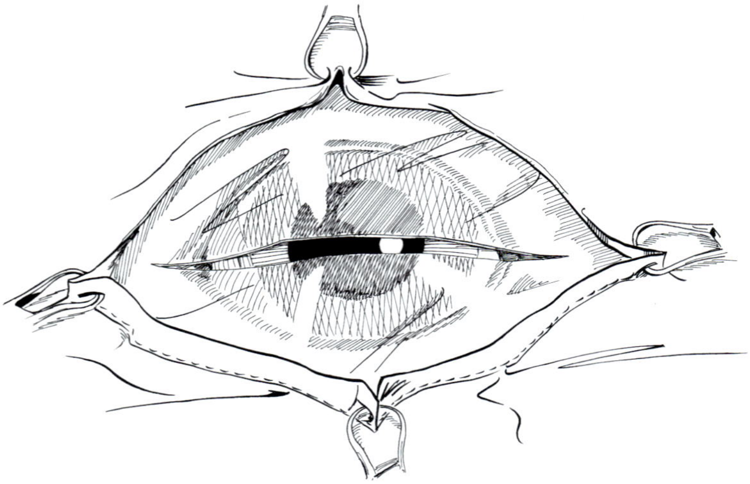

5

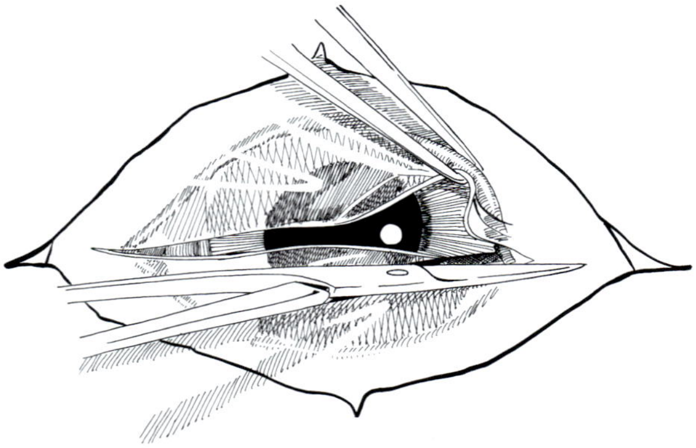

6

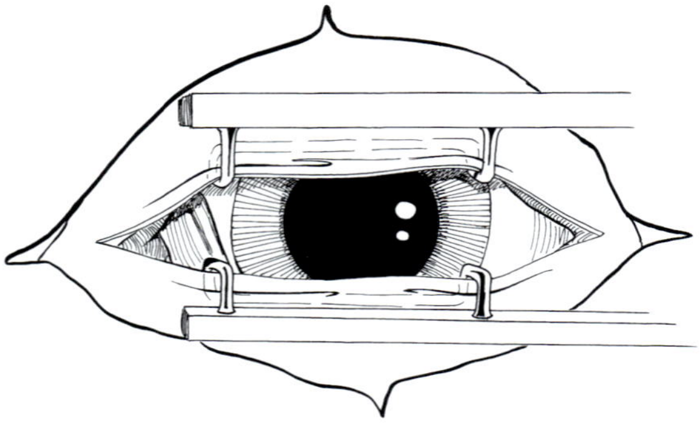

7

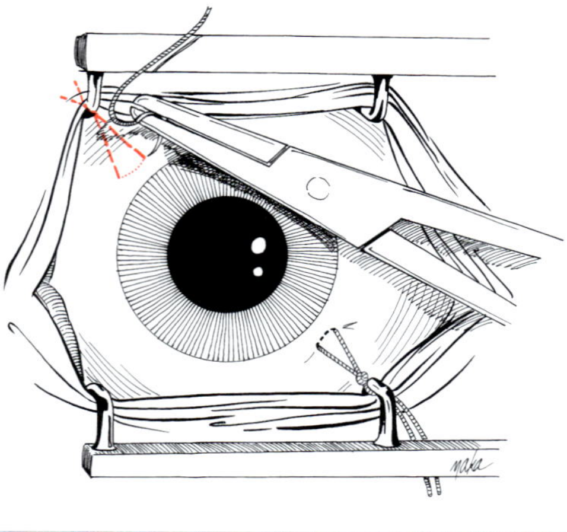

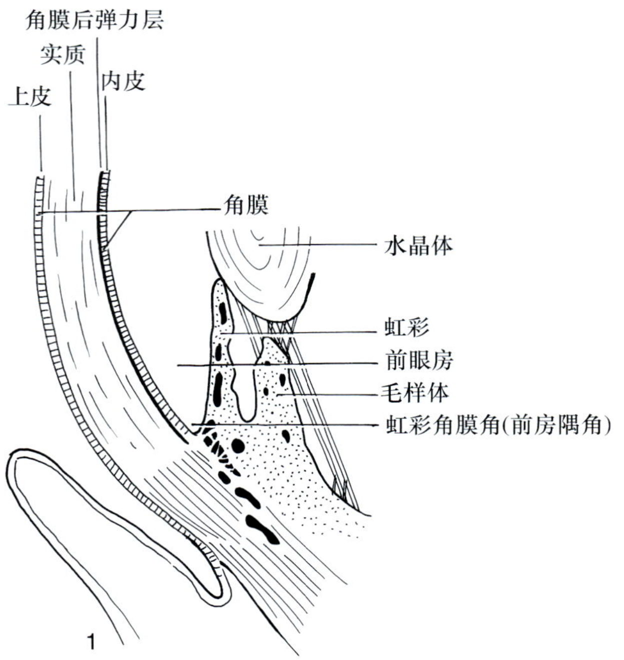

1

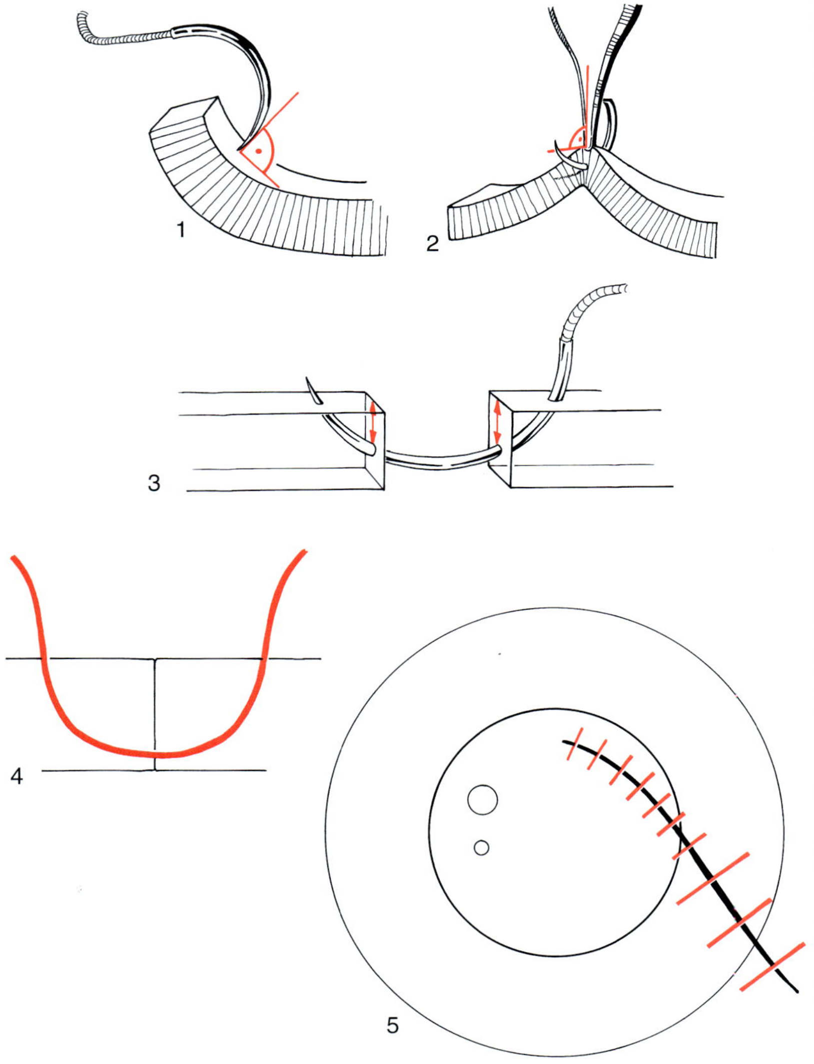

1 2 3 4 5

3.4.8 角膜

3.4.8.1 角膜的解剖

角膜的断面(图 1)。

3.4.8.2 缝合角膜

适应症

角膜损伤。闭合外科切口。

体位

侧卧保定。

术式

使用带缝针的 6-0~7-0 非可吸收性缝线。

无论发生何种情况，都不允许穿透角膜后弹力层或者角膜内皮。

在拉成直角的结膜上进针(图 1)。出针时必须与创伤面成直角(图 2)。

一边保护角膜后弹力层，一边夹持角膜组织的 2/3 厚度。

为了正确对接角膜的创缘，在刺入对侧创缘时必须与刚才出针的位置相对应(进针出针不能错位！)(图 3、4)。

缝合时，必须从穿孔损伤的角膜周边向中心进行，要注意缝合间隔必须小，一针一针地向前进行。

在创缘刺出刺入的距离要对等地缩小(图 5 的图解)。

3.4.8.3 角膜损伤

3.4.8.3.1 角膜后弹力层瘤的整复

适应症

伴有角膜后弹力层脱出的，到达深部的角膜损伤(图 1、2)。

体位

侧卧保定。

术式

实施全身麻醉。进行眼球手术准备(参照 3.4.7)。

先在脱出的上部实施角膜缝合。将角膜后弹力层瘤用虹彩压板进行还纳（向内侧折返推纳)(图 3)。与此同时,结扎事先缝在角膜上的缝线(图 4)。

为了使角膜后弹力层再度紧贴于角膜实质,在眼前房内注入足够量的生理盐水以及空气，或者注入两者中任意一种(图 5)。

术后护理

适用于角膜损伤的治疗方法。

约术后 7 天拆除角膜的缝线。

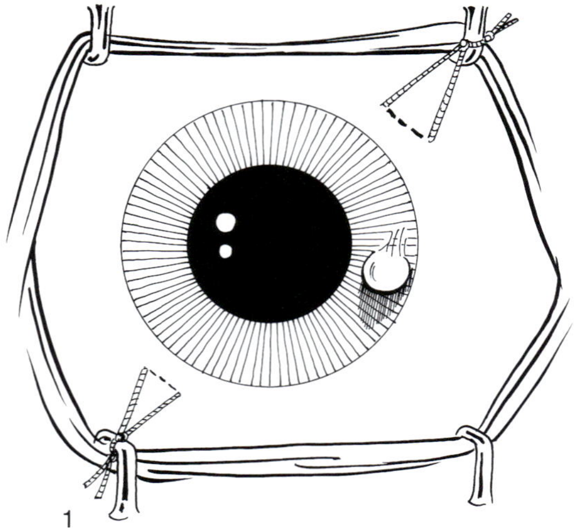

1

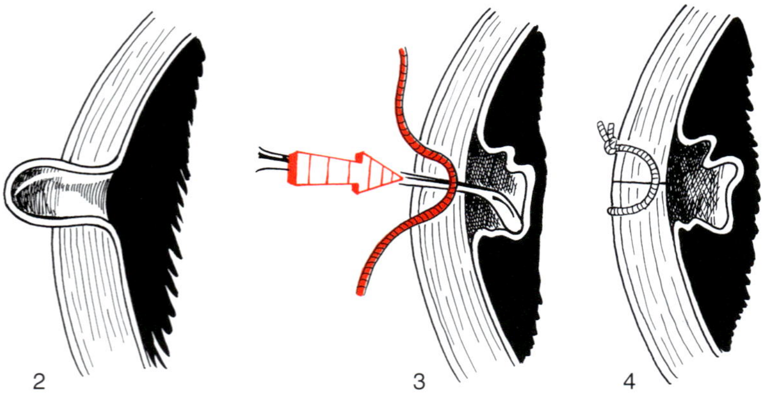

2 3 4

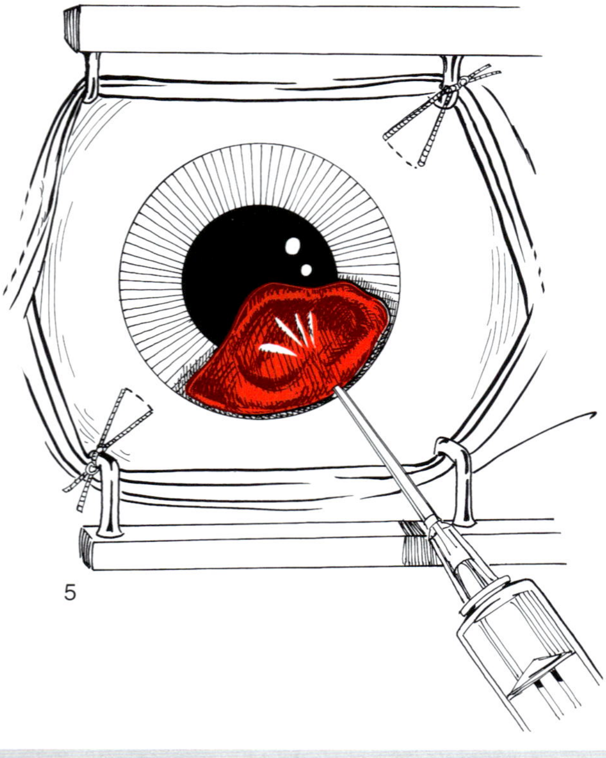

5

1

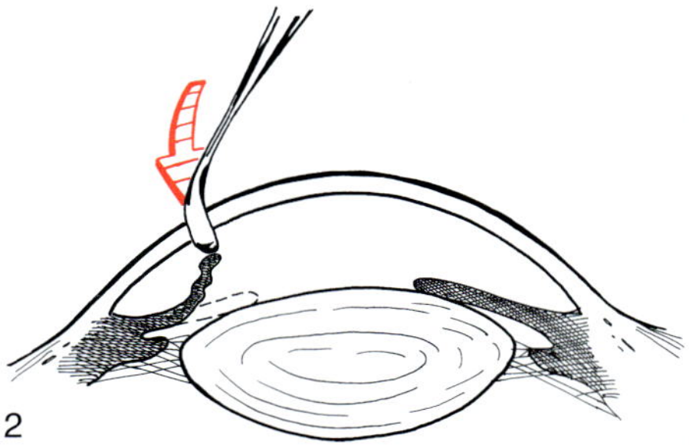

2

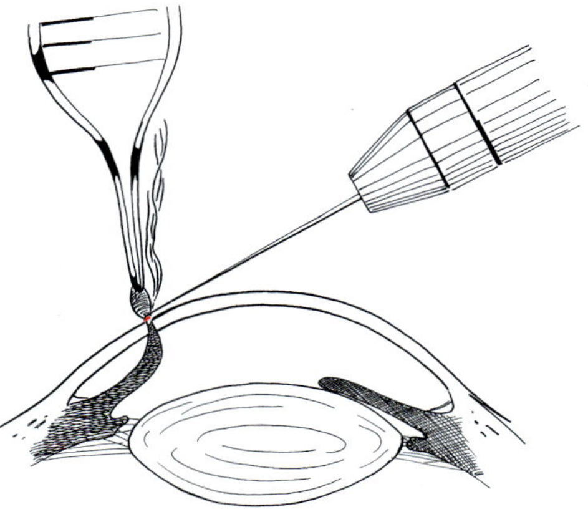

3

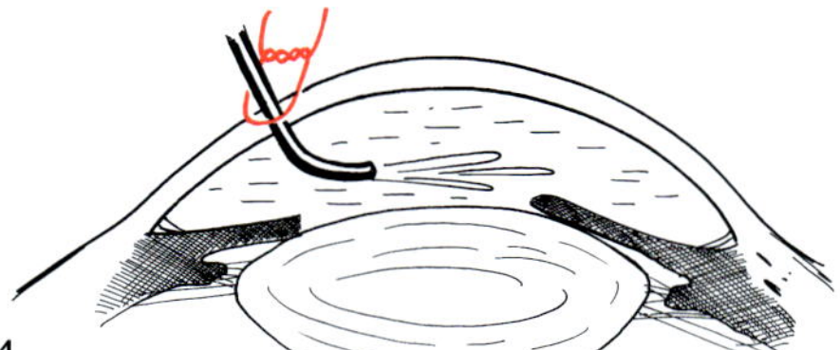

4

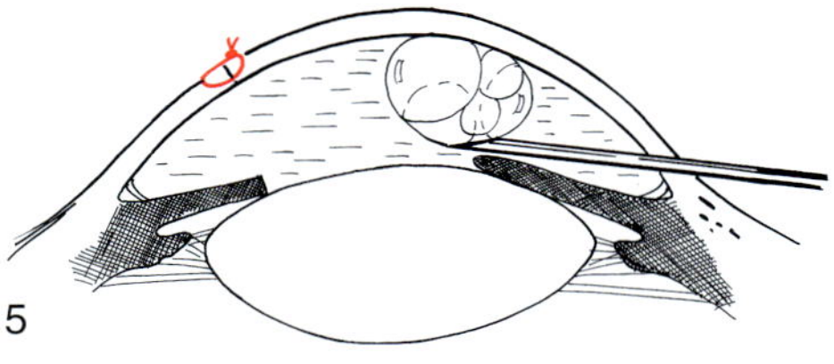

5

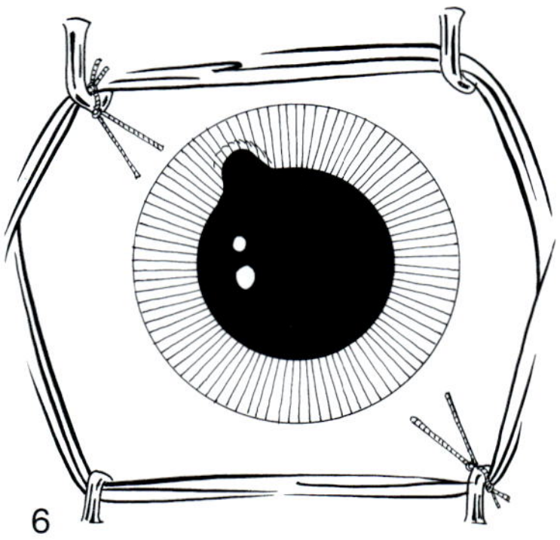

6

3.4.8.3.2　虹彩脱出的整复

适应症

伴有虹彩脱出的角膜穿孔(图 1),时间很短(3 h 以内)。

体位

侧卧保定。

术式

实施全身麻醉。进行眼球手术准备(参照 3.4.7)。

用虹彩压板把虹彩从角膜穿孔部位还纳回去(图 2)。然后用 7-0 非可吸收性缝线进行结节缝合角膜创缘。

3.4.8.3.3　切除虹彩脱出部分

适应症

伴有时间很长(3 h 以上)虹彩脱出的角膜穿孔。脱出的虹彩已经不可能被还纳。

体位

侧卧保定。

术式

用眼科镊子提起突出于角膜上面部分虹彩,用电凝固器或者细的眼科手术剪实施切除（图 3)。对于粘连在角膜创缘的虹彩,用虹彩压板进行剥离。

上述两种手术的共同点:

缝合角膜前，必须用生理盐水清洗眼前房内的纤维素和血液(图 4)。

为了防止出血而进行的散瞳，使用弯曲的眼科探子注入合成的肾上腺素液(1:10 000)。然后,在拔出探子时,用事先设置的 7-0 合成可吸收性缝线闭合角膜。

为了检查角膜缝合的密闭性，用细注射针从轮部插入眼前房内注入空气(图 5)。

为了保护角膜和促进愈合，可使用瞬膜瓣。

图 6 表示的是切除虹彩后的状况。

术后护理

每日 3 次局部涂抹抗生素软膏。

配戴伊丽莎白项圈。

使用 1% 的阿托品眼药水。

注射非类固醇抗炎剂(NSAIDs)。

术后 8~14 天拆线。

3.4.8.4 角膜周边切开

适应症

角膜溃疡以及角膜溃疡治愈后，切断继发地在角膜上新生的大血管（血管翳）。

体位

侧卧保定。

术式

实施全身麻醉。进行眼球内手术准备（参照 3.4.7）。

在轮部附近，将角膜中继发新生的血管用电凝固器烧 2~3 s（图 1）。

为了阻断流向角膜的血液，还有另外的方法，如在轮部附近切除长方形的结膜片。该血管通过结膜片通向角膜损伤部位（图 2）。将长方形结膜片用细的眼科手术刀切开，用眼科手术剪剥离、切除。

术后护理

配戴伊丽莎白项圈。

继续治疗角膜溃疡。

约 2 周后，当角膜周围切除部分完全愈合后，用含有氢化可的松的眼软膏涂抹治疗，以此来促进残留新生血管的消退。

3.4.8.5 薄片状角膜切除术

3.4.8.5.1 薄片状角膜全切除术

适应症

慢性表层性色素性结膜炎。

体位

侧卧保定。

术式

实施全身麻醉。进行眼球内手术的准备（参照 3.4.7）。

为了尽量大地露出眼球，进行暂时性的外眼角切开术。沿轮部用眼科手术刀做长约 4 mm，厚约 1/3 的角膜切开（图 1）。

为了能使薄皮移动，将弯曲的角膜移植手术刀插进角膜创口。

用剪刀钝性分离、去除血管翳，直至露出透明的实质部分为止（图 2）。

切除到达轮部的剥离的角膜（图 3、4）。

依次缝合外眼角的创口。

术后护理

配戴伊丽莎白项圈。

继续治疗角膜溃疡。

为了阻止愈合后血管的新生，1 日数次涂抹含有氢化可的松的眼软膏。

并发症

因为用手术方法不能完全治愈角膜溃疡，只是可以恢复视力，故必须终生进行切实的保守疗法。

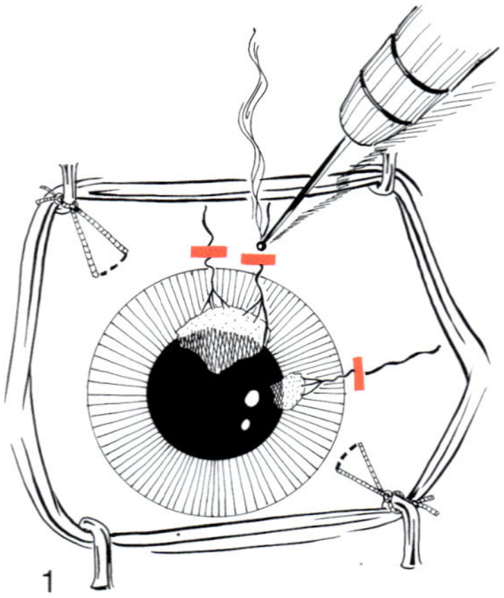
1

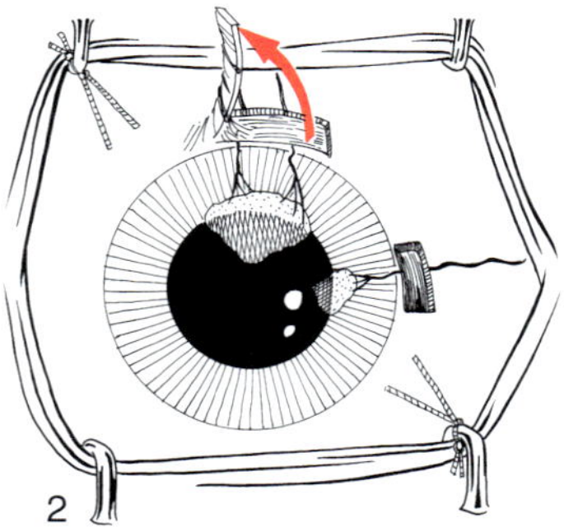
2

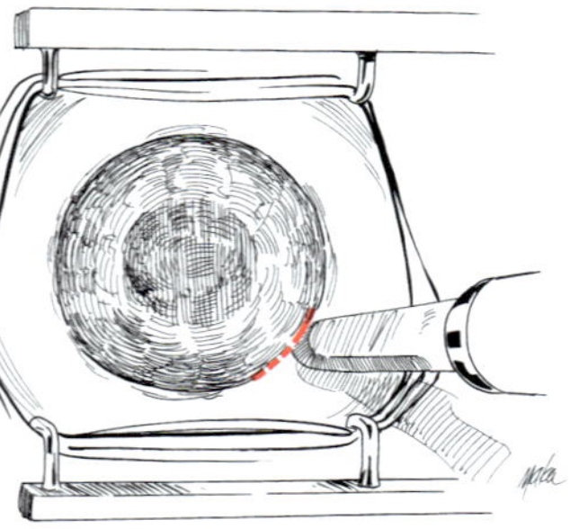
1

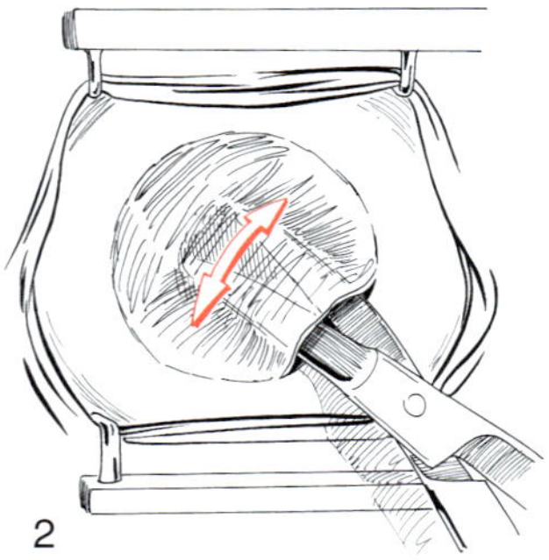
2

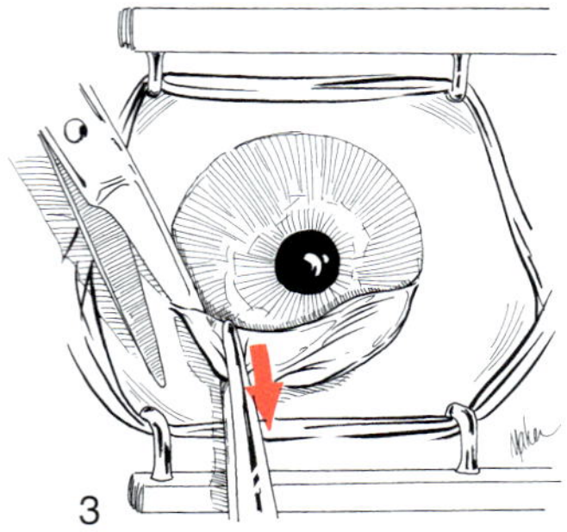
3

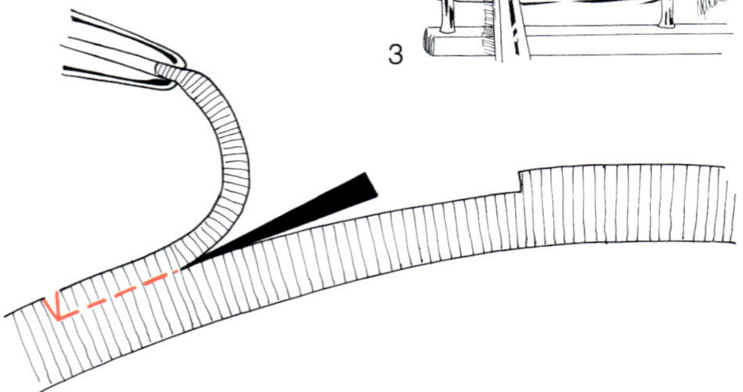
4

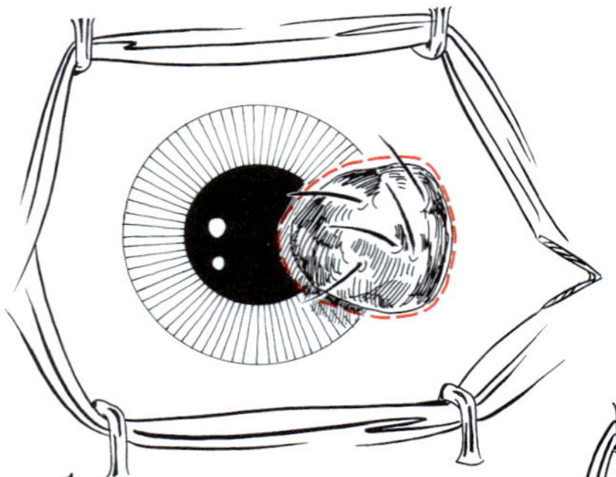

1

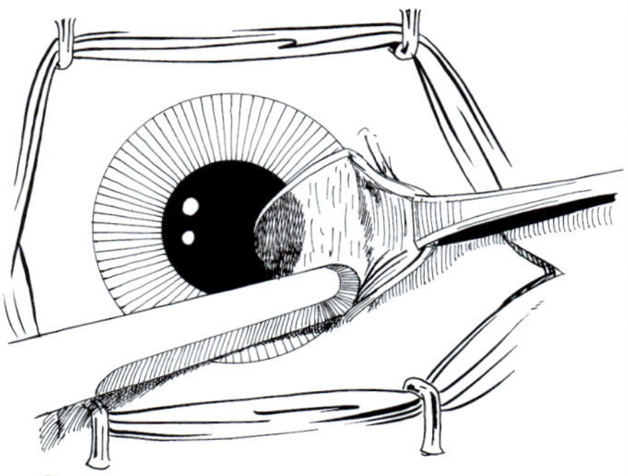

2

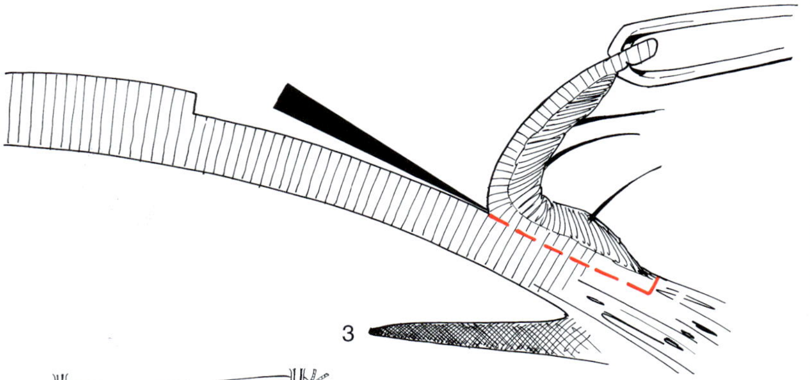

3

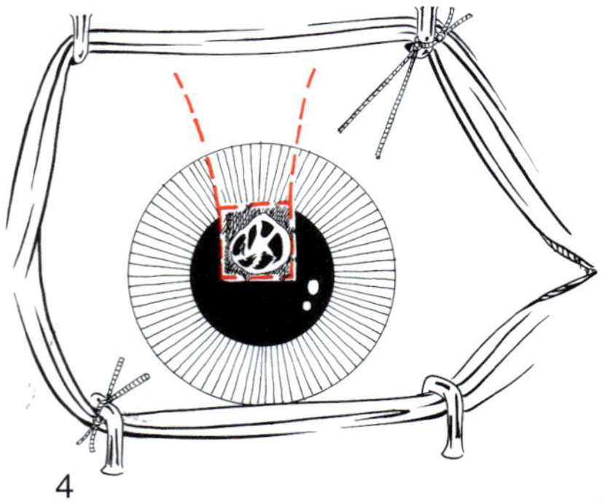

4

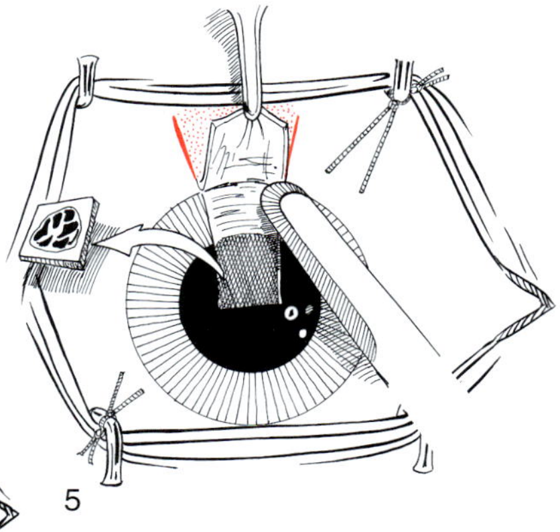

5

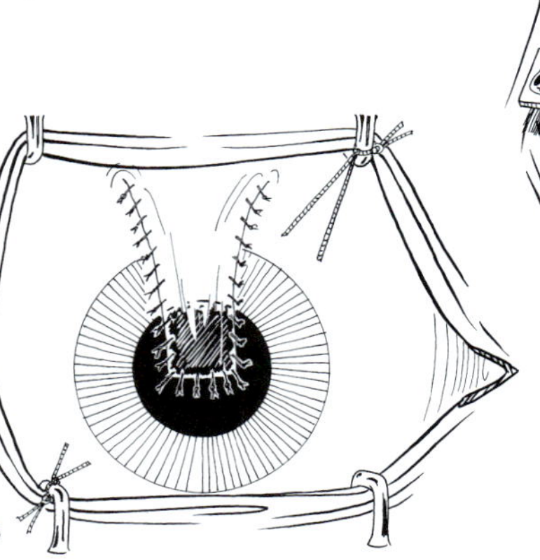

6

3.4.8.5.2 薄片状角膜部分切除术

适应症

角膜类皮肿。慢性角膜溃疡。翼状片。

体位

侧卧保定。

术式

实施全身麻醉。进行眼球内手术的准备(参照 3.4.7)。

角膜类皮肿(类皮囊肿)

用眼科手术刀切开类皮肿周围角膜区域。切开的厚度约为角膜全层的 1/3(图 1)。

用眼科镊子夹住类皮肿，用眼科手术刀平行于角膜表面将其切除(图 2、3)。

手术 8~10 天后再生角膜上皮。多数的病例在切除区域残留有轻度的角膜混浊。

术后护理

每天涂抹 3~4 次抗生素眼软膏，涂抹 4~5 天以上。

配戴伊丽莎白项圈。

慢性角膜溃疡

用细的眼科手术刀，以溃疡部分为中心在 3 个侧面切开。横切开时，使之稍微弯曲，延长至眼前角膜。结果做成由角膜和结膜构成的、有充分大小的前行瓣膜(图 4)。

用手术刀将瓣膜做薄片状剥离，直至瓣膜的基底部。切除发生溃疡的角膜(图 5)后，在不使瓣膜紧张的情况下，检查是否能够覆盖上角膜缺损部位。必要时将切开向角膜囊方向延长。

用 7–0 合成缝线将瓣膜缝合在角膜缺损部位(图 6)。

术后护理

每天涂抹 3~4 次抗生素眼软膏，涂抹 4~5 天以上。

配戴伊丽莎白项圈。

术后 8~10 天在全身麻醉状态下拆线。

3.4.8.6 薄片状角膜成形术

适应症

翼状片。

体位

侧卧保定。

术式

实施全身麻醉。进行眼球内手术准备(参照3.4.7)。

该手术的目的是,去除翼状片,形成在该部位没有的结膜圆盘。

对于和角膜粘连的结膜，用细的眼科手术刀连同角膜一起做薄片状剥离(图1)、切除(图2)。

对于残留的部分翼状片，用眼科手术剪剥离，直至向结膜圆盘方向翻转的部位为止(图3)。

向圆盘方向移动剥离片（图4a),用5-0缝线贯通眼睑皮肤，做经皮的水平褥式缝合,固定于结膜翻转部位(图4~7)。

(下接200页)

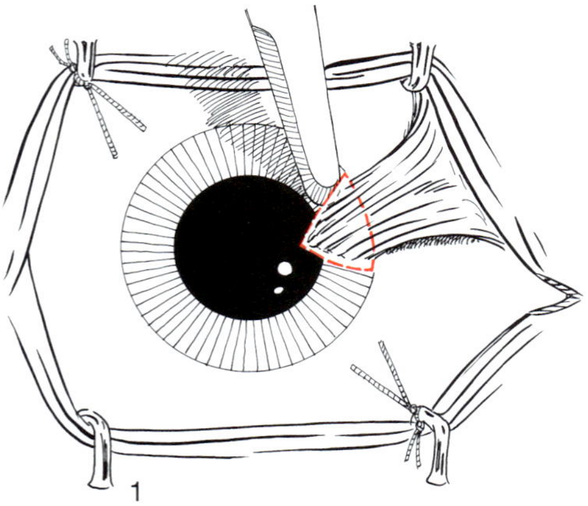
1

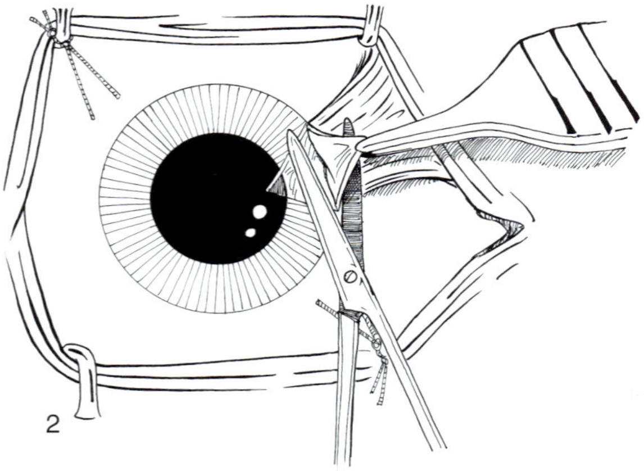
2

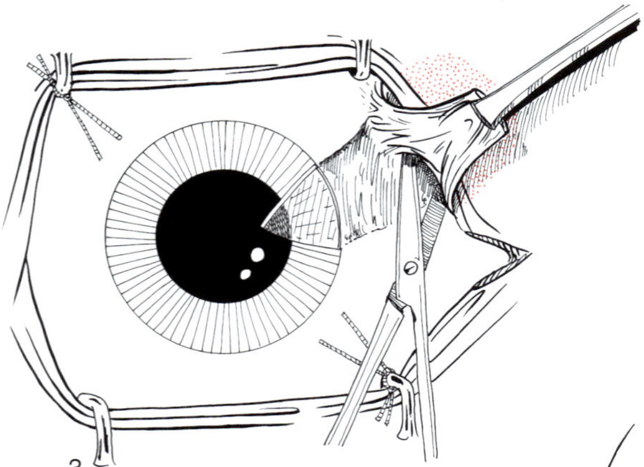
3

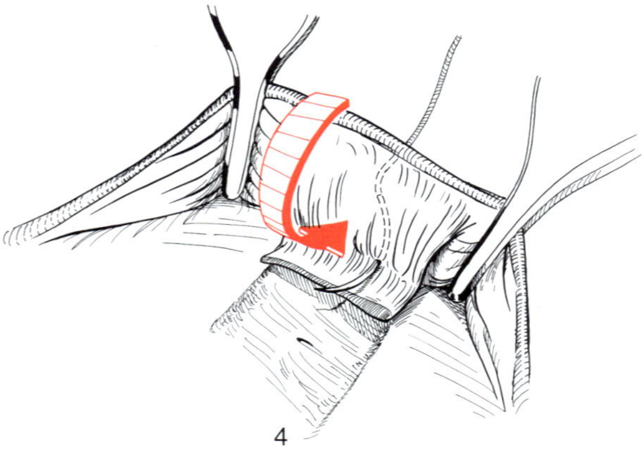
4

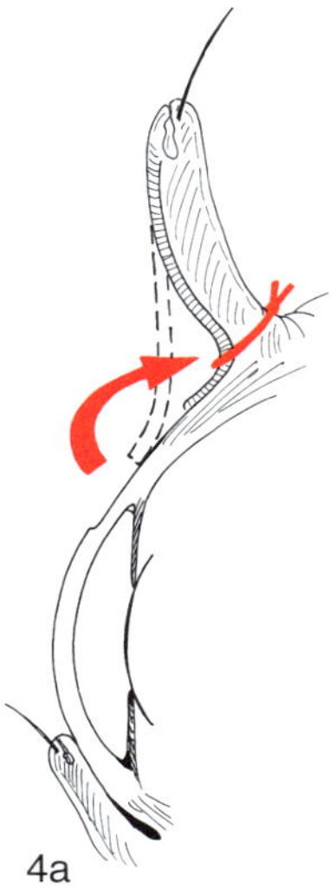
4a

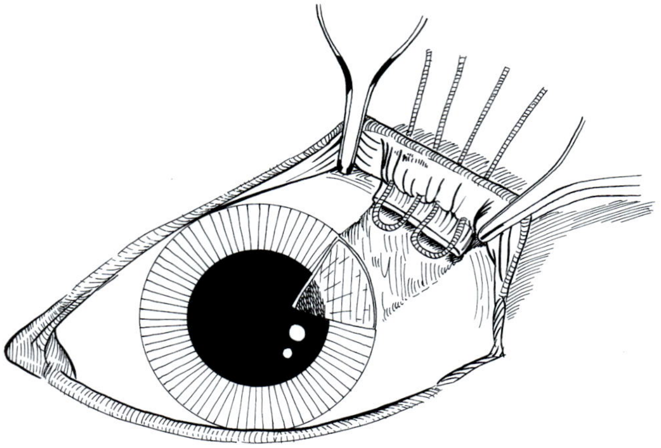

5

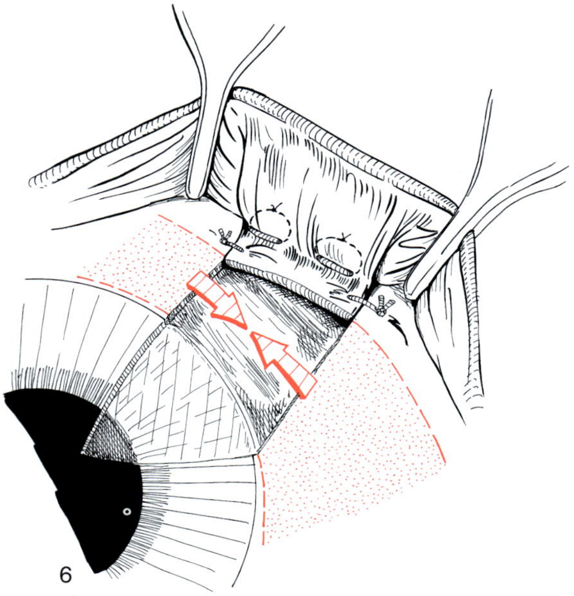

6

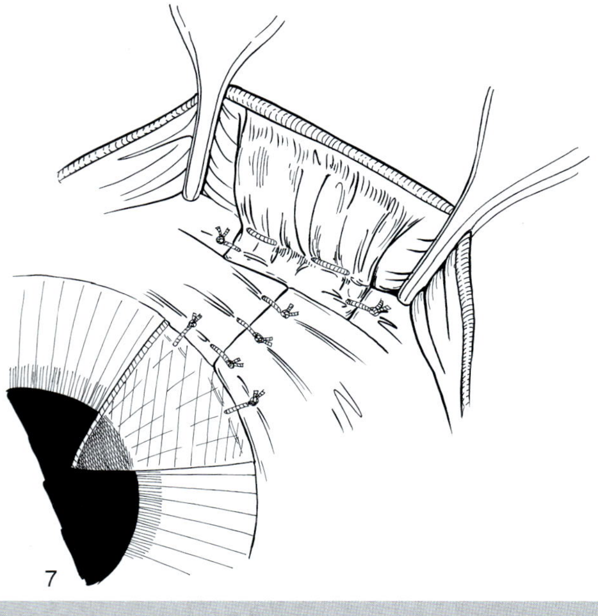

7

将缝线结扎于外侧皮肤表面(图5、6)。用结节缝合法将剥离片横向缝合于球结膜后(图5),前行由球结膜做成的移动瓣膜,用该瓣膜来闭合结膜的间隙。将前行瓣膜同样地固定于轮部的边缘(图7)。

术后护理

每天涂抹3~4次抗生素眼软膏,涂抹4~5天以上。

配戴伊丽莎白项圈。

术后8~10天在全身麻醉状态下拆线。

3.4.9 眼前房

3.4.9.1 眼前房穿刺

适应症

注入药液。

体位

侧卧保定并保定头部。

术式

实施全身麻醉。进行眼球内手术准备(参照 3.4.7)。

在手术期间，必须用结膜钳固定眼球。用细的穿刺针在轮部附近，平行于虹彩穿刺角膜，刺入眼前房(图 1)。

为了防止注入药液后升高眼内压，应吸出与注入药液量相当的眼房水。拔出穿刺针后，角膜上的穿刺创可自行愈合。

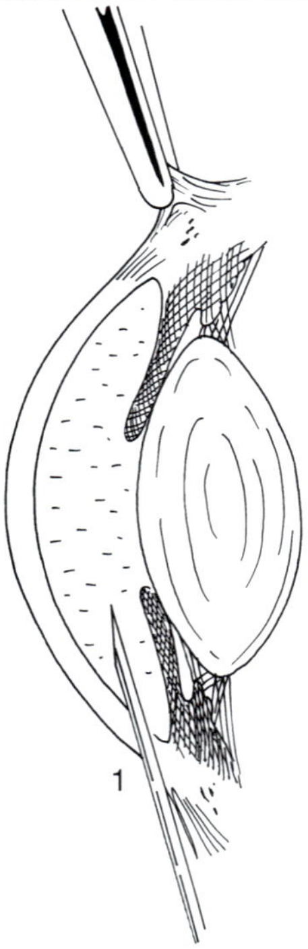

1

3.4.10 虹彩

3.4.10.1 虹彩的解剖

虹彩、前房隅角、毛样体的断面图(图 1)。

虹彩的动脉血液供给(图 2)

静脉的排出/流出(图 3)。

虹彩前面的血液供给图(图 4)。

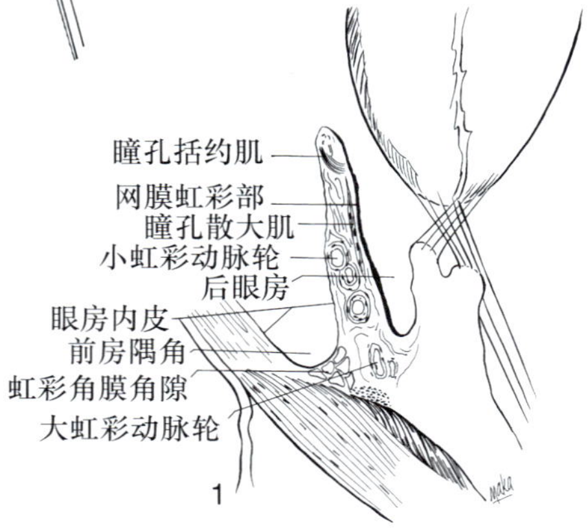

1

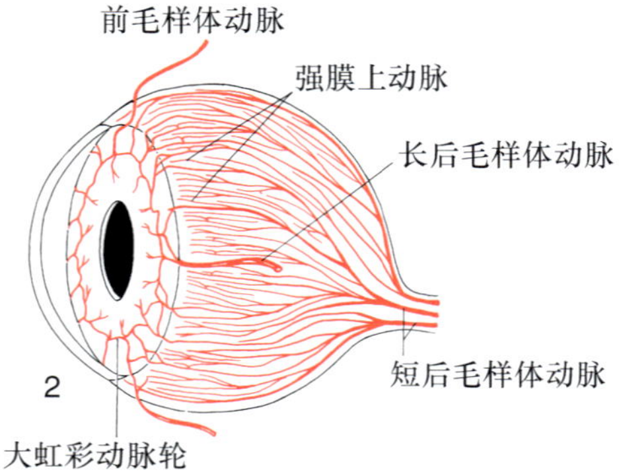

2

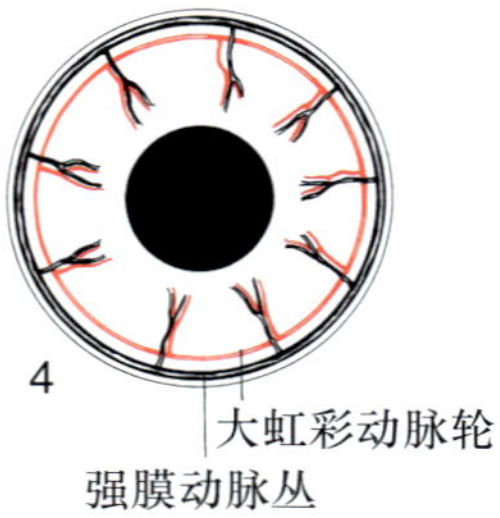

4

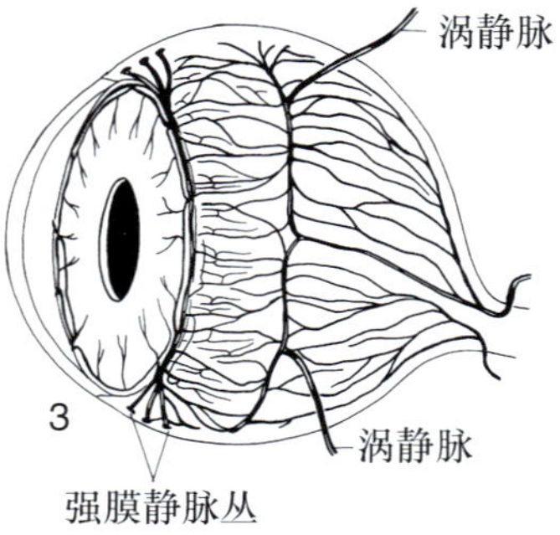

3

3.4.10.2 虹彩括约肌切开术

适应症

做晶体摘除术的准备。根据缩瞳的情况，将虹彩做 1~4 处的切开。

体位

侧卧保定并保定头部。

术式

实施全身麻醉。进行眼球内手术的准备(参照 3.4.7)。

进行大致半圆形的角膜强膜切开后，用牵引缝合固定角膜。用牵引缝合来提举角膜后，使用切开虹彩的剪子，在虹彩的 12 点、3 点、6 点、9 点的位置切开虹彩全幅的约 1/3(约 2 mm)。通过该操作切断 4 处瞳孔括约肌(图 1)。如果进行深入的切开，可导致多量的出血。

通过该扩张术，瞳孔膨胀成为正方形(钻石形)(图 2)。

用 6-0 合成可吸收性缝线，用单纯结节缝合法继续闭合(图 2)。

对于丧失的眼房水，在进行最后缝合前，用注入等渗液的方法进行补充。为了恢复眼内压，向眼前房内注入气泡。

术后护理

每天涂抹 3~4 次抗生素眼软膏，涂抹 4~5 天以上。

配戴伊丽莎白项圈。

术后 8~10 天在全身麻醉状态下拆线。

并发症

闭合角结膜，向前眼房内注入气泡后，数分钟内出血停止，眼房内血液会被逐渐吸收。

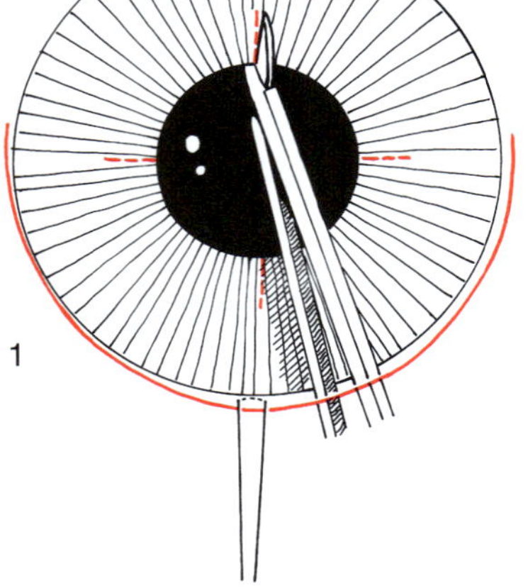

1

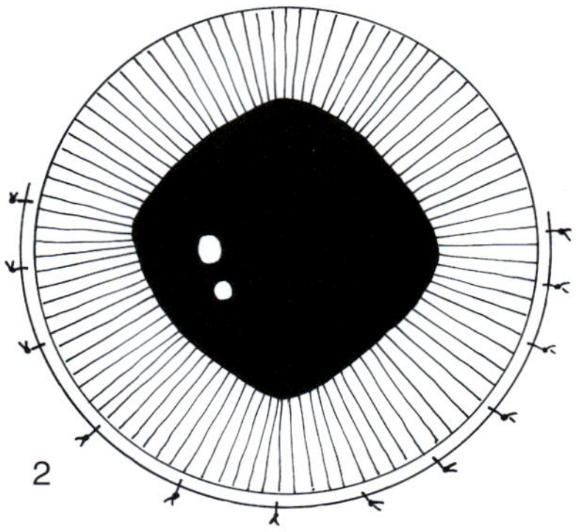

2

3.4.10.3 虹彩基底部切除术

适应症

去除虹彩后发生粘连，导致虹彩损伤。

体位

侧卧保定并保定头部。

术式

实施全身麻醉。进行眼球内手术的准备(参照 3.4.7)。

进行大致半圆形的角膜强膜切开后，用牵引缝合固定角膜(图 1)。

为了避免对角膜内皮的物理性刺激，应翻转角膜。

接下来用细的无齿钳子夹住虹彩部分，用虹彩剪子(图 2)或者单极电凝固器继续进行切断(图 3)。无论在何种情况下都必须保护毛样体。出现一个钥匙口形的虹彩开口。

将结膜创缘用 6-0 合成可吸收性缝线进行单纯结节缝合(图 4)。

对于损失的眼房水，在进行最后缝合前注入等渗液进行补充。为了恢复眼内压，向眼前房内注入气泡。

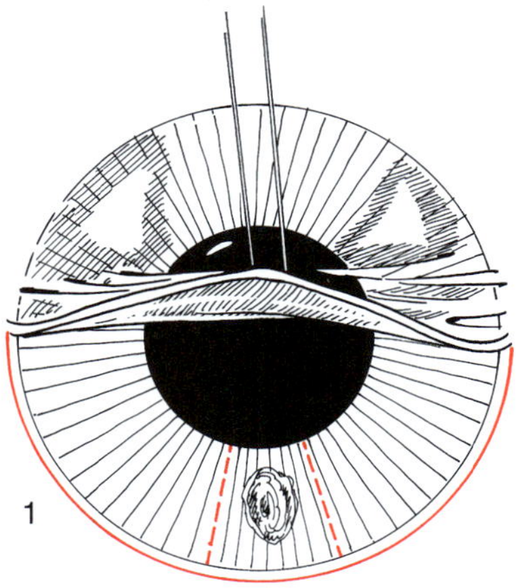

1

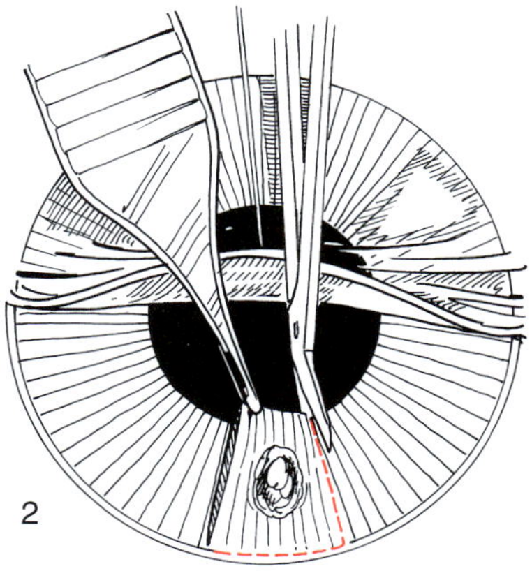

2

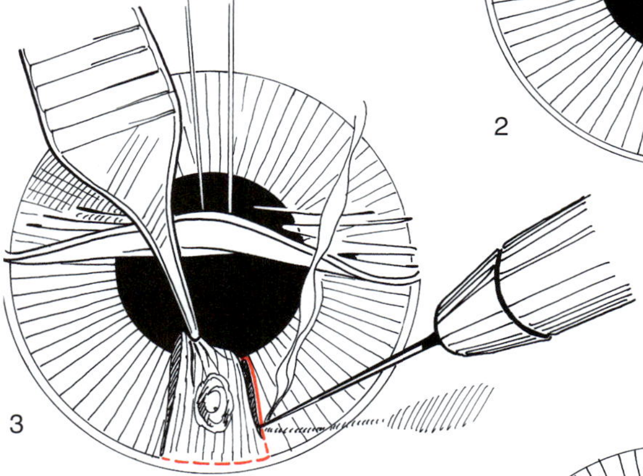

3

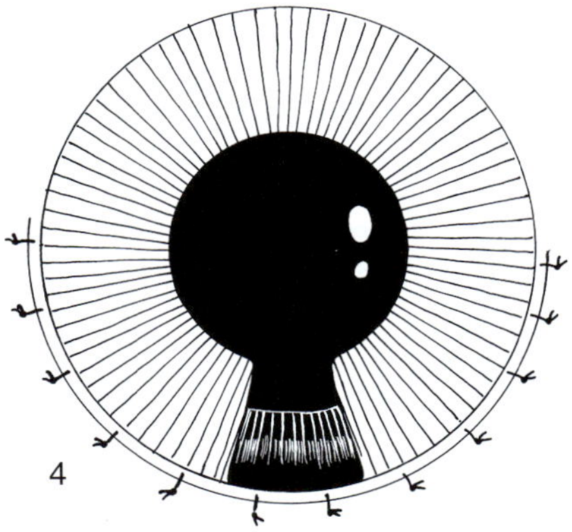

4

术后护理

每天涂抹 3~4 次抗生素眼软膏，涂抹 4~5 天以上。

配戴伊丽莎白项圈。

术后 8~10 天在全身麻醉状态下拆线。

并发症

闭合角结膜，向前眼房内注入气泡后，数分钟内出血停止，眼房内血液会被逐渐吸收。

3.4.11 晶状体

3.4.11.1 晶状体的解剖

晶状体，小带纤维，毛样体突起横轴上断面观（图 1）。

晶状体，虹彩，毛样体突起，小带纤维的矢状断面观（图 2）。

3.4.11.2 晶状体摘除术

在这里不详述关于晶状体和玻璃体的手术。这是因为，该手术只能在专门医院或者由非常熟练的医生来操作。并且该手术的费用很高，并发症的发生率也很高。由于这些情况，一般不进行人工晶体的植入。这里的文字和图片，意义在于扩大兽医眼科学或者兽医外科学的知识。

3.4.11.2.1 晶状体囊外摘除术

适应症

成熟的白内障。

体位

侧卧保定并保定头部。

术式

手术准备

目的是降低眼内压。

- 术前 30 min：静脉点滴渗透压利尿剂甘露醇 1 mg/kg。
- 使用糖皮质激素：如地塞米松 4 mg/kg。
- 使用抗前列腺素剂：阿司匹林 10 mg/kg。

手术

实施全身麻醉。进行眼球内手术的准备（参照 3.4.7）。

用眼科手术刀将角膜层的轮部周围在 5 点和 7 点部位切开。在 10 点和 2 点的结膜部位设置眼球固定线，在轮部切开缘上设置 1 根牵引线（图 1、1a、2）。用弯曲的枪状刀穿刺角膜轮部，然后向 12 点方向拉牵引线（图 3~5）。清洗眼前房（肾上腺素 1:1 000 以及用 10.000 IE 混有肝素的 BSS®–plus 灌洗液）。为了保护角膜内皮，向眼前房内注入透明质酸（图 6）。

（下接 204 页）

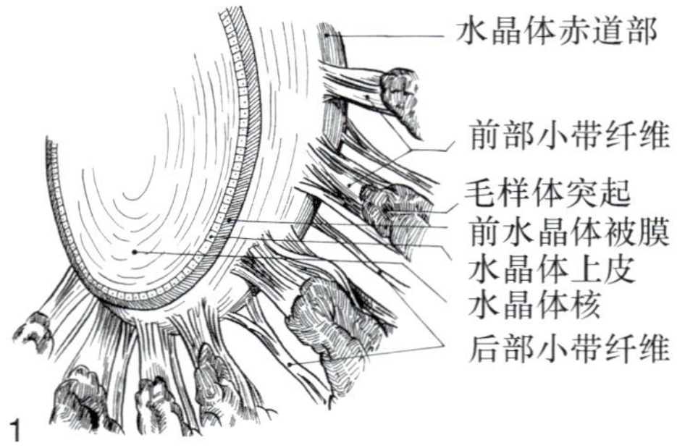

1

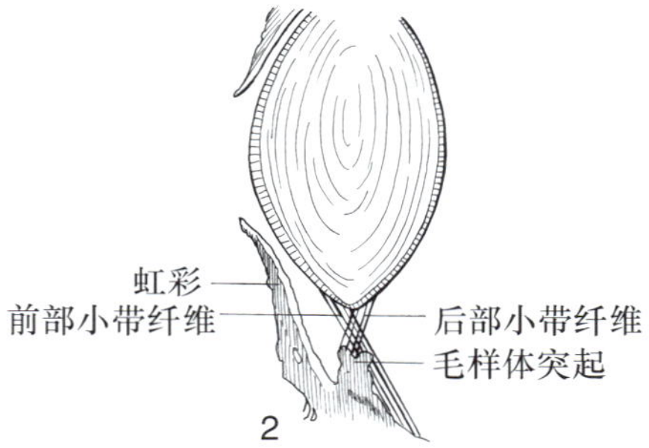

2

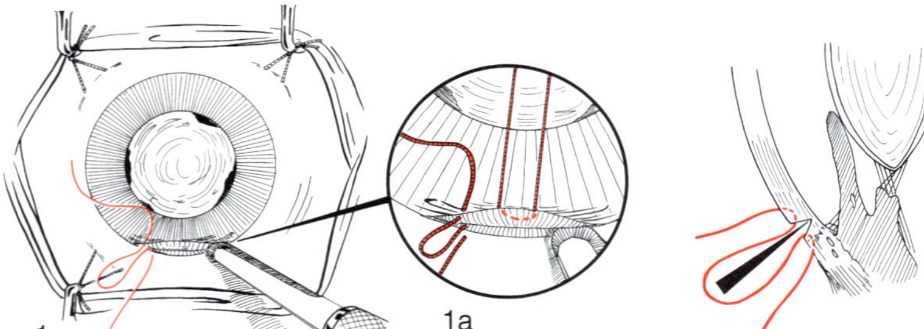
1 1a 2

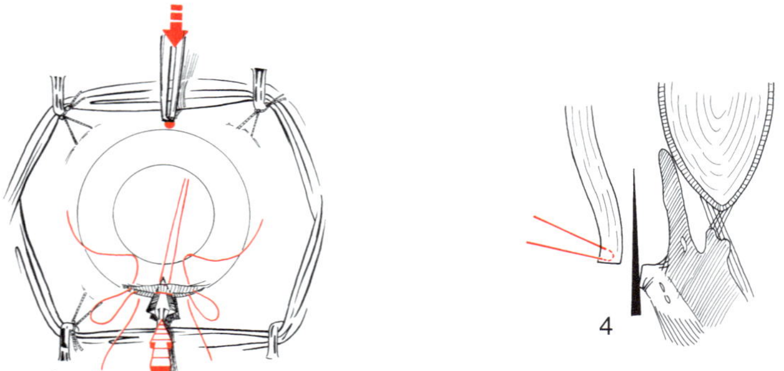
3 4

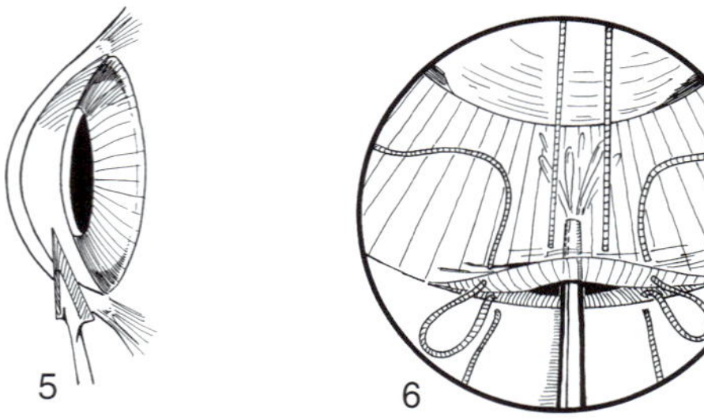
5 6

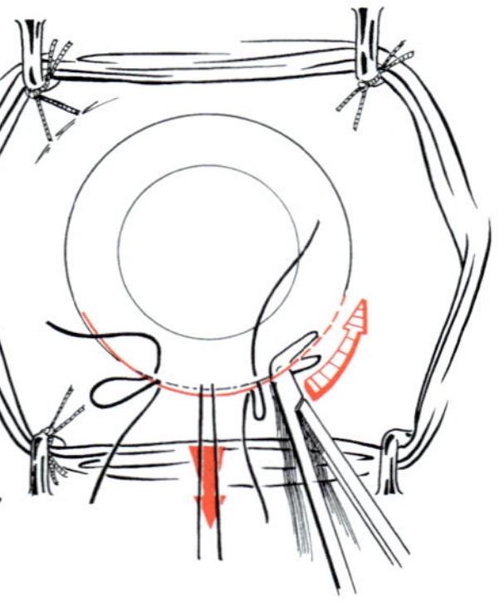

7

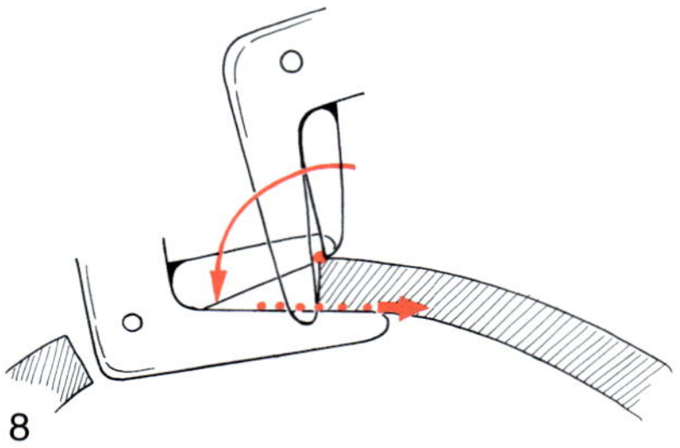

8

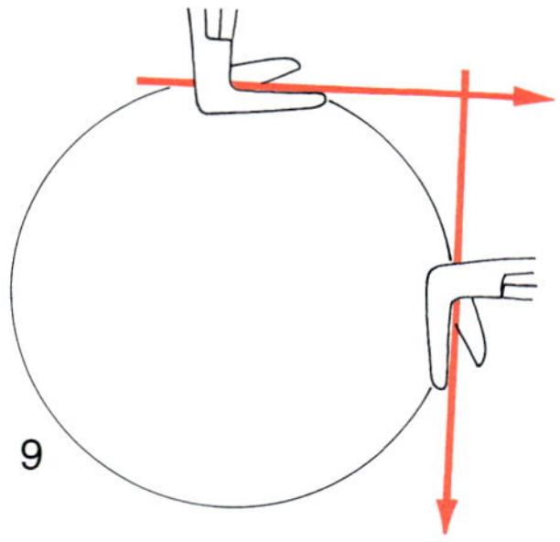

9

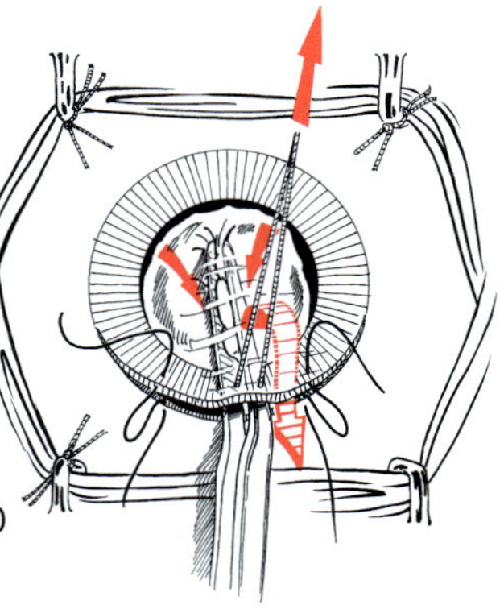

10

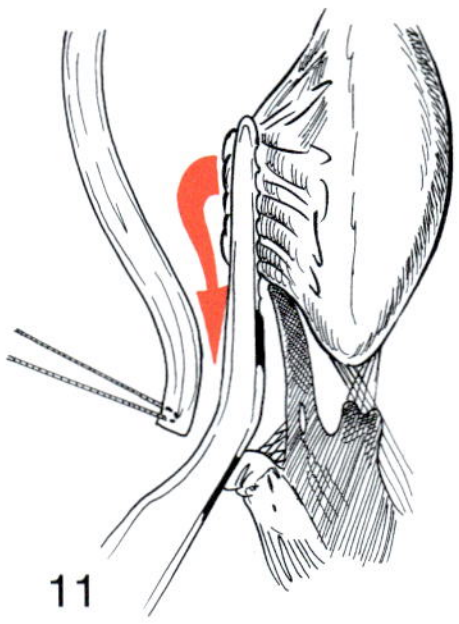

11

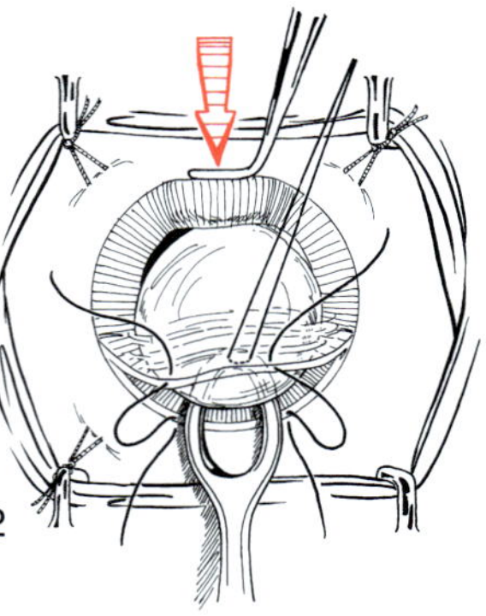

12

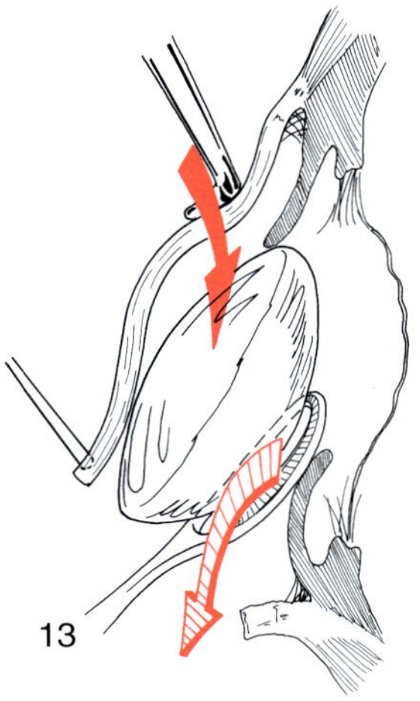

13

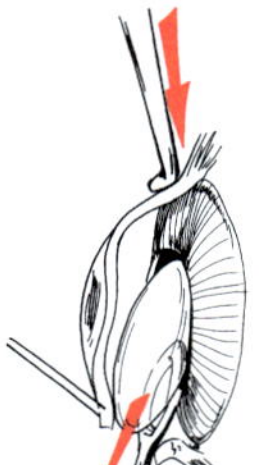

14

用角膜剪子沿两侧扩大切口（图 7，参照术式图 8 和图 9）。

将晶状体前囊用 ONG 囊剪开窗，然后除去(图 10、11)。

用韦伯轮匙将晶状体从内部开始逐渐刮削，然后在外侧压力下(用小钝性压板)使晶状体翻转并将其摘除(图 12~14)。

用清洗液去除残留的碎片。

将角膜用 10-0 尼龙丝线进行单纯结节缝合。

在最后闭合前注入 BSS 溶液，以此来恢复前眼房压力(图 15)。为了进一步恢复眼内压，再向眼前房内注入气泡(图 16)。

完成手术后，向结膜下注入地塞米松和庆大霉素。

术后护理

用阿托品点眼液每天点眼 1~3 次，连续点眼 1~2 周。每天 3 次涂抹醋酸氢化可的松眼软膏，涂抹 6 周以上。

并发症

请参照专业文献。

3.4.11.2.2 晶状体囊内摘除术

适应症

前部晶状体脱臼(图 1)或者后部晶状体脱臼(图 4)。

体位和手术准备(参照 3.4.11.2.1)。

术式

一边用韦伯轮匙将固定于眼前房晶状体向角膜上方向施加压力，一边小心地除去晶状体(图 2)。

也可以将没有附着或者只有部分附着的晶状体用冰冻摘除法进行摘除(图 3)。

也同样可以进行后部脱臼(图 4)的晶状体摘除术，不过进行该手术时必须预料到术后发生玻璃体脱出或者视网膜脱离等并发症。

将晶状体小心地从玻璃体上剥离下来，用韦伯轮匙或者冷冻摘除法进行摘除(图 5)。

当发生玻璃体脱出时将其切除（参照 3.4.11.2.3)。

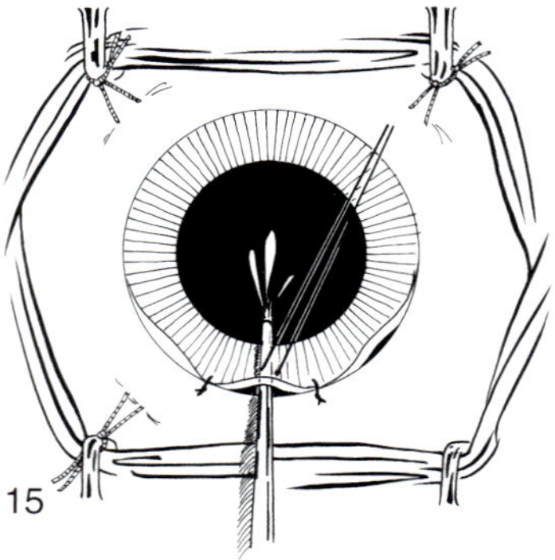
15

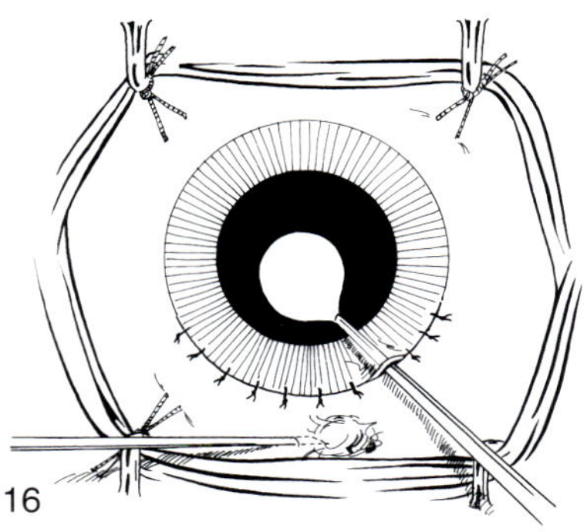
16

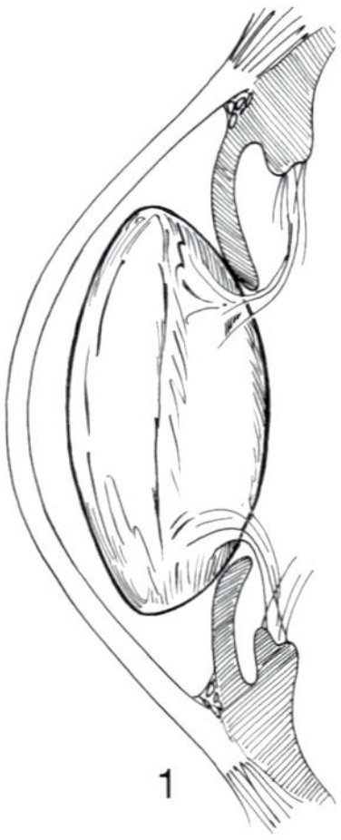
1

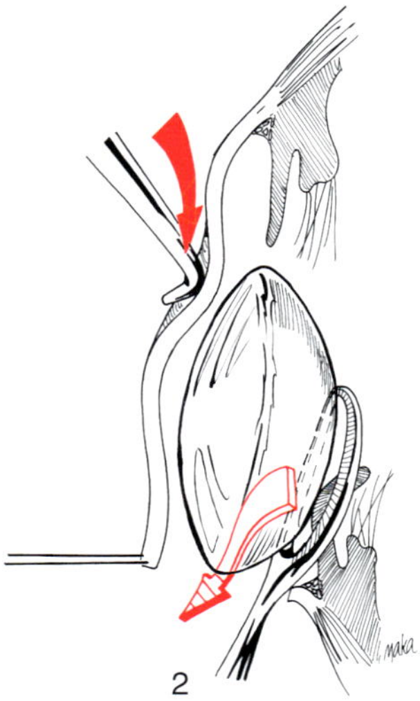
2

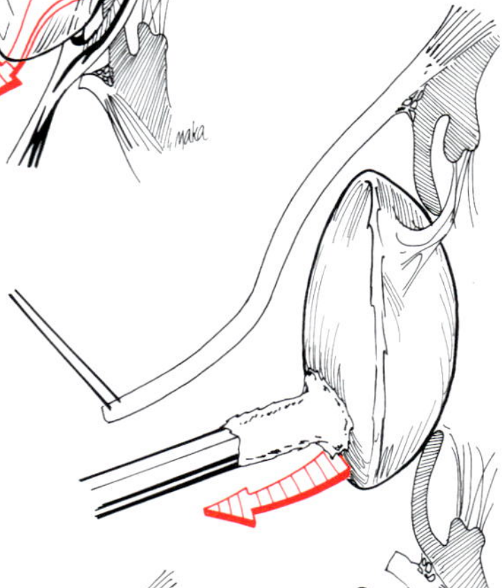
3

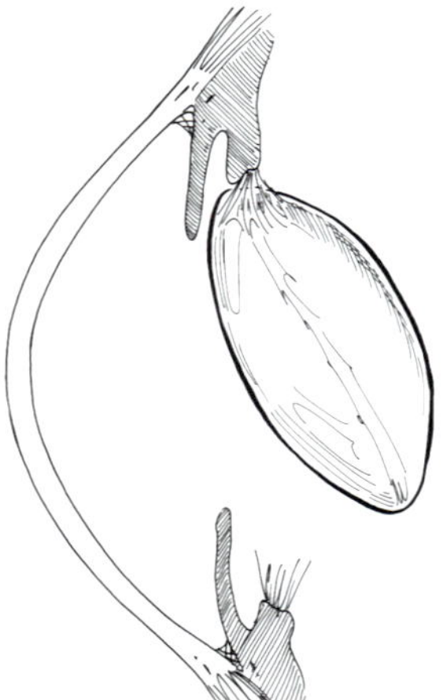
4

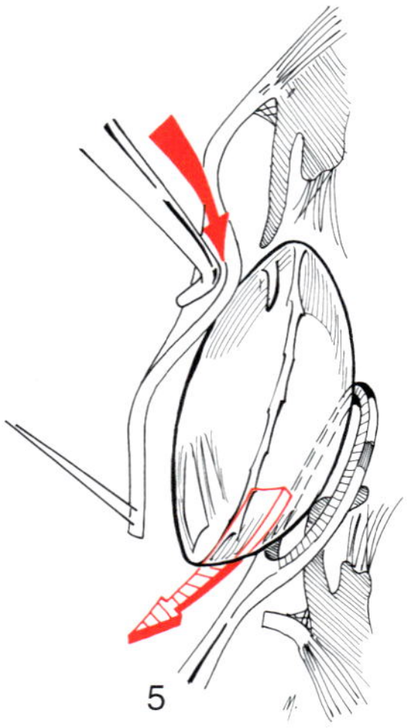
5

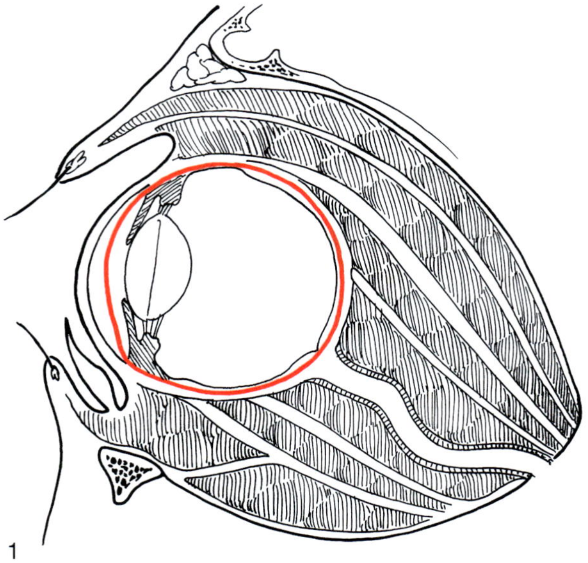

1

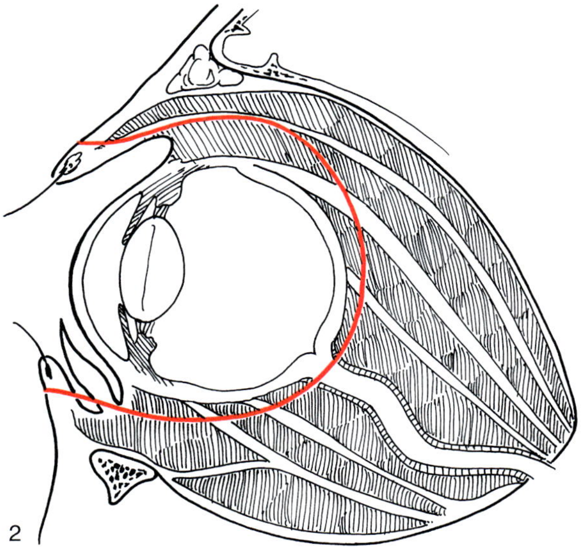

2

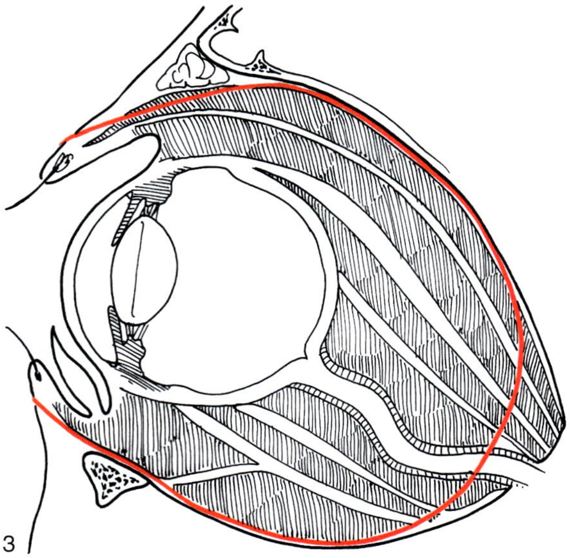

3

3.4.12 眼球摘除术

对于眼球摘除术，原则上有以下 3 种方法：

- 眼球内容物去除术
- 眼球摘除术
- 眼窝内容物摘除术

这 3 种方法，以不同的适应症和摘除组织的范围不同加以区别。

眼球内容物去除术（图 1）：只除去玻璃体、晶状体及其附属部分。保存角膜强膜不动。实施该手术可用于安装义眼。

眼球摘除术（图 2）：切开眼睑缘，完全摘除眼球。

该手术适用于绿内障等，伴有疼痛，如果不治疗会很痛苦；该手术是用于眼球内肿瘤或者由于眼外伤造成的严重的眼球损伤的最后方法（关于术式请参照 195 页）。

眼窝内容物摘除术（图 3）：该术式适用于眼窝骨膜的肿瘤以及难以治愈的感染症。尽可能将全部软组织和眼球一起从眼窝里摘除。

适应症

慢性难以治愈的眼球炎。

慢性绿内障。眼球肿瘤。眼球脱出或者伴有重度破坏眼球的外伤。

体位

侧卧保定。

术式

实施全身麻醉。

用连续缝合法闭锁眼睑。将缝线的两端作为牵引线用钳子夹住固定。

然后紧接着用手术刀切开眼球缘的周围皮肤，注意不能切穿结膜（图 1）。一边继续向外拉牵引线，一边用弯眼科手术剪将眼球从动眼肌和周围的软组织上分离下来（图 2）。用止血钳夹住视神经及其附属血管（图 3），然后将其在眼球侧切断（图 4）。此时止血钳夹住不动放置约 3 min。期间会有少量出血（图 5）。为了防止出血，将视神经及其附属血管在近中枢侧沿止血钳用合成缝线结扎。对于附着于眼窝骨膜的筋膜，用 2-0 合成可吸收性缝线进行单纯连续缝合，将眼睑用 4-0 非可吸收性缝线进行单纯结节缝合（图 6）。

术后护理

注射抗生素。

术后 10 天拆线。

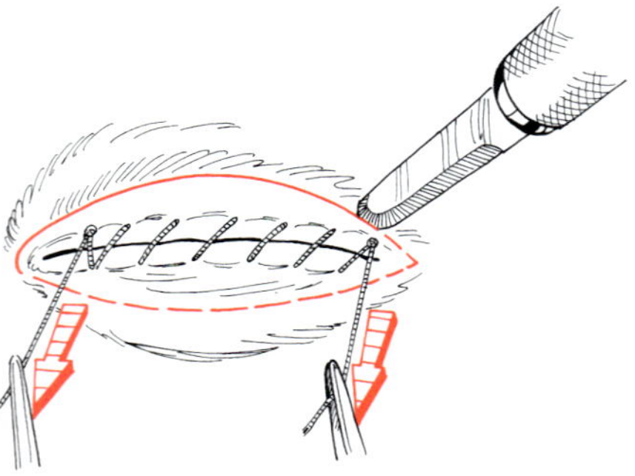
1

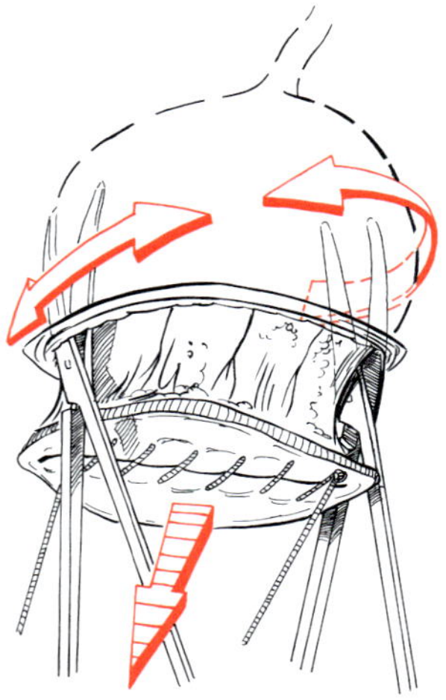
2

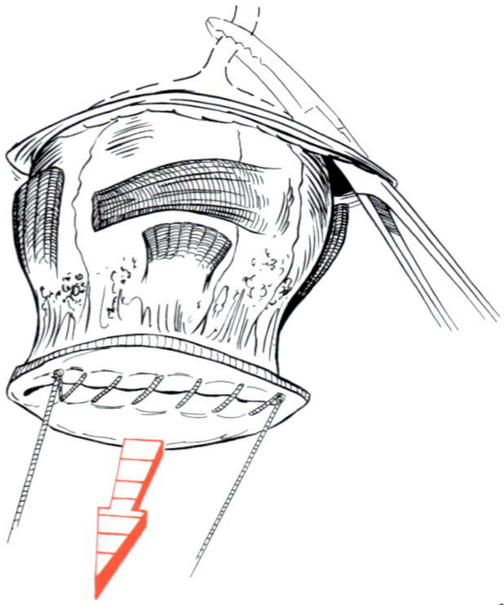
3

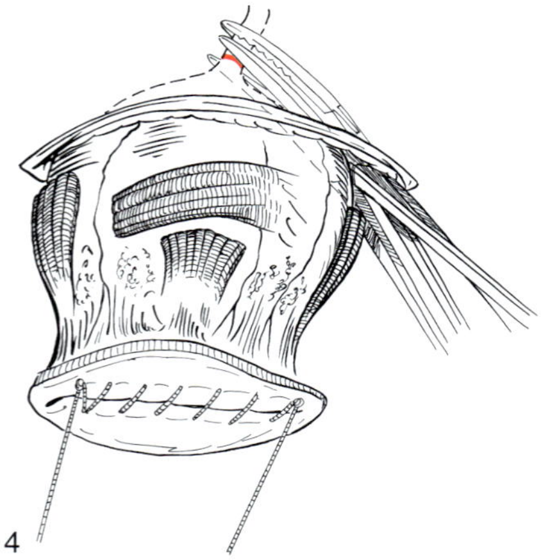
4

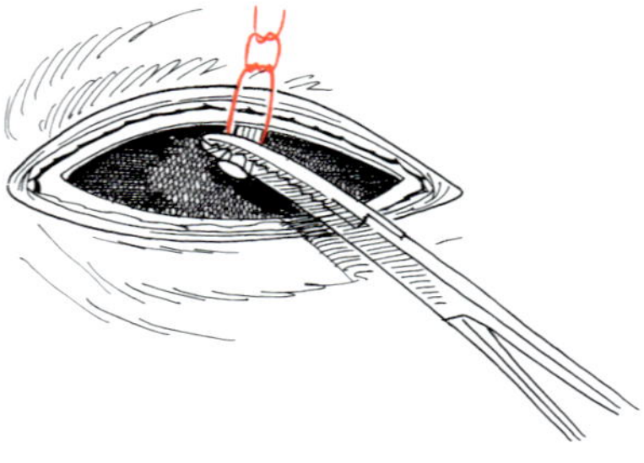
5

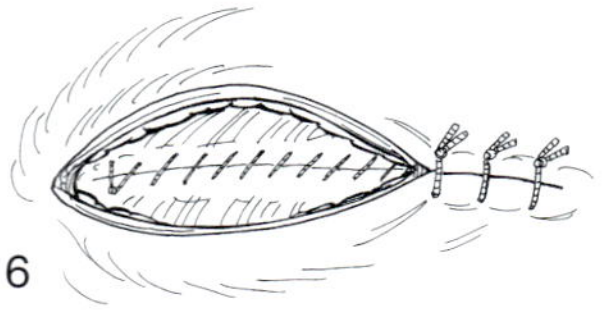
6

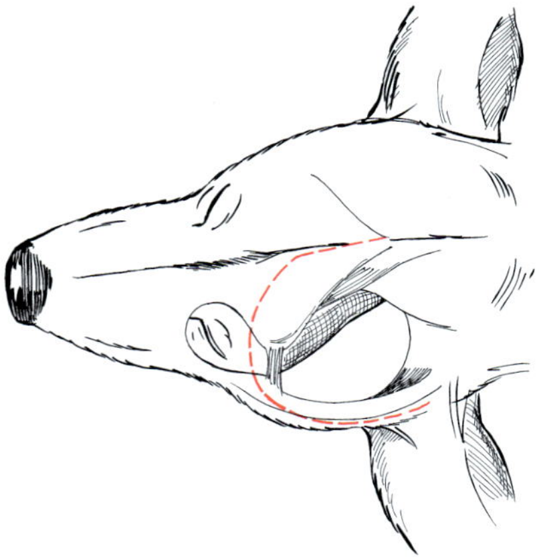
1

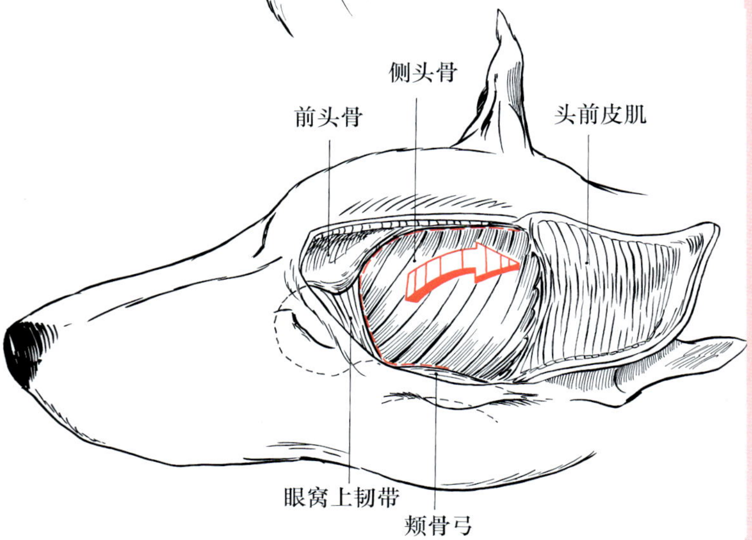

2

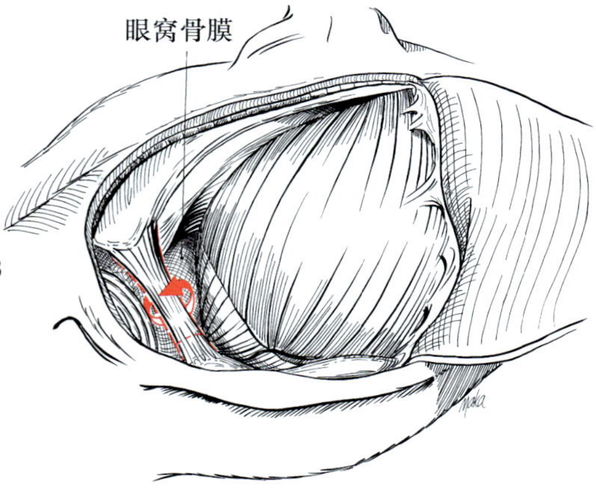

3

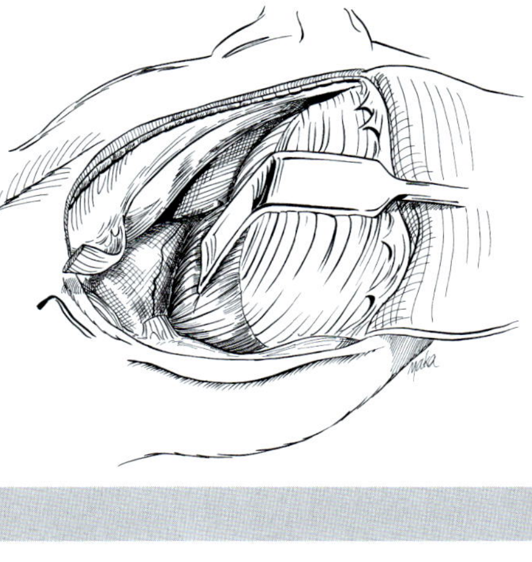
4

3.4.13 打开眼球后方的手术通路

适应症

在眼球周围区域发生的肿瘤或者脓肿。

3.4.13.1 从背侧打开通向眼窝骨膜的手术通路

体位

俯卧或者侧卧保定。

术式

实施全身麻醉，气管插管。

进行大规模的前头侧部皮肤的瓣状切开，然后将包括前头侧筋膜在内的皮瓣向后掀开。将瓣状皮肤切开向后延长，切至颊骨突起之后（图 1、2）。

沿着前头骨、矢状棱、眼窝上韧带以及颊骨弓，在骨膜下将瓣状皮肤从它们的附着部位上分离下来（图 3）。

然后用钝钩将侧头肌向尾侧方向拉开，通过该操作解除了眼窝骨膜的背侧部分（图 4）。

达成了手术目的后，再度缝合眼窝上韧带和拉开的侧头肌。

依次闭合切开创。

3.4.13.2 从外侧打开通向眼窝周围的手术通路

体位

侧卧保定。

术式

实施全身麻醉,气管插管。

图1所示的是从外侧打开通向眼窝周围的手术通路时须知的局部构造。

在颊骨弓的正上方，从眼窝下缘至耳下腺实施弓形切开皮肤(图1)。

插入扩张器后，在不损伤横行于颊骨弓上神经的情况下,小心地切开骨膜,用骨膜起子将骨膜从骨组织上剥离下来(图2)。在骨膜下向颊骨弓方向插入霍曼撬板。

为了事后重新固定取出的骨片，事先用电钻打出用于通过不锈钢丝的钻孔。用振动锯切开两处,取出颊骨弓(图3)。

完成手术目的后,整复骨片,用骨科不锈钢丝固定(图4)。

用4-0可吸收性缝线连续缝合骨膜(图5)。

依次缝合创口。

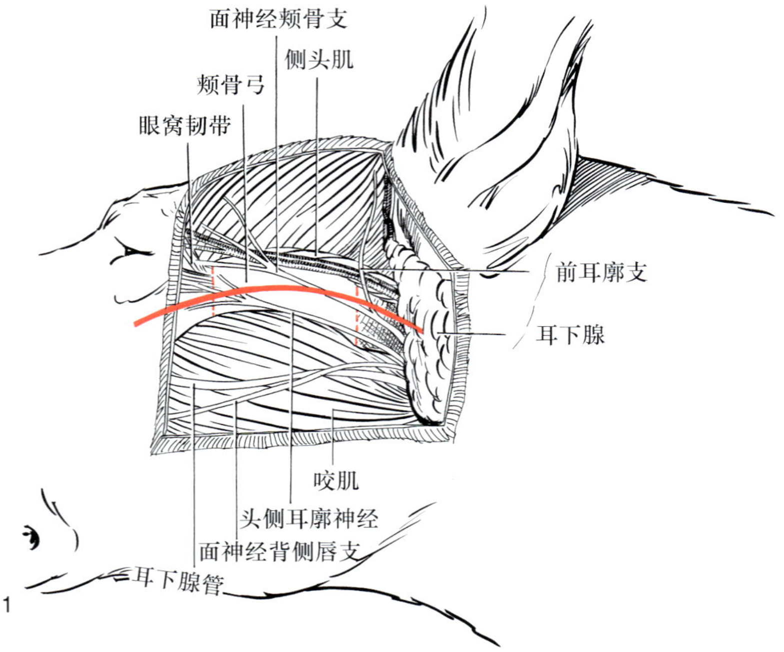

1

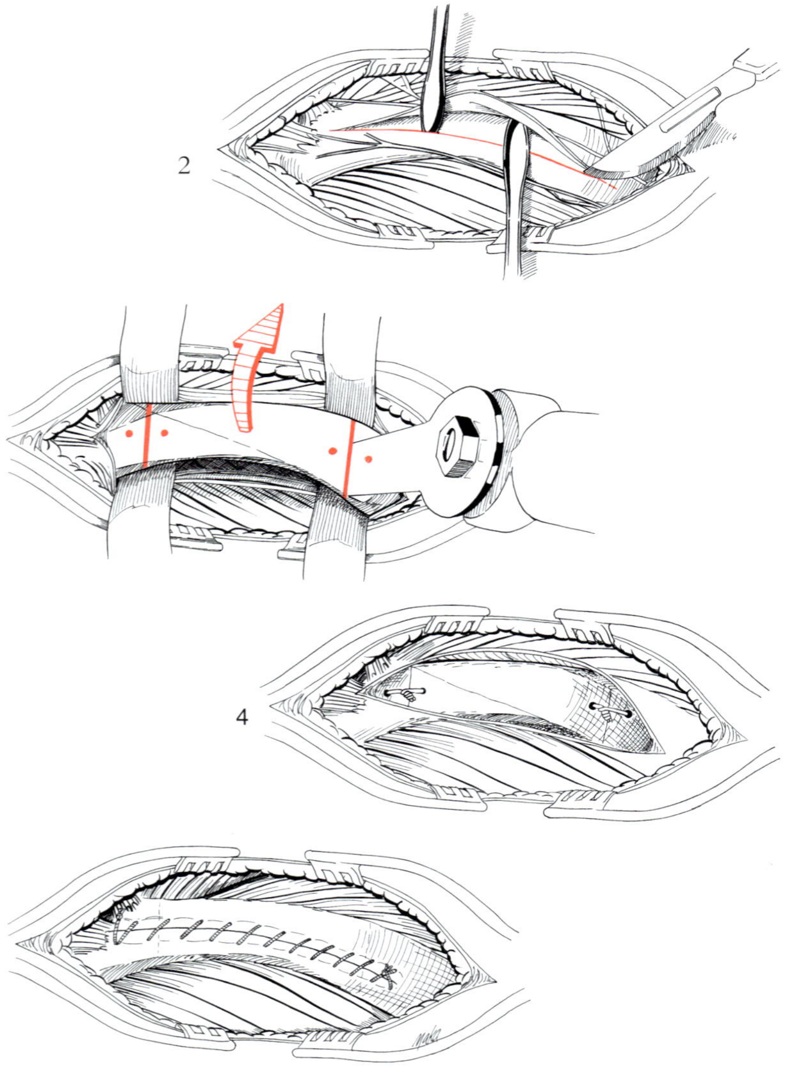

2

3

4

5

3.5 耳

3.5.1 外耳

3.5.1.1 耳廓和外耳道的解剖(图 1)

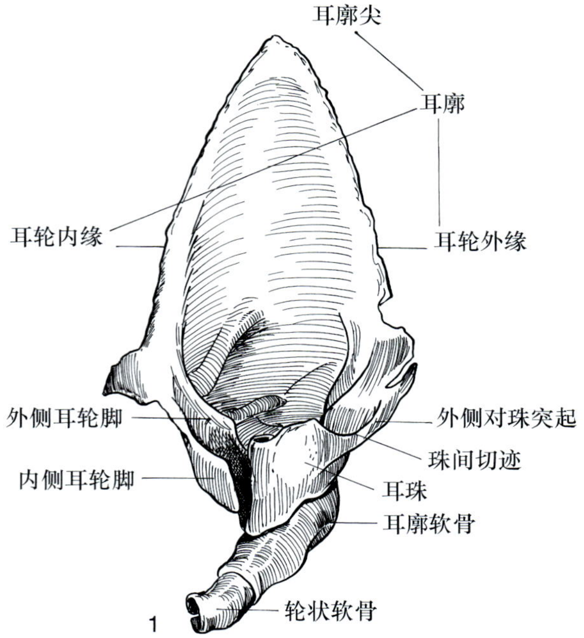

1

3.5.1.2 达到深部的耳廓损伤

体位

侧卧保定。

术式

实施全身麻醉,气管插管。

修剪创缘使之平直后(图 1),用外科手术剪钝性分离软骨两侧的皮肤并使之可动化(图 2)。

为了能够进行非张力性的裂创缝合,将软骨的边缘切除数毫米(图 3)。

在不贯通软骨的情况下,缝合闭锁两面的皮肤创缘(图 4)。

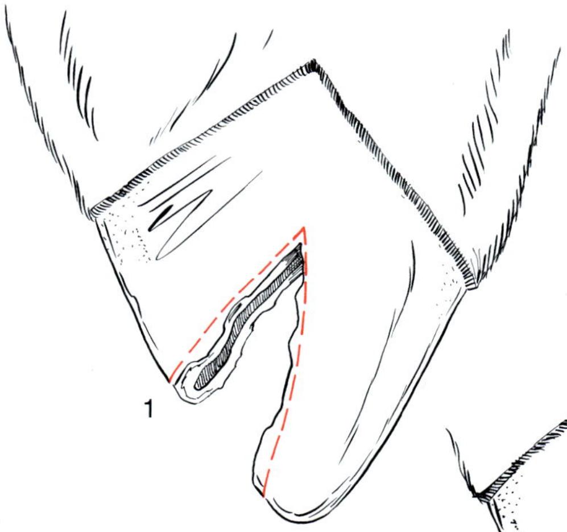
1

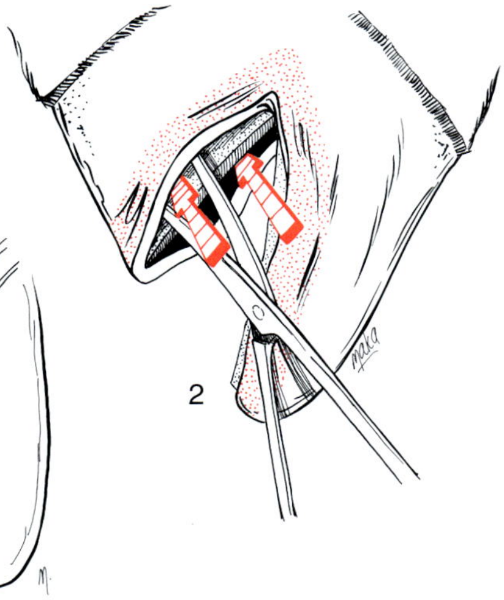
2

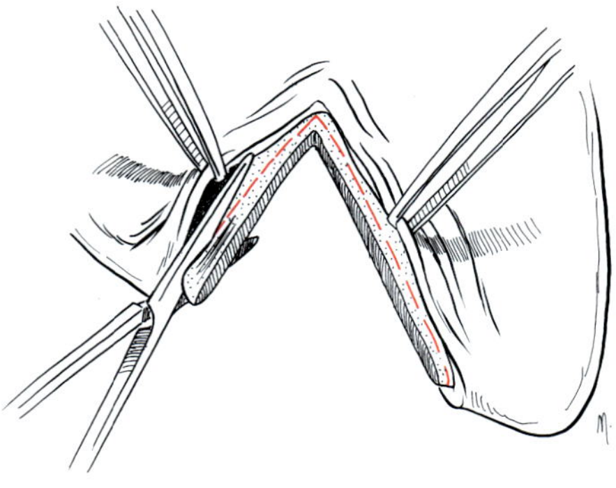
3

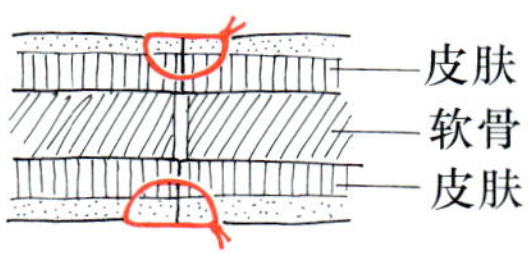

4

3.5.1.3 耳血肿

适应症

通常耳血肿是由于患外耳炎造成痛、痒，患病动物剧烈甩头而导致的，血液漏出到耳廓软骨和皮肤之间。也有观点认为，该病的发生与自身免疫性疾病有关。

体位

取患耳朝上的侧卧保定。

术式

实施全身麻醉，气管插管。

术前彻底清洗外耳道，涂抹抗生素，手术期间用棉花或者海绵堵塞外耳道。

超过血肿的长度切开耳廓外侧的皮肤（图 1）。

除去血肿内的凝血块以及积留的液体，清洗创腔。

根据血肿的大小，将创腔用 0~3-0 尼龙线或者钢丝做 2~3 列全层的水平褥式缝合，使软骨面和皮肤接合在一起（图 2）。缝线的分布应平行于血管、平行于创缘。

在耳廓内侧结扎缝线。

为了排出液体，不使血液和浆液积留于创腔内，不完全闭合创口，通过瘢痕愈合来闭合创口。

术后护理

为了将耳廓固定于背侧，实施单侧固定绷带。

每 3 天换一次绷带。

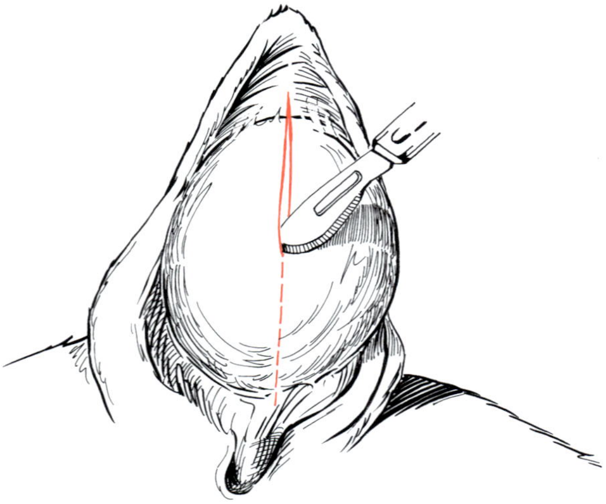

1

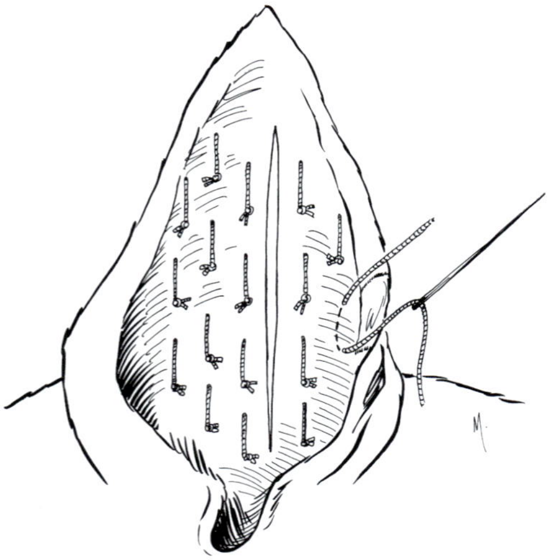

2

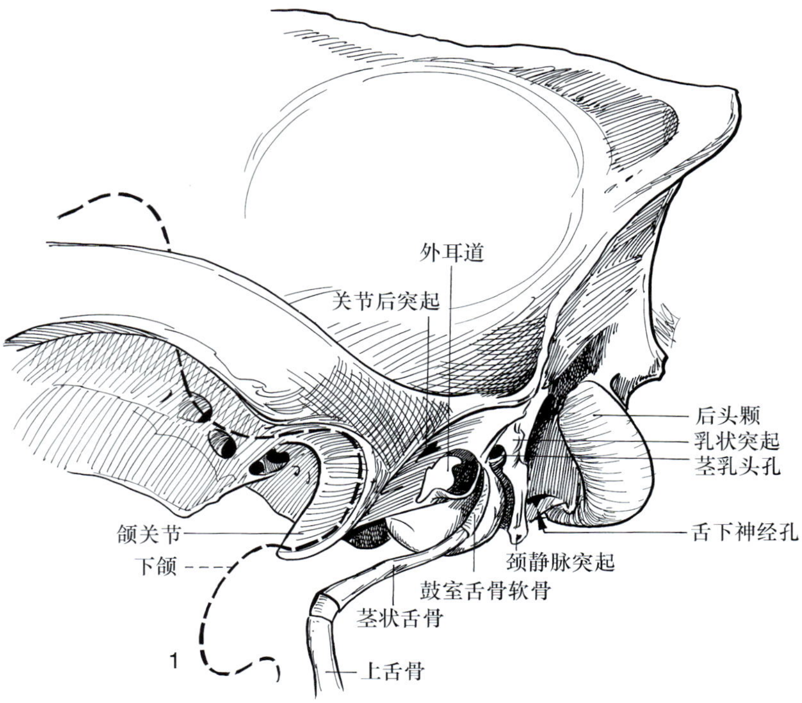

1

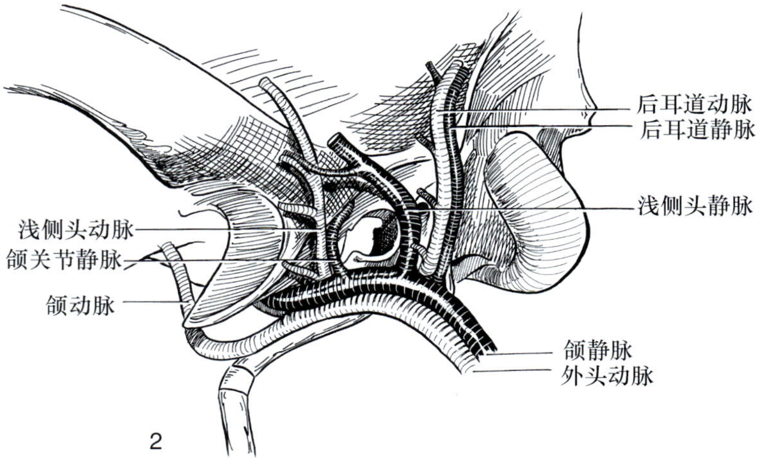

2

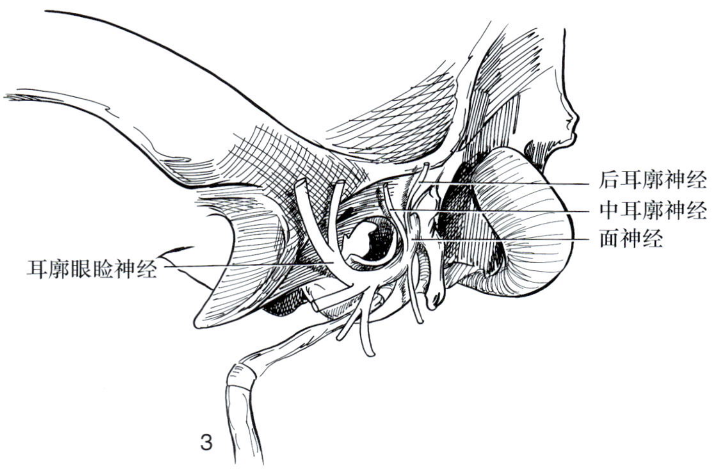

3

3.5.2 外耳道和中耳

3.5.2.1 外耳道区域的局部解剖

从外侧见到的头盖和舌骨。已去除了下颌骨(虚线部分)(图 1)。

分布于外耳道区域的血管(图 2)。

分布于外耳道区域的神经(图 3)。

犬头部的横断面图。显示的是左半部。从头侧面观的图(图4)。

应注意外耳道和耳下腺的关联性。图5显示的是用外侧观图来明确它们的关系。为了打开通向耳道软骨的垂直部分的手术通路,表示了皮肤切开线(虚线)。在皮肤切开创的正下方有耳下腺。

钝性且部分地将耳下腺从耳道软骨上向外侧分离下来(图6)。

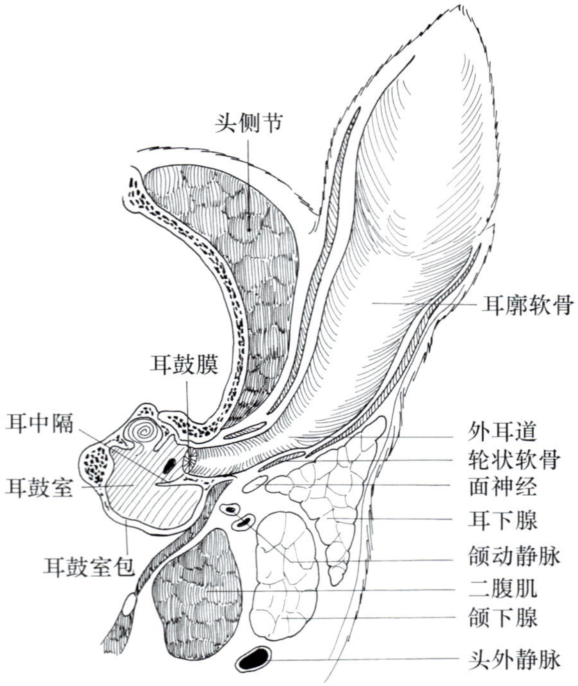

4

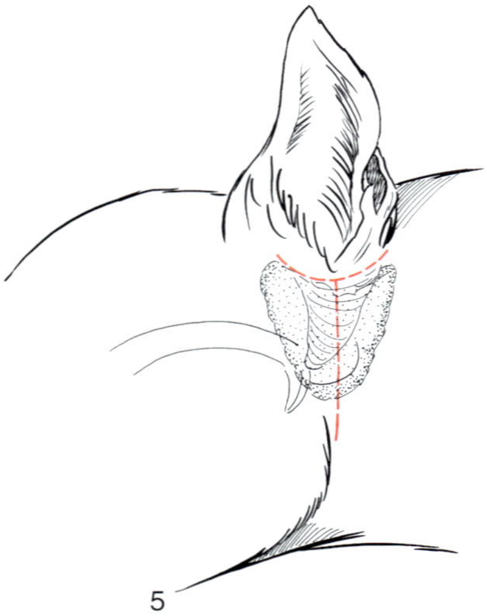

5

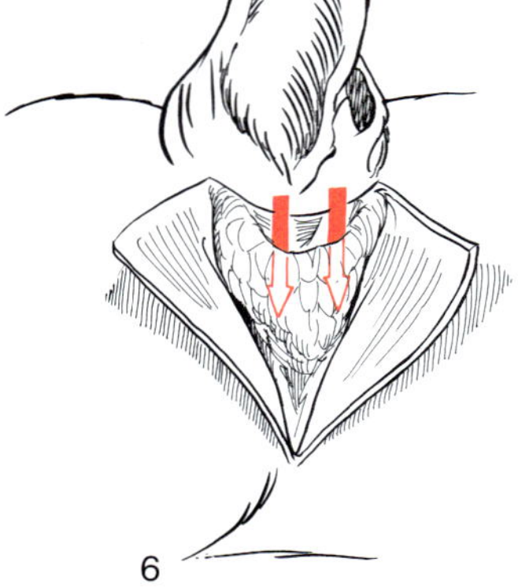

6

3.5.2.2 切除外耳道外侧壁

适应症

不配合治疗的慢性、过度增生性及溃疡性外耳炎。

体位

侧卧保定。

术式

实施全身麻醉,气管插管。

依次进行手术准备。

术者站立于动物的背侧,使耳廓紧张。

清洗、消毒外耳道后,插入探子至垂直耳道和水平耳道的移行部位。通过该操作大致确定切开皮肤和切除软骨的范围(图 1、2)。

沿着垂直耳道做大致的 U 形或者长方形皮肤切开(图 2)。然后翻转瓣状皮肤,继续切至耳道软骨水平部分的末端,为了露出欲切除的耳道软骨,分离皮下组织。在腹侧去除耳下腺。切除皮瓣,在不损伤耳下腺的情况下,用手术剪钝性分离周围的皮肤(图 3)。

用直手术剪,将垂直耳道的外侧壁平行地切开至水平耳道的移行部。

切开软骨时,通常一边触诊一边用手术剪向腹侧方向剪开、前行。至水平耳道移行部,尽量宽幅地做成平行软骨瓣,注意软骨瓣腹侧端不能变窄(图 3)。

将如此操作做成的软骨瓣向腹侧翻转。

一边牵引折向腹侧的部分,一边用剪刀在软骨瓣的基部刻上印迹(图 4)。此时尽量能够使水平耳道部分扩展并拉直产生张力。

将拉向腹侧的软骨瓣切掉约 2 cm,使其缩短(图 4 中 A)。

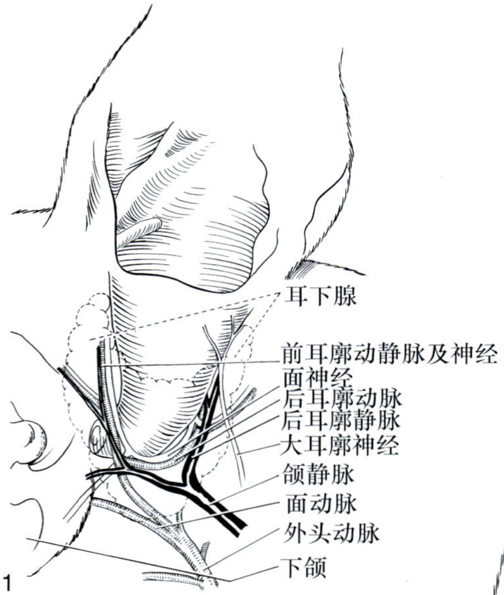

1

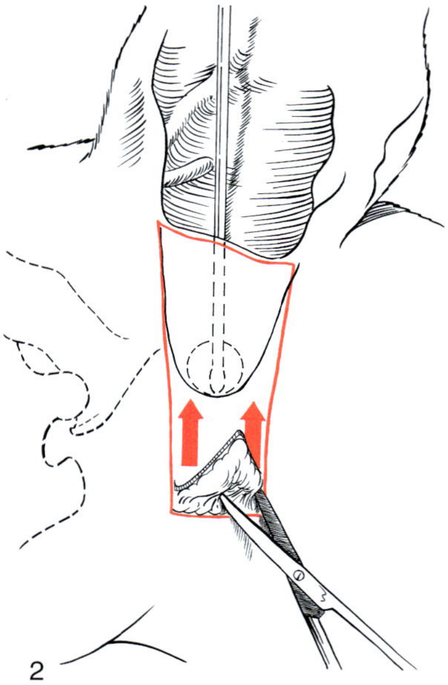

2

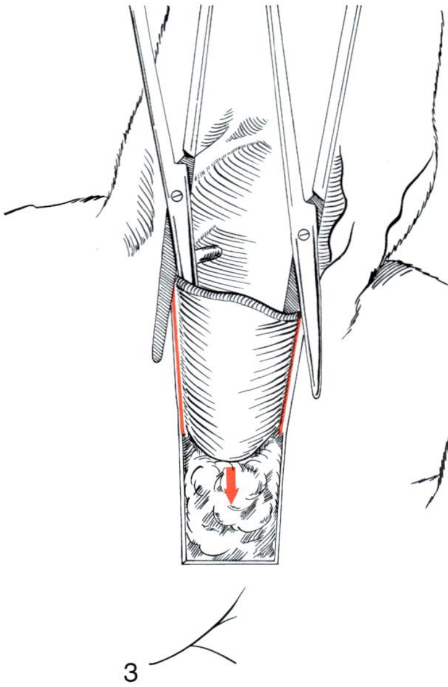

3

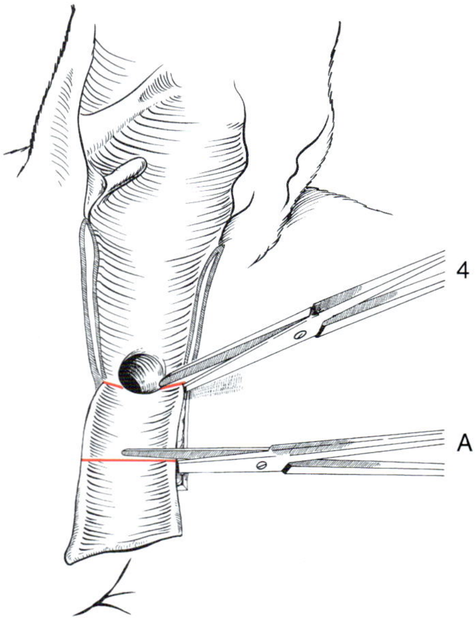

4

使用 2-0~3-0 非可吸收性缝线的缝合法：

● 固定软骨和皮肤，从拉直耳道软骨的水平部分开始。一边将软骨瓣向腹侧拉紧，一边在吻侧和尾侧分别用 2 针单纯结节缝合或者 U 字形褥式缝合，固定耳道软骨最狭窄部位（图 5）。

● 在远侧端设置 2 根牵引线并翻转软骨瓣，将软骨瓣和远端的皮肤创缘缝合。

● 将近端的皮肤和软骨创缘用单纯结节缝合法缝合（图 5）。

● 将软骨瓣和皮肤远端创缘，向腹侧倾斜 45°进针，用单纯结节缝合法进行最后闭合（图 5、5a、6）。

手术完了时，根据需要和程度，切除多余的黏膜使之平滑。

术后护理

配戴伊丽莎白项圈。

术后 3~4 天，消毒伤口和耳道，用抗生素软膏或者药水涂抹手术部位。

术后 10~14 天拆线。

并发症

发生部分缝合裂开时，应对其进行再缝合，或者作为开放创口治愈。

在腹侧缝合的软骨瓣松弛时，可导致水平耳道的狭窄（参照 3.5.2.3）。

通常发生耐药性细菌的感染，因此在手术时，应事先进行耳垢或者分泌物的细菌学检查和耐药性检查。

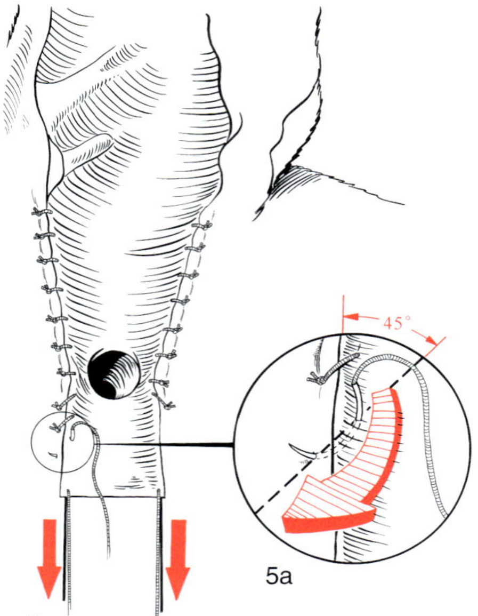

5 5a

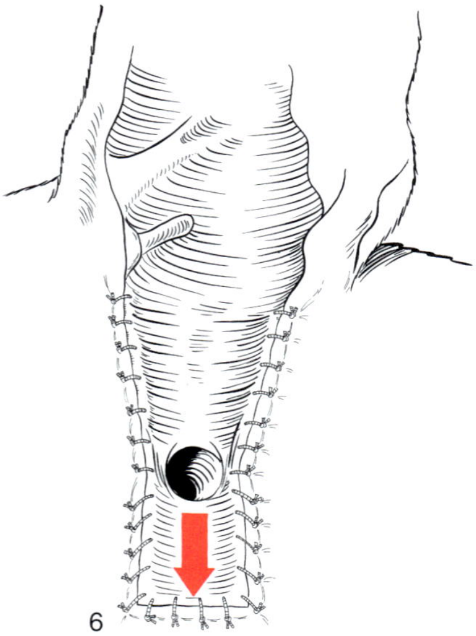

6

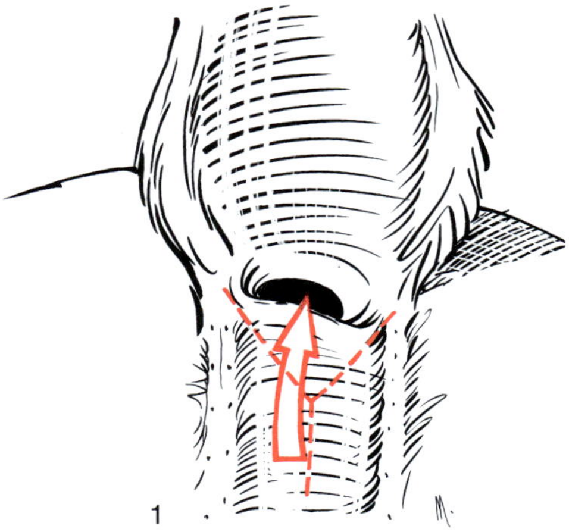

1

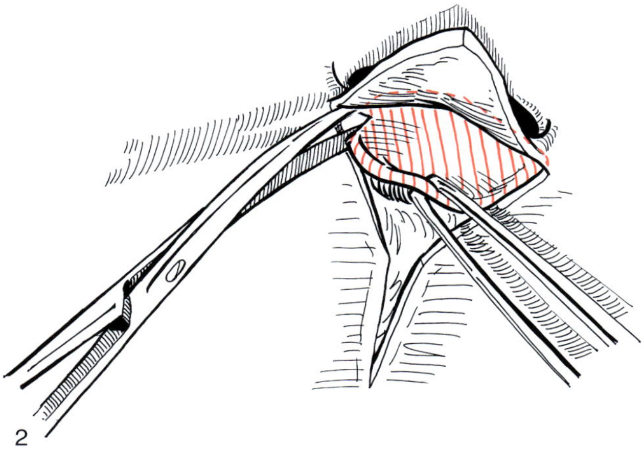

2

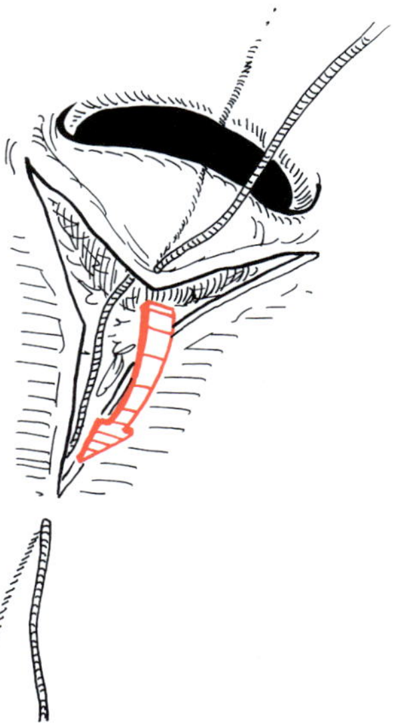

3

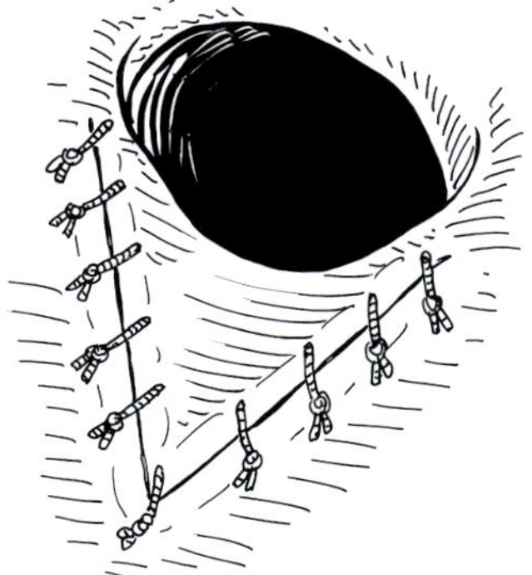

4

3.5.2.3 外侧外耳道壁切除后外耳道的矫正

适应症

解除缝合部的紧张。由于软骨的破坏，由腹侧向背侧转移的组织使水平耳道变得狭小。

体位

侧卧保定。

术式

实施全身麻醉，气管插管。

术者站立于动物头部的腹侧。

该手术的目的是切除部分损坏的软骨瓣并实施再缝合，最大限度地扩大水平耳道的开口部。

在外耳道狭小部的远位进行 Y 字形皮肤切开(图 1)。然后钝性分离软骨瓣并使之可动化。

将位于背侧的 V 字形皮肤片翻向背侧，将其下面的软组织用手术剪切除(图 2)。

将创口应用 YV 成形术，在 V 字形的部位，用 2-0~3-0 非可吸收性缝线进行缝合(参照 2.6.4.1)(图 3、4)。

术后护理

配戴伊丽莎白项圈。

术后 10~14 天拆线。

3.5.2.4 外耳道垂直部分的切除

适应症

外耳道严重的过度形成和脂漏症(由于绿脓杆菌或者变形杆菌感染造成的脓皮症)。

体位

侧卧保定。

术式

实施全身麻醉,气管插管。

术者站立于动物头部的腹侧。

将垂直耳道的皮肤做T字形切开。使两侧的皮肤可动化并翻转。尽量向腹侧钝性去除耳下腺(图1)。

用窄刃手术刀,在耳廓软骨的背侧将其做近似于圆形切开(图2),用外科手术剪完全切断(图3)。

将全部垂直耳道从周围组织上钝性分离下来,直至翻转部位,在水平耳道的移行部用直剪切断。用此操作可彻底除去垂直耳道的病变部位(图4)。

将皮肤的背侧创缘和耳廓创缘缝合。

同时轻轻地将水平耳道向腹侧牵引,用3-0非可吸收性缝线,用单纯结节缝合法将水平耳道和皮瓣创缘做环形缝合(图5)。

术后护理

配戴伊丽莎白项圈。

术后3~4天,清洗消毒水平耳道。

术后10~14天拆线。

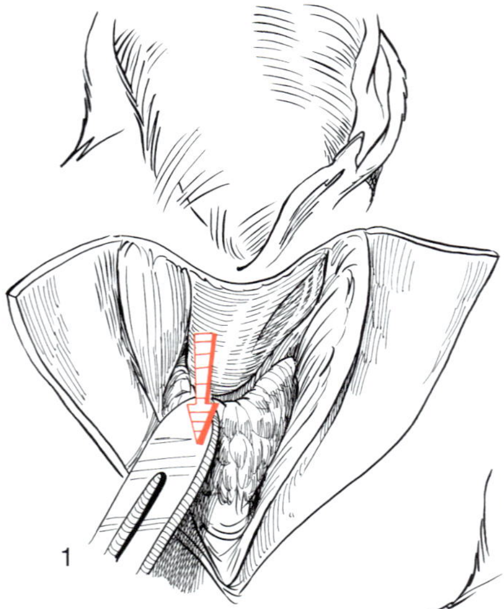
1

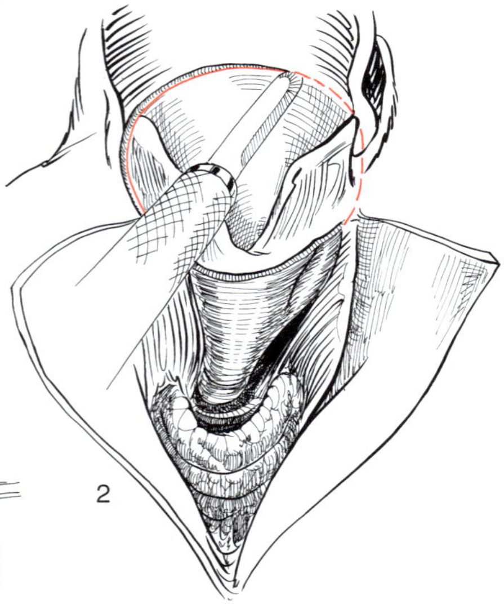
2

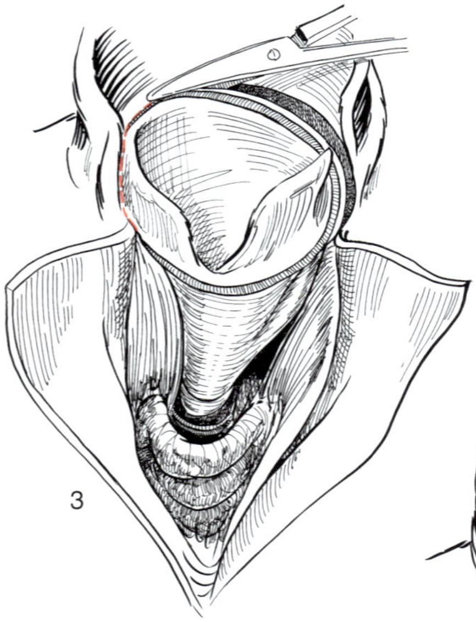
3

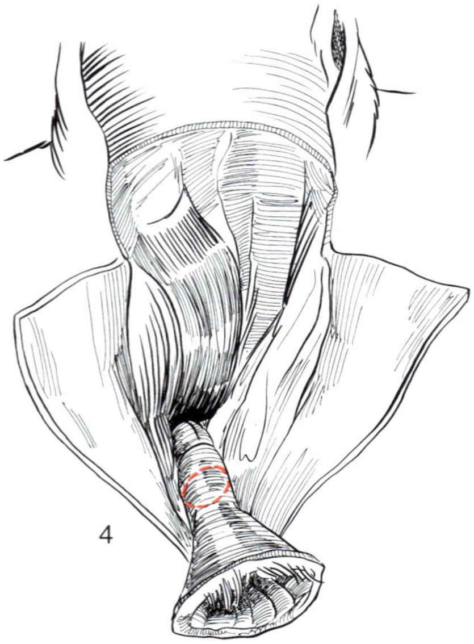
4

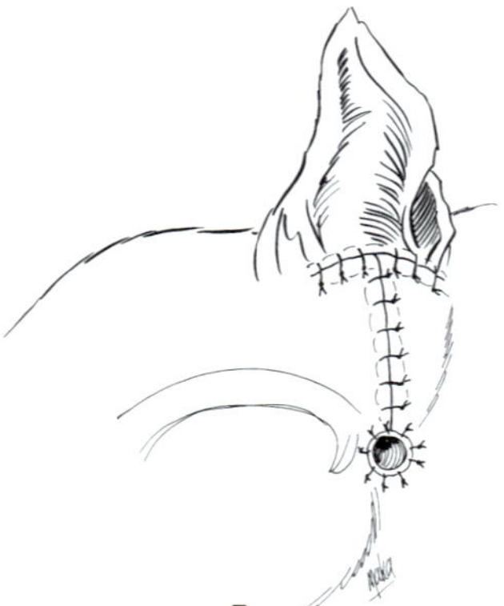
5

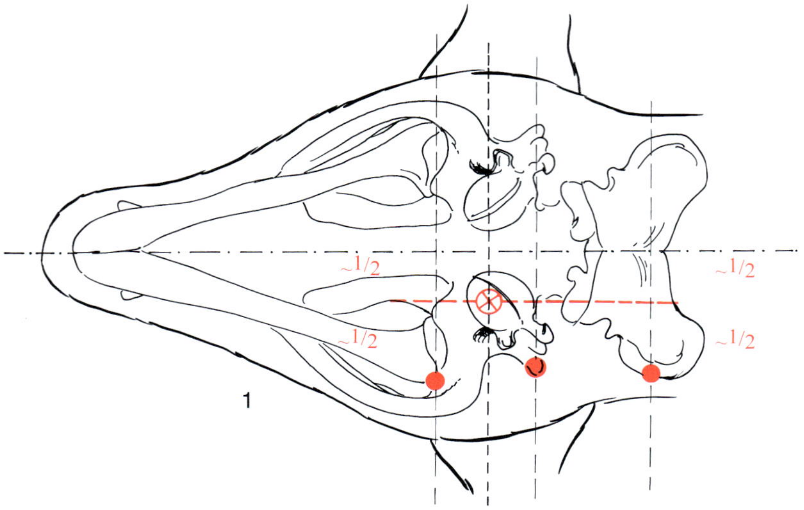

1

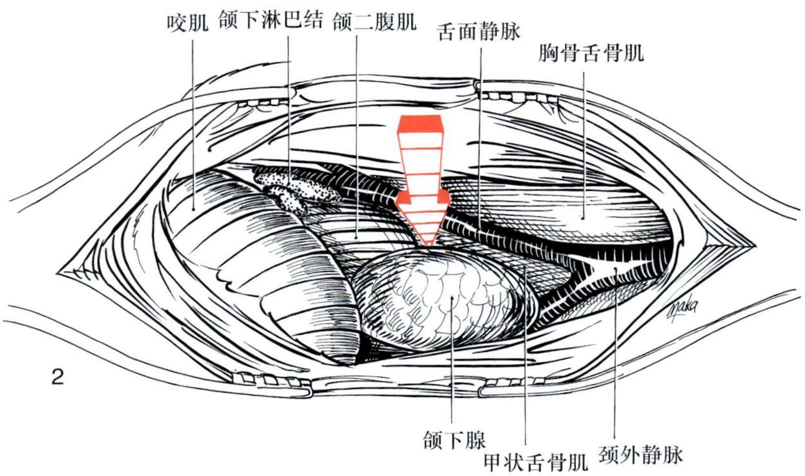

2

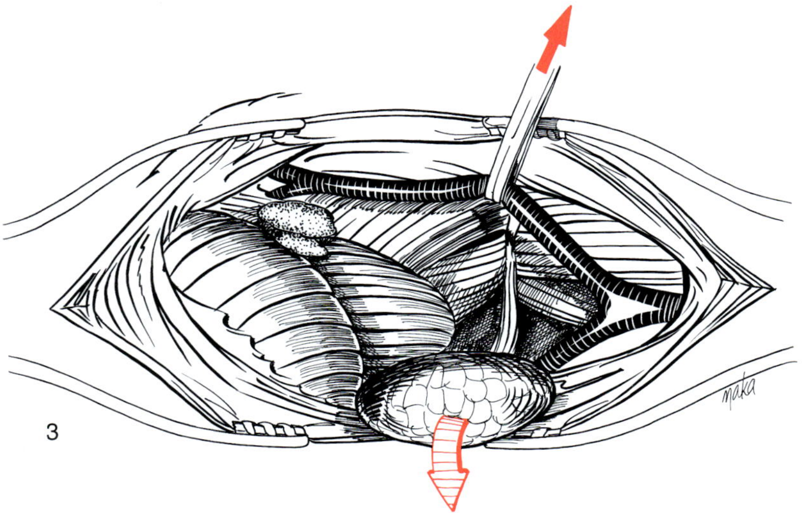
3

3.5.2.5 鼓室囊骨切除术

适应症

化脓性中耳炎。

体位

仰卧保定，头颈伸展，颈下垫枕。从腹侧打开通向鼓室胞的手术通路。

术式

在旁正中线上将可以摸到环椎翼、副颗状突起及下颌角三者连线，在该连线和正中线之间切开皮肤。从下颌角突起的头侧开始切开，切至环椎翼的水平位置。

用同样的方法切开下面的筋膜和皮肌，用2个扩张器扩大创口。对于其他所有的分离，均用钝性分离法进行(图2)。

将颌下腺和甲状舌骨肌向外侧分离；将舌颜面静脉、舌骨及其附着的肌肉、胸骨舌骨肌以及下颌淋巴结向正中方向分离；将颌二腹肌向头侧分离(图3)。

将这些构造用扩张器固定于各自的位置。在甲状舌骨肌的下面可以摸到鼓室囊骨的隆起。用弯止血钳钝性分离、扩大甲状舌骨肌(图4)。

切开鼓室囊骨的骨膜，并用骨膜剥离子分割(图5)。

用骨穿孔器将鼓室胞骨的腹侧穿孔并扩大(图6)。首先,为了进行细菌学检查(细菌的分离、鉴定,药敏试验)采集积留于鼓室里的液体。

接下来，用添加了抗生素的温生理盐水彻底清洗鼓室囊。

为了进行清洗、吸引和排脓,在鼓室囊内插入引流管,贯通、固定于创口外侧的皮肤上(图7)。

依次缝合创口。

术后护理

注射抗生素。

配戴伊丽莎白项圈。

术后3~4天除去引流管。

术后10~14天拆线。

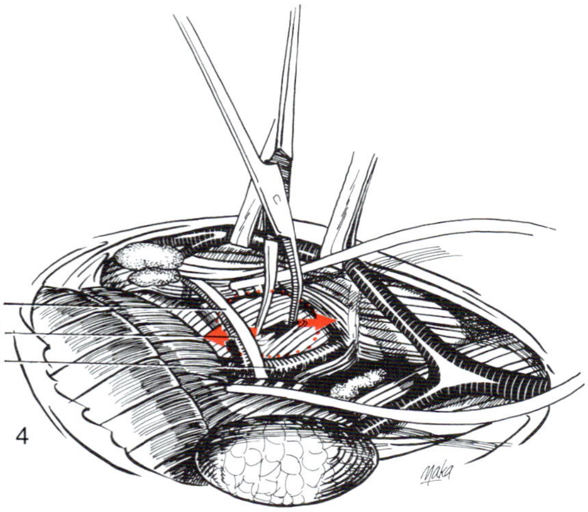

4

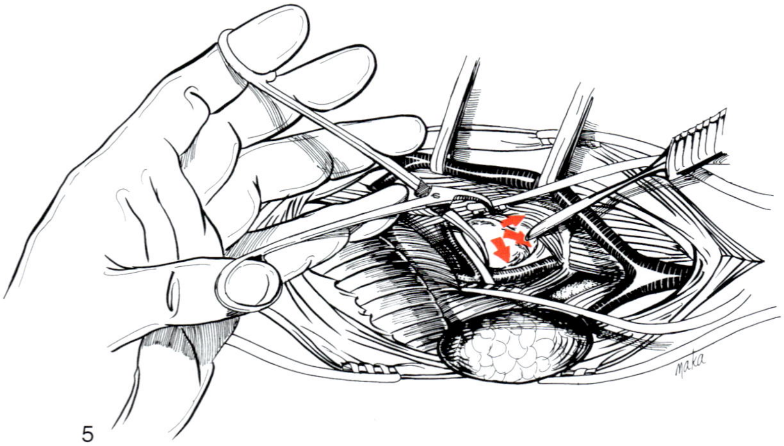

5

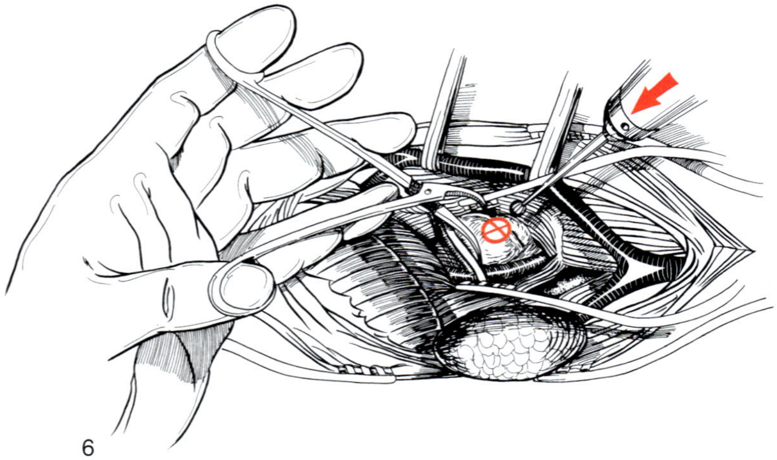

6

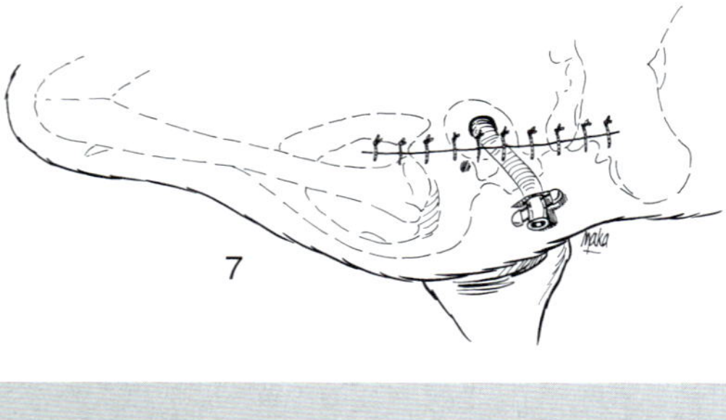

7

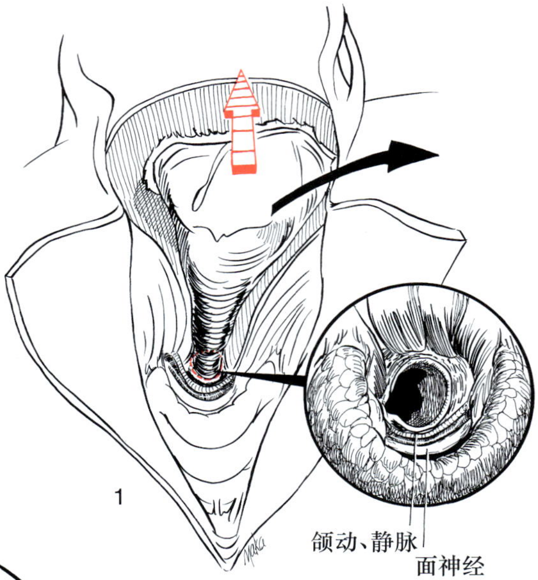

1

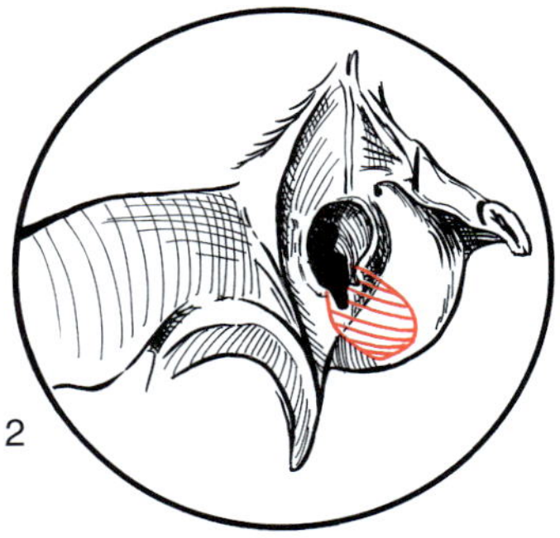
2

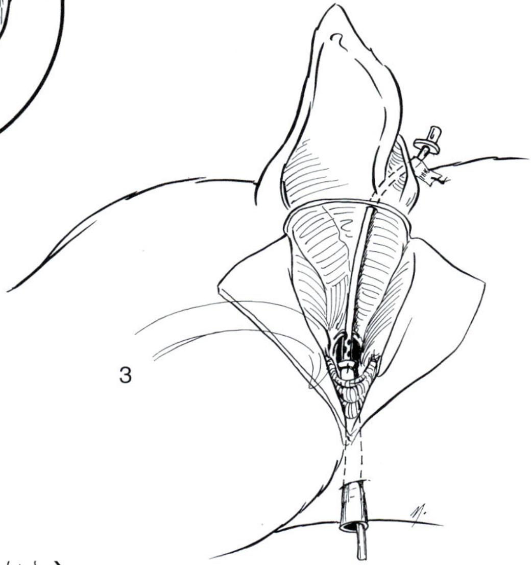
3

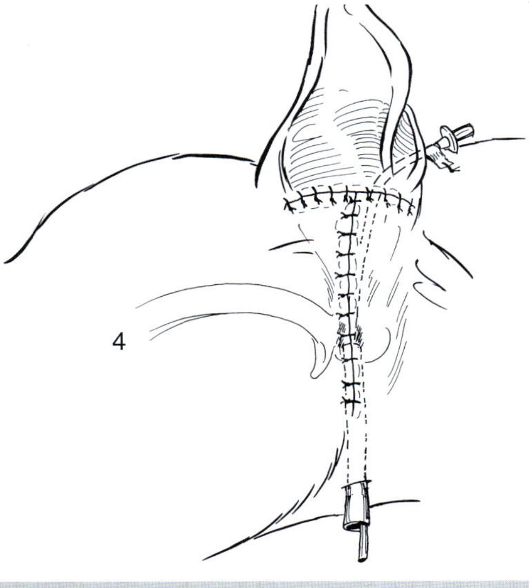
4

3.5.2.6 伴有切除鼓室囊外侧骨的总耳道切除术

适应症

难以治疗的慢性中耳炎。肿瘤。骨髓炎。

体位

侧卧保定。

术式

实施全身麻醉，气管插管。

术者站立于动物头部的腹侧。

将耳道的垂直部分从耳廓切开并分离，从其周围组织中剥离下来（参照3.5.2.4）后，彻底除去水平部分。小心地切开并进行中耳的刮扒和清洗，设置引流管。

作为第一步，分离并向腹侧移动颈动脉、颈静脉和颜面神经（图1a）。将水平耳道沿环状软骨进行钝性分离至外耳孔，并彻底去除（图1）。

用小的咬骨钳将鼓室囊骨从外耳孔开始至外侧中央腹侧面小心地切除（图2画红线的部分）。将中耳在腹侧部（小心操作，不要损伤背侧和正中的构造），用消毒的锐匙进行刮扒，用温生理盐水清洗。

用细的引流管以及固定引流管进行术后清洗。将引流管沿背侧尾侧皮下设置，在耳廓的后方引至外侧，固定于头部皮下。将固定的塑胶带引至距创口约5 cm皮肤处，同样进行固定（图3）。

最后，将创口用4–0非可吸收性缝线缝合（图4）。

术后护理

注射抗生素。

配戴伊丽莎白项圈。

集中地进行反复冲洗，术后3~4天除去引流管。

术后10~14天拆线。

并发症

并发症发生率高。

术中可见颈动脉和颈静脉及其分支的严重出血。损伤颜面神经。伴有损害前庭神经或者平衡感觉器官的内耳损伤。由于耳道残留形成脓肿或者瘘管。过早地除去引流管使血液浆液积留。

第 1 章　外科基本技术

第 2 章　整形外科

第 3 章　头部外科

第 4 章　颈部外科

第 5 章　胸部外科

第 6 章　腹部外科

第 7 章　泌尿生殖器外科

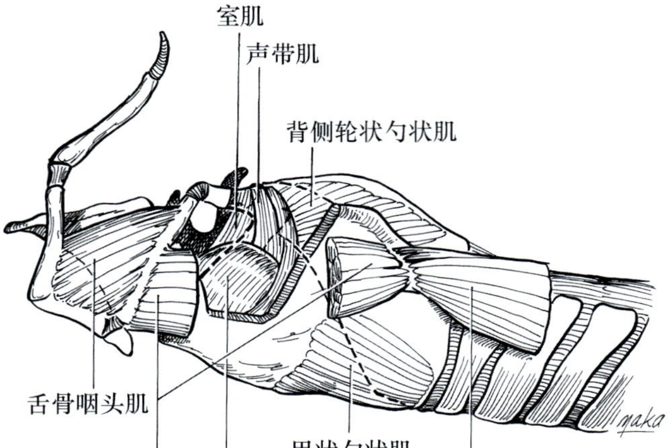

1

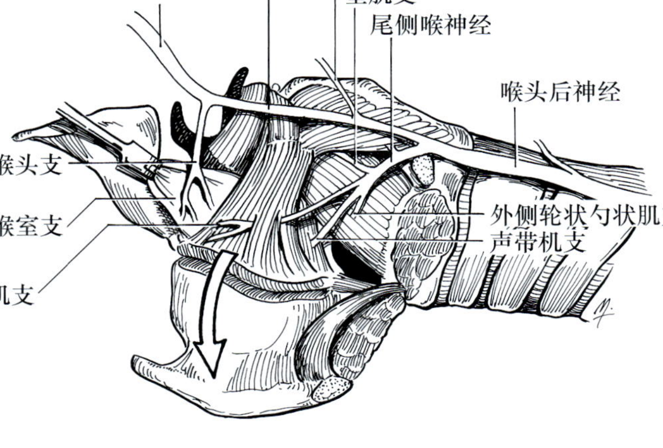

2

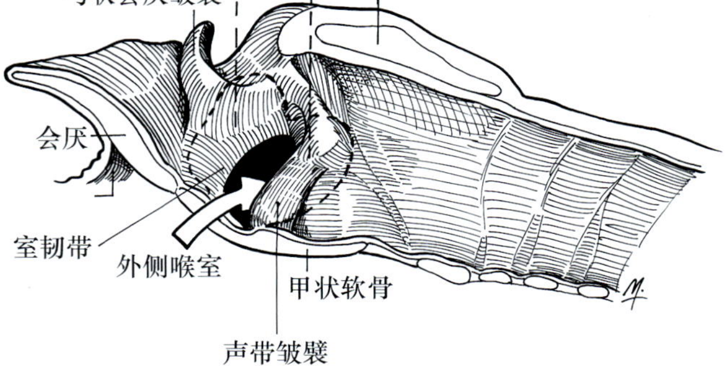

3

4.1 喉头

4.1.1 喉头的解剖

进行喉头手术时，术者要有很好的解剖学知识、手术技巧以及三维立体想象力。这里提到的局部解剖内容只是梗概的描述。在术前，术者应该详细研究喉头的局部解剖结构。

图 1 为从左侧观察的喉头的表层构造。部分去除了甲状软骨的头侧部。

图 2 为从左侧观察的喉头的深部构造。将甲状软骨的一半翻向了腹侧。

显示分布于肌肉的神经。

图 3 是喉头的纵断面图，沿正中线切开的右半部喉头。去除了喉头的左半部。

喉头软骨、舌骨以及头侧气管的左侧面图(图4)。

甲状软骨(图5)。

环状软骨(图6)

勺状(劈裂)软骨(图7)。

左侧观咽部肌群、喉头肌群和舌骨肌群(图8)。

喉头和舌骨区域的软骨构造及肌肉构造(图9)。

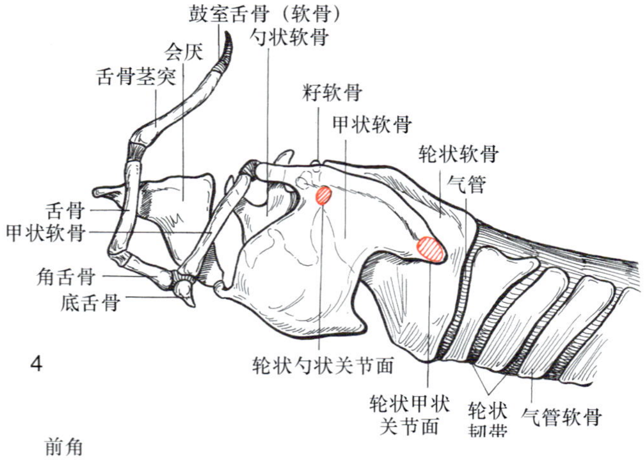

4

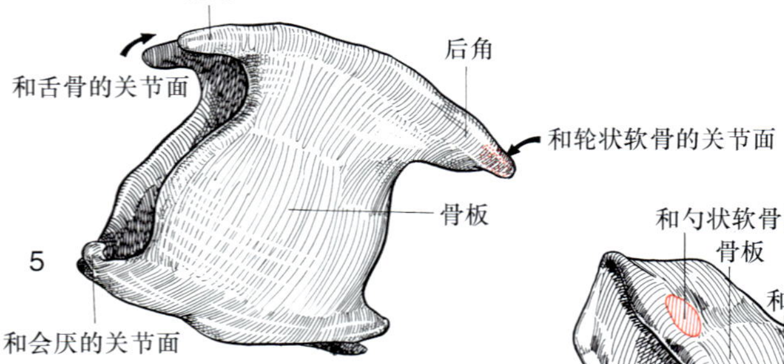

5

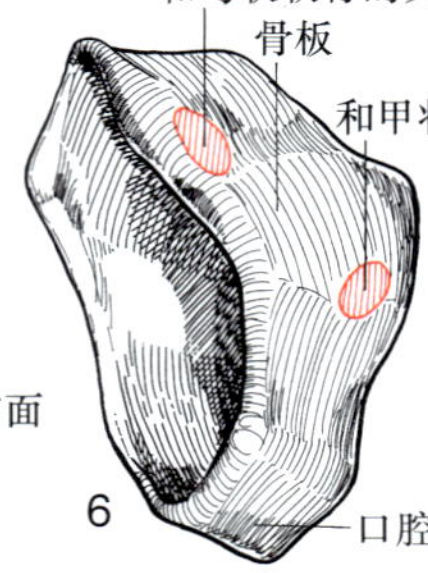

6

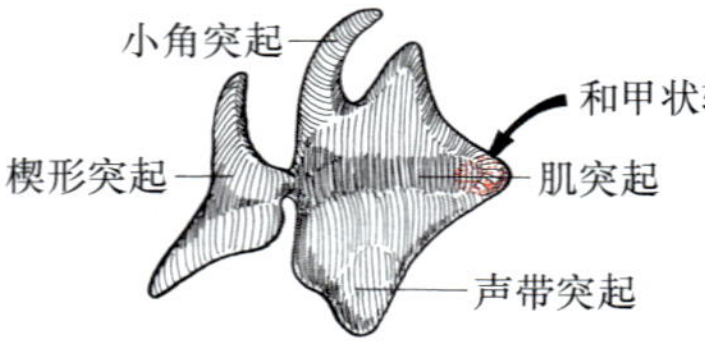

7

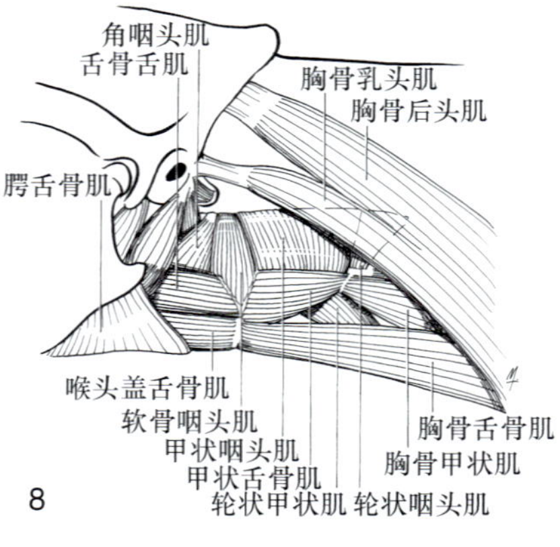

8

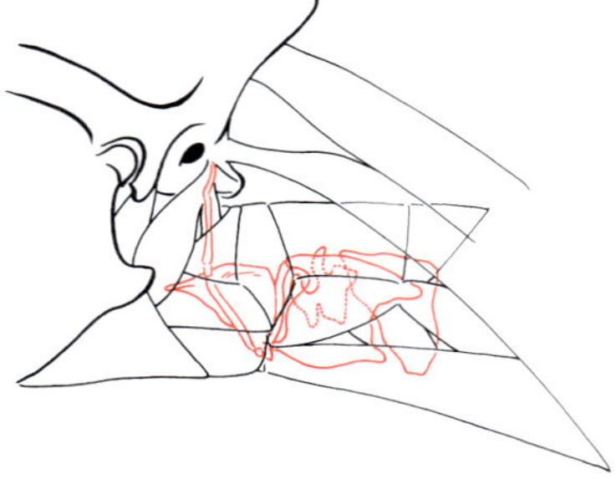

9

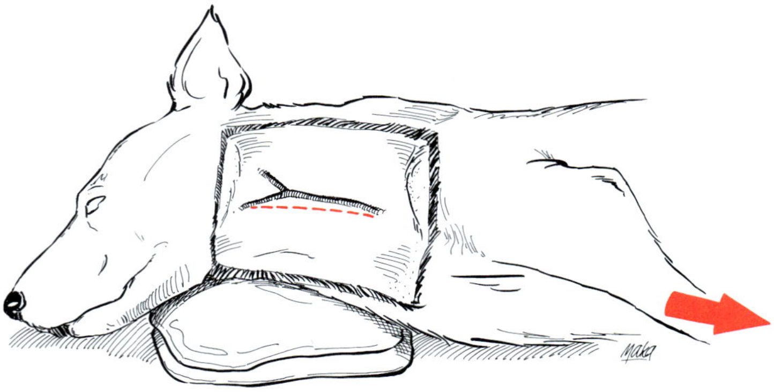

1

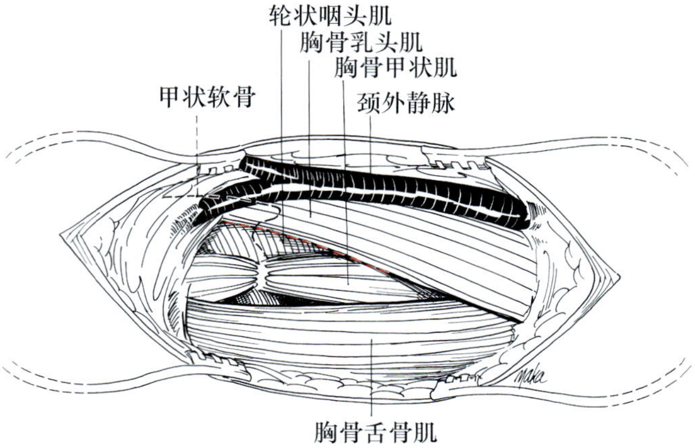

2

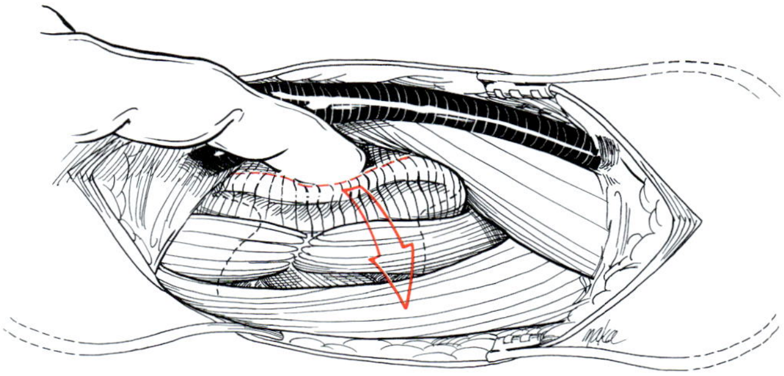

3

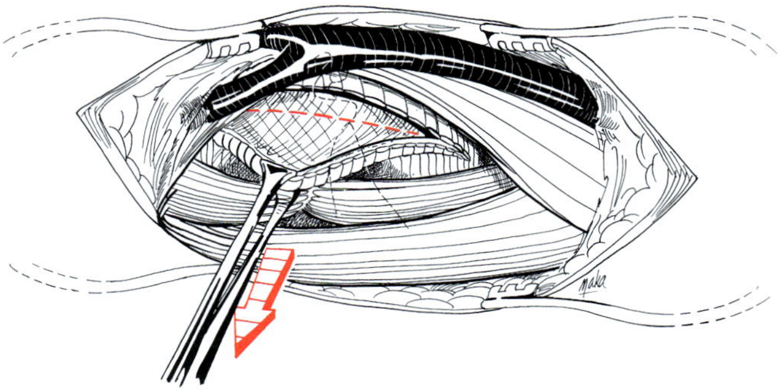

4

4.1.2 单侧勺状软骨侧向移位术

适应症

喉头麻痹(喉腔扩大术)。

体位

侧卧保定,头颈伸展,将前肢向后方牵引,颈下垫枕。

术式

实施全身麻醉,气管插管。

按如下方法切开皮肤:在颈静脉的腹侧,沿颈静脉沟距下颌角尾侧数厘米处向肩关节方向切开2~4指宽切口(图1)。

图2为切开皮肤,使用扩张器扩大创口后所示的局部解剖构造。

触诊喉头外侧,感知喉头软骨,确认其位置。将胸骨乳头肌移向背侧,一个手指插入甲状软骨板的内侧,并将其向外侧翻转(图3)。

用有齿钳子夹住甲状软骨的背侧缘。一边牵引甲状咽头肌和轮状咽头肌,一边向箭头方向切开。确认甲状软骨膜后,将其按照甲状咽头肌相同的切开方向进行切开(图4)。

接下来的操作在前喉头神经和后喉头神经的分叉处进行。这时必须注意决不能损伤和轮状勺状软骨神经并行的颈外动脉。分别将颈外动脉和颈外静脉用塑胶带提起，一边施加保护一边将它们移出创腔。在创口的尾侧角，能够确认轮状甲状关节。将这个关节用手术剪剪开(图5、6)。

斜向切断背侧轮状勺状肌，以便打开通向轮状甲状关节的手术通路。对于甲状软骨和勺状软骨间的结合(关节)，用手指将甲状软骨的背侧线向外侧反转(图7)，同时用细的弯曲手术剪进行分离(图8、9)。

(下接228页)

5
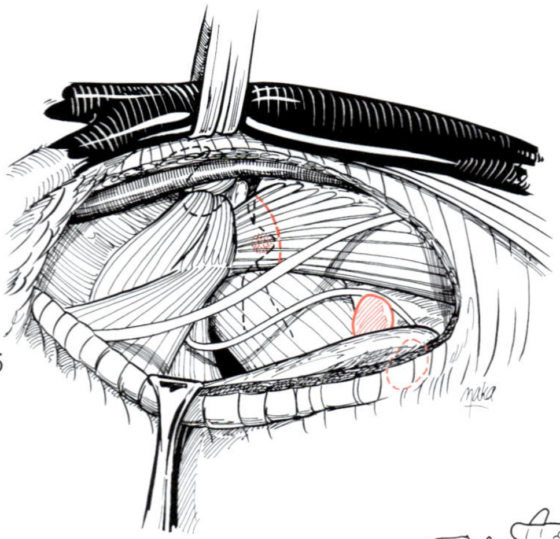

6
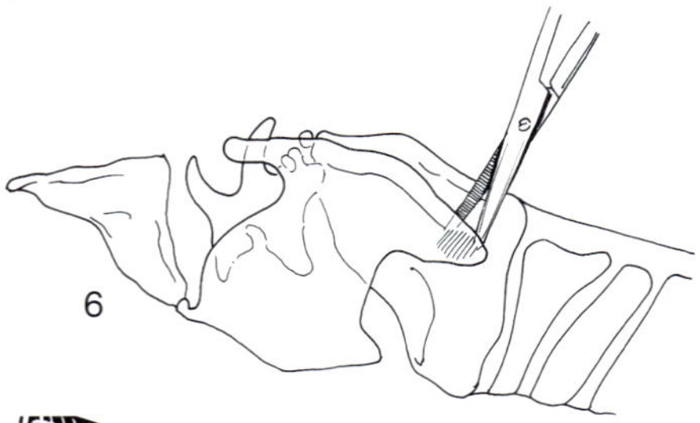

7
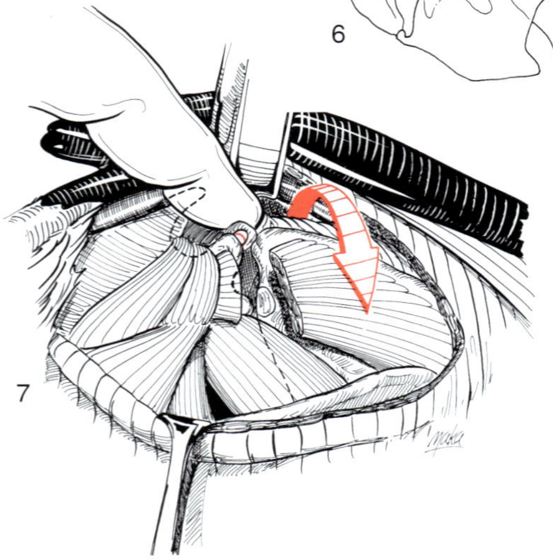

8
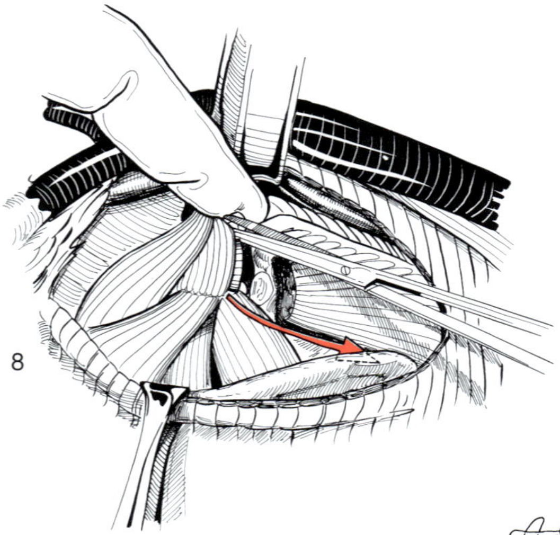

9
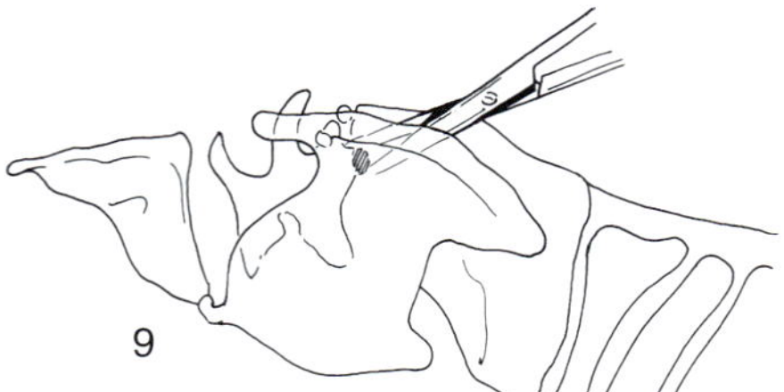

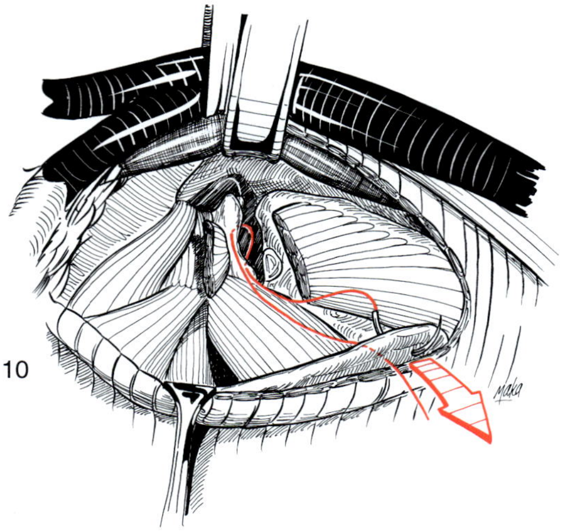

10

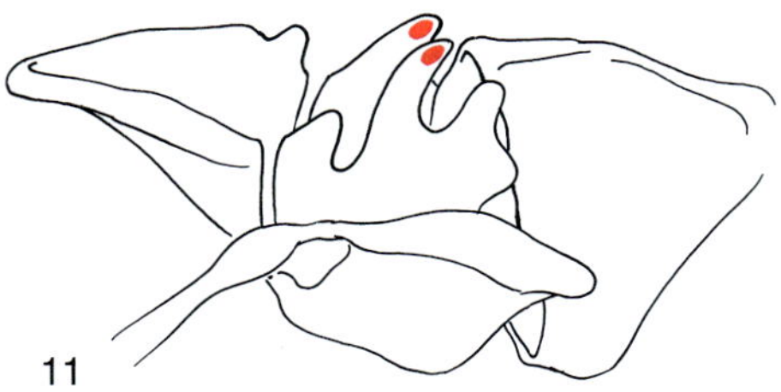

11

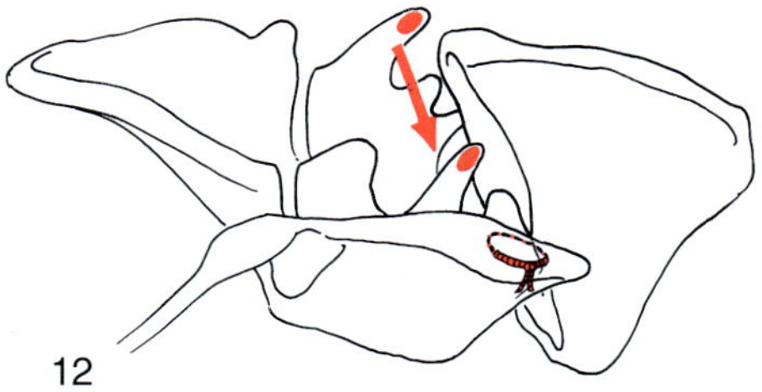

12

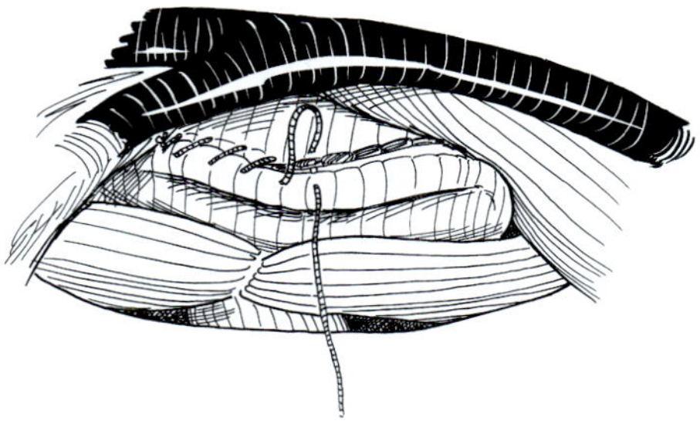

13

在勺状软骨的小角突起处穿入非可吸收性缝线，在甲状软骨的后角也进行同样的操作。缝线的设置和结扎的方法如下：

从甲状软骨的后角刺入缝合针，接下来从勺状软骨的小角突起侧方刺入缝合针。然后从小角突起的正中刺出缝合针，将该针再度从甲状软骨的后角刺入，从正中刺出。将缝线的两端在甲状软骨的侧方结扎，将甲状软骨向外侧牵引，用此方法勺状软骨便向甲状软骨的相同方向移动（图10~12）。

移向外侧的勺状软骨的最佳位置的确定方法是，助手从口腔插入内窥镜，在确定喉头部位的基础上来决定勺状软骨的最佳位置。

将甲状喉头肌和轮状咽头肌用 2–0 可吸收性缝线连续缝合(图 13)。

依次闭合手术创口。

术后护理

连续注射抗生素 8 天以上。

连续使用消炎剂 5 天以上。

大约术后 10 天拆线。

4.1.3 通过腹侧手术通路进行的外翻喉室切除术

适应症

喉头虚脱症候群和喉室黏膜陷入喉腔。为了扩大喉腔而进行的手术。

体位

仰卧保定，头颈伸展，头下垫枕。

术式

实施全身麻醉。备好气管插管等器具，以便进行保障气管畅通的操作。

沿颈部腹侧正中线切开皮肤，切口位置是：从距离摸到的舌骨茎突的头侧 1~2 cm 切至胸骨柄（图 1）。

在创口插入扩张器，最大限度地扩大创口。钝性分离排列于正中线上的胸骨舌骨肌。然后慎重分离舌骨静脉弓，将其和肌肉一起用扩张器移向外侧。在创口的头侧 1/3 处，是环状软骨和腹侧的喉头肌群与气管环连接的起始部。在走行于左右侧的胸骨舌骨肌的中央，从环状软骨头侧将轮状喉头韧带切开直至甲状软骨（图 2）。

将舌骨静脉弓尾侧附近的环状软骨向尾侧切开后，用组织剪在腹侧面钝性分离轮状甲状韧带。用 2 根小的钝性创钩扩展切开部位（图 3）。

用细的镊子夹住喉室和病变组织，尽可能向前方拉动，并用钝性外科手术剪将其切除（图 4）。

用 3–0 非可吸收性缝线，采用致密的单纯结节缝合法闭合甲状软骨，用 3–0 非可吸收性缝线闭合轮状喉头韧带。用 2–0 可吸收性缝线连续缝合胸骨舌骨肌。

依次闭合创口（图 5）。

术后护理

注射抗生素。

术后 10~14 天拆线。

并发症

由于切除区域的高度肿胀造成气管闭塞，此时必须进行气管切开术。

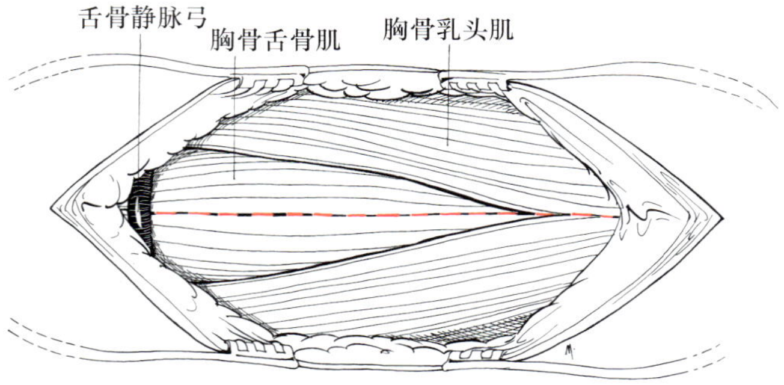

1

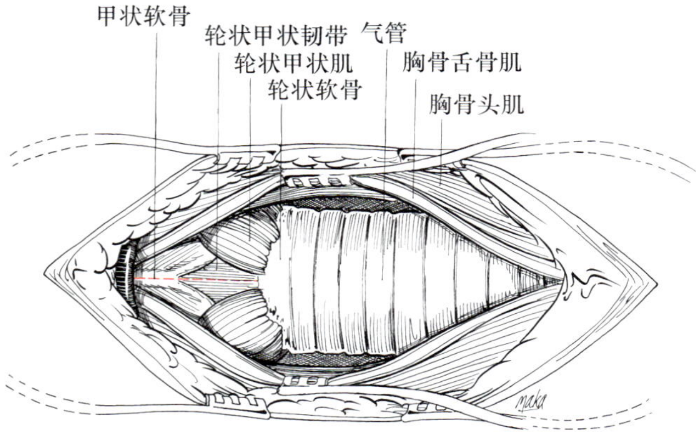

2

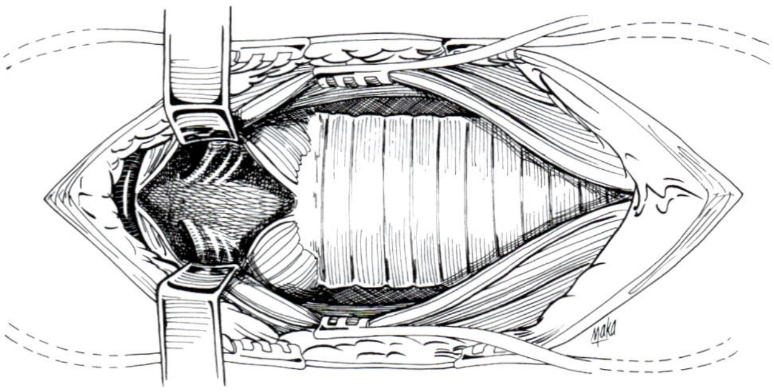

3

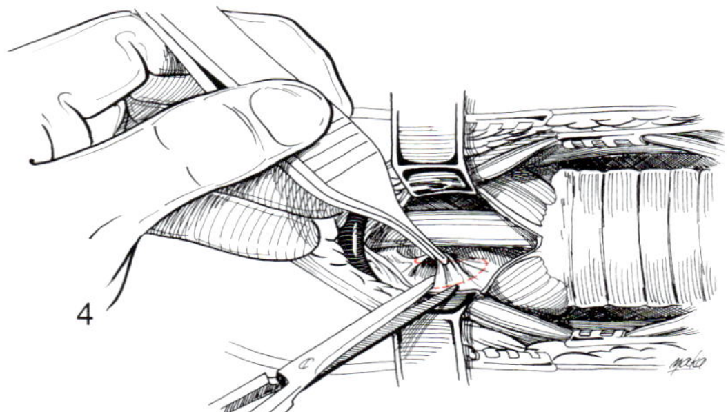

4

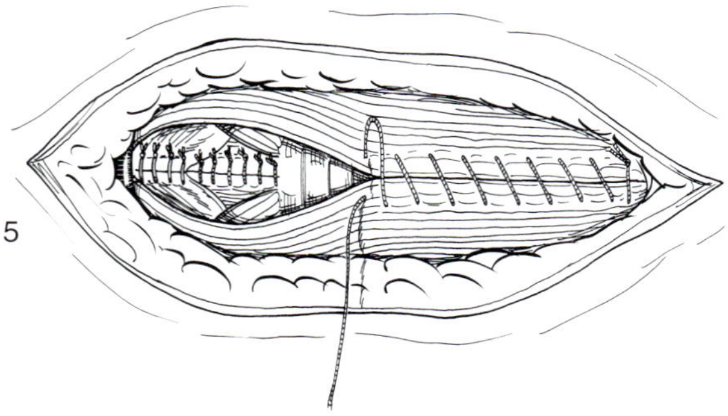

5

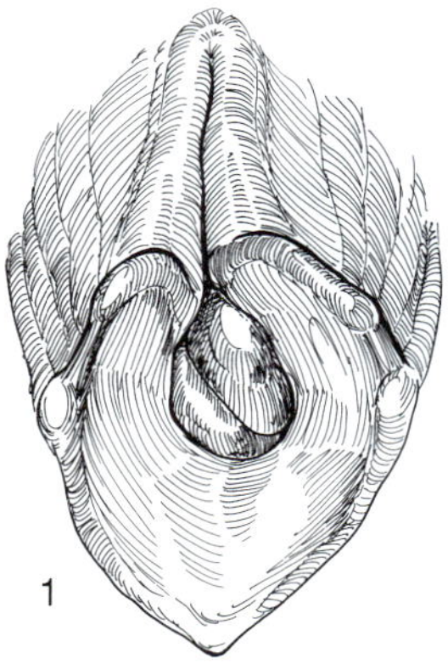

1

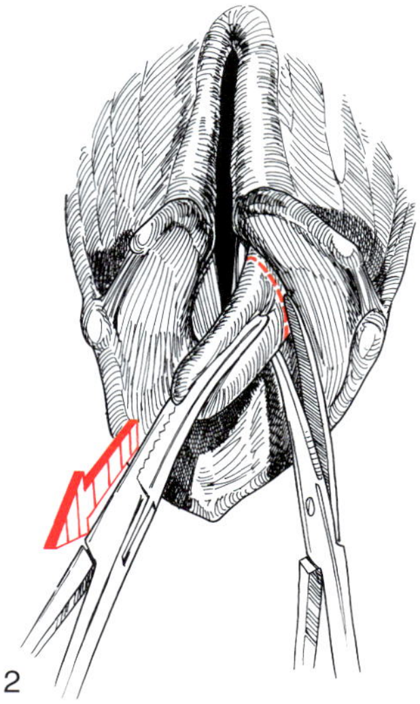

2

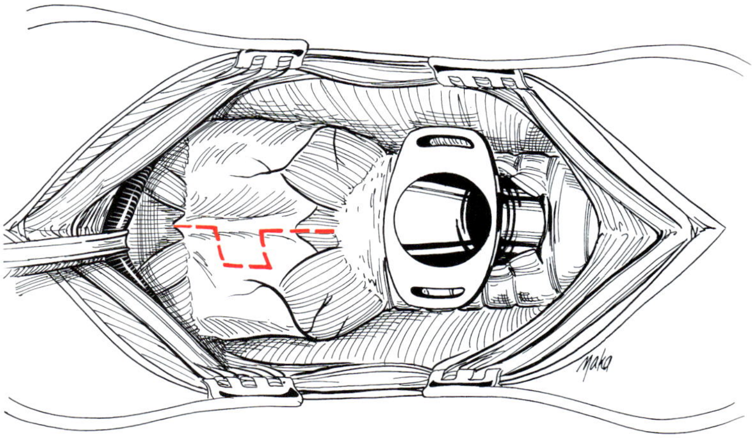

1

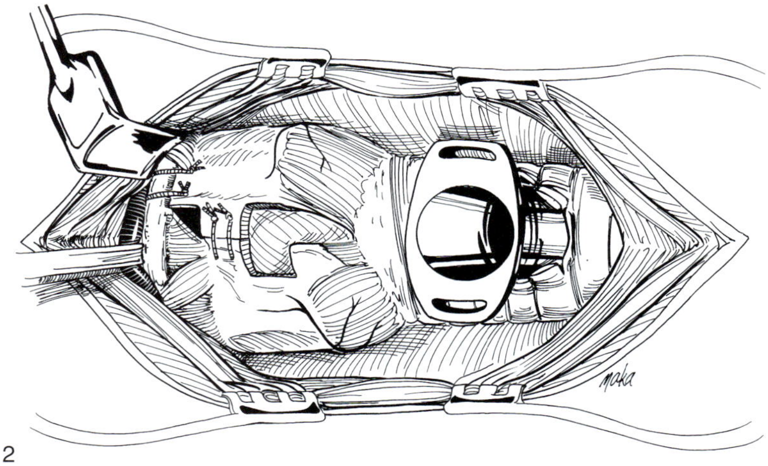

2

4.1.9 经口腔手术通路实施外翻声带囊切除术

适应症

短头种犬在喉头经常发生的，由于负压导致的喉室外翻（图1）。对于该病的手术操作，采用腹侧手术通路的切除法可获得大的手术视野，因此优先考虑采用腹侧手术通路的方法。

体位

俯卧保定。实施暂时气管切开术和气管插管。抬高头部并固定。

术式

实施注射麻醉。

用开口器或扩张器扩大口腔，将软腭压向背侧，最大限度拉出舌头并将其压向腹侧。用敷料钳夹住喉头盖向吻侧牵引。用持针器或止血钳夹住外翻的喉室，最大限度地移向吻侧。

用长的弯外科手术剪或电刀，将喉室从基部附近切断(图2)。出血时，用浸有肾上腺素的止血纱布压迫止血。

术后护理

注射抗生素。

连续用输液疗法维持营养3~4天以上，之后饲喂10天左右的流食。

约在术后7天闭合暂时的气管切开创。

4.1.10 为扩大喉腔而进行的分阶段成形术

适应症

有遗传因素参与的大型犬或超大型犬的后天性、特发性喉头麻痹。猫病毒感染后易发喉头麻痹。

体位

仰卧保定，头颈伸展，头下垫枕。

术式

实施全身麻醉。进行气管插管。

在距舌骨茎突头侧1~2 cm至胸骨柄处，沿颈部腹侧正中线切开皮肤。

在创口插入2根扩张器，最大限度地扩大创口。钝性分离排列于正中线上的胸骨舌骨肌，小心操作不要损伤舌骨静脉弓，用扩张器将其和肌肉一起向外侧移动。实施甲状软骨阶段性切开前，进行暂时性的气管切开(参考4.2.1)。

锯齿状切开甲状软骨和轮状甲状韧带使之3等分(图1)。确认喉室状态，如果已经外翻可将其切除。将甲状软骨的左半部(图的左侧)移向头侧。其结果甲状软骨左侧的正中1/3的切开线和左侧的头侧1/3切开线相接。在此位置进行单纯结节缝合(使用3–0非可吸收性缝线)。就是说在头侧，将甲状软骨和舌骨静脉弓下部的组织在正中部位和甲状软骨的凸起部分一起缝合(用3–0非可吸收性缝线)(图2)。

缝合分割的颈部肌群后，依次缝合皮肤创口。

术后护理

注射抗生素。

至少3周内将患病动物放入笼内保持安静状态。

改项圈为躯体绑带牵引患病动物。

约术后7天闭气管切开创。

4.2 气管

4.2.1 临时性气管切开术

适应症

上呼吸道突然狭窄，由于外力压迫气管或由于气管内异物造成气管阻塞的急救措施。进行鼻、副鼻窦、前额窦、咽腔以及喉头区域大手术过程实施吸入麻醉时，确保呼吸道畅通。

体位

仰卧保定，头颈伸展，头下垫枕。

术式

依照犬的大小实施皮肤切开。通常从喉头部中间至颈部中间切开5~15 cm的皮肤切口。为了暴露气管，在正中钝性分离胸骨舌骨肌，并用扩张器将其向外扩展。根据气管切开部的维持时间及犬的大小，在第3至第5气管环之间做门扇状（图1~3）、U字形瓣状（图4）切开或者横切开（图6）。根据这些切口方式，在切口部设置的开口部（图2、3、5、7）插入适当大小的气导管，将该气导管用胶带或布带固定于颈部，或者缝在颈部皮肤上。对于皮肤切开创，用单股非可吸收性缝线进行单纯结节缝合。于气管切开部的头侧闭合至尾侧（图8）。

术后护理

告诉动物主人每日必须清洁、消毒气导管。除去气导管后皮肤创口可自然愈合。

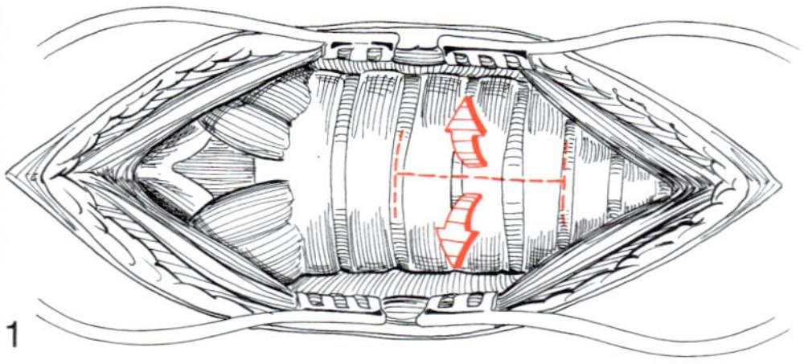
1

2

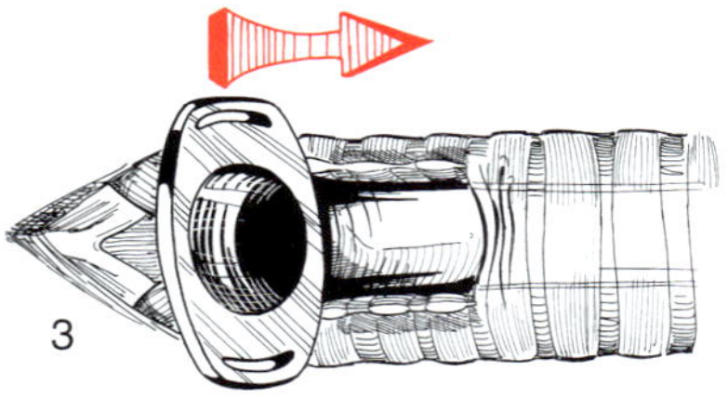
3

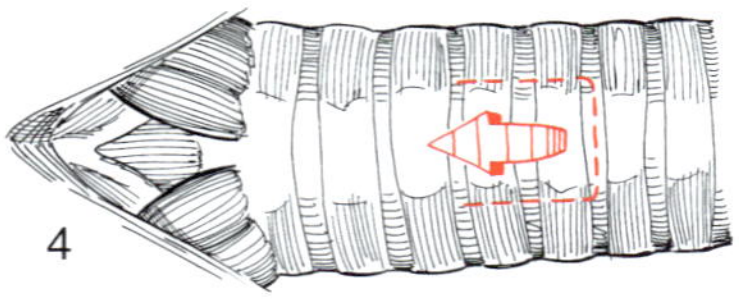
4

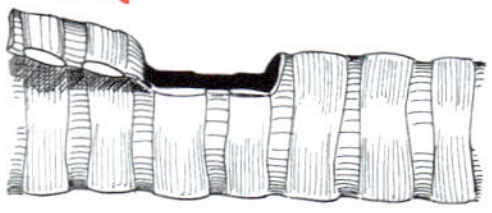
5

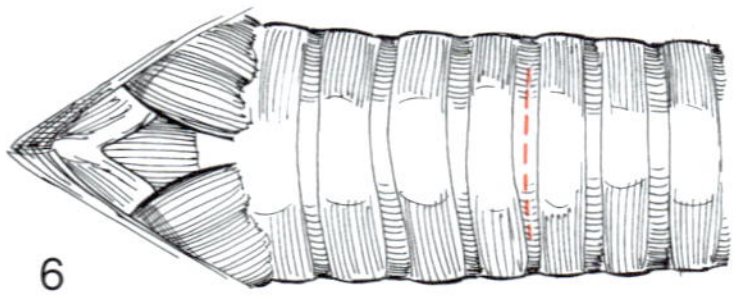
6

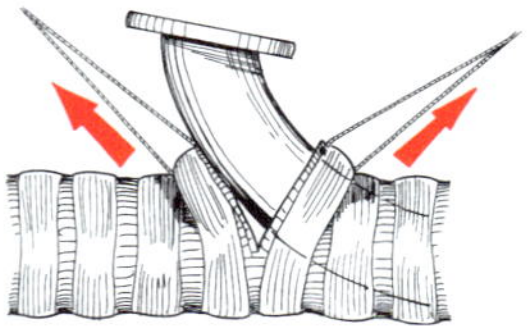
7

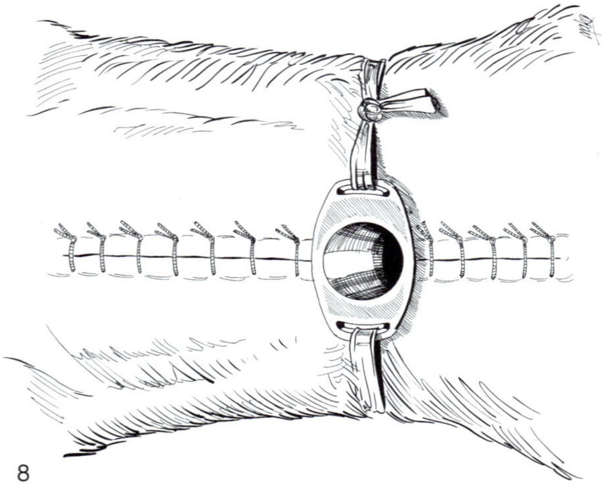
8

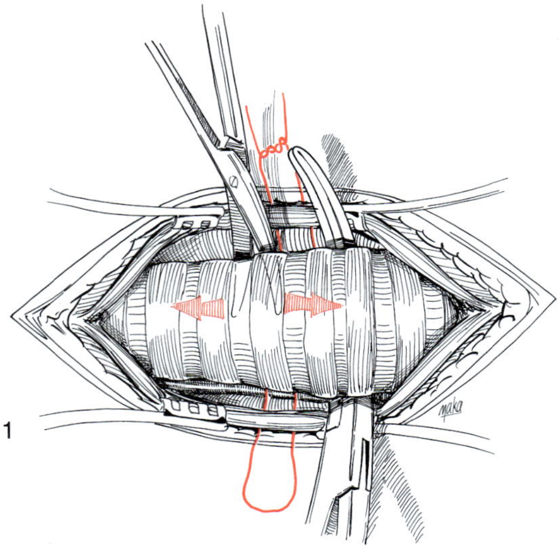

1

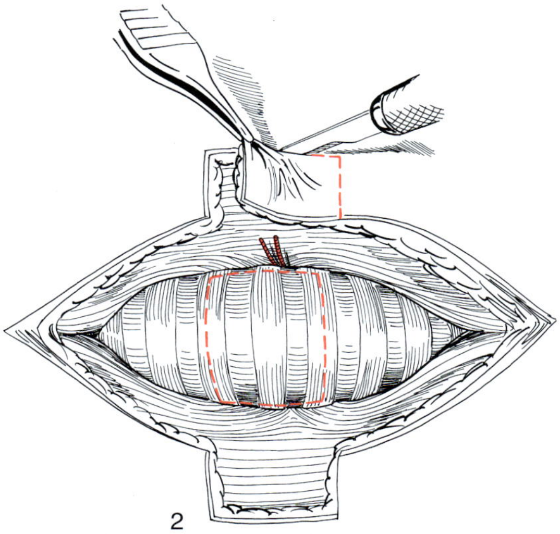

2

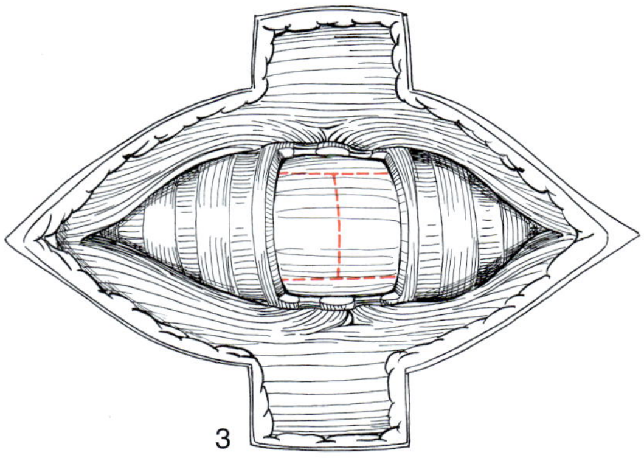

3

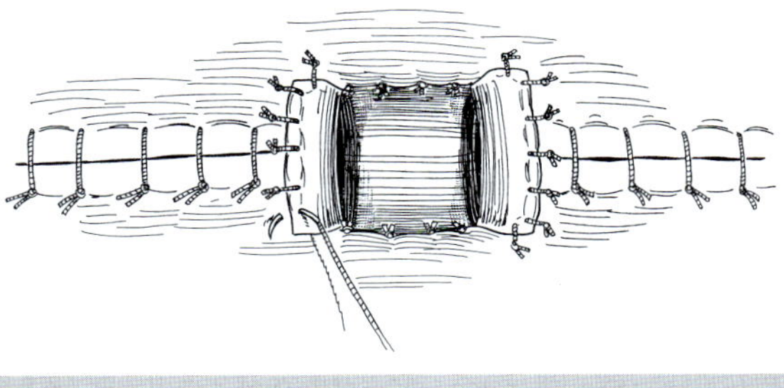

4

4.2.2 永久性气管切开术

适应症

上呼吸道肿瘤。喉头麻痹。喉头虚脱。喉头部或气管的颈侧部的大手术。

体位

仰卧保定，头颈伸展，头下垫枕。

术式

实施全身麻醉。准备进行气管插管。

自喉头尾侧至胸骨柄处，沿颈部腹侧正中线切开皮肤。

插入2根扩张器，最大限度地扩大创口。钝性分离排列于正中线上的胸骨舌骨肌，小心操作不要损伤舌骨静脉弓，用扩张器将其向外侧移动。钝性分离气管周围组织，露出气管。在第4至第6气管环位置，用4-0尼龙线穿过胸骨舌骨肌的左右，于气管的背侧，用褥式水平缝合法进行缝合、结扎，使两侧接合在一起(图1)。在气管背侧由于胸骨舌骨肌再度连接在一起，缝合气管开口部和皮肤时向前方提举，故术后开口部位置稳定(图2)。

接下来，将3~4个气管环大小，气管周长1/3左右程度，不切透黏膜层，只将气管壁软骨部分做矩形切除。

依照气管径的大小，在气管切开部的两侧切除矩形的皮瓣(图3)。在皮肤切除部位，用3-0可吸收性缝线分别将箭头状皮肤创缘和筋膜表面、横向的皮肤创缘和轮状韧带缝合。

将气管黏膜H形切开（开两扇窗子），形成2枚黏膜瓣(图3)。

接下来。将黏膜瓣间隔2~3 mm，用4-0~5-0非可吸收性缝线，用单纯缝合法和外侧的皮肤创缘缝合在一起(图4)。

依次缝合气管切开部的远位和近位皮肤创口，手术终了。

术后护理

注射抗生素。

将气管开口部的周围定期进行剪毛、清洁和消毒。

术后10~14天拆线。

4.2.3 气管部分切除术和再吻合术

适应症

不可修复的穿孔性损伤。气管软骨外伤。由于肿瘤或其他原因造成的气管腔狭窄。

体位

仰卧保定。为了避免气管紧张，将头部保定于向前下方伸展位置（相对于颈椎呈45°~90°的角），将前肢固定于头侧。

术式

将气管插管插到气管手术部位的稍前方。必须注意将气管插管的气囊膨胀到最佳程度。准备另一根气管插管，做到能够立即拿来使用。

在距舌骨茎突头侧 1~2 cm 至胸骨柄处，沿颈部腹侧正中线切开皮肤。

在创口插入 2 根扩张器，最大限度地扩大创口。钝性分离排列于正中线上的胸骨舌骨肌，一边小心操作不要损伤舌骨静脉弓，一边用扩张器将其和肌肉一起移向外侧。保护喉返神经不被损伤的前提下充分暴露气管，钝性分离开气管周围组织（图1）。在气管下垫上大的多层纱布。

在准备切除气管部分的尾侧气管环之间切断气管（图2）。这时将准备好的另一根气管插管从气管断端向肺脏方向插入，接上呼吸麻醉机继续维持吸入麻醉（图3）。

接下来，慎重地处理位于背侧的气管肌群，最终切除头侧部分的气管（图3、4）。

（下接238页）。

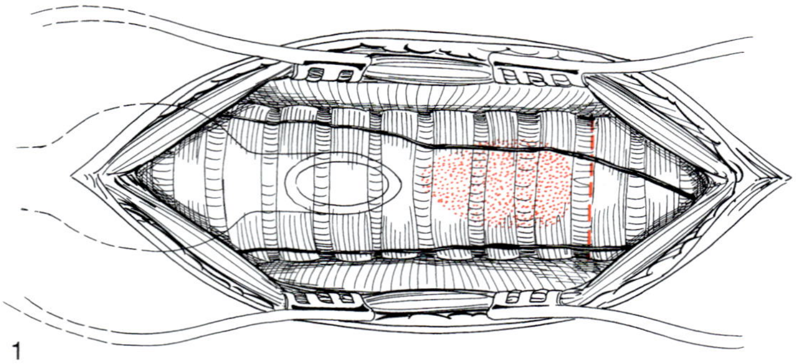
1

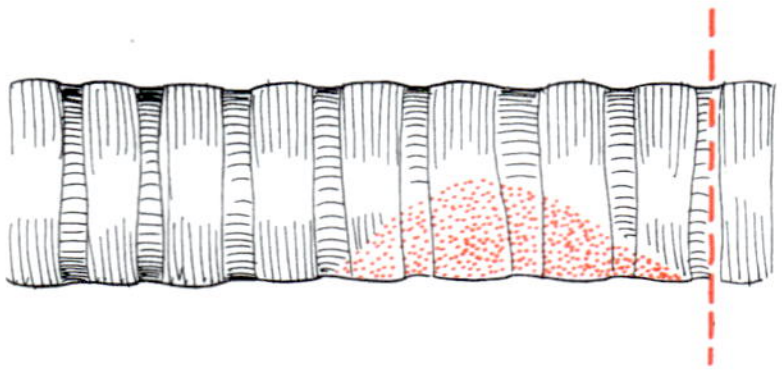
2

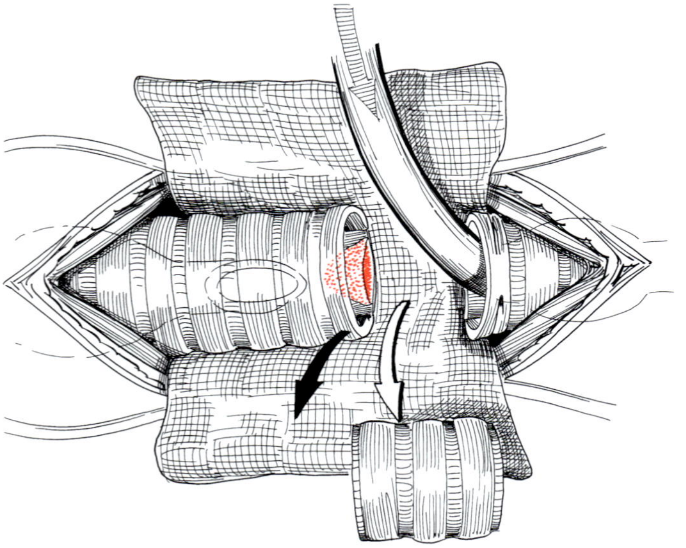
3

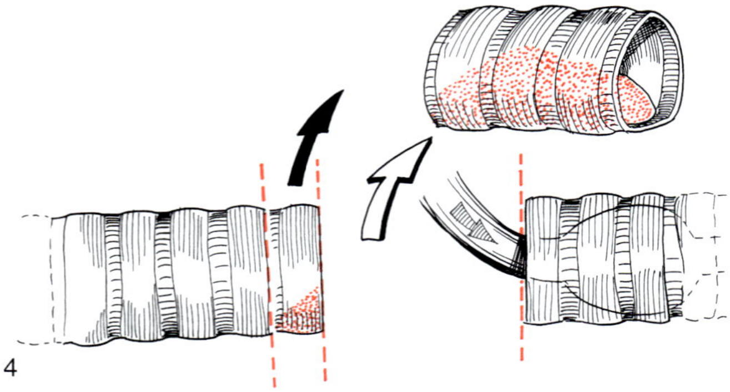
4

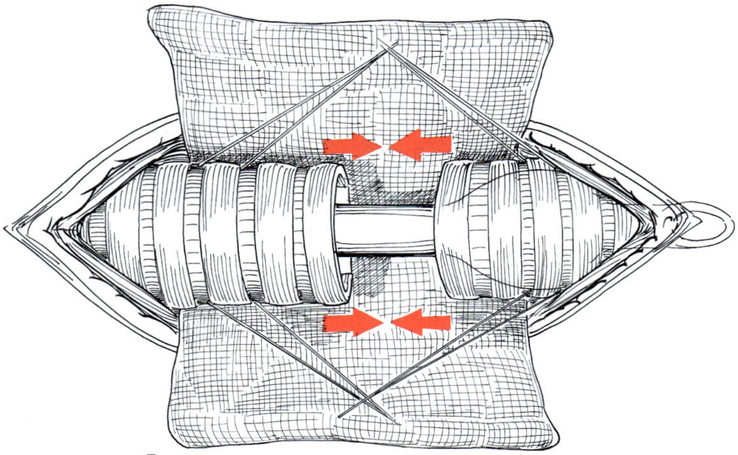

5

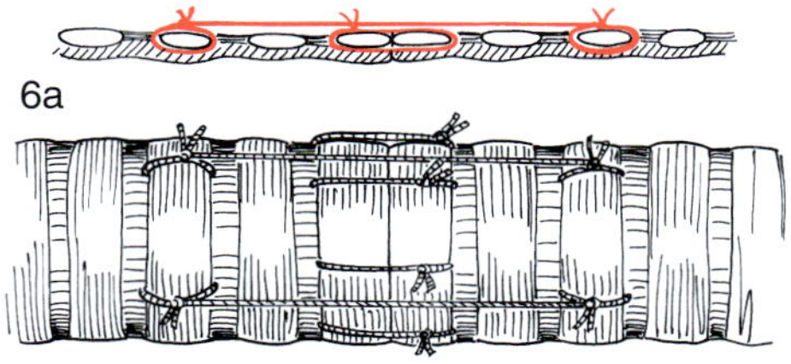

6a

6

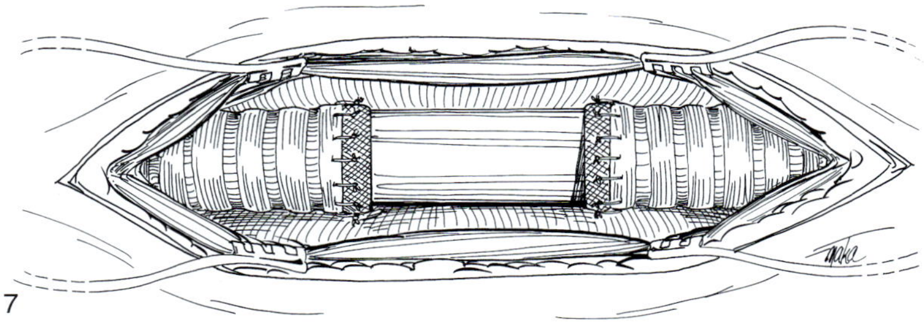

7

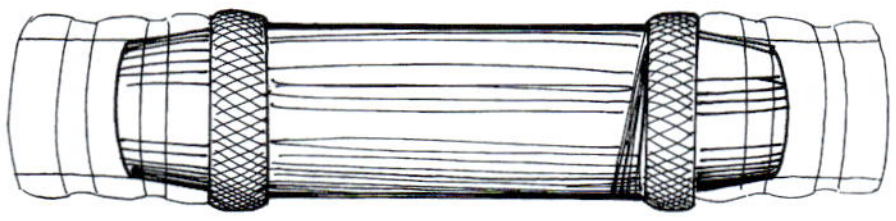

7a

拔出第二根气管插管，将第一根气管插管穿过切除部分插向肺的方向(图 5)。

将气管断端修整成可吻合形态。

关于气管切除断端的吻合，先在气管切除部分的远端和近端的 2~3 个气管环处分别穿上 4~5 根缝线，拉近远、近端使之接合(图 6)。然后，将相接的远、近断端的气管环全周实施 6~8 处单纯结节缝合，使两端紧密对接(图 6)。

实施上述吻合术的缝合时，务必小心谨慎，缝线不能穿透气管黏膜(图 6、6a)。

最多可以切除 3 个气管环的部分。当切除部分较大断端不能对接时，可插入带有连接环的硅胶气管连接管(图 7、7a)。

用单纯结节缝合法，用 0 号非可吸收性缝线缝合连接环和气管环。

依次闭合手术创口。

术后护理

注射抗生素。

术后 10~14 天拆线。

并发症

在硅胶气管连接管的远端，有时积聚气管分泌的黏液。

4.2.4 气管肌肉和轮状韧带的缩缝术

适应症

图 1 所示为正常气管的横断面。图 2、3 表示的是气管扁平化的异常状态。

气管虚脱(图 4),通常发生于约克夏小猎犬(Yorkshire Terrier)、卷毛犬、短头种的腊肠犬以及考杰犬(威尔士矮脚犬)等矮脚种犬。其共同特征是(虽然程度有所不同),伴随着气管软骨的扁平化发生气管肌肉和轮状韧带的松弛。

体位

行前肢向尾侧保定的仰卧姿势，头颈伸展,头下垫枕。

术式

实施全身麻醉,气管插管。

在距舌骨茎突头侧 1~2 cm 至胸骨柄处,沿颈部腹侧正中线切开皮肤。

在创口插入 2 根扩张器，最大限度地扩大创口。钝性分离排列于正中线上的胸骨舌骨肌,小心操作不要损伤舌骨静脉弓,用扩张器将其移向外侧。在保护喉返神经不被损伤的前提下充分暴露气管。将虚脱部分的气管从周围的组织中分离出来,并十分小心地向前方移动、翻转,暴露出气管的背侧面(图 5)。同时小心地将气管向头侧牵引，依靠这种方法在不进行开胸术的情况下,尽量将胸腔内气管移至颈部术野内。关于气管肌肉的缩缝程度，可用止血钳小心钳压轮状韧带来决定(图 6)。缩缝操作从头侧向尾侧方向进行，直至必要的部位。关于缝线的设置，应垂直于气管纵轴,以 0.5 cm 的间隔贯通气管肌肉和轮状韧带,用 4-0 单股非可吸收性缝线进行水平褥式缝合(图 6)。

在气管环的背面，十分小心地进行指压,以合适的张力使之接近,依次将设置的缝线以合适的力度牵拉、结扎(图 7)。缩缝的气管肌肉和环状软骨必须呈外翻状态。当缩缝部位高度紧张时，在不伤及气管黏膜的情况下，用手术刀在腹侧切开气管环来缓解张力。

关于扩大气管腔的其他方法，也可以用聚丙烯制成的有孔环或者利用塑料注射器的外桶，从病变气管环的外侧加以支撑(图 8)。分离气管周围组织,在气管下垫上大纱布后，从虚脱的气管环背侧套入塑料环(桶),将缝线穿过塑料环上的小孔,将气管用单纯结节缝合法进行固定。以塑料环的硬度来支撑、扩大气管腔(图 9)。

将钝性分离的胸骨舌骨肌用 3-0 合成可吸收性缝线进行单纯结节缝合。依次闭合皮肤创口。

术后护理

注射抗生素。

为了阻止管腔狭小、出现浮肿,应使用抗炎剂。

将患病动物置于笼内,保持安静。

术后 10~14 天拆线。

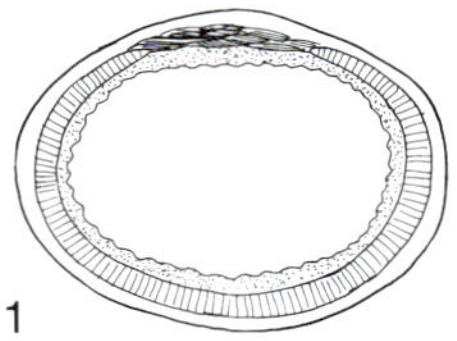
1

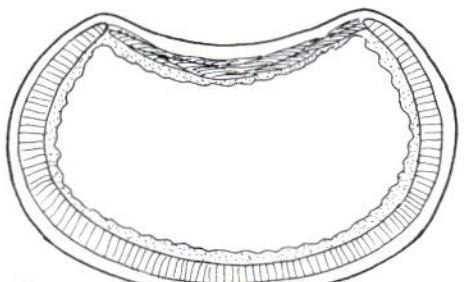
2

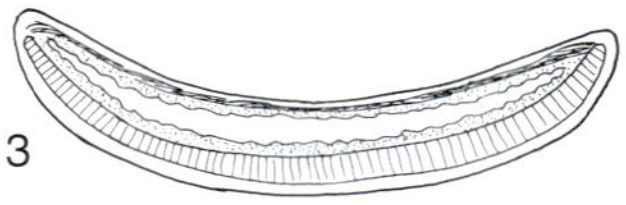
3

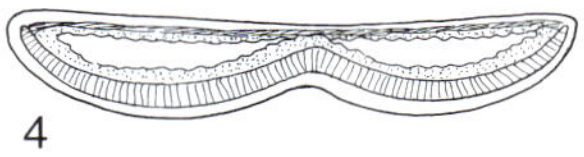
4

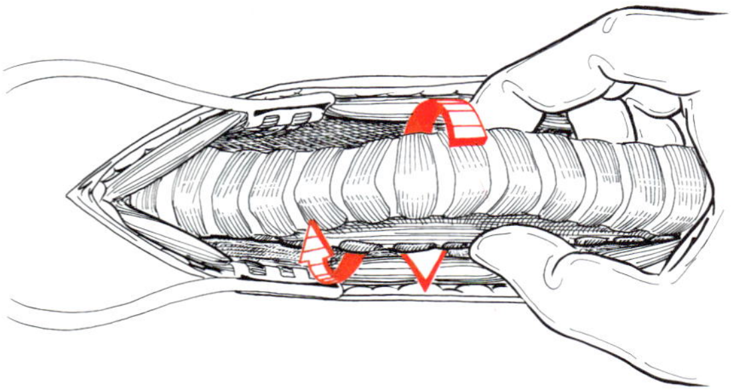
5

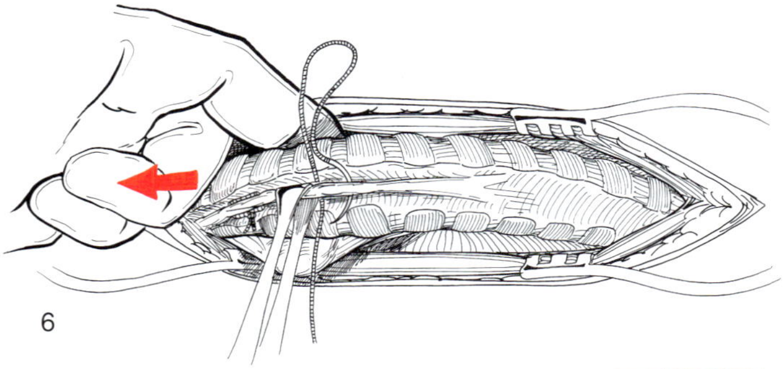
6

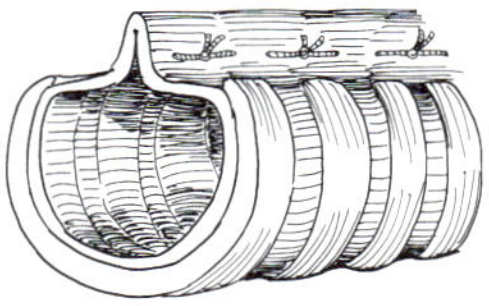
7

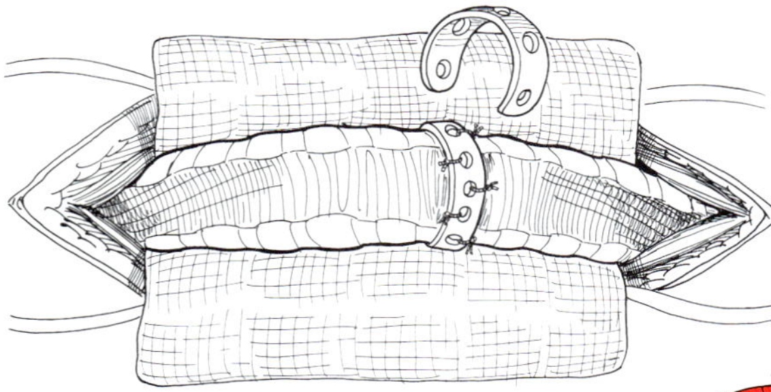
8

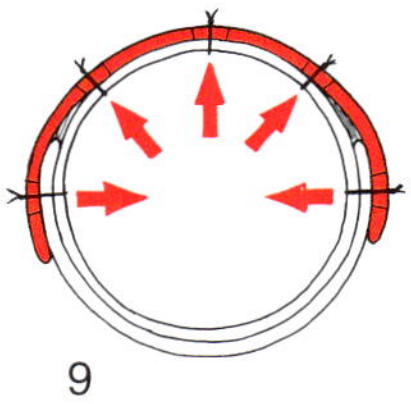
9

第 1 章　外科基本技术

第 2 章　整形外科

第 3 章　头部外科

第 4 章　颈部外科

第 5 章　胸部外科

第 6 章　腹部外科

第 7 章　泌尿生殖器外科

5.1 胸部解剖

胸部表面的肌层，左侧胸部图（图 1）。

胸部深部肌层，左侧胸部图（图 2）。

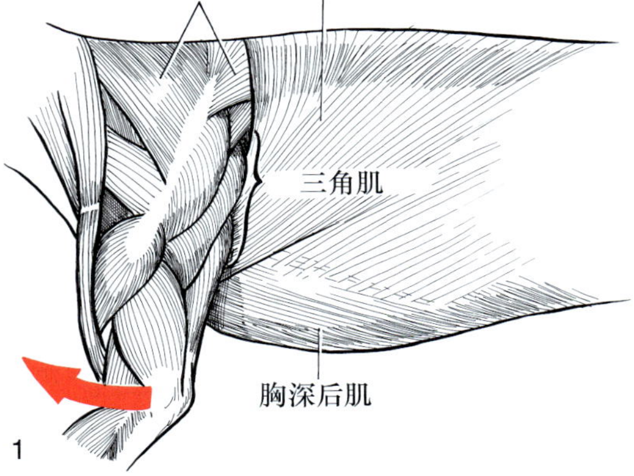

1

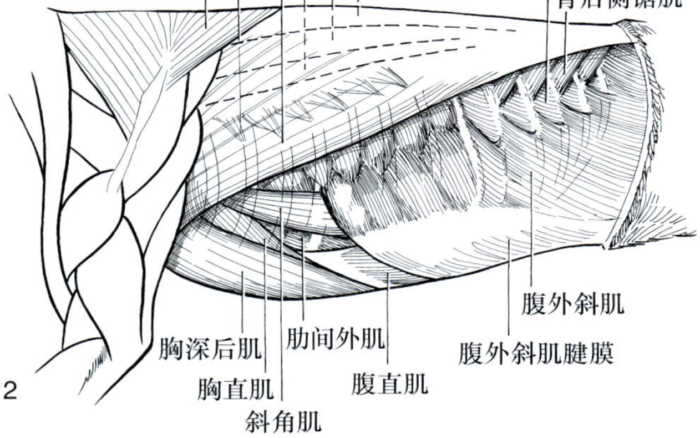

2

胸腔器官的局部解剖，这是切除了数根肋骨后的左侧胸部图(图 3)。

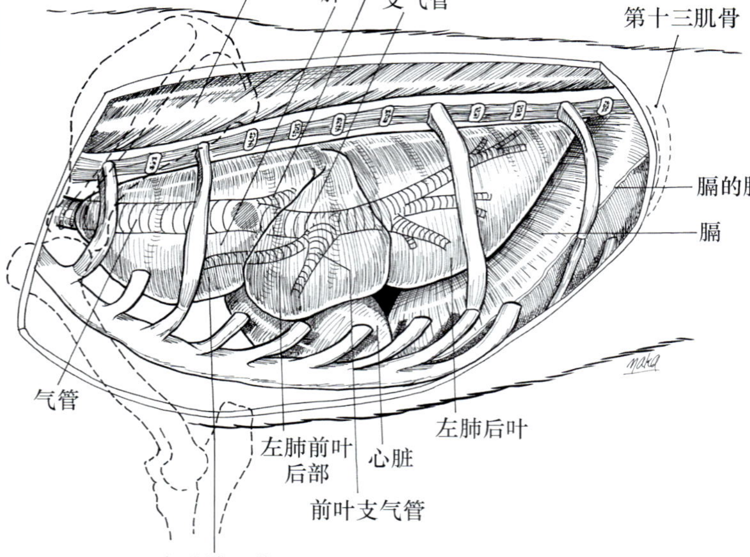

3

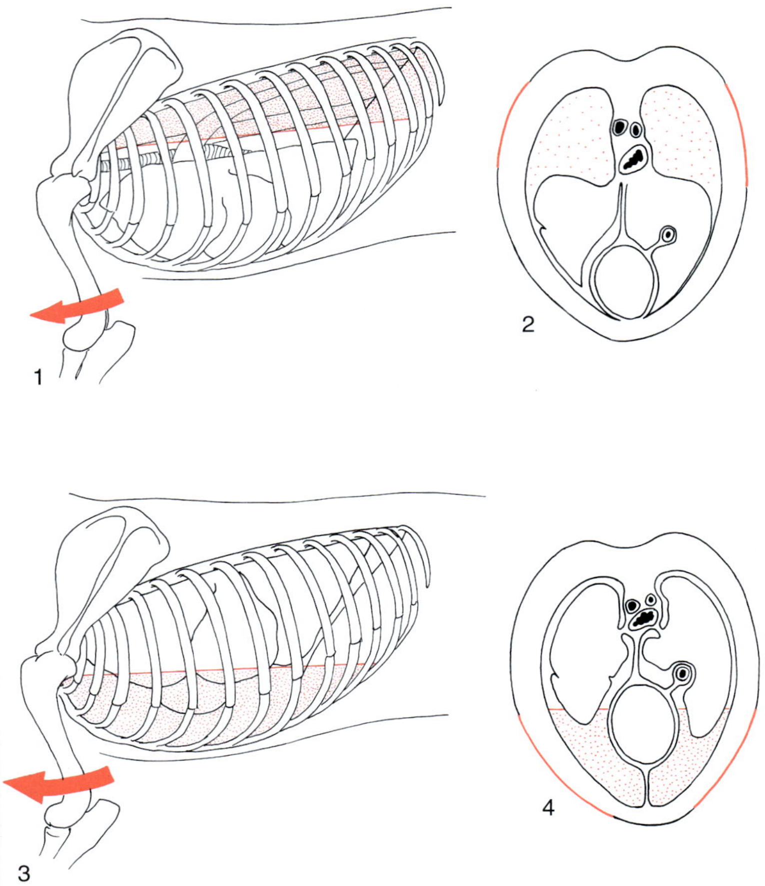

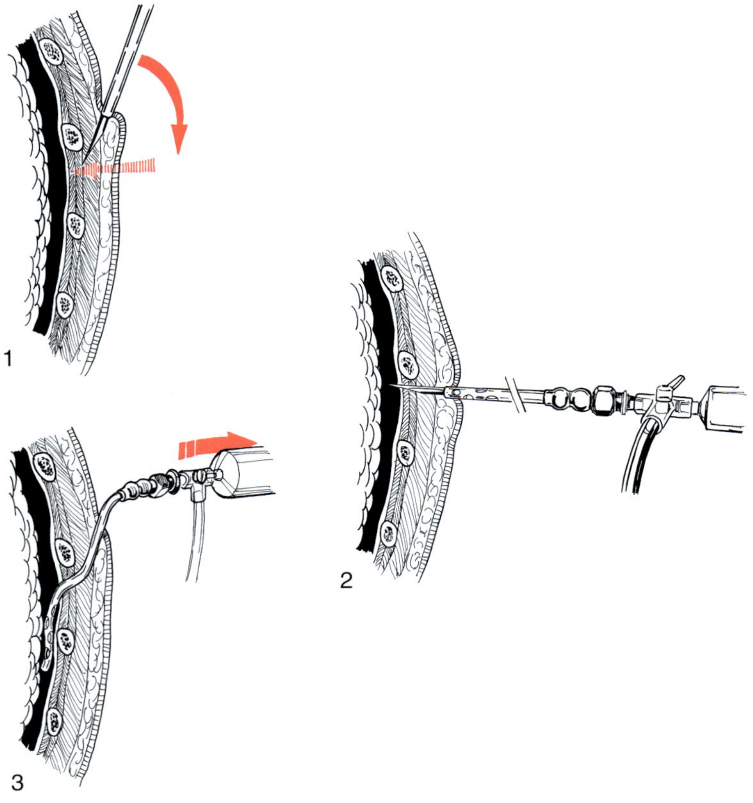

5.2 气胸和水胸

在发生气胸和水胸时肺发生移位，原则上有如下各种情况(图 1~4)。

气胸(图 1、2)时，由于胸内压接近于大气压，使肺急速萎缩。而且，萎缩的肺陷落于胸廓的内腹侧区域。

因此，在气胸情况下实施胸腔吸引术时，原则上应在胸背侧部进行。

当发生水胸时，胸腔内液体在重力的作用下(水胸：图 3、4)聚集在胸廓的腹侧区域，推动肺组织上移。因此，实施穿刺术时应在腹侧进行。

5.2.1 胸腔引流

5.2.1.1 胸腔穿刺术

适应症

发生危及生命的气胸或水胸时的应急处置。检查胸水性状以及用于细胞学检查时采集胸水。

体位

站立保定，将穿刺侧的前肢向前方提拉。

术式

根据患病动物的性情适当使用镇静剂。在穿刺部位进行剃毛和消毒。为使操作效果好，应使用连接导管的胸腔穿刺针，在胸壁的第 6、7 肋间，约 45°的角实施穿刺(图 1)。

提示!

施 45°角穿刺的好处是，当去除引流管后，穿刺创可自行在胸壁内闭合!

液体在肋软骨联结的稍下方，空气在背侧，此时应尽可能多地抽出液体。

穿刺针到达肋间肌时，移动套管针前端使其垂直于胸壁(图 2)。

小心穿透胸膜后，除去内芯或内针，使导管呈弯曲状态进入胸腔内(图 3)。

绝对不能损伤肺!

引流完成后，拔出引流管，穿刺创自行愈合。

术后护理

连续注射抗生素 5 天。

每天精心护理，直至伤愈。

并发症

当复发气胸或水胸时，最好实施胸壁切开术，进行胸腔引流。

5.2.1.2 伴有胸腔切开的胸腔引流

适应症

排除胸腔积液。

体位

使动物禁食。如果动物配合的话可站立施术，也可以在使用麻醉药或镇静剂的情况下侧卧保定。

术式

在全身麻醉下进行气管插管，实施人工呼吸。

在第3到第7肋间的区域进行剃毛、消毒。

用左手手指将第6或第7肋间的皮肤向前推，使之移到第5肋间的位置（图1），在皮肤上做2~3 cm的切口（图2）。然后，分层切开肌肉到达胸膜。移动皮肤操作的目的是，当去除导管后，插入部的伤口在组织压力的作用下可自行闭合。

用弯止血钳，将胸膜钝性切开。并用该止血钳扩张切口，保持向前移动的皮肤位置不变（图3）。用另一把弯止血钳，夹住引流管前部的小孔处（图4），将其插入胸腔内。

将这个引流管一定插入到胸腔内的深部位置，使引流管上的小孔完全进入胸腔内。使引流管的前部横放在沿胸骨前方的部位，以便可以吸引左右胸腔的液体。

用0~2-0合成可吸收性缝线，用单纯结节缝合法分层闭合皮肤和肌肉的切口。在切口的下方留置引流管（图5）。

当已无液体排出时去除引流管。将皮肤的创口用5-0非可吸收性缝线，用单纯结节缝合法实施闭合。

术后护理

连续注射抗生素1周。

术后10天拆线。

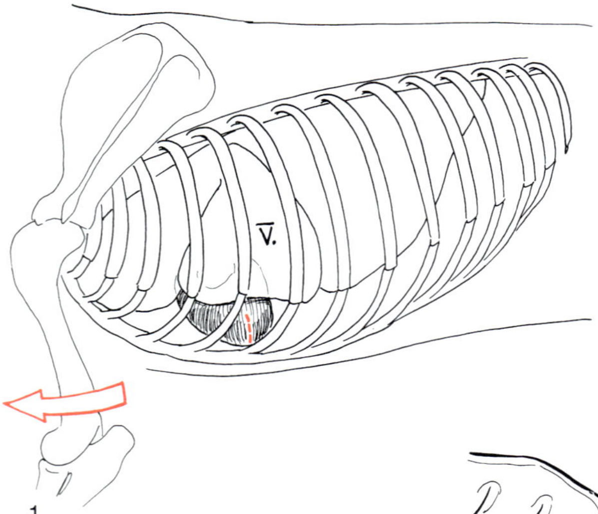

1

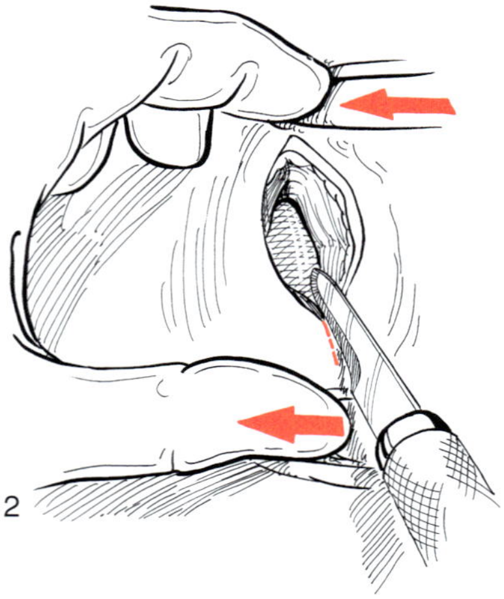
2

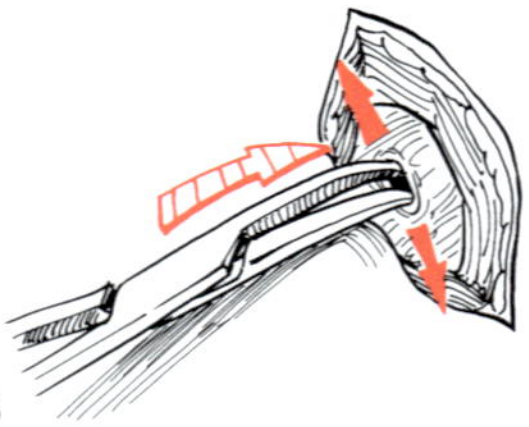
3

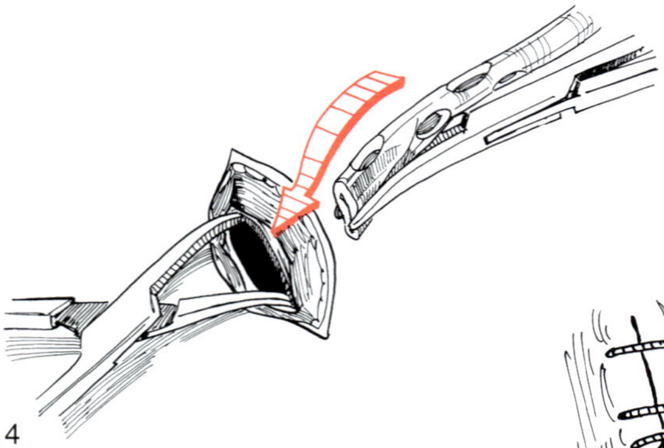
4

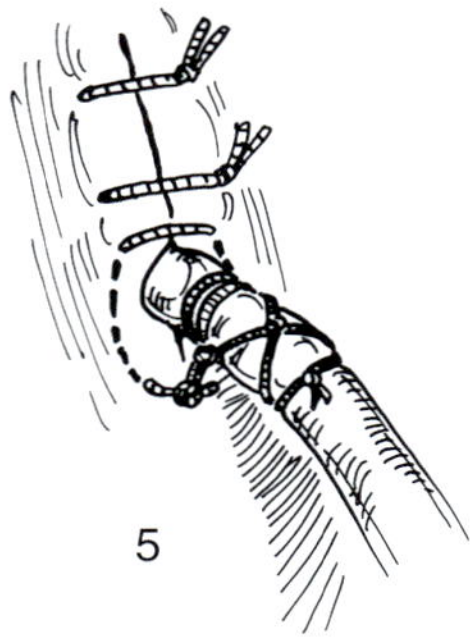
5

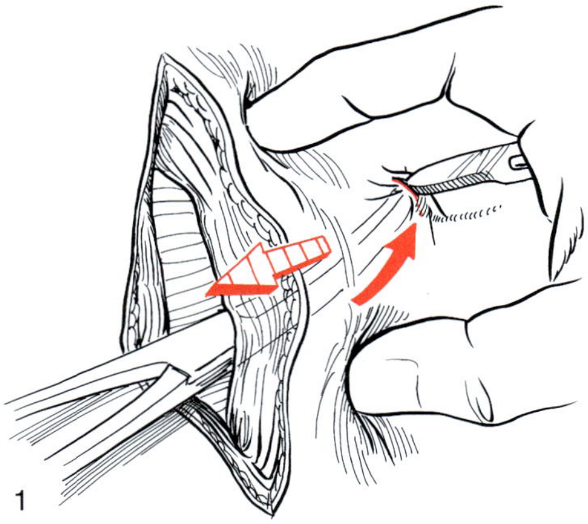

1

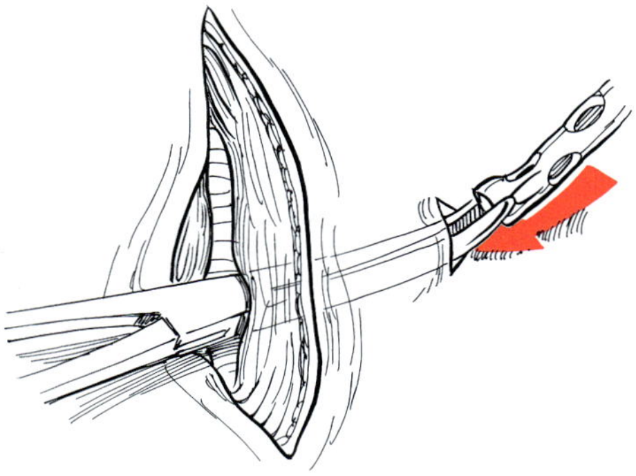

2

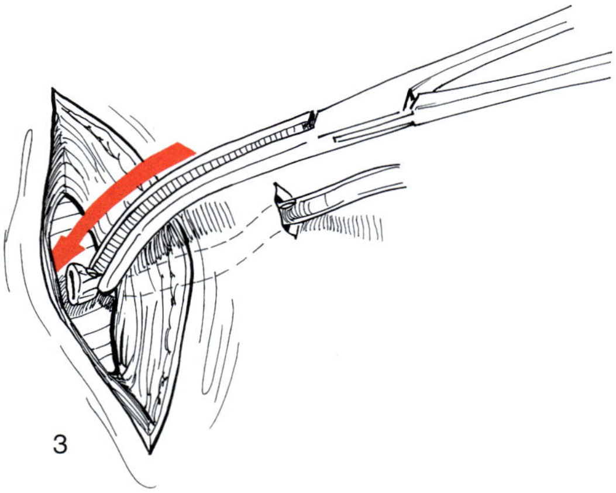

3

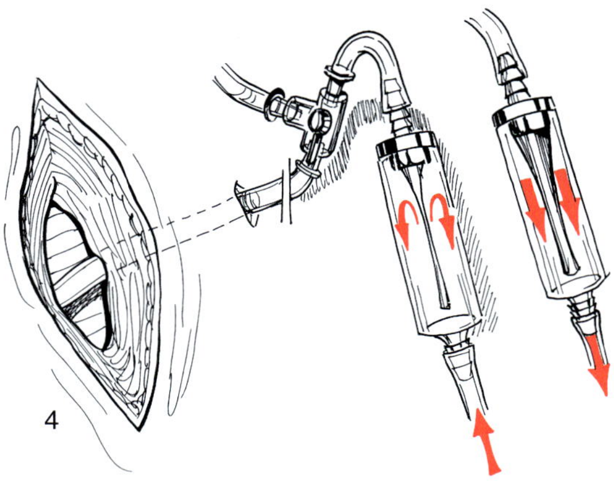

4

5.2.1.3 开胸术后的胸腔引流

适应症

在开胸术后胸腔内积液或者胸腔内负压不足。

体位

左侧卧或右侧卧（根据开胸的部位来决定）保定。

术式

实施全身麻醉。进行气管插管，实施正压呼吸。

达成最初的手术目的后，如果胸腔内有积液以及发生术后气胸现象时可留置引流管。

用弯止血钳在肌肉下向切口的尾侧方向贯通约2个肋间的距离，使弯止血钳的头部到达皮下。将弯止血钳前部隆起的皮肤用刀片切开(图1)。使止血钳的前部从切口处露出皮外，夹住带有小孔的引流管一端，将引流管拉入贯通的通道中(图2)。使这个引流管的最后小孔位于肋间的部位，以便可以收集两个胸腔的积液，在皮肤穿刺切开部的周围固定引流管(图3)。

闭合胸壁的创口之后，在引流管的前端接上真空负压抽气装置，以便矫正因手术所造成的气胸(图4)。为了排除胸腔内的积液，可将引流管装上活塞三通。

依次闭合胸壁(参照5.3.1.1)。

术后护理

连续注射抗生素1周。

保持患病动物安静，每天限制运动。

5.3 打开胸腔手术通路的方法

5.3.1 用外侧肋间切开术打开手术通路

5.3.1.1 打开通向胸腔头侧部手术通路的方法

适应症

快速、简单地打开胸腔手术通路。

体位

左侧卧或右侧卧保定。将前肢稍向前牵引并保定。

术式

实施全身麻醉，进行气管插管控制呼吸。

在第4或第5肋间切开皮肤，沿肋骨尾侧边缘，从肋骨上部切至肋软骨联结的下方(图1、2)。切开皮肤以及躯干皮肌后，分离皮下组织暴露背阔肌。斜向背阔肌纤维的走向，与皮肤切开的方向相同切开背阔肌。沿肌纤维走行方向分离位于背阔肌下方的背锯肌、腹锯肌(图3)。

扩开肌肉群后暴露肋骨和肋间外肌。

根据预定切开线的全长，在肋间的中部用组织剪剪切开肋间肌(图4)。注意不要损伤在肋骨尾侧沿肋骨走行的肋间神经和血管。

然后，穿刺切开胸膜。此时，一边保护位于胸腔内的肺脏等器官，一边用剪刀剪开切口。穿刺切开胸膜后，应立即开始正压人工呼吸！

插入开胸器暴露肺部。图5和图6所显示的是从左侧打开的手术通路（图5）以及从右侧打开的手术通路(图6)的位置关系。

手术目的达成后，依照5.3.1.2技术的方法(图4~7)闭合胸壁的切开创。

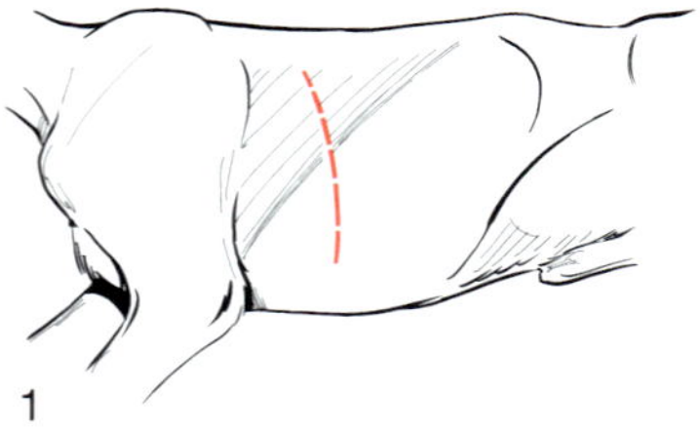

1

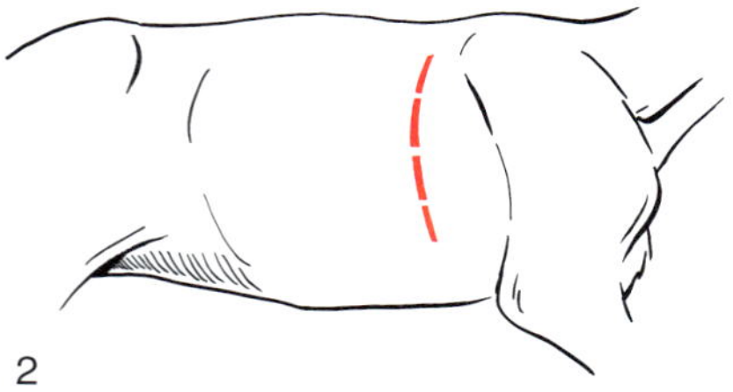

2

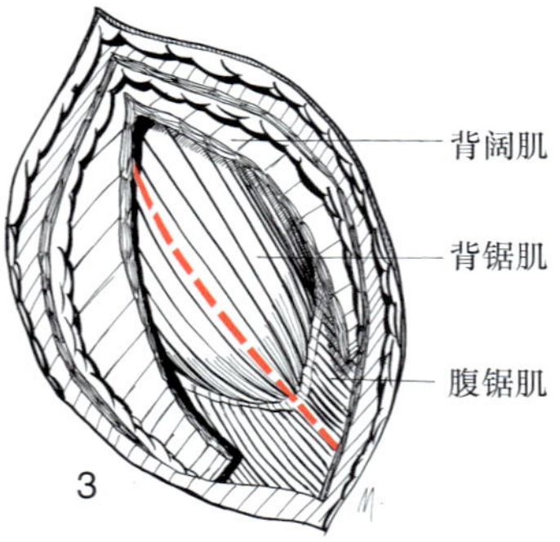

3

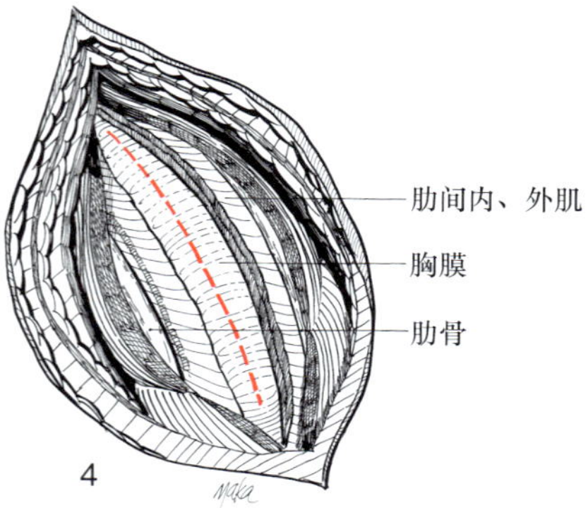

4

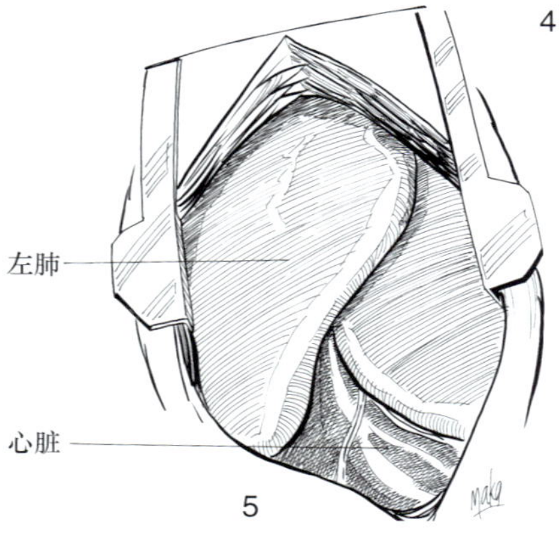

5

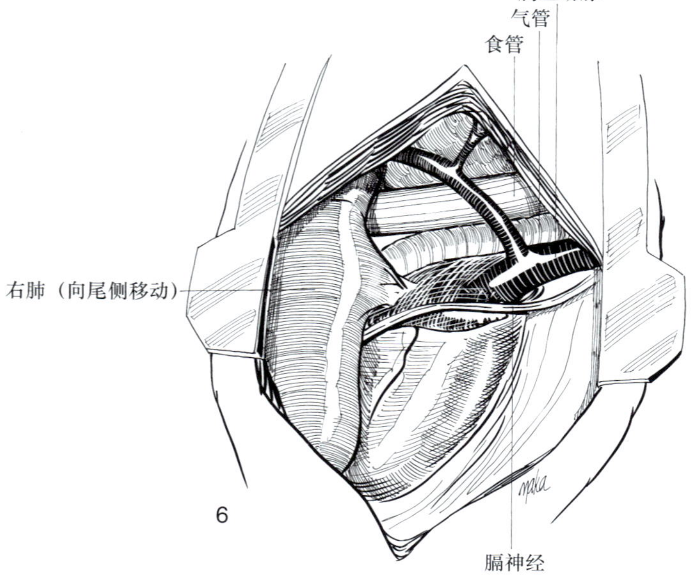

6

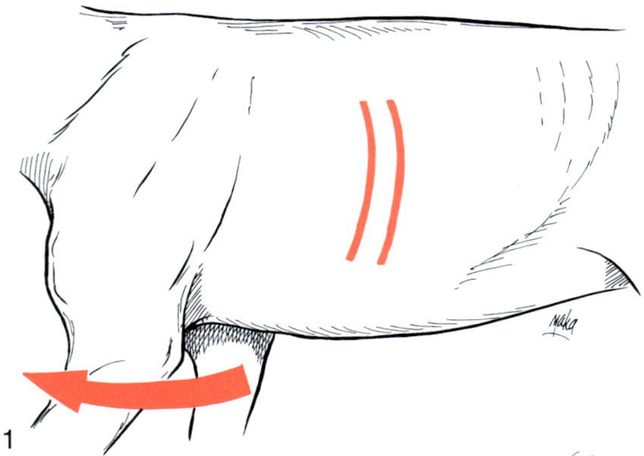

1

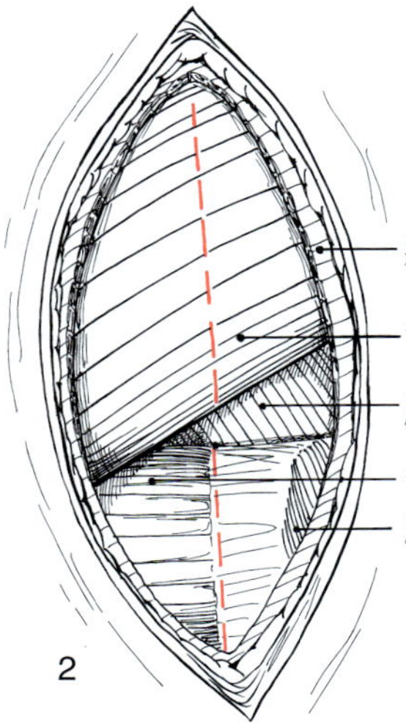

2

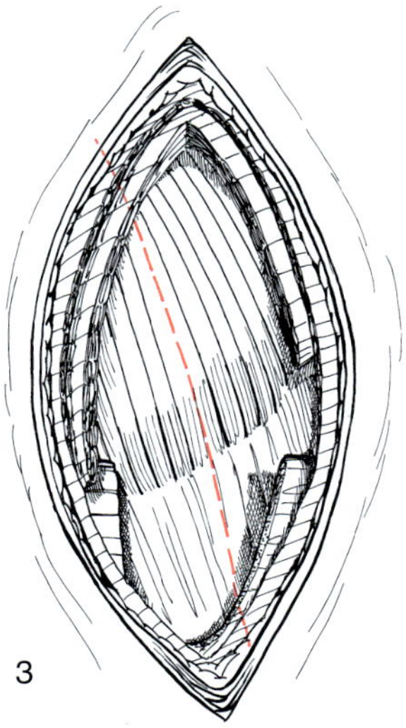

3

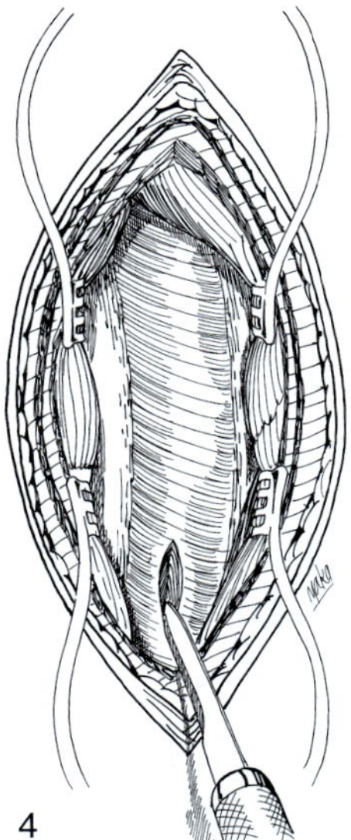

4

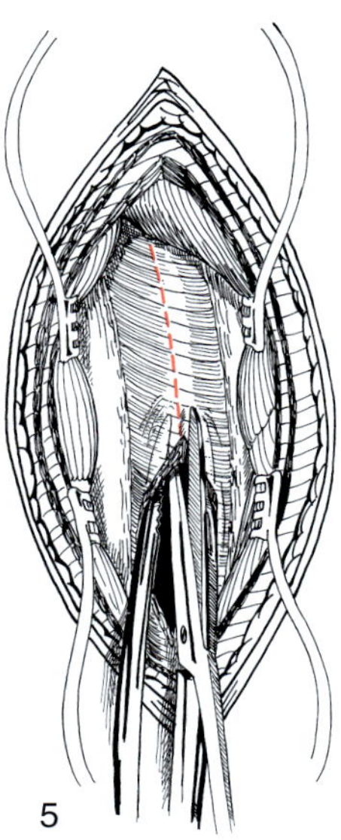

5

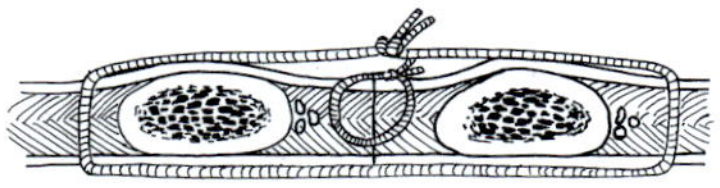

6

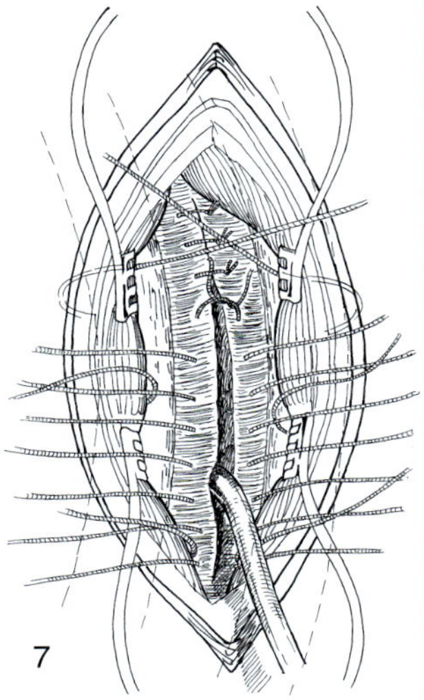

7

5.3.1.2 打开通向胸腔尾侧部手术通路的方法

适应症

快速、简单地打开胸腔手术通路的方法。

体位

左侧卧或右侧卧保定。将前肢稍向前牵引并保定。

术式

实施全身麻醉和气管插管。

在第6至第8肋间的部位切开皮肤，沿肋骨尾侧边缘，从肋骨上部切至肋软骨联结的下方(图1)。切开躯干皮肌后，平行于皮肤切口切开暴露的背阔肌的背侧部分以及上肋骨斜角肌的腹侧部分(图2)。然后避开皮肤的切口，沿着肌纤维的走向分离腹锯肌（图3)。插入两根扩张器扩展创口后，在肋间中央部平行于肋骨依次切开肋间肌以及肋骨胸膜。注意切开胸膜时不要损伤肺部(图4)。此时应立即开始正压换气！

切开肋间肌时，部分地穿刺切开胸膜，解除胸腔内的负压状态，暂时终止正压换气。然后用钝头剪刀，一边用手指确定其位置，一边在肋间肌的中部沿背侧至腹侧的方向拓展切口。此时一边用镊子夹住肋间肌并提起，一边小心切开，以免伤及腹腔脏器(图5)。切开肋间肌以及胸膜时，一定注意不要伤及邻近于肋骨尾侧边缘平行走行的肋间动脉和肋间神经！

手术目的达成后，闭合胸壁切口。此时最重要的操作是，为了很好地闭合肋间切口须将切口前后的2~3根肋骨捆绑在一起缝合，以便最大限度地闭合肋间切口。此时使用1-0或2-0可吸收性缝线或非可吸收性缝线(图6)。需要注意的是，一定不能损伤走行于肋骨后缘的肋间神经和肋间血管。使用2-0~3-0非可吸收性缝线单纯结节缝合肋间肌。

首先实施全缝合。胸腔闭合后，为了去除残留的空气和血液，从肋间切口的腹侧向头侧方向插入引流管(图6、7)。为了预防肺的扩张不全，一边最大限度地使肺扩张，一边结扎最后一道缝线。最后，依次分别缝合切开的肌肉和皮肤。

术后护理

连续注射抗生素1周。

从留置的胸腔引流管中，定期地吸引排除胸腔内空气，以便保持胸腔内的负压状态，排除胸腔积液以及血液。通常，在没有浆液以及空气吸出时拔出引流装置（在术后的第4~5天)。

术后10天拆线。

5.3.2 伴随肋骨切除的开胸术

适应症

在开胸术式时，为了扩大术野或者在自体骨移植时采取骨组织。

体位

左侧卧或右侧卧保定。

术式

在全身麻醉下，实施气管插管。

在第5、第6或第7肋间切开皮肤(左侧或右侧)，从肋骨颈的上部开始，经由肋骨体直至切至肋软骨的结合部。

分离躯干皮肌以及皮下组织之后，用刀刃穿刺切开背阔肌，并在其背侧以及腹侧方向扩展切口。将位于肋骨上部的锯肌等的胸廓肌从肋骨上分离下来，暴露肋骨。装上2根扩张器，分离预定切断肋骨周围的肌肉群。在肋骨的中央部位用刀刃延长轴方向切开骨膜，用手术刀将骨膜从骨表面剥离(图1)。用骨匙将骨膜从肋骨的全周上剥离下来(图2)。在保护骨膜的同时，用骨剪或骨振动锯在肋骨的背侧和腹侧实施切断。

作为其他的肋骨切除法，也可以将骨膜连同其下方的胸膜一起用镊子夹起，穿刺切开后用骨剪实施纵向分割(图3)。

使用细的非损伤性缝合针和0号合成可吸收性缝线，单纯结节缝合胸壁。该缝合从胸膜和肋骨的结合部开始(图4、5)。

在接扎最后一道缝线时，最大限度地膨大肺脏，以便预防无气肺。

为了缓和骨膜、胸膜缝合部的紧张状态，应将邻近的肋骨捆绑缝合(使用2-0合成可吸收性缝线或者骨固定用不锈钢丝)，此时应避免伤及肋间神经和血管。然后，依次逐层分别缝合最初切开的肌肉和皮肤。

术后护理

连续注射抗生素1周。

术后10天拆线。

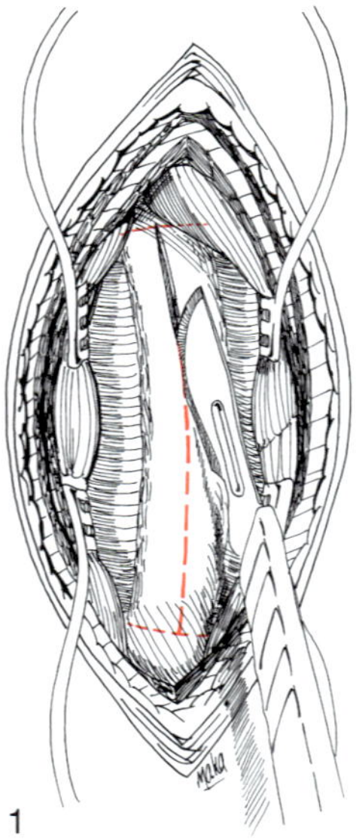
1

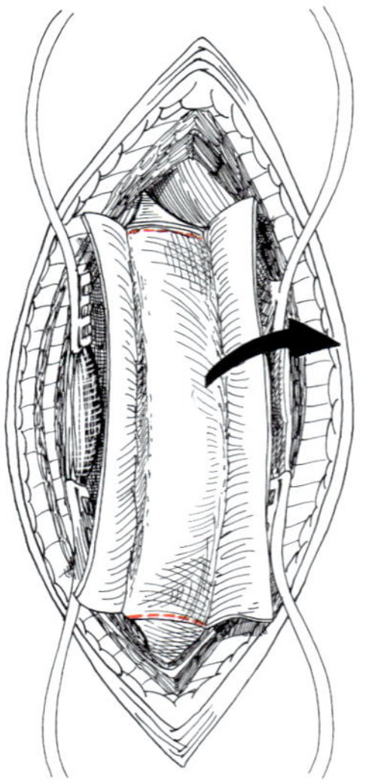
2

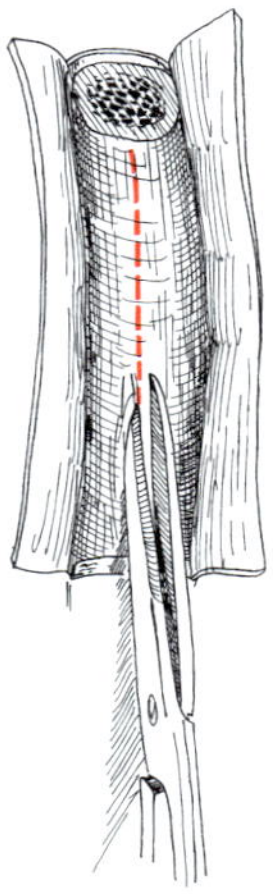
3

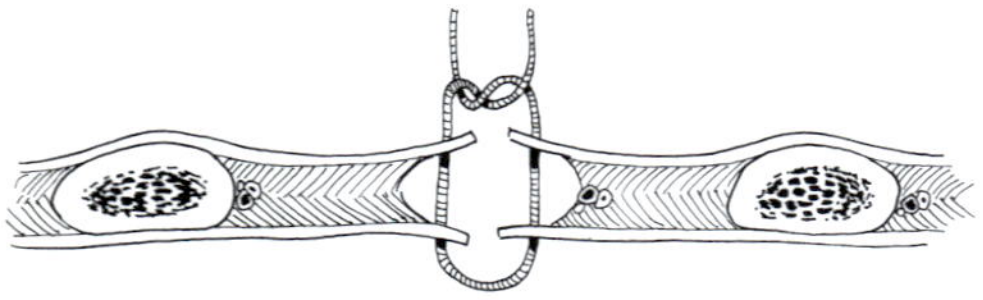
4

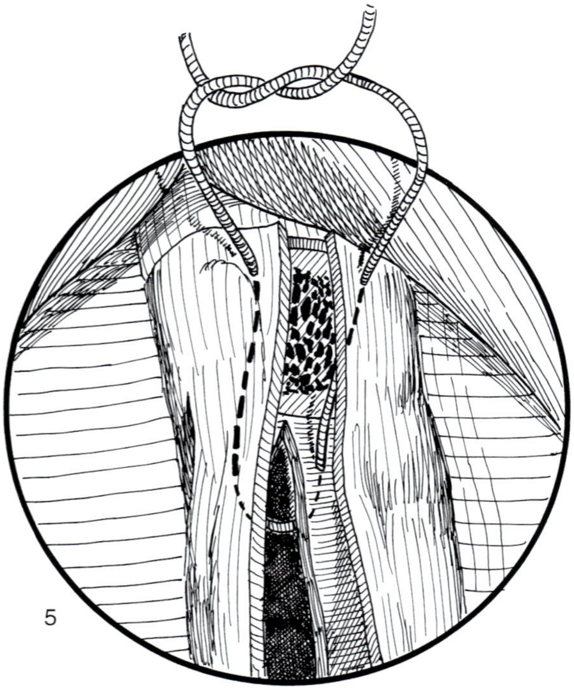
5

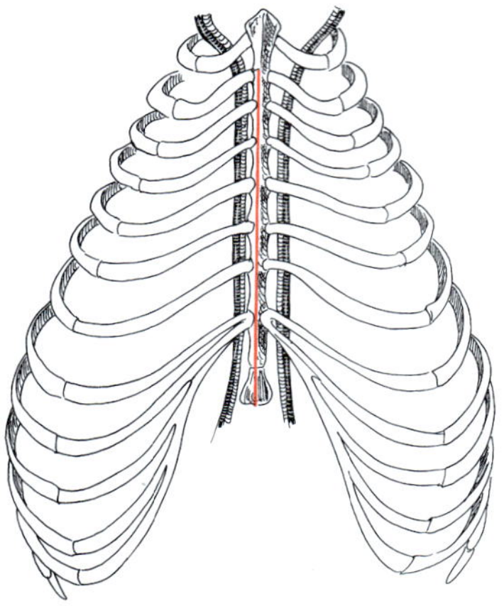

1

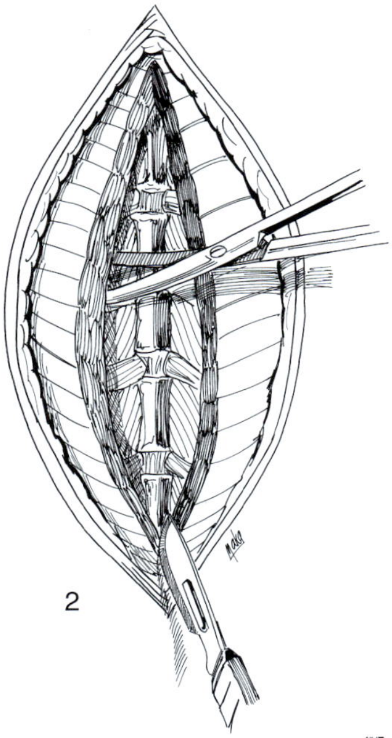

2

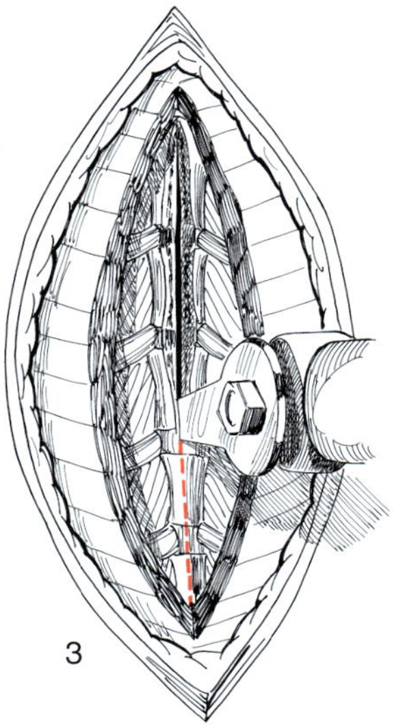

3

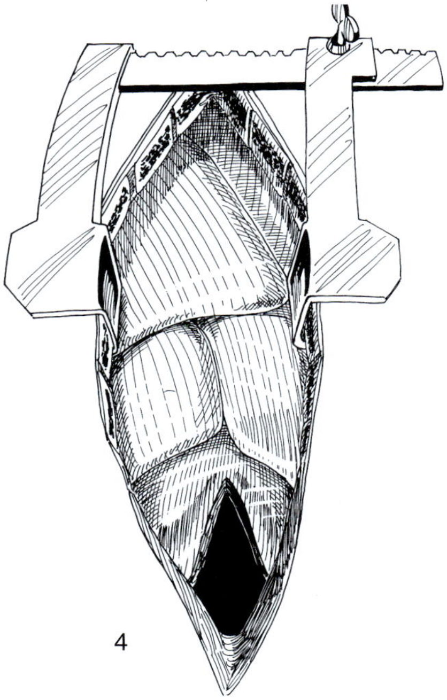

4

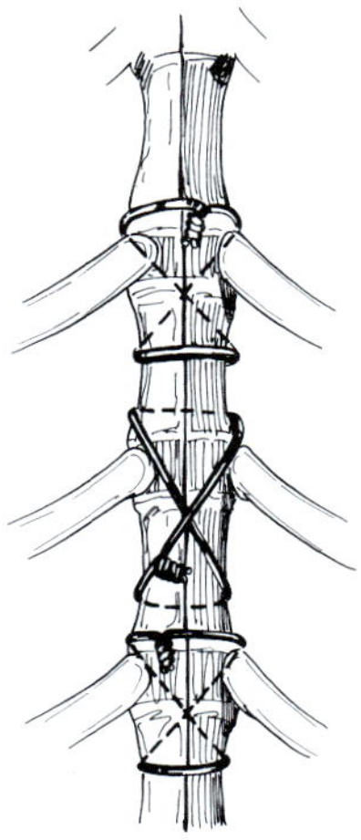

5

5.3.3 胸骨正中纵向切开术

适应症

从腹侧打开至心包、心肌以及大血管的手术通路。

体位

仰卧保定。

术式

实施全身麻醉以及气管插管。

在胸骨的直上方从胸骨柄开始切开皮肤至剑状软骨(图 1)。在正中部位,分离位于下方的胸肌,用钝性分离的方法向两侧移动拓展(图 2)。

注意

应尽可能小范围地实施胸骨切开术,不可全长切开。如果实施全长切开将会引起术后胸骨切开部的愈合不全。不能在胸骨的近位侧或远位侧实施切开。在注意上述问题后,根据需要应尽可能地扩大切口。

用振动锯分割 5~6 个肋骨范围的胸骨(图 3)。此时,一定注意避免损伤沿胸骨两侧走行的胸内动、静脉(图 1)。关于胸骨切开面的出血,可用骨蜡止血。使用开胸器或扩张器扩大胸骨的切口(图 4)。

胸腔内器官的手术完成后,使用 3–0~2–0 非可吸收性缝线或者骨固定用不锈钢丝闭合胸骨的创缘(图 5)。

提示!

为提高闭合胸骨的牢固性,应使骨固定用不锈钢丝的结扎部交互地位于胸骨的背侧和腹侧(图 5)。

胸腔内设置引流装置。

用吸收性缝线缝合肌肉后,分别缝合皮下组织和皮肤。

术后护理

连续注射抗生素 1 周。

术后 10 天拆线。

5.3.4 胸壁腹壁切开术

适应症

打开尾侧的肺叶、食管的尾侧部、横膈、肝脏、胆囊以及胃的手术通路。

体位

仰卧保定。

术式

实施全身麻醉，并进行气管插管。

从脐部开始向头部沿正中线实施开腹术之后（图 1），依照手术通路的部位在胸壁的左侧或右侧的第 8 肋间再行横向切开（图 2）。

完成手术目的后，按照胸部外科的一般方法闭合胸壁。

5.4 胸壁再造术

5.4.1 胸壁成形术

适应症

切除胸壁上大的肿瘤，扩大胸腔手术的术野等之后的胸壁闭合。

体位

左侧卧或右侧卧保定。

术式

实施全身麻醉，并进行气管插管。

大范围切除肋骨以及肋间肌之后，为了进行密闭性良好且有一定坚韧度的胸壁闭合，可用聚丙烯材料修补切除的缺损部位。

将聚丙烯材料剪裁至适合于胸壁切除部的大小之后，将其边缘折转，使其位于头侧的肋骨下方（图 1）。可采用肋间肌全层水平褥式内翻缝合的方法固定聚丙烯材料（图 1a）。

提示!

在缝合聚丙烯材料时应使用非损伤性的直针，其良好的效果已得到证明！

关于聚丙烯材料，首先将其头侧部位双重折叠，并进行细致的水平褥式内翻缝合固定于肋间肌。使聚丙烯材料保持适当的紧张状态，将其在腹侧和背侧（图 2）交替地和肋间肌缝合固定，或者连同肋骨端一起进行缝合。为了获得聚丙烯材料的紧张度，可一边拉伸一边确认其长度，必要时也可将其缩短。之后将尾侧部以及背侧和腹侧的边缘和肋间肌全层缝合进行固定（图 3）。

术后护理

将患病动物放置于笼内 1~2 周。

为了保护创面，在胸廓包扎绷带。

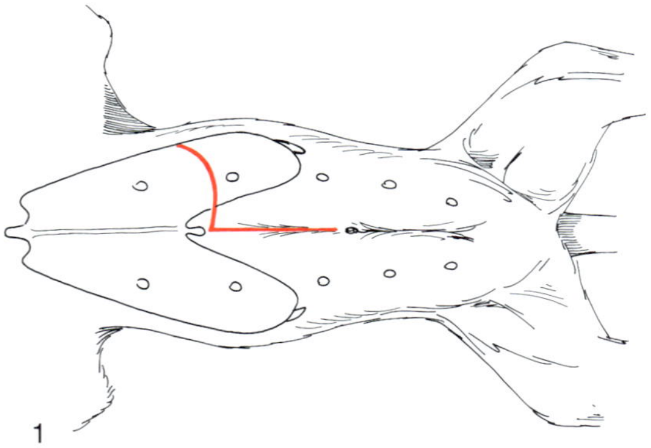

1

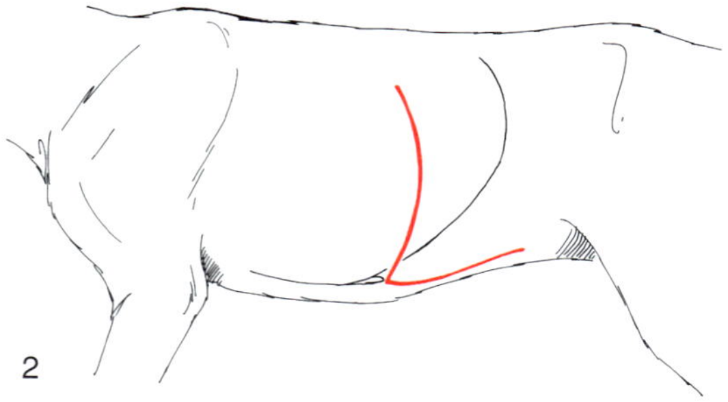

2

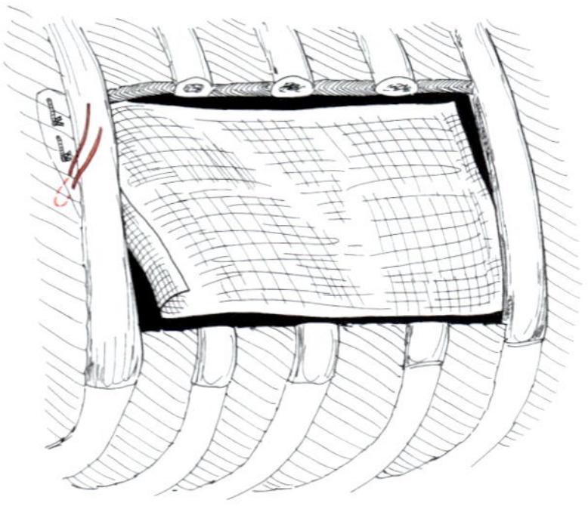

1

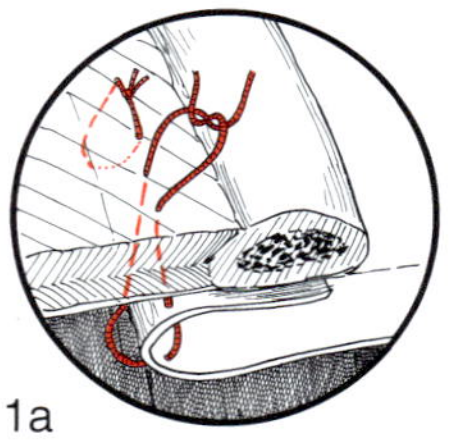

1a

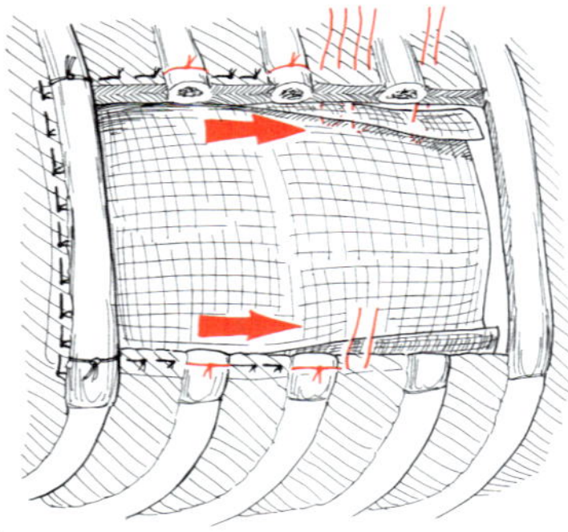

2

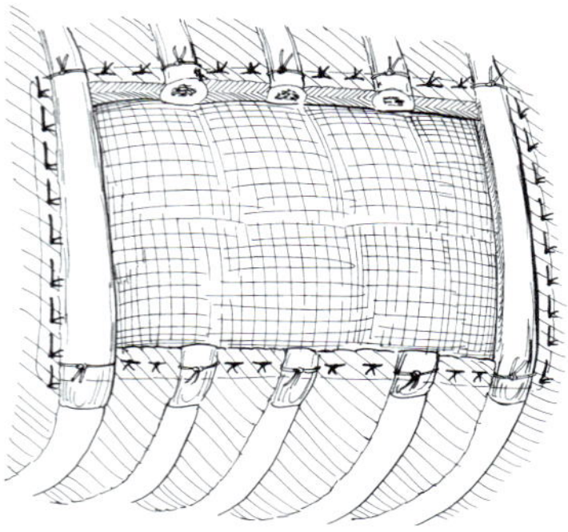

3

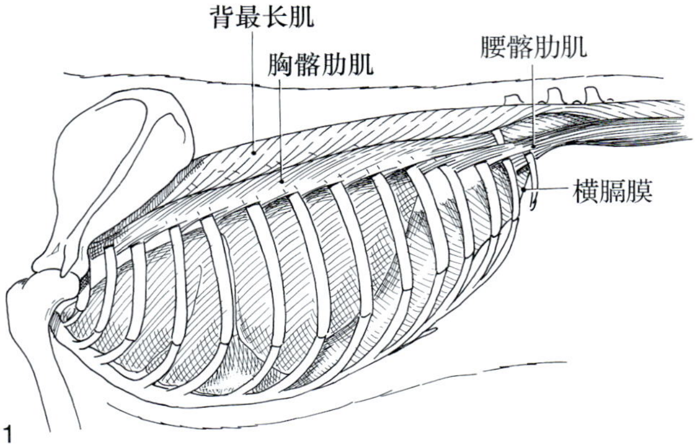

1

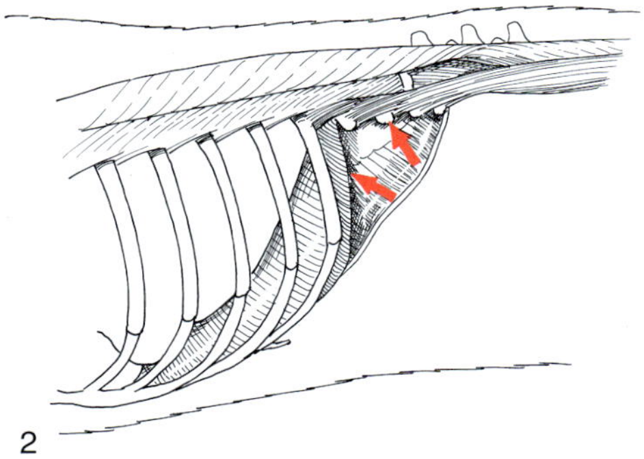

2

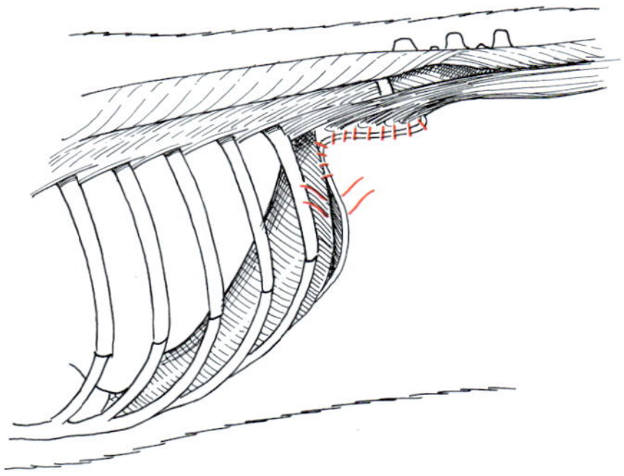

3

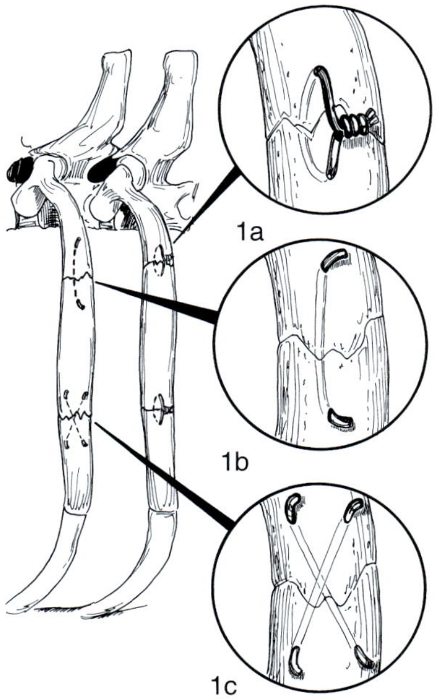

1a

1b

1

1c

5.4.2 肋骨成形术

适应症

在尾侧大约切除 4 根肋骨大小的范围。胸壁肿瘤(图 1)。

体位

侧卧保定。

术式

实施全身麻醉,进行气管插管,实施正压换气控制呼吸。

在尾侧切除约 4 根肋骨和切开横膈的骨端之后,将横膈的缺损部用横膈膜瓣进行重新闭合(图 2)。缝合时使用 2–0 合成可吸收性缝线。关于横膈膜的缝合,将其和背侧部表层的肌肉一起用 2–0 非可吸收性缝线进行单纯结节缝合(图 3)。然后,缝合最后肋骨的肋间肌肉。在缝合时,为了获得胸腔的密闭性,应该实施间距比较小的缝合。关于肋骨成形术,在结扎最后一道缝线之后,应使肺膨大来检查胸壁的密闭性。

依次闭合切口。

术后护理

连续注射抗生素 1 周。

术后 10 天拆线。

5.4.3 肋骨骨折

体位

侧卧保定。

术式

实施全身麻醉,并进行气管插管,实施正压换气控制呼吸。

打开骨折肋骨的手术通路方法，可依照肋骨切除术的方式进行。

骨折整复后，作为骨折的接合法有以下 3 种供选择(图 1)。

用骨固定用不锈钢丝的骨折接合法,这种方法是将近位和远位的骨折端以相同的间隔接合,打穿固定孔。将骨固定用不锈钢丝穿入固定孔,将其两端固定于肋骨外侧(图 1a)。

使用骨髓钉进行简单骨髓内穿钉固定法(图 1b)。

交叉穿钉内固定法(图 1c)。

提示!

通常优先考虑使用骨固定用不锈钢丝的骨折接合法。这是因为术式比较简单,而且能够节约时间。

术后护理

连续注射抗生素 1 周。

术后 10 天拆线。

5.5 更深部的气管手术

5.5.1 支气管切开术

适应症

取出异物(图 1)。

体位

侧卧保定。

术式

实施全身麻醉,进行气管插管,实施正压换气控制呼吸。

在气管插管的前端一定要使用管壁膨胀囊紧密闭塞支气管腔，用肋间切开术的术式,依照异物的位置及其大小,打开通向支气管的手术通路(参照 5.3.1)。

通常异物依次进入并存在于较细的支气管内，并阻塞该部支气管。支气管切开术，就是为了去除异物而在必要的范围内进行的手术(图 2)。必须完全切断支气管分支部的情况是罕见的。必须最大限度地减少气管内腔黏膜的缺损，之后进行良好的气管闭合。在有异物的位置切开支气管后，应该使用气管导管再度检查异物的位置，必要时将导管的前端插入空的支气管中。用 2–0 可吸收性缝线仔细地进行全层单纯结节缝合切开部，使气管软骨再度一体化(图 3)。

设置胸腔引流装置(参照 5.2.1)。

按照顺序闭合胸壁。

术后护理

连续注射抗生素 1 周。

术后 10 天拆线。

5.5.2 支气管切除术

适应症

切除部分支气管坏死组织以及肿瘤。用内窥镜进行组织活检以确诊是恶性肿瘤的场合,应避免该术式。

体位

参照 5.5.1。

术式

依照 5.5.1 进行。

根据病变部的范围及部位，可用伴有肋骨切除或者不切除肋骨的肋间切开方法实施开胸术，并以此打开手术通路（参照 5.3)。应进行十分慎重地分离操作,以避免伤及切除行走于支气管部位的血管。为此,应使用缝线将血管从气管软骨上提起（图 1)。切除了支气管病变部位之后,用气管导管再度检查该部位，必要时导管的先端可插入空支气管内。

应将所有的病变组织去除干净。用 2–0 可吸收性缝线吻合支气管断端。首先在支气管断端的 12 点、3 点、6 点以及 9 点位置进行全层单纯结节缝合，并进行结扎（图 2)。接下来,在 4 点缝合部之间进行补针缝合(图 3)。为了密闭吻合部位,可采取带血管的胸膜瓣，将其覆盖在吻合部上方并缝合固定(图 4)。

设置胸腔引流装置(参照 5.2.1)。

按照顺序闭合胸壁。

术后护理

连续注射抗生素 1 周。

术后 10 天拆线。

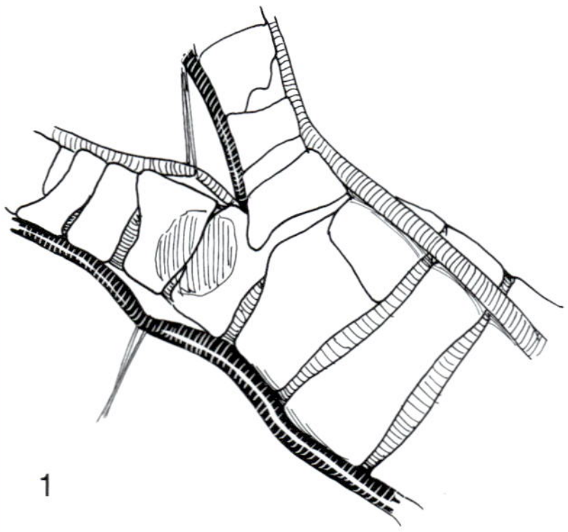

1

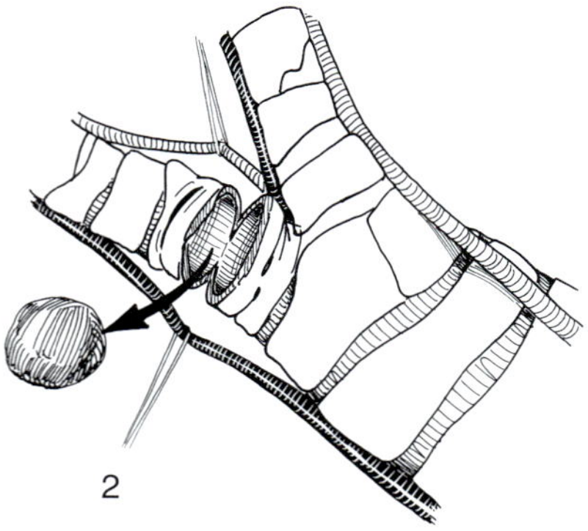

2

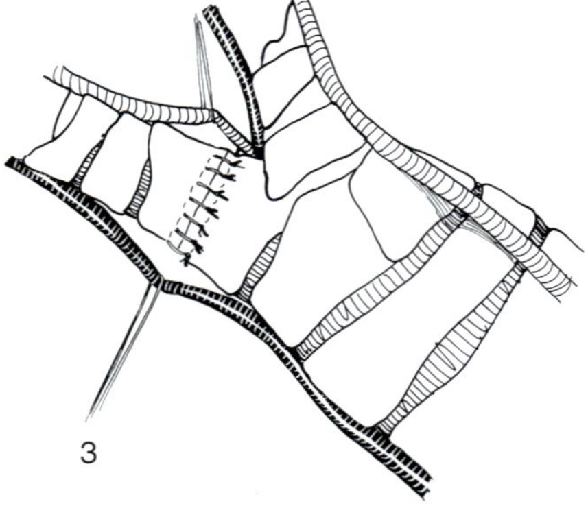

3

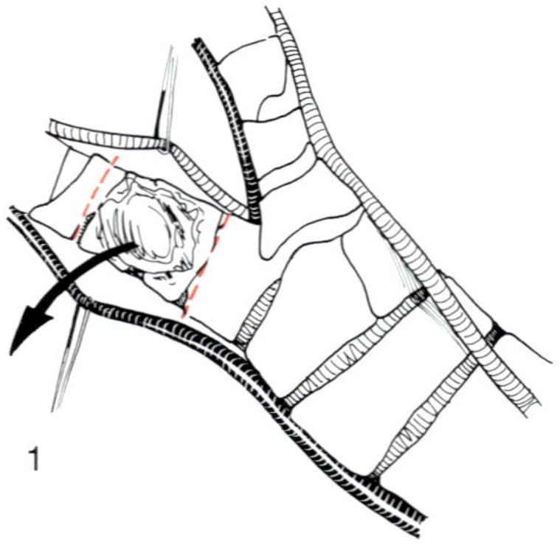

1

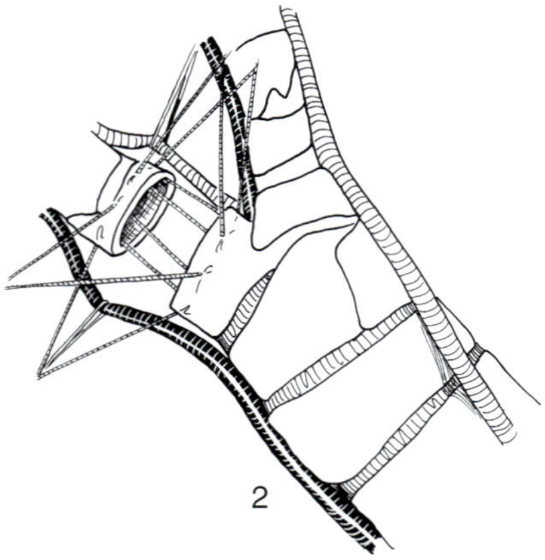

2

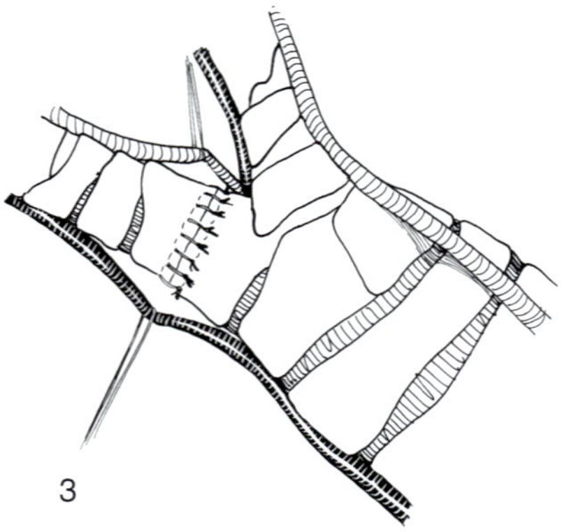

3

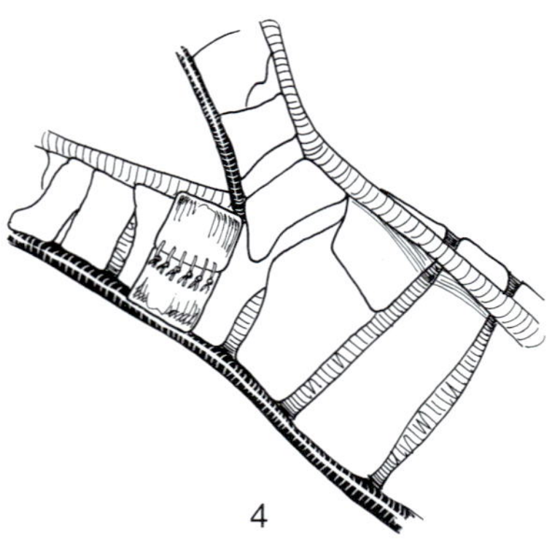

4

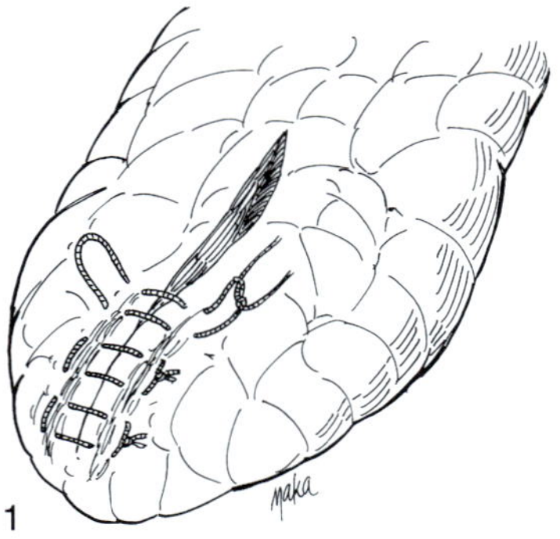

1

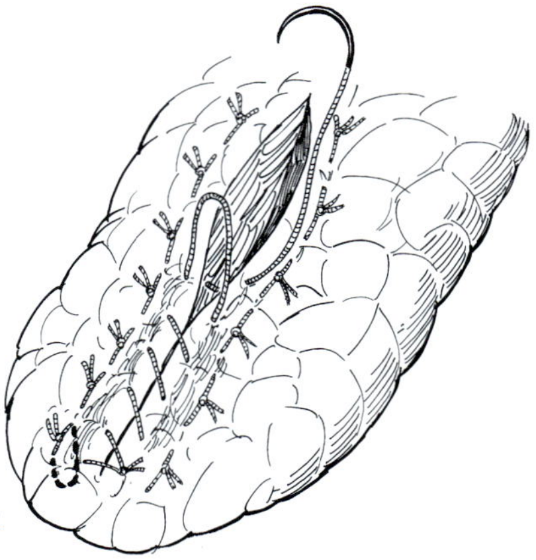

2

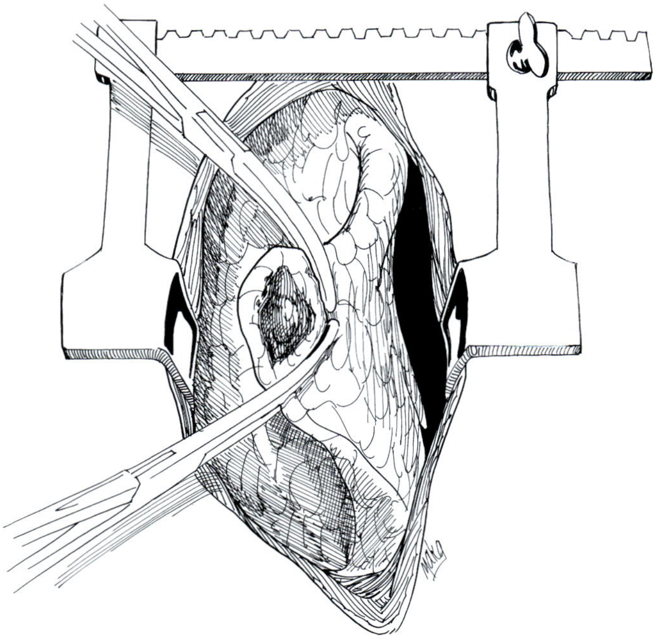

1

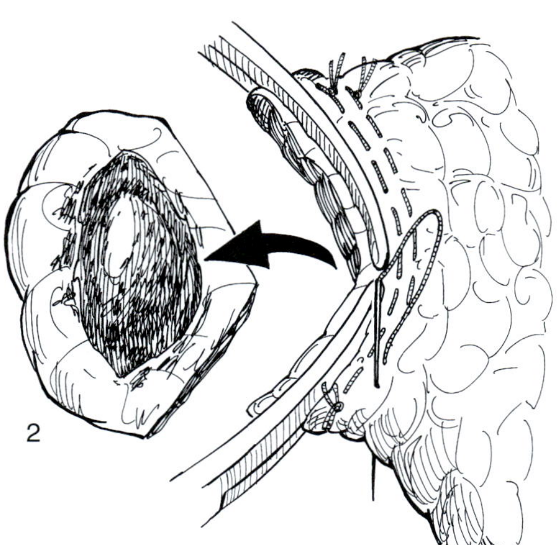

2

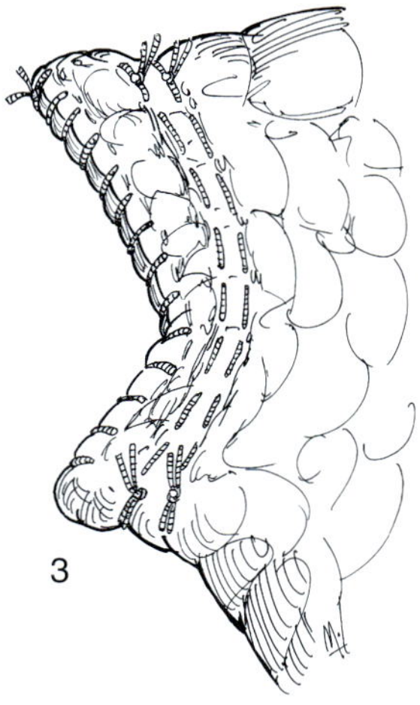

3

5.5.3 肺裂创的闭合

适应症

胸廓外伤后发生的肺裂创。

体位

侧卧保定。

术式

实施全身麻醉,进行气管插管,实施正压换气控制呼吸。

用切开肋间方法实施开胸术，用开胸器扩张肋间的切开部。将损伤的肺叶尽可能地移到胸壁开口的部位。

在肺裂开表面用 2–0~4–0 可吸收性缝线，用垂直褥式内翻缝合方法闭合肺创口(图 1)。

对于肺的更深的裂创应在平行于裂开部的深部用水平褥式内翻缝合方法进行闭锁缝合。有出血情况并且有必要进行止血的时候，可用缝合肺组织的方法进行压迫止血。使用 2–0~4–0 可吸收性缝线连续缝合裂创表面(图 2)。为了检查缝合部位的密闭程度,可在胸腔内充满加温的生理盐水，在气管内加压使肺部膨胀，以确认有无气泡产生。如有漏气的部位,可用单纯或者十字结节缝合法进行闭合。将生理盐水吸引去除后,按照顺序闭合胸壁。

在胸腔设置引流装置(参照 5.2.1)。

术后护理

连续注射抗生素 1 周。

术后 10 天拆线。

5.5.4 部分肺叶切除术

适应症

肿瘤、脓肿、囊肿以及严重的肺裂创。

体位

侧卧保定。

术式

实施全身麻醉,进行气管插管,实施正压换气控制呼吸。

在有病变部位的一侧实施肋间切开术,以打开手术通路。在切除部分肺叶的附近部位放置两把弯止血钳（图 1)。为了止血,在距离止血钳附近的数毫米处,实施两列连续褥式缝合（使用 2–0~4–0 可吸收性缝线),使用非损伤性直缝合针(图 2)。用单纯连续缝合法缝合肺叶的切断端(使用 4–0~5–0 可吸收性缝线,图 3)。

将肺叶还纳至原位，为了检查缝合部的密闭程度，可在胸腔内注满加温的生理盐水。然后通过气管加压使肺部膨胀以确认有无漏气的地方。如有气体泄漏,可在该处用单纯或十字交叉结节缝合法进行闭合。抽出生理盐水后,依次闭合胸壁。

在胸腔设置引流装置(参照 5.2.1)。

术后护理

连续注射抗生素 1 周。

术后 10 天拆线。

5.5.5 肺叶切除术

适应症

肿瘤。脓肿。严重的肺损伤。

体位

侧卧保定。

术式

实施全身麻醉，进行气管插管，实施正压换气控制呼吸。

根据切除肺叶的位置采用肋间切开术或者胸骨正中切开术的方法打开手术通路。

***前叶：**右侧或左侧第4或第5肋间。*

***中叶，副叶，后叶：**右侧第6或第7肋间。*

***左侧后叶：**左侧第6或第7肋间。*

为了打开切除肺叶的手术通路，进行肋间切开术之后使用开胸器来扩大创口(图1)。将要切除的肺叶用浸透生理盐水的纱布小心包裹并移至开胸创口处。此时，将肺叶和胸膜间的粘连部进行钝性分离。在肺的分叶部位，确认和支气管伴行的肺动脉和肺静脉的走向(图2)。

用钝头剪刀或无齿镊子，将各个血管从胸膜等周围组织以及支气管上钝性分离下来。将有波动的肺动脉在切除肺叶的区域内进行三重结扎，在二重和三重结扎的中间切断血管(图2a的虚线)。将肺叶向尾侧方向移动后可以容易地打开肺静脉的手术通路。用同样的方法分离肺静脉和肺动脉(图3)。

(接260页)

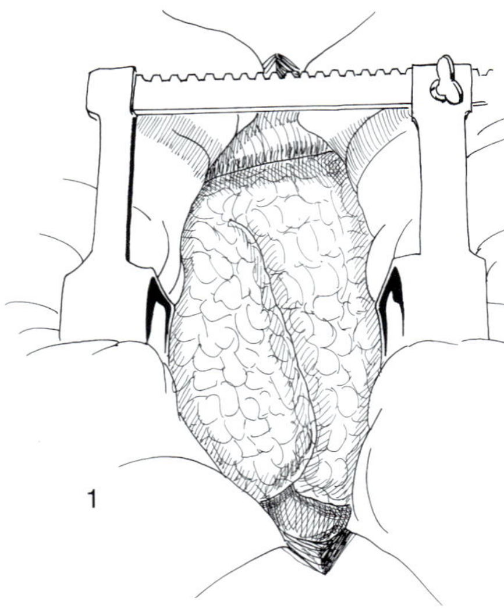

1

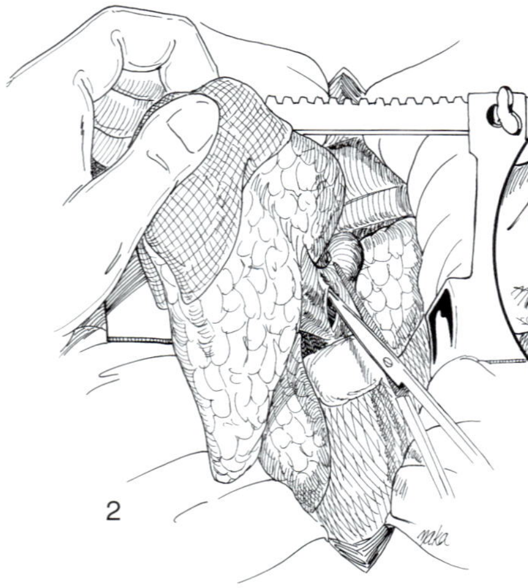

2

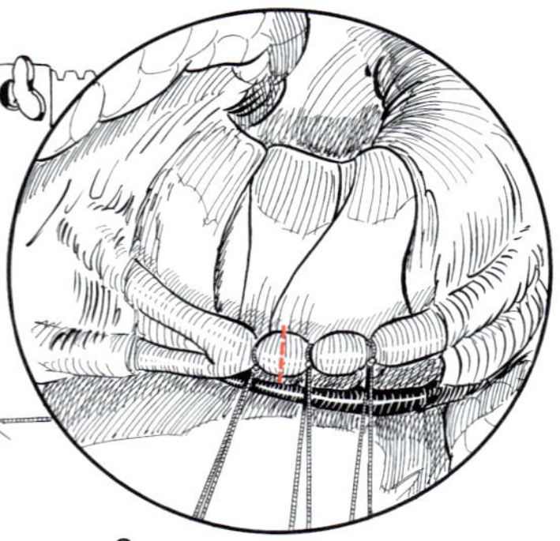

2a

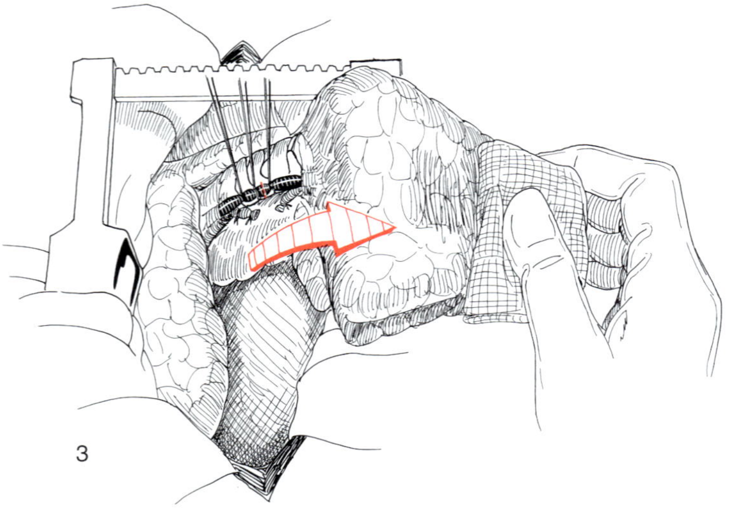

3

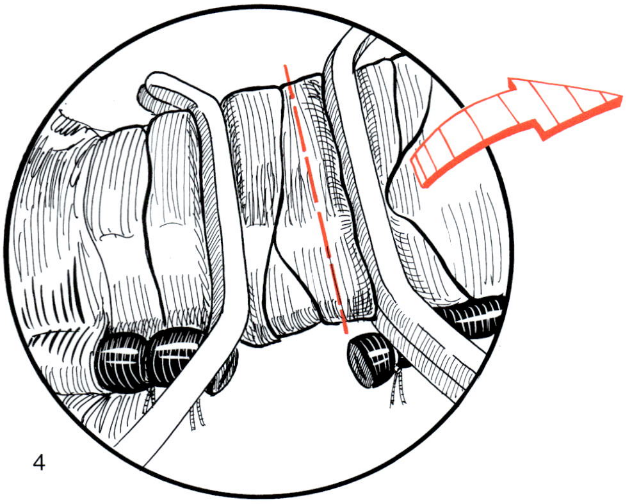

4

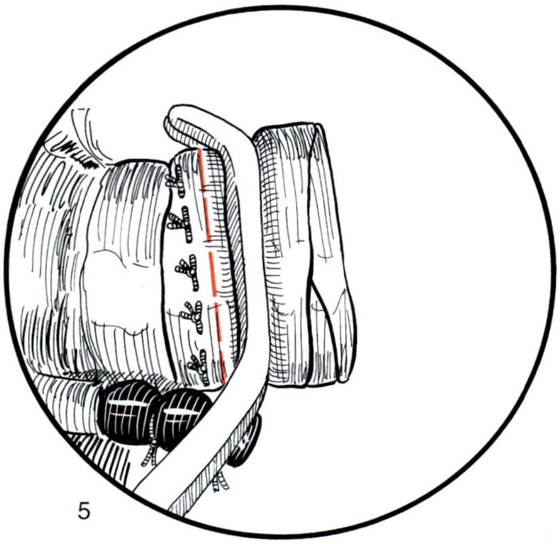

5

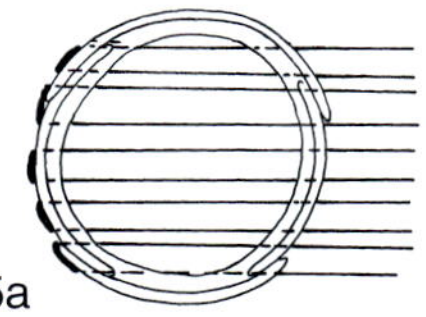

5a

5b

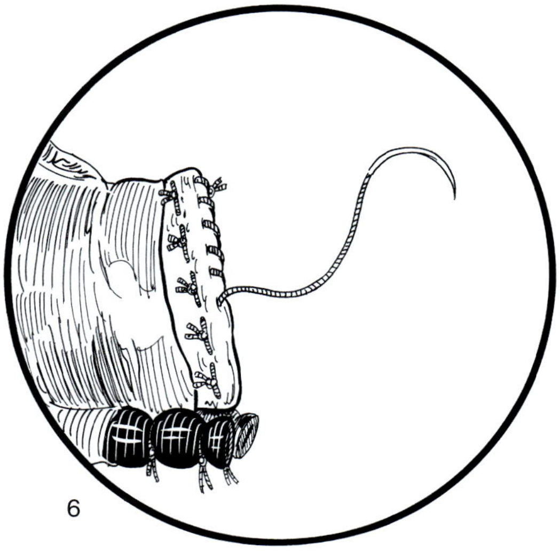

6

对于支气管，在肺叶切除区域用足够大的无齿弯止血钳间隔 1~2 cm 做两处钳夹。

在固定支气管的止血钳附近切断支气管(图 4)。用手术刀切断支气管,去除肺叶。关于支气管断端的处置,可在留钳的附近用 2-0~3-0 单股非可吸收性缝线进行细致的水平褥式内翻缝合(图 5、5a)。使用这种缝合方法可使支气管腔完全扁平闭合(图 5b)。

在留钳的附近，对于用水平褥式内翻缝合法没能扁平闭合支气管，可在最初缝合的远位用手术刀进行切断(图 5)。切断端用 3-0~4-0 非可吸收性缝线进行单纯连续缝合,闭锁支气管(图 6)。

为了检查缝合、闭锁支气管断端的密闭性,可在胸腔内注满加温的生理盐水,使肺膨胀来确认有无漏气。如有漏气部位,可用单纯或者十字交叉结节缝合的方法进行闭合。抽出生理盐水后,依次闭合胸壁。

胸腔设置引流装置。

术后护理

连续注射抗生素 1 周。

在麻醉到觉醒后这段时间，用胸腔引流装置吸引排除胸内积液。

当确认胸腔内没有空气和积液时,可拔除引流管。

术后 10~14 天拆线。

并发症

不仅要仔细检查支气管断端闭合部的密闭性,而且数日后如复发气胸,应再度实施开胸术闭合支气管。

5.6 胸部消化道手术

5.6.1 胸部食管尾侧部的切开术

适应症

用内窥镜检查认为不能去除的异物或者是将要进入胃内而且不能取出的胸部食管内的异物。食管扩张、坏死或是狭窄。

体位

右侧卧或左侧卧保定。

术式

实施全身麻醉，进行气管插管，实施正压换气控制呼吸。

在第 7 至第 10 肋间进行伴有肋骨切除或非肋骨切除的肋间切开术。

插入开胸器。将胃管插入食管内直至异物阻塞的部位清除食管内的食物及唾液。将肺的膈叶向头侧移动，用浸有加温生理盐水的纱布小心覆盖。钝性分离在食管背侧和腹侧走行的迷走神经，为了避免在食管手术过程中损伤这些神经，一边小心地用胶带提起神经从手术部位移开(图 1)。用两条塑胶带绑在食管切开部位的前后两侧，以防食管腔内残留液体或异物污染手术部位。

食管切开方法是，在异物的上部，分层沿长轴切开，用适当的器械除去异物（图 2)。切除食管阻塞部的坏死组织。不过，为了避免术后造成食管狭窄或者裂开，切除范围应限制在最小程度。

闭合胸壁之前应彻底清创。

关于切开食管的闭合，首先用单纯结节缝合法仔细缝合黏膜层，并使结扎部位位于切口内侧。

对其他各层均同样使用 3-0 可吸收性缝线单纯结节缝合(图 3)。

认真检查食管缝合部之后，小心地去除纱布、胶带以及塑胶带等物品，依次闭合胸壁。胸腔内设置引流装置以便排出胸腔内积液(参照 5.2.1)。

术后护理

连续注射抗生素 1 周。

术后绝食 1~3 天，施以非经胃肠道的营养。

术后 10 天左右可饲喂流食。

术后 10~14 天拆线。

并发症

食管切开部位的狭窄和坏死。

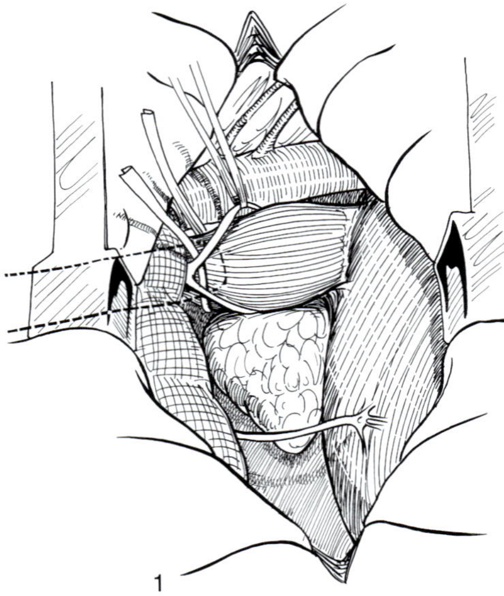

1

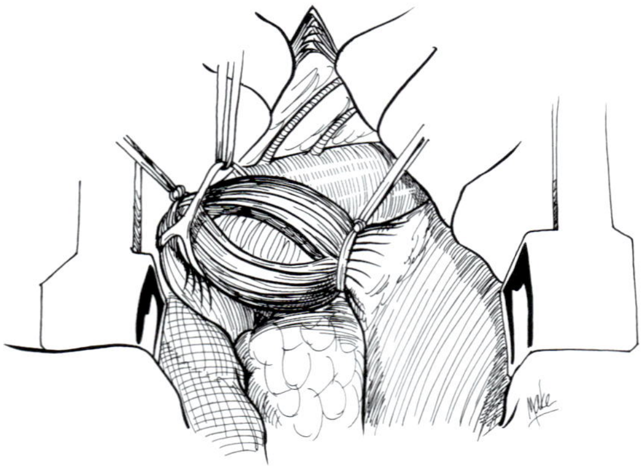

2

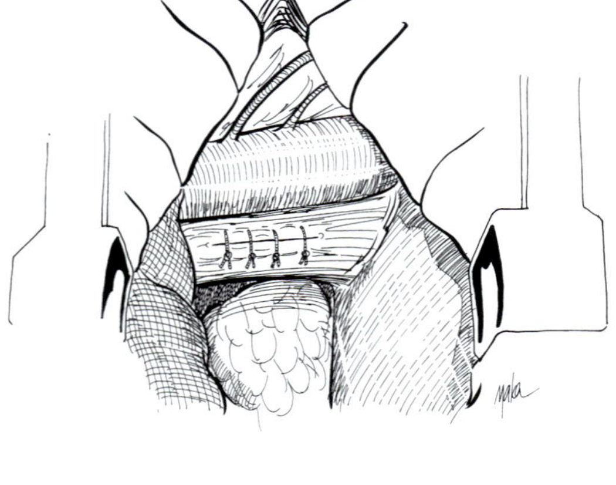

3

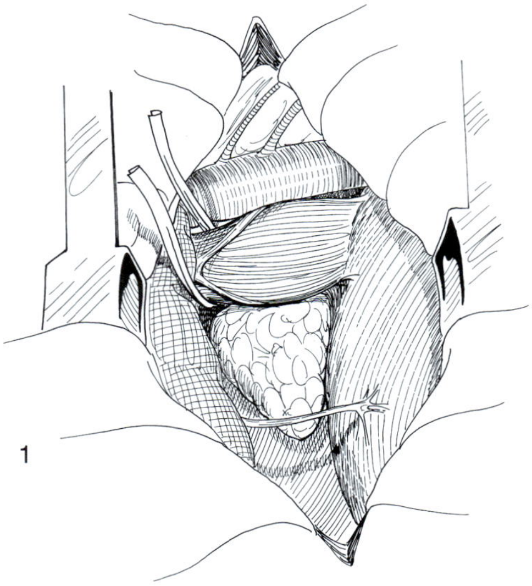

1

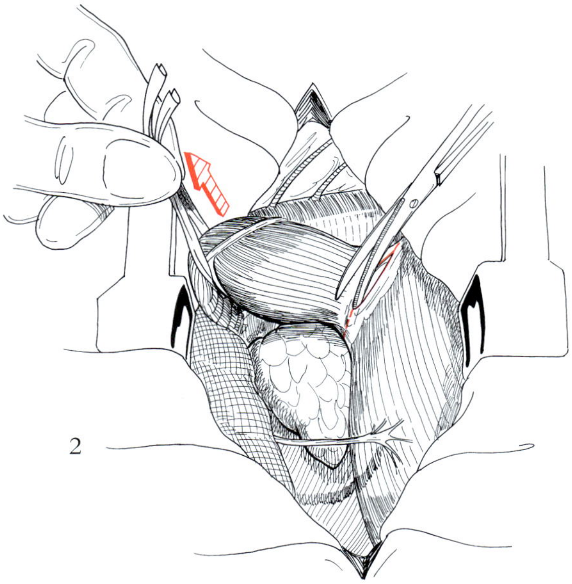

2

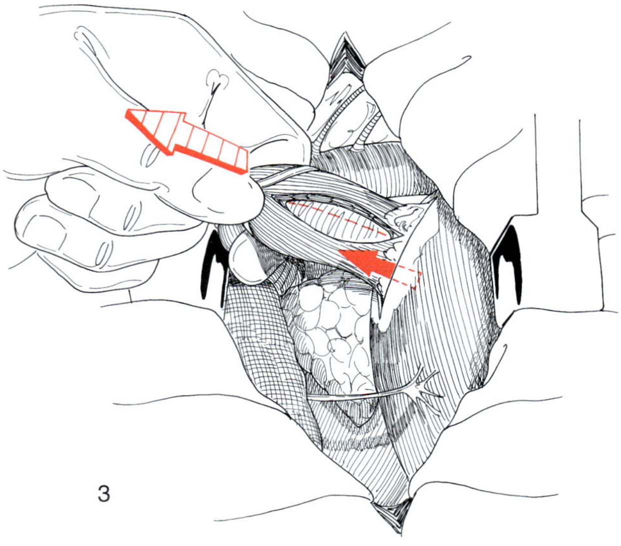

3

5.6.2 胃食管肌肉切开术

适应症

由于后天性的食管贲门括约肌不能松弛而导致的贲门阻塞,食管膨大。这个手术不能彻底改善机能障碍。

在多数的病例,该手术的作用是确保流体食物进入胃内的通路,减少返流。

体位

侧卧保定。

术式

实施全身麻醉,进行气管插管,实施正压换气控制呼吸。

在第 9 至第 10 肋间进行伴有肋骨切除或非肋骨切除的肋间切开术。插入开胸器。将胃管插入食管内直至异物阻塞的部位清除食管内的食物及唾液。

将肺的膈叶向头侧移动,用浸有加温生理盐水的纱布小心覆盖肺叶及其周围的组织器官。

在横膈的食道裂孔区域,将食管和裂孔部的结缔组织钝性分离(图 1、2),用塑胶带将食管向头侧部牵引,将贲门部拉入胸腔内(图 2)。用手术刀将食管的贲门部位纵向切开,直至暴露出食管黏膜层,切口长度为 2~4 cm(图 3)。

接下来，采取与切开肌肉相同的方法将黏膜纵向切开。为了永久性的扩大狭窄的食管管腔，对切开的黏膜层的两端实施横向缝合，并进行结扎(图4，该手术的要点是纵向切开横向缝合——译者注)。接下来，在横轴上用单纯结节缝合法闭合黏膜层。此时将针脚留在食管内侧。和缝合黏膜层一样，将肌层切口两端穿上缝线进行结扎。然后用小针脚的单纯结节缝合法实施完全闭合(图5)。缝合时使用3–0可吸收性缝线。关于横膈膜的食道裂孔部的创口闭合，可采用浆膜和肌层的单纯结节缝合，并连同食管壁一起缝合(图6)。

确认缝合无误后，去掉创口的纱布等物品，依次闭合胸壁创口。

设置胸部引流装置24 h(参照5.2.1)。

术后护理

连续注射抗生素1周。

术后绝食1~3天，施以非经胃肠道的营养。

术后10天左右可饲喂流食。

术后10~14天拆线。

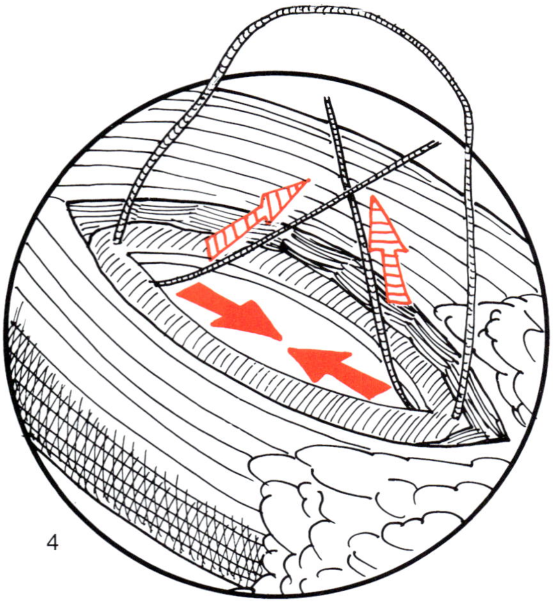

4

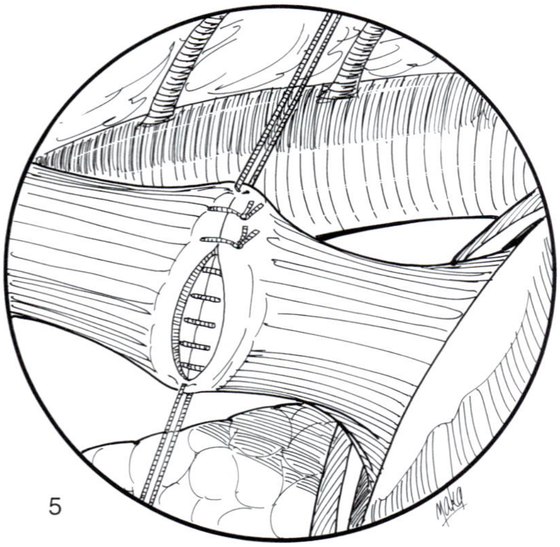

5

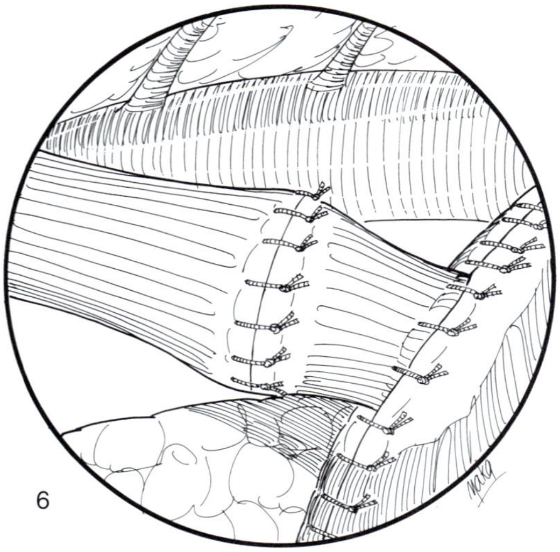

6

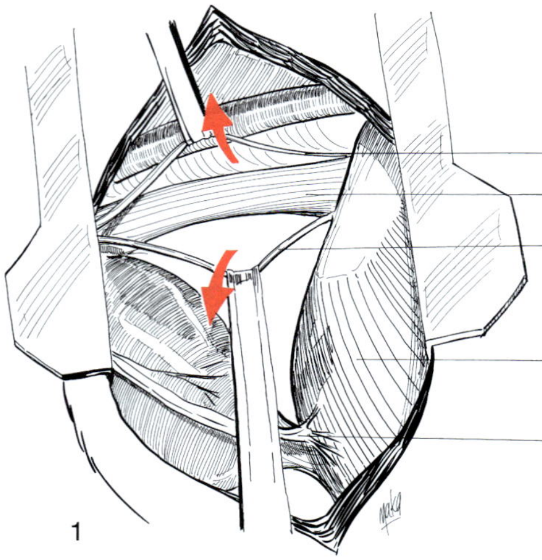

1

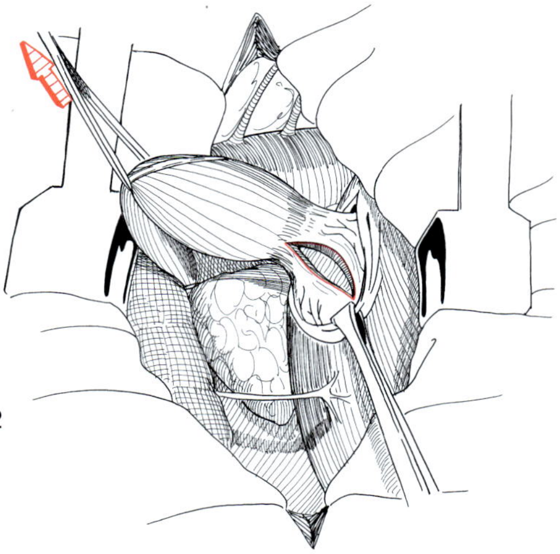

2

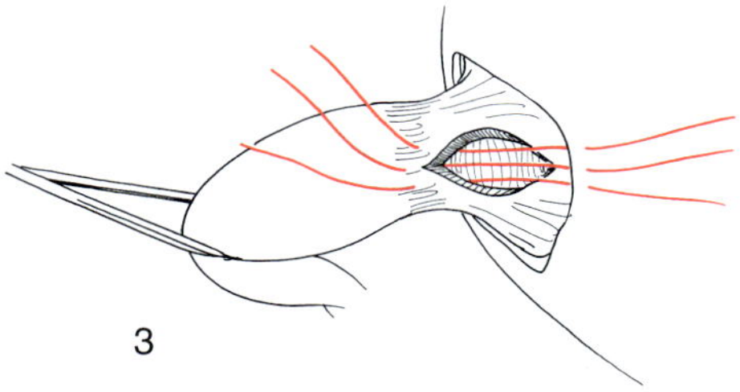

3

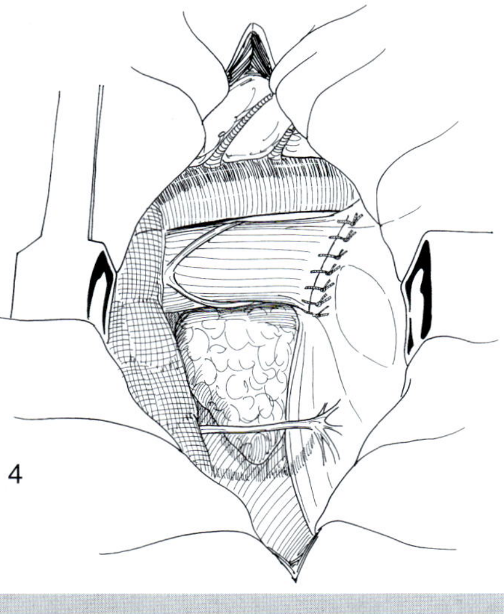

4

5.6.3 贲门肌切开术

适应症

由于食管贲门括约肌不能松弛而导致的贲门阻塞，食管膨大。贲门部肌层肥厚。

体位

右侧卧保定。

术式

本手术的目的是使食管内的食物通畅地进入胃内。

实施全身麻醉，进行气管插管，实施正压换气控制呼吸。

在第9至第10肋间进行伴有肋骨切除或非肋骨切除的肋间切开术，以此术式进行开胸术(参照5.3.1.2)。

插入开胸器。将肺的膈叶向头侧移动，用浸有加温生理盐水的纱布小心覆盖肺叶及其周围的组织器官。

在横膈的食道裂孔区域，将食管和裂孔部的结缔组织钝性分离(图1)。

用塑胶带将食管向头侧部牵引，将贲门部移入胸腔内(图2)。

关于切开贲门的方法，依照患处的大小不同，将肌肉层纵向切开4~8 cm，暴露黏膜下结缔组织(图2)。

此时，不要切开黏膜及黏膜下组织，这点非常重要。用组织剪钝性分离肌肉组织，直至使黏膜层和黏膜下组织向外隆起为止。这项手术操作的目的是扩大贲门腔。将贲门部还纳后闭合裂孔。

关于横膈膜裂孔的闭合方法，可用三根缝线，采用单纯结节缝合法，将贲门肌层的创口和横膈裂孔的切开部一起缝合(图3)。这项缝合的目的是维持贲门内腔的扩大状态，术后能够将贲门部还纳回腹腔内。对于残留的横膈膜的裂孔部间隙，可将浆膜以及肌层一起用单纯结节缝合法连同食管缝合(图4)。使用3–0可吸收性缝线。

检查缝合部位无误后，去除纱布，依次闭合胸壁。

设置胸部引流装置24 h(参照5.2.1)。

术后护理

连续注射抗生素1周。

术后绝食1~3天，施以非经胃肠道的营养。

术后10天左右可饲喂流食。

术后10~14天拆线。

5.7 心脏

5.7.1 心包穿刺

适应症

由于心包积液压迫心脏，或者是引流排除心包积液（有时也可用于对心包积液进行细菌学检查时的采样）。

体位

站立或俯卧保定。

术式

根据动物的性情不同，适当使用镇静剂。

提示！

在紧急情况下，应准备吸入麻醉器和人工呼吸机！

心包膜的穿刺部位，在左侧胸壁的第4或第5肋间的肋软骨联结处。在此部位可明显感受到心搏动（图1）。将该区域广泛剃毛、消毒。扩张的心包膜通常已接近于胸腔的内壁。用手指将第4至第5肋间周围的皮肤向前牵引使该部皮肤紧张，用刀尖穿刺切开（图2）。

关于穿刺器具，可使用连接导管的穿刺针和注射器。关于穿刺针，根据动物的大小可选用不同型号的穿刺针，通常使用16~20 G的穿刺针。穿刺时，一边拉动注射器内芯形成负压，一边贯通胸壁（图3）。依照液体流入注射器内来证实穿刺针已到达心包腔。当穿刺针和心肌接触时，可以明显感觉到波动。这时应稍微退出穿刺针。通常，即使刺入心肌也无大碍，但也应避免为好。如有可能，最好在超声波装置的导向下进行心包腔的穿刺、吸引操作。

术后护理

如果细菌学检查为阳性，应连续注射抗生素1周。

并发症

如果再发生心包积液可使用糖皮质激素类等药物进行保守治疗。

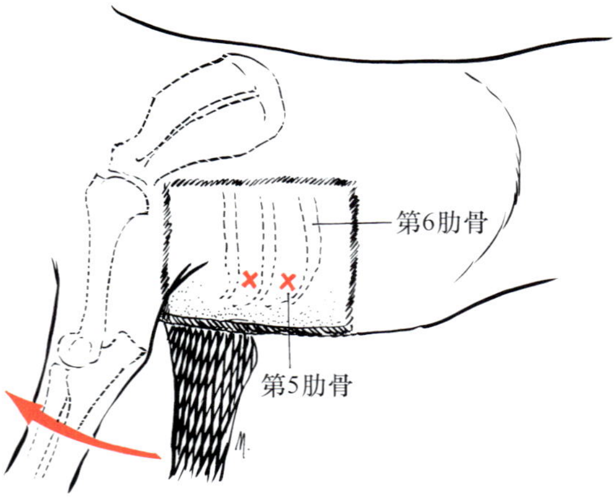

1

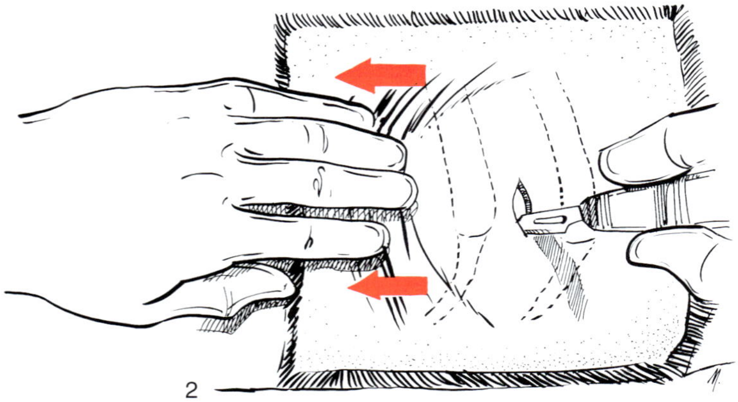

2

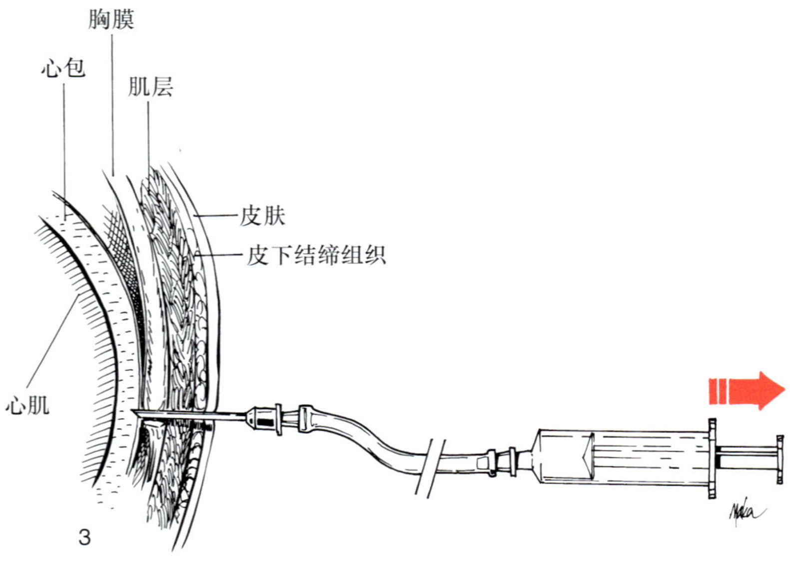

3

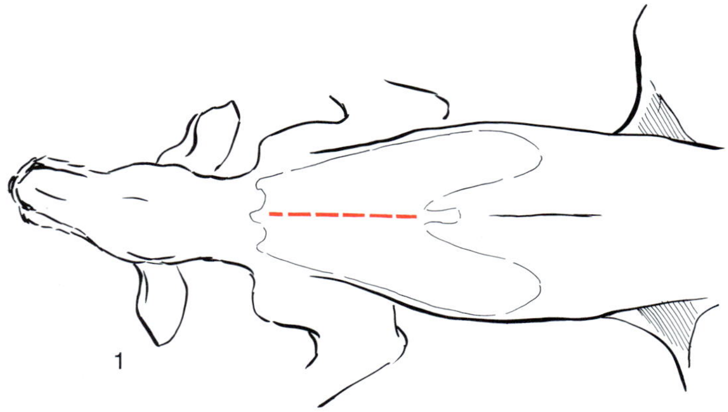

1

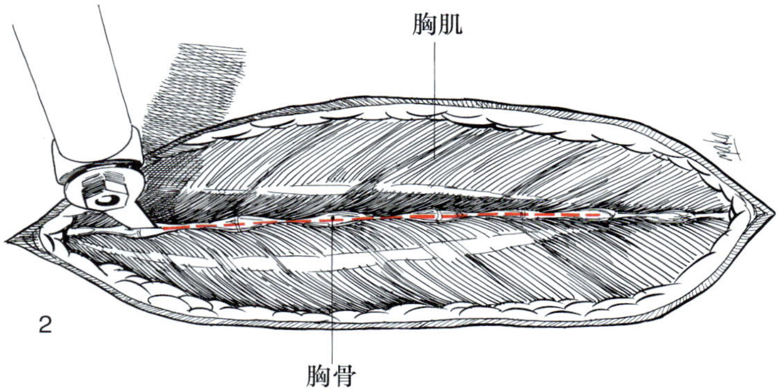

2

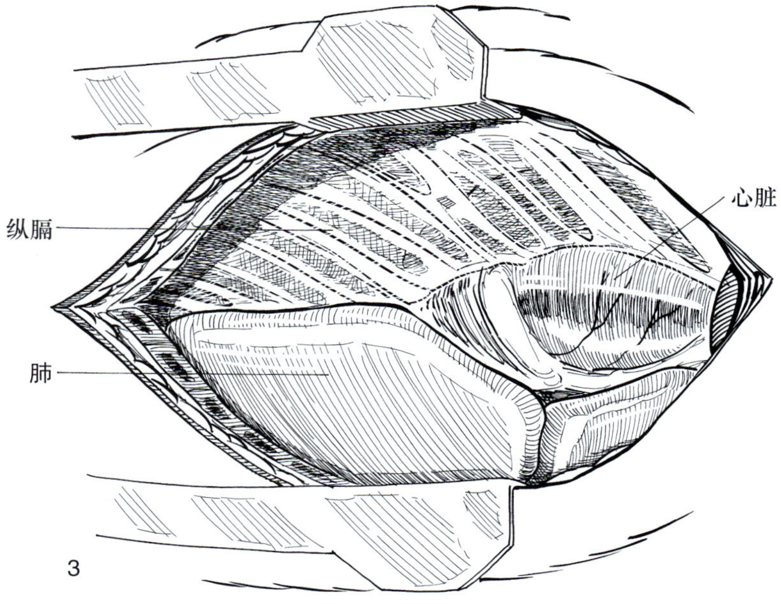

3

5.7.2 心包膜切开术和心包膜切除术

适应症

伴有继发性心肌束缚的心包膜肥厚和伴有心包僵硬的束缚性心包膜炎。

体位

仰卧保定。

术式

进行肋骨正中切开术的准备。

实施全身麻醉，进行气管插管，实施正压换气控制呼吸。

关于心包膜切开术，依照术者的判断进行肋间切开的开胸术，以此方法打开手术通路。

麻醉时，应该进行充分的阿托品术前给药！

实施胸骨正中线切开术进行开胸。从胸骨柄至剑状软骨，在胸骨的正上方正中直行切开皮肤(图 1)。

在正中部位分离皮下胸肌，向外侧钝性分离。

使用振动锯，分割切开胸骨 5~6 根肋骨的范围(图 2)。此时，一定注意不要损伤沿胸骨两侧走行的胸内动、静脉。对于胸骨切断面的出血可用骨蜡止血。

使用开胸器，扩张切开的胸骨(图 3)。

用浸有温生理盐水的纱布小心覆盖肺的膈叶。

小心剥离心包膜两侧的膈神经。然后用塑胶带将其移开手术部位予以保护(图4)。

当由于炎症粘连不能分离开神经时，手术操作必须限定在神经分布的远位心包膜打开手术通路。

穿刺切开心包膜后，沿心轴方向用剪刀剪开心包膜（图4）。应注意当开口过小时,容易复发本病。

当由于炎症引起的心包膜病变时,可造成切面血管的大量出血。此时,可用结扎出血部位或电凝止血的方法进行止血。重要的是,应尽量多地切除心包膜,最好在冠状血管的位置将心包膜全周切开。当实施扇形纵向切开时，如果发生部分心包膜粘连，可用组织剪将其从心肌上钝性分离下来(图5)。

设置胸腔引流装置,依次闭合胸壁,手术完成。

术后护理

注射抗生素以及进行对因治疗。

关于引流装置放置的时间，至少也要放置至积液量明显减少的时候，通常应该在5~8天内连续排液。

术后10~14天拆线。

并发症

据文献报道,有50%的病例预后良好。其余的病例可发生残留的心包膜再度粘连，特别是在心基底部的区域引起大血管的闭锁。

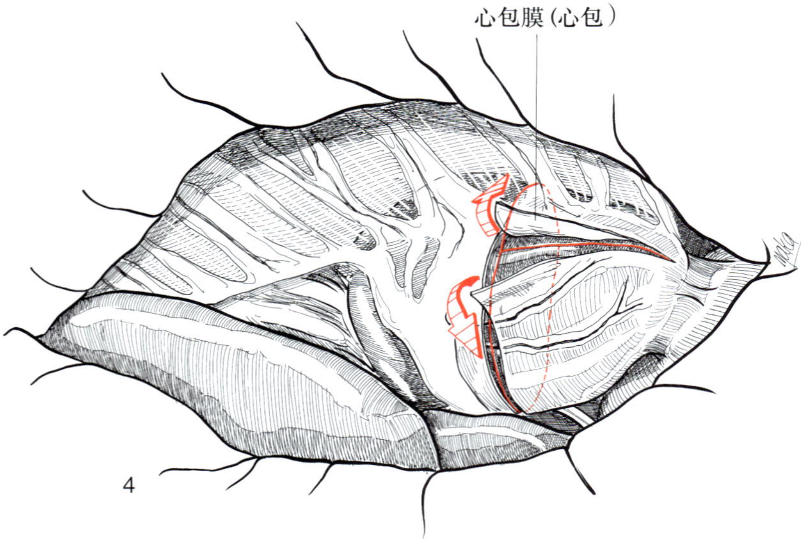

4

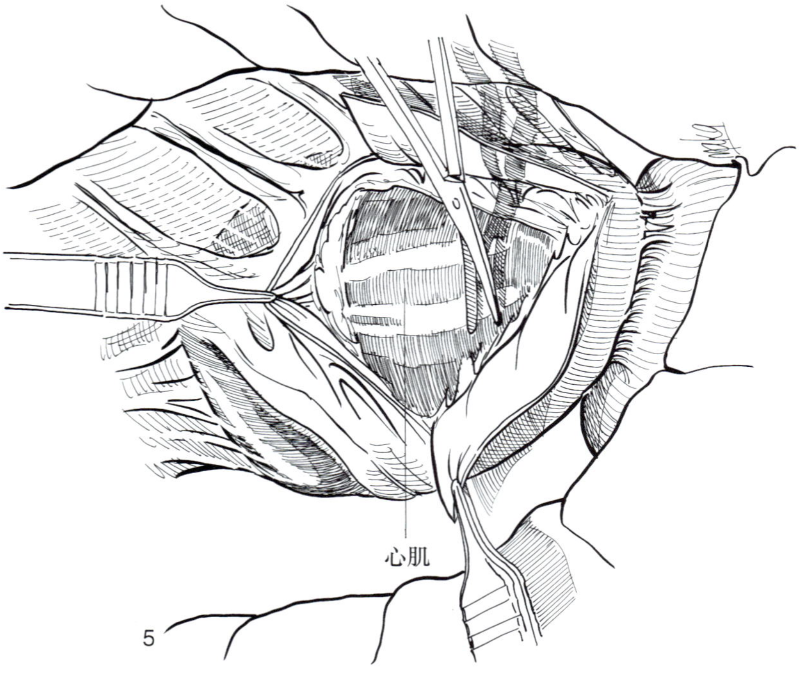

5

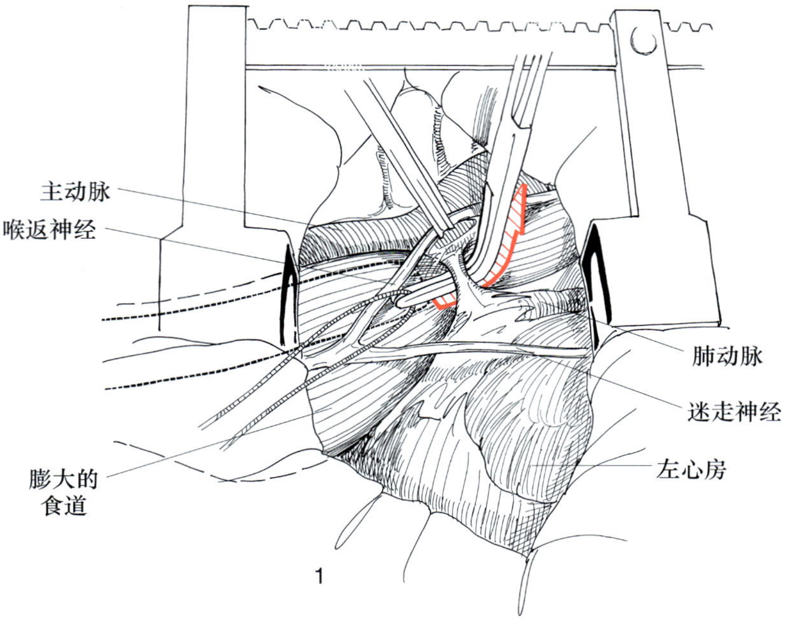

1

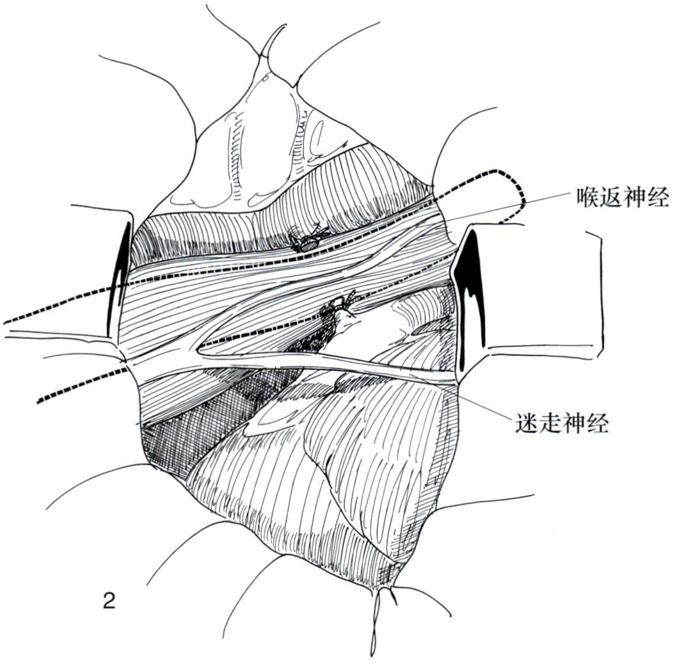

2

5.7.3 动脉导管束切断术

适应症

在主动脉弓残留（食管在肺动脉和主动脉之间通过）的情况下，由于动脉导管束压迫食管，使其发生狭窄，结果继发性地引起狭窄处前部食管膨大。年轻动物经详细诊察确诊后应尽早实施该手术。

体位

右侧卧保定。

术式

实施全身麻醉，进行气管插管，实施正压换气控制呼吸。

在第 4 或者第 5 肋间，进行伴有肋骨切除或者非肋骨切除的肋间切开，以此方法实施开胸术。插入开胸器后，为了确认食管的位置和走行方向，应在食管内插入胃管。将右侧的肺前叶移向尾侧，覆盖浸有温生理盐水的纱布。

钝性分离纵膈胸膜，直至可以看到造成食管狭窄的韧带为止。分离迷走神经和喉返神经，并用塑胶带移动该神经并进行保护(图 1)。

使用止血钳小心地将动脉导管束从周围的组织中分离出来(图 1)。将止血钳通过动脉导管束的下方夹住结扎线（使用 2–0 合成可吸收性缝线），将结扎线从其下方牵引通过。

分别结扎动脉导管束的主动脉分支处和肺动脉分支处(图 2)。

注意

出于安全上的考虑，当动脉导管束没有完全闭锁的时候，必须实施双重结扎。

将压迫食管的组织进行两处切断后实施止血，使被压迫的食管解放出来。如果食管闭塞部的头侧出现高度膨大的情况，可用 2–0 合成可吸收性缝线缝食管膨大部，使其缩小。

依次闭合胸壁创口，在胸腔设置引流装置。

术后护理

在确认呼吸正常、没有积液以及未发生气胸的前提下，去除引流装置。

注射抗生素。

犬术后 2 周左右令其呈犬坐姿势，将饲喂犬的粥状食物置于高位进行饲喂。采取少量多次的饲喂方式。

术后 10~14 天拆线。

5.7.4 动脉导管束未闭症的动脉导管结扎术

适应症

肺动脉和主动脉间的动脉导管未闭锁,左右侧分支动脉导管未闭症。

体位

右侧卧保定。

术式

实施全身麻醉,进行气管插管,实施正压换气控制呼吸。

在第 4 或者第 5 肋间，伴有肋骨切除或者非肋骨切除进行肋间切开。插入开胸器后,将左侧的肺前叶移向尾侧,覆盖浸有温生理盐水的纱布(图 1、1a)。

在迷走神经的背侧切开纵膈膜，钝性剥离周围组织，直至完全暴露动脉导管为止(图 2)。

有时需要切除部分心包膜。分离迷走神经以及喉返神经,为了保护这些神经,将其用脐带胶布提起并从术式部位移开（图 2)。如图 3 所描述的那样,使用弯止血钳将双股结扎线(使用 0~2-0)从肺动脉和主动脉之间通过,缠绕在动脉管周围(图 4)。将双股结扎线剪断做成两根，先在动脉管和大动脉吻合部结扎，然后结扎肺动脉的流出部分。此时一边缓慢提起结扎线,一边扎紧(图 5、6)。如果这个动脉导管非常短,可将主动脉用塑胶带小心提起，然后进行结扎操作。

完全止血后将胸壁分层缝合，在胸腔留置引流装置。

术后护理

当呼吸正常时,除去引流装置。

注射抗生素。

至少在 3 周内将患病动物置于护理笼内进行术后护理。

术后 1 周进行鼻饲（或者用喉头插管的方法)。然后给予粥状食物。将饲喂装置置于高处,4 周内在这个位置上缓慢给饲。

术后 10~14 天拆线。

并发症

当动脉导管结扎不确实时，应在结扎部位重新结扎,切断动脉导管,用连续缝合法分别将各自的断端闭合。

注意

这个手术必须由具有血管外科学经验的医生担任。

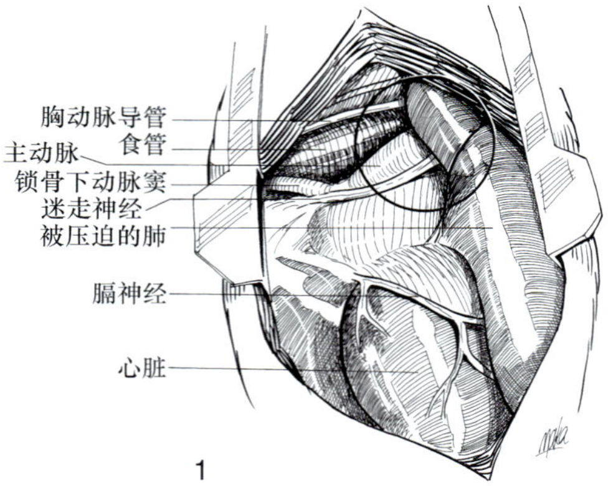

1

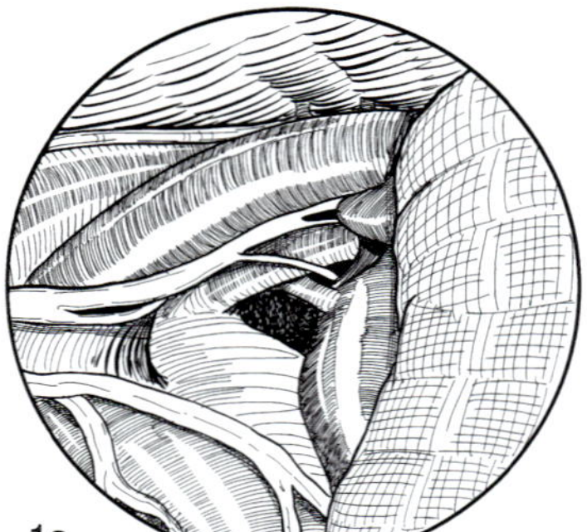
1a

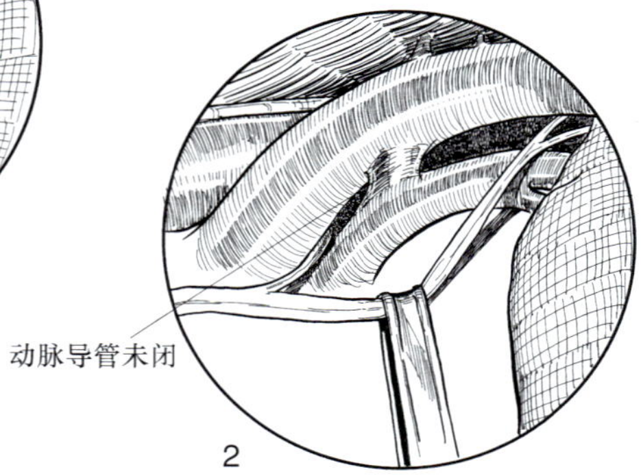

2

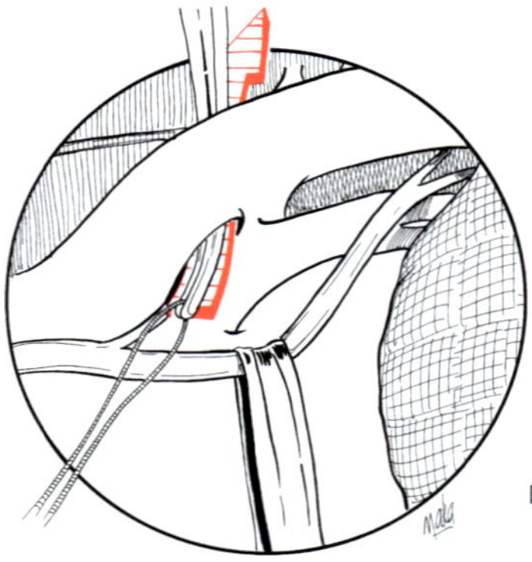
3

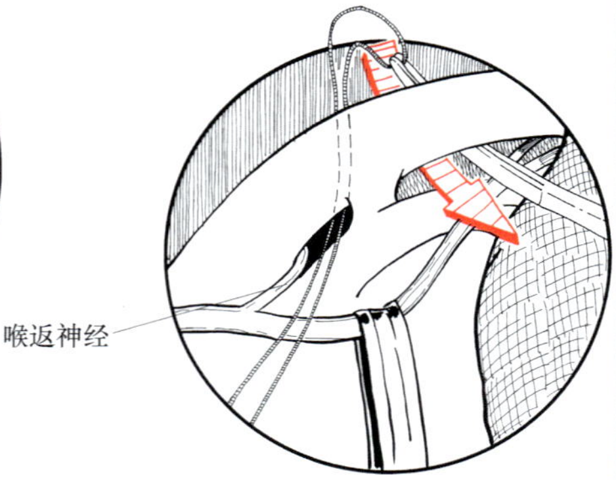

4

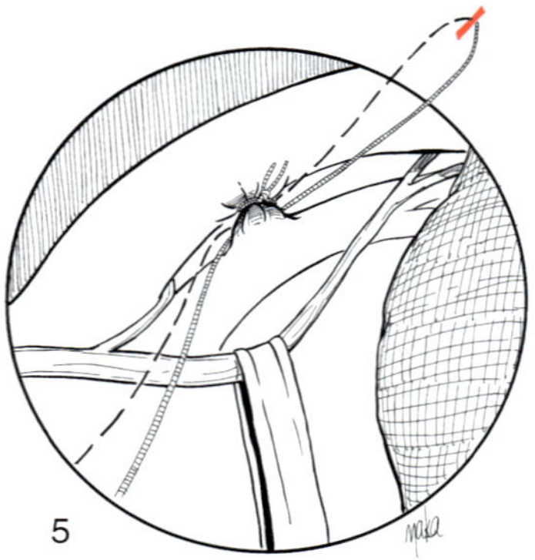
5

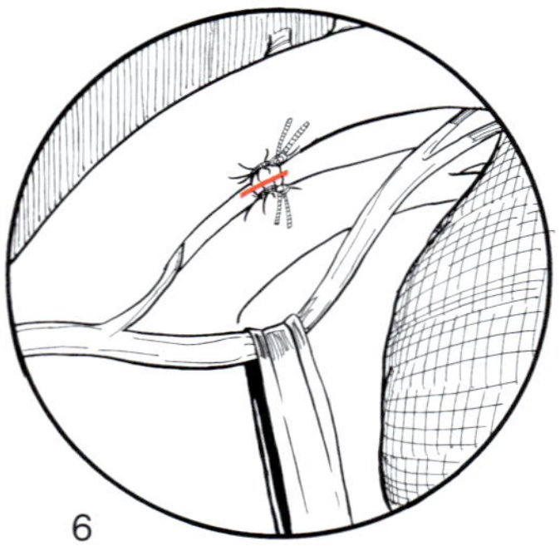
6

第 6 章　腹部外科

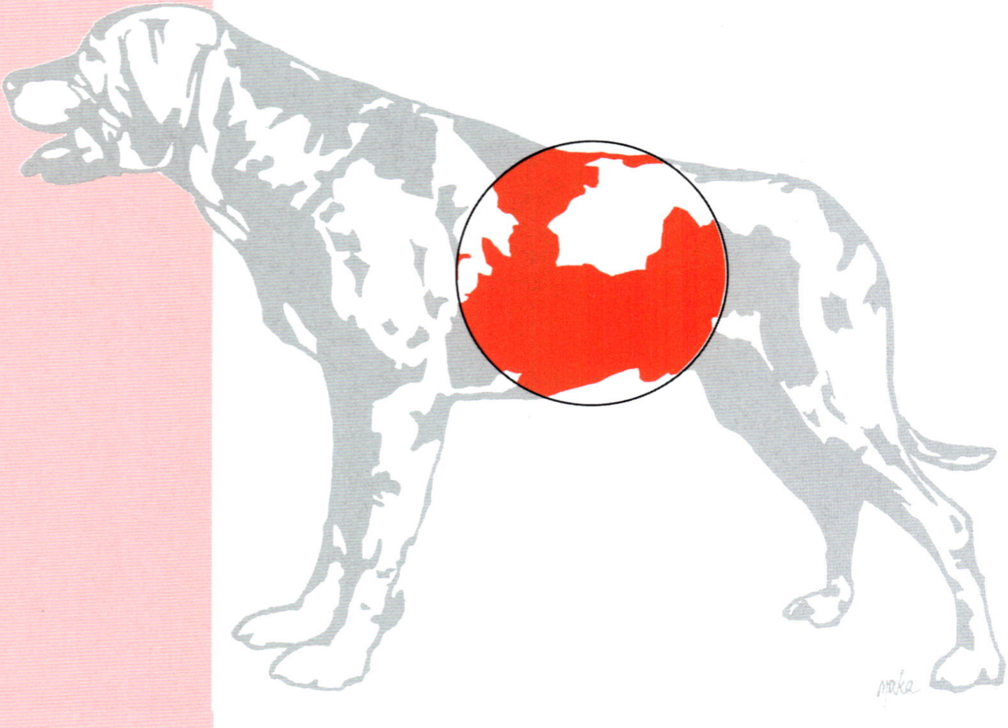

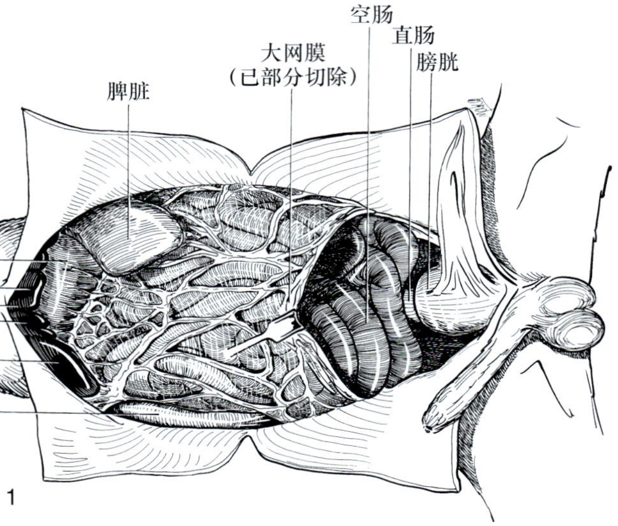

1

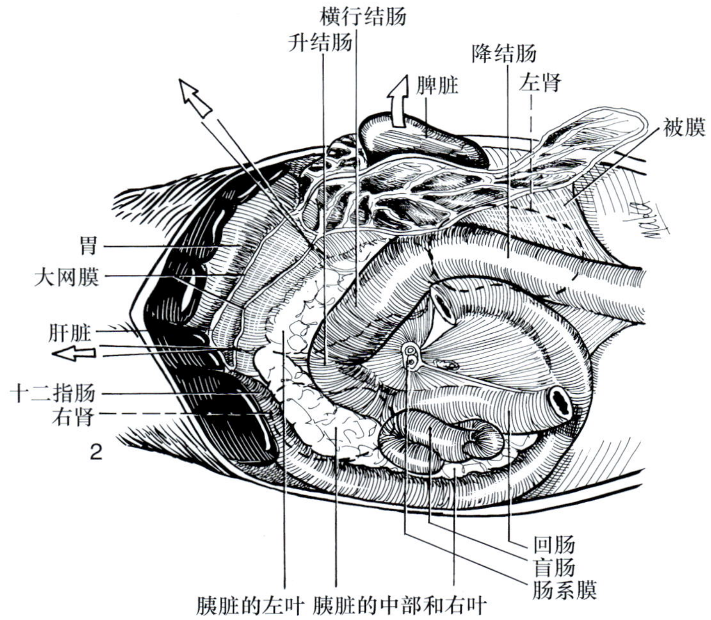

2

6.1 腹腔解剖和位置关系

在尾侧部去除部分大网膜(图 1)。

该图显示的是切除了部分小肠后（空肠和回肠)的大肠和胰腺(图 2)。

从左侧见到的腹腔局部解剖(图 3)。

从右侧见到的腹腔局部解剖。该图已将大网膜移向了腹侧(图 4)。

去除肝脏后的腹部脏器的血管分布。该图为腹侧面图(图 5)。

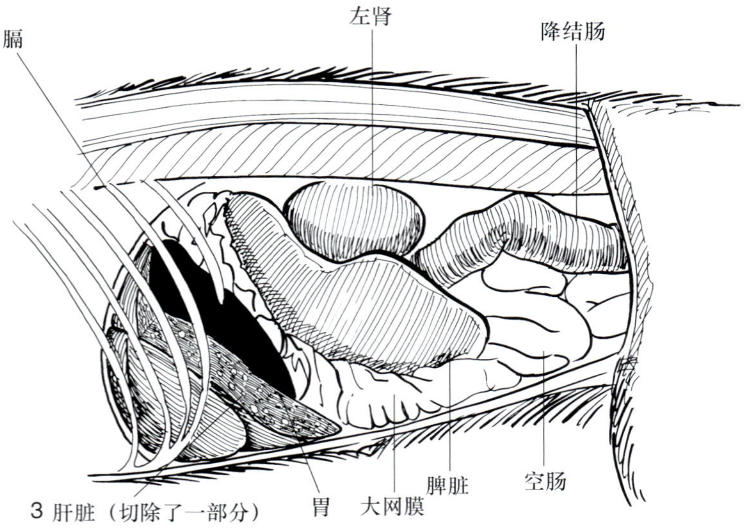

3

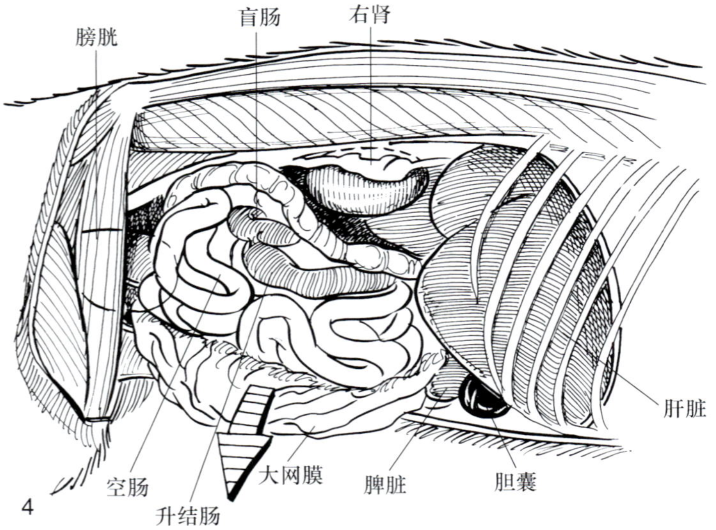

4

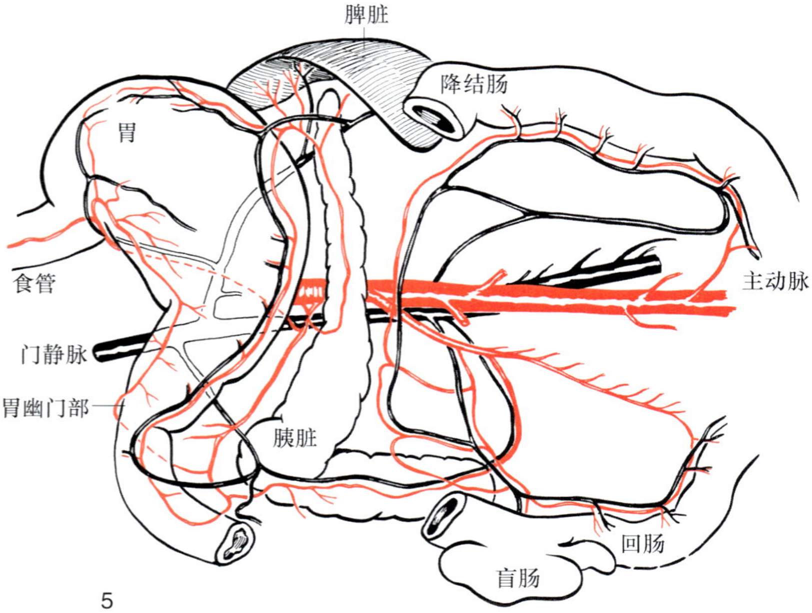

5

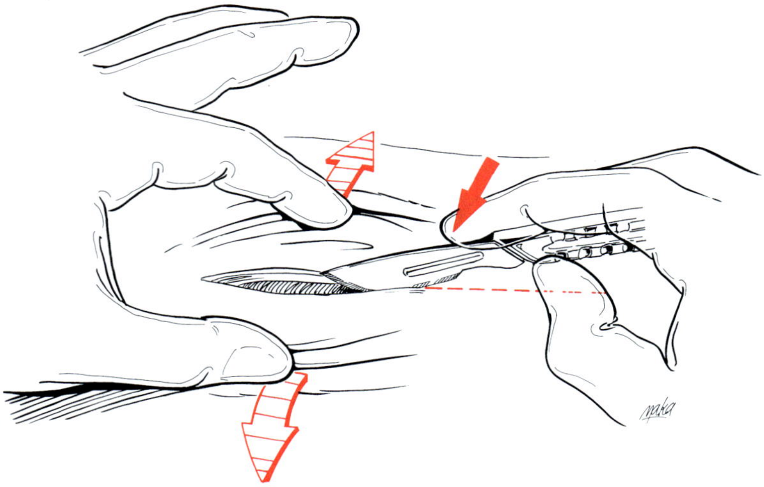

1

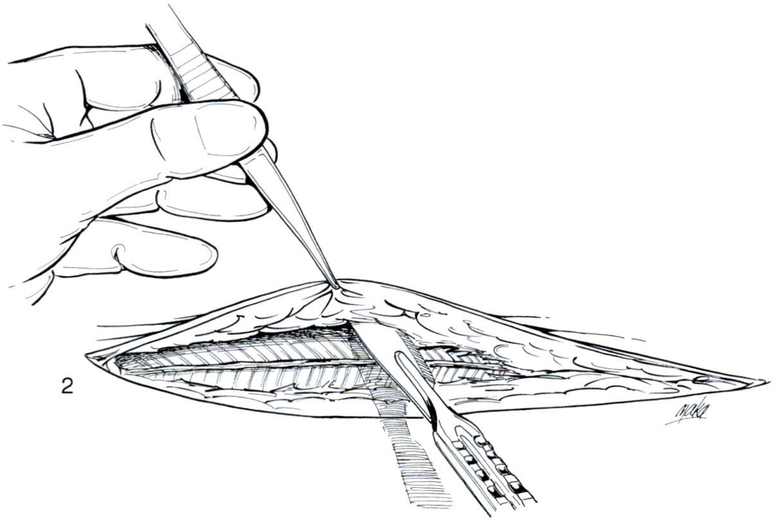

2

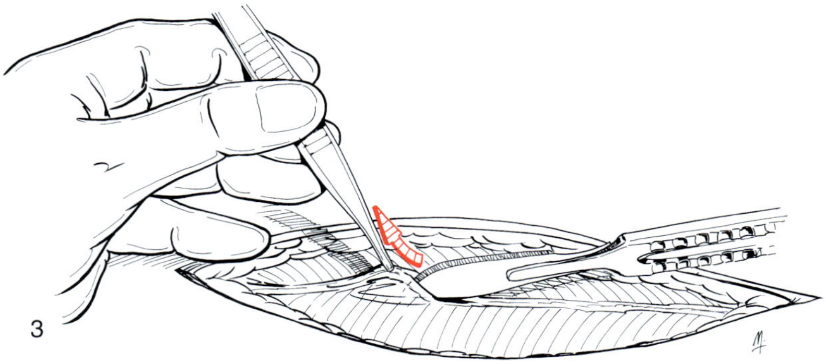

3

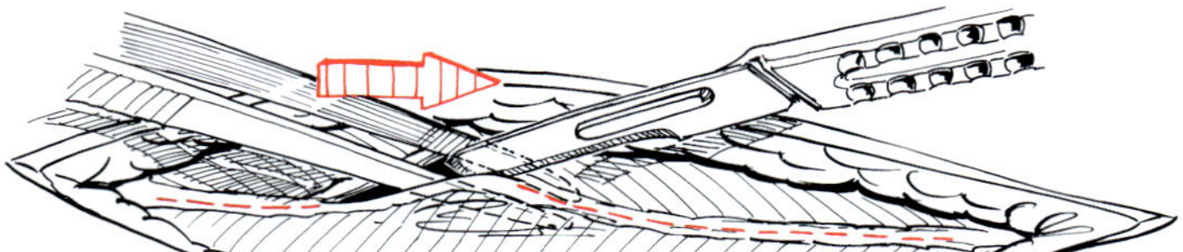

4

6.2 打开腹腔的手术通路

关于术野和切开部位及其大小，应该适合于目标组织器官的位置及其范围，并应符合外科学上所需要的面积大小。其手术通路，原则上在腹正中线的脐前方、脐部以及脐后方3处进行，在雄犬可以使用旁正中线切开的方法（参照6.2.2）。

6.2.1 在正中线上脐前方和脐后方切开术式

用左手的拇指和食指将腹壁皮肤绷紧。用右手食指一边在手术刀的背侧加压一边移动手术刀（参照1.12）。用手术刀刃部实施一次切开，使切口达到所需长度（图1）。

将白线周围的皮下组织向两侧切开、剥离约2 cm的宽度（图2）。用此方法暴露腹部肌肉，以便在缝合腹壁时减轻紧张程度，也可在缝合肌肉时避免带上皮下脂肪，因为在缝合时混入脂肪会阻碍创口愈合。

在切开腹壁肌肉时，应最大限度地用镊子提起腹正中线或其两侧的腹肌，将手术刀刃向上实施穿刺切开（图3）。

切开时，应一边保护腹腔内脏器，一边将手术刀回转切开，插入一根或两根手指在可能限度内扩张切口（图4）。此时一定注意将腹膜一起切开。

然后，用手指插入腹腔内保护脏器，用直组织剪沿腹正中线拓展切口，根据必要做延长切开。

6.2.2 雄犬于脐后方切开腹壁

术式

对雄犬实施手术时，因为阴茎位于腹壁正中，作为打通尾侧腹腔的手术通路的方法，应该进行腹壁正中线的旁侧切开（图1）。

切开皮肤时，为了将包皮左侧的皮肤向尾侧方向切开，通常先在包皮头侧的正中线实施切开（图2）。这样做的目的是将阴茎暂时移动位置，以便将腹壁在正中线切开。

切开皮下组织时，会暴露出和阴茎平行走行的阴茎外静脉（腹壁浅静脉），一定注意操作时不要损伤该血管。在包皮头侧1/3的位置分离流入阴茎外静脉的包皮分支，结扎后切断。对于阴茎，于其背面基部实施钝性分离，以便将整个阴茎移向右侧，也就是说向术者方向移动（图3）。露出腹正中线后按照6.2.1的方法切开。

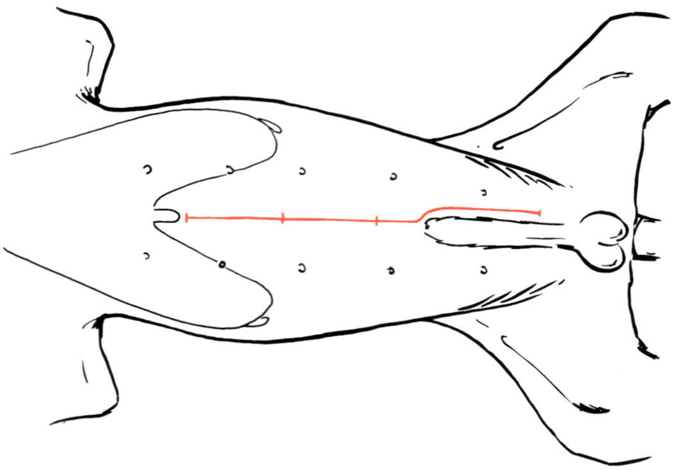

1

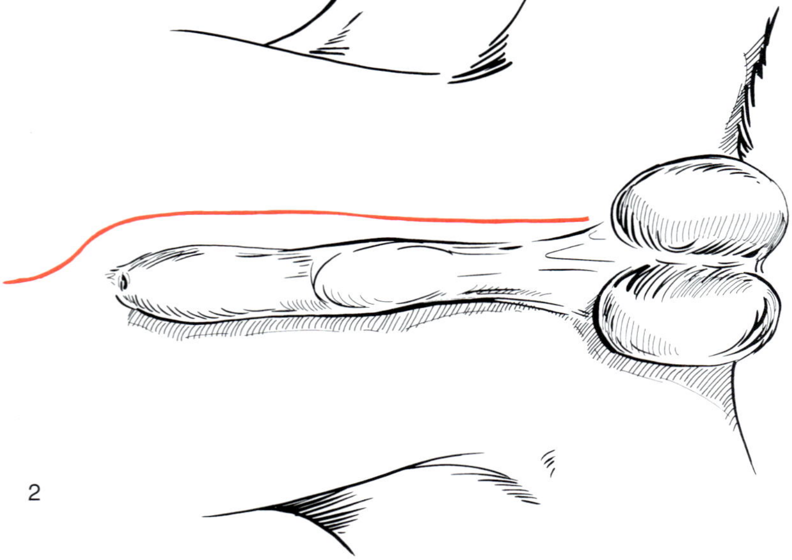

2

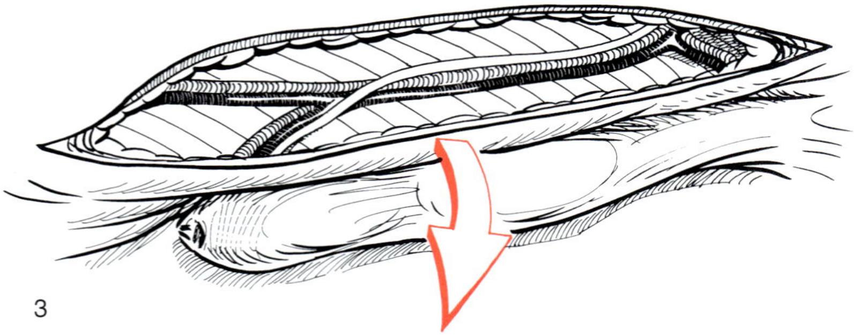

3

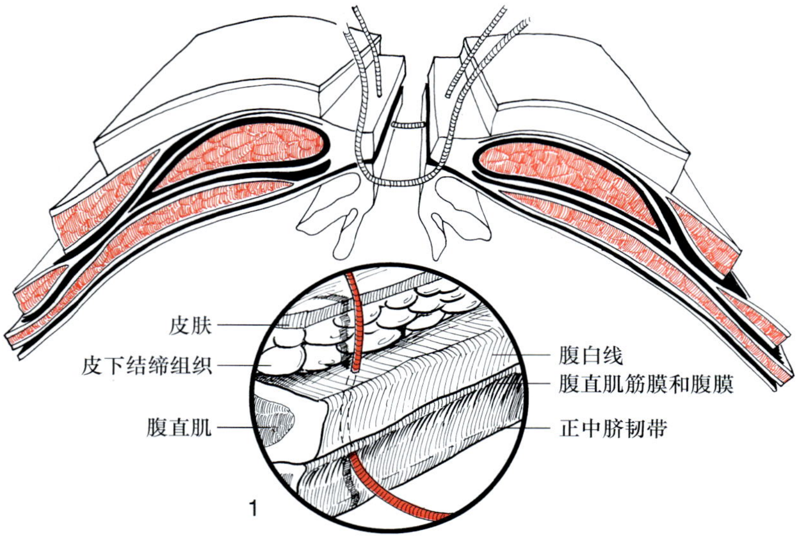

1

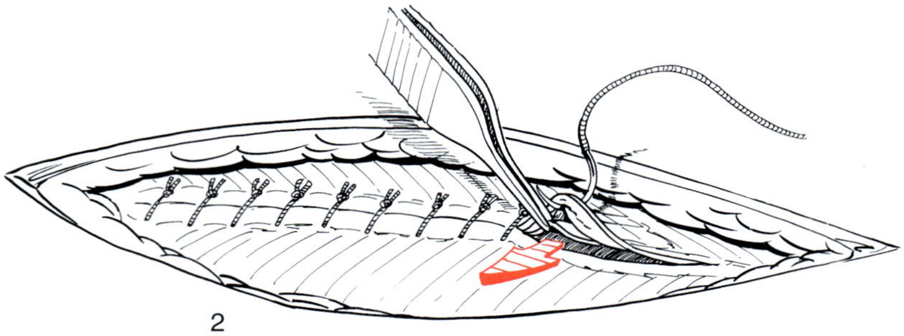

2

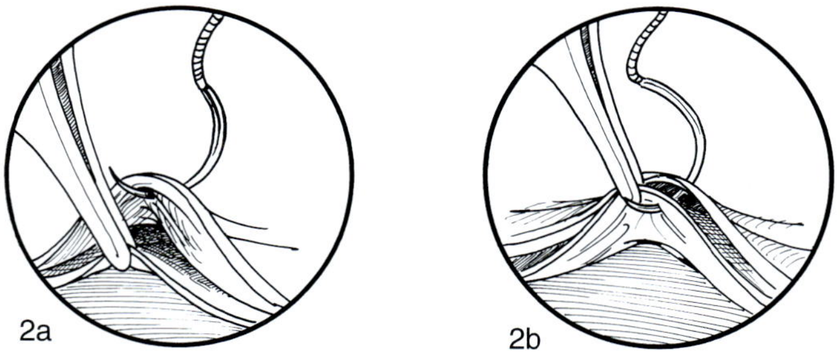

2a

2b

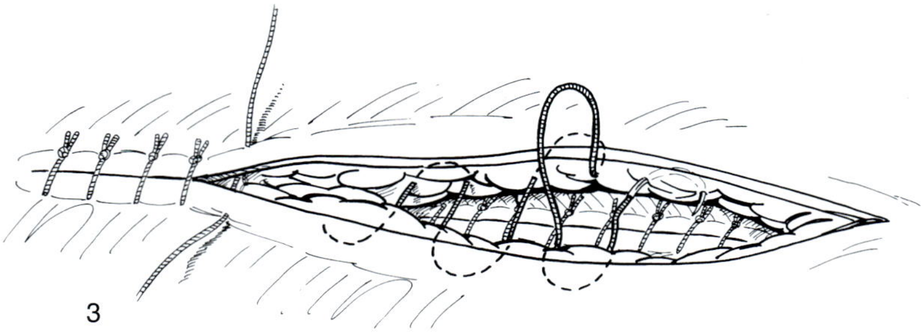

3

6.2.3 在腹白线上闭合腹壁

术式

图1显示的是腹正中线部位的构造。将这几层进行全层单层结节缝合，将腹膜和位于外侧的筋膜一起缝合。

犬的手术使用2-0可吸收性缝线，猫使用3-0或2-0缝线。单纯结节缝合的针距应在1 cm左右。

当缝合针刺入肌肉时，用镊子夹住腹膜，将腹膜一起缝合(图2、2a、2b)。

用3-0~0号可吸收性缝线单纯连续缝合皮下组织。

用3-0~4-0单股非可吸收性缝线结节缝合皮肤(图3)。

6.2.4 单向以及双向肋骨旁切开（胁腹部切开）

适应症

打开肝脏和胆囊的手术通路。

术式

依照实际情况进行正中切开或者在最后肋骨后缘 1~2 cm 的位置进行单侧或双侧肋骨旁切开的组合开腹术(图 1、2)。

手术目的达成后，在闭合腹壁时先行闭合肋骨旁切开。

用可吸收性缝线单纯结节缝合腹膜。

接下来将肌肉用同样的可吸收性缝线进行单纯结节缝合，闭合肌肉层(图 3)。小型犬或猫可将腹膜和肌肉一起缝合闭锁。一般在进行肌层和腹膜的缝合时，最好使用 2-0~4-0 合成可吸收性缝线。

将皮下组织和皮肤按照顺序进行缝合。

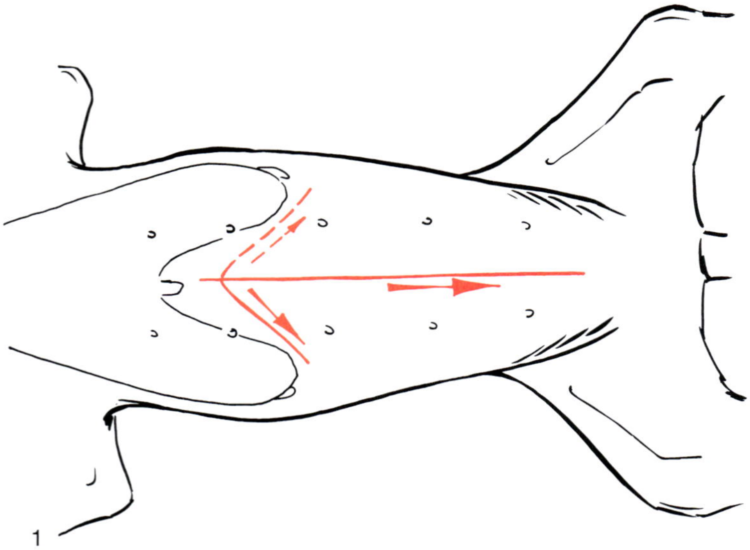

1

2

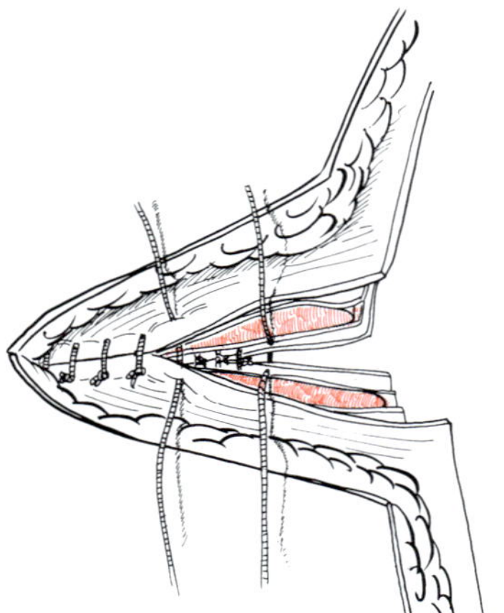

3

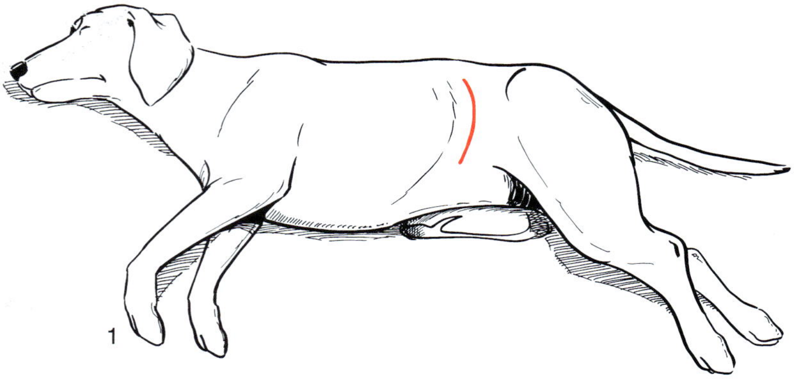
1

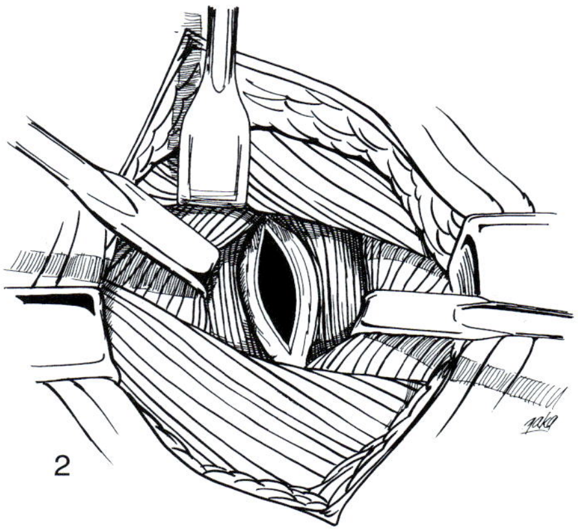
2

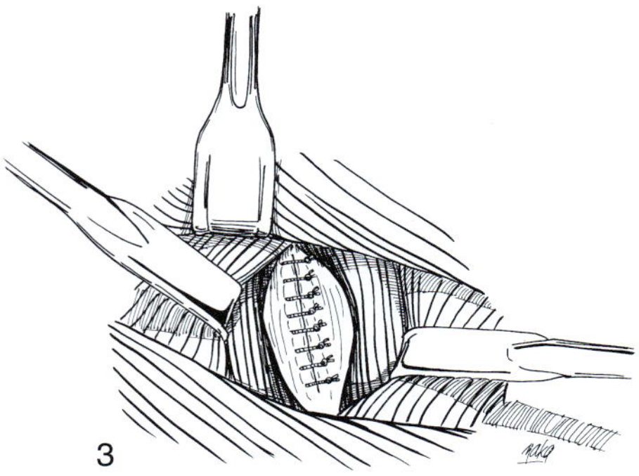
3

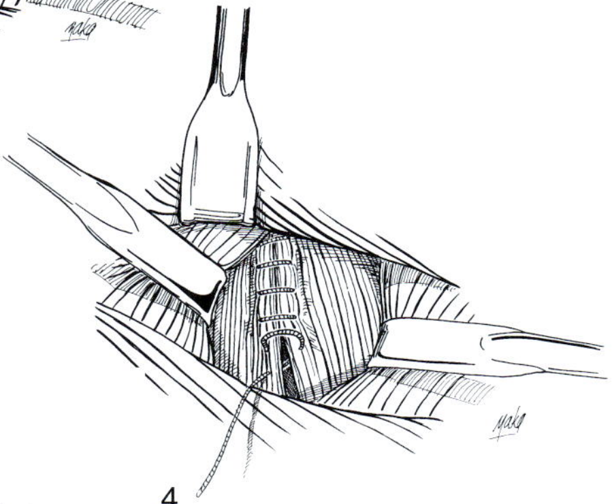
4

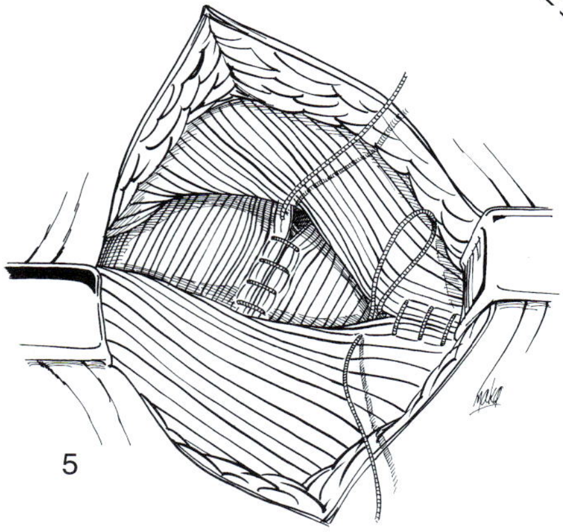
5

6.2.5 肋骨旁(侧腹)切开

适应症

打开肾脏和肾上腺的手术通路，或是在正中线切开的手术通路时不能获得足够大的术野。

术式

在腰椎的腹侧平行于最后肋骨弓将皮肤从背侧向腹侧做弧形切开（图1）。皮肤的切开线距肋弓的距离为1~3 cm。

切开皮肤，分离扩展皮下组织后，斜向腹外斜肌的肌纤维走向平行于皮肤切开线用剪子钝性分离扩大切口，使腹外斜肌的切口达到足够长度。此时露出腹外斜肌，将其沿着肌纤维的走向尽可能地进行切开、分离。

扩大腹内斜肌切口后，将腹横肌根据肌纤维走向进行切开，对于位于下面的腹横肌筋膜以及腹膜，可用手指保护腹腔内脏器免受损伤，将腹膜切开必要的长度(图2)。

手术目的达成后，将腹横肌、腹横肌筋膜以及腹膜用0~4-0可吸收性缝线实施单纯结节缝合(图3、4)。将腹内斜肌和腹外斜肌用同样的缝线进行单纯结节缝合或单纯连续缝合(图5)。

按照顺序闭合皮下组织和皮肤。

6.3 清洗腹腔（腹腔引流）

适应症

肠穿孔造成的腹膜炎或者脓性腹腔积液，子宫蓄脓症时子宫破裂，脓肿破裂或是其他原因造成的腹腔感染。

体位

仰卧保定。

术式

为了完成开腹手术的目的，在充分清洗消毒腹腔后，在腹腔内插入、留置特制的引流管（图 1），以便进行连续或者间断性地清洗腹腔。所使用的引流装置是具有可动性的、由固定结构和两层圆盘组成的清洗用引流装置。

这个圆盘的作用是避免引流管开口部被异物阻塞，以保证清洗引流的效果。

在腹腔的最底部，将腹壁肌肉沿正中线旁边穿刺切开，经由该切口由里向外穿出引流管（图 2）。

这时可在直视条件下通过腹壁切口确认、调整位于腹腔内的引流管以及圆盘的位置。

将附属于引流管的固定结构向前推，将引流管固定于腹壁（图 3）。将固定装置用创巾固定法固定在腹壁肌肉上。

按照顺序缝合腹壁（图 3）。

（下接 280 页）

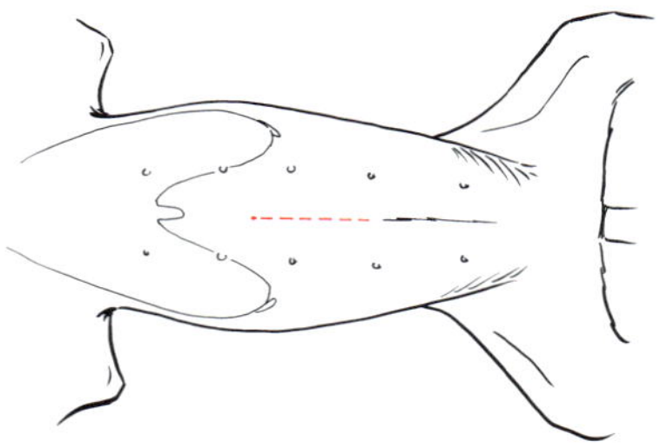

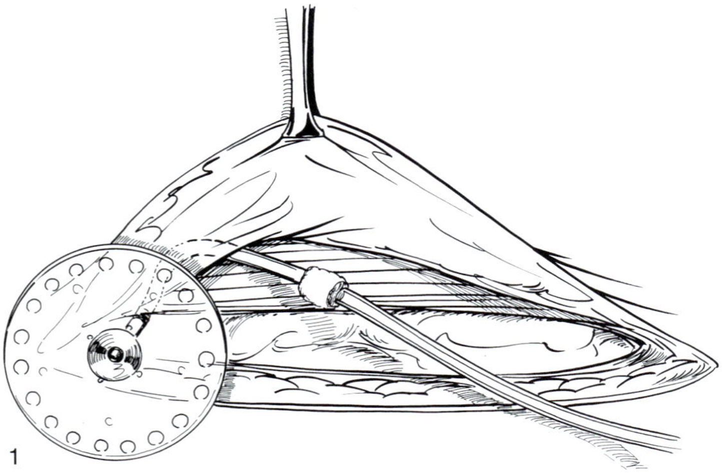

1

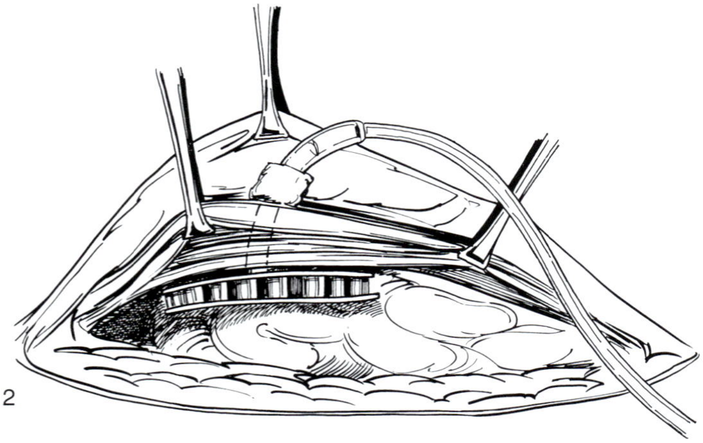

2

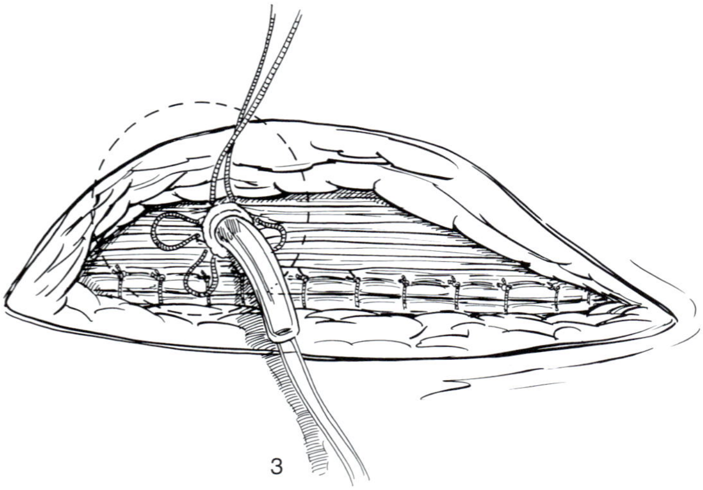

3

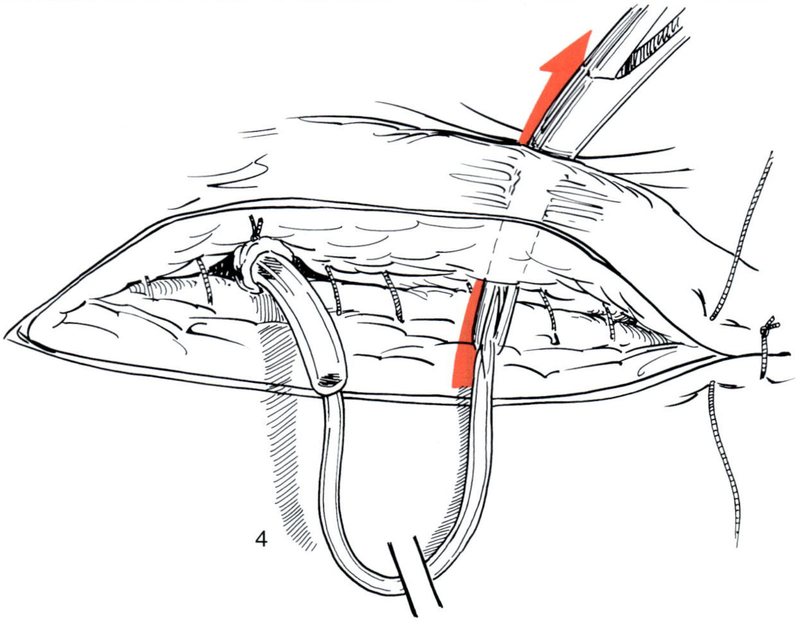

4

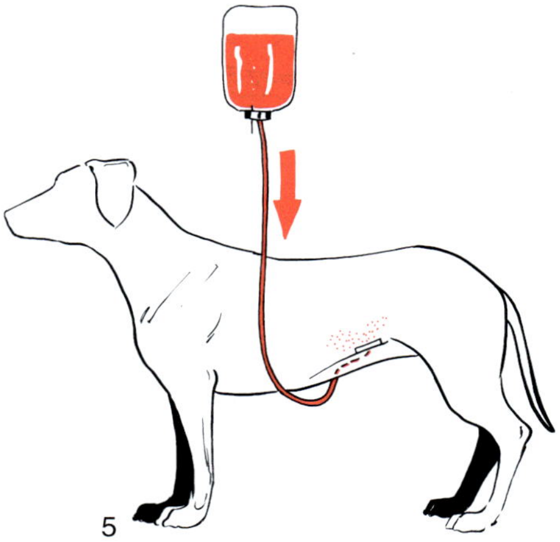

5

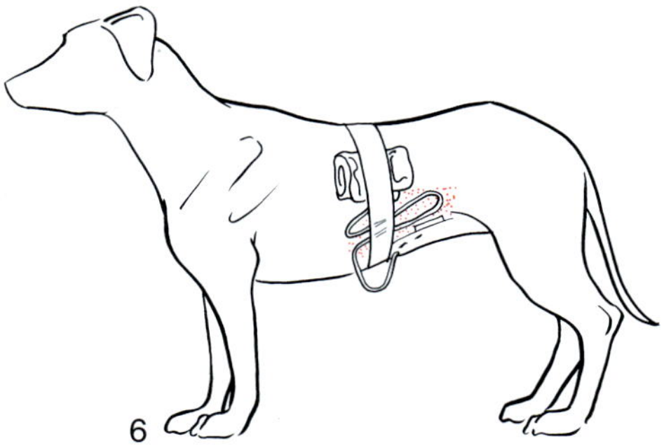

6

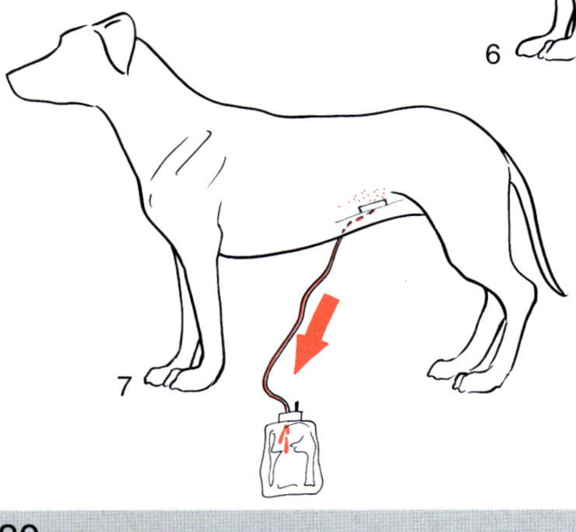

7

将清洗用引流管通过切口旁的皮下组织引出腹外(图 4)。

将皮肤按照顺序进行闭合。

图 5~7 显示的是每日数次清洗腹腔的过程。

首先，通过清洗用导管将加温后的接近于体温的清洗液（例如 1:50 的低浓度的碘溶液）从塑料袋注入到腹腔内。该液体作用于腹腔期间，将塑料袋缠绕固定于腹绷带下。

在回收清洗液时，令患病动物取站立体位，从腹绷带下抽出塑料袋，将其放置低于腹腔的位置，引流液将自行从腹腔流入塑料袋中。

术后护理

使用抗生素。

配戴伊丽莎白项圈以保护引流管。

当确认冲洗液中没有浓汁等病理产物，腹膜炎的症状得到恢复后，用尽量小的开腹术方法去除引流管。此时必须注意的是，不能将外面污染了的部分引流管弄到腹腔内。

并发症

多少都会出现引流管被大网膜等组织阻塞的情况，该情况几乎在所有的病例中都有发生。每天可数次将清洗液通过引流管加压注入腹腔，以此来缓解堵塞情况。

对于难以控制的腹膜炎，可通过插入的引流管采取腹腔积液，做细菌学检查(进行药敏试验)。

6.4 腹腔引流

适应症

排出腹腔积液。

体位

仰卧保定。

术式

用腹正中线切开方法实施开腹术，手术目的达成后，将引流管插入并留置于腹腔。

沿着腹正中线切开的创口边缘，在其旁边的中间位置的皮肤上做一穿刺切口，用止血钳夹住引流导管从切口内侧穿过腹壁和皮肤斜向引出体外(图1)。将适当长度的引流管(10~15 cm)留置于腹腔内。应当注意，引流管侧壁上的小孔不能被皮肤以及皮下组织覆盖。

用单股非可吸收性缝线单纯结节缝合引流管，或是用荷包缝合法将其固定于皮肤上(图2、2a)。

依次闭合腹壁创口(图3)。

将引流导管接上负压吸引装置，以便吸引排出腹腔积液(图3)。

术后护理

使用抗生素。

配戴伊丽莎白项圈以保护引流管。

当腹腔积液减少后拔出引流管。缝合插入部位的创口。通常，肌肉内的插孔不会发生并发症而自然愈合。

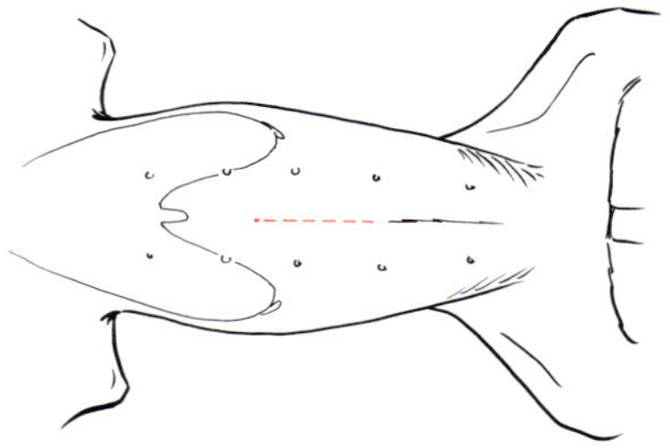

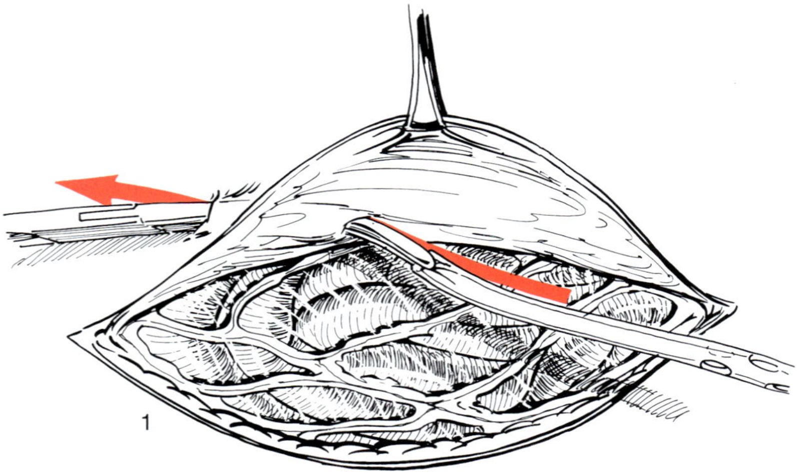

1

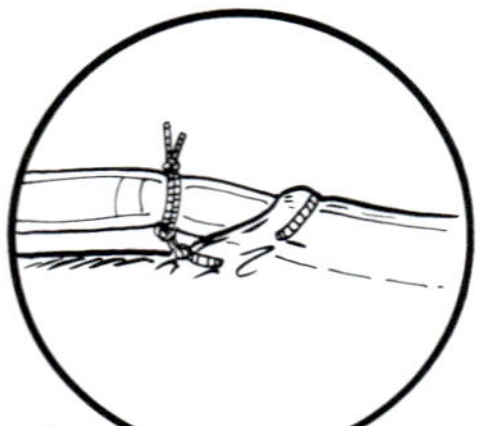

2a

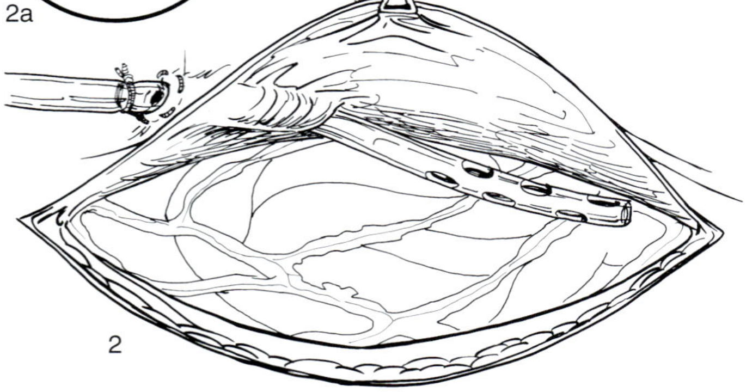

2

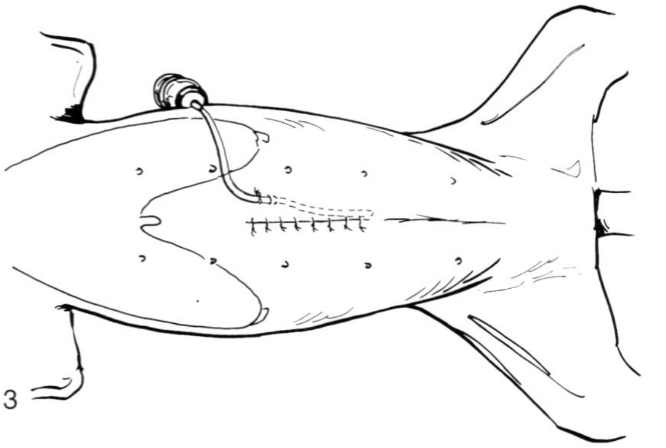

3

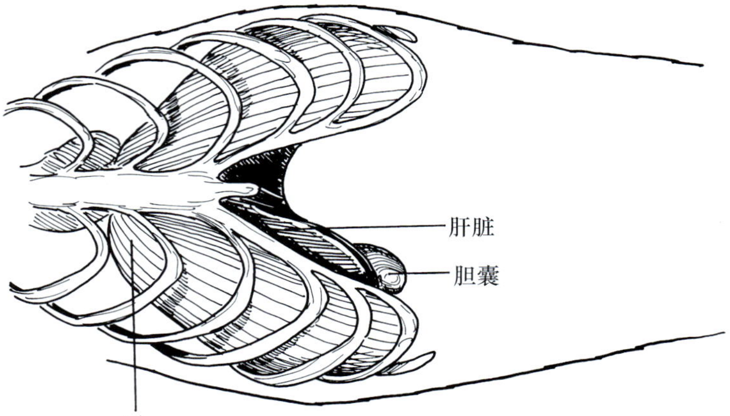

1

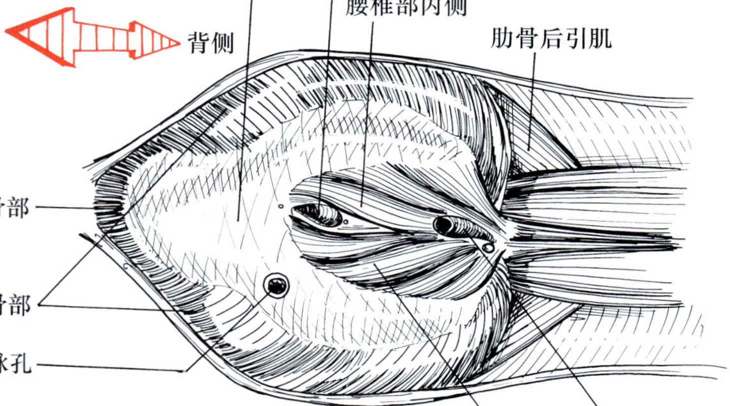

2

6.5 疝

6.5.1 膈疝

适应症

膈疝(先天性或后天性)。伴有腹部脏器进入胸腔内的膈破裂。

体位

仰卧保定。

术式

膈的局部解剖(图 1)。

从尾侧方向观察的膈的局部解剖图(图 2)。

必须实施气管插管和人工正压呼吸。

在急性或是慢性病例的情况下，沿腹正中线切开实施开腹术（根据病情需要有时也采用胸骨正中切开的方法），以便打开通往膈的手术通路。作为膈疝的整复通路，有时需要较大的术野，此时可配合使用双侧或单侧肋骨旁切开术（前述）。用浸有生理盐水的纱布覆盖创缘，装上开腹器，以便最大限度地扩展创口（图3）。

一边小心地处置进到胸腔内的腹腔脏器，一边还纳回腹腔。在慢性病例中，脱出的脏器和膈疝孔等处粘连，此时，在还纳之前应钝性地将它们分离开。关于膈疝裂孔的闭合，可采用0~3-0合成可吸收性缝线进行单纯结节缝合（图4）。对于膈的大范围或者是多处破裂孔的缝合，有必要尝试依照解剖结构进行整复。如果裂开部位有缺损或在慢性病例时发生膈萎缩，此时如强行缝合会导致膈肌的张力增大。因此最好采用自体组织移植的方法来修补裂孔，可采用临近的腹壁肌肉瓣或人工瓣膜进行膈肌缺损的再造。

为了恢复胸腔内的负压状态，应在胸腔内短期留置引流导管，进行负压吸引，直至将胸腔内残留空气彻底清除为止。用15~20 cm H_2O 柱压力向肺内注入空气，使肺膨胀，然后闭合最后一针缝线。

关于闭合后膈的密闭程度可用如下方法进行检查：将生理盐水向缝合部位滴下，如果有气泡说明闭合不严，此时必须补针缝合（图5）。

检查腹腔内脏器的状态后进行相应处置。

术后护理

术后10~14天拆线。

至少在3~4周内限制患病动物运动，进行精心护理。

并发症

一旦发现气胸和急性的循环衰竭，就意味着危及生命。无论出现何种情况，都应尽最大努力进行施救，并予以精心护理，但是必须对预后进行确切的判断。

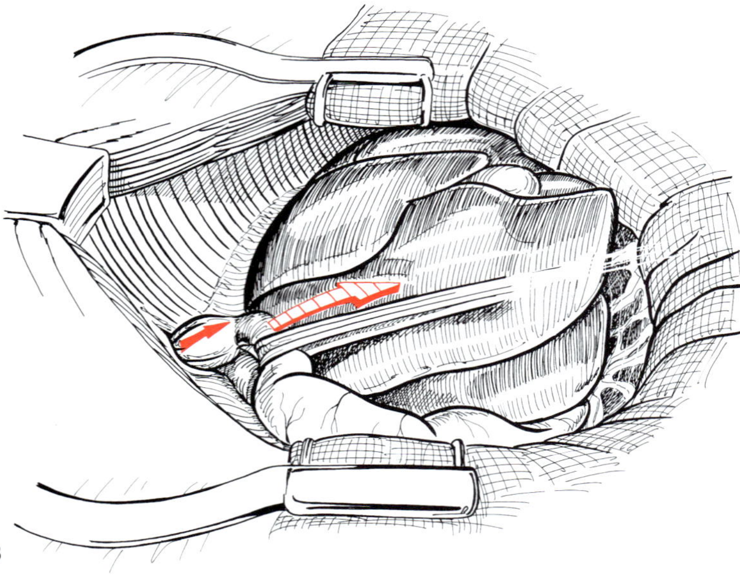

3

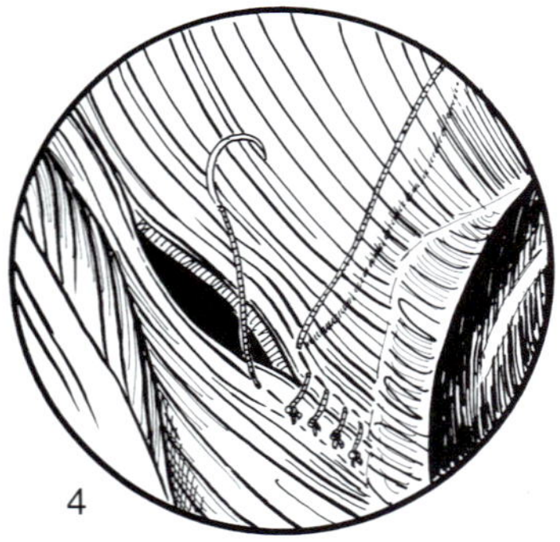

4

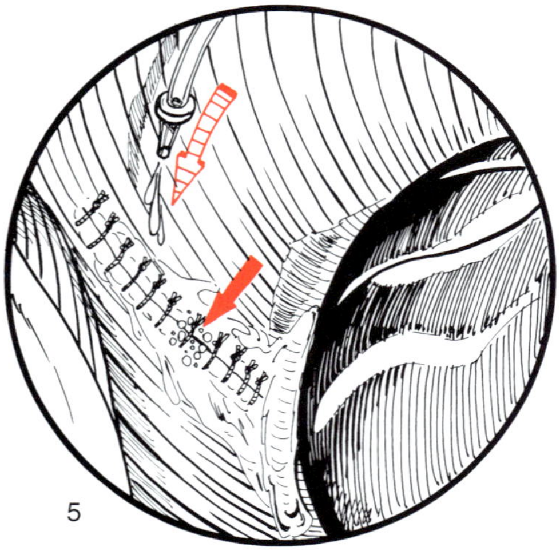

5

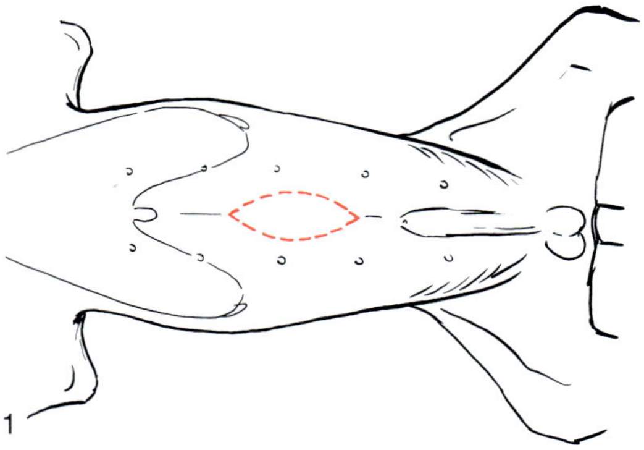

1

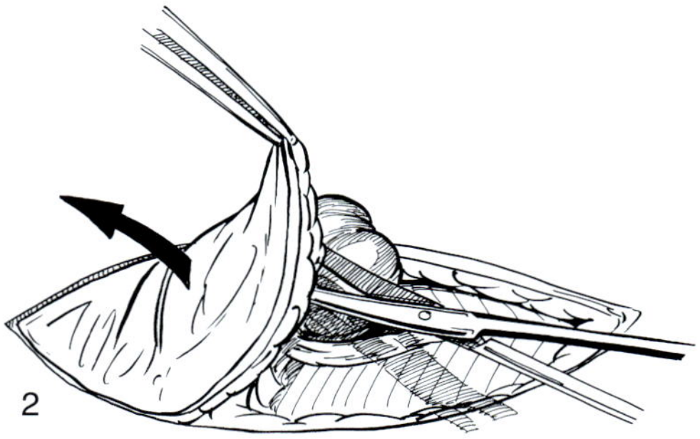

2

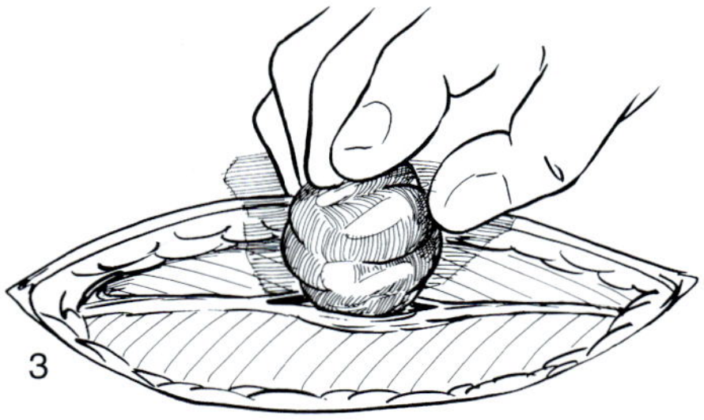

3

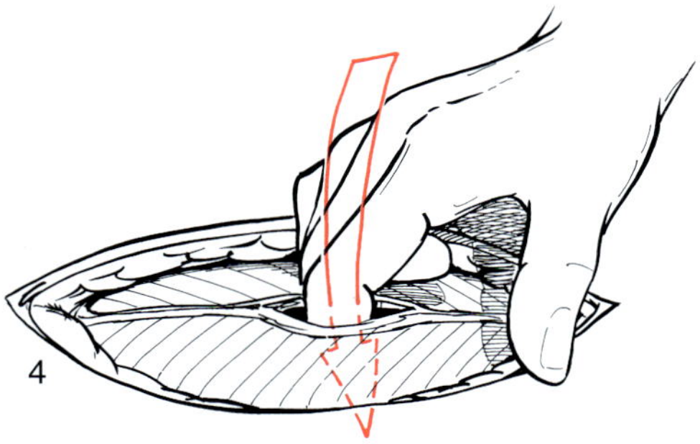

4

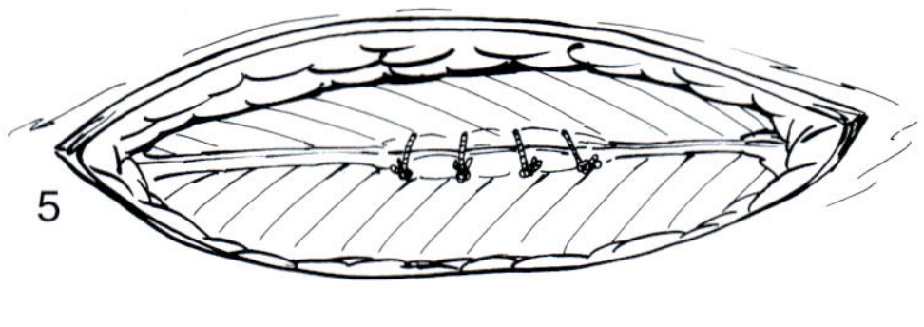

5

6.5.2 脐疝

适应症

先天性脐疝。

注意

当发生肠嵌闭时应立即实施手术。

体位

仰卧保定。

术式

在疝囊周围的皮肤上做纺锤形切开(图1)。

然后将疝囊的皮肤和皮下组织实施钝性剥离(图2)。

确认疝囊和疝环。

在疝囊较小时,可不切开腹膜进行还纳整复(图3、4)。用4-0~0号合成可吸收性缝线单纯结节缝合疝环全层(图5)。

依次缝合皮下组织以及皮肤。

大的脐疝（图 6） 或者发生肠嵌闭的情况时，疝囊的切开方法依照下述进行。

用镊子提起腹膜（图 7），在避免伤及疝囊内容物的前提下，用直组织剪剪开腹膜（图 8）。

然后，将疝环到达的区域完全切开。

详细检查疝内容物后，将其还纳回腹腔（图 9）。必须切除肠管的坏死部分（参照 6.7.3）。在还纳之前，应将疝环前后的腹壁沿白线切开（图 6）。

于腹壁处切除疝囊，缝合白线附近的切开创和疝环。依次缝合皮肤。

术后护理

限制运动，保持安静。

术后 10~14 天拆线。

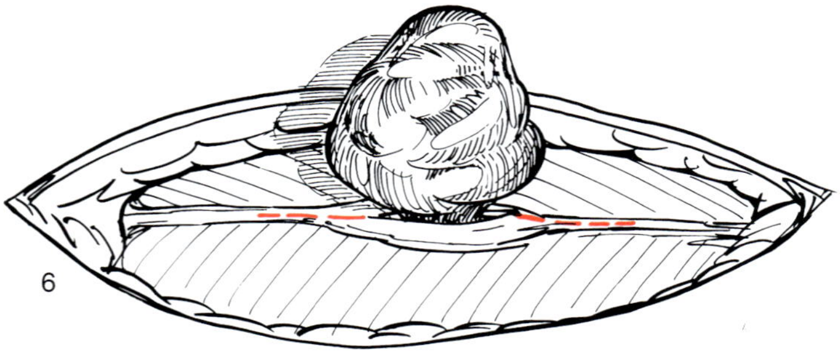

6

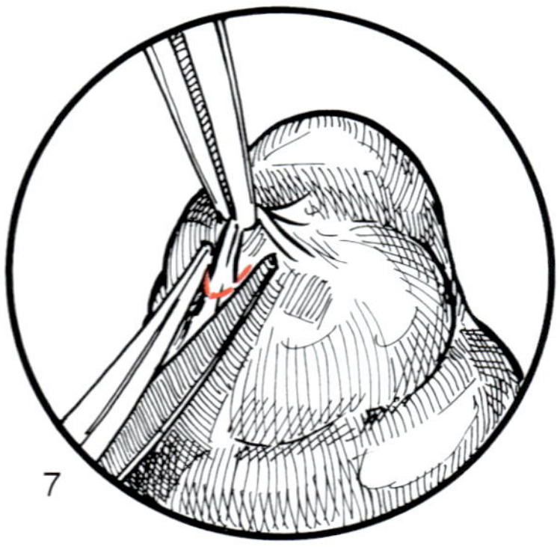

7

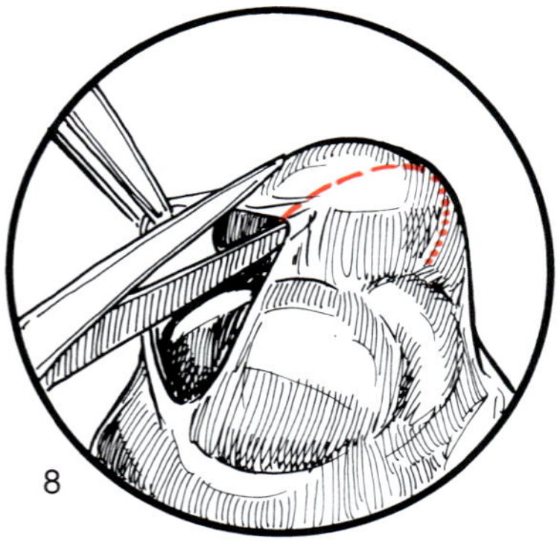

8

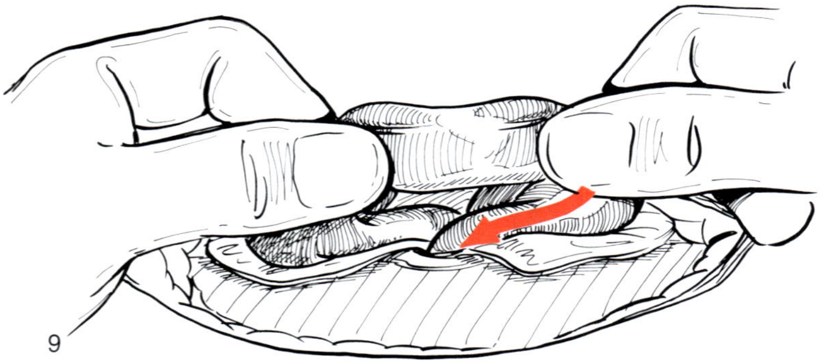

9

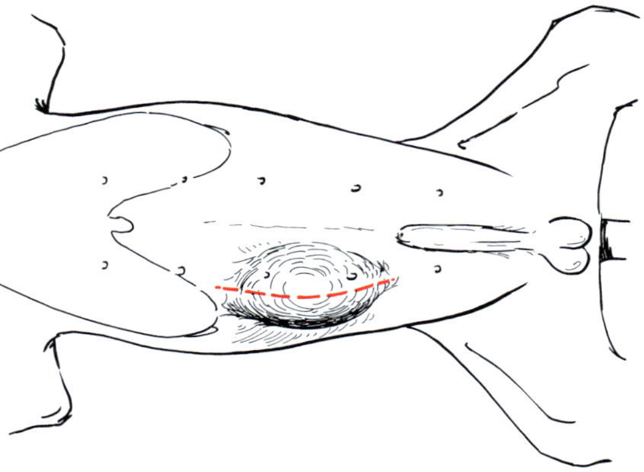

1

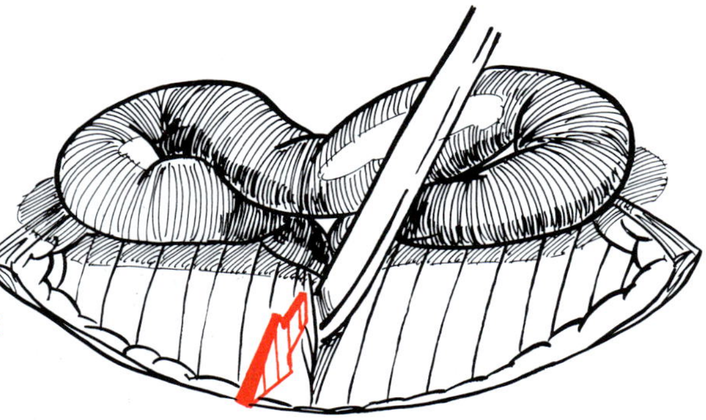

2

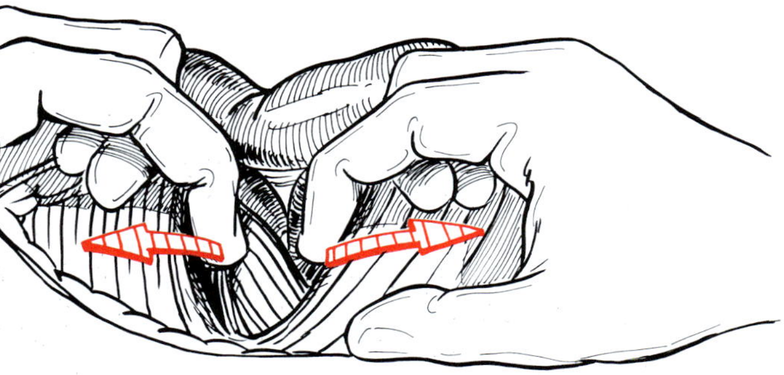

3

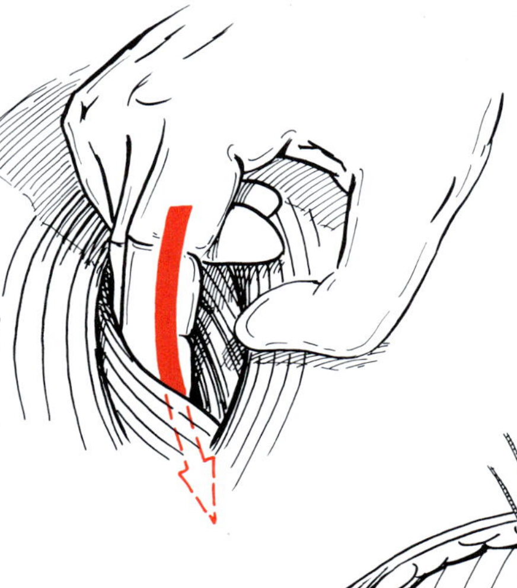

4

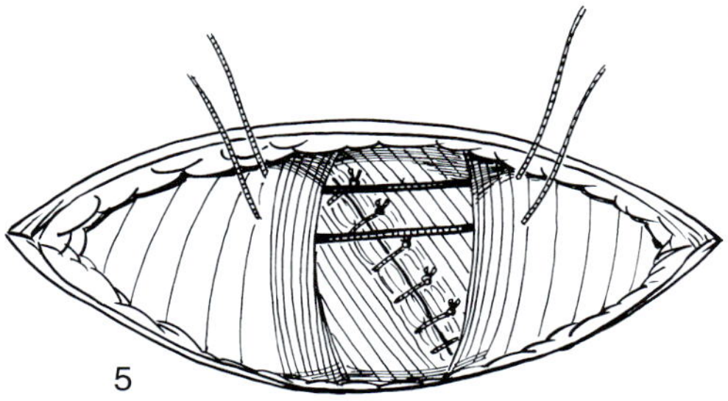

5

6.5.3 侧腹壁疝

适应症

伴有腹腔脏器脱入皮下的腹壁破裂。

体位

根据疝位置状态，采取仰卧或侧卧保定。

术式

在疝囊的正上方切开皮肤(图 1)。

切开疝囊,确认疝内容物,然后为了便于整复,应钝性分离疝环周围的肌肉来扩大疝环(图 2、3)。将脱出的肠管等还纳回腹腔之前,用接近体温的等渗生理盐水将其彻底清洗干净。慢性疝,脱出物经常和疝环发生粘连。此时务必十分小心地进行分离。

将疝内容物(脱出物)用手还纳回腹腔后(图 4),按照肌纤维走向,用 2-0~0 号可吸收性缝线缝合腹腔(图 5)。

按照顺序缝合皮下组织和皮肤。

术后护理

饲喂易消化的饲料,限制运动,保持安静。

术后 10~14 天拆线。

并发症

在严重外伤性腹壁疝的场合，由于裂口张力较大,故不一定容易闭合。

6.5.4 腹股沟疝

适应症

雌犬的腹股沟管疝。

注意

当引起肠嵌闭时应尽快实施手术。

体位

仰卧保定，将两后肢松弛地保定于肋腹部。

术式

雌犬腹股沟疝鞘状突起的局部解剖(图 1)。

从乳腺联合至耻骨前缘沿正中线切开皮肤。此手术通路便于进行腹股沟管和腹股沟疝鞘状突起部的操作。

扩展切口，暴露疝部(图 2)。用镊子将疝囊夹住提起，用钝头外科手术剪小心剪开(图 3)。

检查疝内容物（肠管、子宫及膀胱等)，还纳回腹腔。当从正常位置脱出的脏器损伤严重或已发生了坏死时，应考虑实施卵巢、子宫部分切除或全切除术。将疝内容物完全还纳回去后，用止血钳夹住并提起腹股沟疝的鞘状突起，切除多余部分的疝囊(图 4)。将切除的断端用 4–0~3–0 合成可吸收性缝线水平褥式缝合(图 5)。

一边小心操作避免损伤外阴动、静脉，一边用 4–0~2–0 的合成吸收性缝线，用单纯结节缝合法缝合腹股沟管(图 6)。缝合时不能压迫血管。

依次缝合皮下组织和皮肤。

术后护理

限制运动，保持安静。

术后 10~14 天拆线。

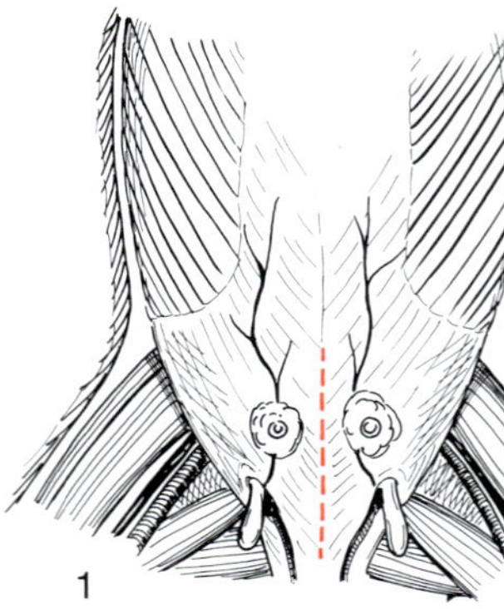
1

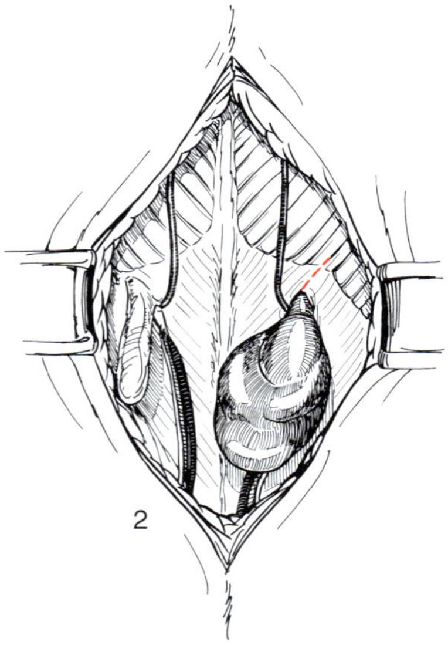
2

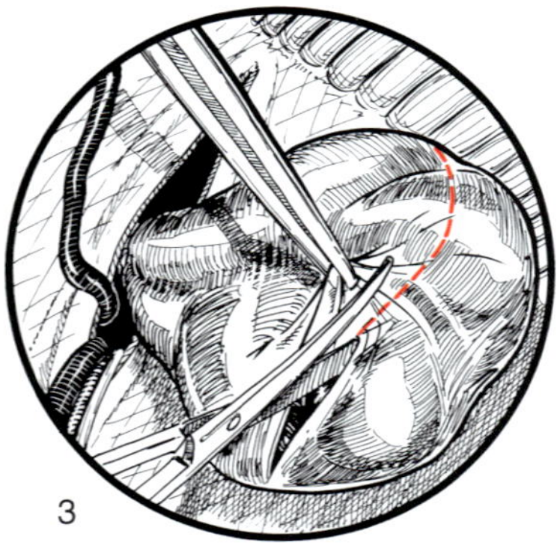
3

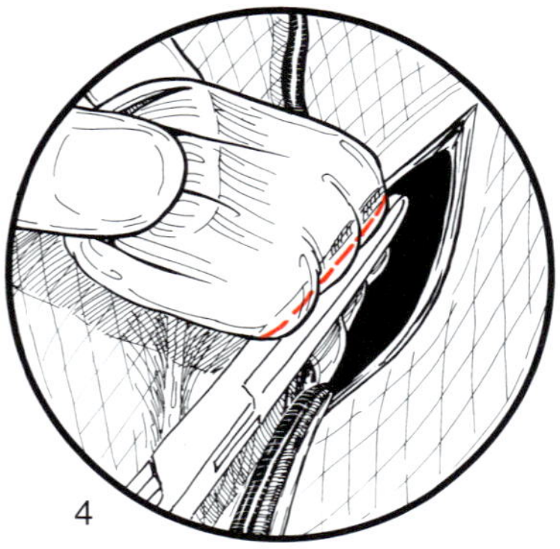
4

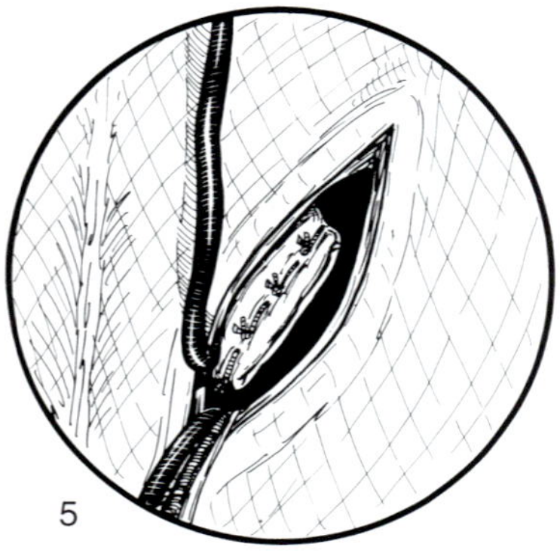
5

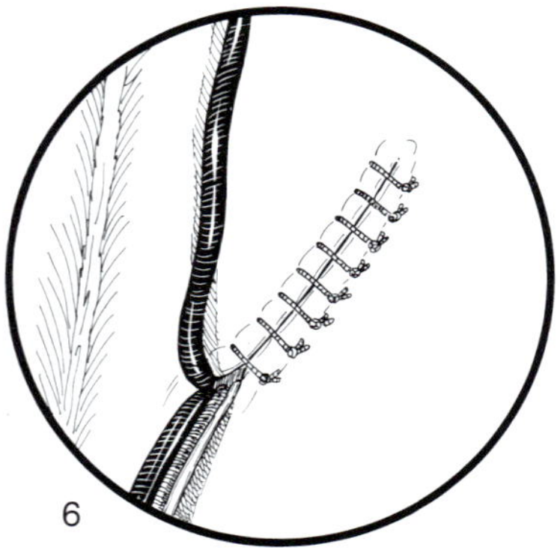
6

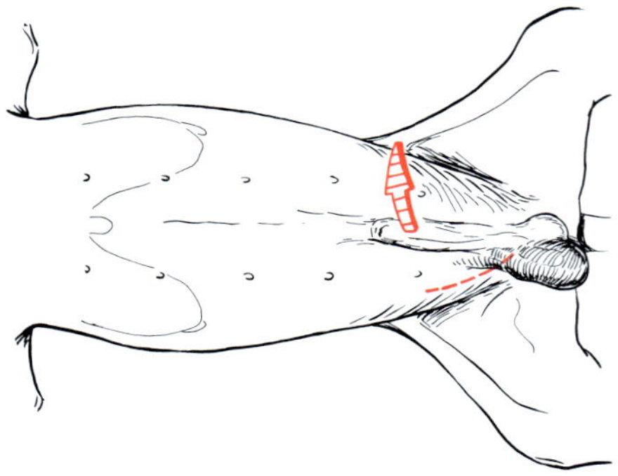

1

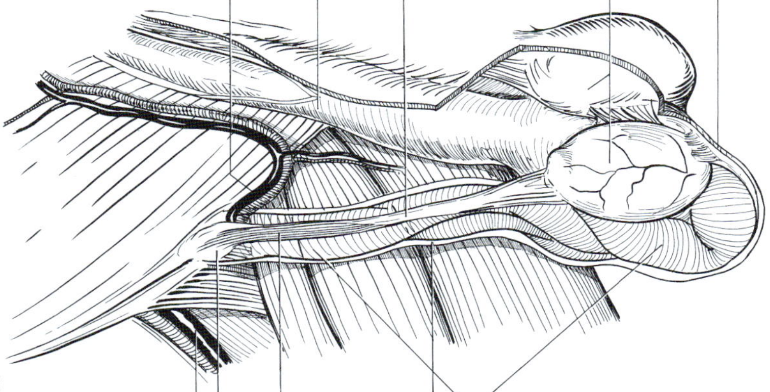

2

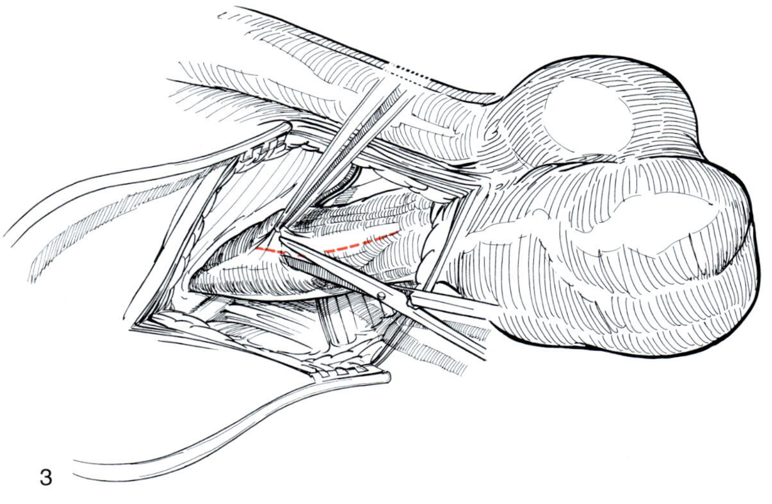

3

6.5.5 阴囊疝

适应症

腹股沟疝或者阴囊疝。

体位

仰卧保定，将后肢松弛地向后保定（图1）。

术式

在腹股沟部的正上方切开腹股沟管环的皮肤。图2显示的是阴囊疝病例的局部解剖。

用钝头外科手术剪剪开鞘状突起直至腹股沟管内（图3）。将疝内容物从阴囊中完全剥离下来，确认其是否坏死。

通过腹股沟管用手将疝内容物还回腹腔（图 4、5）。如果腹股沟管太细不易还纳时，可将腹股沟管向头侧外方扩大。

注意

在腹股沟管尾侧走行有外阴动、静脉。为了防止损伤它们，不能将腹股沟管向尾侧方向扩大。

用 4–0~2–0 合成可吸收性缝线单纯结节缝合鞘状突起。如果鞘状突起的剩余部分较长，可用数次紧缩缝合法将其缩短（图 6）。

接下来缝合腹股沟管环。此时一定不能压迫精索和血管（图 7）。

术后护理

限制动物运动，保持安静。

术后 10~14 天拆线。

并发症

当嵌闭的肠管活力低下时，应切除该部分肠管。

当怀疑精索坏死时摘除患侧精索。

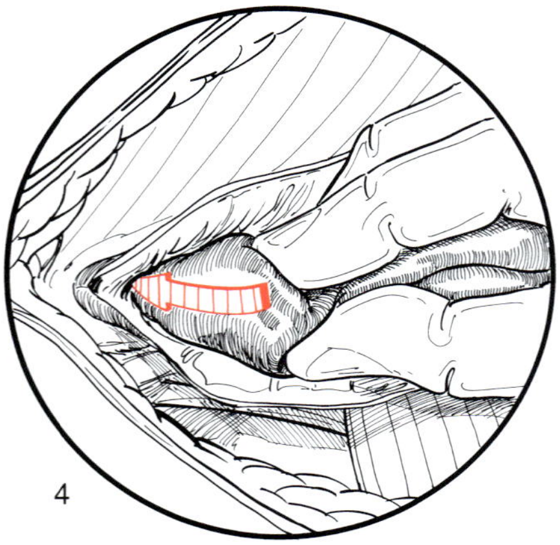

4

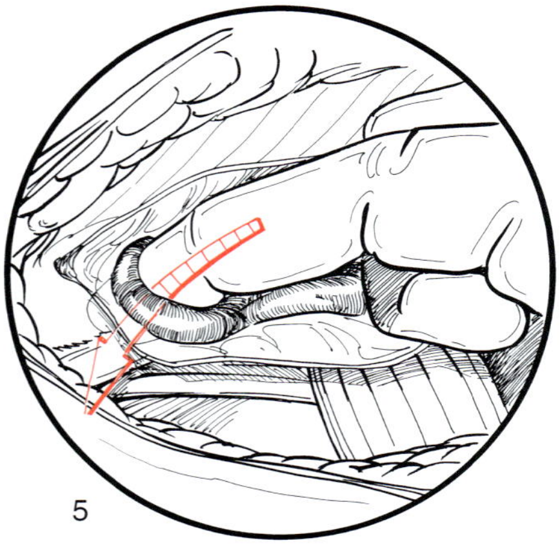

5

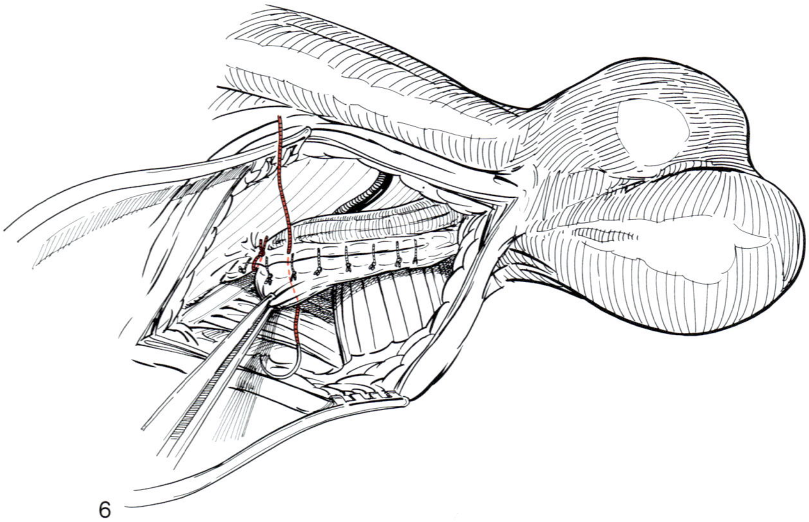

6

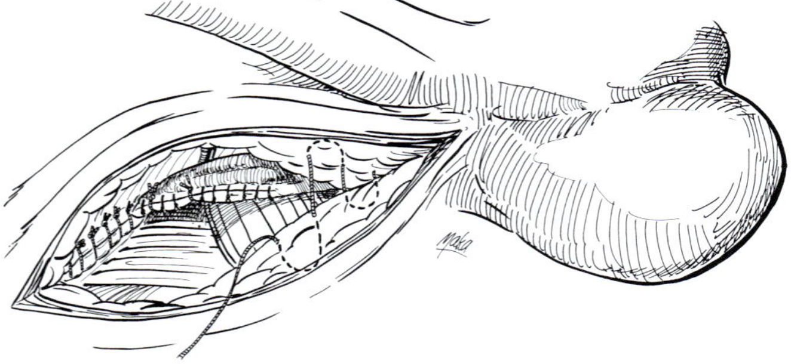

7

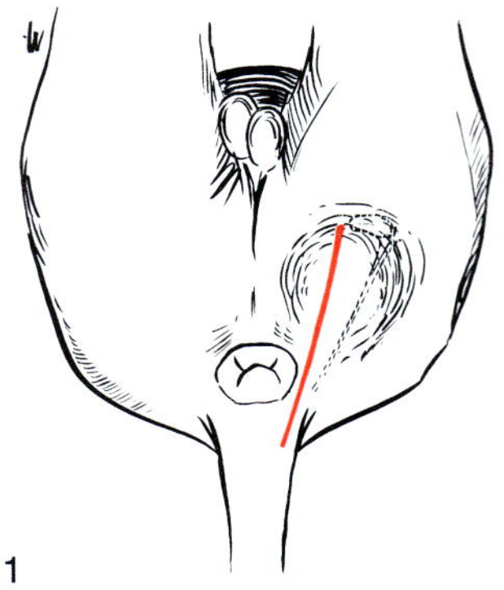

1

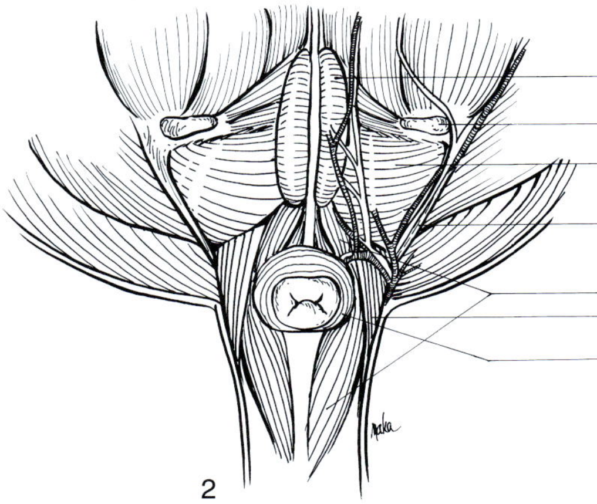

2

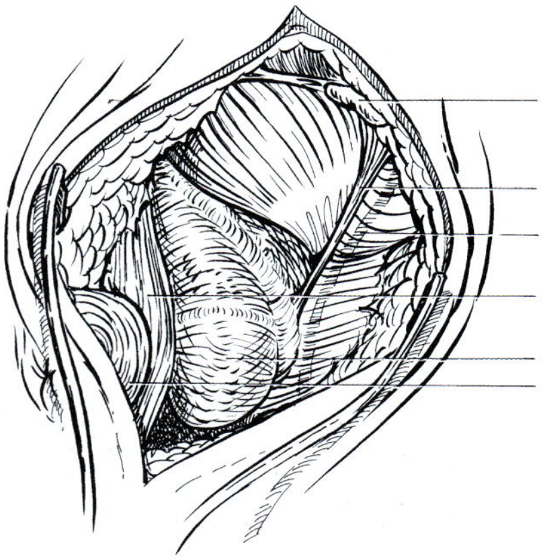

3

6.5.6 会阴疝

适应症

骨盆壁区域的疝。疝(疝)内容物为肠管、肠系膜、膀胱以及前列腺。

体位

最初采取俯卧(参照 1.9.4)保定,然后采取侧卧保定(参照 1.9.5)。

术式

事先将灭菌的棉球或纱布填入肛门,将肛门用荷包缝合法闭合。

在肛门外 2~3 cm 处疝的上方弧形切开皮肤(图 1)。

当暴露手术部位的肌肉、血管及神经(图 2)时,由于它们可能与疝囊粘连,因此在操作时应十分小心。用剪刀小心切开疝囊,不要损伤疝内容物。将疝囊从腹侧向背侧最大限度地切开、扩大(图 3)。

首先检查疝内容物有无损伤,然后将其小心地通过疝环还回腹腔。当膀胱充满尿液时,先用导尿管或膀胱穿刺法排除尿液。实施该操作时用纱布棉塞闭锁疝环。

切除手术部位多余组织后闭合疝环。关于疝环的闭合方法,可根据术者的习惯和疝环的大小选择以下 3 种方法。

(1)在肛门的背侧区,将肛门提举肌和尾骨肌用水平褥式缝合法或单纯结节缝合法缝合,在肛门的侧壁,将肛门外括约肌和尾骨肌缝合。

在腹侧将尾骨肌和肛门外括约肌一起与内闭锁肌进行水平褥式缝合,最后闭合疝环。

(2)疝环的闭合，用转移内闭锁肌的方法来完成。

为了转移内闭锁肌，必须将该肌肉从骨端的腱上分离下来。为此，用骨膜梃子或骨匙从尾侧至头侧将内闭锁肌从其附着部的坐骨板上剥离下来(图4)。

将内闭锁肌翻向背侧，先将其和肛门外括约肌在正中部缝合。在背侧部，将其和尾骨肌缝合(图5)。为了获得牢固的固定效果，将肌肉在外侧部固定于坐骨结节韧带上。

整个缝合均使用3-0~0号可吸收性缝线或非可吸收性缝线，采用水平褥式缝合方法进行。

(3)关于骨盆腔的闭锁，可用肛门外括约肌和坐骨结节韧带外侧较强韧的皮下结缔组织的缝合来进行。

在坐骨结节韧带周围背部侧面，通过缝合尾骨肌、肛门外括约肌及上面的结缔组织进行该缝合(图6、7)。

为了保护和坐骨结节韧带平行走行的血管和神经(股下动、静脉以及坐骨神经)，在坐骨结节韧带后部穿线时使用动脉瘤针(图6)。

将肛门周围填充结缔组织，以防肛门向外侧显著变位，依靠缝合可以牢固地固定。

提示

将缝线设置完毕后依次进行结扎。结扎缝线前去除填入疝环的纱布棉塞。用2-0~0号合成可吸收性缝线进行缝合。当使用非可吸收性缝线时，在缝线处有可能形成瘘管，此点应予以注意。

之后，用常规方法实施去势手术。进行去势操作时，可将前列腺缩小，因为前列腺的大小和会阴疝的发生有关。依次缝合皮肤。

去掉创巾缝合。

注意

最初腹腔内脏器是通过单侧的疝环从正常位置脱出的，术后有可能发生对侧的会阴疝，因此原则上应该在两侧一并实施手术。在实施单侧手术时，应当充分预料到对侧有可能再发会阴疝。

术后护理

应指导动物主人注意术部的卫生。

至少在术后14天内饲喂富含脂肪、纤维素的日粮。因为有可能再发该病，所以需要适当的饲养管理，使其排泄柔软的粪便。

按规定进行术部消毒。

连续使用抗生素8天。

术后10天至拆线期间配戴伊丽莎白项圈。

并发症

有大便失禁的危险。

构成会阴部肌肉的损伤程度与再发该病密切相关，有可能再次实施该手术。

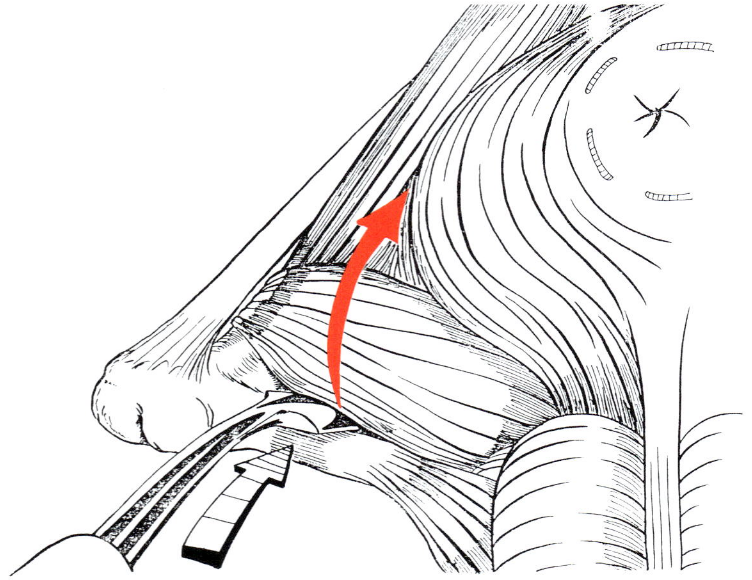

4

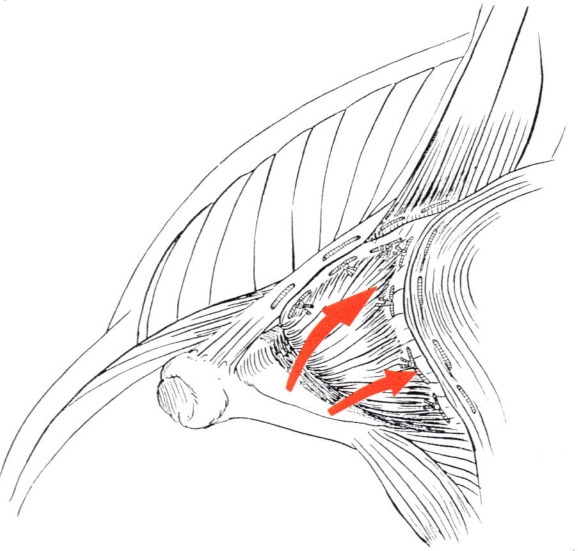

5

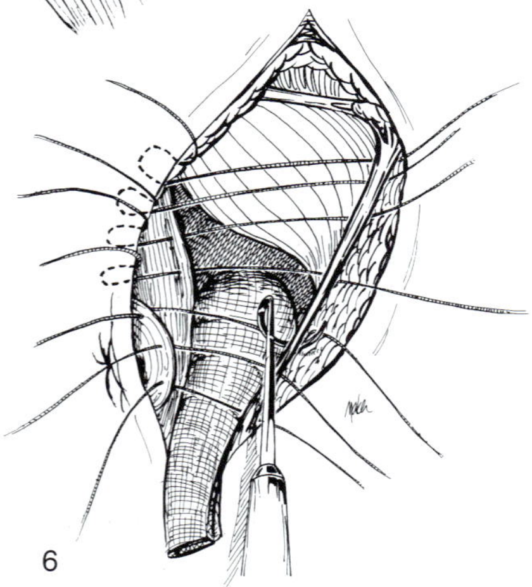

6

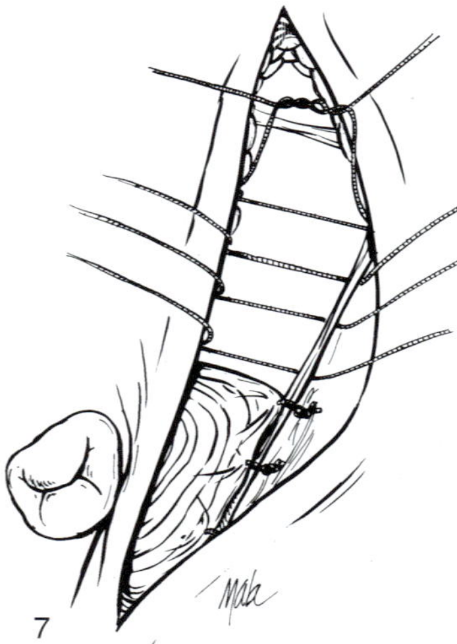

7

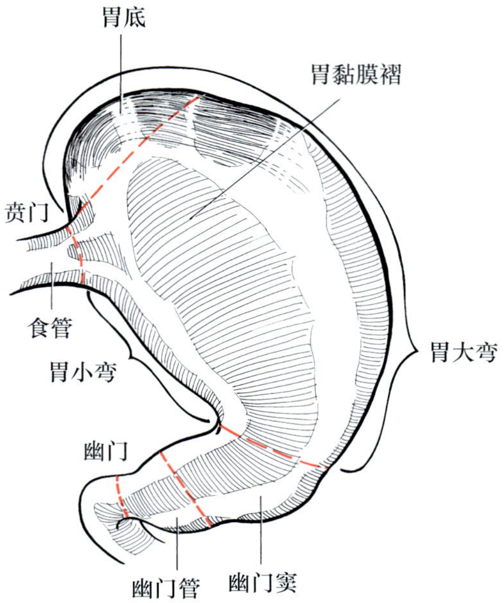

1

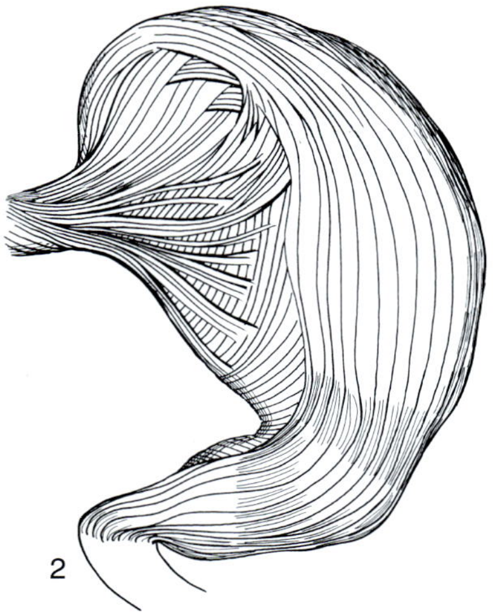
2

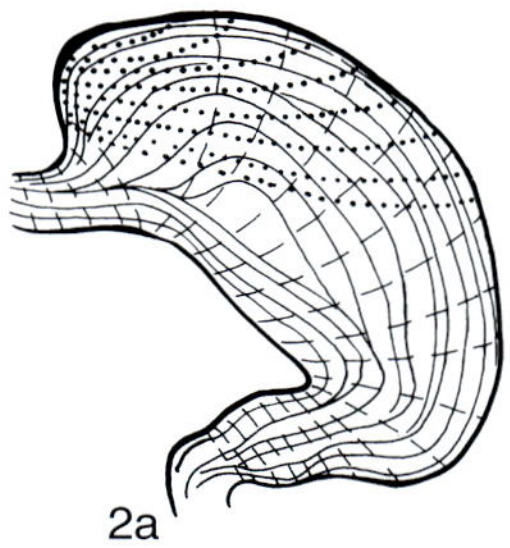
2a

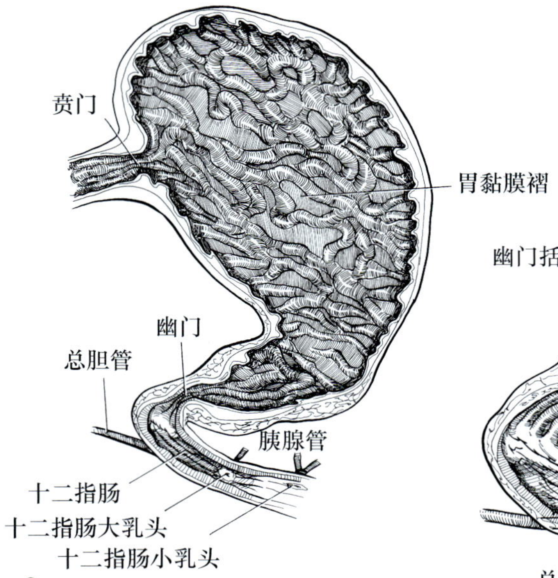

3

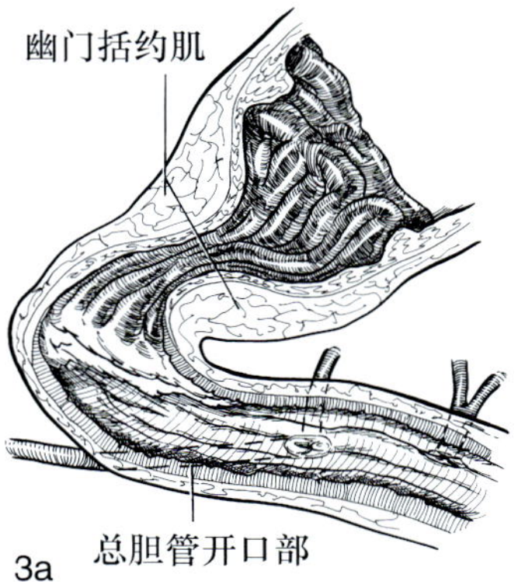

3a

6.6 胃

6.6.1 胃的解剖

胃腹侧面解剖图(图 1)。

肌纤维的走向(图 2、2a)。

胃和附近十二指肠的剖面图(图 3)。

幽门部的剖面图。显示的是总胆管在十二指肠的开口部(图 3a)。

胃的供血系统。胃的腹侧面图(图4)。

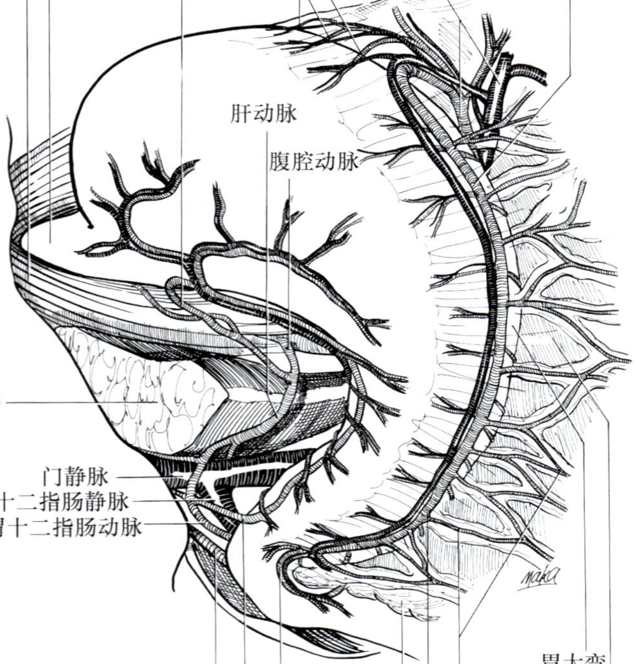

4

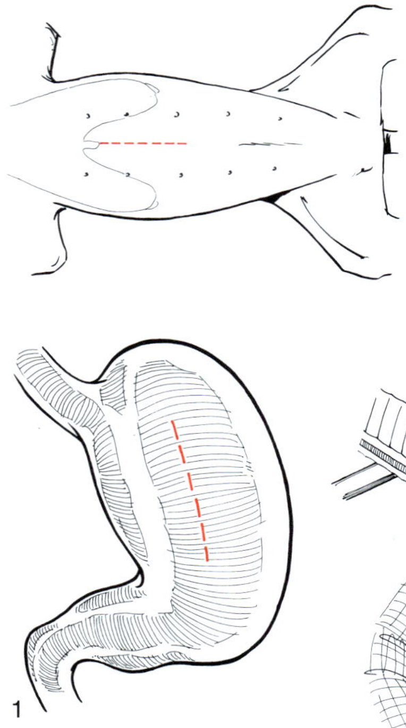

1

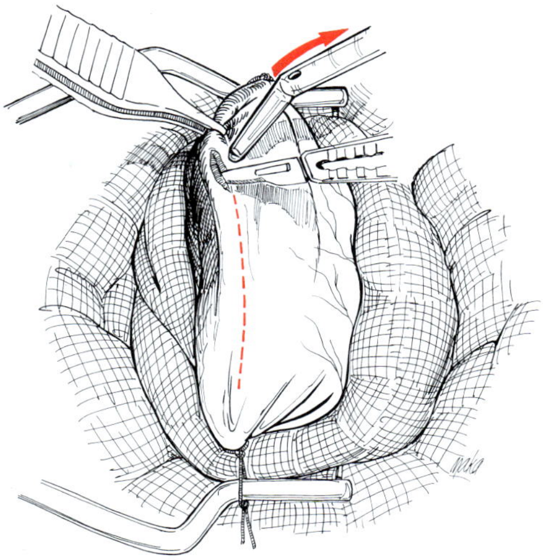

2

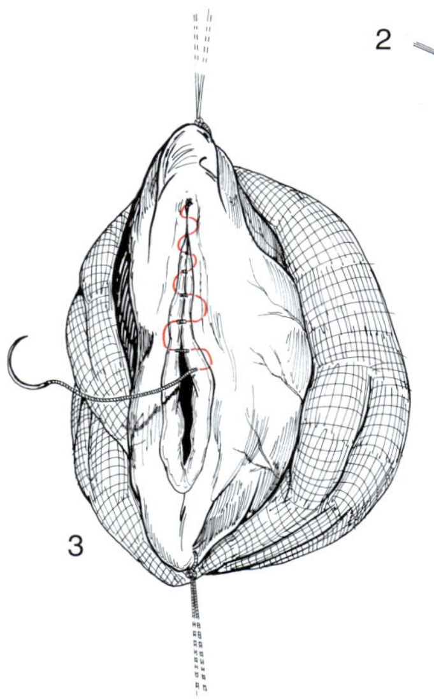

3

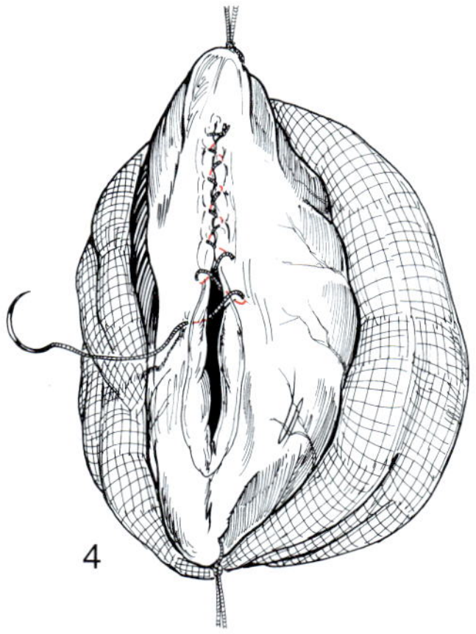

4

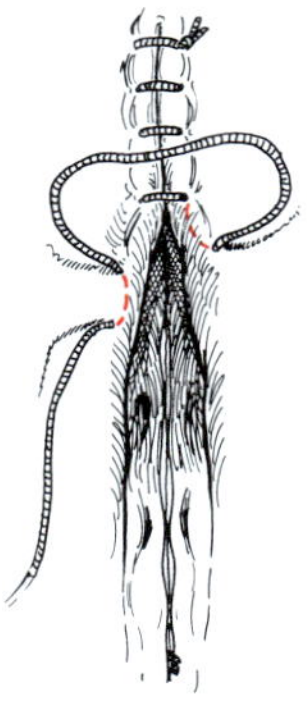

3a

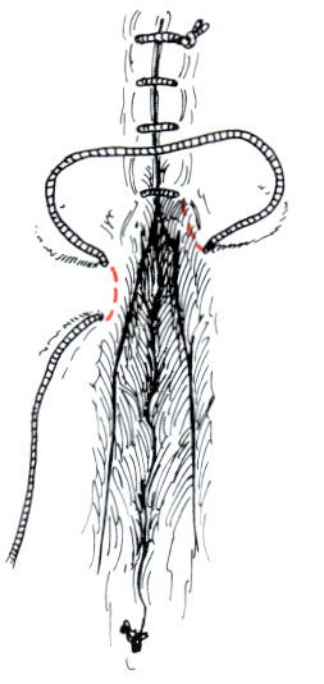

4a

6.6.2 胃切开术

适应症

异物、胃扭转、胃扩张、胃壁坏死、肿瘤和溃疡等。

体位

仰卧保定。

术式

在脐前方沿腹正中线实施开腹术。

沿腹正中线切开后，在创口插入扩张器。将胃牵引至创口，在创口边缘用温生理盐水泡过的创布将胃和腹壁隔开。

在胃壁前后各设置一根牵引线。关于胃的切开部位，应选择血管较少的区域，通常在胃大弯和胃小弯之间实施全层切开(图1、2)。以胃切开手术的目的来决定切口的大小，用手术刀或手术剪切除突出于胃壁切口外侧的胃黏膜。

手达成术目的后(例如，清除了胃内异物)缝合胃切口。

首先将黏膜以及黏膜以下组织，用4-0~2-0合成可吸收性缝线进行连续水平内翻缝合(康奈尔氏缝合，图3)，或者进行连续交叉内翻缝合(图4)。然后用同样的缝线，将浆膜和肌层进行连续垂直褥式内翻缝合或者是连续水平褥式内翻缝合（图3a、4a）。

检查缝合质量，小心地进行腹腔清洗消毒。在胃创口上滴加抗生素液体之后，除去两端的牵引线，将胃还纳回腹腔。

依次缝合腹壁创口。

术后护理

配戴伊丽莎白项圈。

连续使用抗生素5天。

禁食2~3天。对动物进行输液。

术后10~14天拆线。

6.6.3 部分胃切除术

适应症

胃壁坏死(施红色标记的平面,图 1)。例如在胃扭转之后。

体位

仰卧保定。

术式

沿腹正中线从剑状突后方开始至脐部切开,实施开腹术。

沿腹正中线切开腹壁后，插入扩张器扩大创口。将胃牵引至创口,在创口边缘用浸有温生理盐水的创布将胃和腹壁隔开。

将胃的预定切开部位两端分别装上一根牵引线,将胃固定在扩张器上。

将附着在坏死部位上的大网膜血管用吸收性缝合进行双重结扎。在双重结扎之间切断血管,将大网膜从胃上分离下来。在胃壁坏死部位,实施大纺锤形切口,切除坏死部位(图 2)。

此时如果出血，可用电止血方法或用细的可吸收性缝线结扎方法进行止血。

将黏膜和黏膜下组织用连续交叉内翻缝合方法闭合创口(图 2),检查缝合质量,用足够的温生理盐水清洗胃缝合部位的周围,在缝合创口上滴加抗生素液体,去除牵引线,将胃还纳回腹腔。

依次缝合腹壁创口。

术后护理

配戴伊丽莎白项圈装置。

连续使用抗生素 5 天。

禁食 2~3 天。对动物进行输液。

术后 10~14 天拆线。

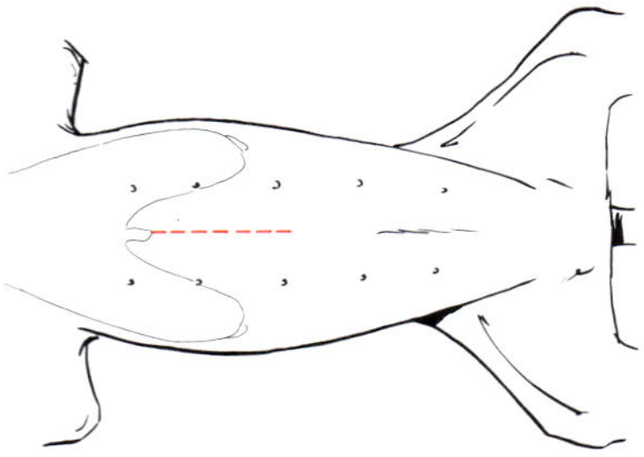

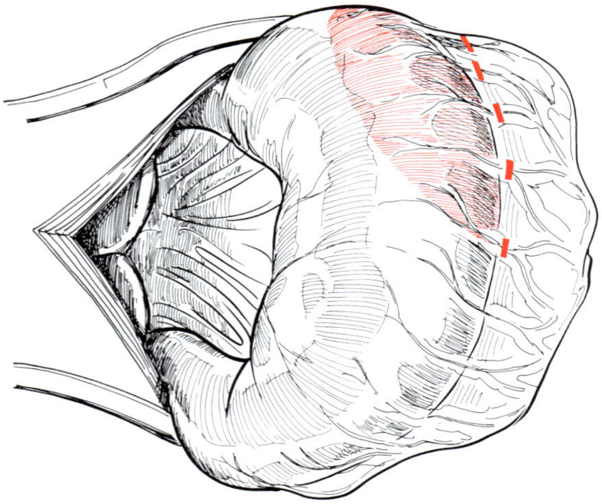

1

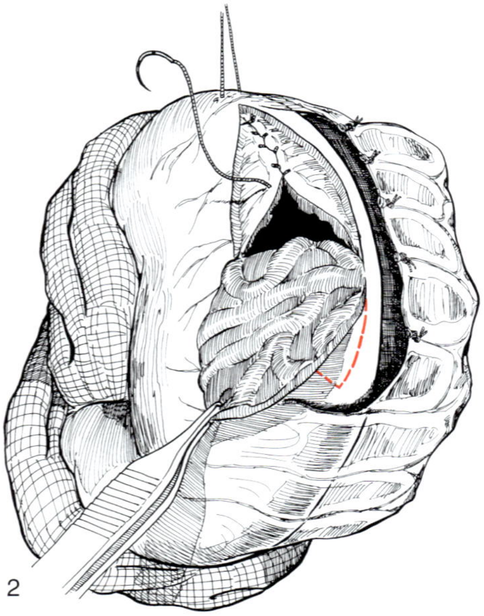

2

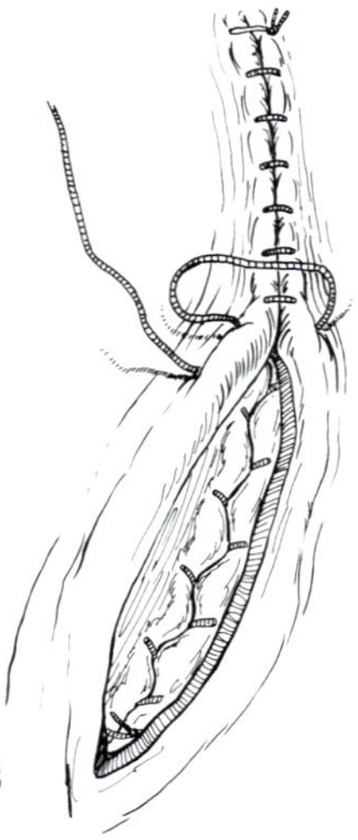

3

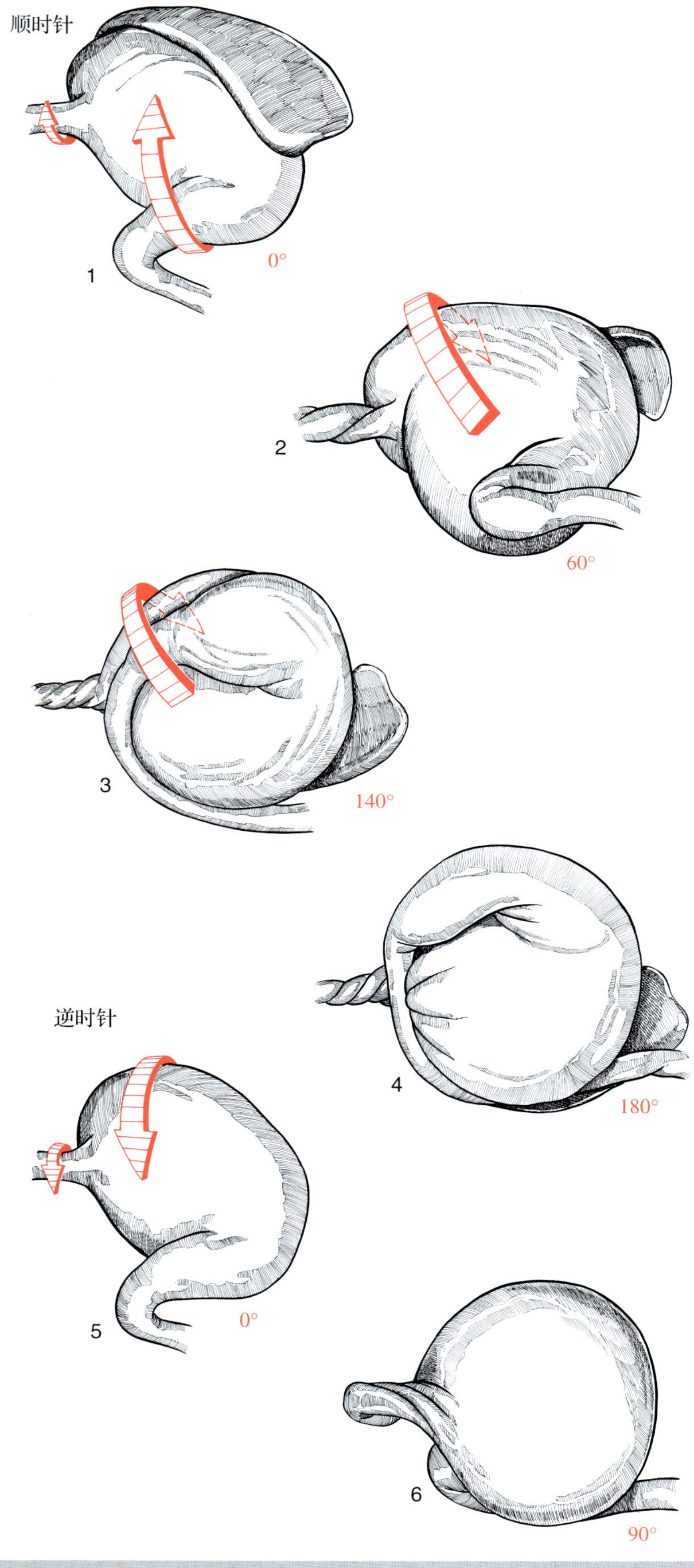

6.6.4 胃扩张·胃扭转综合征

适应症

图1~4所表示的是胃顺时针扭转的过程，该图表示的是最常发生的胃扭转的发生机制。持续性消化不良引起胃内气体潴留，发生胃臌胀，顺时针胃扭转时贲门部移向背侧（图2）。

图1表示的是胃在正常生理状态下的转动方向。当发生胃扭转时，脾脏的血管被捻转，由于脾脏发生淤血，因此增加了脾的大小和重量。脾脏在重力作用下向腹侧下沉，以倒转的位置固定胃（图3）。由于扭转使贲门和幽门狭窄，使得胃内容物既不能移向食管也不能移向十二指肠，由于胃内容物不能移动，因而产生气体使胃膨胀，结果加重胃扭转的程度（图4）。

不常发生逆时针的胃扭转，图5、6表示的是胃发生逆时针扭转的情况。

该病的临床症状是，恶心、干呕但无呕吐物，腹围膨大（特别是左腹侧膨大），呈虚脱状态和心率异常。由于气体造成的胃扩张，用叩诊或X射线检查的方法很容易确诊。在X光照片上可以发现，在背侧胃区的幽门部有特征性的扭转影像。

为了防止胃壁的坏死和压迫大静脉（胃的后大静脉和门静脉），应尽早实施外科手术。

体位

仰卧保定。

术式

在全身麻醉有危险时，为了抢救生命或者延缓病情，可以先用粗的穿刺针进行紧急腹腔穿刺排除胃内气体。同时用静脉注射的方法实施抗休克疗法以及稳定心脏和血液循环状态。

注意

在紧急情况下，作为快速的外科处置，必须及早进行胃壁插管术。在全身麻醉时，应采取气管插管的方法确保呼吸畅通。采用面罩麻醉法来维持麻醉状态是严重的错误操作。

从剑状突至脐的后方沿腹正中线实施开腹术。开腹后插入扩张器。

将胃整复到正常的解剖位置之前，必须用粗的套管针最大限度地排出胃内气体(图 7：向胃内插入套管针！图 7a)。为了防止污染腹腔，应在套管针后部接上导管。

排出胃内气体后，术者用浸有生理盐水的纱布抓住胃，从左向右转动。将胃移到腹壁创口处，用浸有温生理盐水的布或纱布将胃和腹壁隔离。

暴露胃大弯区，在两侧分别装上固定线，将胃固定于扩张器上。

为了防止复发，可将胃壁固定在腹壁上。作为胃固定术，可以采用胃壁插管固定法或者胃壁腹壁固定术等两三种方法。

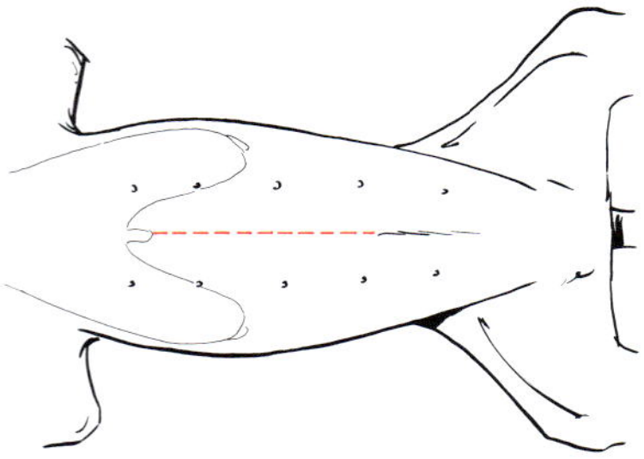

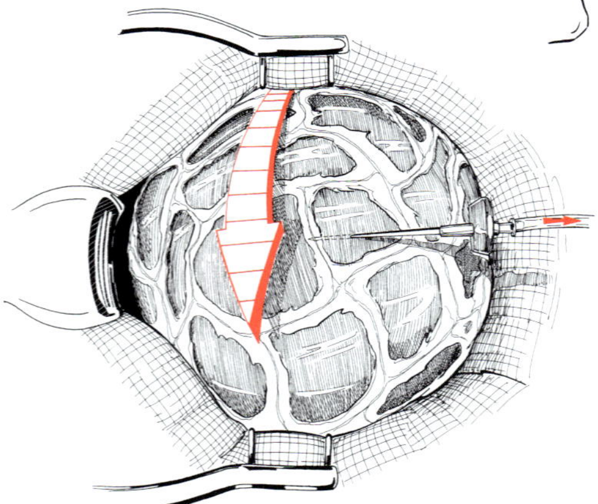

7

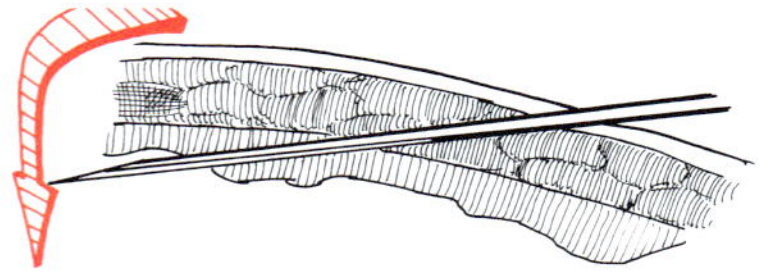

7a

6.6.4.1 右侧胃壁插管固定法

术式

尽量排除胃内气体和胃内容物，当胃发生严重损伤时，应实施胃部分切除术(参照 6.6.3)，然后在幽门和胃体部间的移行部位用 4–0~2–0 合成可吸收性缝线，用荷包缝合法缝合后穿刺切开胃壁用于安装胃壁插管。在皮肤和腹壁上切开小口，通过该口将腹壁插管插入腹腔(图 1)。

在胃大弯附近的大网膜上开孔道，将导管通过该孔道(图 2)。

(接 298 页)

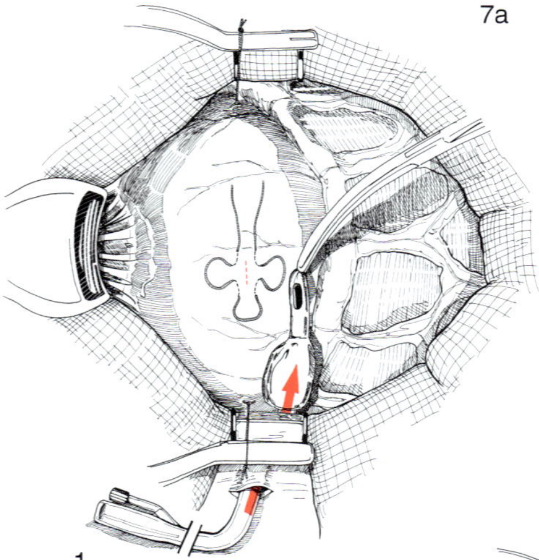

1

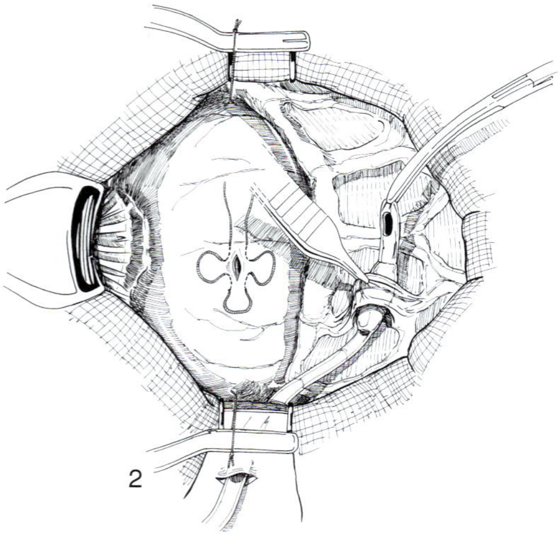

2

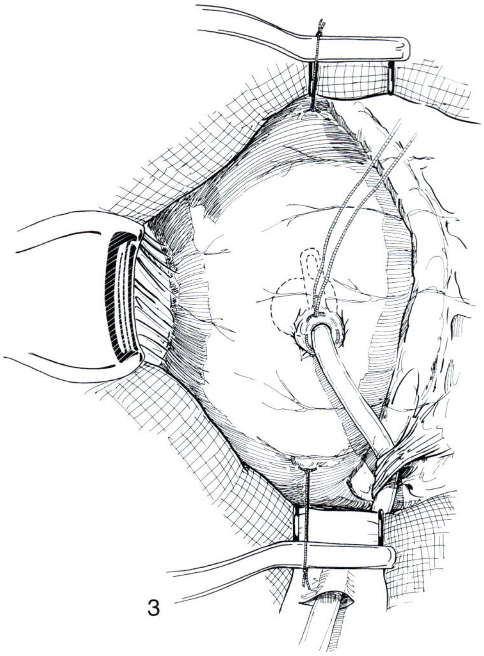

3

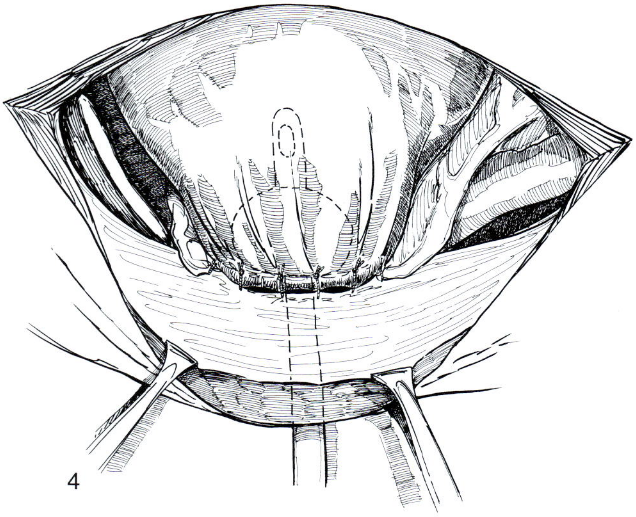

4

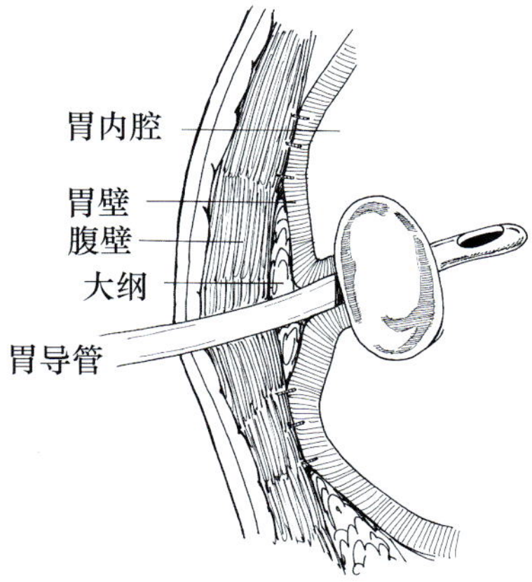

5

将胃穿刺切开后将排气管插入胃内，并用荷包缝合法固定（图3）。将排气管壁膨胀囊内注入灭菌的蒸馏水使其膨胀，向外牵引排气管使胃接近腹壁，在排气管头侧和尾侧部位将胃壁的浆膜和肌层做几处的单纯结节缝合，然后再和腹壁缝上（图4）。此时应该注意的是，大网膜应该固定在位于腹壁和胃之间的排气导管周围（图5）。保护大网膜免受污染，这有助于用胃固定术治愈创伤。

将排气管留置于胃内14天左右，这样可将胃内产生的气体通过该排气管排出。而且可以起到固定胃的作用，不发生并发症而治愈。

依次闭合腹壁创口。约1周后排除排气管壁膨胀囊内的蒸馏水，拔除排气管。

对于拔出排气管后的伤口必须进行彻底清洗、消毒（胃酸！）。

如果该创口述后14天仍未愈合，应在局部麻醉下实施切开，制造新鲜创后再缝合。

术后护理

连续使用抗生素8天。

术后进行静脉输液，禁食5天以上，之后约1周时间内饲喂流食。为减少复发的可能性，对于术后的犬要采用终生的少量多次饲喂法。

术后10天拆线。

6.6.4.2 胃固定术

适应症

慢性或急性的胃扭转。

胃固定术是在治疗胃扭转过程中，在胃轴向整复和外科清除胃内容物后接下来进行的手术操作。

术式

将胃整复后，用左手的拇指和中指、食指抓住幽门部将其移向腹壁创口。

根据胃的大小，在幽门凹陷部将胃的浆膜和肌层做 4~7 cm 的切口(图 1)。

为了进行胃的连接和固定，将肋间的腹膜切开和胃同样大的切口。胃的固定部位是在右侧第 9 至第 11 肋间，在进行胃的连接时不能使胃壁紧张(图 2)。

为了缝合需要改变胃的解剖学位置，以便使胃切口和肋间切口对接。用 4–0~2–0 合成可吸收性缝线连续缝合远离术者胃切口缘和肋间切口的头侧部(图 3)。

为了缝合对向切口，必须将幽门和十二指肠移向腹侧。用上述同样的方法进行缝合(图 4)。

依次缝合腹壁。

术后护理

连续注射抗生素 8 天。

术后进行静脉输液，禁食 2 天以上。之后约 1 周内饲喂流食。为减少复发的可能性，对于术后的犬每天少量饲喂 3~5 次，并要终生采用少量多次饲喂法。

术后 10 天拆线。

并发症

有报告指出，胃扭转的死亡率高达 40% 左右。一般认为胃扭转的死亡原因是心功能异常，胃壁坏死及由坏死部位漏出的胃内容物所至的局部性或广泛性腹膜炎，血管内凝血综合征以及发生胰腺炎。

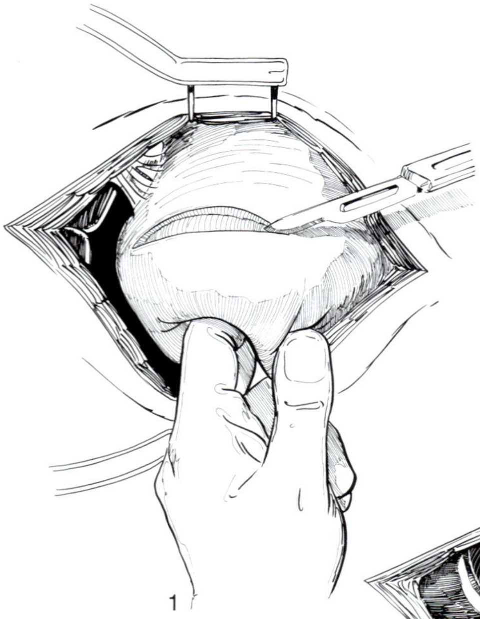

1

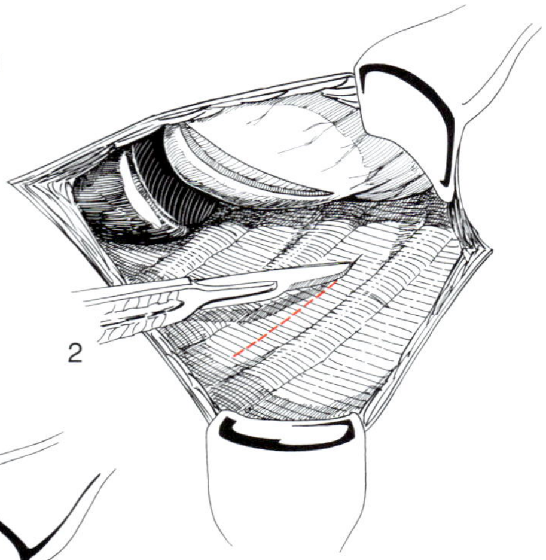

2

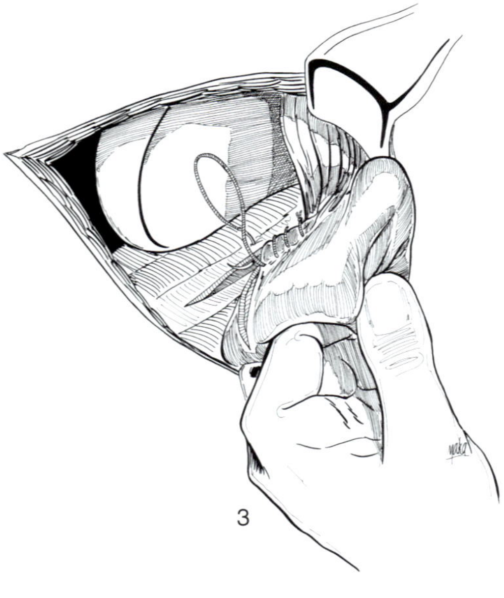

3

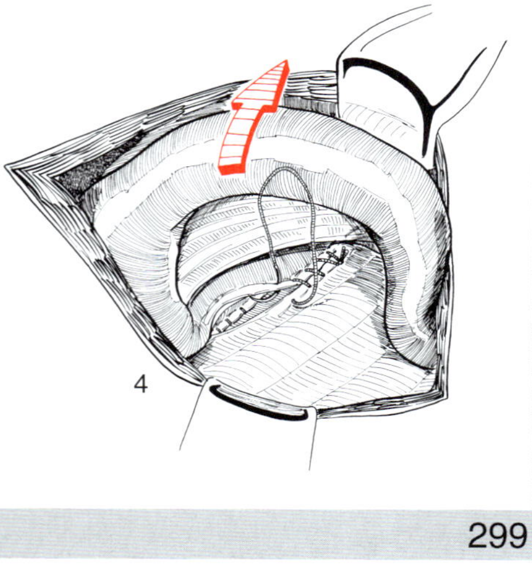

4

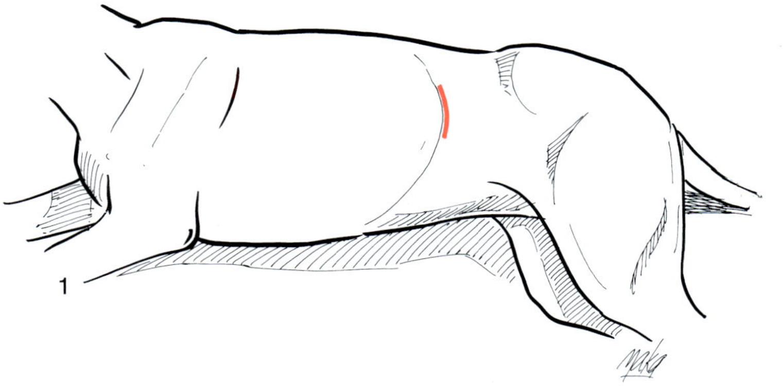
1

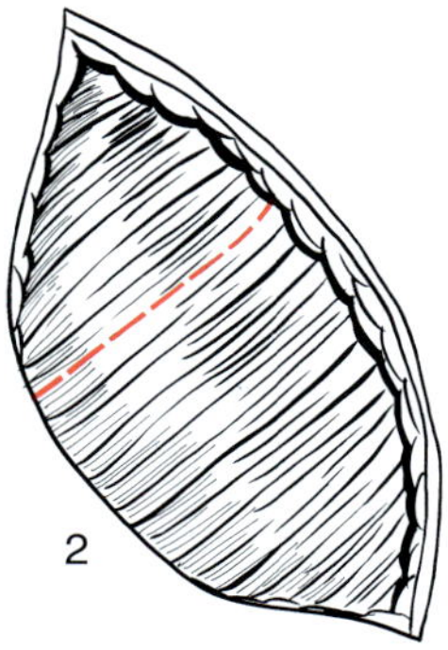
2

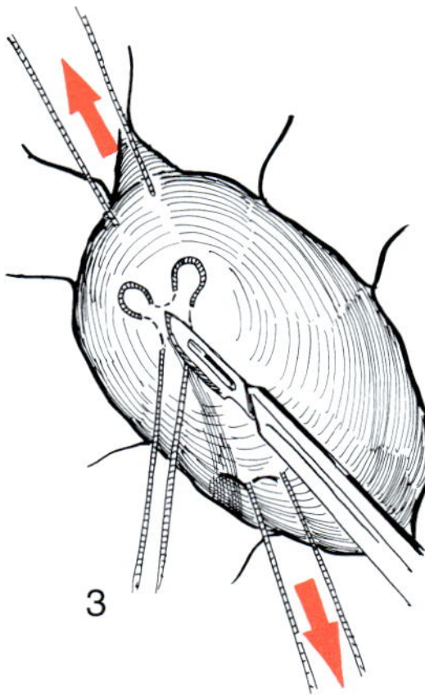
3

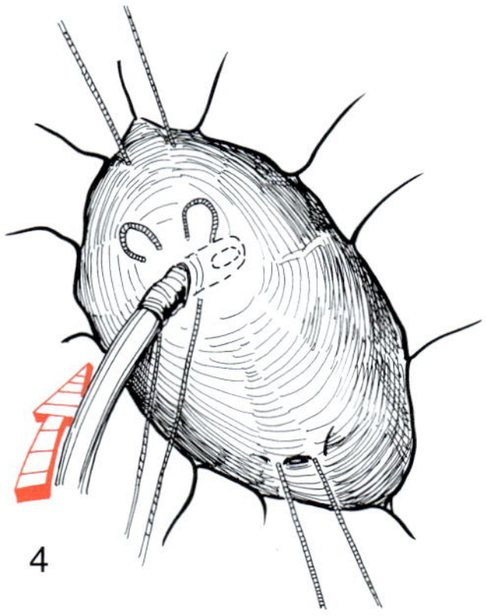
4

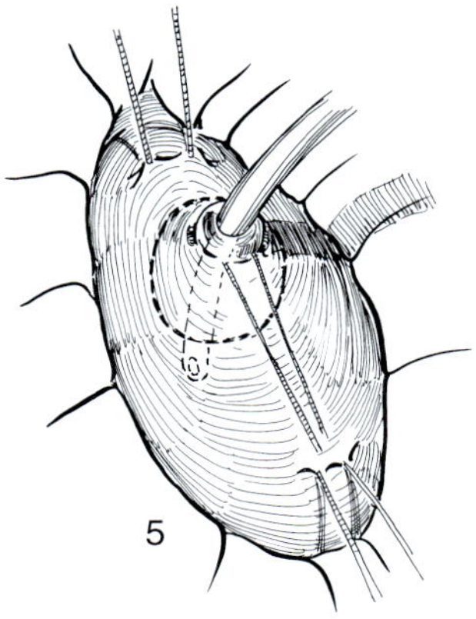
5

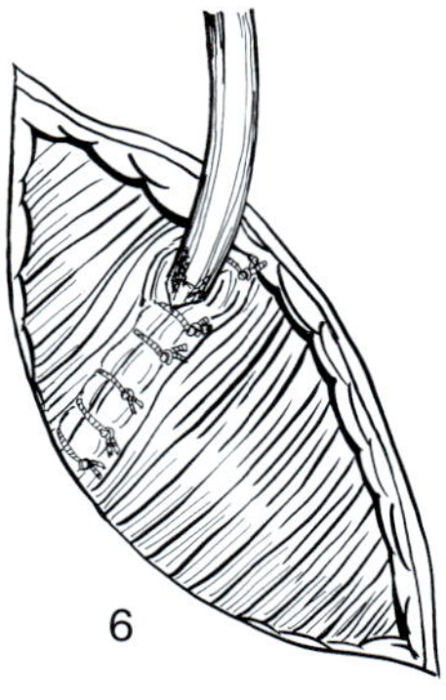
6

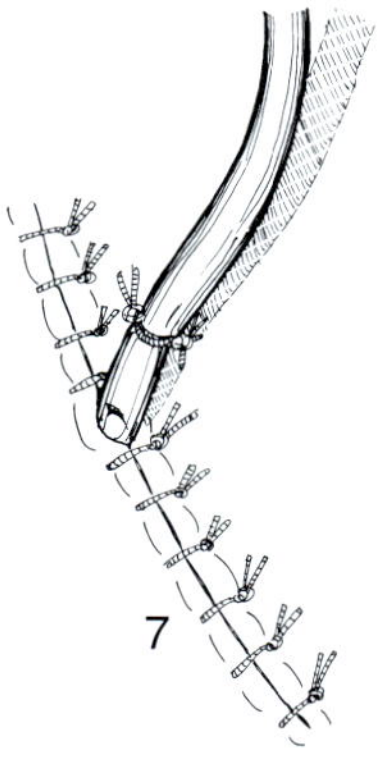
7

6.6.5 通过腹外侧手术通路设置胃壁导管

适应症

经肠道营养法。咽喉饲管。鼻、食管饲管以及其他必须采取经肠道营养的方式。

体位

右侧卧保定。

术式

沿肋骨弓（最后肋骨后缘）做 5~10 cm 的皮肤切口，将背部肌肉向腹侧方向做 6~12 cm 的切口（图 1）。

沿肌纤维走向分离腹外斜肌、腹内斜肌及腹横肌到达腹腔（图 2）。

确认胃的位置后，将胃凹陷部移至腹壁切口处，在胃壁上设置两根牵拉线，手术助手将胃固定。用 4–0~2–0 合成可吸收性缝线做荷包缝合，之后将缝合的中央部位穿刺切开（图 3）。

将排气导管插入切口中（图 4）。

将排气管壁膨胀囊内注入灭菌的蒸馏水使其膨胀，并用荷包缝合法固定胃壁排气管（图 5）。将每个肌层用单纯结节缝合法缝合，闭合腹壁。将导管固定于创口的尾侧端（图 6）。

依次缝合腹壁。将胃壁排气管固定在腹壁上（图 7）。

术后护理

连续注射抗生素 8 天。

实施非经肠道营养，并禁食 24 h 以上。之后经导管给饲。给饲目标达成后，放出胃壁排气管壁膨胀囊内蒸馏水，拔出胃壁排气管。

一边常规消毒腹壁残留的创口，一边待其自然愈合。

术后 10 天拆线。如果该创口术后 14 天仍未愈合，应在局部麻醉下实施切开，制造新鲜创后再缝合。

6.6.6 幽门部手术

6.6.6.1 幽门肌切开术

适应症

幽门痉挛。先天性或后天性幽门狭窄。幽门闭塞。幽门部肌层中等程度肥大。黏膜肥厚。

体位

仰卧保定。

术式

在脐前方沿腹正中线实施开腹术。

插入扩展器后，将幽门部移至腹壁切口处，将牵引线固定在扩展器上。用手指抓住幽门凹陷部，用小外科刀沿长轴在血管较少的部位切开幽门部(图 1)。

切开时，由浅至深小心操作直达肌层，直至暴露出黏膜下组织(图 2)。

用弯动脉血管钳将黏膜下组织上的肌层、黏膜及黏膜下组织进行钝性分离，直至使黏膜充分暴露于外侧(图 3、3a)。

此时必须十分小心地处理黏膜及黏膜下组织。

将胃整复至正常的解剖位置后，依次闭合皮肤和腹壁。

术后护理

连续注射抗生素 8 天。

饲喂易消化的流食，实践证明，少量多次饲喂是必要的。

术后 10~14 天拆线。

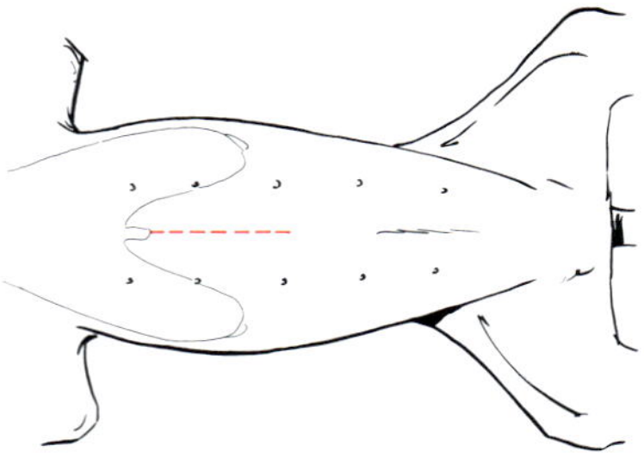

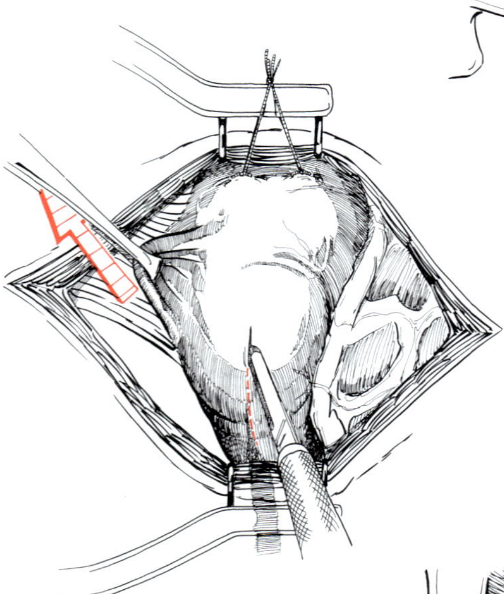

1

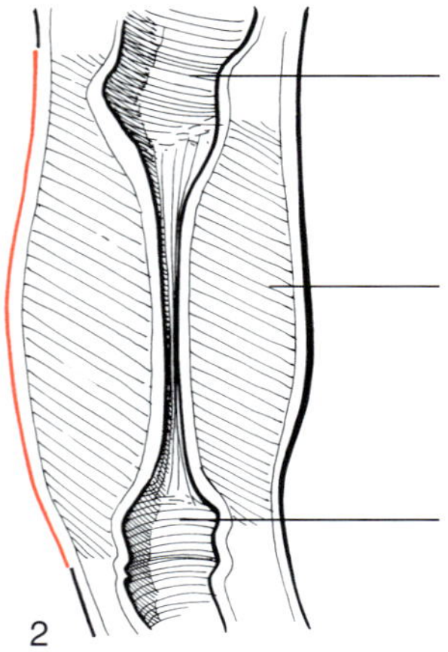

2

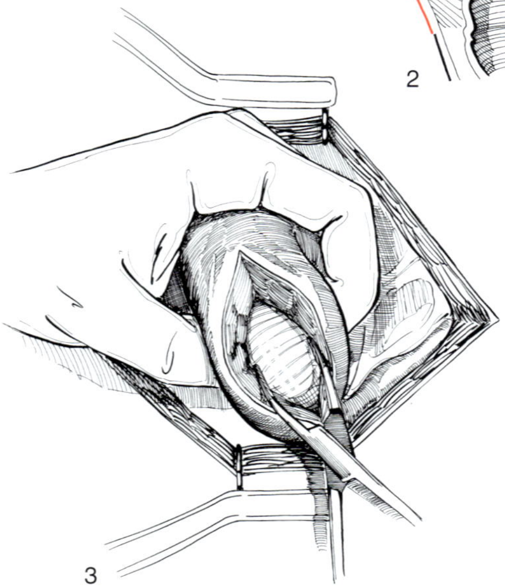

3

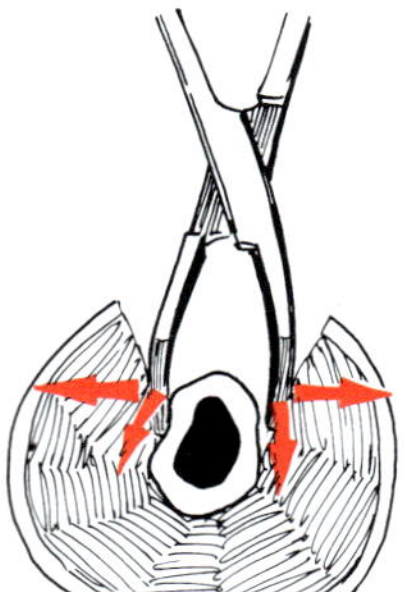

3a

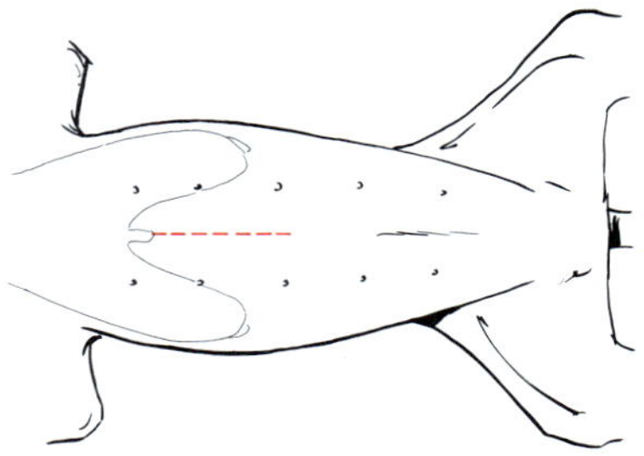

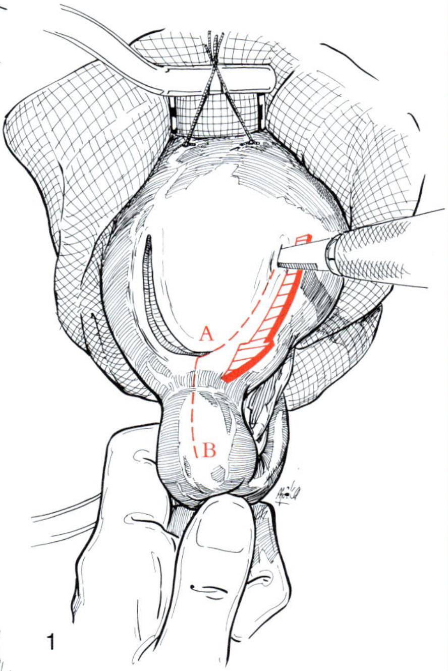

1

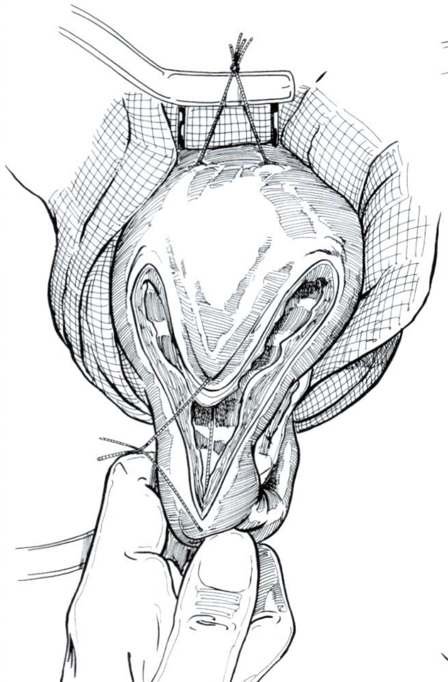

2

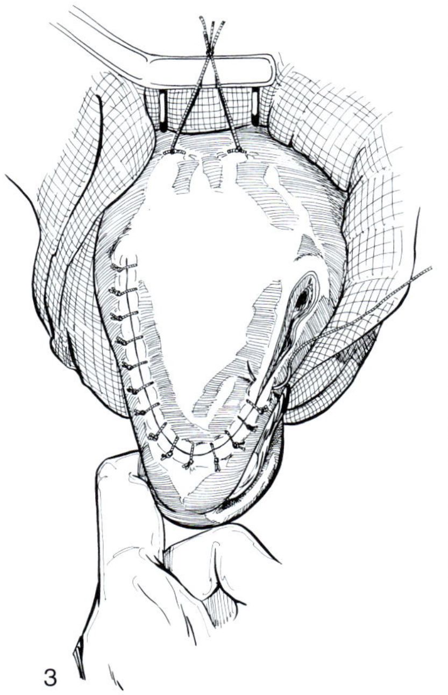

3

6.6.6.2 用Y-U皮瓣实施幽门成形术

适应症

幽门通路高度狭窄。幽门闭塞。幽门狭窄。幽门括约肌严重肥厚。幽门部黏膜溃疡。肿瘤。息肉。

体位

仰卧保定。

术式

于脐前部沿腹正中线实施开腹术。

插入扩张器后，将幽门部移至腹壁创口处,将牵引线固定在扩张器上。抓住幽门部，用浸有生理盐水的纱布覆盖在胃的周围,用手术刀在幽门凹陷处(A)至幽门部(B)实施Y形全层切开(图1)。实施该切开时,在各自Y形的脚部,按浆膜、肌层及黏膜的顺序进行切开。用这个切开顺序可以准确实施Y形切开。

开始缝合时,作为定位缝合,应将做成的胃壁瓣(A)远端移至幽门部,和Y形切开远端脚部缝合(图2)。

接下来将U形胃壁瓣和创缘缝合。缝合应从小弯处开始,然后缝合大弯,完成缝合(图3)。

所有的缝合均使用4-0~3-0可吸收性缝线,实施单纯结节缝合。

除去牵引线,检查缝合质量,将胃按照解剖学位置整复。

依次缝合腹壁和皮肤。

术后护理

连续注射抗生素8天。

静脉输液,禁食48 h。之后饲喂2天流食。术后7天进行正常饲喂。

术后10~14天拆线。

并发症

如果术后发生持续性呕吐的情况，可口服止吐剂(胃复安)或止酵剂进行治疗。

6.6.6.3 幽门成形术

适应症

幽门通路高度狭窄。幽门闭塞。慢性复发性幽门狭窄。

体位

仰卧保定。

术式

于脐前部沿腹正中线实施开腹术。

插入扩张器后，将幽门部移至腹壁创口处，将设置在幽门部近端和远端的牵引线固定在扩张器上。用浸有生理盐水的纱布覆盖在腹壁的周围。术者抓住幽门凹陷部的侧面，将幽门部沿长轴穿刺切开，在创口置 2 根牵引线并向两侧扩大创口。

将幽门部全层纵向切开，并于切口的近端和远端拓展切开 1~2 cm（图 1）。

在切口中央部，旁开切口约 1 cm 处设置 2 根牵引线。助手牵拉牵引线横向扩张切口，以便容易在创口中央部实施固定缝合（图 1、2）。

该手术的目的是扩大幽门部的内腔。用纵向切开横向缝合的方法来达成手术目的（用 2–0~4–0 合成可吸收性缝线单纯结节缝合，图 3）。

术后护理

连续注射抗生素 8 天。

静脉输液，禁食 48 h。之后的 2 天给予流食。术后 7 天进行正常饲喂。

术后 10~14 天拆线。

并发症

出现持续性呕吐时，可投与止吐剂（如胃复安等）。

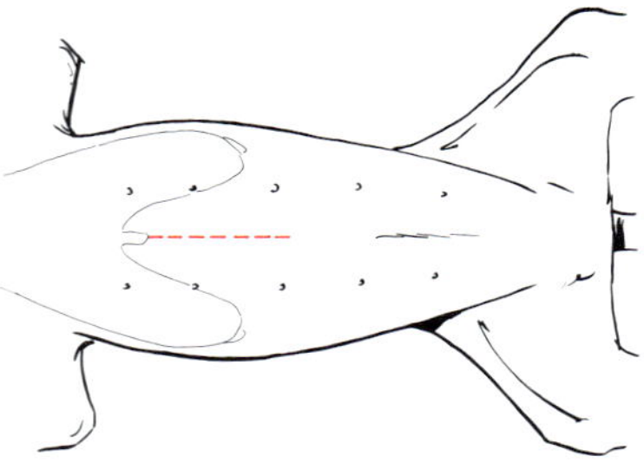

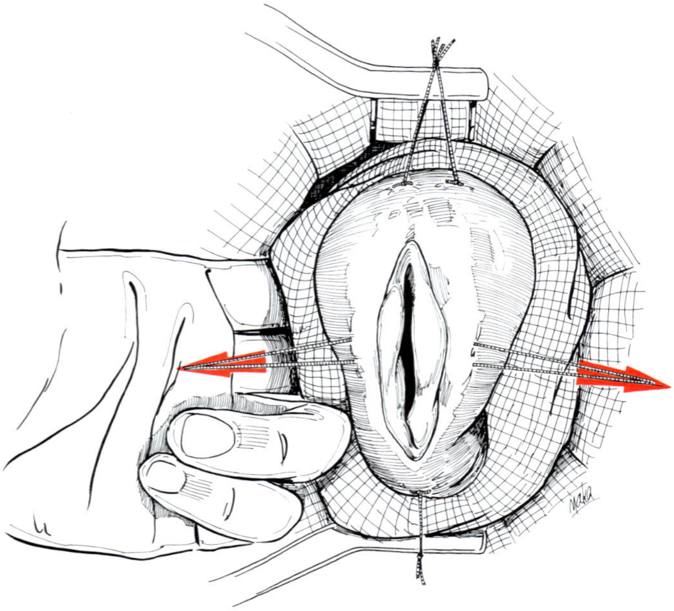

1

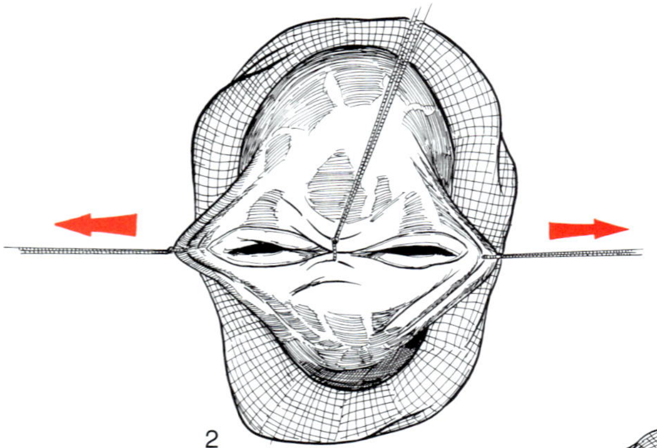

2

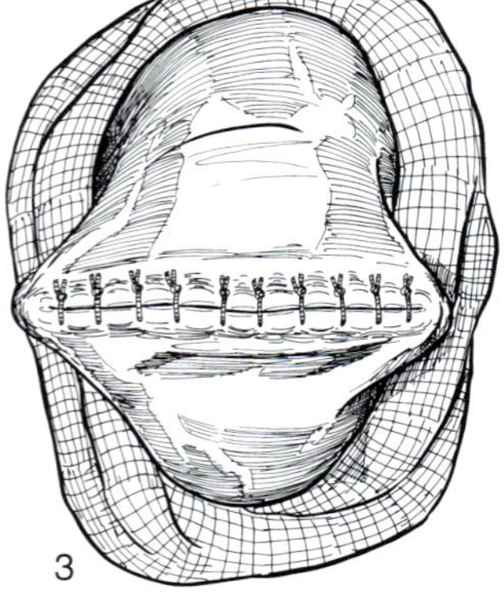

3

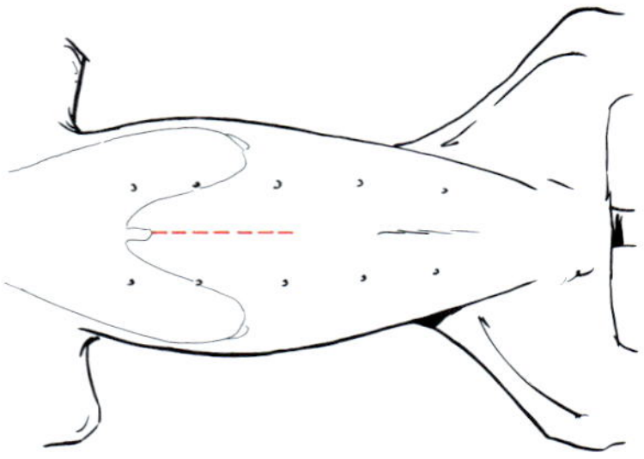

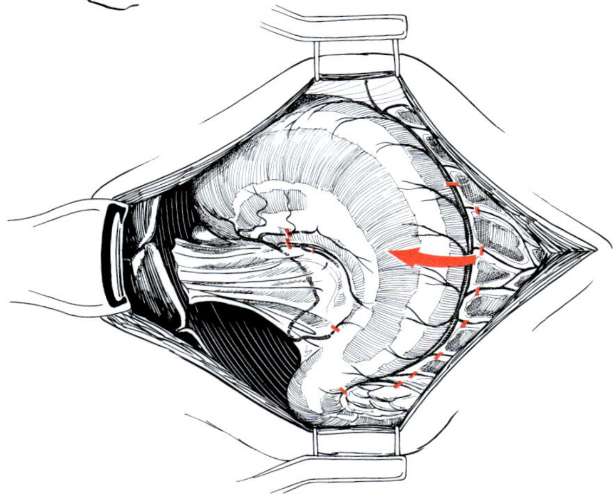

1

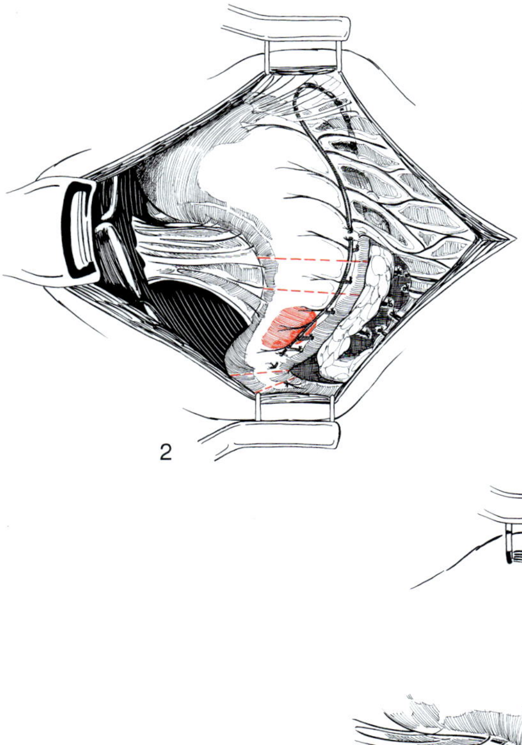

2

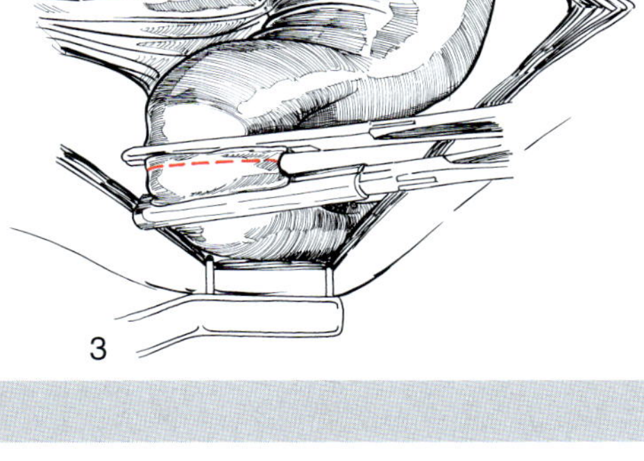

3

6.6.6.4 胃十二指肠吻合术（胃肠管吻合术Ⅰ：切除幽门，十二指肠和胃的吻合术）

适应症

幽门部肿瘤或增生性胃肠炎导致的通过障碍。

体位

仰卧保定。

术式

于脐前部沿正中线实施开腹术。插入扩张器后开始结扎分布于小弯部的血管。将分布于切除部位的胃左侧动、静脉分支实施近、远端双重结扎、切断(图1)。

将胃切除部大网膜上分布的血管（胃右侧动、静脉)双重结扎、切断。将分布于大网膜中部的血管分支，从该部位至十二指肠附近实施双重结扎(图2)。对幽门部的大血管也同样实施双重结扎(图2)。用此操作来保证十二指肠的血液供应。

用2–0可吸收性缝线结扎血管。从胃上分离大网膜时，必须注意不能损伤胰腺！

在幽门远位切除线上设置2把非损伤性肠钳，牵引两把肠钳使胃向前移动（图3)。以胃切除部位为中心，在腹腔周围覆盖浸有生理盐水的纱布。防止胃内容物污染腹腔。

在近位的切除线上也设置两把直的非损伤性肠钳，首先用手术刀切断十二指肠。在胃近端设置的两把肠钳间切开胃壁，然后立即将要切断的部位移向腹壁切口（图4）。为了避免消化道内容物污染腹腔，手术助手应始终持握肠钳保持不动。将切口断端用酒精棉球消毒后，先将胃黏膜下组织及黏膜缝合至吻合部之前(图5)。

在胃小弯部将胃的游离部分进行浆膜和肌层的单纯结节内翻缝合。

关于胃十二指肠的吻合，用4-0~2-0合成可吸收性缝线，在吻合部的背侧进行浆膜和肌层的单纯结节缝合（图6）。接下来，将黏膜下组织和黏膜用单纯连续缝合实施环状连接缝合。缝合从胃小弯部开始，进行至胃大弯部，在腹侧面缝合黏膜下组织和黏膜，至此缝合结束(图7)。在腹侧面再将浆膜和肌层进行单纯结节缝合，至此完成吻合。

用单纯连续缝合法闭合大网膜间隙(图8)。为了将吻合部和大网膜间隙连接起来，应该使用非损伤性缝合针，使用4-0~2-0合成可吸收性缝线。

解除肠钳后，将胃整复回正常的解剖学位置，除去衬垫的纱布，将腹腔内用大量的加温生理盐水彻底清洗，按照开腹术的手术顺序闭合腹腔。

术后护理

为了防止胃酸损伤吻合部，应长期口服胃酸分泌抑制剂以及碱制剂（重碳酸钠等）。

连续注射抗生素5天以上。

用静脉输液维持营养，禁食2天以上。为了在术后7天过渡到饲喂正常的饲料，从术后第2天开始，每天给予几次流食。

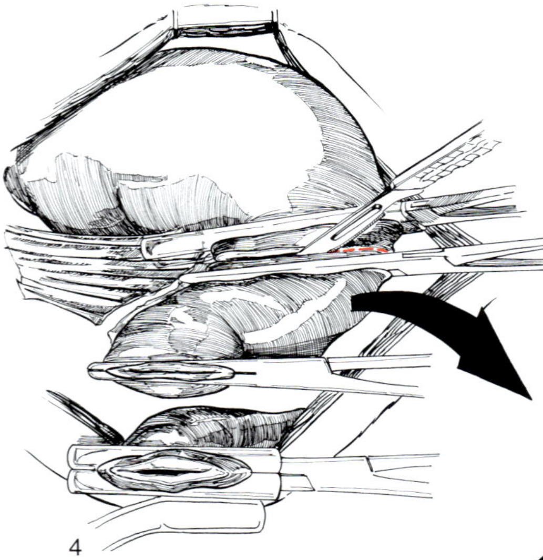

4

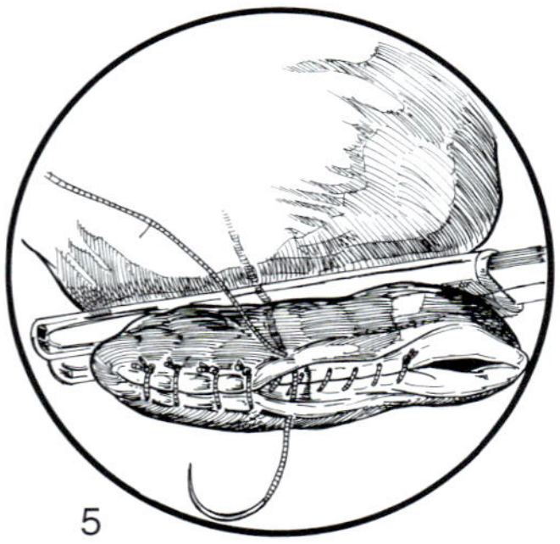

5

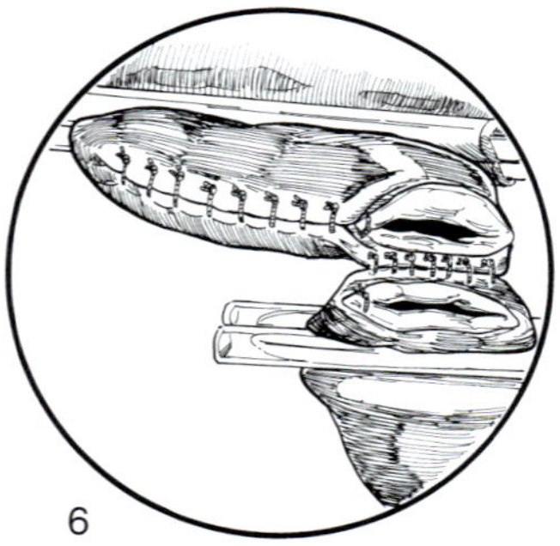

6

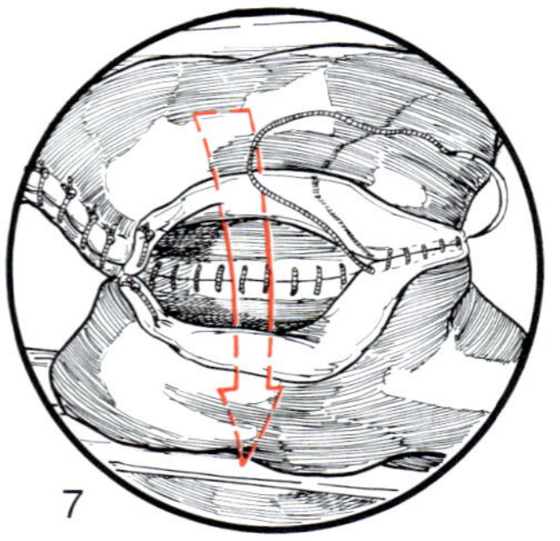

7

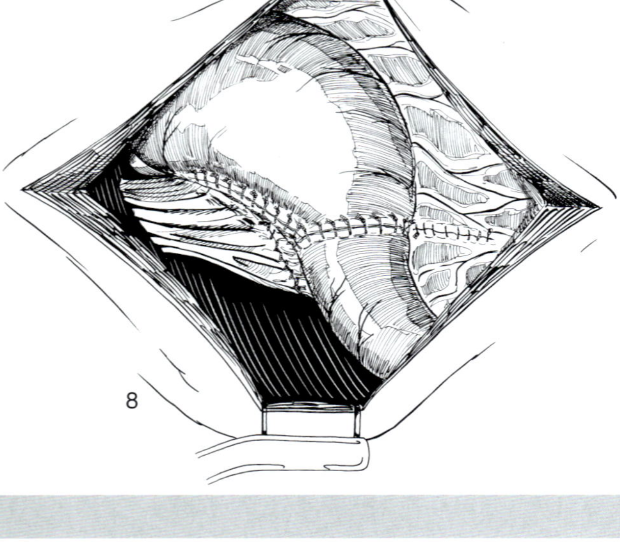

8

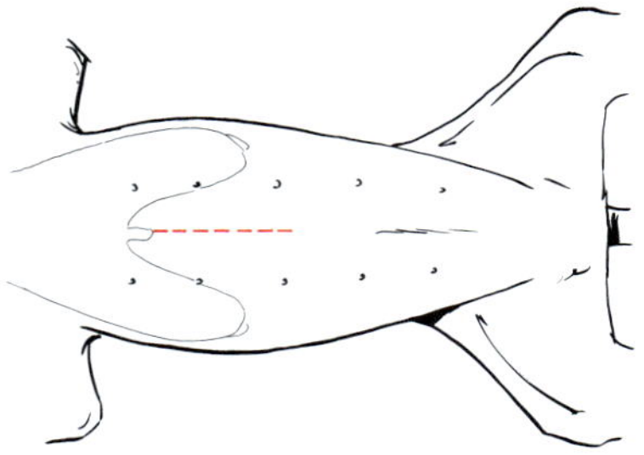

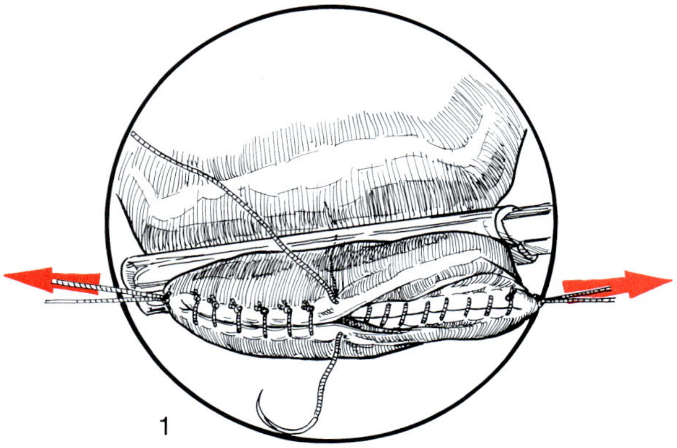

1

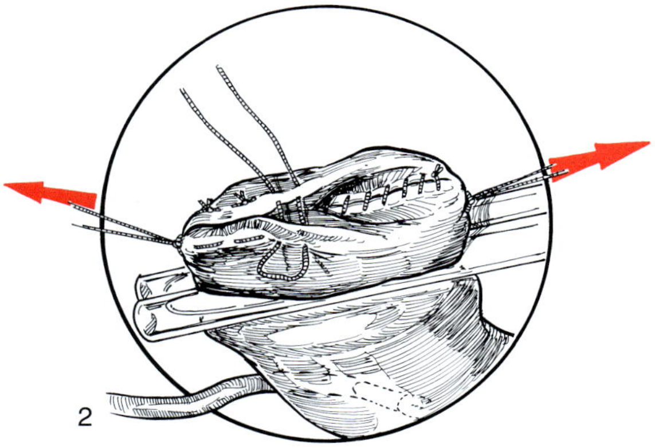

2

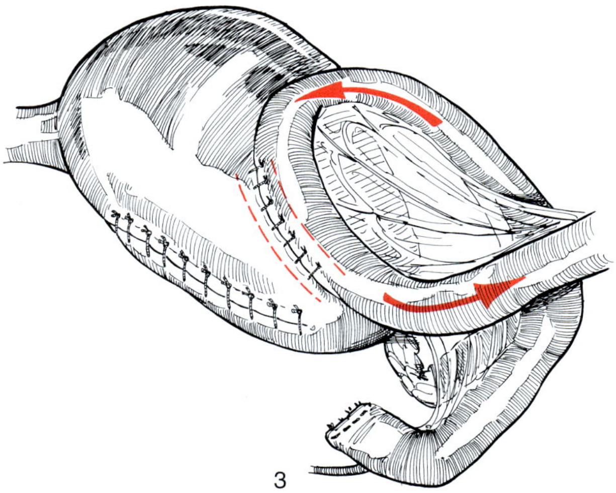

3

6.6.6.5 胃空肠吻合术(胃肠管吻合术Ⅱ：切除幽门，将残存的胃和空肠实施吻合)

适应症

在幽门区域患肿瘤时，需要进行大范围切除术。

体位

仰卧保定。

术式

在脐的前部沿腹正中线切开实施开腹术。

插入扩张器后，将幽门移至腹部切口，分别将两根牵引线固定在扩张器上，用纱布覆盖腹壁创口，以防胃内容物污染腹腔。

关于幽门部切除术，按照胃十二指肠吻合术Ⅰ的方法进行(参照6.6.6.4)。

提示！

这种大范围涉及到胃的切除术，应将切除部位分布的胃动、静脉实施最大限度地隔离结扎，这种方法比分别结扎小的分支动、静脉血管要简单得多。

用同样的方法结扎胃大网膜的动、静脉。

和胃肠管吻合术Ⅰ不同点是将胃的断端和十二指肠断端进行完全的外科缝合。这种缝合是将黏膜下组织和黏膜实施单纯连续缝合、单纯结节缝合或者单纯连续缝合，将浆膜和肌层进行双重内翻缝合(图1)。缝合时使用4–0~2–0合成可吸收性缝线。在十二指肠断端也进行双重内翻缝合(图2)。

吻合十二指肠时必须小心处理总胆管！

为了顺应空肠蠕动的方向，应在胃大弯附近实施吻合术，将胃体部和空肠连接(图3)。为了避免十二指肠断端形成盲囊，应尽量缩短断端。不过，为了维持胰腺的正常状态和机能，还应该保留适当的长度。

将空肠用合成可吸收性缝线，用单纯结节缝合法将其浆膜和肌层缝合5~8 cm固定于胃上(图3)。

然后，距离胃和空肠的缝合部数毫米的部位，分别实施平行切开(图3)。

关于胃和小肠黏膜下组织以及黏膜的缝合，先将其背侧用单纯连续缝合法进行连接，然后将对侧的黏膜实施缝合，闭锁管腔（图4）之后，将手前侧的浆膜和肌层实施缝合连接（所有的缝合都使用4–0~2–0合成可吸收性缝线，用单纯结节和单纯连续缝合法），完成吻合术（图5）。

在手术期间，将吻合部的肠管夹上非损伤性肠钳，并用手持握固定。

检查缝合质量（检查断端吻合术），充分清洗、消毒手术部位及腹腔后，依次缝合腹壁。

术后护理

连续注射抗生素8天。

术后禁食48 h以上，用静脉输液维持营养。之后饲喂3~5天的流食，同时口服药物以保护胃肠道，小心地转入正常饮食。

约术后10天拆线。

并发症

如果术后发生胃迟缓的情况，可在饲喂15~20 min之前口服止吐剂（胃复安）进行治疗。

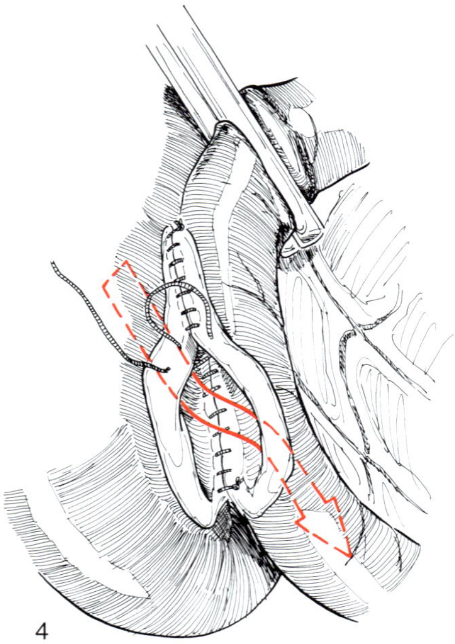

4

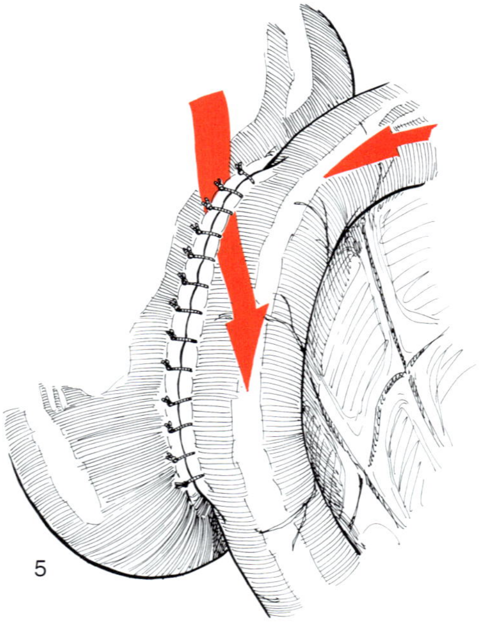

5

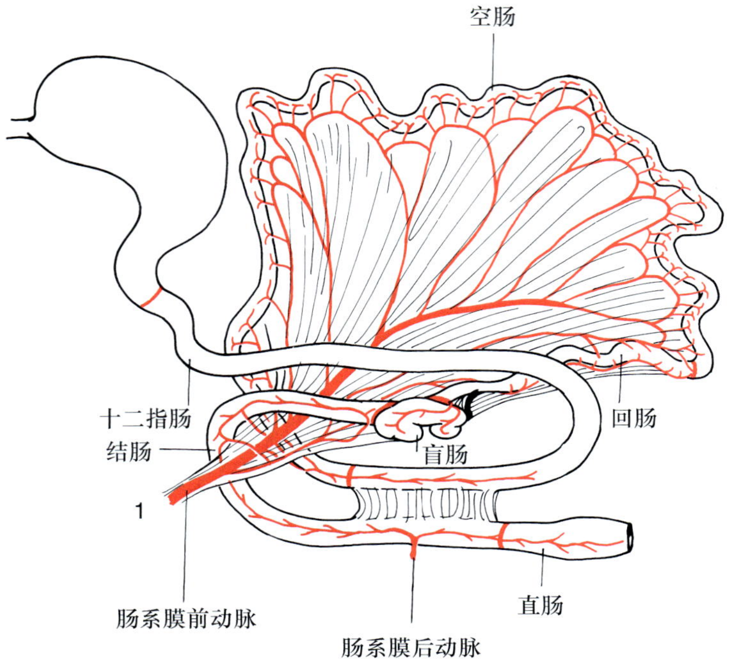

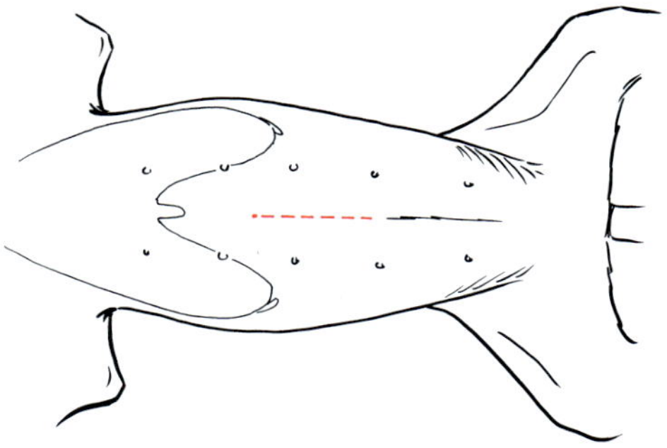

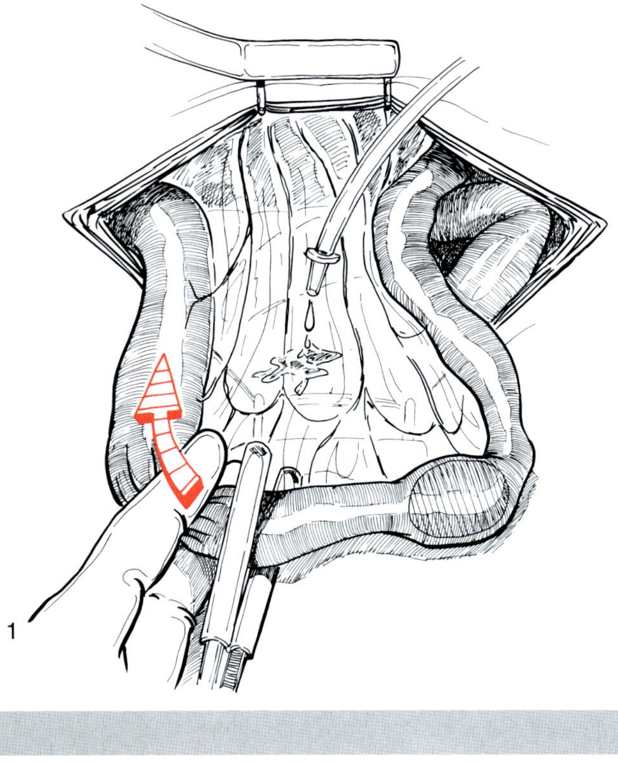

6.7 肠

6.7.1 肠的血液供给图

图1表示的是在小肠系膜区域，肠系膜上动脉分支走向模式图。这个模式图有助于理解肠切除术和肠吻合术的手术操作。

6.7.2 肠管切开术

适应症

由于异物造成的肠堵塞。纽扣状异物。

体位

仰卧保定。

术式

根据异物位置，在脐部前方或后方沿腹正中线实施开腹术。

通常将所见到的大网膜尽量向腹腔头侧移动。查到异物后，将该段肠管移至腹腔外，用浸有温生理盐水的纱布或布将移出的肠管和腹腔的间隙保护起来。检查异物存在部位肠管的活性，以便决定是否有必要切除该段肠管。

应该在没有受到损伤的部位进行肠的切开以及缝合切口，因此如有可能，在切开肠管前应将异物移至健康的肠管区段内。

用食指和中指夹住肠管，向肠管切开部的近端或远端挤压内容物。在肠切开部的近端或远端用非损伤性肠钳（用塑胶管套上钳压部）夹住并持握肠管（图1）。

如有可能，助手用食指和中指轻柔地夹住并持握肠管为好。

沿肠的长轴做长一点的切口，以免在去除肠内异物时撑破创口。

当去除线状异物（线、羊毛等）时，这种异物多附挂在肠内壁上。此时，必须根据异物长度将肠管做几个切口，分几段去除异物。去除线状异物时很可能切穿肠壁，因此绝不能从一个切口强行拉出线状异物。

注意

当怀疑猫肠内异物为线状异物时，应首先做口腔内检查，以确认线状异物是否缠绕在舌下！

用手术刀沿长轴方向，在肠系膜对侧切开肠管，用适当的器具去除异物。在肠的切口两端在切开之前缝上两条牵引线(图2)。

用直组织剪切除创缘外翻的黏膜（图3)。然后，在缝合之前对创口进行彻底清洗消毒。缝合肠的切口时，用4–0~3–0合成可吸收性缝线，在切开方向进行全层单纯结节缝合(图4)。也可以使用连续交叉内翻缝合闭合肠切口。用内翻缝合方法可以减少肠内异物露出的危险性。当怀疑缝合不确实时，可在缝合之上，再实施贯穿浆膜和肌层垂直内翻单纯结节缝合。

为了防止管腔狭窄，也可以进行肠管纵向切开，将切口横向缝合(图5)。

检查缝合部位，用温生理盐水将肠管缝合部和腹腔内进行彻底清洗后，将肠管还纳回腹腔，盖上并整复大网膜，依次闭合腹壁创口。

术后护理

注射抗生素。

用输液维持营养，禁食3天以上，从术后第3天开始给予流食，然后逐渐过渡到正常饲喂。

术后10~14天拆线。

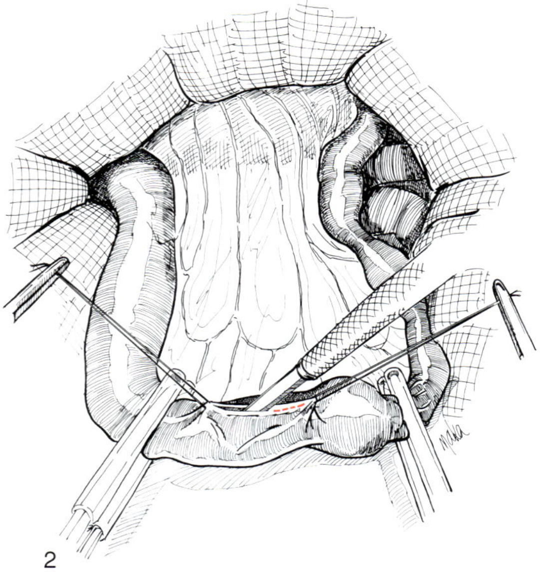
2

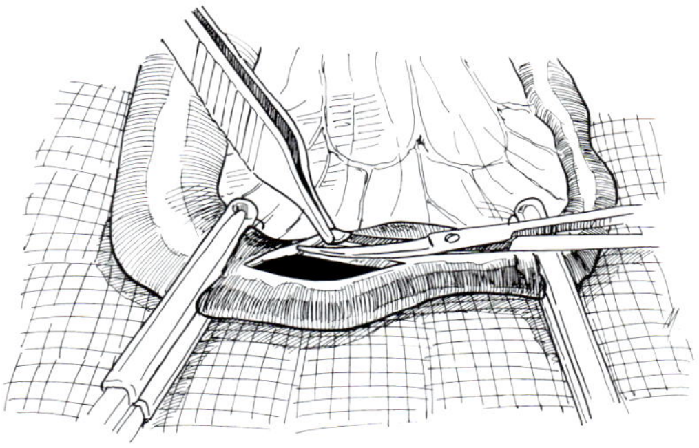
3

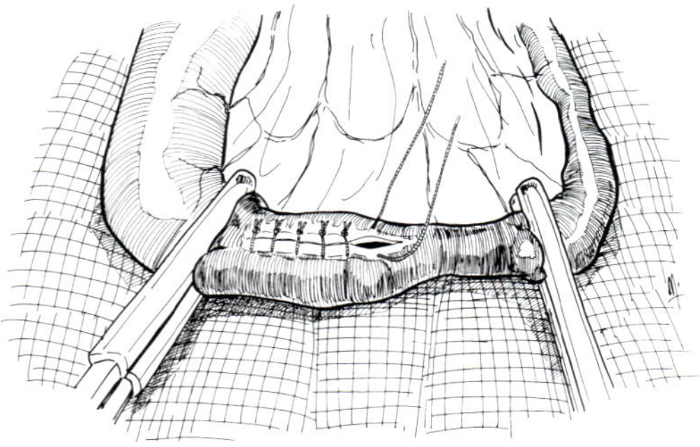
4

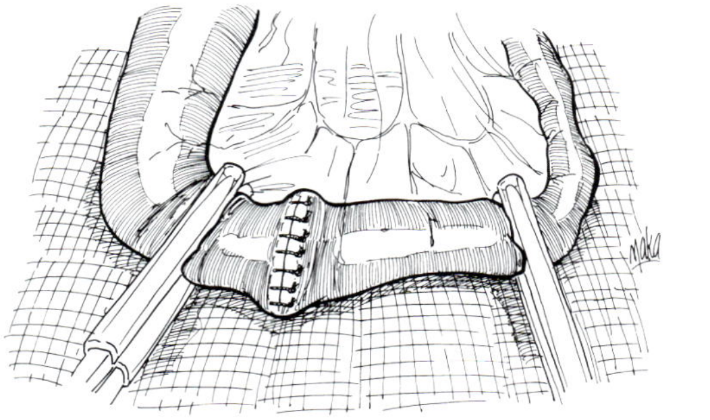
5

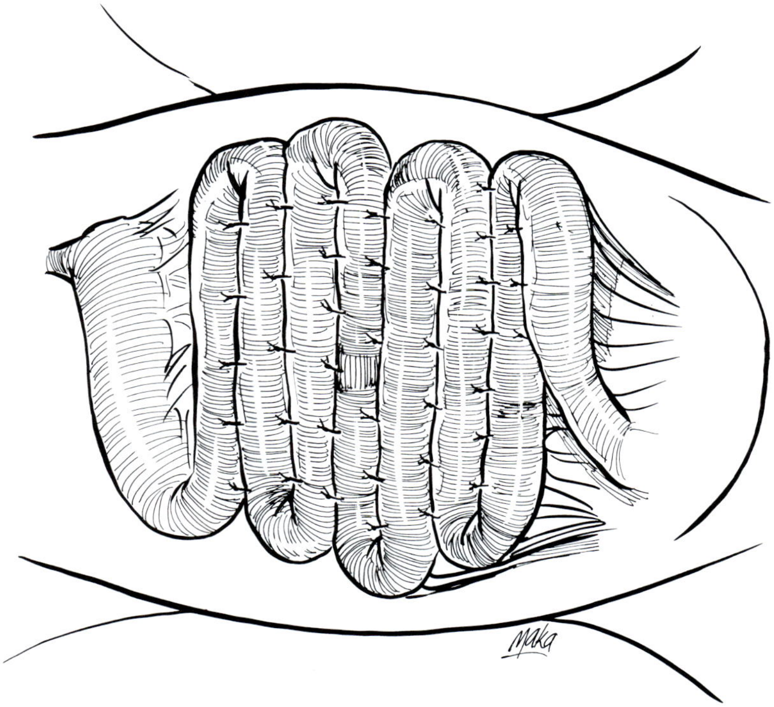
4

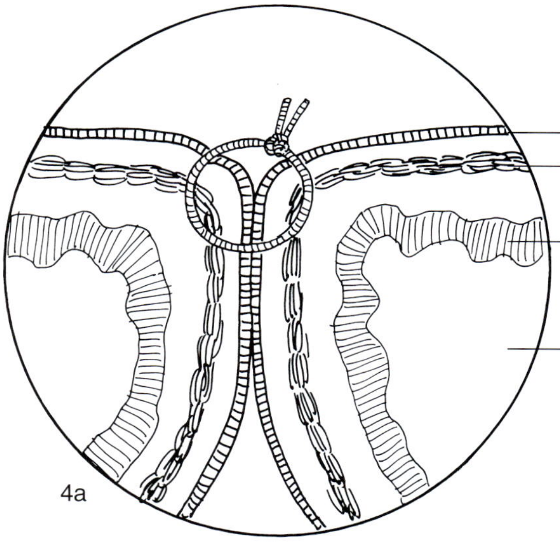

4a

对于慢性或者是反复发生的肠套叠，可用肠襻相互缝合法来预防。将小肠用4-0~2-0合成可吸收性缝线，穿透浆膜和肌层进行单纯结节缝合使之相互折叠固定(图4、4a)。

依次缝合腹壁。

术后护理

注射抗生素。

输液维持营养,禁食3天以上,从术后第3天开始给予流食，然后逐渐过渡到正常饲喂。

术后10~14拆线。

6.7.5 用自体组织进行的小肠组织片移植

适应症

例如在十二指肠附近不适于吻合术的情况，枪伤，肿瘤切除后，由于犬咬伤穿孔引起的肠病变部位的切除。

在实施自体组织移植的场合，为了预防肠腔狭窄和避免肠系膜的紧张或者肠闭塞，有必要拉近提供组织部位和接受组织部位的距离。

体位

仰卧保定。

术式

在脐的前、后部沿腹正中线实施开腹术。

对于暴露的大网膜应尽量向腹腔的头侧移动。将病变部位的肠管移至腹腔开口处。用浸有温生理盐水的布或纱布覆盖健康的肠管、腹壁以及腹腔内脏器。

首先，将肿瘤连同周围组织实施纺锤形切除。图1所显示的是肿瘤位于胰腺侧的十二指肠区域。移动肠的组织片直至缝合结束为止，将切除部位夹上非损伤性肠钳，注意不要损伤周围器官。

将提供组织片的一侧肠管移至切口处，其周围覆盖上纱布。对于提供组织片的一侧肠管的处理是，为了便于切除肠管分别夹上两把肠钳(图2)。为了维持提供组织片的一侧肠管的血液供应，夹肠钳时绝不能夹上这部分血管。对肠系膜切开线上分布的血管，应事先在两侧分别结扎(图3)。移动切除肠组织片的肠管，覆盖上浸有加温的生理盐水的纱布。关于提供组织片的肠管吻合术参照6.7.3.1介绍的方法进行(图4)。关于切除肠组织片的肠管的处理方法是，在解除肠钳后，调整在肠系膜对侧切开的接受组织片一侧肠管缺损部的大小，用全层单纯结节缝合方法将提供的肠片缝合于缺损部上，使各自的肠系膜互相重叠。用4–0~3–0合成可吸收性缝线单纯结节缝合重叠的肠系膜的间隙。此时可用组织黏结剂辅助闭合，即将缝合之间适当涂布上黏结剂，将两面的肠系膜对压约30 s。

清洗消毒后整复肠管，清洗腹腔内部，依次闭合腹部创口。

术后护理

注射抗生素。

输液维持营养，禁食3天以上，从术后第3天开始给予流食，然后逐渐过渡到正常饲喂。

术后10~14天拆线。

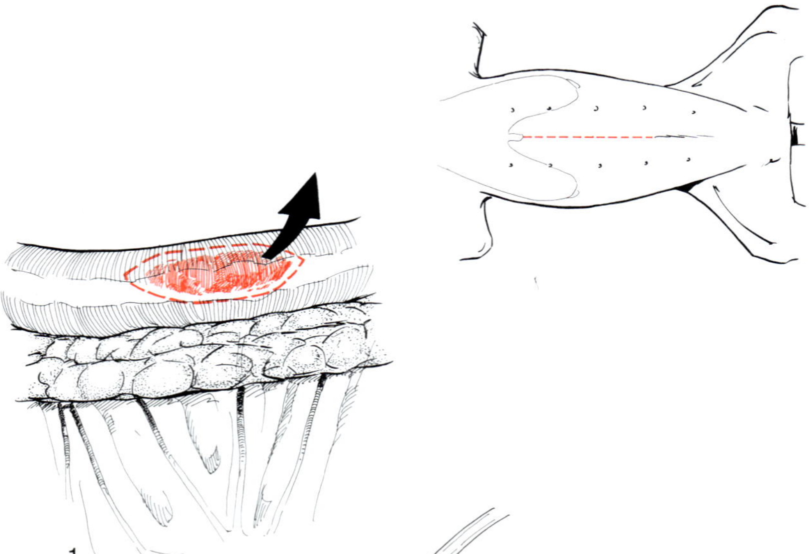

1

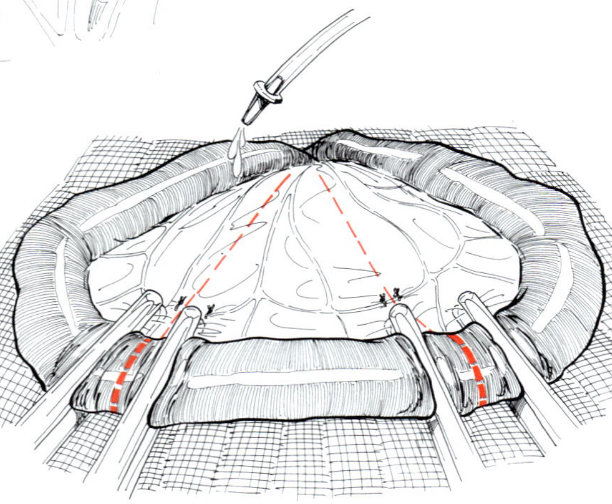

2

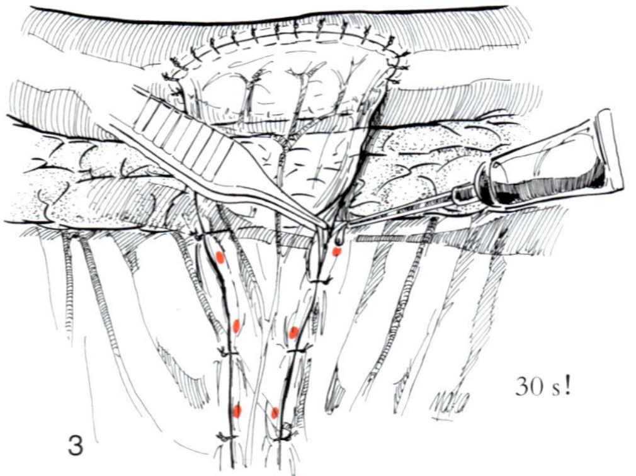

3

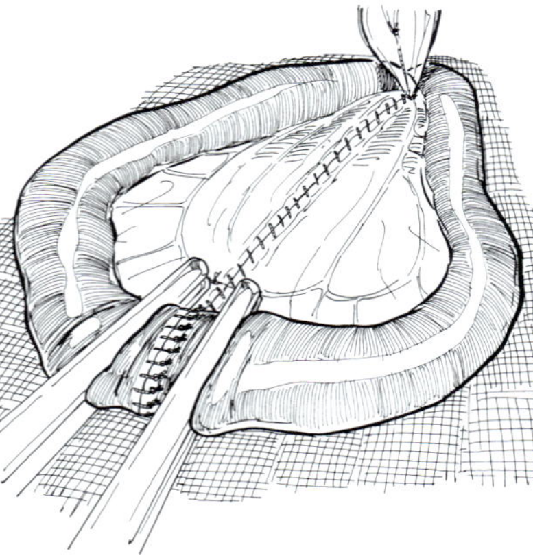

4

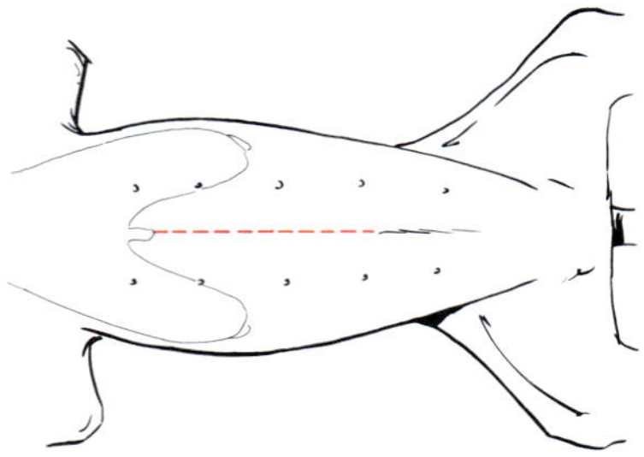

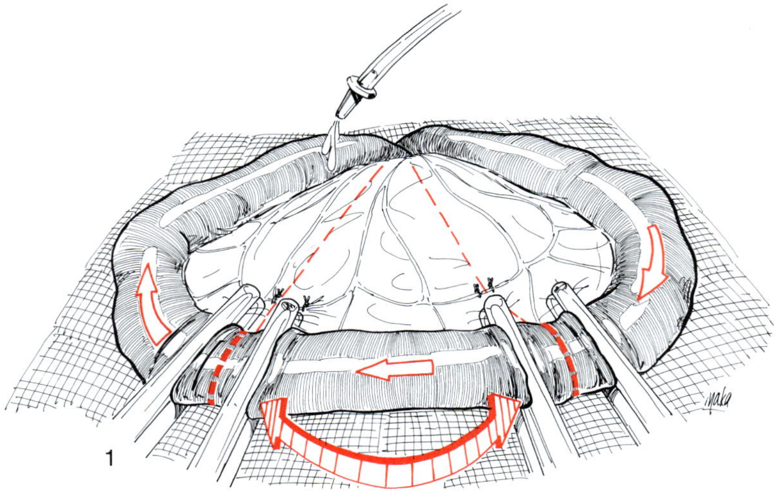

1

180°

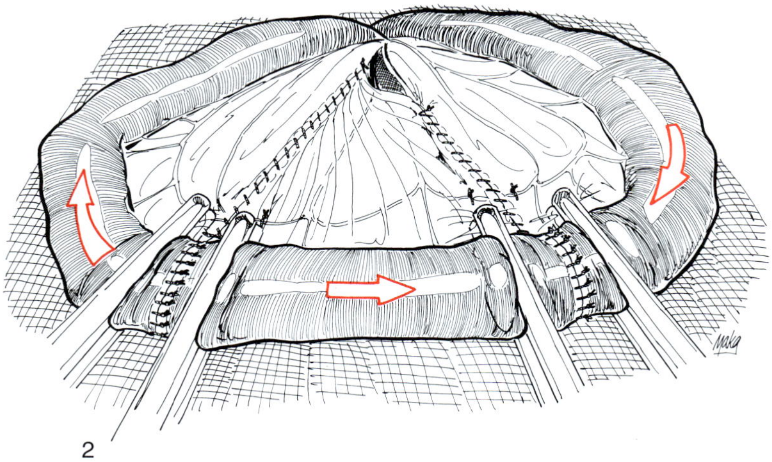

2

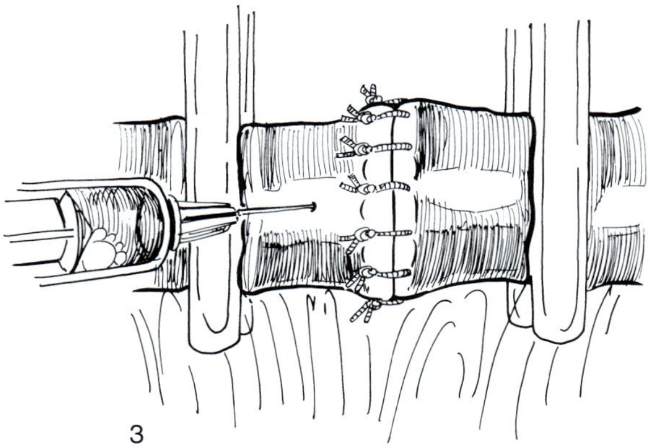

3

6.7.6 被隔离的空肠片断抗蠕动置换术

适应症

占全长 70%的大范围的小肠切除术。本手术的目的是延长小肠内容物的肠内滞留时间。大范围切除小肠后，肠内容物滞留时间短，通过速度快，导致食物消化不完全以及发生下痢。结果使患病动物迅速消瘦、衰竭。

体位

仰卧保定。

术式

经过脐的前后部，沿腹正中线实施开腹术。

完成最初的手术目的后（大范围切除小肠后），在断端再切掉 5~7 cm 的肠管，此时注意不要损伤分布于该部位的肠系膜血管。然后将这段肠管反转 180°(图 1)，使这段肠管和吻合的肠管蠕动方向相反(图 2)。吻合切开的肠系膜(参照 6.7.3.1)。

清洗消毒后整复肠管，将腹腔内清洗后依次缝合腹壁。

术后护理

注射抗生素。

输液维持营养，禁食 3 天以上，从术后第 3 天开始给予流食，然后逐渐过渡到正常饲喂。

术后 10~14 天拆线。

6.7.7 肠吻合术时密闭程度的检查

适应症

避免肠管内容物漏出导致的腹膜炎。

术式

将肠管吻合部的两端用非损伤性肠钳或手指夹住。

接着用注射器接上 23 G 的注射针头，向肠腔内注入生理盐水(图 3)。

挤压肠吻合部，检查密闭程度及是否漏水。如果漏水，在其上面再行垂直褥式内翻缝合。

6.7.8 大肠手术

6.7.8.1 伴有结肠膨大的大肠位置

大结肠移向背侧,部分小肠向腹侧移动(图1)。

6.7.8.2 大肠的血液供给

和结肠平行走行的血管，从该血管供给大肠血液。切除结肠时需要结扎的血管如图上标记所示(图2)。

1

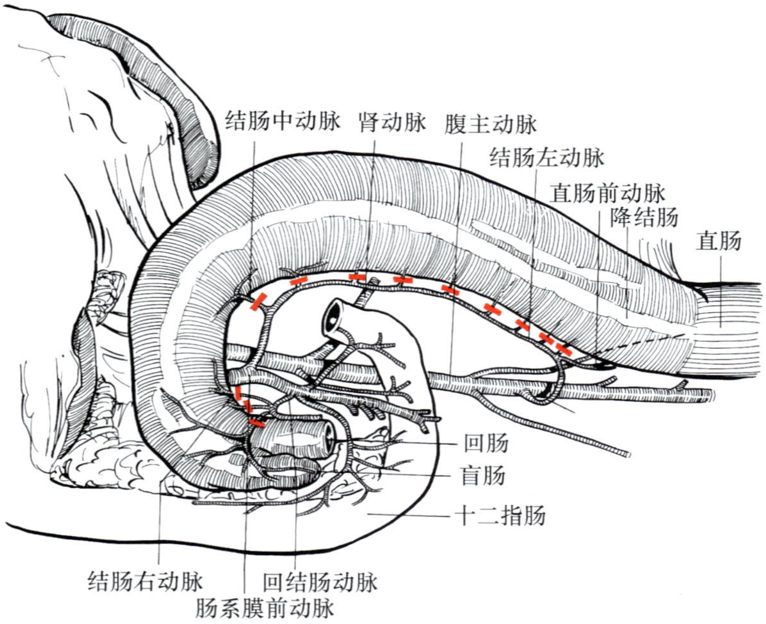

2

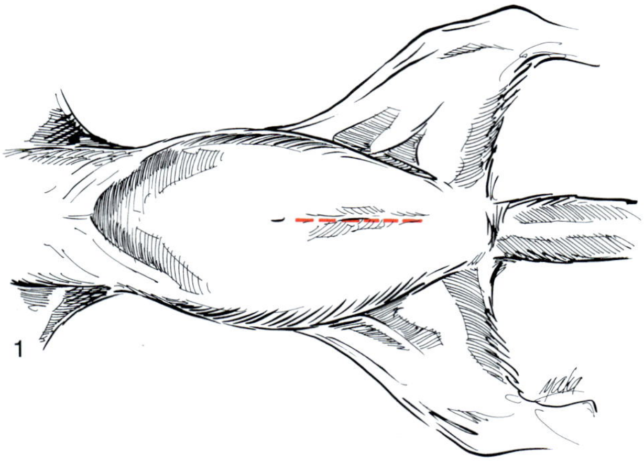

1

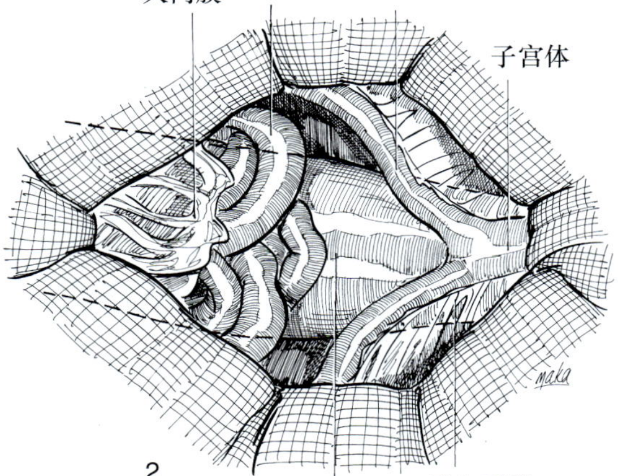

2

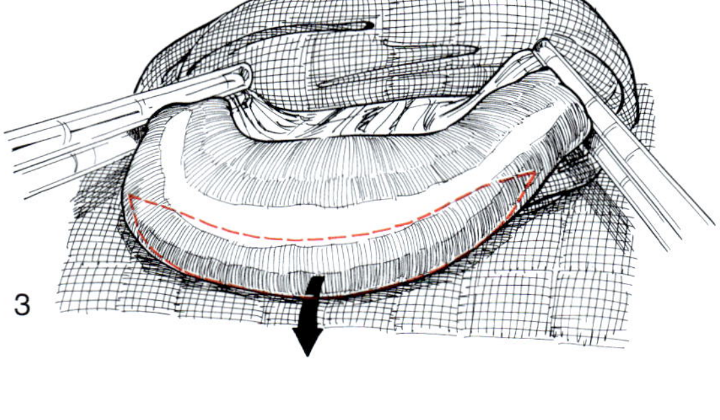

3

6.7.8.3 猫的巨结肠症

适应症

营养性复发性上皮小体机能亢进，或者由于骨盆骨折造成的盆腔狭窄，肿瘤病变形成的狭窄，特发性巨结肠症。

体位

仰卧保定（图 1）。

术式

在脐的后部沿腹正中线切开实施开腹术。图 2 所示为开腹术后的结肠位置。

移动降结肠至腹侧，将腹壁和腹内脏器盖上浸有温生理盐水的布或纱布（图 3）。用手指尽量挤压排除结肠内容物。

用两把非损伤性肠钳夹住暴露的结肠。在肠系膜的对侧实施纺锤形切开。此时应保留黏膜下结缔组织和黏膜，只切除浆膜和肌层(图 4、4a)。

用手术刀切开浆膜和肌层，将瓣状肠壁用直的组织剪钝性除去(图 4、4a)。

关于肠壁切口的缝合，先将切口的 3 等分处缝置两根定位缝线(图 5)，肠壁的处理方法是，将黏膜向肠内侧折转，用 4-0~3-0 合成可吸收性缝线单纯结节缝合浆膜和肌层(图 6)。

清洗、消毒手术部位，去除纱布或布，将结肠整复回腹腔，依次缝合腹壁。

术后护理

注射抗生素。

对患猫终生饲喂添加食用油的粥状易消化食物。必须定期清空大肠，必要时进行灌肠。

并发症

骨盆骨折或营养等原因导致的骨骼异常(例如营养性复发性上皮小体机能亢进、脊柱变形症等)时，大肠的手术只能短期缓解症状。应考虑实施骨外科矫正术。

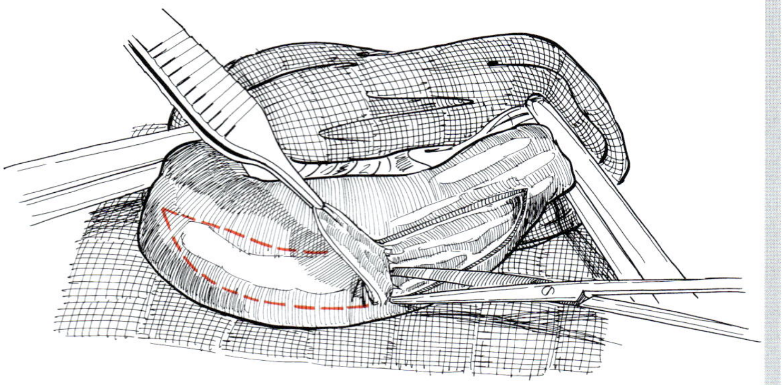

4

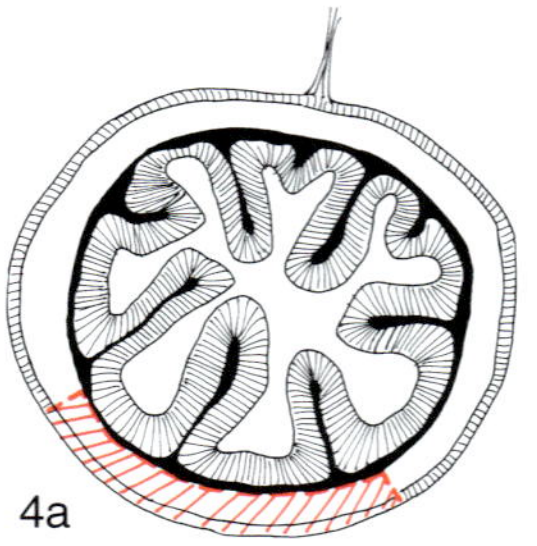

4a

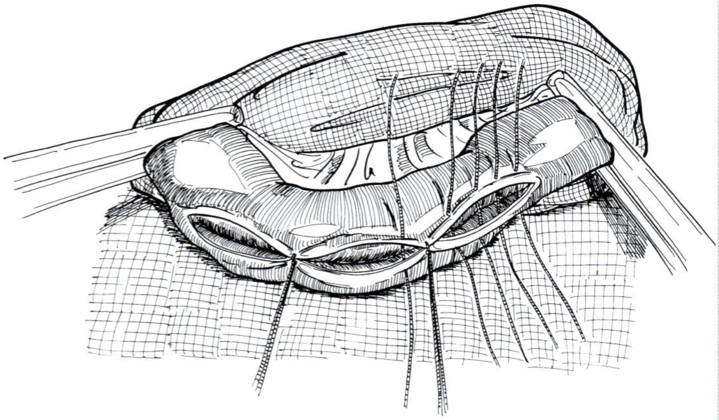

5

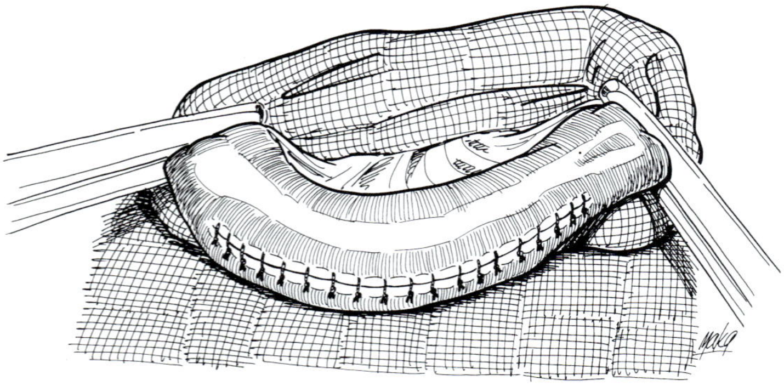

6

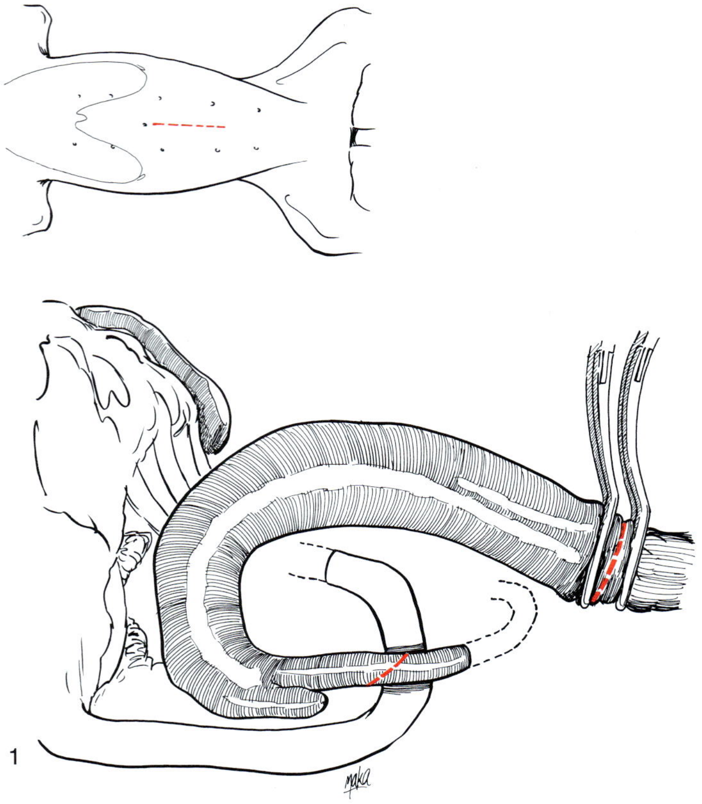

1

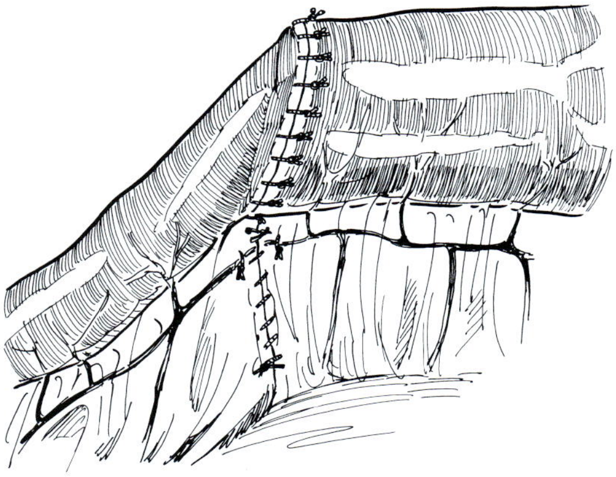

2

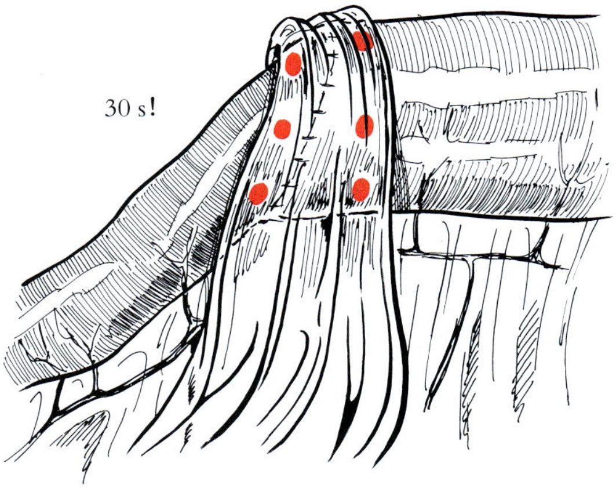

3

6.7.8.4 大肠切除术

适应症

猫的慢性巨结肠症。结肠弛缓症。肿瘤。

体位

仰卧保定。

术式

在脐的后部沿腹正中线实施开腹术。

尽量将大网膜和小肠移向头侧，将手术部位盖上浸有温生理盐水的布或纱布加以保护。

将病变的部分结肠移至腹壁创口处，将来源于肠系膜分布于该段肠管的血管进行双重结扎后彻底分离。对回肠的操作如下，用非损伤性肠钳夹持回肠正中部位，实施斜面切断（使之和结肠断端的口径相吻合，图 1）。在结肠在临近直肠的位置也同样实施斜面切开(图 1)。切除大肠后将回肠断端和结肠断端缝合。方法是：用 4–0~2–0 合成可吸收性缝线单纯结节缝合(图 2)。为了缝合确实，将游离的大网膜用组织黏结剂缠绕在吻合部(图 3)。黏结时，将黏结剂点状涂布在吻合部，缠上大网膜，然后在其上部压迫 30 s。将手术部位洗净消毒后，去除纱布，将肠管还纳回腹腔。依次闭合腹壁创口。

术后护理

注射抗生素。

输液维持营养，禁食 3 天以上。终生饲喂富含纤维的饲料来进行饮食疗法。在术后相当长的时间内，频度不等地排泄泥状软便(每天 4~6 次)。必须定期清空肠道。必要时实施灌肠。

并发症

必须注意术后 2~3 天可能发生腹膜炎。发生腹膜炎就意味着吻合部发生了断裂，肠内容物漏进了腹腔。

6.7.8.5 结肠固定术

适应症

反复发生结肠、直肠的脱出。

体位

仰卧保定。

术式

在脐的后部沿腹正中线切开实施开腹术。

将大网膜和小肠尽量移向头侧，将手术部位盖上浸有温生理盐水的布或纱布加以保护。

插入扩张器后，助手将脱出的直肠或降结肠从肛门整复回腹腔。同时术者用塑胶带或手指将结肠拉回腹腔(图 1、2)。

稍稍牵引降结肠使之保持张力，用 4–0~2–0 合成可吸收性缝线，只穿透浆膜和肌层进行几处结节缝合，使之固定于腹壁的左侧腹膜上(图 3)。

依次闭合腹壁创口。

术后护理

注射抗生素。

约术后 1 周时间里给予易消化的流食。

术后 10~14 天拆线。

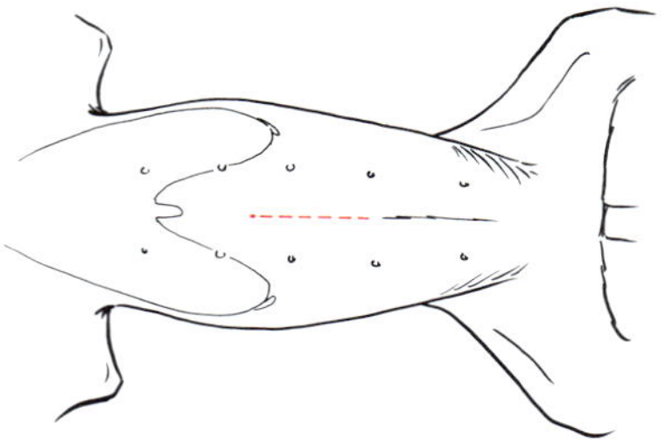

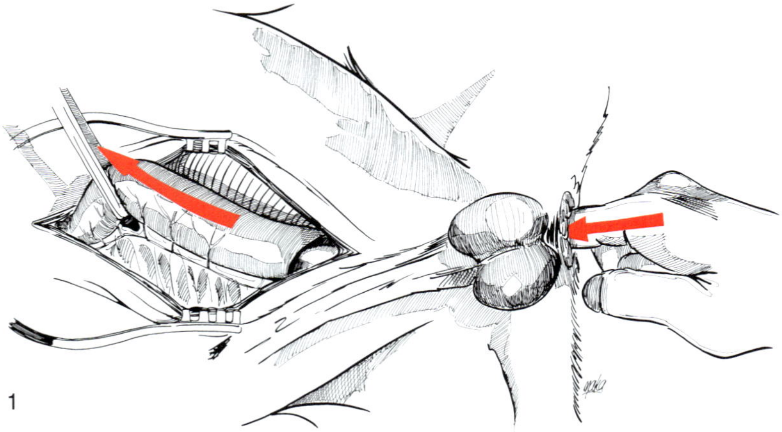

1

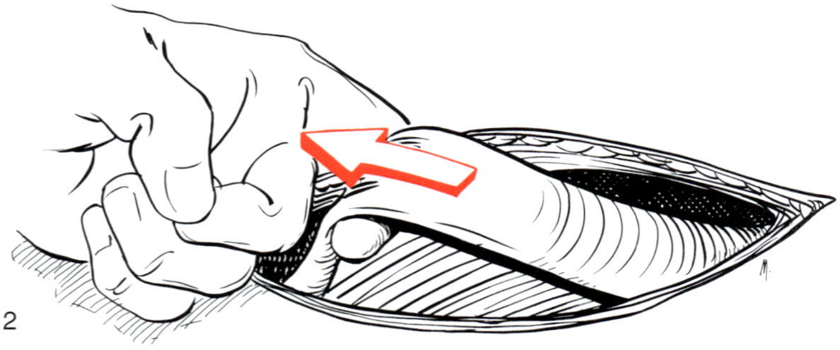

2

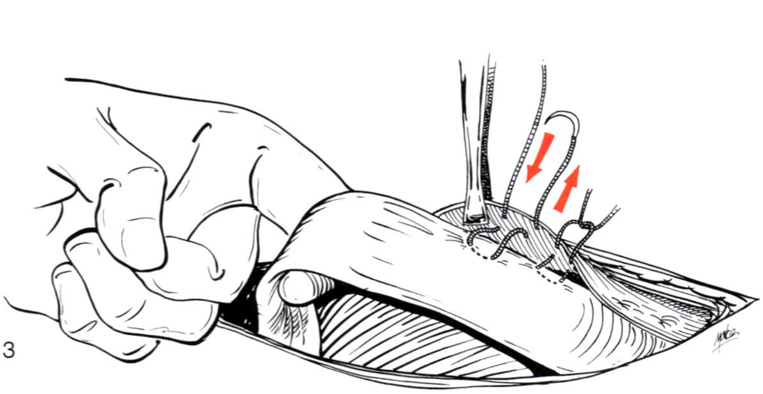

3

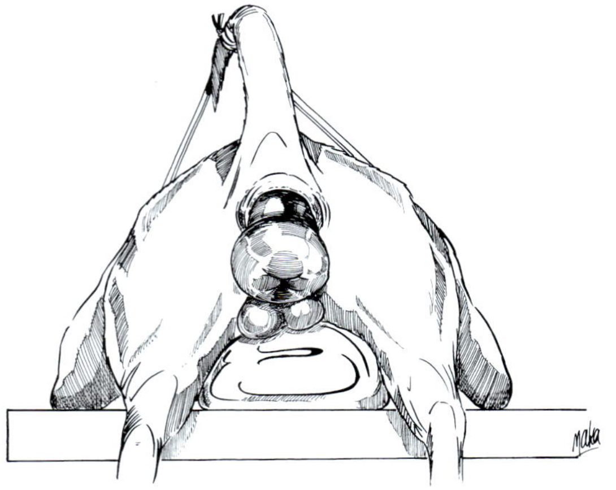

1

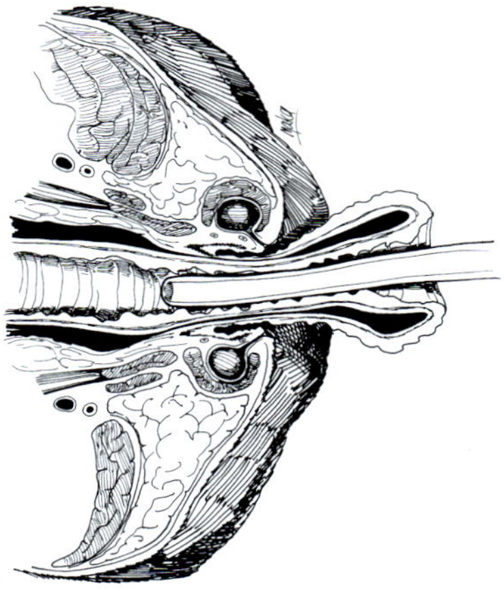

2

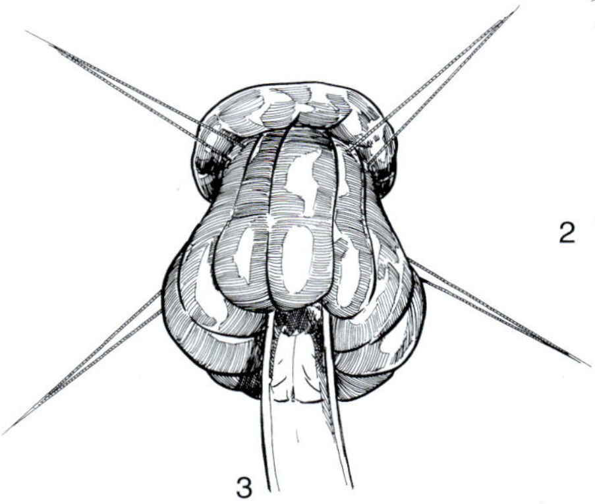

3

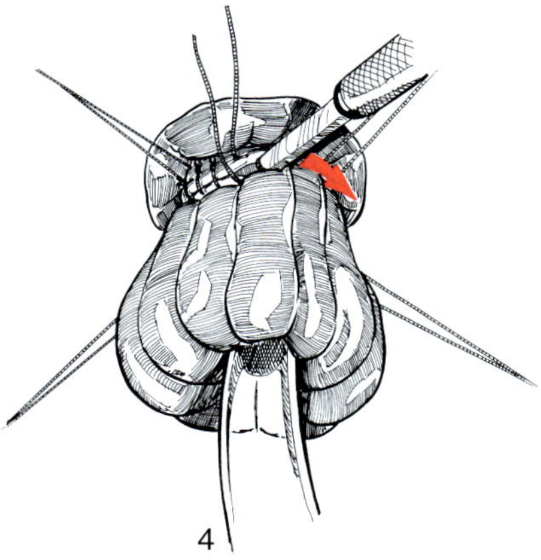

4

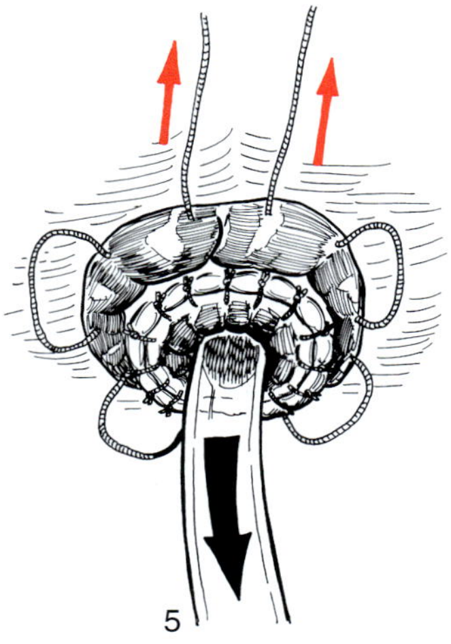

5

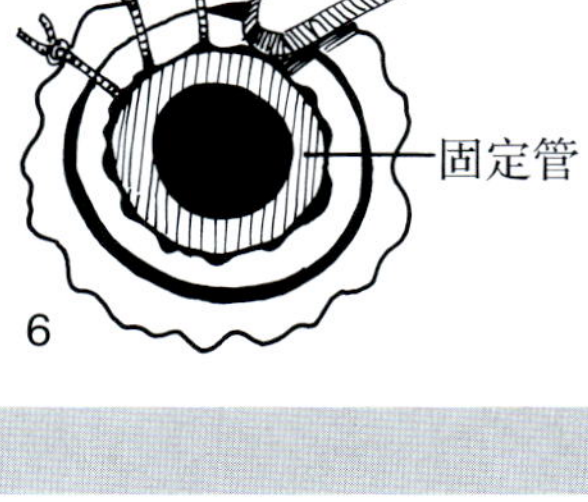

6

6.7.8.6 直肠切断术

适应症

不能整复的直肠脱。直肠坏死。脱出的直肠受到损伤。

体位

将尾巴固定于头侧方向的俯卧保定。后肢垂于手术台下，腹部垫上沙袋或毛巾等物品予以支持(图 1)。

术式

为了固定将要切除的直肠部分，用适当粗细的塑料管插入脱出的直肠内(图 2)。

在临近肛门的直肠壁上的 10 点、2 点、4 点以及 8 点位置装上 4 根牵引线。这 4 根牵引线要贯穿脱出直肠的双层肠壁，助手牵引这 4 根线固定脱出的直肠位置(图 3)。

用手术刀在距直肠牵引线数毫米处实施环状切断，将断端用 3-0~2-0 合成可吸收性缝线进行全层单纯结节缝合(图 4)。

抽出塑料管，整复缝合的直肠。

为预防再发生直肠脱，可将肛门周围做荷包缝合，暂时闭锁肛门(图 5、6)。

术后护理

注射抗生素。

输液维持营养，禁食 48 h，然后给予流食实施饮食疗法。

为了排便，每 12 h 松开一次荷包缝合。术后 3~4 天拆除荷包缝合。

6.7.8.7 肛门腺摘除术

图1显示的是会阴部的局部解剖和肛门腺的位置。

适应症

反复发生的肛门腺炎。由于化脓性肛门腺炎导致的肛瘘。肛门腺肿瘤。

体位

将尾巴固定于头侧方向的俯卧保定。后肢垂于手术台下，腹部垫上沙袋或毛巾等物品予以支持(图1)。

术式

用球头探子检查瘘管和肛门腺的开通程度。

在肛门的4点和8点位置切开皮肤(图2)。

用扩张器扩展创腔，用钝头外科手术剪钝性切开外肛门括约肌(图3)。

切开肛门腺(图4)，夹上两把止血钳，一边提拉止血钳小心提起切开的肛门腺，一边钝性剥离肛门腺周围组织，摘出肛门腺(图5)。

结扎并切除瘘管，除去肛门腺(图6)。

将创口彻底止血、清洗后，逐层进行缝合。

术后护理

注射抗生素。

术后10~14天拆线。

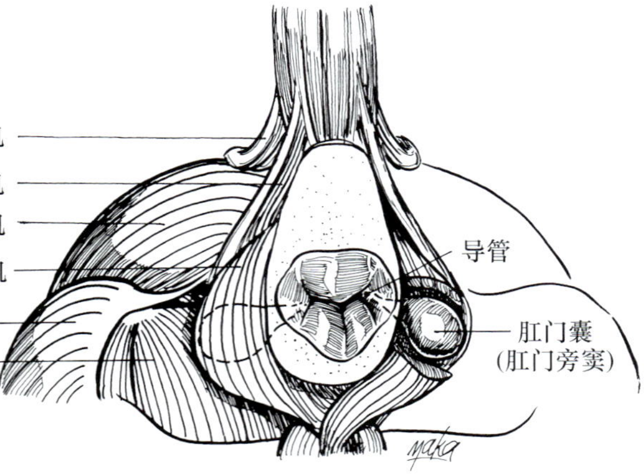

1

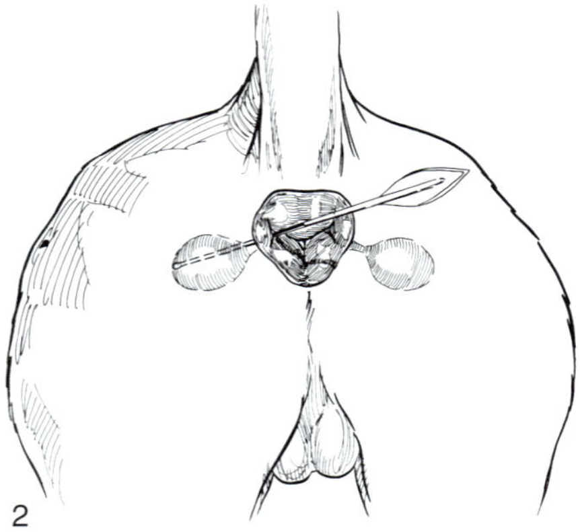
2

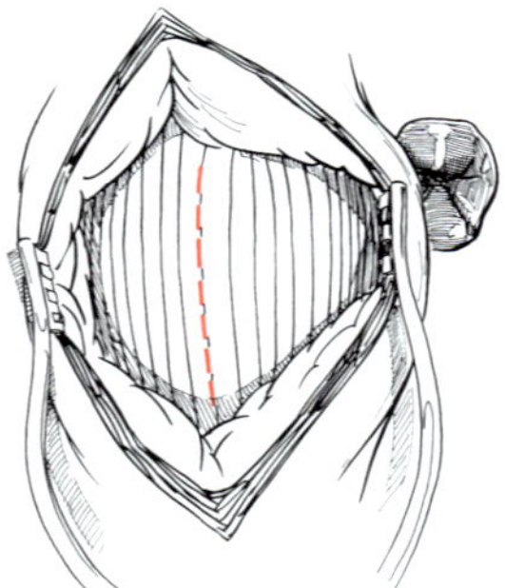
3

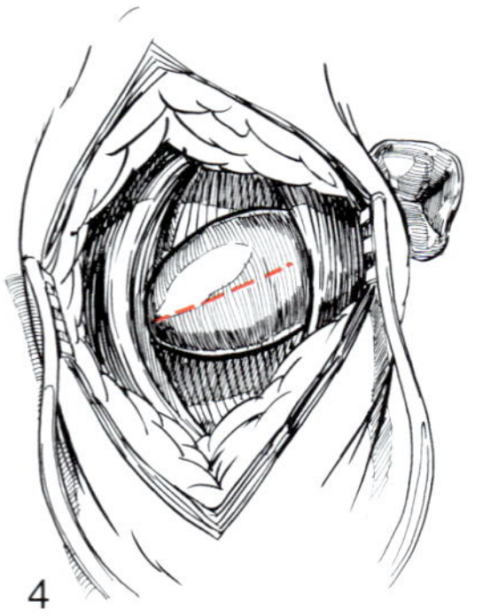
4

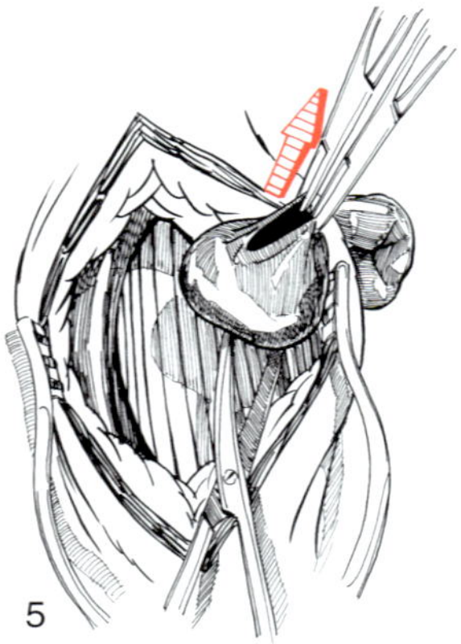
5

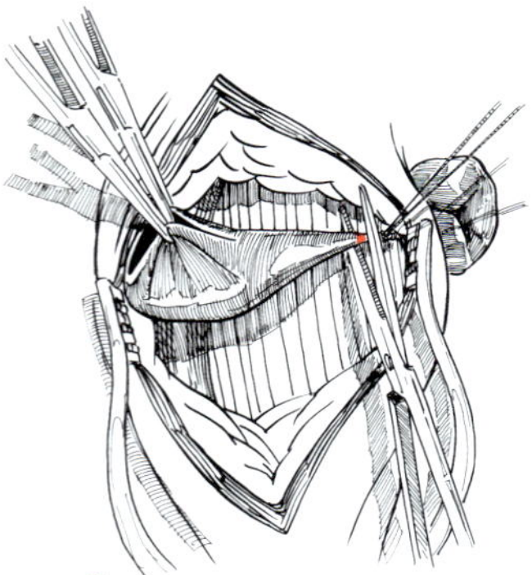
6

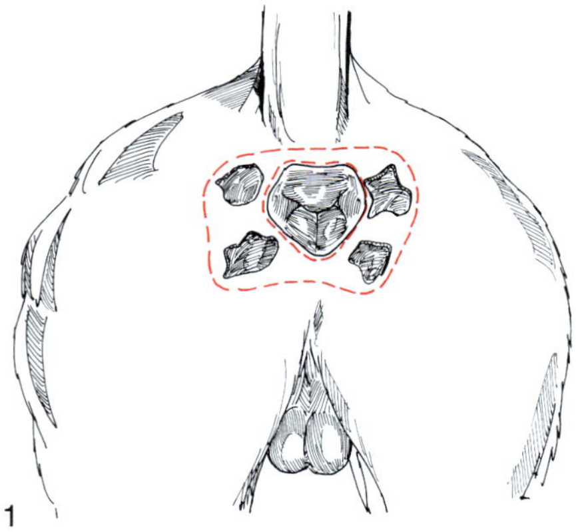
1

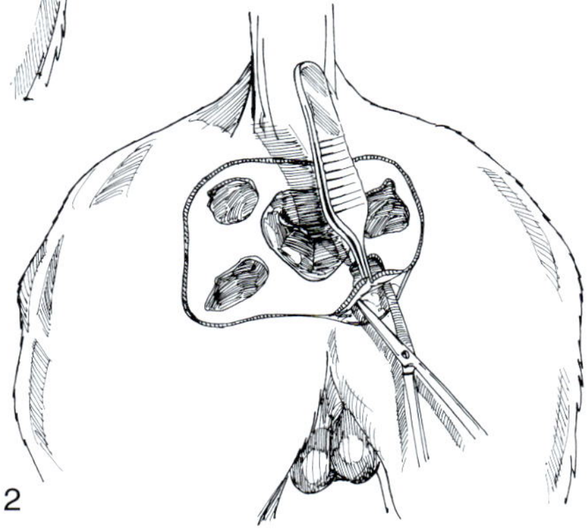
2

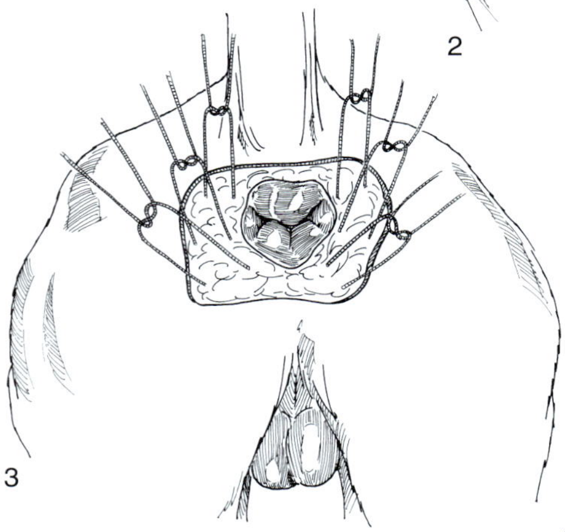
3

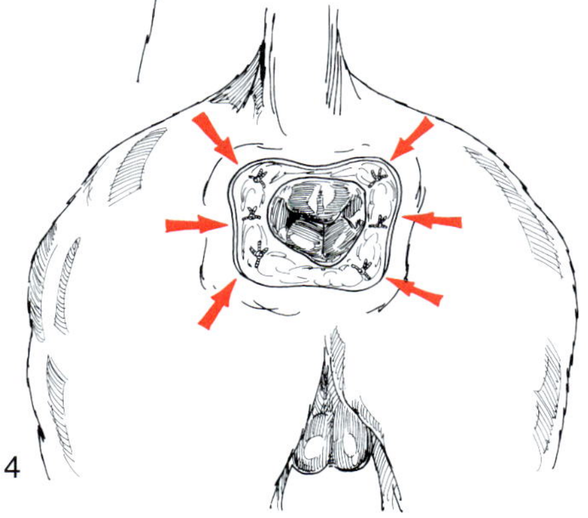
4

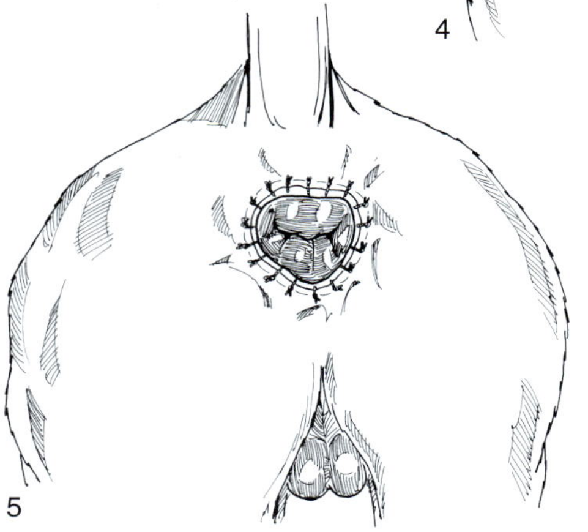
5

6.7.8.8 肛周瘘

适应症

由肛门周围腺引起的，形成到达深部的化脓性瘘管和皮肤坏死。

体位

将尾巴固定于头侧方向的俯卧保定。后肢垂于手术台下，骨盆下部垫上沙袋或毛巾等物品予以支持(图 1)。

术式

用球头探子检查、确认瘘管的方向和深度。

逐个切除瘘管。

当发生多发性相互连通的瘘管时，将其连同肛门周围的皮肤一起切除（图 1)。在肛门周边的瘘管周围实施大致的环状皮肤切开(图 2)。切除创内的变性、坏死的组织。

为了收拢、缩小创面，将剩余的组织进行放射状单纯结节缝合（用 4–0~2–0 非可吸收性缝线)。缝合时尽量多带些组织(图 3、4)。缝合连接皮肤创缘时(皮肤和肛门)，用 4–0~2–0 合成可吸收性缝线，采用单纯结节缝合法(图 5)进行缝合。

当创缘间压力很大时，可采取水平“弓”字形外翻缝合的方法。

术后护理

连续注射抗生素 4~6 天。

术后 10~14 天拆线。

6.8 肝脏

6.8.1 肝脏的解剖

肝脏的局部解剖和在腹腔内的位置。尾侧观(图 1)。

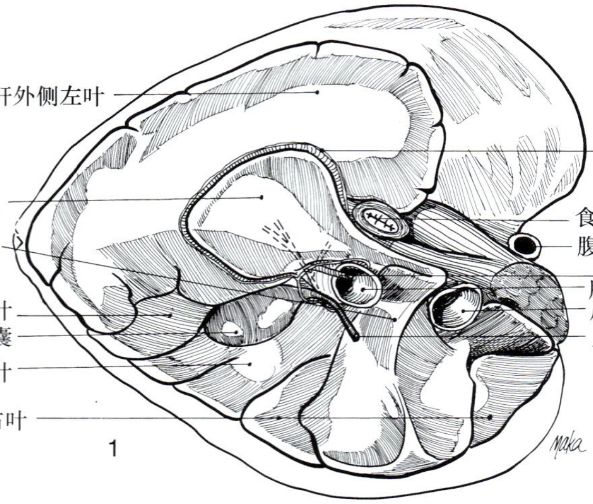

1

6.8.2 部分肝叶切除术

适应症

肿瘤。破裂。囊肿。

体位

仰卧保定。

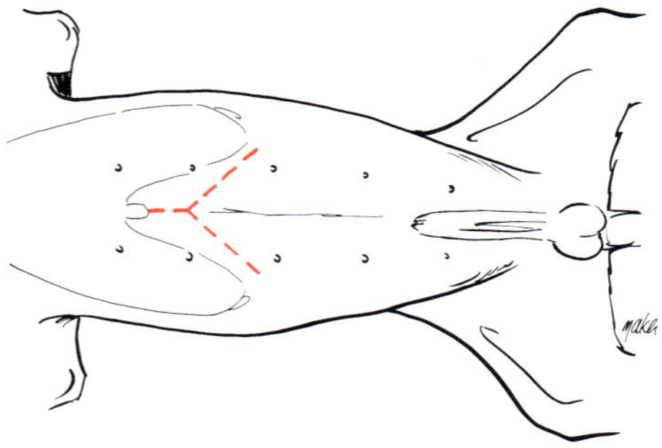

术式

在脐的前部沿腹正中线实施开腹术。为了扩大术野，可同时并用单侧或双侧肋骨旁切开(胁腹部切开)术。

将开腹部周围盖上浸有温生理盐水的布或纱布加以保护。

将病变的部分肝叶移置腹壁创口处，用食指和中指夹住肝脏的切除线，在肝脏的健康部位实施强力压迫、捏搓(图 1)，此操作的目的是分离肝内的血管和胆管，准备进行肝叶的“肝组织手指分割法”。

“肝组织手指分割法”就是进行钝性的组织分割。用该方法可以很好地暴露肝内的血管。

(下接 328 页)

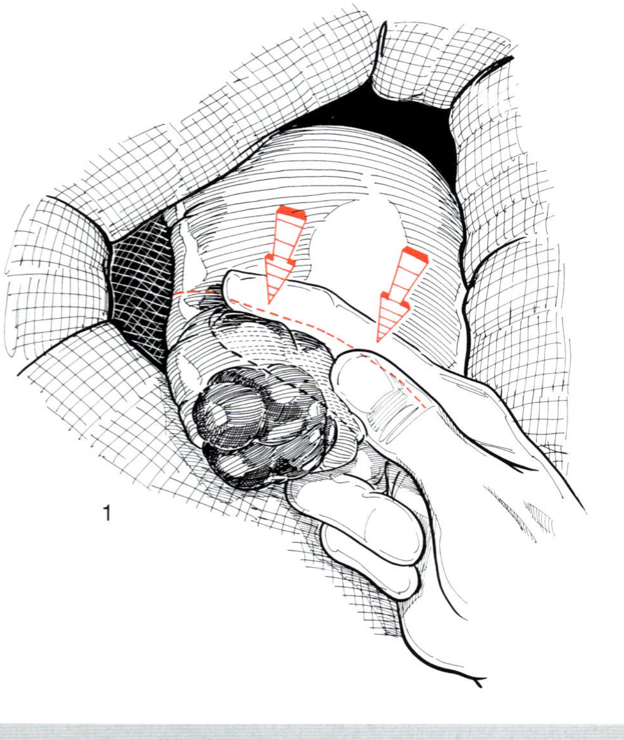

1

用双手轻柔地把握肝叶，用拇指和食指将肝叶从中心向边缘方向一边捻挫一边切断。小心进行这种分割操作，可以暴露出切除线上的血管(图2)。

用4–0~2–0可吸收性缝线将血管实施双重结扎，用结扎断绝双方向的血液供给(图3)。

这种结扎可使用金属的或塑料的止血卡子。该操作技术如图4~8所示。

当出现广泛性毛细血管出血时，可用电止血法进行止血。

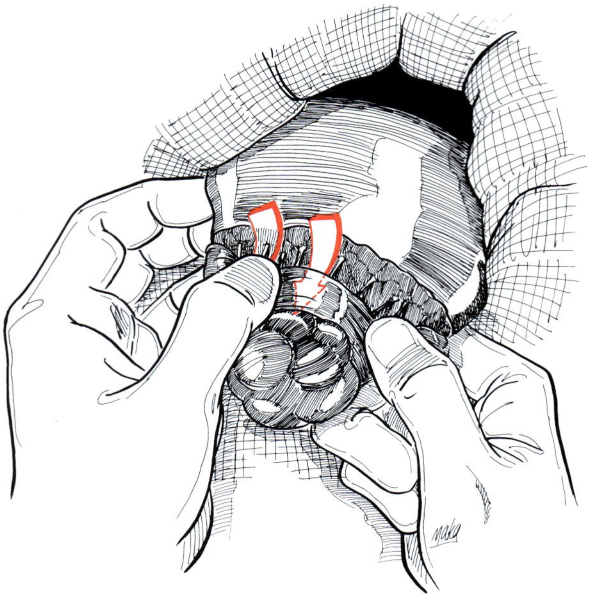

2

3

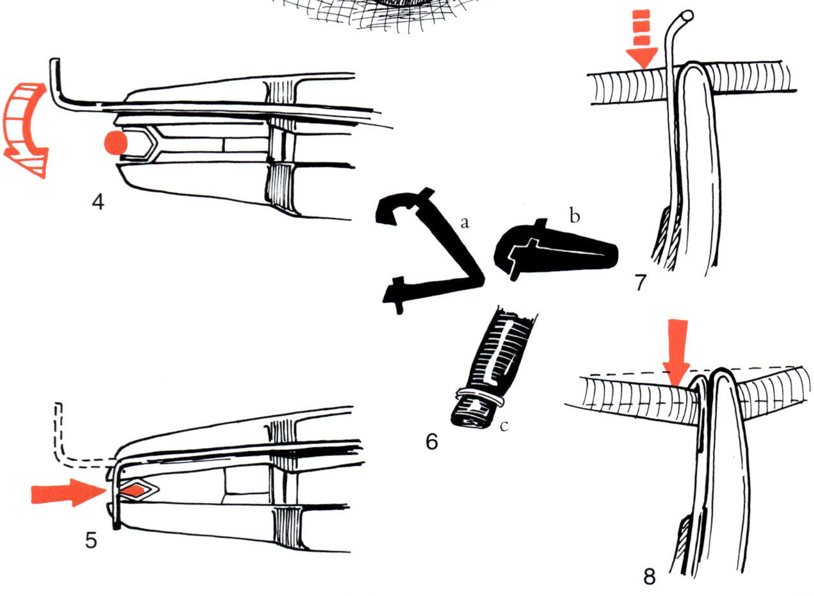

4 5 6 7 8

对于缓慢的出血，可用如下方法进行止血。可在肝叶断端覆盖上止血纱布和大网膜片。此时可用组织黏结剂，将大网膜和止血纱布一起粘在肝叶的断端上（图 9、10、10a）。

将黏结部用手指压迫 30 s 以上以求黏结确实（图 11）。

完全止血后将肝叶还纳回腹腔。

一边使用吸引装置抽吸，一边用温生理盐水清洗腹腔。

依次缝合腹腔。

术后护理

连续注射抗生素 8 天以上。

大量使用维生素 B、维生素 C、维生素 K。

每天少量多次地饲喂高质量易消化的饲料。

术后 10~14 天拆线。

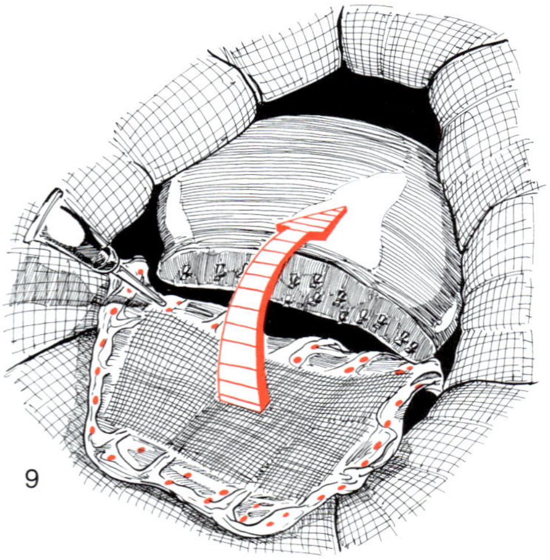

9

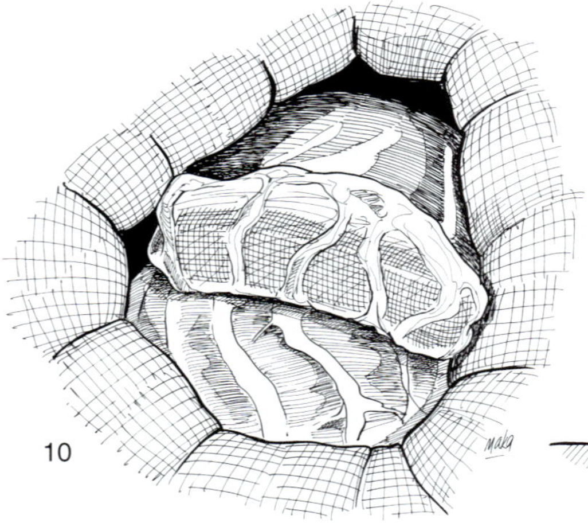

10

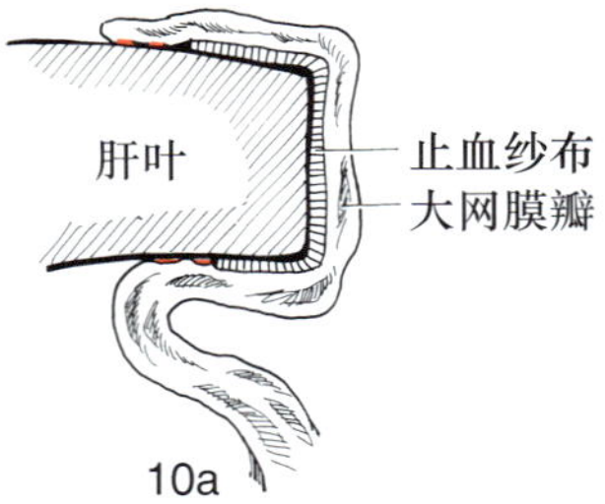

10a

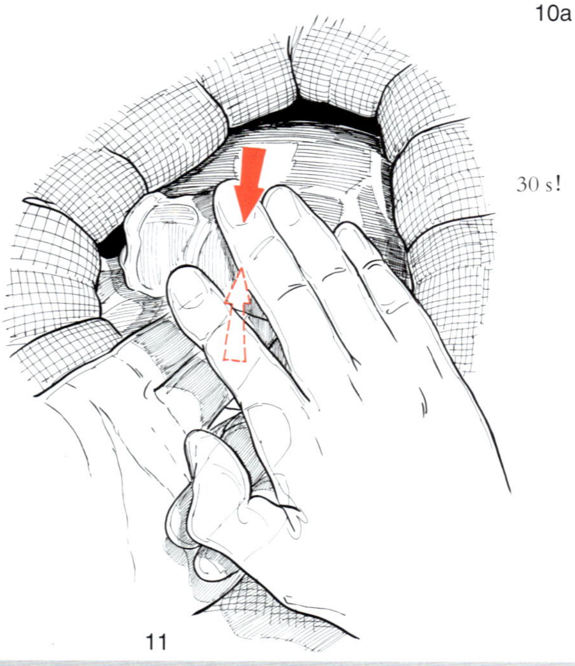

11

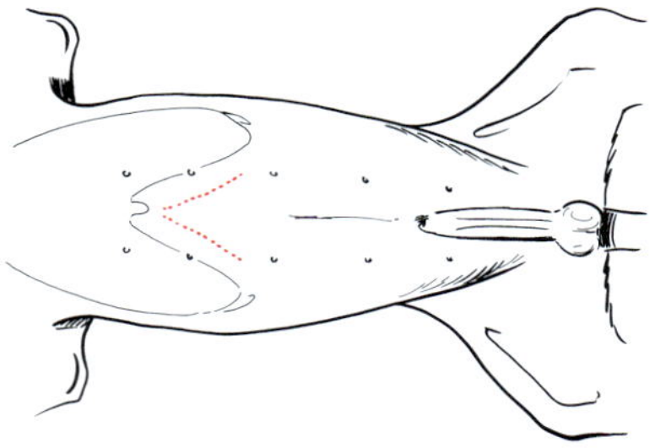

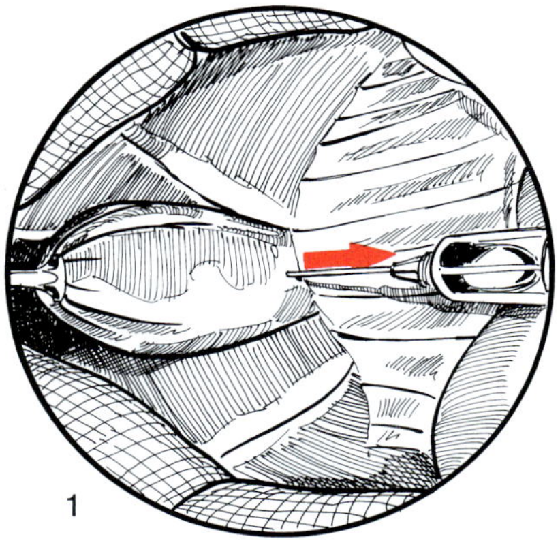

1

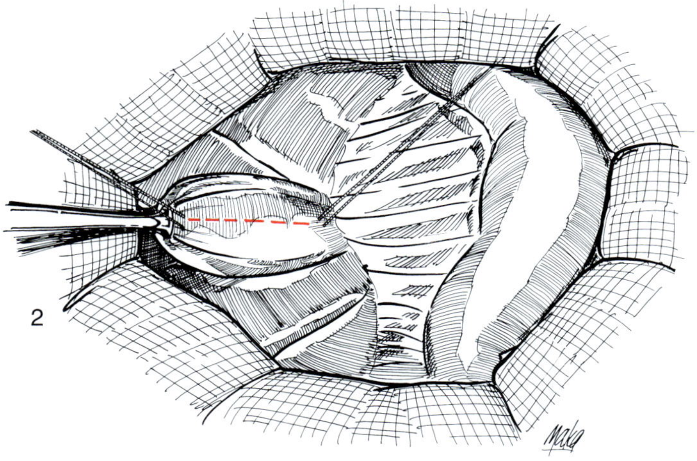

2

6.8.3 胆囊切开术

适应症

结石。

体位

仰卧保定。

术式

在脐的前部沿腹正中线切开或同时进行双侧肋骨旁切开(肋腹部切开)。

将开腹部周围盖上浸有温生理盐水的手术用布或纱布加以保护。

将胆囊的前端用有齿钳子夹住并稍稍提起使之紧张。

用注射器抽出胆囊内胆汁，以防手术中漏出胆汁(图 1)。

将胆囊在腹侧面尽量广泛地切开(图 2)。

除去结石后，使用 5-0~4-0 合成可吸收性缝线连续全层水平褥式内翻缝合（康奈尔式缝合法,图 3)胆囊创口。然后再带上浆膜进行垂直内翻单纯结节缝合（伦伯特式缝合,图 4)。

检查胆囊缝合部的缝合质量，依次缝合腹壁。

术后护理

连续注射抗生素 8 天。

饲喂低脂肪易消化的饲料。

术后 10~14 天拆线。

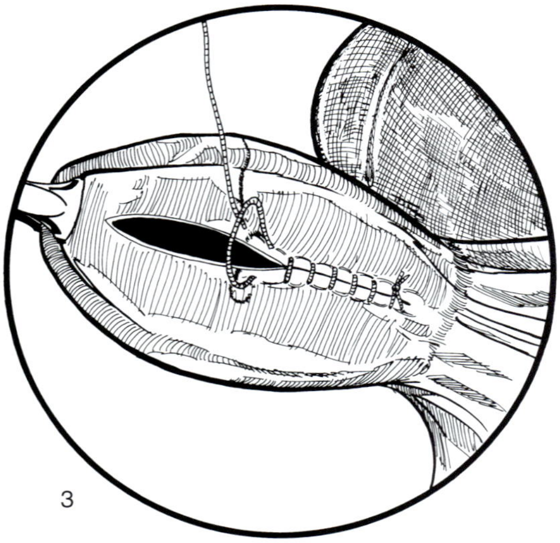

3

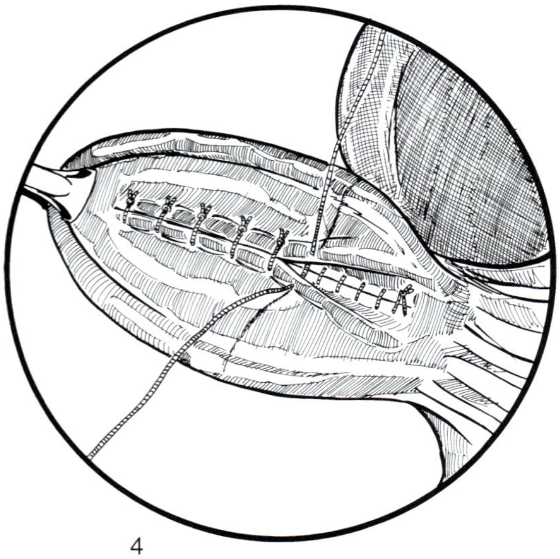

4

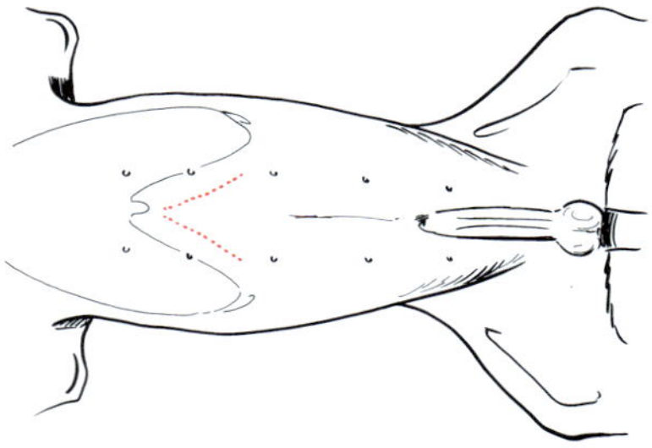

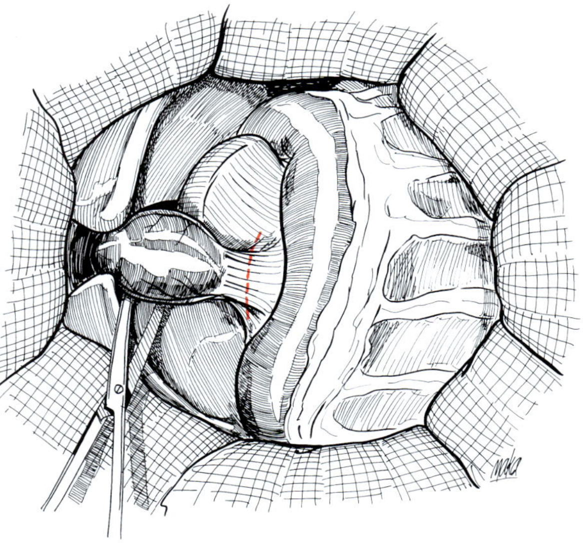

1

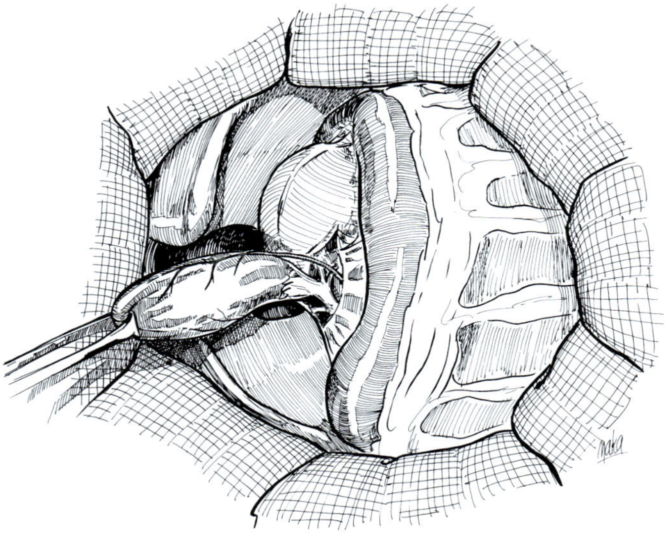

2

6.8.4 胆囊摘除术

适应症

胆结石。肿瘤。严重的慢性胆囊炎或外伤。

体位

仰卧保定。

术式

在脐的前部沿腹正中线切开或同时进行双侧肋骨旁切开(胁腹部切开)。

将腹部创口盖上浸有温生理盐水的手术用布或纱布加以保护。

用直组织剪从胆囊基部开始，小心地从胆囊窝钝性分离出胆囊(图1)。在胆囊和肝实质间注入生理盐水，这样可以容易地将胆囊从胆囊窝中分离出来。

将胆囊的前端用有齿钳子夹住并稍稍提起(图2)。

为了确认分布于胆管上血管，要十分小心地切开胆囊颈部的小网膜(图2)。

暴露胆囊动脉，在分布于胆囊的动脉分支的近端进行双重结扎，然后切断(图3)。

在胆管开口前，将总胆管夹上 3 把止血钳(图 3)。

靠近第 3 把止血钳处用缝线结扎总胆管(图 3、4)。去掉中间的止血钳后，在这把止血钳的钳夹处进行第二道结扎。在最远位的止血钳附近，将胆管用手术刀或手术剪切断。用灭菌棉棒蘸消毒液清洗、消毒胆管断端(图 5)。

对于胆囊窝不必做任何处理。

依次缝合腹壁。

术后护理

连续注射抗生素 5 天。

1 天多次饲喂低脂肪易消化的饲料，经过较长的时间后转为饲喂正常饲料。

术后 10~14 天拆线。

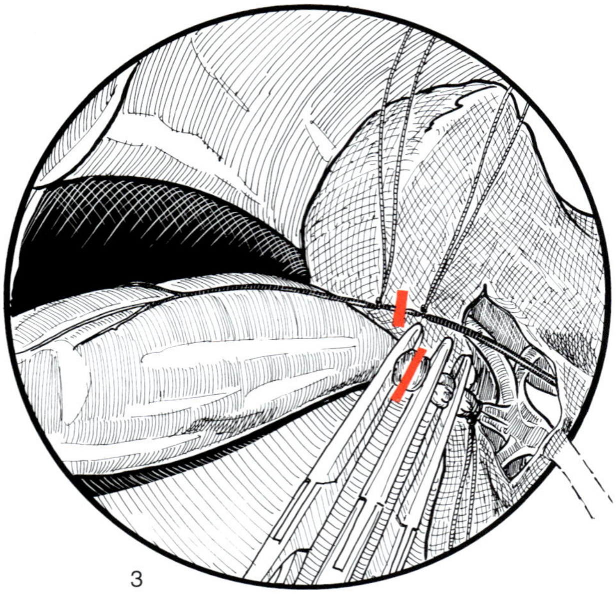

3

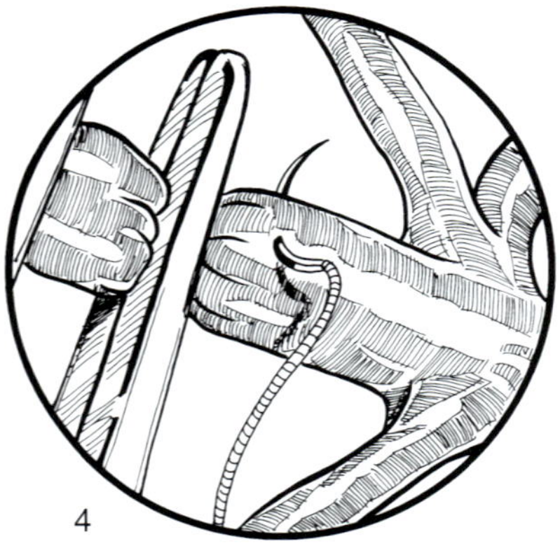

4

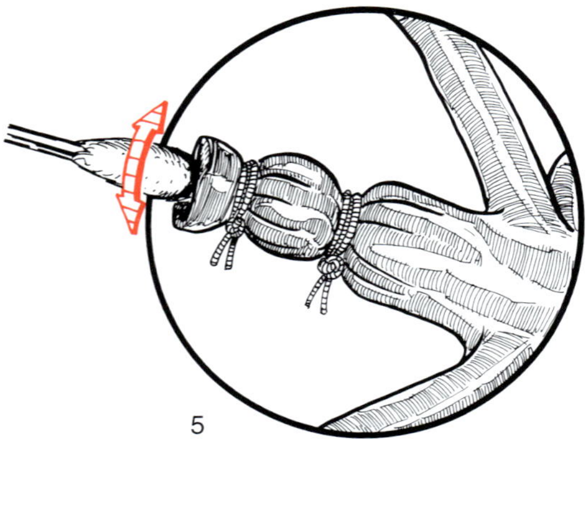

5

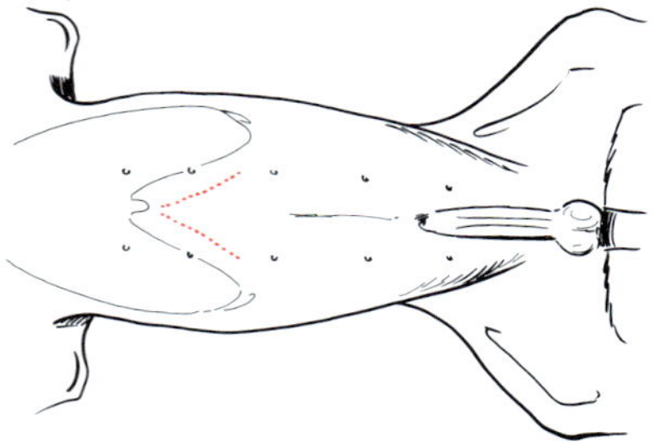

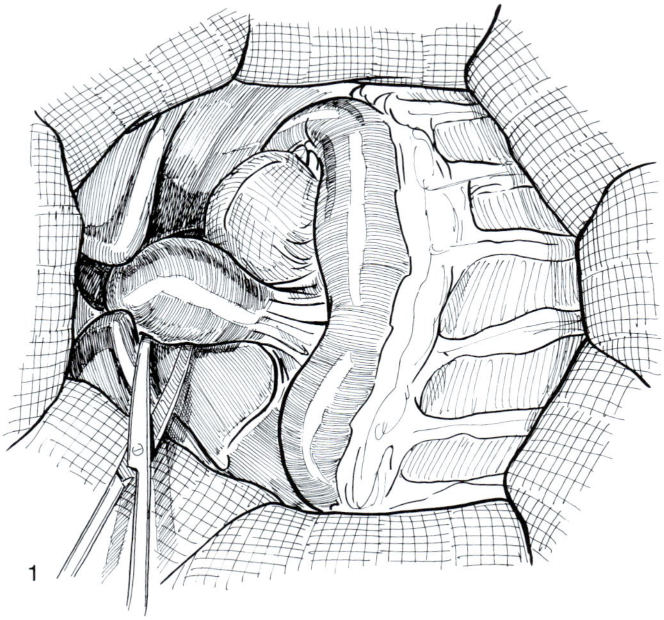

1

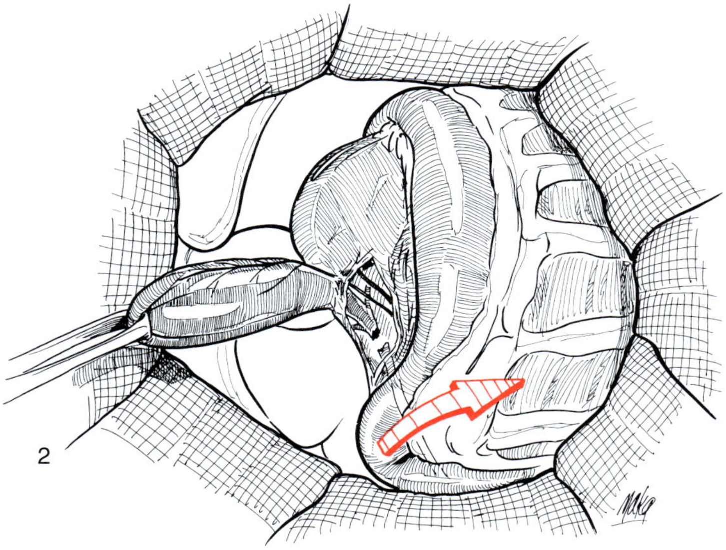

2

6.8.5 总胆管破裂

适应症

由于胆结石造成的总胆管破裂。

体位

仰卧保定。

术式

在脐的前部沿腹正中线切开或同时进行双侧肋骨旁切开(肋腹部切开)。

将腹部创口盖上浸有加温生理盐水的手术用布或纱布加以保护。

用直的组织剪从胆囊基部开始,小心地从胆囊窝钝性分离出胆囊(图1)。将胆囊的前端用有齿钳子夹住并牵引(图2)。

为了确认分布于破裂部及胆管上的血管,要十分小心地钝性切开胆囊颈部的小网膜(图2)。

压迫胆囊使胆汁漏出，以此来确认胆管破裂处。

为了便于缝合破裂部位，可将其做适当的修整。设置2根牵引固定线准备进行吻合(图3)。

移动幽门部,取适当粗细、两端圆滑的塑料管,将其从胆管破口处完全插入,直至十二指肠内。然后向肝脏方向回插1~2 cm,使塑料管存在于破裂的胆管中(图3a)。

对总胆管的断端用5–0缝线进行单纯结节缝合,实施环状吻合(图4)。

在吻合部覆盖上小网膜。

塑料管在术后2、3天自然排出。

依次缝合腹壁。

术后护理

注射抗生素。

术后10~14天拆线。

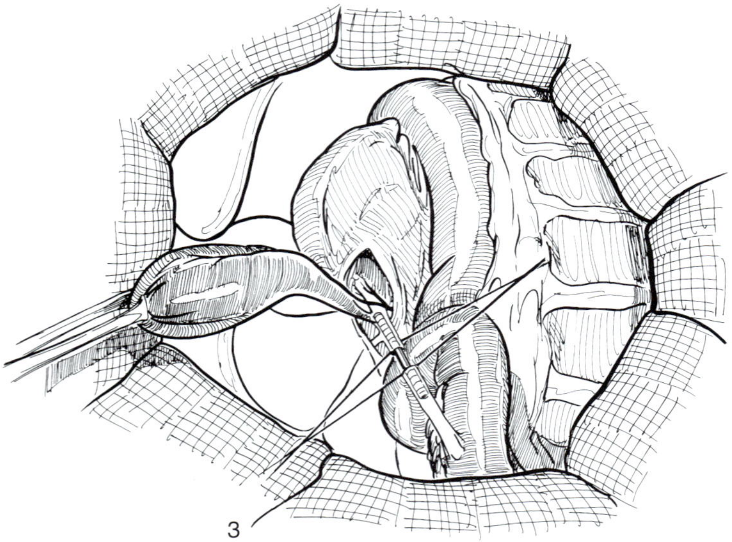

3

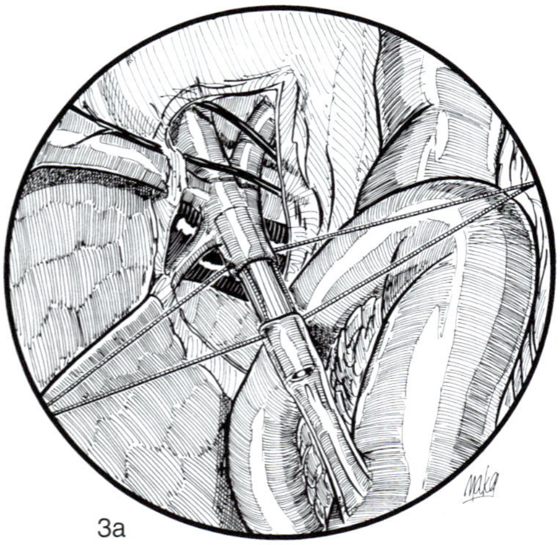

3a

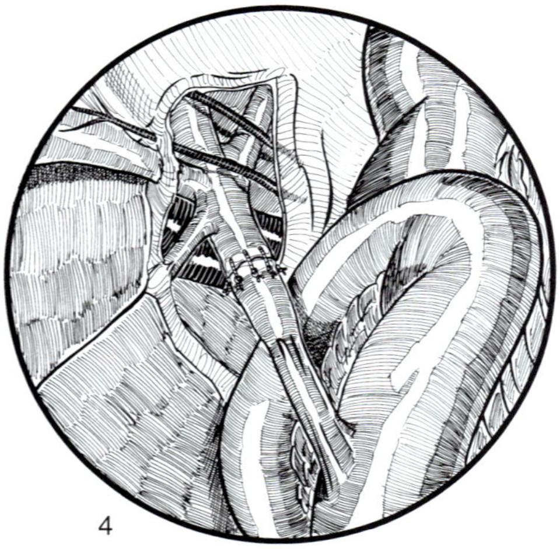

4

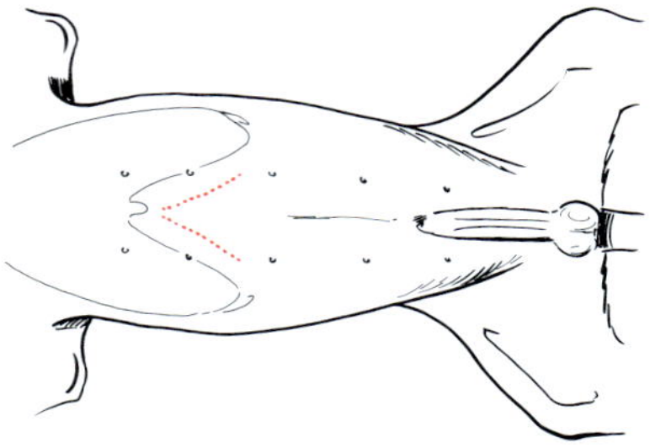

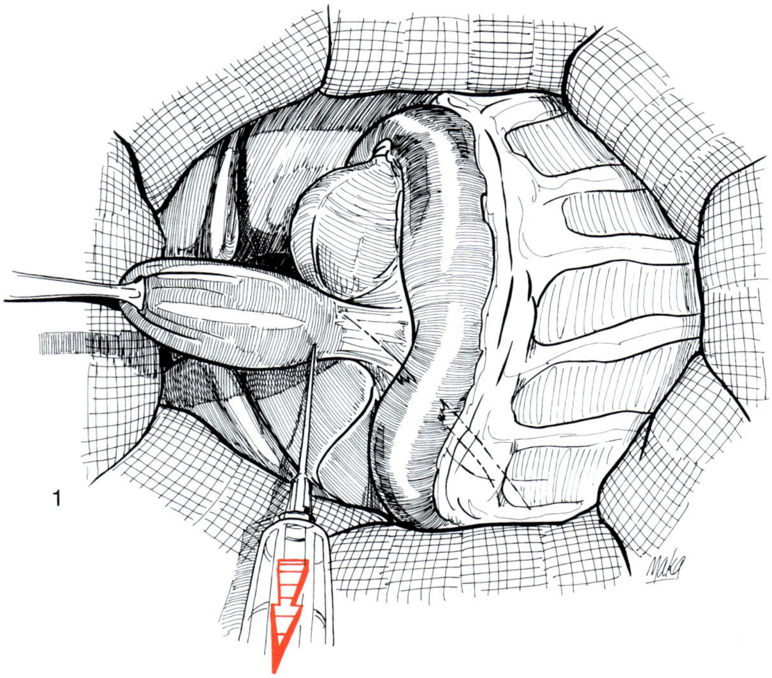

1

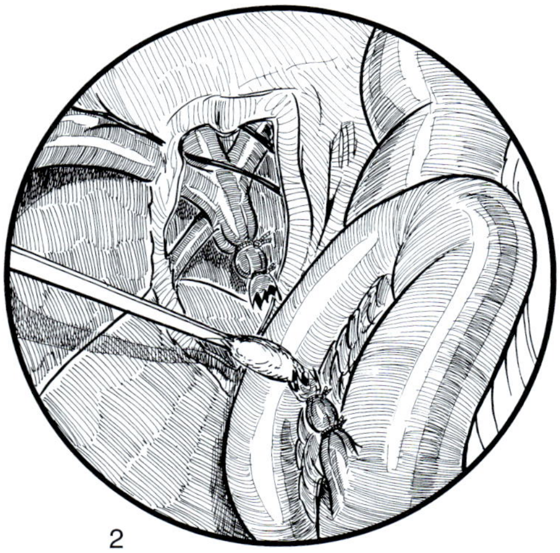

2

6.8.6 胆囊十二指肠吻合术

适应症

总胆管的闭塞和破裂。

体位

仰卧或斜向左侧的侧卧保定。

术式

在脐的前部沿腹正中线切开或同时进行双侧肋骨旁切开(肋腹部切开)。

将腹部创口盖上浸有温生理盐水的手术用布或纱布加以保护。

用直的组织剪从胆囊基部开始，小心地从胆囊窝钝性分离出胆囊(图1)。将胆囊前端用有齿钳子夹住并牵引，然后用注射器抽出胆囊内胆汁。

为了确认分布于破裂部及胆管上的血管，要十分小心地钝性分离胆囊颈部的小网膜(图2)。在总胆管的阻塞部或破裂部远位和近位实施双重结扎。用灭菌棉棒蘸消毒液清洗、消毒胆管断端(图2)。

将可移动的胆囊在松弛状态下移向十二指肠。

在此处穿上2根牵引固定线，将胆囊的尖端固定于十二指肠上(图3)。

为了进行胆囊十二指肠吻合，在切开胆囊前，将术者可见的对侧的胆囊壁用4-0~3-0合成可吸收性缝线，只穿透浆膜和肌层与十二指肠实施连续缝合(图4)。

将胆囊和十二指肠平行于缝合实施全层切开，长度与缝合的长度相同。

然后将朝向术者的创缘进行连续缝合，完成吻合(图5)。

确认吻合部无液体漏出后，依次缝合腹壁。

术后护理

注射抗生素。

输液维持营养，禁食48 h以上，随后大概2周内每天少量多次地饲喂易消化的流食。

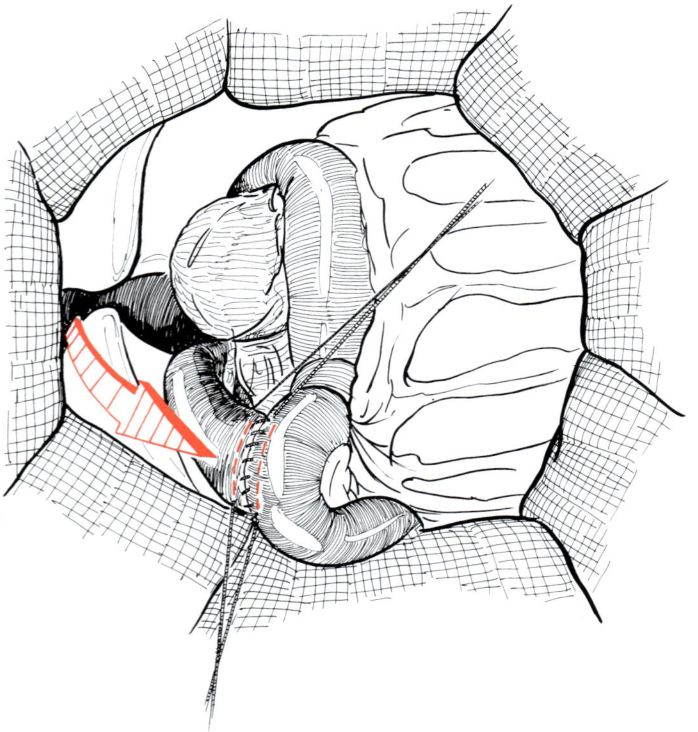

3

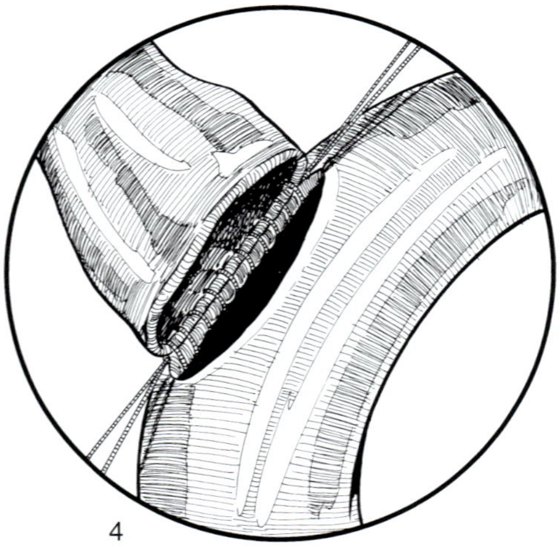

4

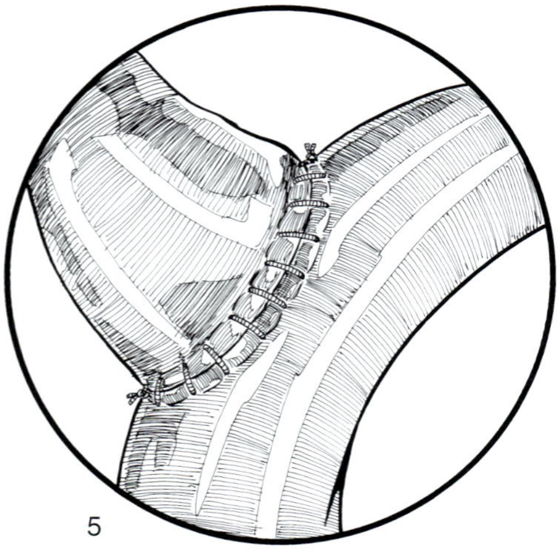

5

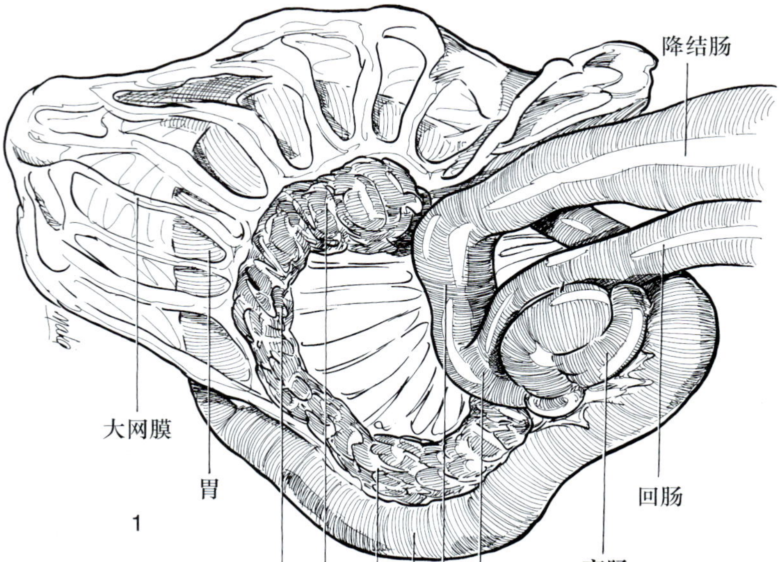

1

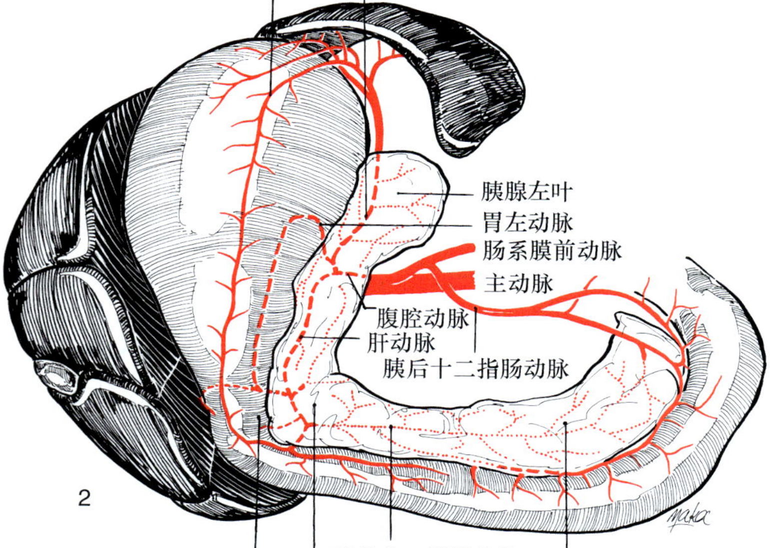

2

6.9 胰腺

6.9.1 胰腺的解剖

显示胰腺的局部解剖和与胰腺接触的临近器官以及位置关系（图 1）。大网膜已被移向了头侧。

图 2 显示的是胰腺的血液供应模式图。

一般情况是，来源于脾动脉的血液供给胰腺左叶的头侧部，来源于后胰十二指肠动脉的血液供给胰腺右叶的尾侧部。肝动脉和左胃大网膜动脉分支供给胰腺体部的血液。需要进行大量血管吻合是胰腺外科手术的困难之处。

6.9.2 部分胰腺切除术

关于胰腺的全摘除术，到目前为止只进行了试验性操作。

在进行部分胰腺切除术时，由于必须保留腺体的排泄管（胰腺管和副胰腺管），故应注意胰体部的保护。

适应症

肿瘤。外伤性的胰破裂。坏死。脓肿。囊肿。

体位

仰卧保定。

术式

在脐的前部沿腹正中线切开实施开腹术。

将腹部创口盖上浸有温生理盐水的手术用布或纱布加以保护。将十二指肠的近端和胰腺一起移至腹部创口处。将位于腹侧部的大网膜移向头侧。

画红线的区域是可切除的胰腺部位(图 1)。胰腺的左叶可从腹侧摘除；右叶可从背侧摘除。

图 2~4 显示的是通过背侧面手术通路进行的摘除法。在非病变部位切开胰腺的浆膜，用细止血钳将其从十二指肠上分离下来。用同样的方法分割胰腺的实质部分，结扎暴露的血管和胰腺管后进行切断(图 2)。

用 4–0 合成可吸收性缝线结扎胰腺管。对于分布于胰腺尾侧的后胰十二指肠动脉分支，也用同样的方法进行结扎(图 3)。

将胰腺右叶钝性地从十二指肠上分离下来，切实结扎分布于该处的动脉血管(图 3)。切断所有结扎的血管和胰腺管后，摘除胰腺右叶。对于残留的胰腺游离端，在控制出血后，用组织黏结剂将大网膜和止血纱布一起粘在断端上(图 4)。将黏结部用手指压迫 30 s 以上以求黏结确实。

将十二指肠和剩余胰腺还纳回腹腔，依次缝合腹壁。

注意

在手术期间，要慎重处理剩余的胰腺。可能的话，不应对其实施物理性的压迫等操作。

术后护理

注射抗生素。

输液维持营养，就是说像在治疗急性胰腺炎时一样，保持电解质的平衡。使用药物防止发生胰腺炎。至少禁食 48 h，确认无呕吐后，开始饲喂低脂食物。

术后 10~14 天拆线。

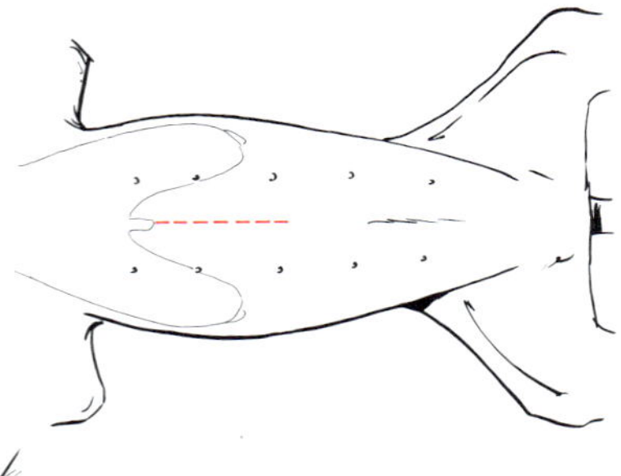

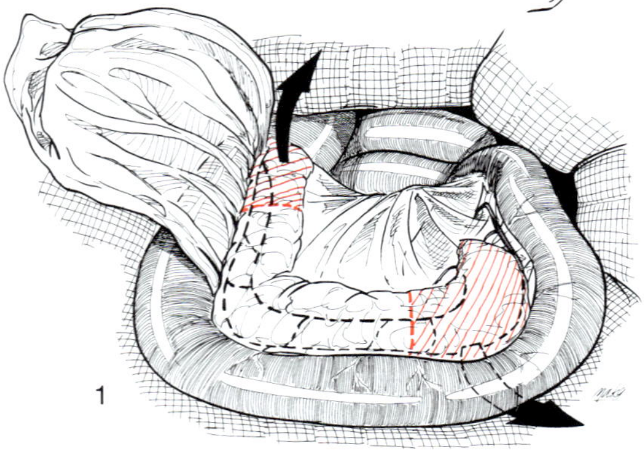

1

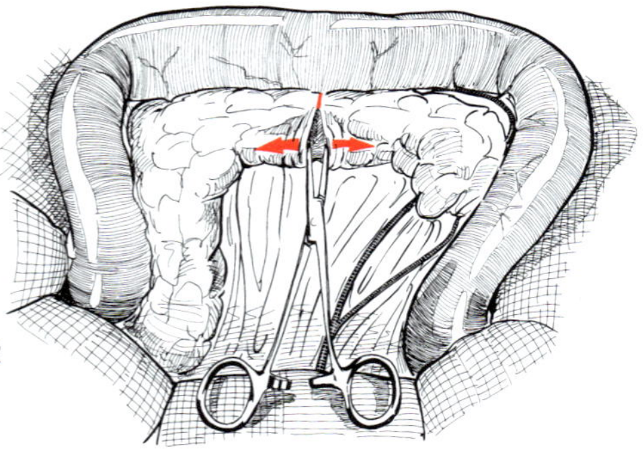

2

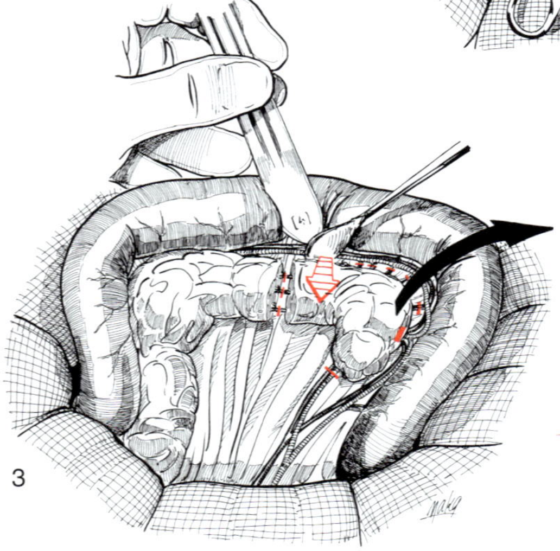

3

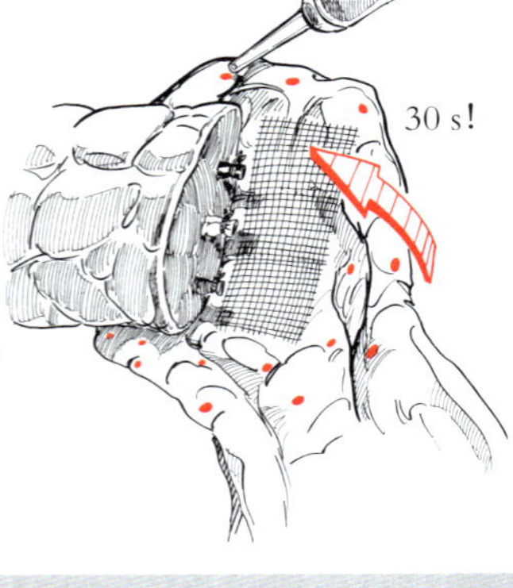

4

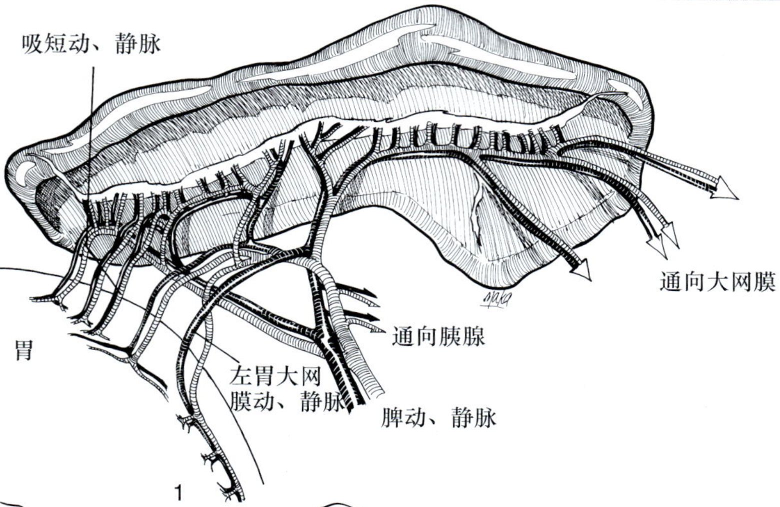

1

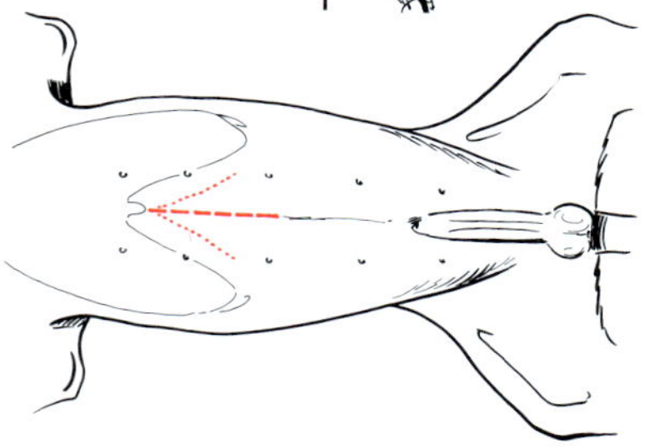

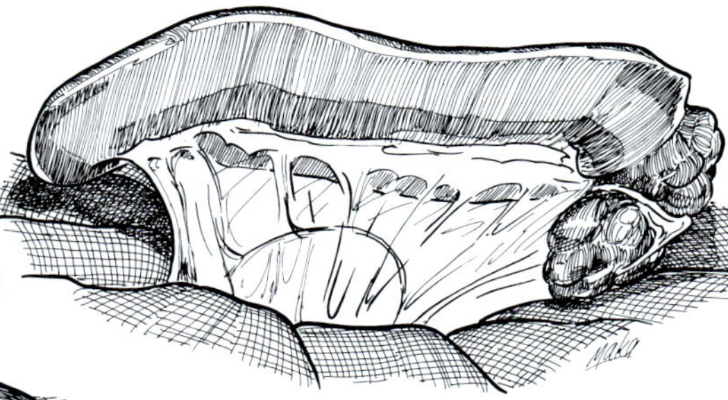

1

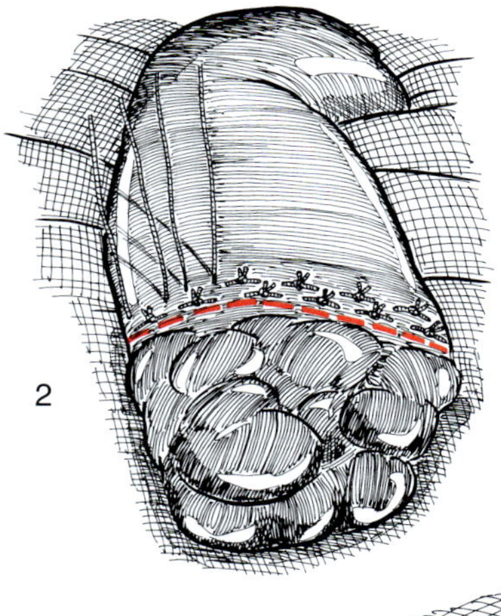

2

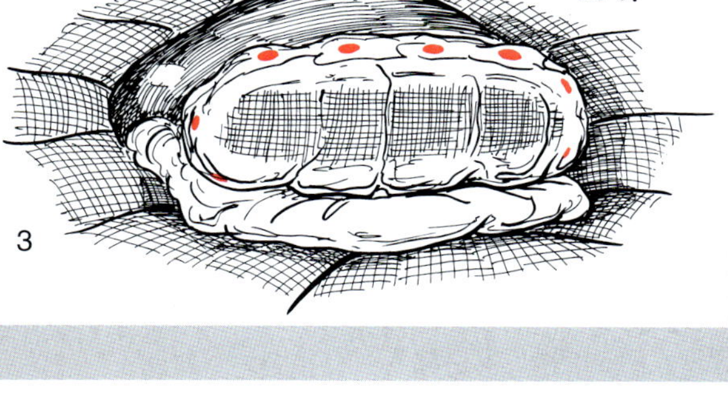

3

6.10 脾脏

6.10.1 脾脏的血液供给

脾脏的血液供给(图 1)。

注意

图表示的是在脾脏全摘除术时，将分布于脾脏的血管尽量在距离脾脏附近切断,该操作是十分重要的。如果在距离脾脏远端切断血管,将断绝胃、胰腺以及大网膜的血液供给!

6.10.2 部分脾脏切除术

适应症

外伤性脾破裂。脓肿。肿瘤。脾脏坏死。

体位

仰卧保定。

术式

在脐的前部沿腹正中线切开实施开腹术。有时进行单侧或双侧肋骨旁切开(胁腹部切开)。

将腹部创口盖上浸有温生理盐水的手术用布或纱布加以保护。将脾脏移至创口处(图 1)。

结扎有关的血管。

在脾脏非坏死部分平行于欲切开线，做 2 列针脚相互错开的全层单纯褥式缝合(图 2)。

事先做两列褥式缝合的目的是控制切口断端的出血。另外,如果断端有出血,可用 1~2 把大止血钳进行钳夹止血。

在褥式缝合的远位切断脾脏。也可用这种方法，即在非病变的脾脏组织内用手指进行钝性切断。

进行切实止血后，用组织黏结剂将大网膜和止血纱布一起粘在断端上(图 3)。将黏结部压迫 30 s 以上以求黏结确实。

将脾脏还纳回腹腔,依次缝合腹壁。

术后护理

注射抗生素。

术后 10~14 天拆线。

6.10.3 脾脏全摘除术

适应症

破裂的脾肿瘤。外伤性脾破裂。脾扭转。自体免疫性溶血性贫血(免疫介导性溶血性贫血:班替病)。网织红细胞血症。

体位

仰卧保定。

术式

在脐的前部沿腹正中线切开实施开腹术。有时进行单侧或双侧肋骨旁切开(肋腹部切开)。

将腹部创口小心盖上浸有温生理盐水的手术用布或纱布加以保护。将脾脏移至创口处,在外伤或脾破裂时,一边保护左胃大网膜动脉,一边用血管钳子暂时性地夹住脾动脉以便保证大网膜动脉分布处的血液供给(图 1)。

缩小由于淤血而增大的脾脏,为防止大量失血,将约 1 mL(1:100 000 肾上腺素)溶液,分几次注射到脾脏内(图 1)。

注意

为了防止由于注射肾上腺素而引发的心室性心律不齐,特别是在使用氟烷麻醉时,不应使用高浓度或大量的肾上腺素!

脾脏收缩后,分离流入、流出于脾脏的血管,并在脾脏的附近将其结扎(图 1、2)。在结扎线和脾脏之间夹上数把止血钳(图 2、3)。在止血钳和脾脏之间用电切割刀切断血管,摘除脾脏(图 3)。顺序解除止血钳,检查、确认从结扎部是否流出血液。

将系膜还纳回腹腔,依次缝合腹壁。

术后护理

注射抗生素。

术后 10~14 天拆线。

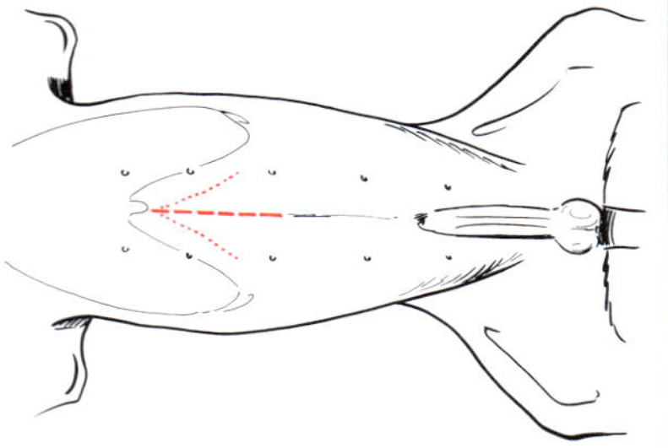

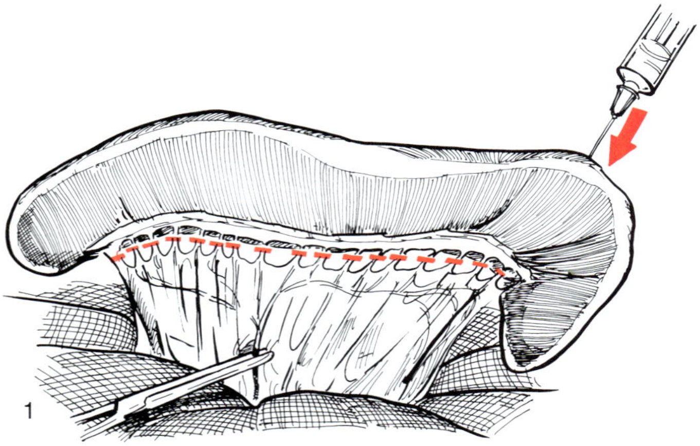

1

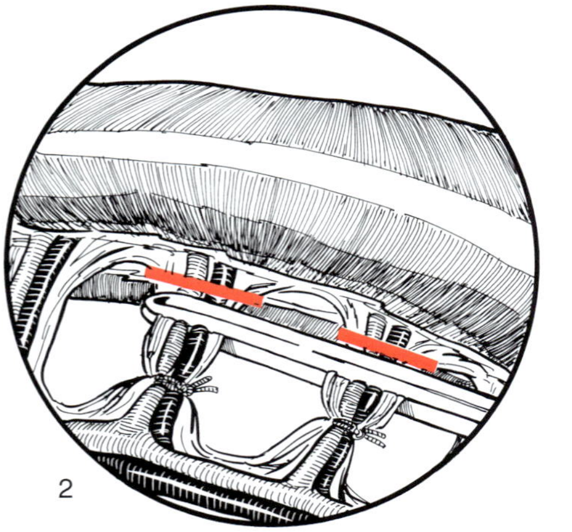

2

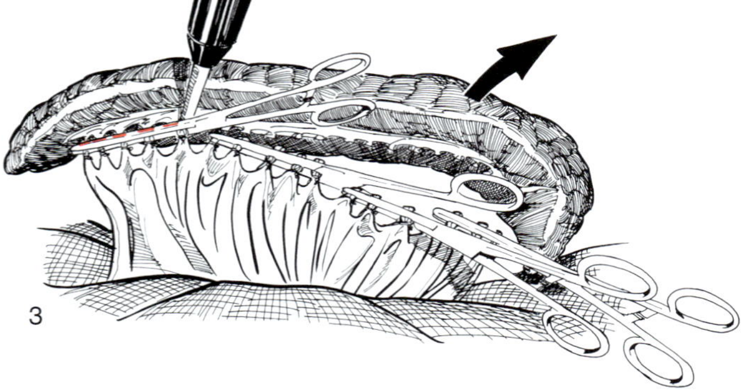

3

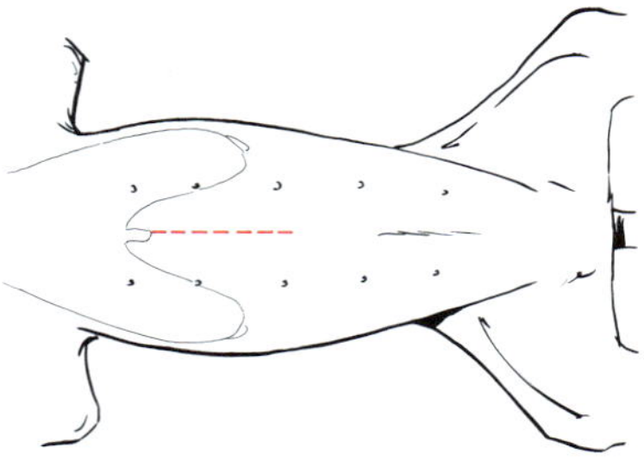

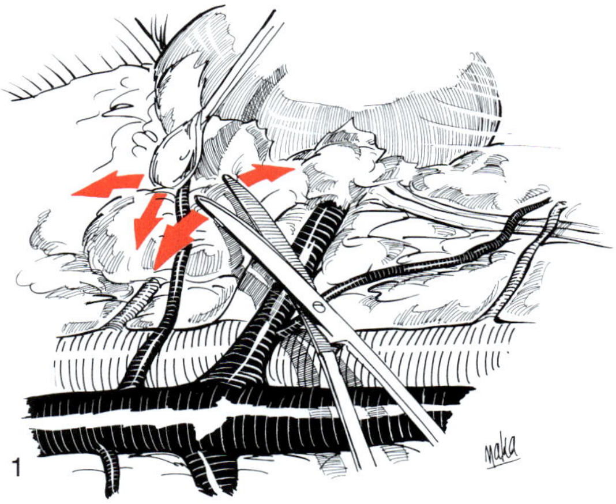

1

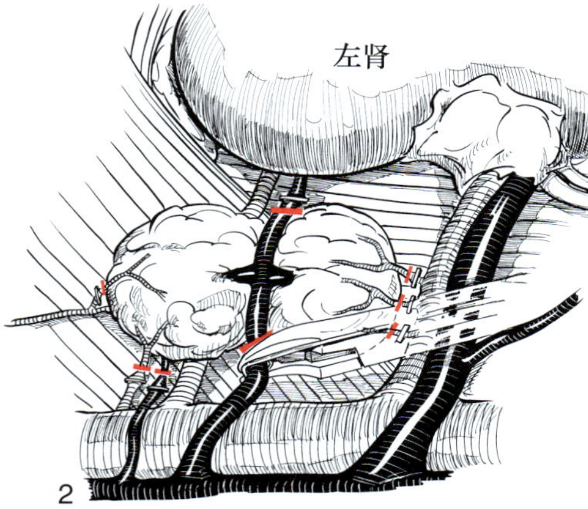

2

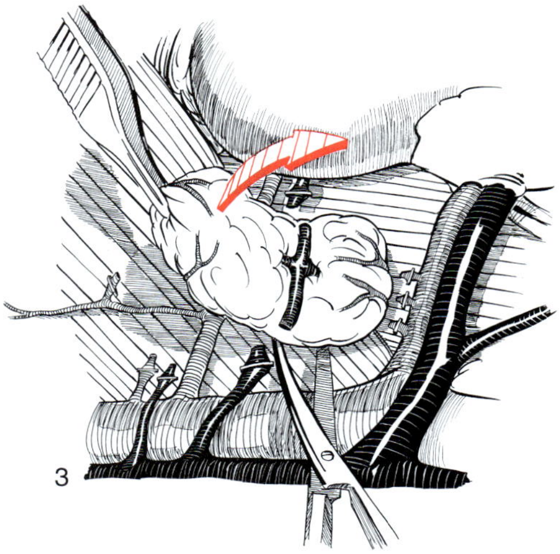

3

6.11 肾上腺摘除术

适应症

肾上腺肿瘤。

术式

在脐的前部沿腹正中线切开实施开腹术。

插入扩张器后，移动腹腔内脏器，尤其是将肠管向前移动。将腹部创口盖上浸有温生理盐水的手术用布或纱布加以保护。

在这里可暴露出肾脏、腹主动脉和后大静脉。

肾上腺通常被埋在脂肪内，临近于后大静脉的右侧和主动脉的左侧，位于肾脏头侧正中的极点位置。将肾上腺用直的组织剪或灭菌棉棒小心地从脂肪组织中钝性分离出来(图 1)。

小心地将分布于肾上腺的血管用 4–0~5–0 合成可吸收性缝线或者血管夹子结扎止血(图 2)。该处的血管分支数和位置可能发生各种各样的变化。

血管分支来源于腹主动脉，后腔静脉，膈下动、静脉和肾动、静脉。

需特别注意越过肾上腺腹侧，来自于头侧和尾侧分布于肾上腺实质的腹静脉(左侧和右侧)。用 4–0~5–0 缝线在肾上腺的正中和外侧结扎静脉(图 2)。

实施结扎后，将血管在肾上腺附近切断。将肾上腺从基部钝性分离除去(图 3)。

实施彻底止血操作！

将器官还纳回腹腔，依次缝合腹壁。

术后护理

摘除双侧肾上腺时，必须终生使用盐皮质激素和糖皮质激素。

实施单侧摘除时，有必要在术中和术后大剂量使用糖皮质激素。在术后的第一天，为了确认剩余肾上腺的机能，进行 ACTH 刺激实验。对于肾上腺机能不全的犬，在术后 3 天内按 0.5 mg/kg 注射泼尼松。该剂量必须在术后 10~14 天内，以每天 0.2 mg/kg 的速度递减。一般在术后 2 个月停止使用泼尼松。在剩余的肾上腺机能不全时使用糖皮质激素。

术后 10~14 天拆线。

注意

该手术应在术前进行详细检查，只能由技术熟练的术者实施。

第 1 章　外科基本技术

第 2 章　整形外科

第 3 章　头部外科

第 4 章　颈部外科

第 5 章　胸部外科

第 6 章　腹部外科

第 7 章　泌尿生殖器外科

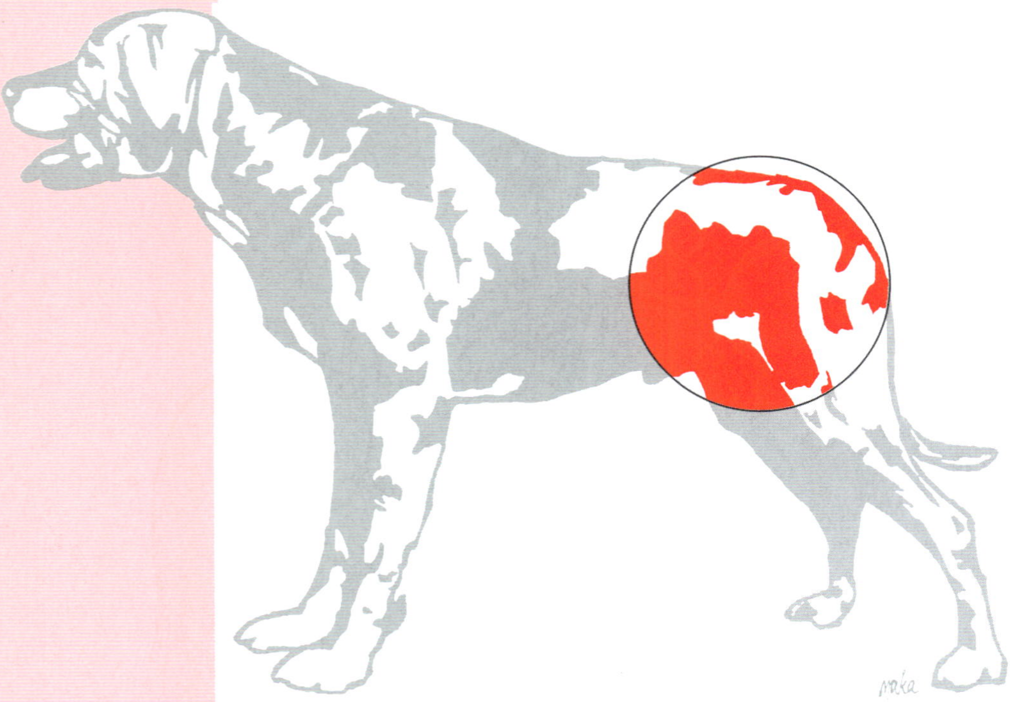

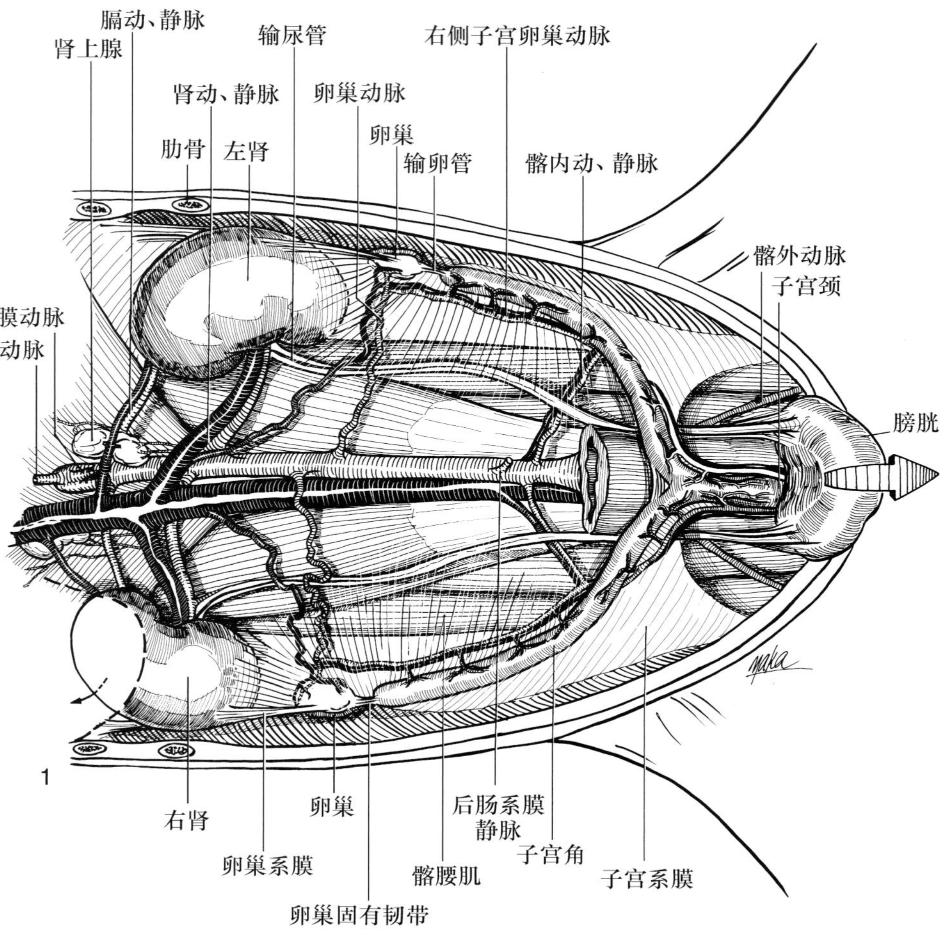
膈动、静脉
肾上腺
输尿管
右侧子宫卵巢动脉
肾动、静脉
卵巢动脉
卵巢
肋骨
左肾
输卵管
髂内动、静脉
髂外动脉
子宫颈
肠系膜动脉
腹主动脉
膀胱
右肾
卵巢
后肠系膜
静脉
子宫角
子宫系膜
卵巢系膜
髂腰肌
卵巢固有韧带

1

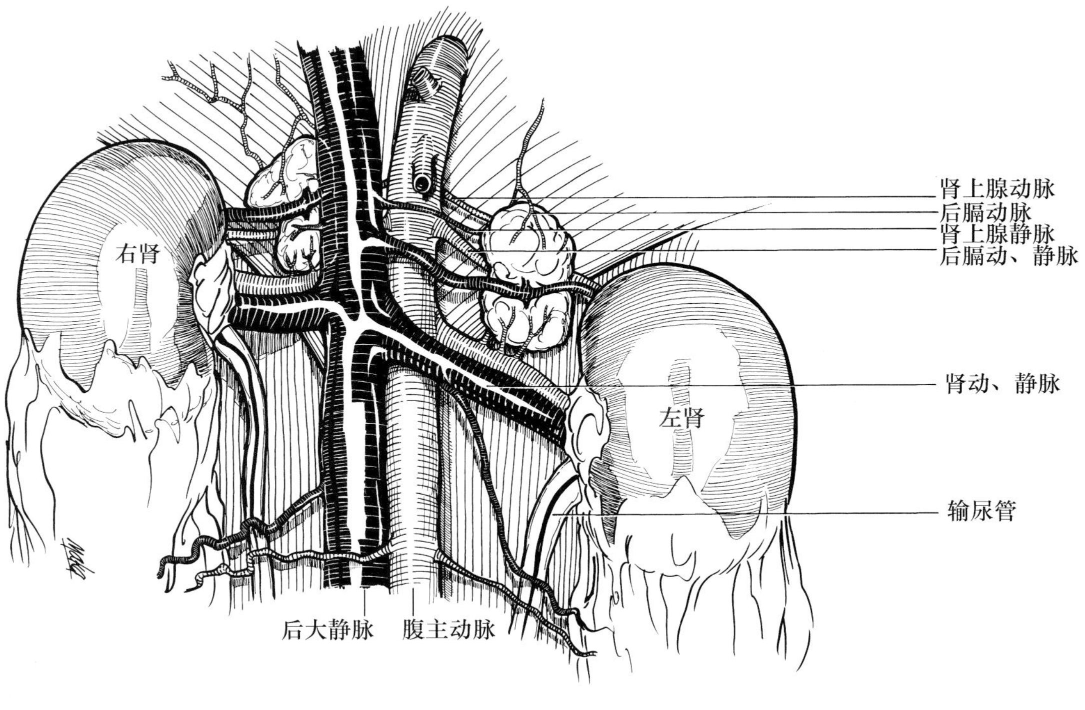
肾上腺动脉
后膈动脉
肾上腺静脉
后膈动、静脉
右肾
肾动、静脉
左肾
输尿管
后大静脉
腹主动脉

2

7.1 解剖

雌猫泌尿生殖系统腹侧观（肠管已被切除）(图 1：344 页)。

膀胱向尾侧牵引，其位置已发生了变化。

肾脏的局部解剖以及血液供给（图 2：344 页）

7.2 肾脏

7.2.1 肾切开术和肾盂切开除石术

适应症

尿道结石。全身麻醉下的肾脏活检。

体位

采取仰卧位保定。

术式

在脐的前、后方沿腹正中线切开实施开腹术。

将扩张器插入腹部切口后，将腹部切开创缘用浸有生理盐水的纱布覆盖上。

将肠管全部从腹腔取出(图 1)。在手术过程中，不断向肠管滴加温生理盐水，以便保持湿润状态。

对左侧肾脏实施的手术。

为了打开肾脏的手术通路，必须将降结肠和横结肠向右侧移动(图 2)。

（下接 346 页）

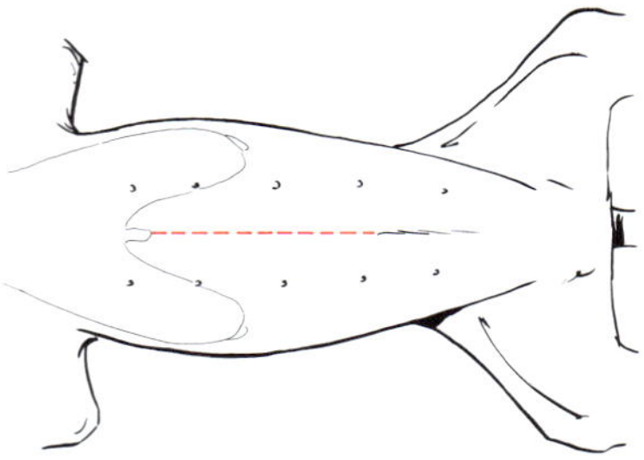

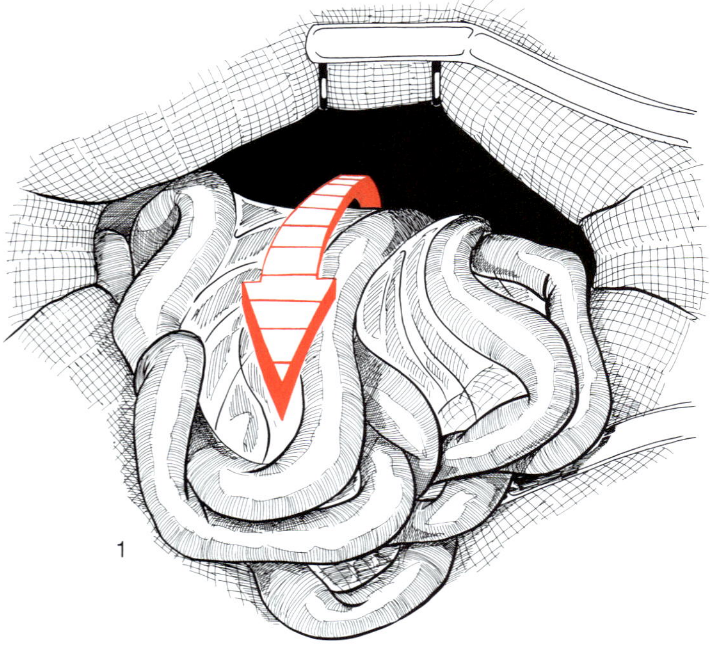

1

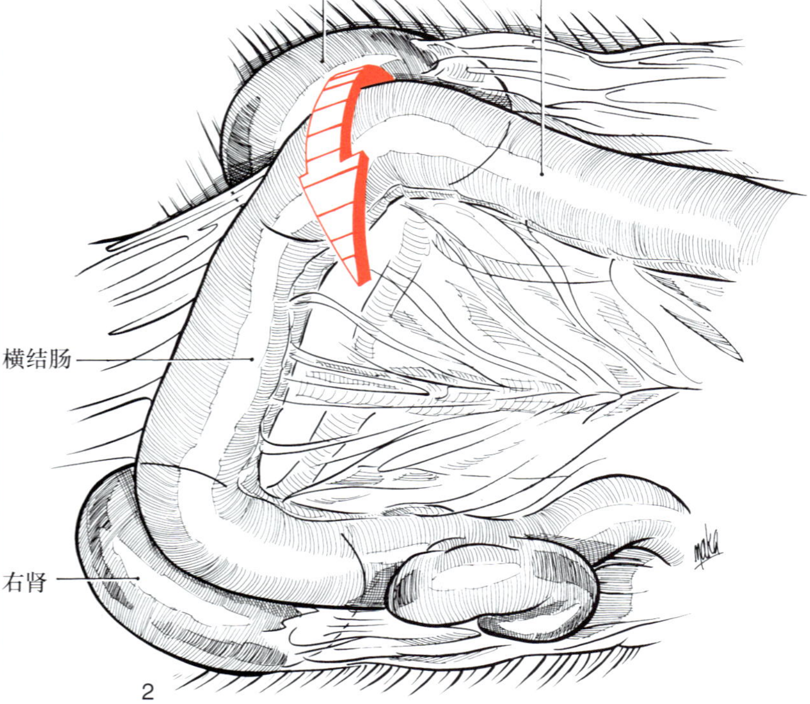

2

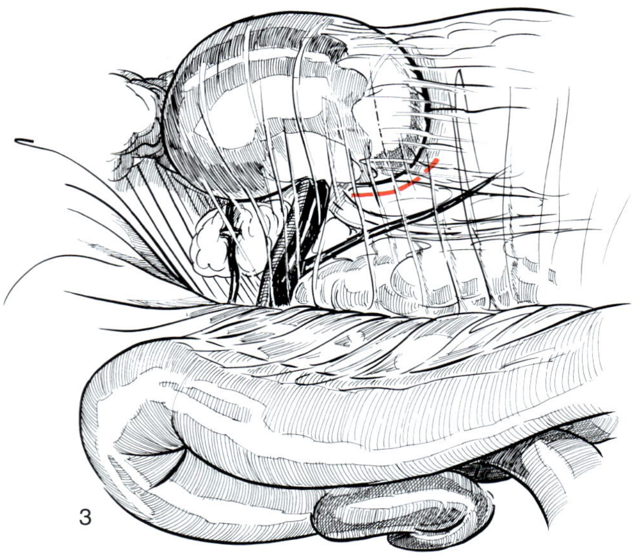
3

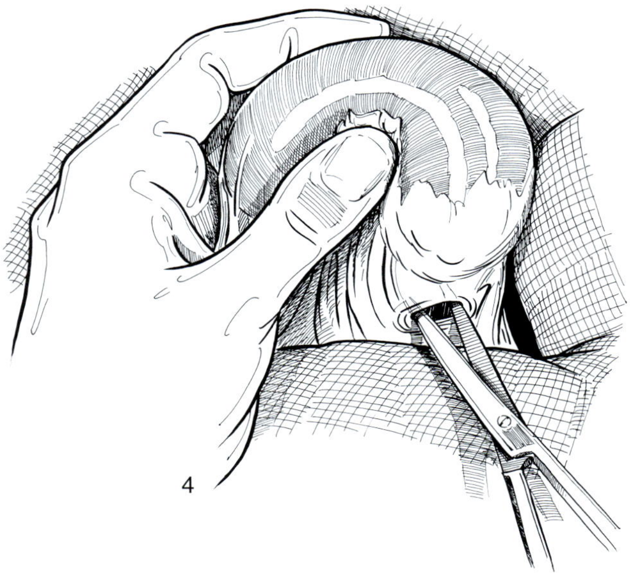
4

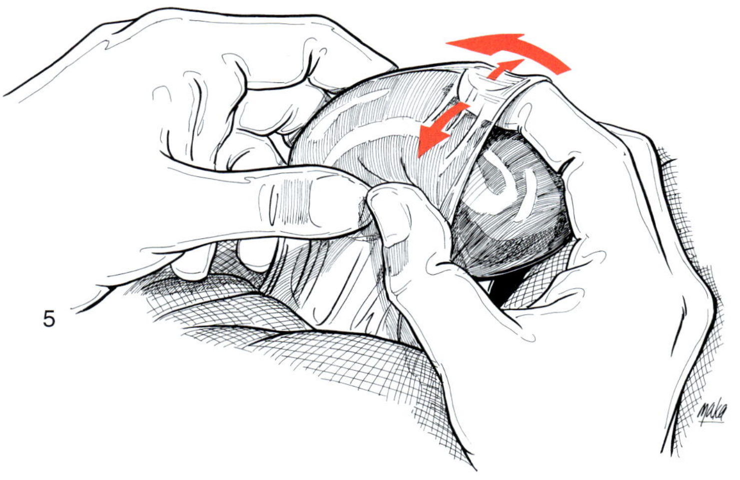
5

移动结肠后，露出背侧腹膜下的左肾(图3)。

左手抓住肾脏小心提起。

用手术剪钝性剪开肾脏尾侧的腹膜(图4)。

扩大腹膜开口，使肾脏尾部能从背侧腹膜滑出，进入腹腔。

然后用右手手指将肾脏从腹膜中钝性剥离出来(图5)。

为了避免肾实质出血，应暂时阻断肾脏的血液供给。

注意

最好的方法是助手用手指捏住血管！

用食指和中指夹住血管，这项操作既能阻断血流，又能持握肾脏使之呈侧立状态，便于术者打开手术通路(图6)。

另外，也可以用塑胶带止血(图7)。将塑胶带缠在血管上，两端并拢穿进小塑料管中，把住小塑料管，牵拉塑胶带的两端使之系紧血管，然后用止血钳夹住塑料管使之固定(图8)。

将肾动脉和肾静脉分别或一起用血管夹子夹上，实施暂时止血(图9)。

（下接348页）

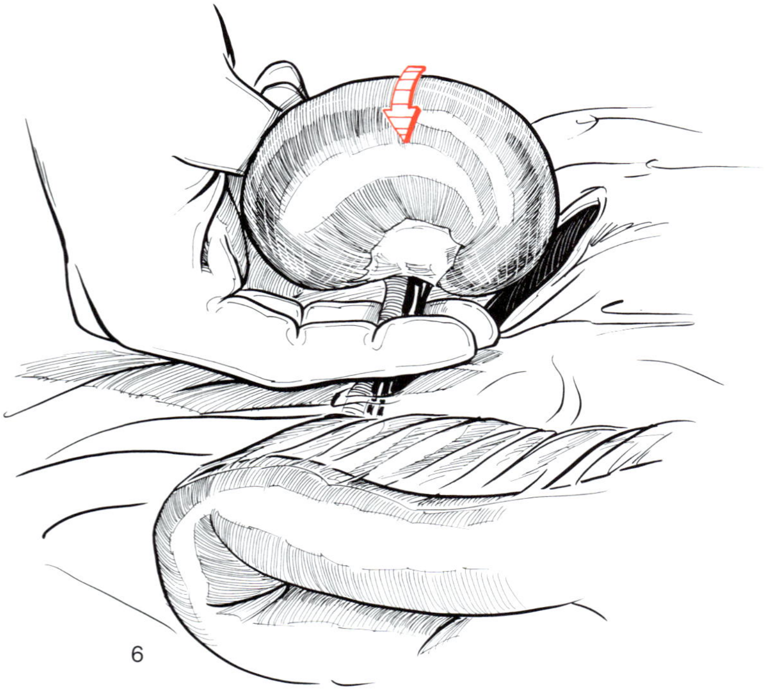

6

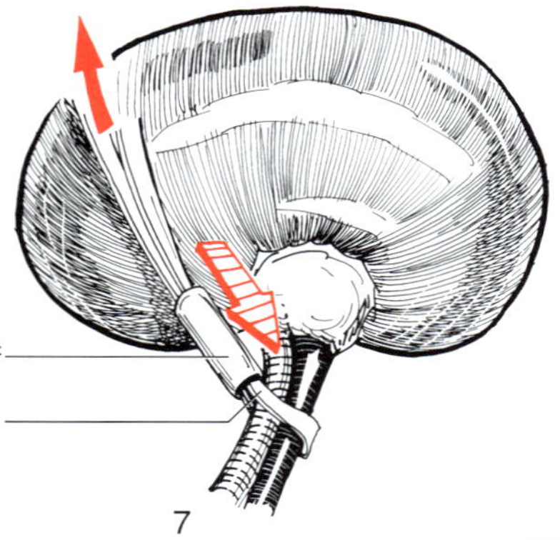

7

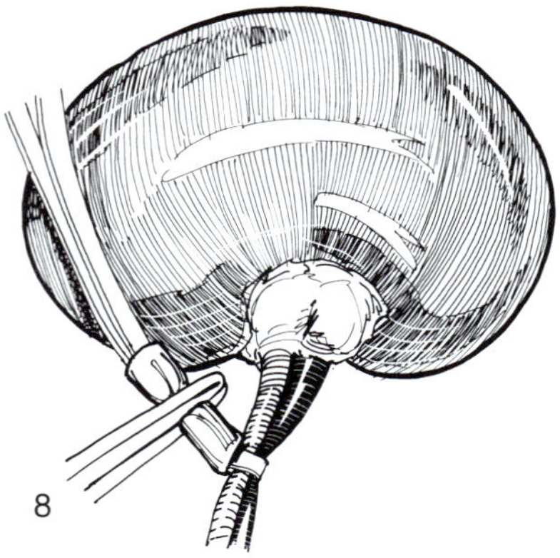

8

9

阻断血管后，术者左手握住肾，沿大弯切开肾实质(图 10)。该操作要求一刀切至肾两极，只切开肾皮质。

之后的切开方法是，一边实施钝性剥离(如利用手术刀柄进行剥离)，一边深入肾髓质，直至深入到肾盂(图 11)。

在各个大的肾小叶间对血管也同样进行小心操作、剥离。

图 12 的红线表示肾脏切开的最大范围。

为了容易地打开肾盂的手术通路，必须将小叶间的血管或是结扎或是用电刀进行止血切割(图 13)。

切开肾盂时，只切断必要的血管。

然后用电刀切开肾盂(图 14)。

该手术可以去除一个或多个肾盂内结石。

接下来为了进行清洗，经肾盂切口在输尿管中插入柔软的导尿管(图 15)。

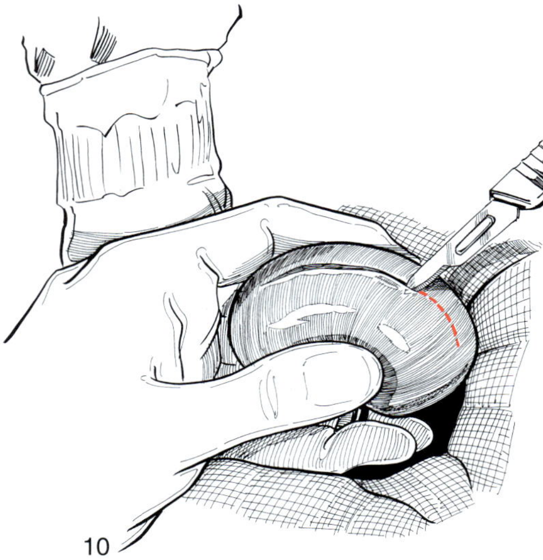

10

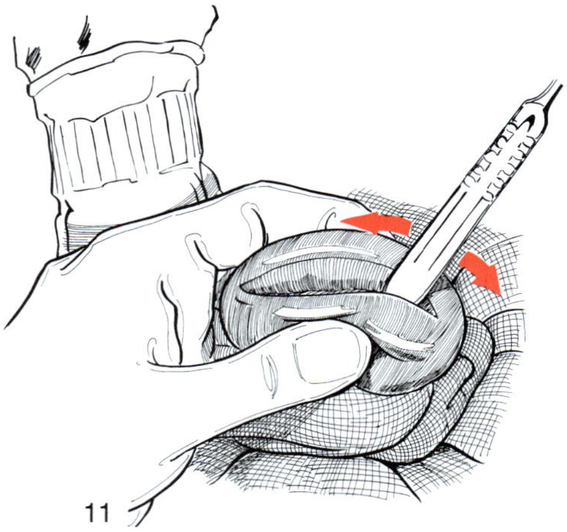

11

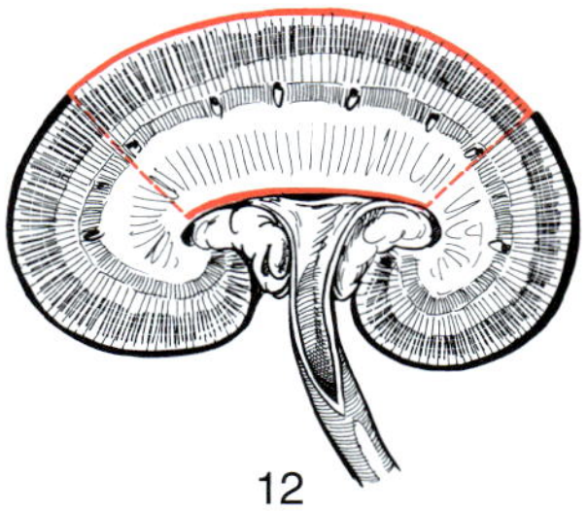

12

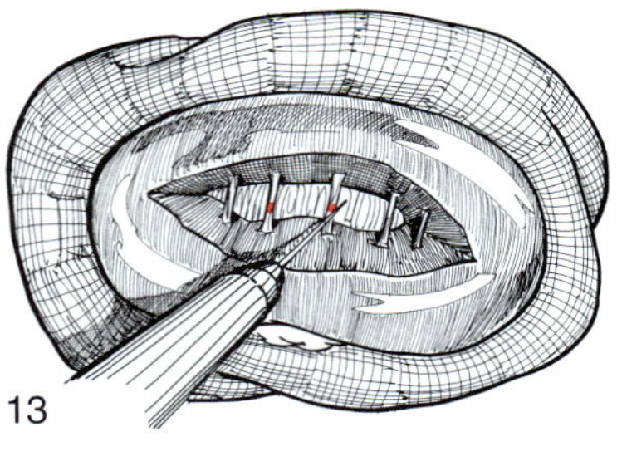

13

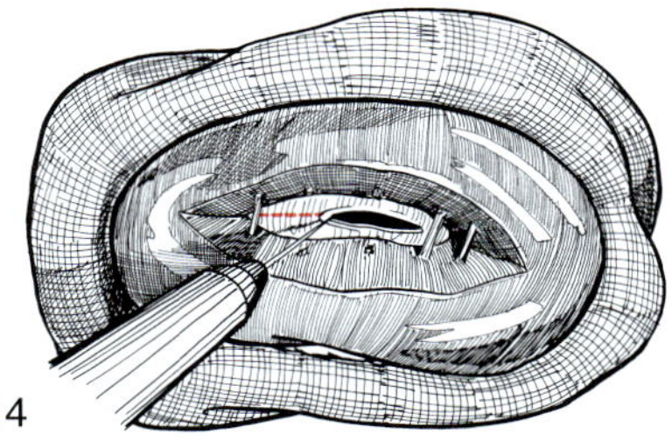

14

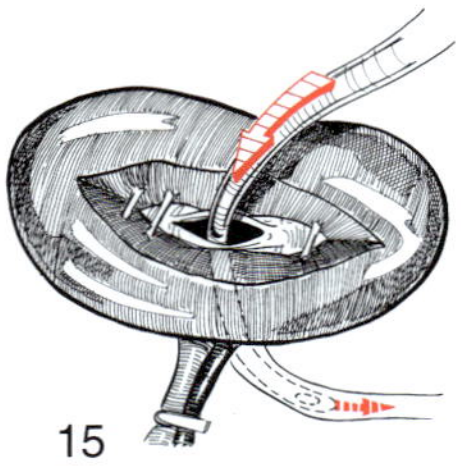

15

为了将输尿管中的结石冲入膀胱中而进行输尿管冲洗。冲洗操作完成后，确认输尿管已经畅通，拔出导尿管。之后仔细检查肾盂中或输尿管中是否还有沙粒残留。

注意

闭合肾的创口时，由于不能逢合肾实质，故在进行逢合前应对合肾实质切面，用双手的食指和中指相互压合 5~10 min（图 16）。

将肾被摸两层对接。开始闭合创口时，先用水平褥式逢合法进行大致缝合（图 17）。最后闭合时，用 3–0 带非损伤性缝合针的合成可吸收性缝线连续缝合(图 18)。

然后，助手缓慢地放开压迫的血管。

如果止血不彻底，再进行贯通肾实质的两针或三针的水平褥式缝合。

注意

用止血纱布对出血进行止血前，应再一次进行外科止血。

将肾脏还纳回背侧腹膜内，用 4–0 合成可吸收性缝线单纯连续缝合腹膜。

依次闭合腹腔。

术后护理

注射抗生素。

术后护理时控制尿量。

采用输液疗法，直至水代谢正常为止。

实施低蛋白低磷的肾病饮食疗法。

术后 10~14 天拆线。

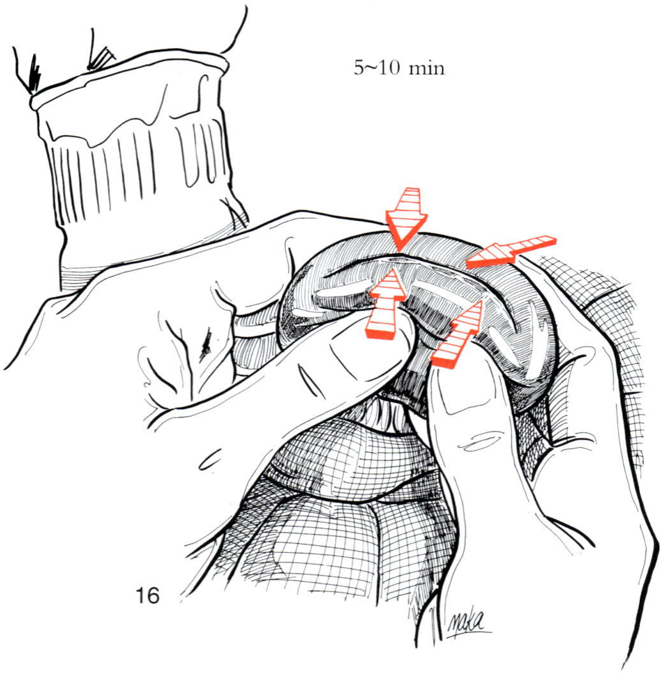

16

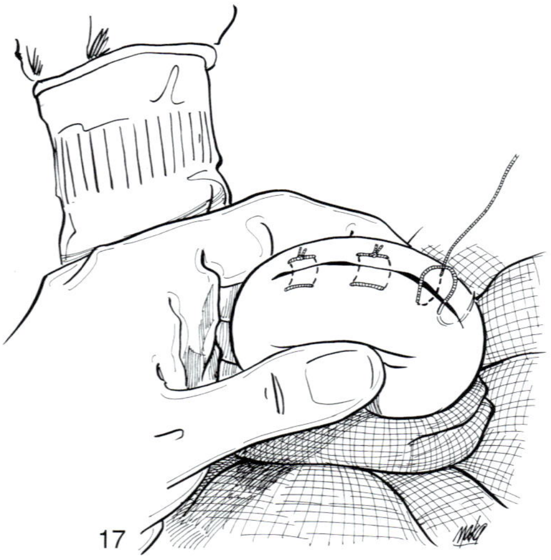

17

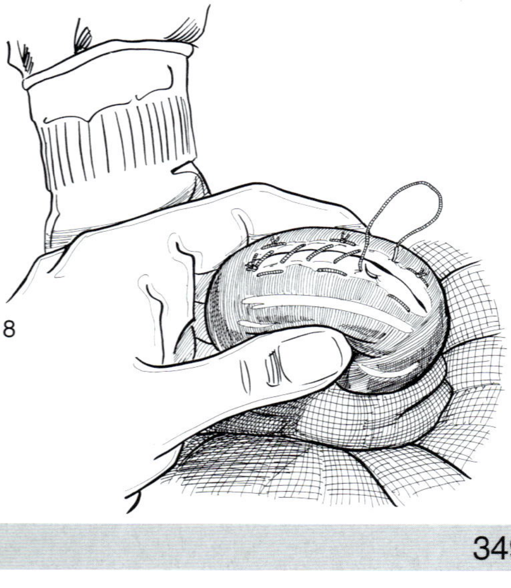

18

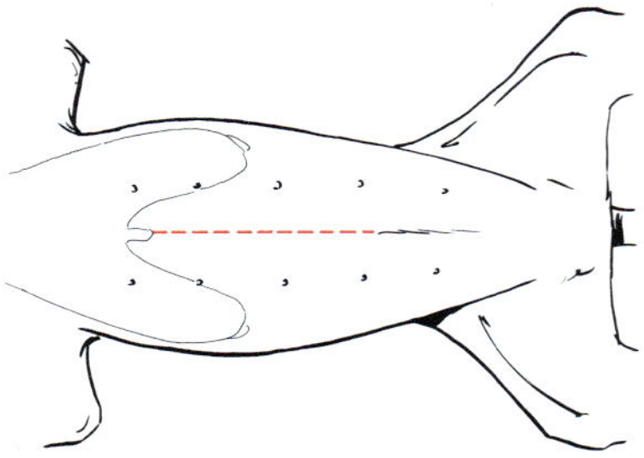

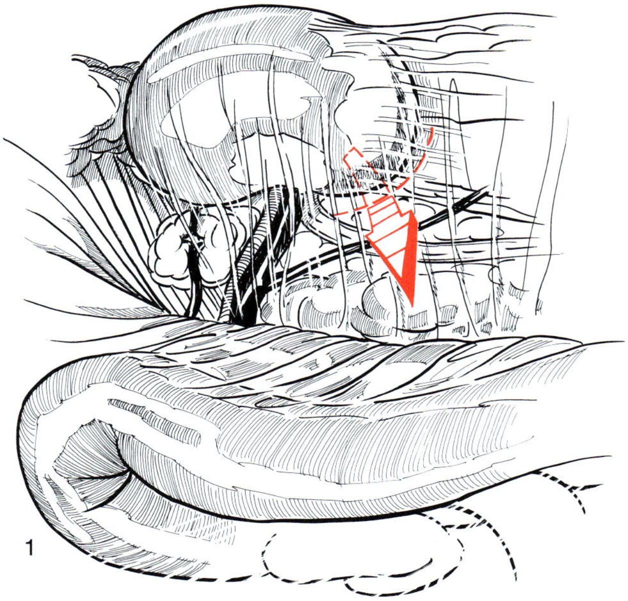

1

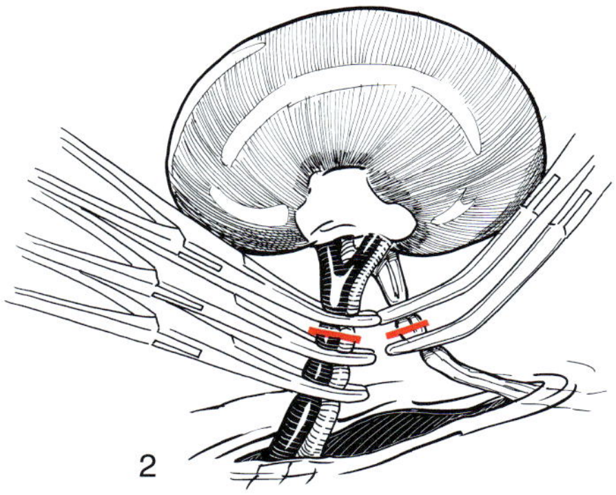

2

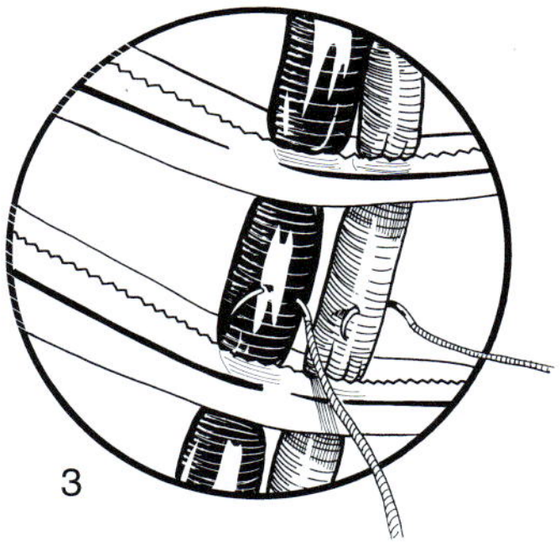

3

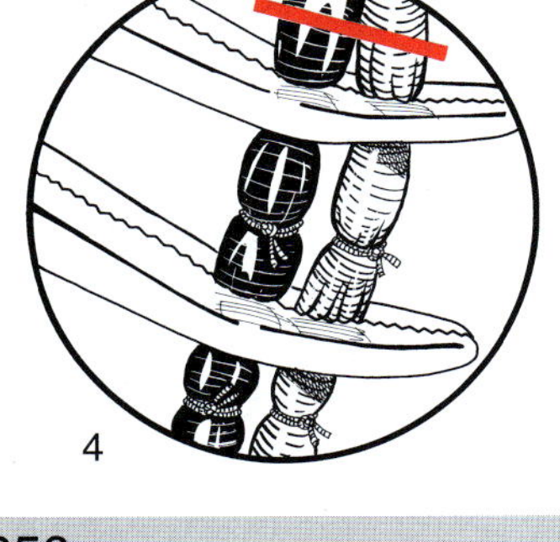

4

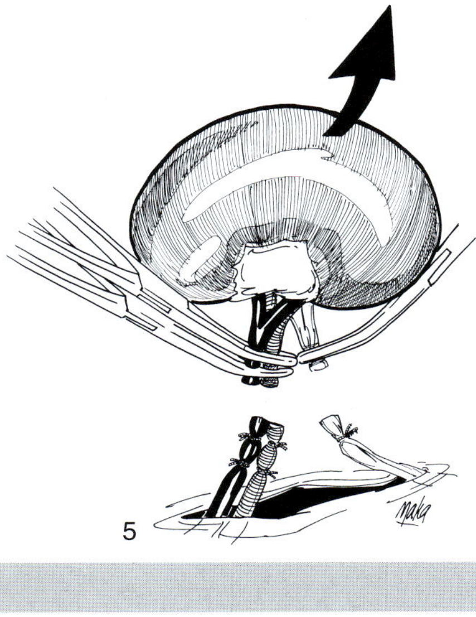

5

7.2.2 肾切除术

适应症

肾肿瘤、肾囊肿、肾水肿、肾破裂、先天性畸形和输尿管移位等。

体位

采取仰卧位保定。

术式

在脐的前、后方沿腹正中线实施开腹术。

将扩张器插入腹部切口扩大暴露腹腔。将腹腔内脏器用浸有生理盐水的纱布覆盖上。

将肠管全部从腹腔内取出。在手术过程中，不断向肠管滴加同于体温温度的生理盐水，以便保持湿润状态。为了打开肾脏的手术通路，必须将降结肠和横结肠向右侧移动(图 1)。

移动结肠后，露出背侧的腹膜下的左肾。

左手抓住肾脏小心提起。

用手术剪钝性剪开肾脏尾侧的腹膜。

扩大腹膜开口，使肾脏尾部能从腹膜后方滑出进入腹腔。将多数的血管用 3 把止血钳夹住，将输尿管用两把止血钳夹住，在肾脏附近进行结扎(图 2)。对于多数的血管需用双重结扎法结扎。第一道结扎在止血钳的远位，第二道结扎在肾脏和远位止血钳之间进行(图 3、4)。

在肾脏和临近的止血钳之间切断血管，在两把止血钳之间切断输尿管(图 5)。取出肾脏后，仔细检查血管的结扎是否确实。用 4-0 可吸收性缝线单纯连续缝合腹膜创口(图 5)。

依次闭合腹腔。

术后护理

注射抗生素。

术后护理时进行尿量的测定和肾机能(剩余肾脏的机能)的检查。

采用输液疗法，直至水代谢正常为止。

实施低蛋白低磷的肾病饮食疗法。

术后 10~14 天拆线。

并发症

剩余的肾脏机能不全。

7.3 输尿管

7.3.1 输尿管切开术

适应症

输尿管结石。

体位

仰卧保定。

术式

在脐的前、后方沿腹正中线切开实施开腹术。

将扩张器插入腹部切口扩大暴露腹腔。将腹腔内脏器用浸有温生理盐水的纱布覆盖上。

将肠管全部从腹腔内取出。在手术过程中，不断向肠管滴加同于体温温度的生理盐水,以便保持湿润状态。为了打开肾脏和输尿管的手术通路，必须将降结肠和横结肠向右侧移动。

移动结肠后，露出腹膜后方的左侧输尿管(图 1)。

确认由于结石造成的阻塞部，分离该部腹膜,暴露输尿管。

在结石的远位和近位夹上两把非损伤性止血钳，或者用带有缝合针的缝线固定住。

在输尿管的阻塞部的内、外侧分别设置牵引固定线使之紧张。

在结石的上部横切开输尿管（图 2)。用弯止血钳取出结石，清洗输尿管内腔(图 3)。

用 4-0~5-0 合成可吸收性缝线单纯结节缝合输尿管切口的闭合(图 4)。去除牵引固定线,检查输尿管畅通后,将其还纳回腹膜下。用连续缝合法缝合腹膜创口。

依次闭合腹腔。

术后护理

注射抗生素。

术后 10~14 天拆线。

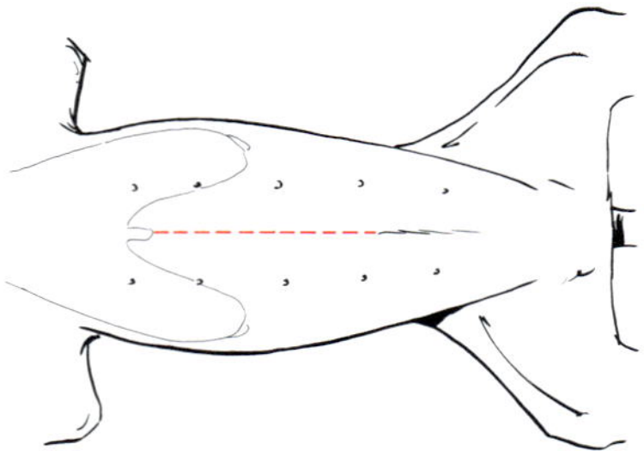

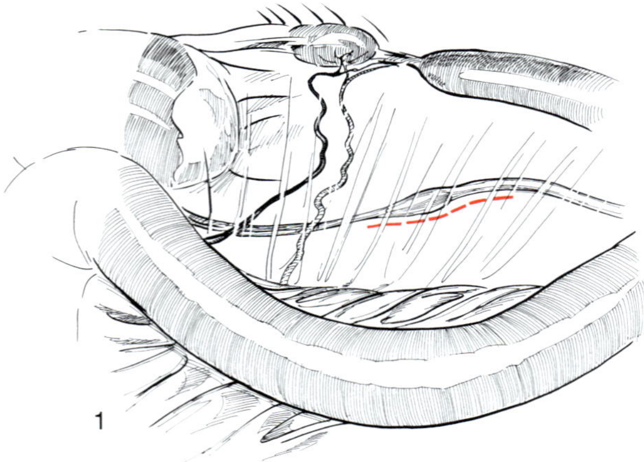

1

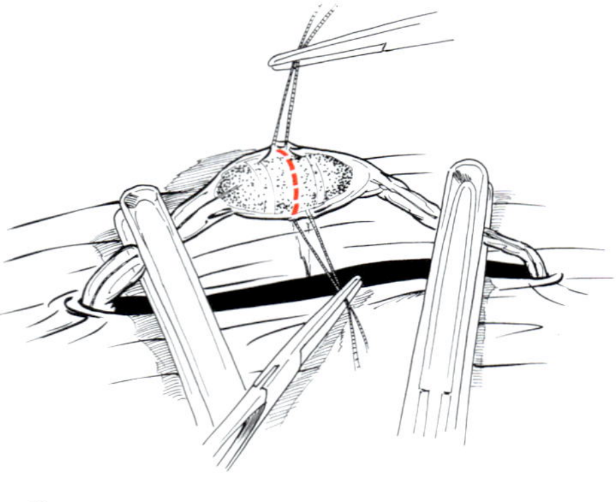

2

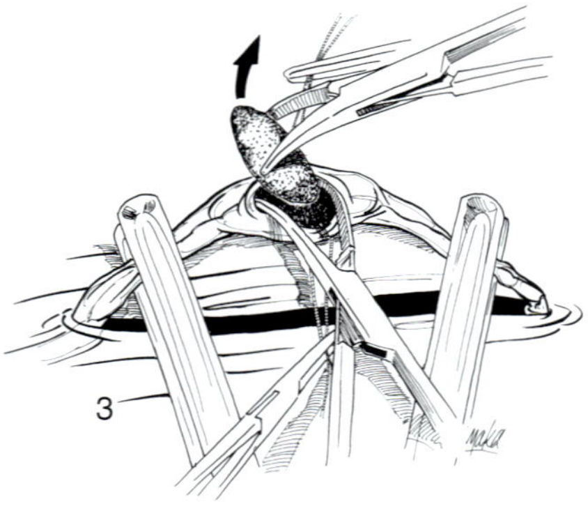

3

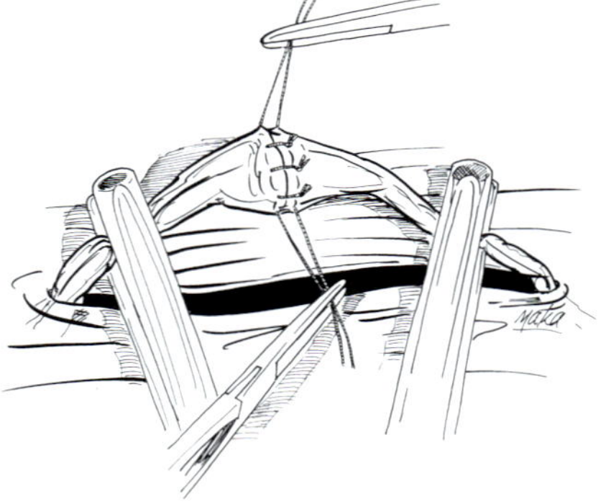

4

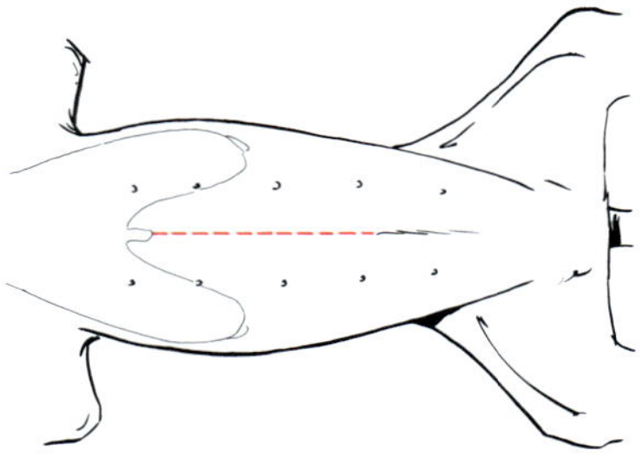

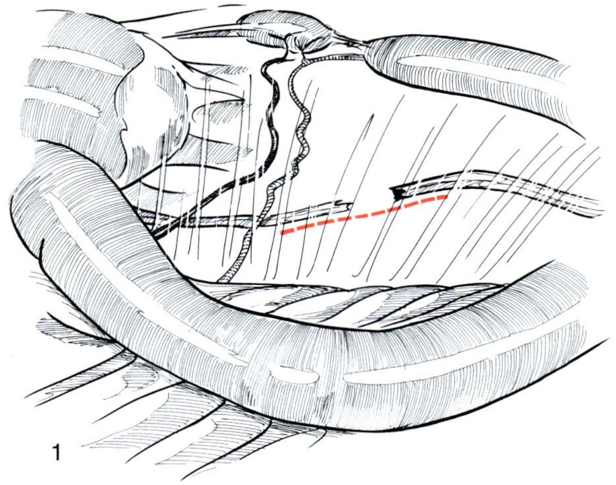

1

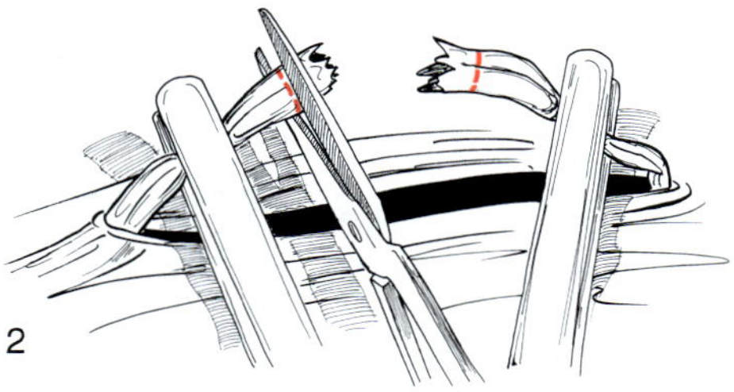

2

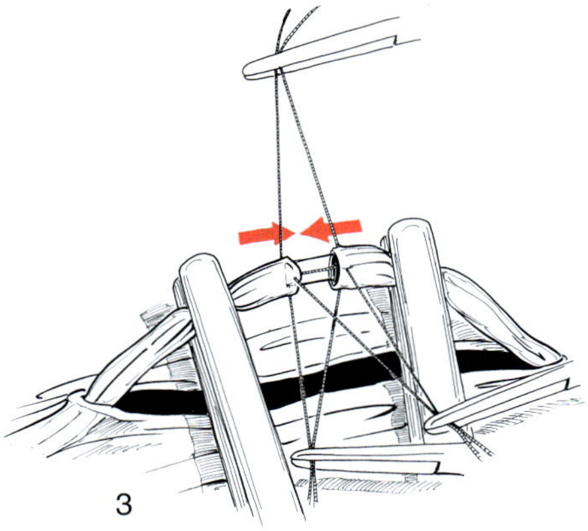

3

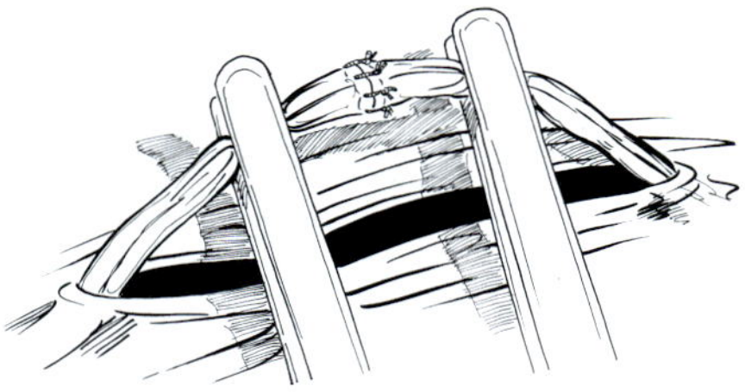

4

7.3.2 输尿管吻合术

适应症

外伤性输尿管破裂,特别是在交通事故或战争情况下的外伤性输尿管破裂。输尿管破裂的诊断方法是，用尿道造影法在X线照片上见到输尿管的破裂部位便可确诊。

体位

仰卧保定。

术式

在脐的前、后方沿腹正中线实施开腹术。

将扩张器插入腹部切口扩大暴露腹腔。用浸有温生理盐水的纱布覆盖创缘。

从腹腔内取出全部肠管。在手术过程中，不断向肠管滴加同于体温温度的生理盐水,以便保持湿润状态。

移动结肠后，露出腹膜后方的左侧输尿管。

确认输尿管的破裂部位，充分剥离该部腹膜(图1)。

提起破裂部的两端，夹上两把非损伤性止血钳将其固定。修剪输尿管破裂部的两端,使两侧断端平直(图2)。

为了实施输尿管吻合术，现将其周围的12点、4点以及8点部位（把360°三等分)设置牵引固定线(图3)。此操作作为定位缝合，便于吻合时操作。在定位缝合之间，用5-0~7-0合成可吸收性缝线进行单纯结节缝合(图4)。

提示!

为了检查缝合部位是否漏尿，解除远位的止血钳,在吻合部下方垫上纱布。

将吻合的输尿管整复回原位，将腹膜创口用单纯连续缝合法闭合。

依次闭合腹腔。

术后护理

注射抗生素。

术后10~14天拆线。

7.4 膀胱

7.4.1 膀胱的解剖

膀胱背侧观解剖图(图 1)。

膀胱腹侧观解剖图(图 2)。膀胱颈部和前列腺已被切开。

膀胱纵切面观解剖图(图 3)。

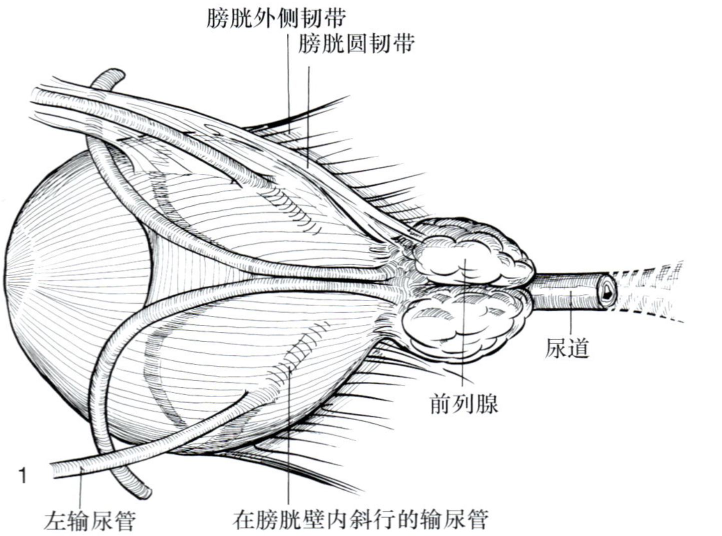

1

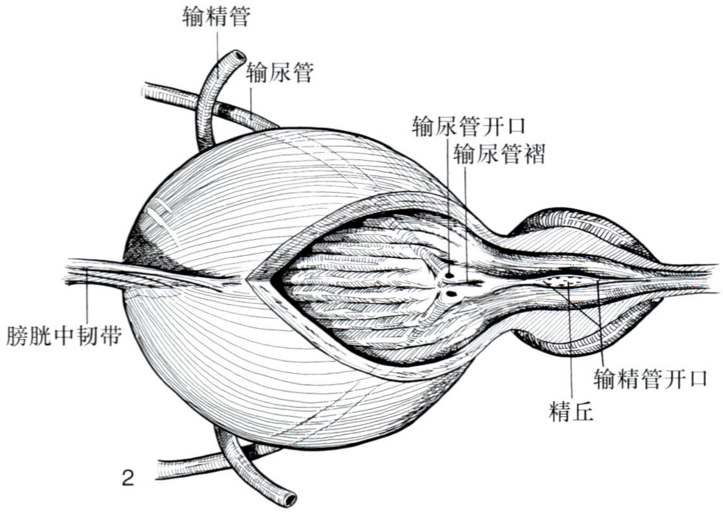

2

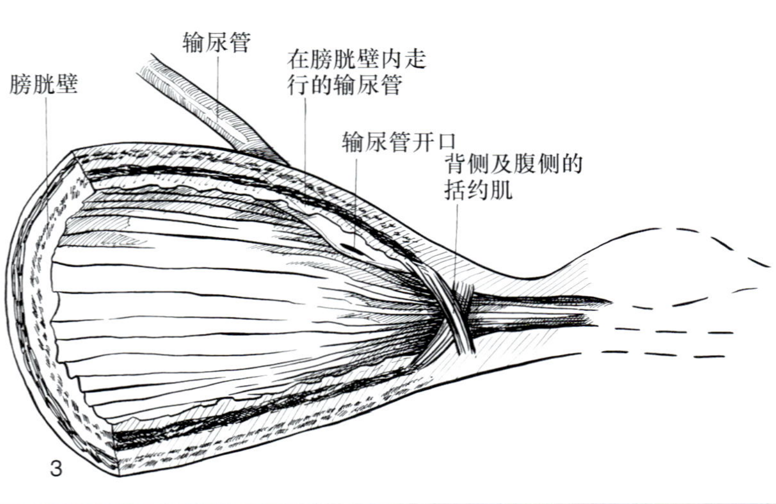

3

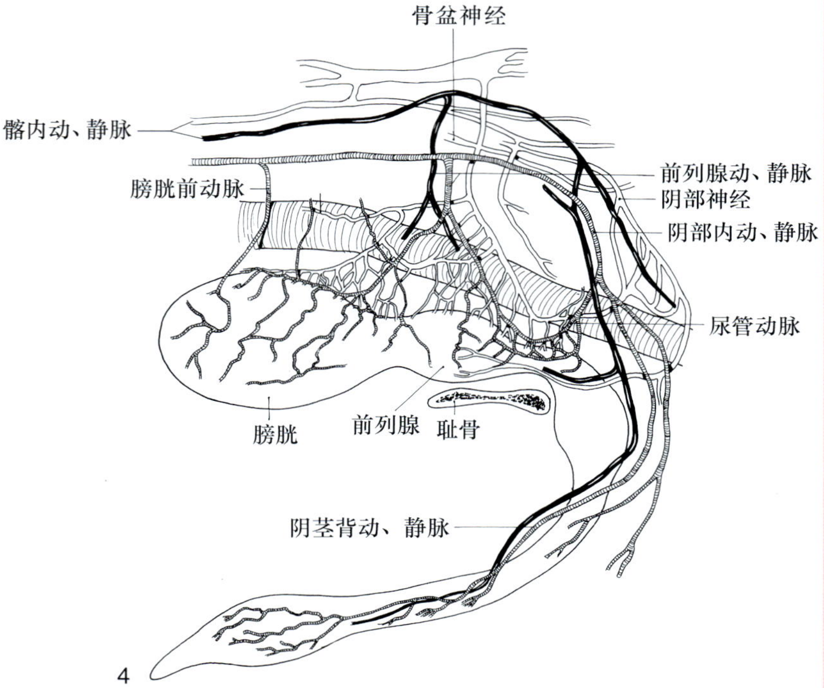

4

膀胱和阴茎的神经、血管分布图(图4)。

7.4.2 远位输尿管移植术(尿道变更术)

适应症

外伤或输尿管结石所至的输尿管破裂。输尿管易位。

体位

仰卧保定。

术式

经尿道插入导尿管,排空膀胱内尿液。

在耻骨前缘前部沿腹正中线切开实施开腹术。

若是雄犬,可实施包皮左侧旁切开,将阴茎移向右侧后再沿腹正中线切开。

开腹后将肠管移向前方，将膀胱反转至腹侧(图 1)。确认受伤的输尿管,在破裂部位附近的膀胱一侧结扎断端。用小手术剪修剪输尿管断端使之平整光滑(图 2)。

不要再损伤纤细的输尿管组织。为了避免漏尿，将近位的断端包上纱布再夹上止血钳(图 3)。

将远位的输尿管断端切短并结扎(图 4)。

(下接 356 页)

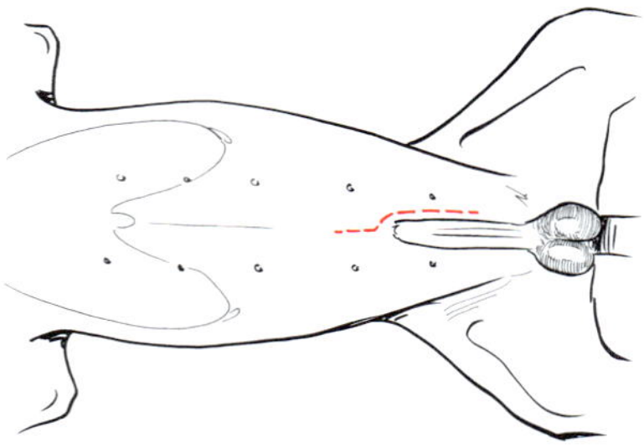

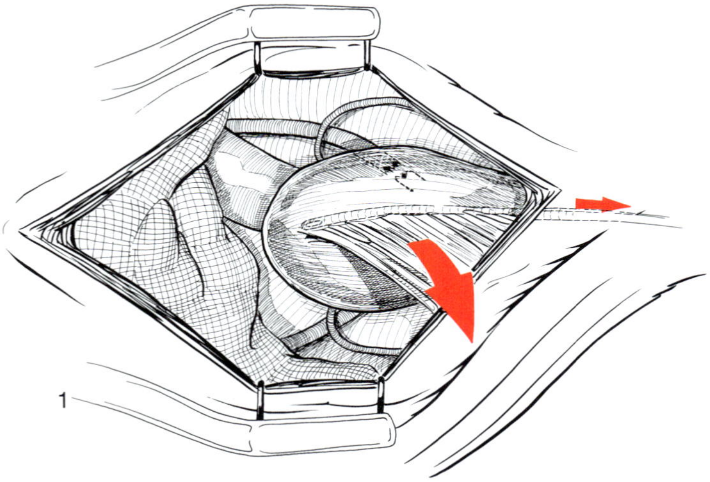
1

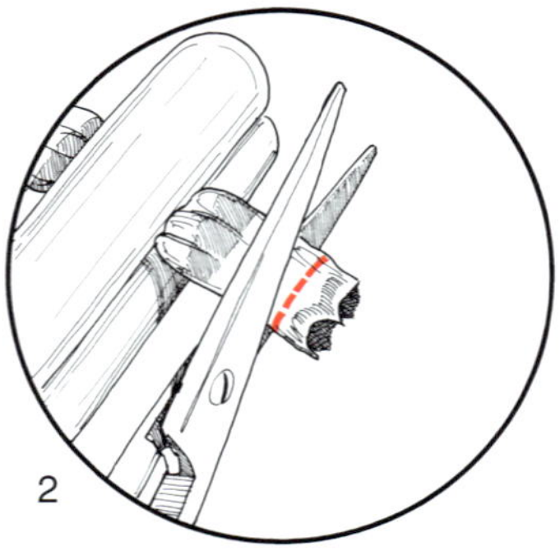
2

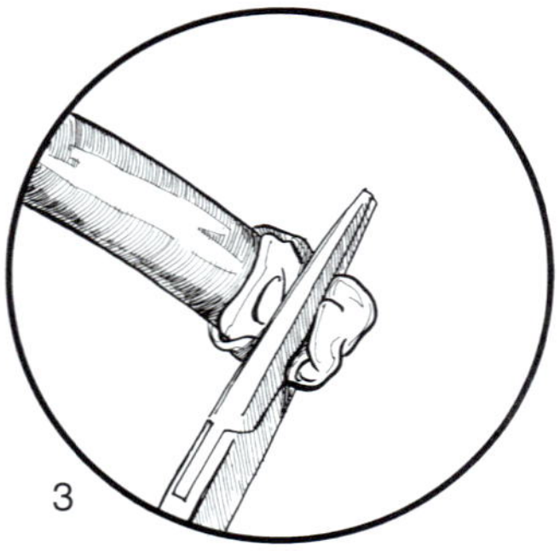
3

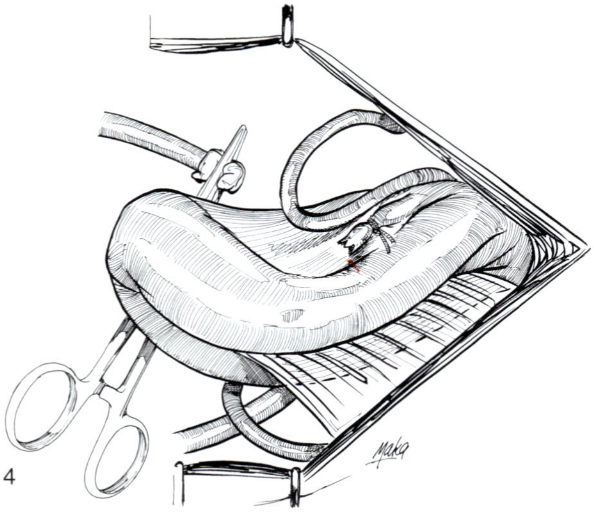
4

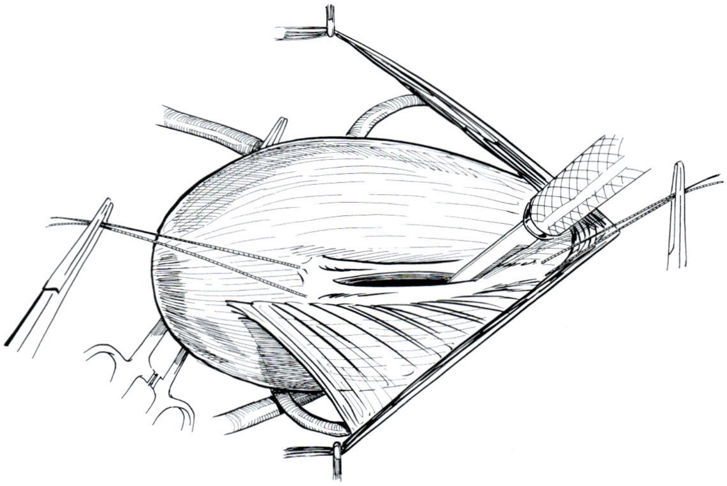

5

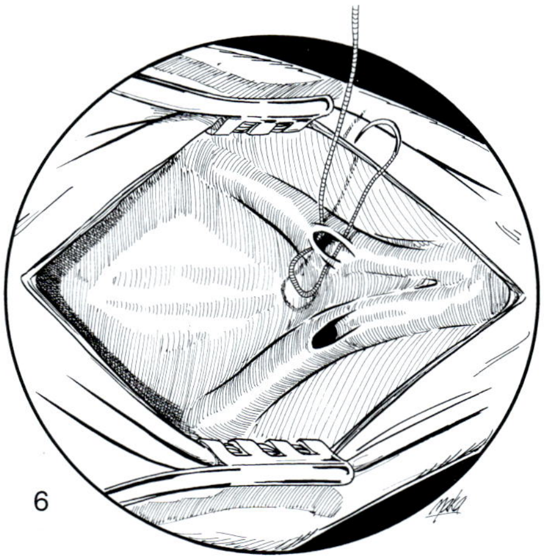

6

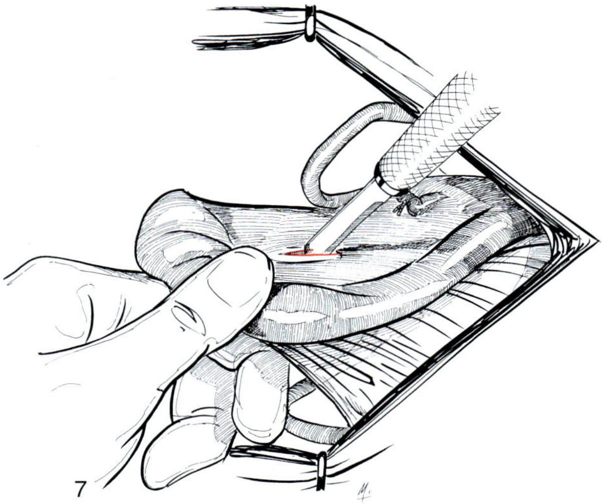

7

在膀胱的腹侧面，位于膀胱正中韧带的旁边中间切开一个较大的切口。

在切口头尾两侧分别设置一根牵引固定线固定切口(图5)。

在切口处插入扩张器暴露膀胱内膜，露出膀胱三角。

为了防止向输尿管断端逆流尿液，将输尿管开口用水平褥式内翻缝合法闭合(图6)。

在膀胱内壁做新的开口

暂时用手指把膀胱反转180°(图7)。为了进行输尿管移置术，在膀胱背侧的膀胱三角头侧，连同黏膜和肌层一起实施穿刺切开。

从切口插入弯止血钳，斜向插入至黏膜下使黏膜隆起(做成黏膜下通道)。

将止血钳反转180°，使止血钳弯头支起黏膜突向膀胱内腔，手指能感知到这个凸起。再将膀胱回转送回原位(图8)。

用食指确认位于黏膜下止血钳的头部,以便确认新输尿管开口部位(图9)。

切开适当大小止血钳头部的黏膜的切口,此切口便是新的输尿管开口(图10)。

当止血钳头部进入膀胱内腔后，夹住另一把止血钳的头部并将其通过黏膜下通道拔出到膀胱外(图11)。

(下接358页)

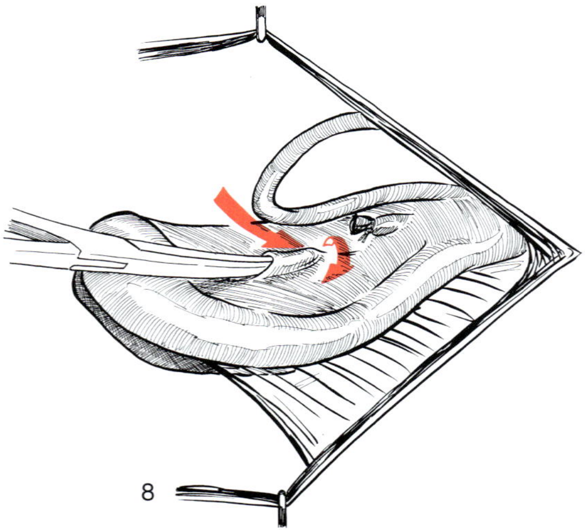

8

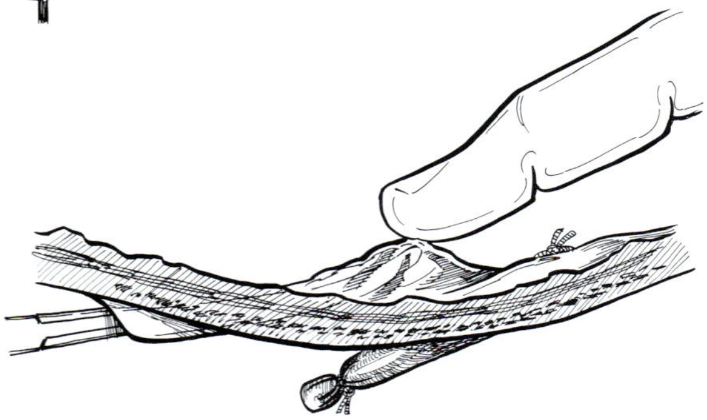

9

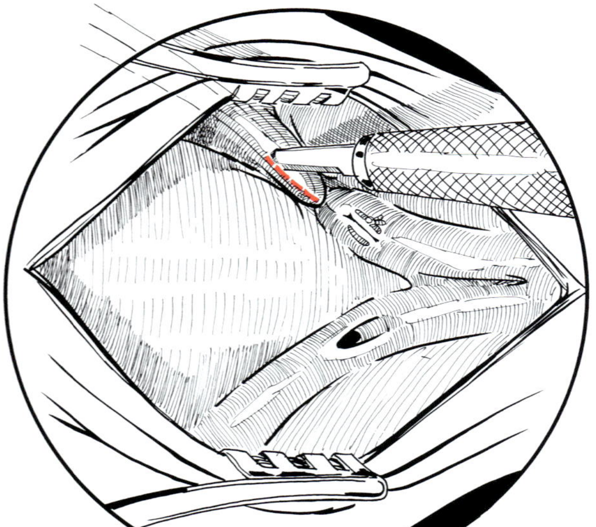

10

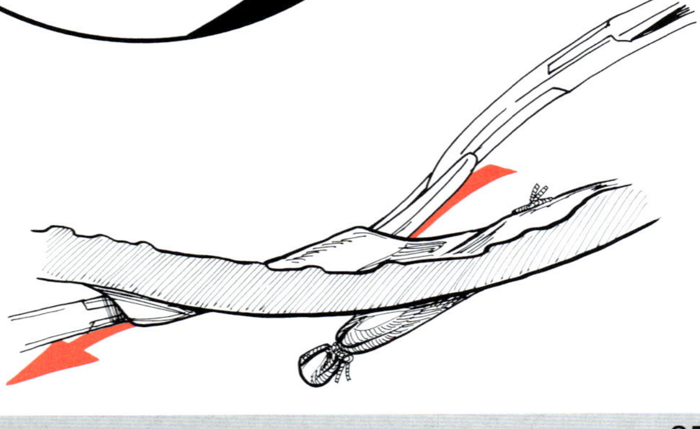

11

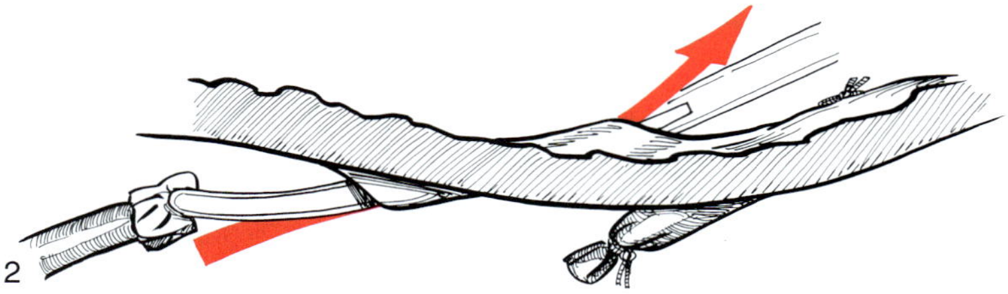

12

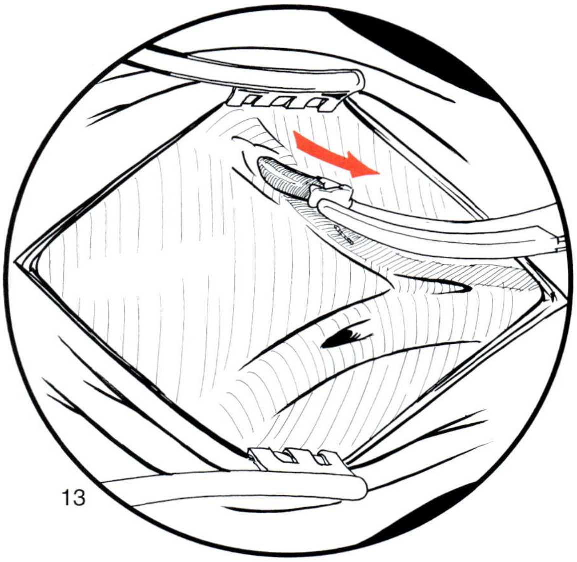

13

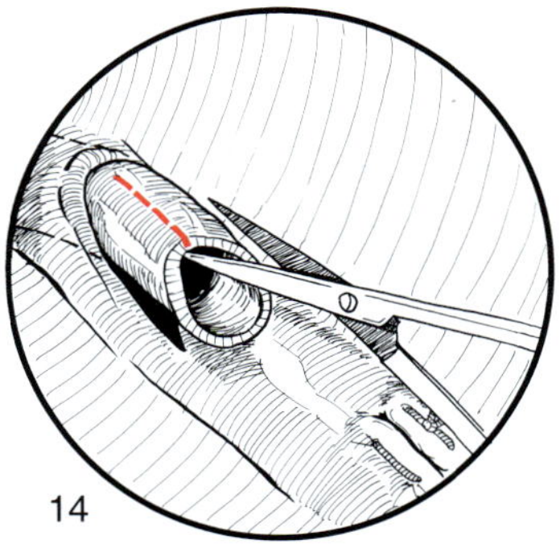

14

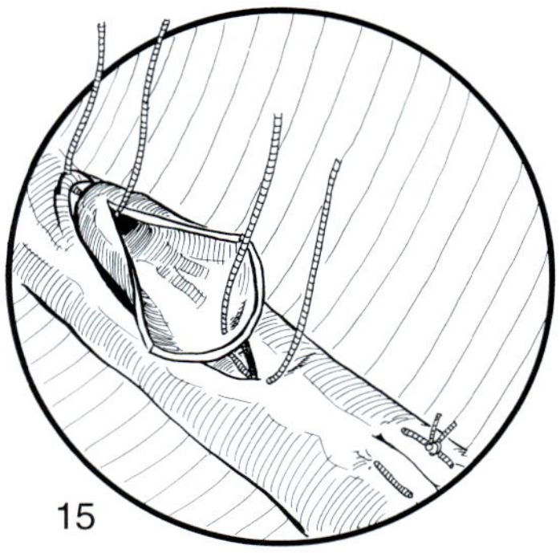

15

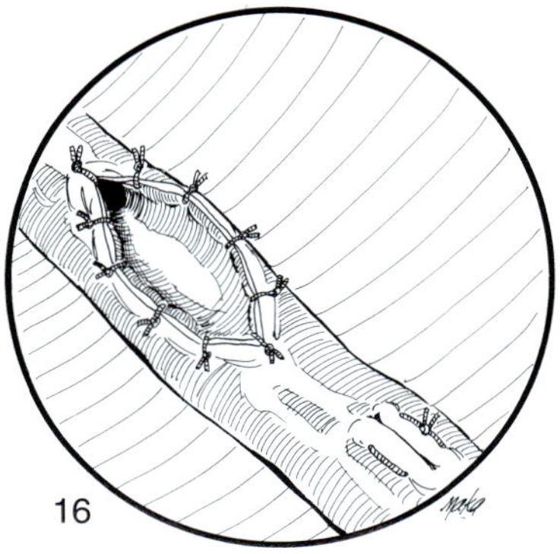

16

用另一把止血钳夹住近位输尿管的前端，将其通过黏膜下通道拉入到膀胱内（图12、13）。

解除止血钳，去掉断端的纱布，将输尿管断端用眼科手术剪或手术刀沿长轴切开（图14）。切开的长度和膀胱黏膜上的切口相当。

将输尿管切开的头侧部和尾侧部，分别用带有非损伤性缝合针的5–0~6–0合成可吸收性缝线做2点定位缝合，将输尿管固定在膀胱黏膜上（图15）。

接下来，在输尿管的周围用单纯结节缝合法缝合创口（图16）。

依次闭合膀胱和腹壁创口。

术后护理

连续注射抗生素5天以上。

术后10~14天拆线。

7.4.3 膀胱切开术

适应症

尿石症。膀胱壁息肉。膀胱壁肿瘤。

体位

仰卧保定。

术式

尿道插入导尿管。

在脐的后方，沿尾侧腹正中线切开实施开腹术。

将膀胱移向腹侧，将膀胱周围小心覆盖浸有温生理盐水的纱布。穿透膀胱的浆膜和肌层设置4根牵引固定线，使膀胱保持在原来的位置。然后穿刺膀胱，排空尿液(图1)。

实施较大范围的膀胱切开，以便能用膀胱匙取出膀胱内结石(图2)。

注意

必须全部清除结石，包括膀胱、膀胱颈部以及附近的尿道。如果还有结石，可用导尿管逆向冲洗，即将结石从尿道冲入膀胱内，然后用膀胱匙取出结石。

进行这些操作时，要不断吸引排出尿液(图3)。

（下接360页）

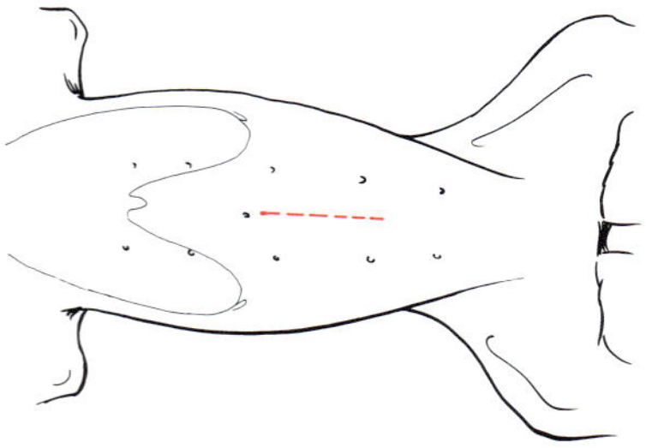

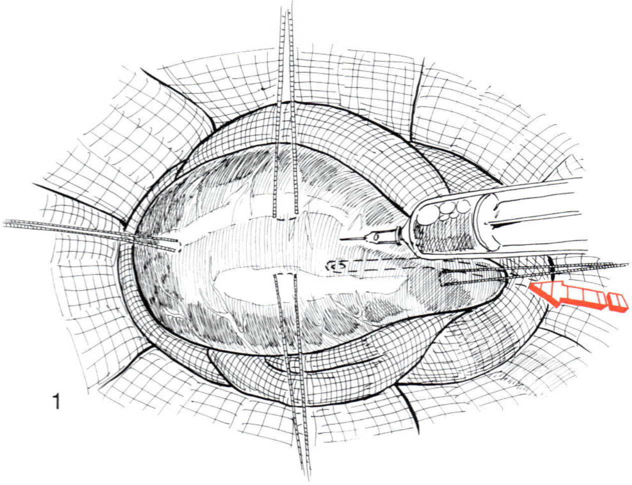

1

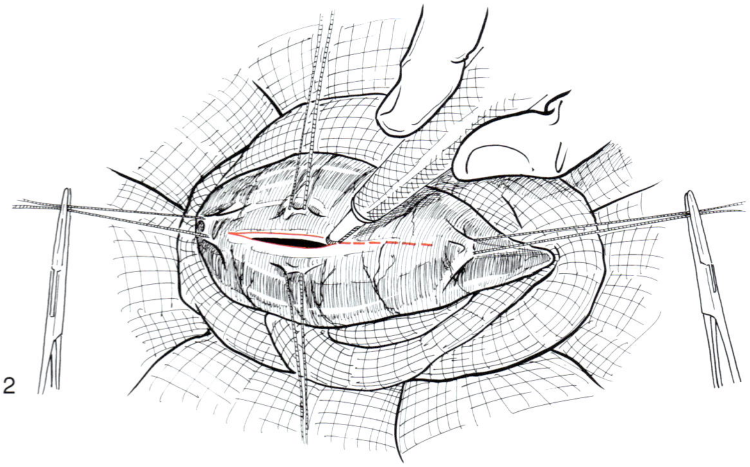

2

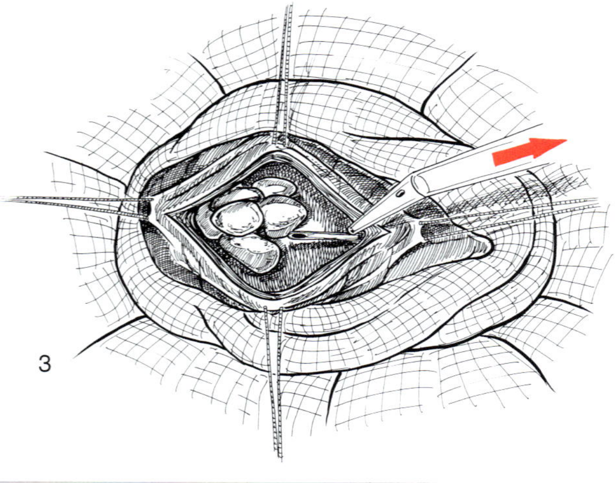

3

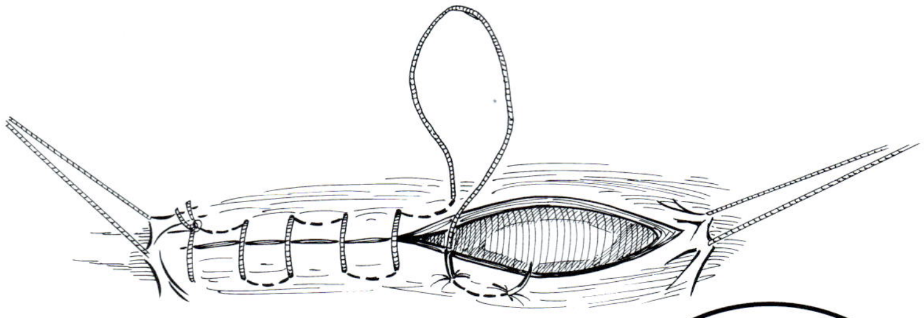
4

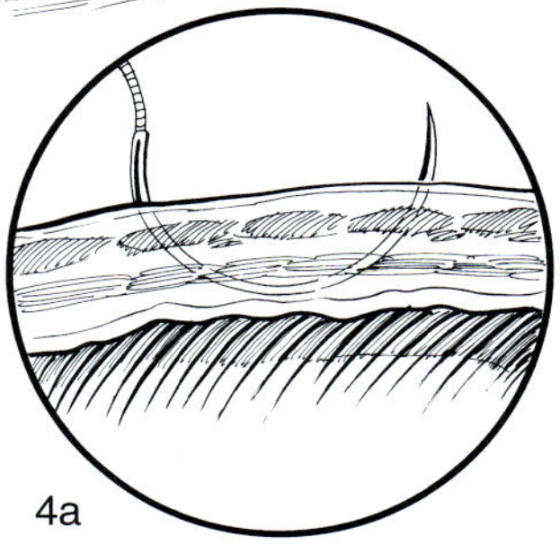
4a

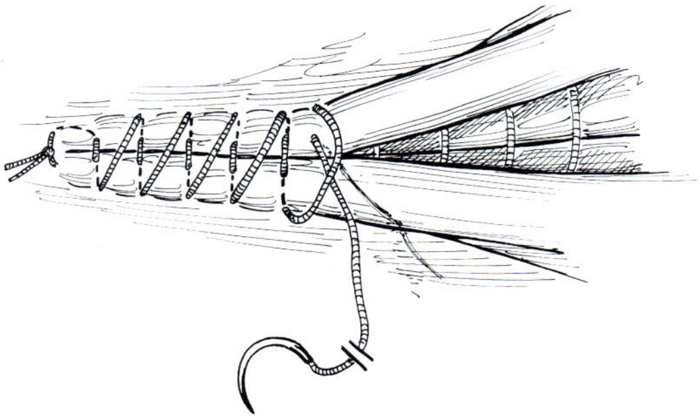
5

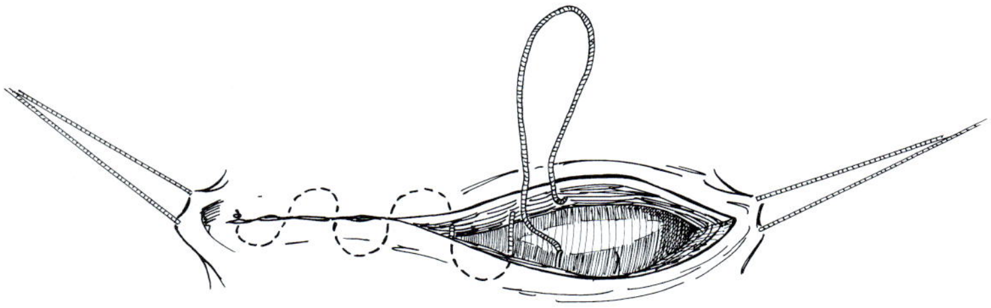
6

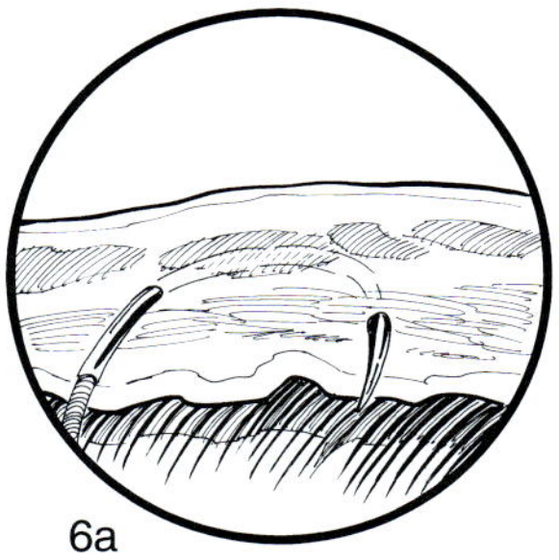
6a

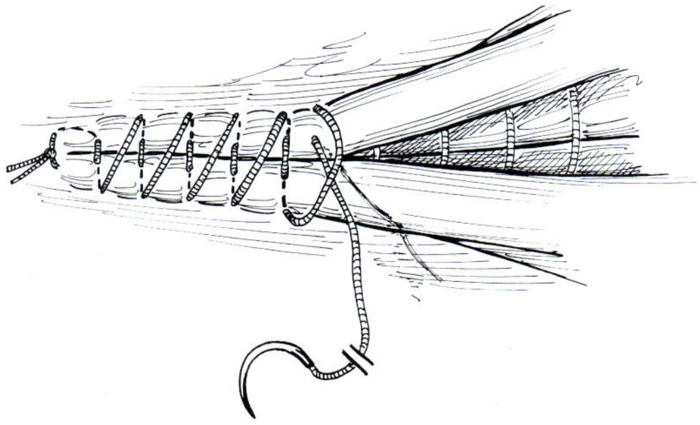
7

原则上双层缝合膀胱壁。

正常厚度膀胱壁的闭合

最初的缝合只穿透膀胱的浆膜、肌层和黏膜下组织进行连续水平褥式内翻缝合(图 4、4a)。

第二层的缝合采用连续垂直内翻缝合法将浆膜对接(图 5)。

增厚的膀胱壁的缝合

先将肌层做如下缝合：采用皮内缝合法进行水平连续缝合，边保护黏膜层边对接肌层(图 6、6a)。

然后做第二层缝合。用连续垂直褥式内翻缝合法对接浆膜(图 7)。

术后护理

连续注射抗生素 8 天。

进行尿量测定和定期的尿检查。

术后 10 天拆线。

7.4.4 憩室切除术

适应症

膀胱憩室。

体位

仰卧保定。

术式

在脐的后方，沿尾侧腹正中线实施开腹术。暴露膀胱并将其向前方牵引。

将膀胱周围覆盖浸有温生理盐水的纱布。穿透膀胱的浆膜和肌层设置3根牵引固定线（2根设置在膀胱体部，1根设置在憩室部），使膀胱保持在原来的位置。然后穿刺膀胱，排空尿液（图1）。

用无齿止血钳夹住憩室顶端，用非损伤性肠钳夹住憩室底部约1 cm的地方（图2）。

在切开线的两端分别设置1根牵引线，牵引这2根牵引线使之紧张（图2）。

用直组织剪在憩室底部切除憩室（图2、3）。

将膀胱的黏膜和肌层用3-0合成可吸收性缝线进行连续水平褥式内翻（图4）以及连续垂直内翻（图5）2层缝合。

除去肠钳和牵引线后，将膀胱用接近体温的温生理盐水洗净，还纳回腹腔（图6）。

依次闭合腹壁创口。

术后护理

连续注射抗生素5天以上。

术后连续使用镇痛药2天。

术后10~14天拆线。

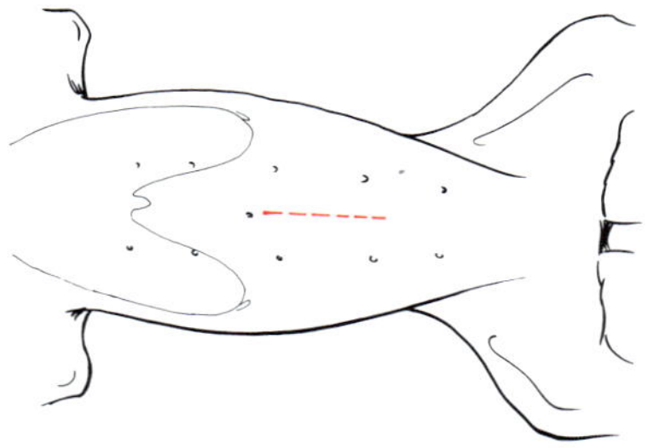

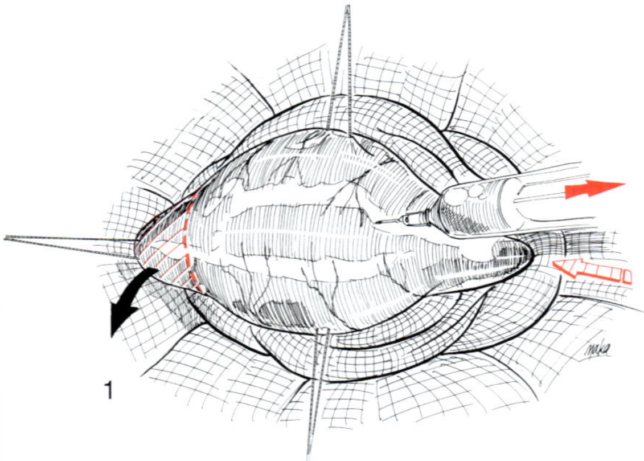

1

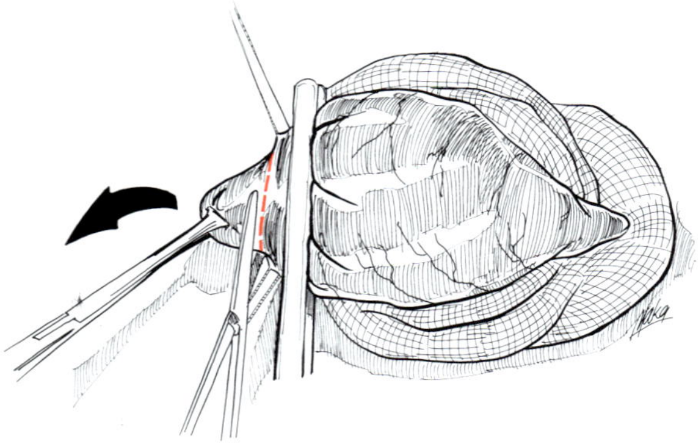

2

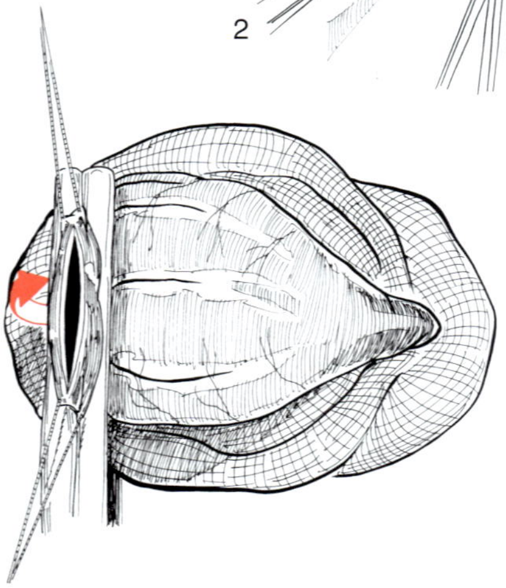

3

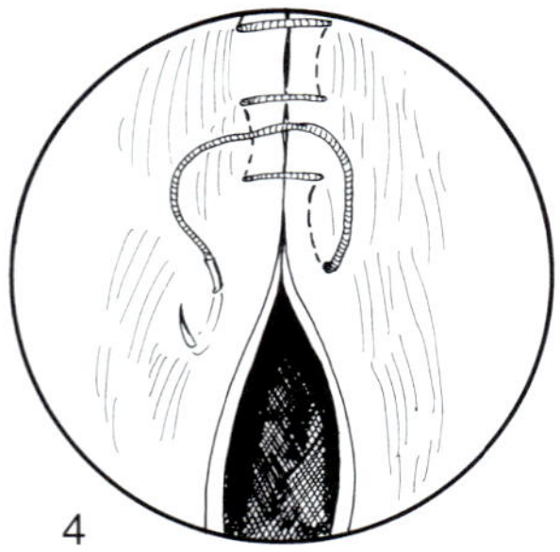

4

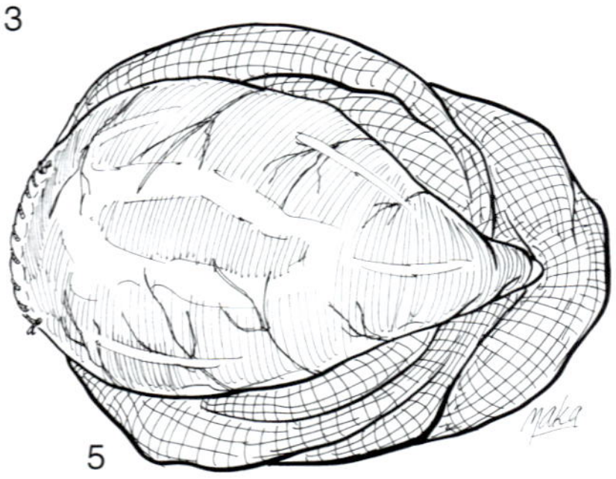

5

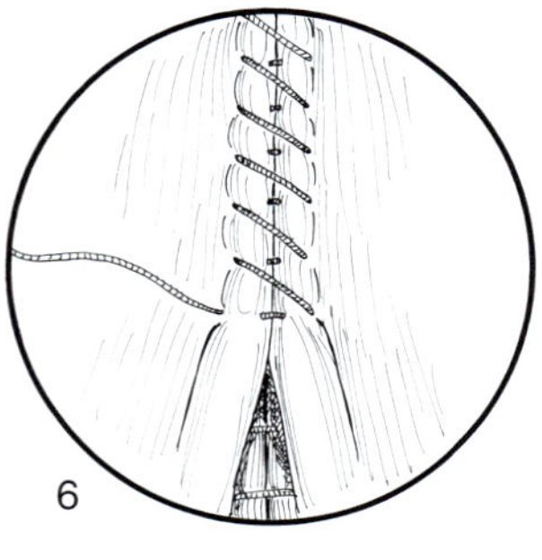

6

1

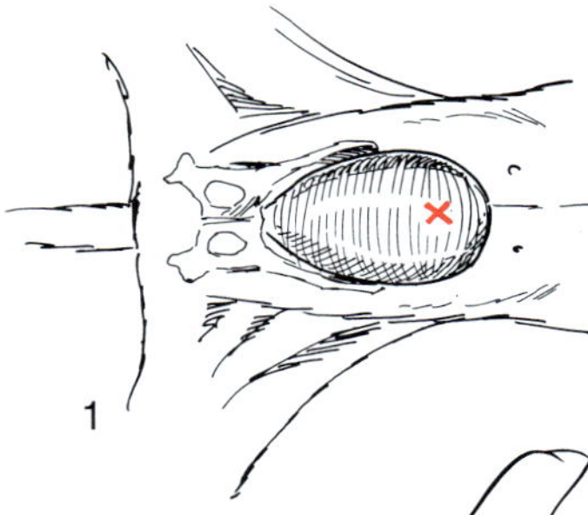

2

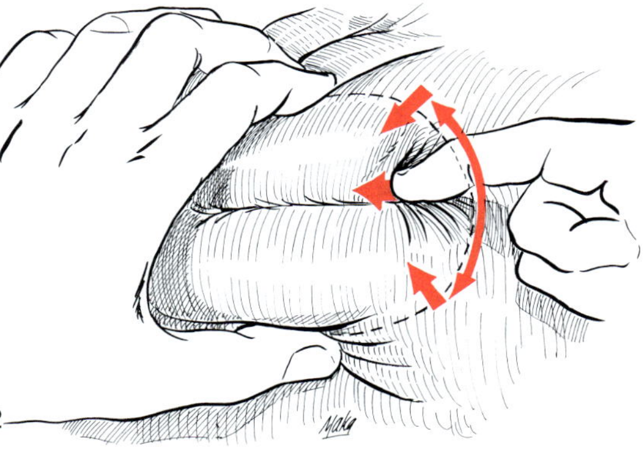

3

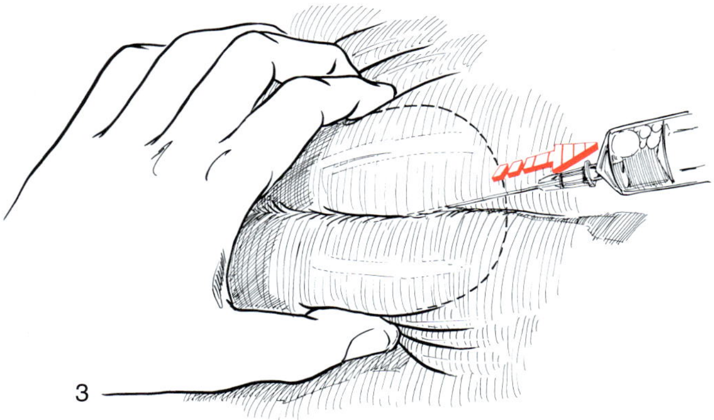

4

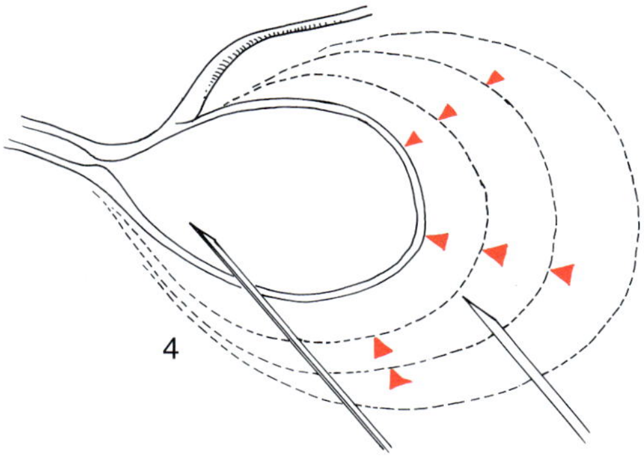

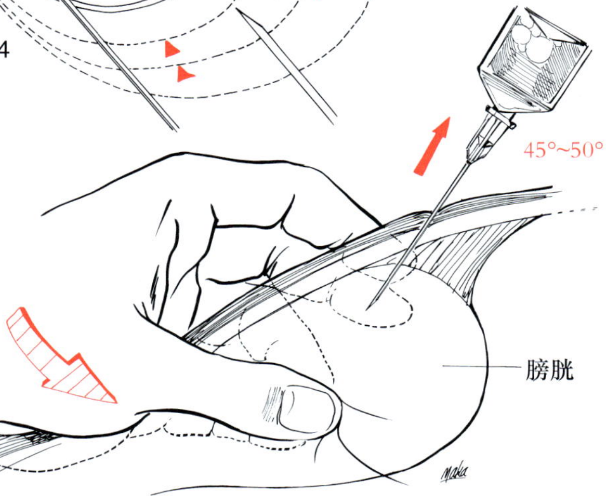

5

7.4.5 在耻骨前缘进行膀胱穿刺术

适应症

尿道结石以及器质性神经异常使膀胱迟缓导致的尿闭。进行该手术可防止膀胱破裂。

体位

仰卧保定。

术式

图1表示的是膀胱高度充盈时膀胱穿刺部位(×号表示的位置)。

用触诊的方法确定膀胱位置，左手通过腹下持握、固定膨大部位(图2)。应注意膀胱尾侧部压力较大。在实施膀胱穿刺操作过程中必须确实固定膀胱。

注意

膀胱高度膨胀时患病动物非常痛苦，防御反应会很强烈。

用右手的食指触诊膀胱的前端(图2)。

穿刺部位在触诊可及的最大环状面上。

在腹正中线上与腹壁呈45°~50°角进行穿刺操作，从腹、头侧向背、尾侧方向进针(图3)。

提示!

穿刺的操作要领是，穿刺针要接上注射器，通过腹壁向膀胱颈方向斜向穿刺，边挤压边排尿。这样随着膀胱的排空，穿刺针不会退出来，而且在膀胱壁上斜向进针还可以防止膀胱壁破裂(图4)。

用大号注射器，最大限度地晃动膀胱，排出尿液。

在排出尿液的过程中，用左手拇指控制、按压腹壁以保持膀胱内压力(图5)。

在拔除穿刺针前，在注射器针筒内加满抗生素液体并注入到膀胱内。一般情况下，健康的膀胱壁上的针孔会自然愈合。

7.5 尿道

7.5.1 雄犬泌尿生殖器的解剖

骨盆内器官的侧面图(图1)。在正中方向阴茎龟头已被切断。存在于阴茎骨前的尿道结石使尿道闭塞,膀胱内积满尿液。

雄犬的阴茎(图2)。

(下接364页)

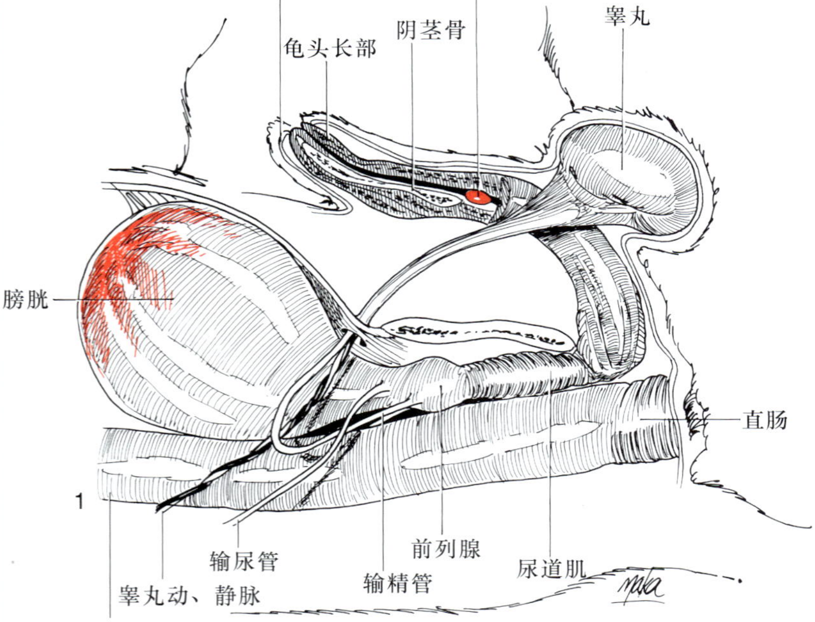

1

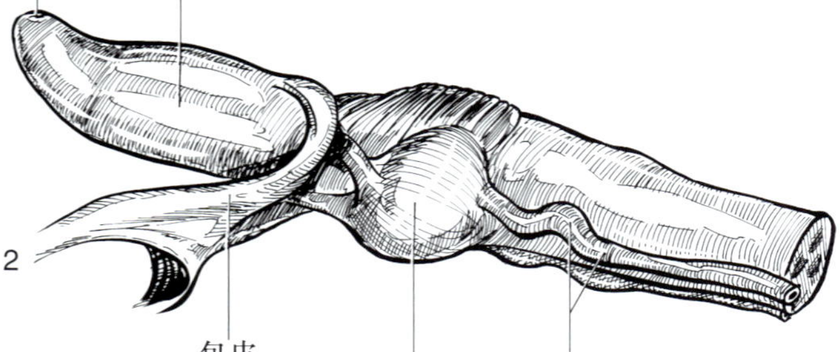

2

雄犬阴茎正中纵切面图(图 3)。

图中的红线表示的是图 4 中所示横断面图的切断位置。

阴茎的横切面图(图 4)。该图说明的是正确显示位于海绵体间的缝隙，以及通过海绵体间的尿道的重要性。

由于尿道结石造成的阴茎骨尾侧闭塞以及结石损伤尿道黏膜引起的病理学变化情况(图 5)。

3

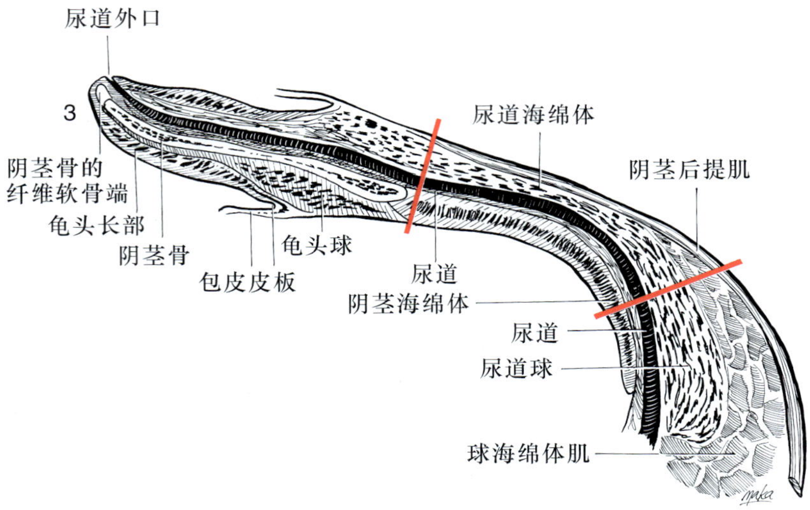

4

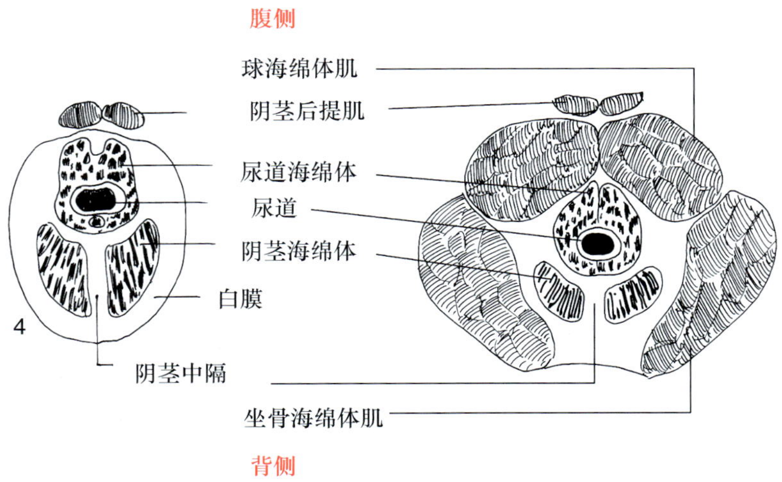

5

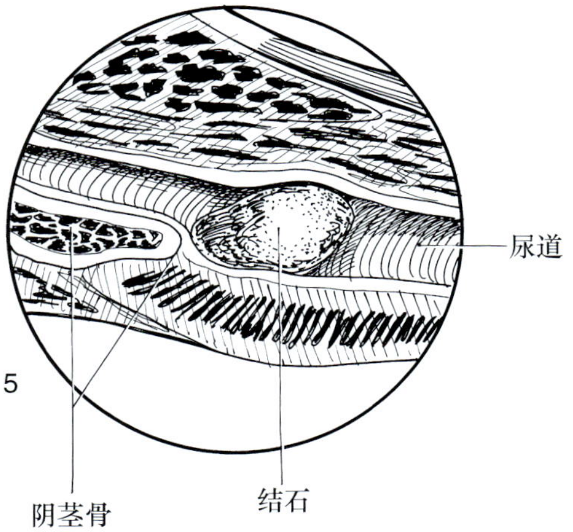

7.5.2 雄犬阴囊头侧尿道切开术以及尿道瘘管成形术

适应症

位于阴茎骨尾侧端的结石而造成的尿道闭塞。

体位

仰卧保定。

术式

为了确认结石的位置，从尿道口向头侧方向插入导尿管。

通常，用阴茎触诊的方法也能确定结石的位置。

用左手手指固定切开包皮的位置并使其绷紧。实施分层切开。

在结石的上部，用 2~3 cm 长的手术刀切开皮肤（图 1）。

在切开皮肤的两侧创缘中间位置分别设置 1 根牵引线，或者用扩张器扩张创口。

用细外科手术剪，分离阴茎后提肌（图 2），用缝线将其从阴茎手术区域牵引移开（图 3）。

在左右海绵体中央正确分离开缝隙，暴露尿道（图 3、4）。切开尿道后，去除结石（图 4）。

通常，伤口在 4 周内愈合，并且不会引起尿道狭窄。

进行尿道吻合术是为了形成尿道持续性的瘘管（造瘘术），将尿道黏膜和皮肤缝合。为达到此目的，应插入导尿管以便识别尿道黏膜，同时也能固定缝合部位。将导尿管逆行通过切口部位向前方推出，以便检查尿道至膀胱的通过状态（图 5）。

为了实施造瘘术，将尿道黏膜的创缘用非损伤性缝合针和 5-0 非可吸收性缝线，用单纯结节缝合法缝在皮肤上（图 5、6）。

术后护理

术后 8~10 天拆线。

定期消毒瘘管部位。

1

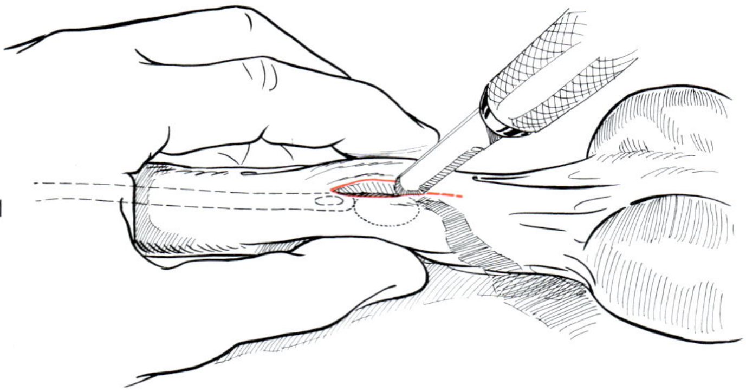

2

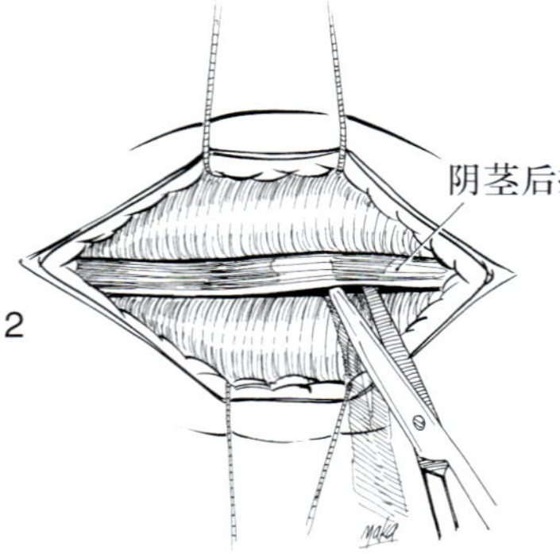

3

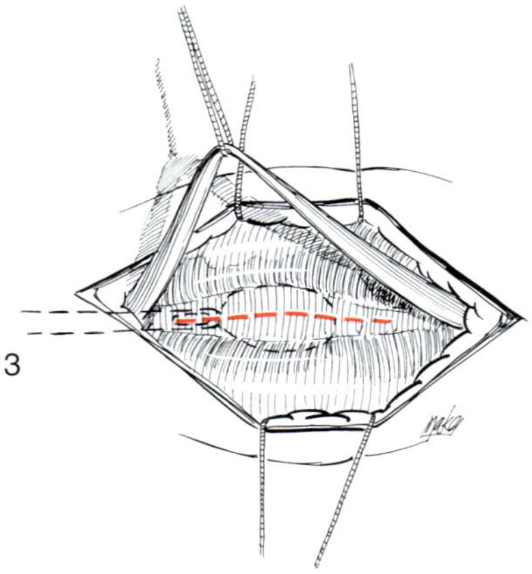

4

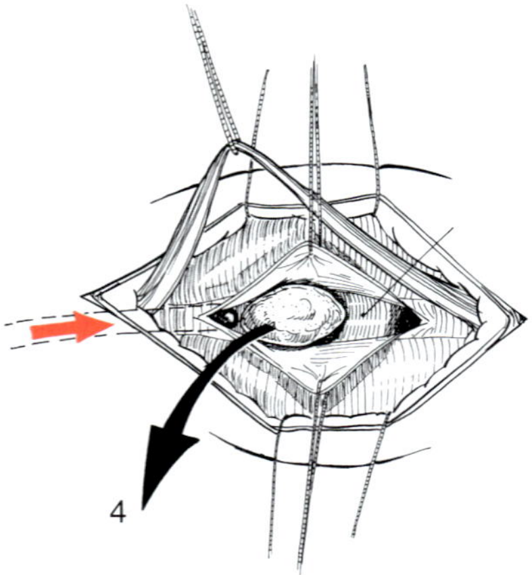

5

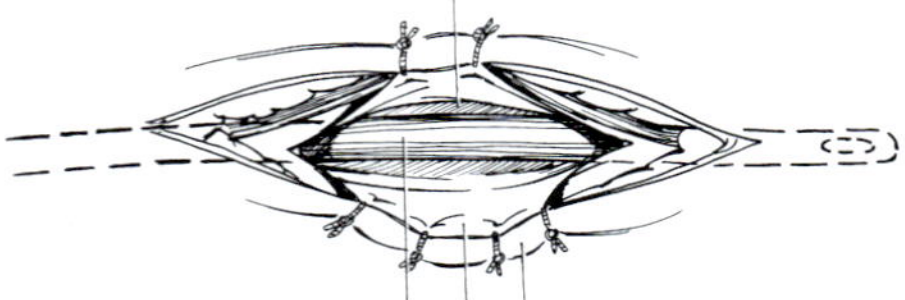

6

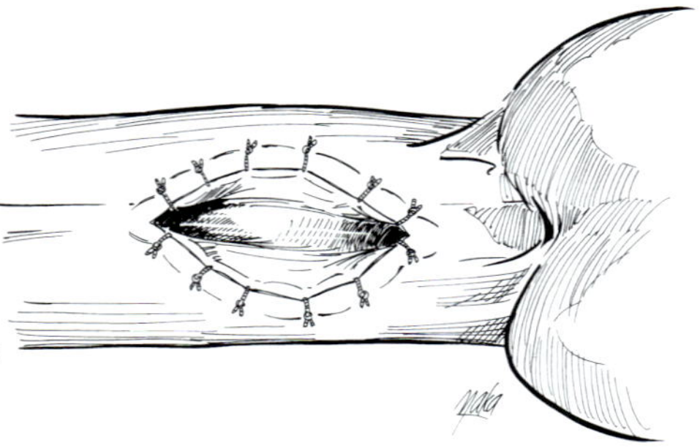

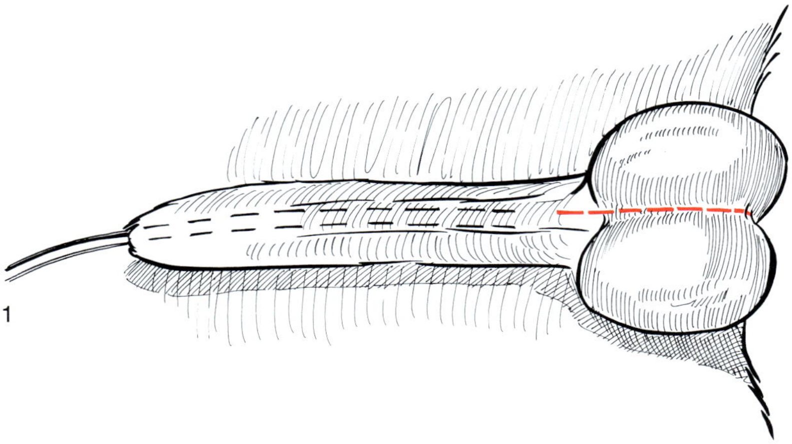

1

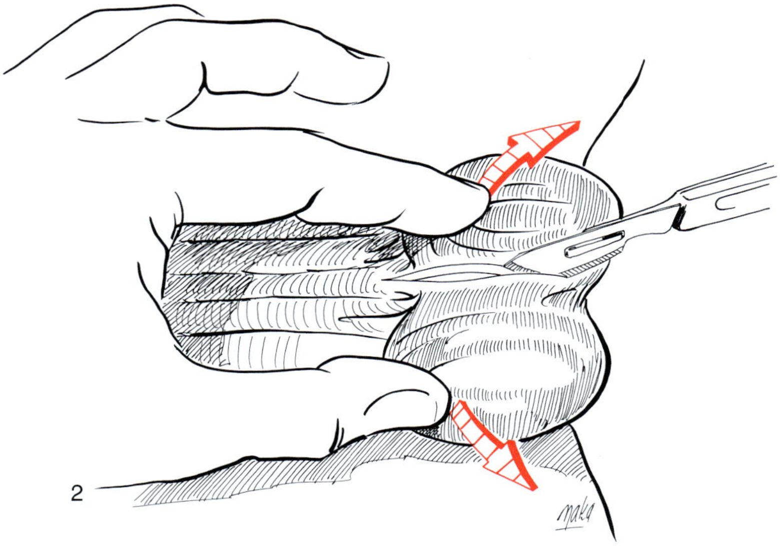

2

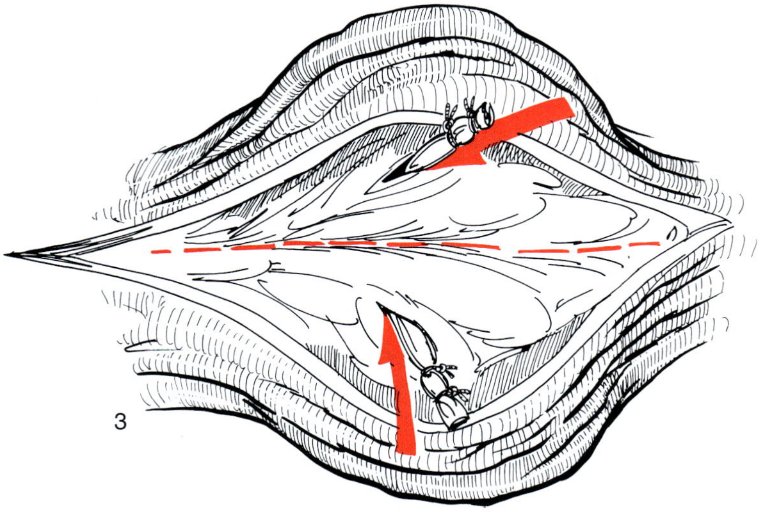

3

7.5.3 雄犬阴囊部尿道瘘管成形术

适应症

尿石症。结石太大,难以通过正常尿道排除。

体位

仰卧保定。

术式

进行手术前,应事先从尿道口插入导尿管。此操作有利于确认尿道腔和排出尿液。

为了打开尿道的手术通路和造成永久性瘘管,进行手术时顺便实施雄犬的去势术。

沿阴囊缝隙切开皮肤(图1)。为了便于进行此操作,切开时用左手手指向左右方向绷紧包皮(图2)。

去势后,切除多余的阴囊皮肤。这项操作是为了防止术后瘘管自动闭合(图3)。

确认位于脂肪、结缔组织中央部位的阴茎后提肌。将其用直组织剪从尿道上分离下来并使之可移动(图 4),插入扩张器将阴茎后提肌移开尿道切开部位(图 5)。

用手术刀沿长轴切开尿道。

此时,左手绷紧组织,在导尿管上面切开尿道。在接近尿道腔时进行分层切开。

接下来将尿道黏膜和阴囊皮肤缝合,造成永久性瘘管。开始时,在切口尾端缝上固定线来固定位置(图 6)。

实施造瘘术时,用 5–0 非可吸收性缝线和单纯结节缝合法,一边使黏膜外翻,一边和包皮皮肤切开缘缝合(图 7)。

术后护理

注射抗生素。

根治尿道结石。

每日消毒瘘管部位。

术后 8~10 天拆线。

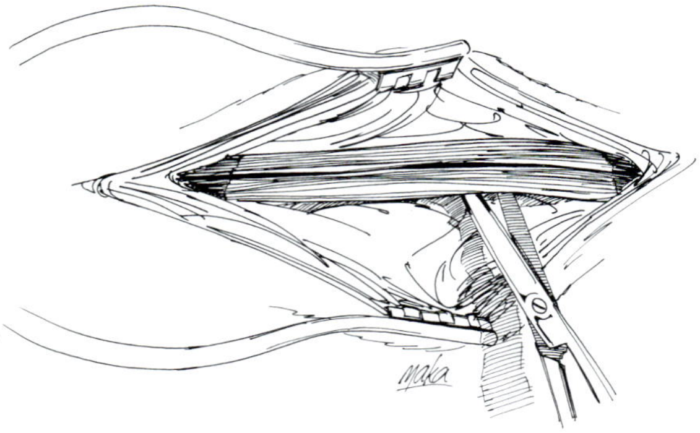

4

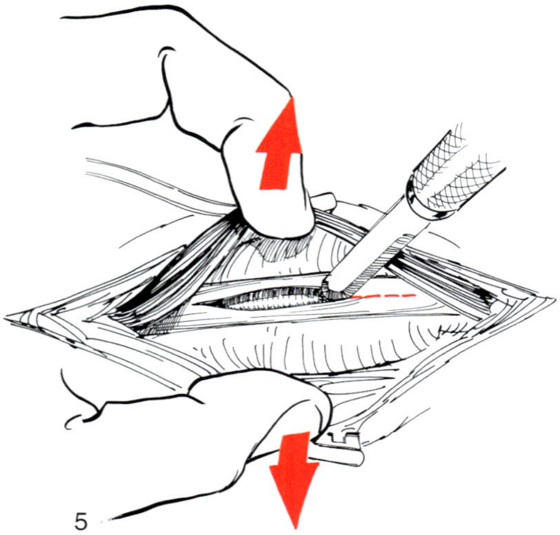

5

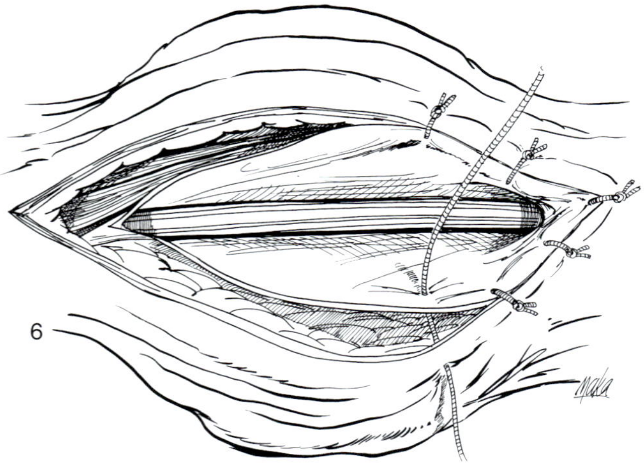

6

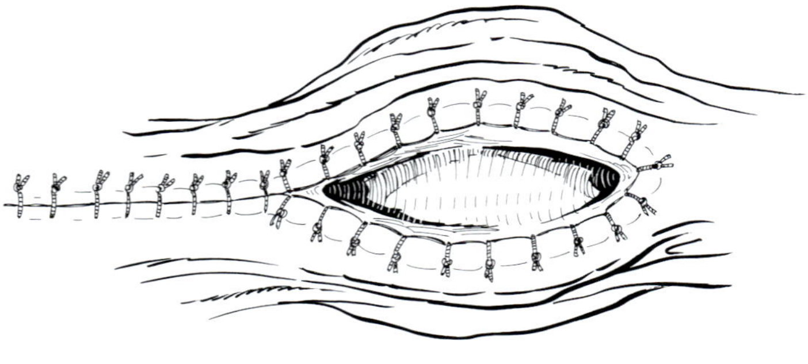

7

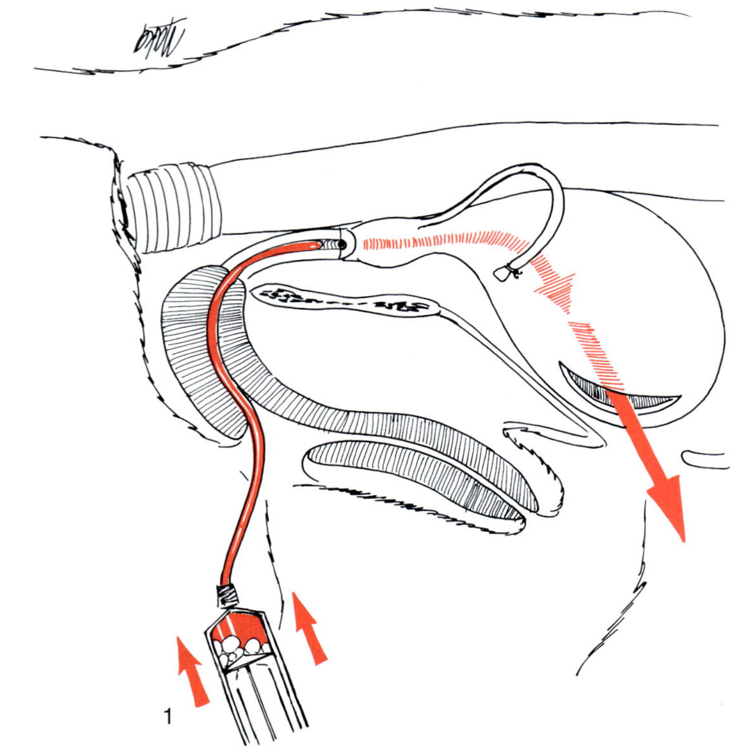
1

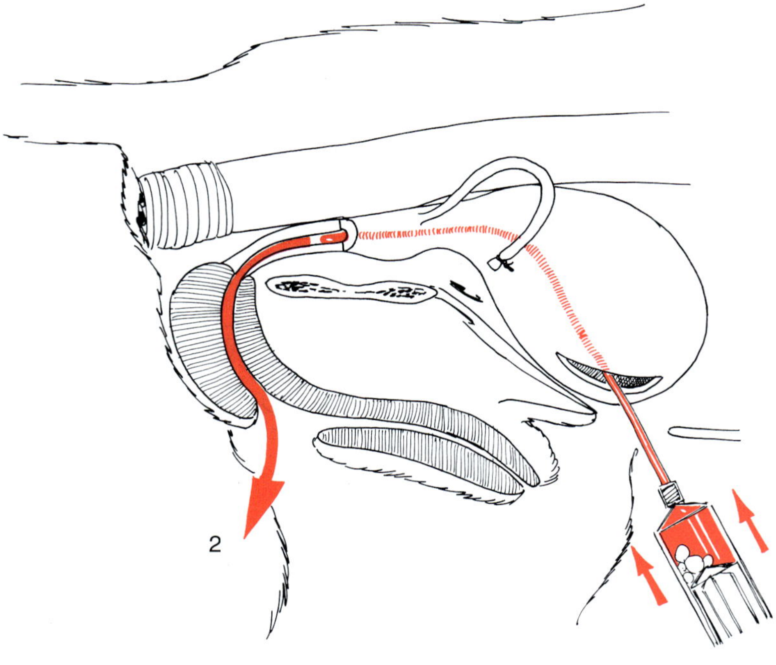
2

7.5.4 尿道结石时的膀胱尿道清洗

适应症

尿道结石。

术式

从尿道瘘向膀胱方向冲洗(图1)

对于存在于尿道瘘附近引起尿道阻塞的小结石,在进行膀胱切开术后,可以从尿道瘘向膀胱方向冲洗。为了达到此目的,将导尿管插至膀胱颈部,一边冲洗一边向膀胱方向推进,然后从膀胱切口拔出导尿管。

从膀胱逆向冲洗(图2)

对于大的膀胱结石,可实施膀胱切开术,用膀胱匙将其从膀胱中去除(参照7.3.4)。

对于小的尿道结石,可从膀胱切开处插入导尿管,向尿道远向冲水,将结石从尿道瘘管开口冲出。

冲洗时,在导尿管接上加满生理盐水的注射器,一边以较大的压力射水一边冲洗。

7.5.5 猫会阴尿道瘘成形术

适应症

FUS(尿石症)时由于沙粒或结石造成的尿道闭锁。

体位

仰卧保定,抬高骨盆,将两后肢向头侧牵引保定。

术式

为确认尿道方向，在尿道中插入雄猫导尿管。用止血钳夹住阴茎头部向腹侧方向牵引。在包皮做口环形切开,然后沿正中线向肛门腹侧延长数毫米(图1)。

该雄猫如没去势可在此时去势。切开阴茎周围的皮肤,游离阴茎,阴茎在尿道球腺之前全部被暴露出来(图2)。在阴茎两侧切断坐骨海绵体肌和坐骨尿道肌(图3)。断端有出血时,可用电刀止血或结扎止血。

用直组织剪全长分离、切开阴茎后提肌(图3、4)。对于暴露的尿道,在用手摸到的导尿管上部,尽可能实施远位大切口(图5)。去除导尿管后,在尿道切开部插入有沟探针或导尿管至尿道向骨盆部反转处之前(图5、5a)。

提示!

用No.15的手术刀片,直线切开尿道。此时，手术刀可沿有沟探针的沟槽切开尿道。刀刃朝上,用反挑式切开法,刀背沿有沟探针的沟槽前行。为了调解切口的长度,应将有沟探针插入膀胱中。

除去探针，将尿道切口创缘和会阴部皮肤切口创缘用5–0非可吸收性缝线进行交互缝合(图6)。将阴茎在尿道切口的远位结扎、切断。最后将剩余的尿道黏膜和皮肤依次缝合(图7)。

术后护理

用导尿管清洗膀胱。

每天检查创口,术后8天拆线。

配戴伊丽莎白项圈。

并发症

动物舔伤口或者缝合不正确使伤口裂开或尿道瘘管闭锁。

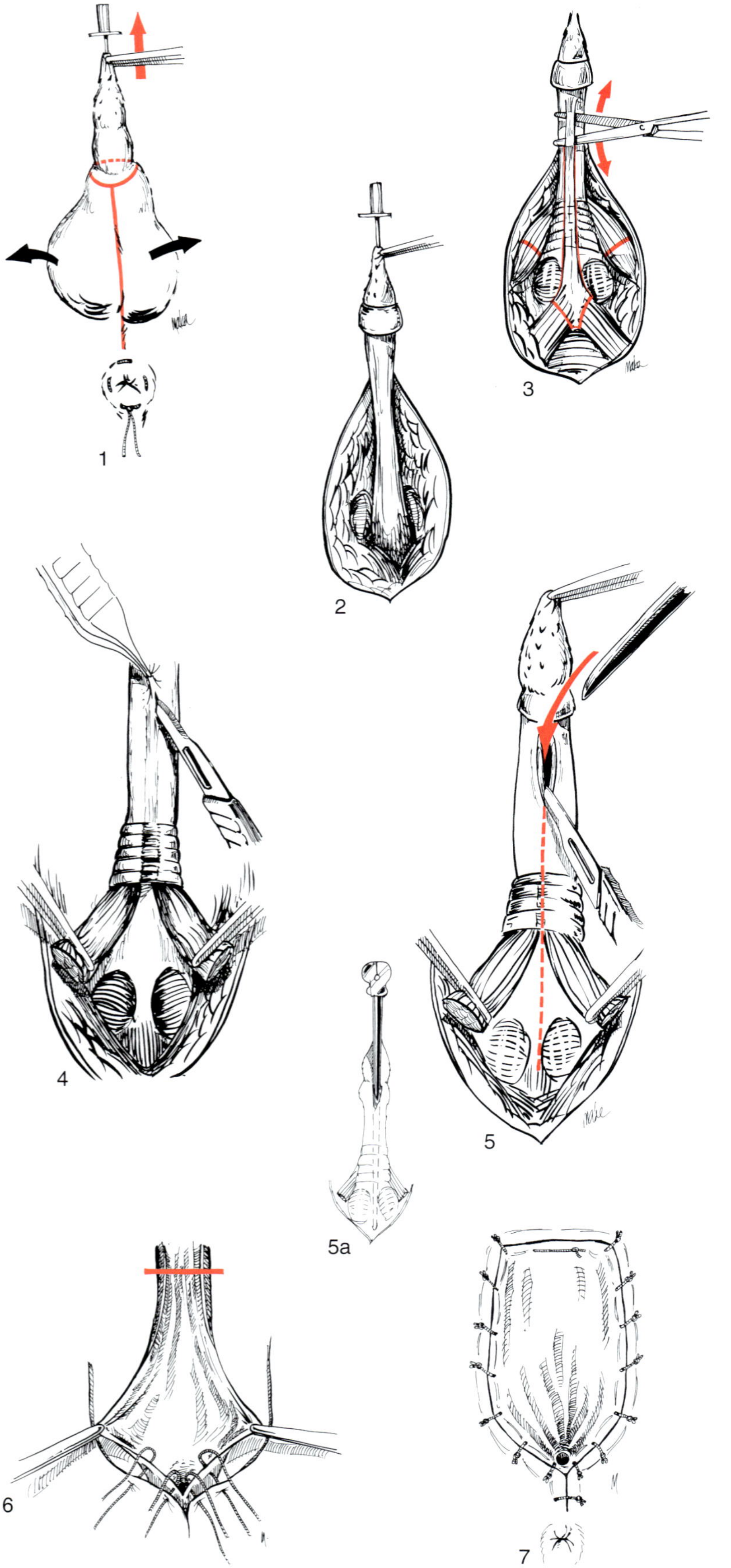

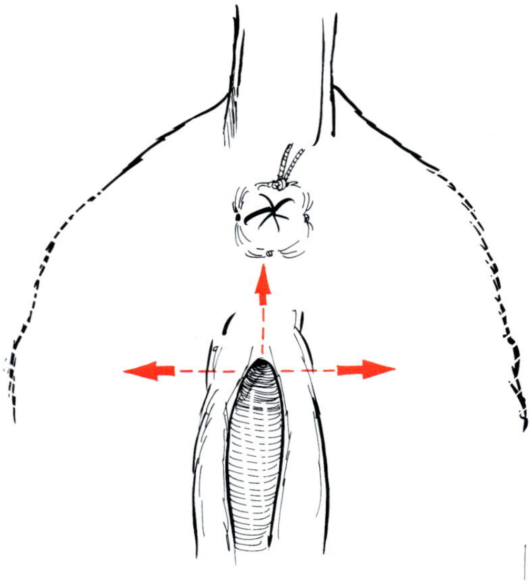

1

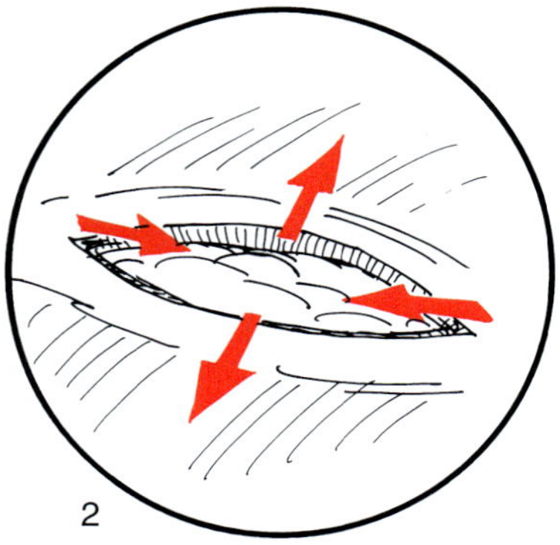

2

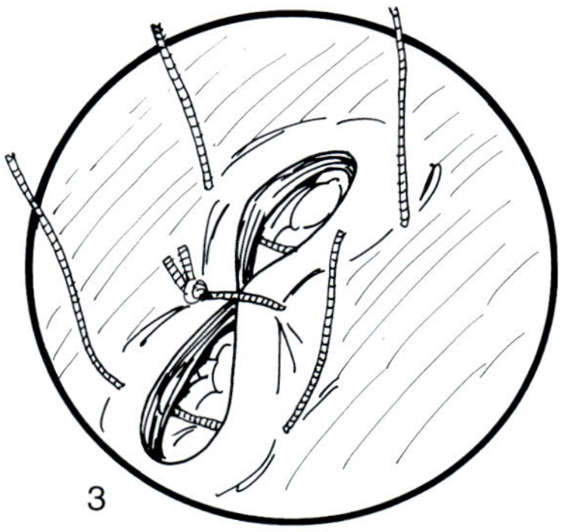

3

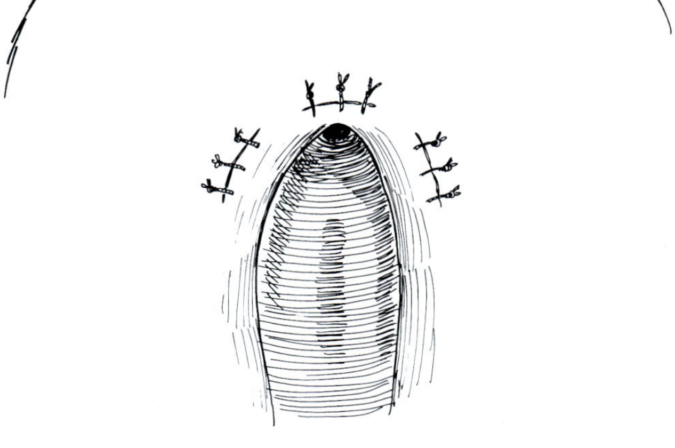

4

7.5.6 修正会阴尿道瘘

适应症

尿道瘘狭窄或粘连。

体位

俯卧保定，两后肢垂于手术台下，将尾巴向头侧牵引。

术式

用荷包缝合法暂时闭锁肛门（图 1）。

根据狭窄的程度，为了扩张尿道瘘管进行皮肤成形术。原则是使尿道瘘管开口部位皮肤紧张，消除褶皱，使开口部扩张。在 9 点、12 点以及 3 点的部位，尽量靠近瘘管开口切除皮肤（图 1）。

切除皮肤的大小，根据尿道瘘管开口的狭窄程度而定。

垂直于尿道瘘管横向切开皮肤（图 2），为此用单纯结节缝合法调解创口的角度，改变创缘的形状（图 3）。

就是说进行横向切口，实施纵向缝合。缝合时用 4–0 或者 5–0 缝线，与创缘呈直角连上创缘底部，用单纯结节缝合法闭合皮肤切口。

解除荷包缝合。

图 4 显示的是扩大了的尿道瘘开口。

术后护理

术后 10~14 天拆线。

7.5.7 雄猫坐骨海绵体肌切断术

适应症

去势后的雄猫尿喷射。该手术的目的是阻止尿喷射(图 4),但不能在所有的病例都能达到此目的。

体位

使猫的后肢垂于手术台下，将尾巴向头侧牵引,俯卧保定。

术式

用荷包缝合法暂时闭锁肛门(图 1)。

提示!

尿道内插入导尿管，这一方面有利于术中导尿，另一方面对阴茎的操作变得容易(图 1)。在坐骨上 2~3 cm 的位置做 2 个左右对称的皮肤切口(图 1)。

为扩大术野,设置 2 根支持牵引线。

切开后,暴露阴茎、坐骨海绵体肌以及坐骨弓。必须小心处理包皮和阴茎前部!

最大限度地从阴茎背侧分离、切除阴茎后提肌(图 2)。

在坐骨弓起始部附近，用电刀分离从阴茎向腹外侧走向的坐骨海绵体肌。为了防止在这本来连接的部位发生再次粘连，将该肌肉在远端实施部分切除(图 3、4)。

依次闭合创口。

将对侧按同样方法处理。

术后护理

术后 8~10 天拆线。

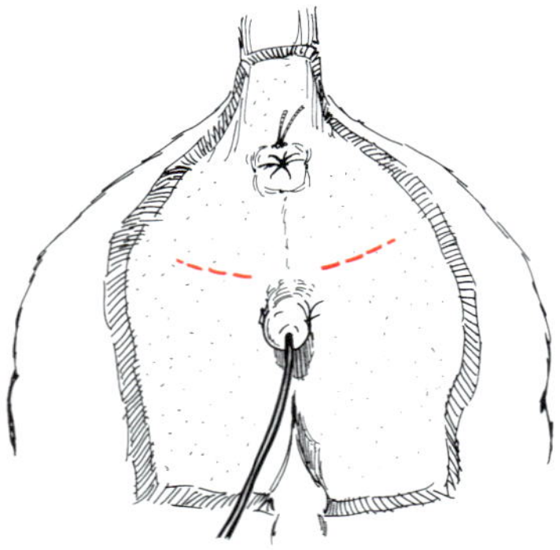

1

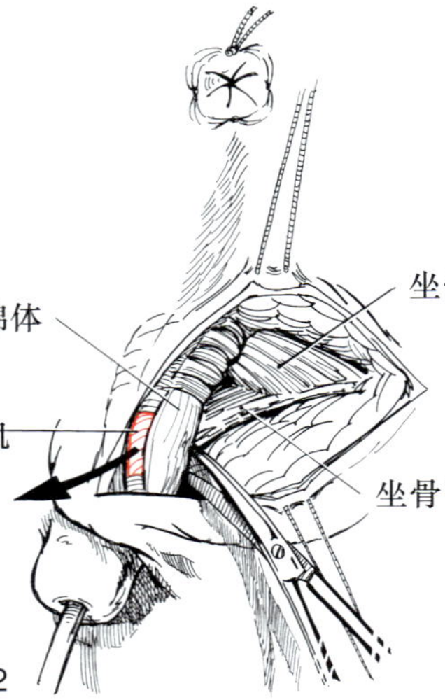

2

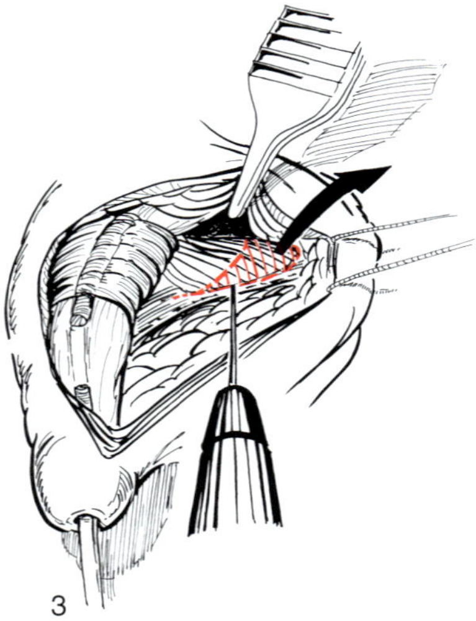

3

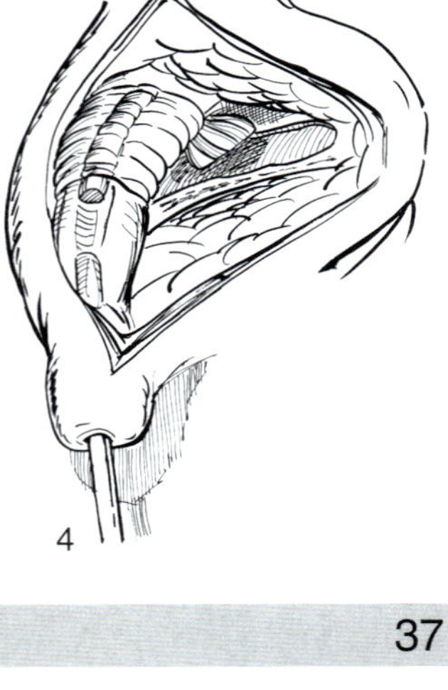

4

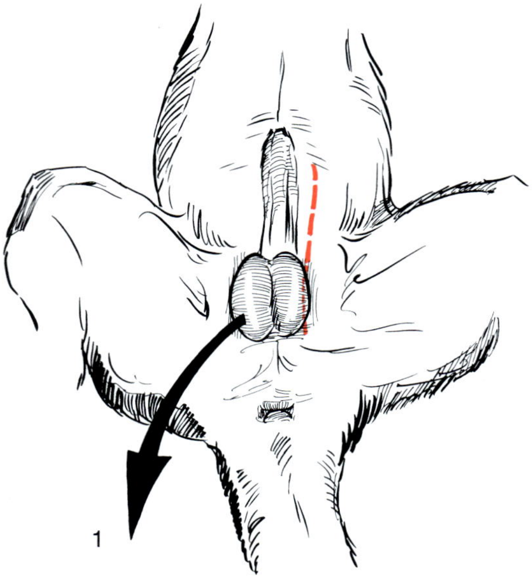

1

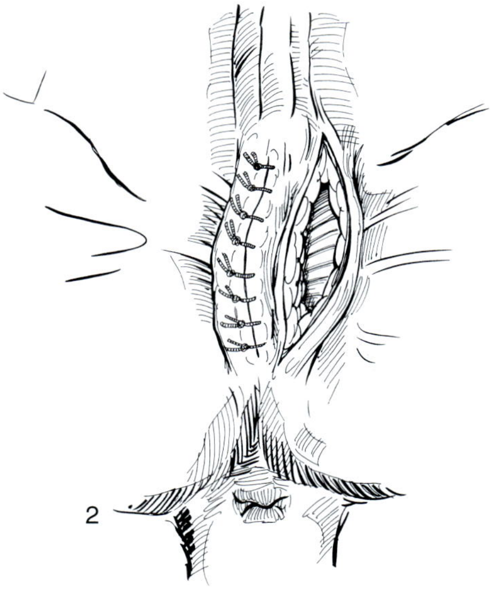

2

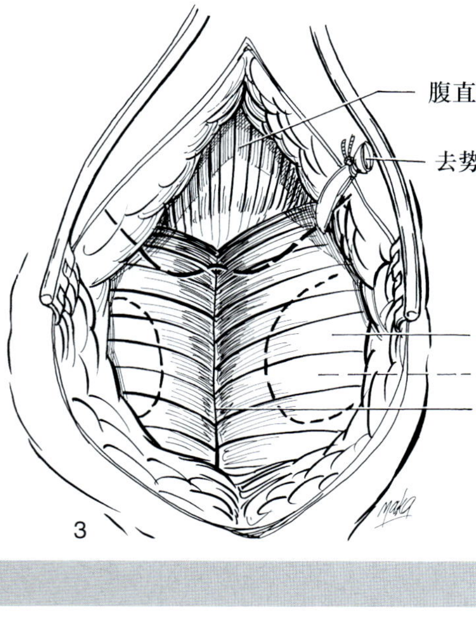

3

7.6 前列腺

7.6.1 前列腺摘除术

适应症

前列腺肿瘤和前列腺肥大。

为了缓解如便秘等的继发症，应及早决定手术。

体位

俯卧保定。

术式

在实施手术之前,进行灌肠和禁食2天。

进行尿道插管。

依次进行去势后，平行去势创口进行皮肤2次切开(图1、2)。

皮肤切开始于阴茎前部,向尾侧进行,直至骨盆缘附近。

在创口插入扩张器扩展创口，移动阴茎后,沿腹正中线切开腹壁(图3)。

在正中线上切开内转肌，将其在骨盆的腹侧面进行钝性分离。

图4显示的是从外侧侧面观察的手术区域图(仰卧位的犬)。

为了能够在闭合腹腔时将切断的耻骨片重新固定,事先在切断线(左右耻骨头侧支和坐骨支)左右相对的部位,用骨钻钻2个孔(图5)。

在骨盆的腹侧,将画线的3个部位用振动锯切断,将骨片移向头侧。

注意

将骨片复位再固定时,为使其不滑进骨盆腔,切断骨骼时应做成斜向内侧的斜面(即两侧骨切面形成一个上大下小的切口)。

将前列腺从周围组织上分离下来后,在其头侧和尾侧下面分别穿过1根止血带胶管(图6)。

该胶管一方面可以暂时阻止尿液流出,另一方面也可以使摘除前列腺变得容易。

(下接374页)

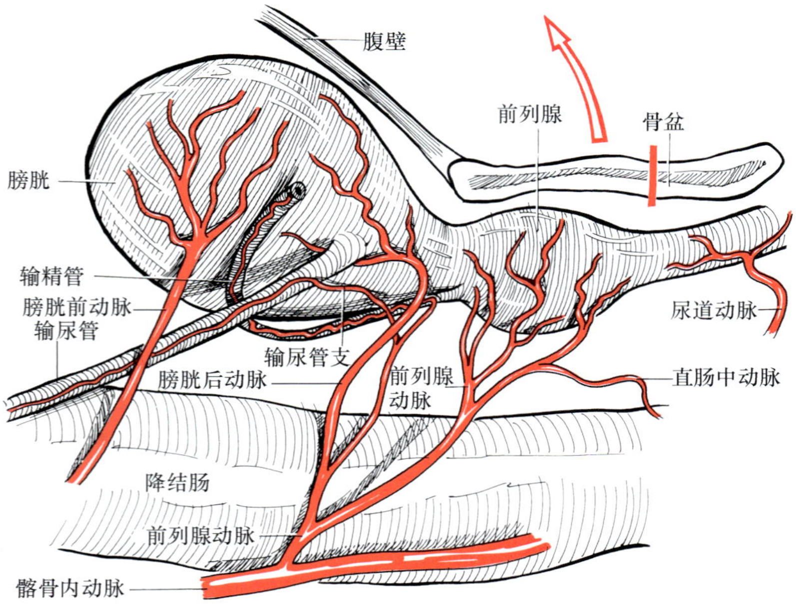

4

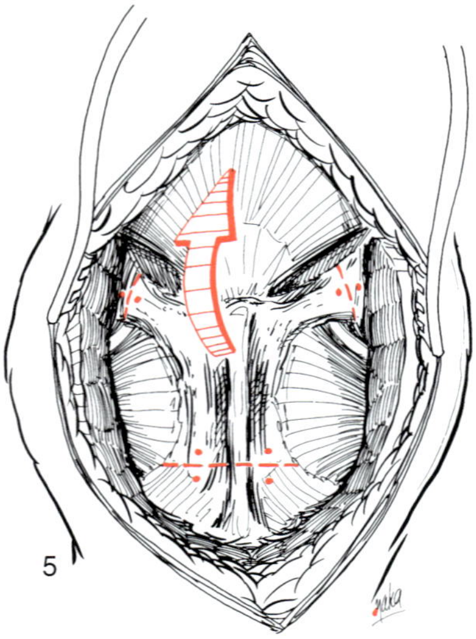

5

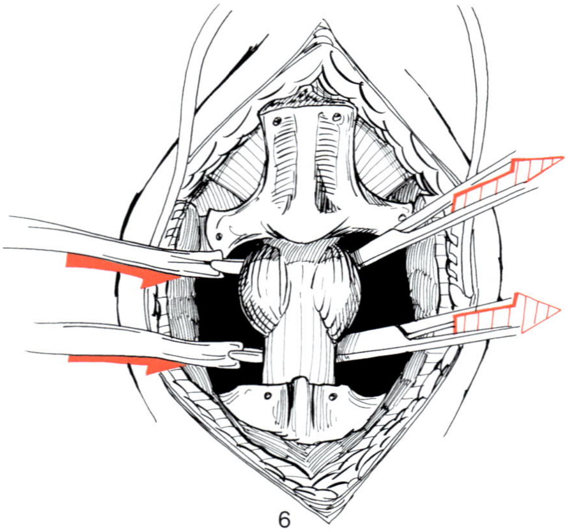

6

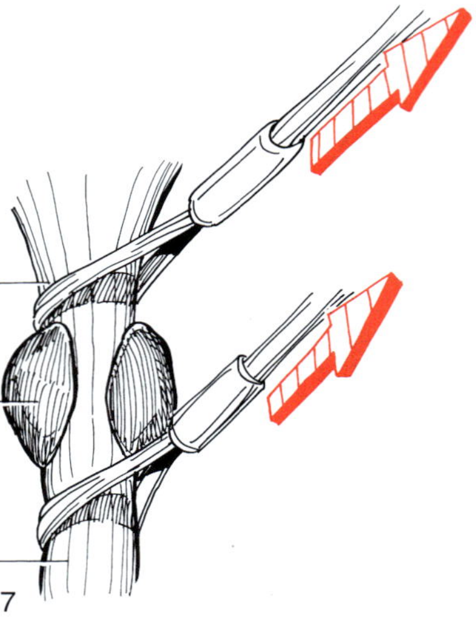

7

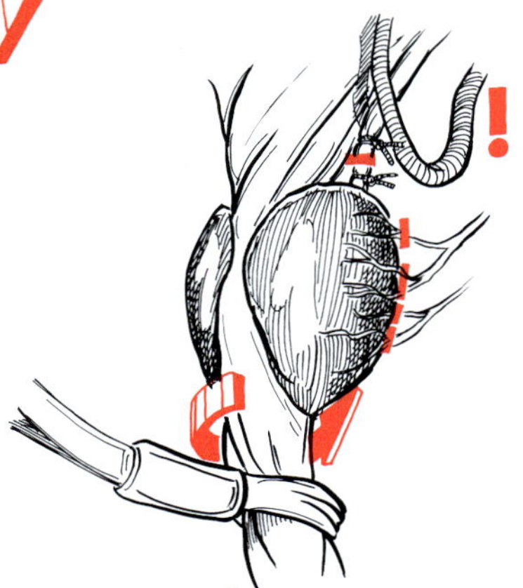
8

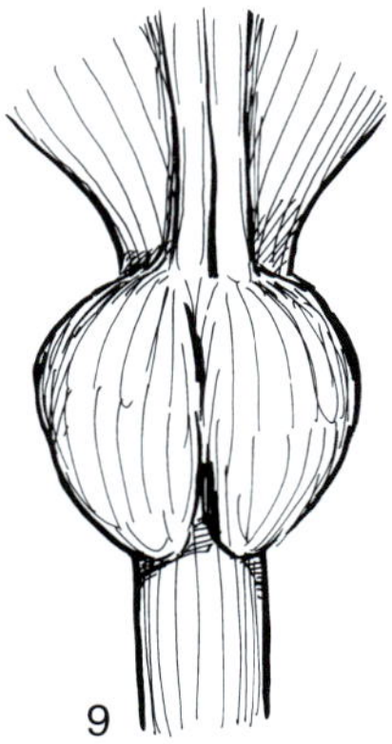
9

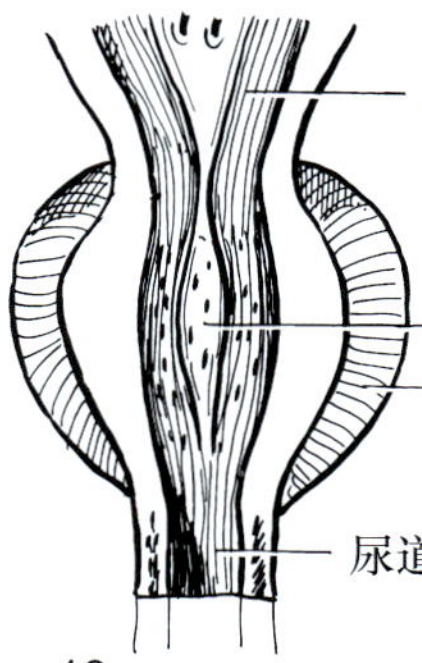

10

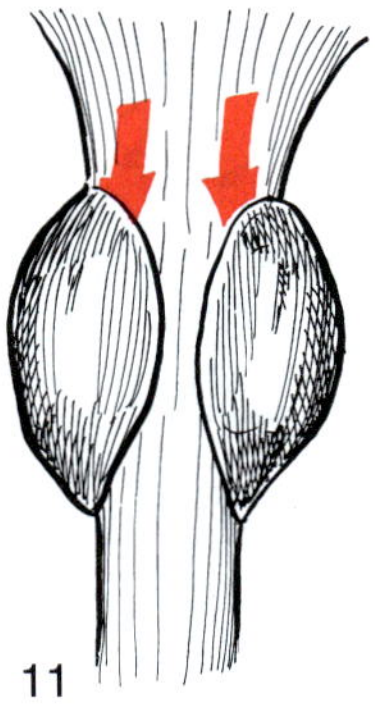
11

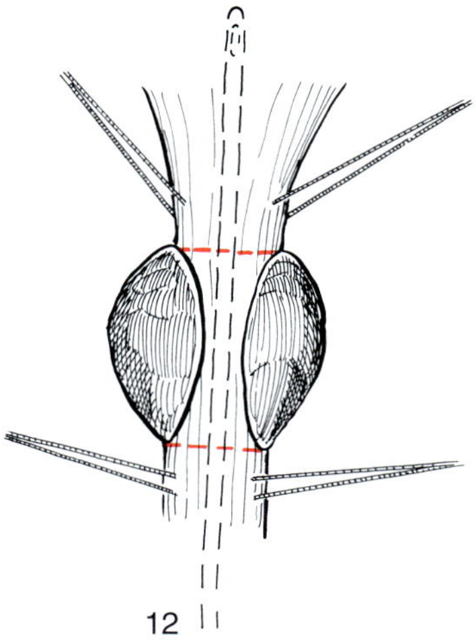
12

为了防止手术期间胶管从手术部位上滑落下来，分别合并胶管两头后穿上一个短管，并系紧短管固定合并的胶管(图 7)。

去除前列腺周围的脂肪组织，将血管在前列腺附近结扎、切断。同样将输精管也在前列腺附近双重结扎后切断(图 8)。

图 9 所显示的是在背侧见到的前列腺和尿道。为了清楚解剖构造，图 10 表示的是水平剖开后从腹侧所见到的组织器官的构造。将前列腺在其头侧部尽可能远离尿道实施切断(图 11)。该项操作是使以后的尿道切除最小化，意义重大。在尿道切除部分的头侧和尾侧分别设置 2 根牵引线来固定位置(图 12)。在切除前列腺手术过程中保留尿道中的插管。

摘除前列腺时，在前列腺头侧和尾侧实施尿道环状切除(图 13)。然后在切除部分的两侧腺体之间，在尿道插管上面进行纵向切开、分离(图 14、14a)。

为了迅速吻合尿道，先用两根固定线进行定位缝合(图 14)。

然后用 5-0~6-0 合成可吸收性缝线，用单纯结节缝合法对尿道的断端进行环状吻合(图 15)。

确认吻合部位确实密闭后，将耻骨片移回原位，通过事先打好的孔用骨固定不锈钢丝铰接固定(图 16)。

在正中线上，用数针深缝合将内转肌固定在一起(图 17)，依次闭合腹壁创口。

术后护理

连续注射抗生素 1 周以上。

将尿道内的导尿管再留置 5~7 天。

术后 8~10 天拆线。

并发症

尿失禁。神经性膀胱机能障碍。尿道吻合部狭窄。吻合部漏尿和膀胱或尿道坏死。

由于该手术发生并发症的概率很高，因此该手术只适用于确实需要进行该手术的病例。在实际病例中，病理性肿大的前列腺远比图示要复杂得多。

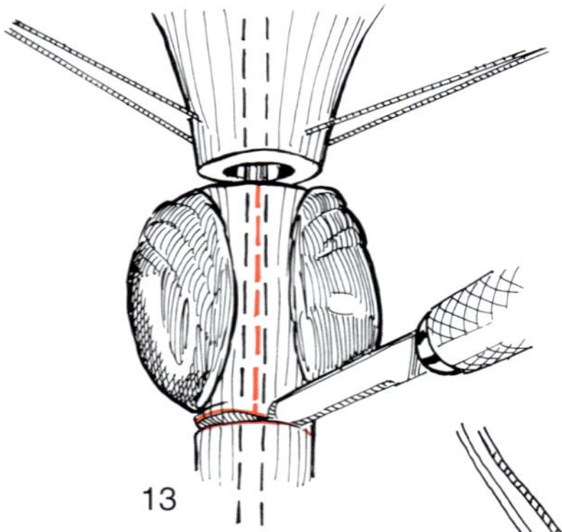

13

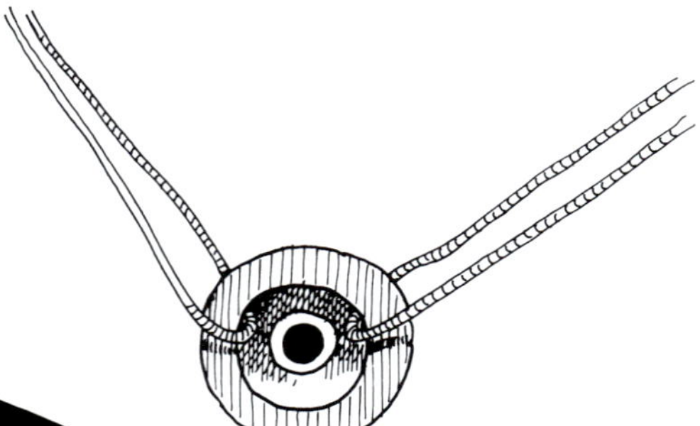

14a

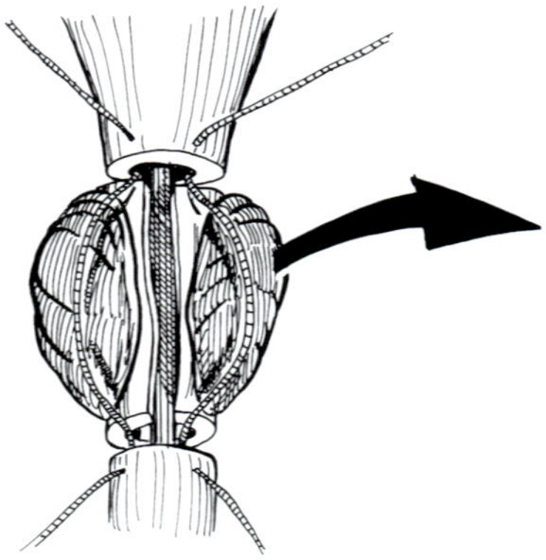

14

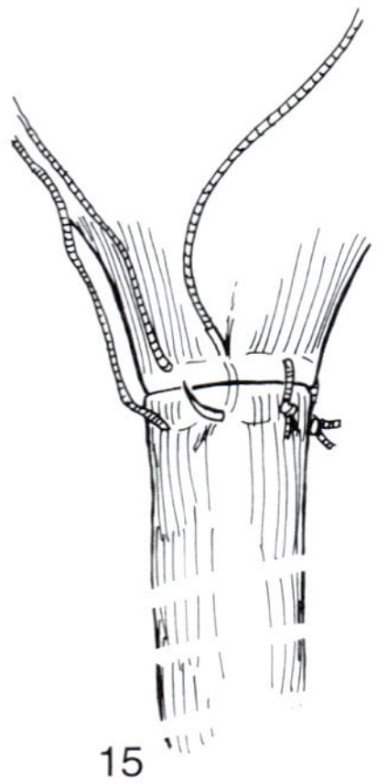

15

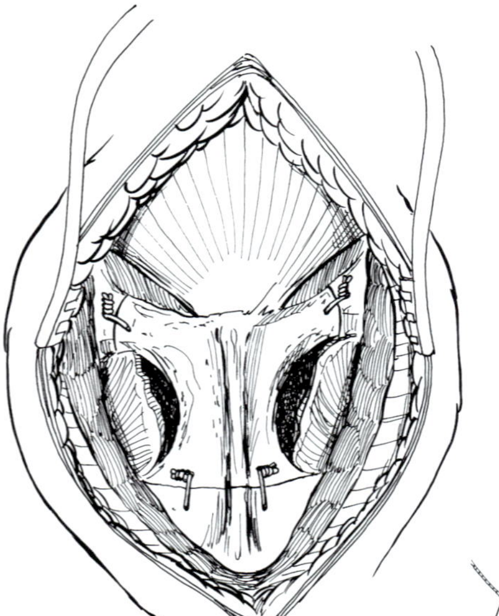

16

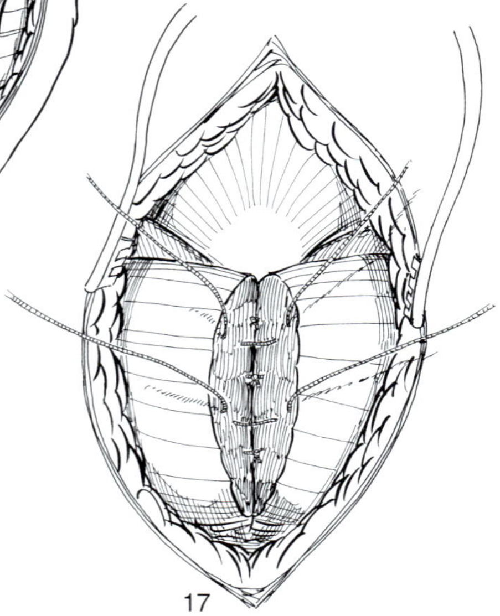

17

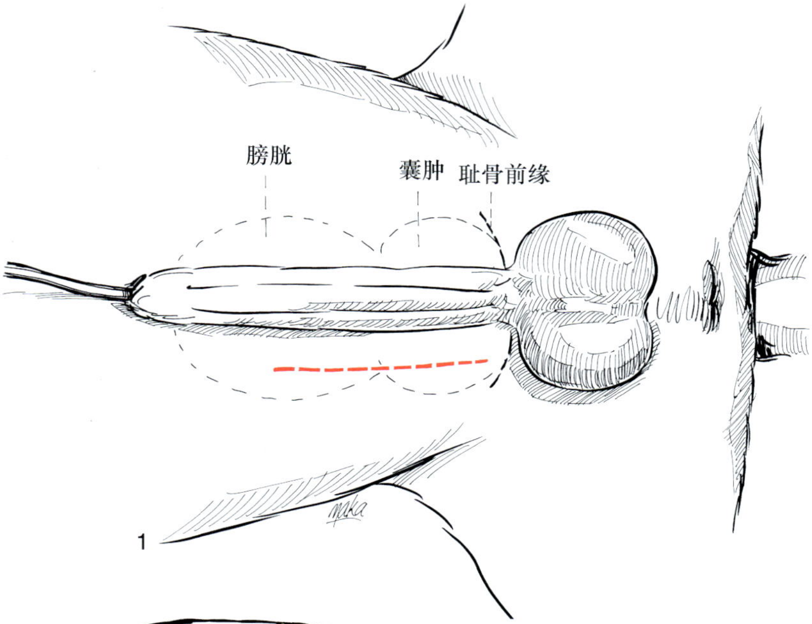

1

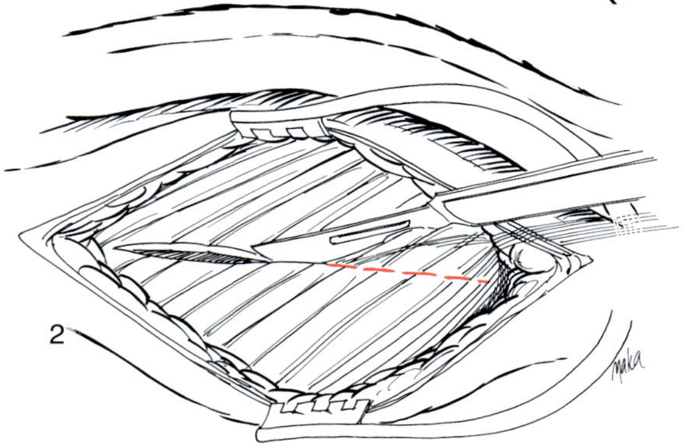
2

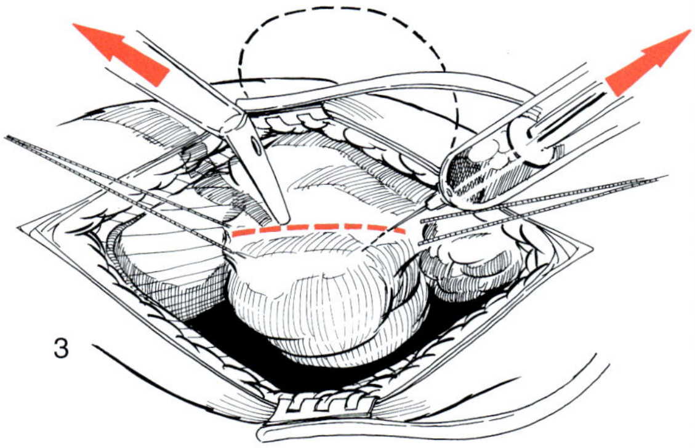
3

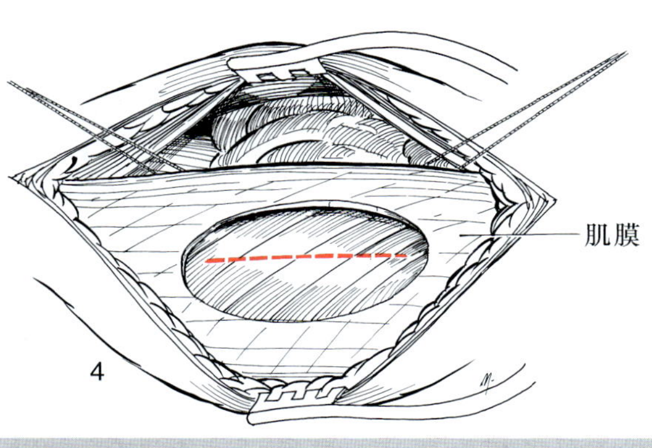

4

7.6.2 前列腺囊肿

适应症

单侧前列腺囊肿。由胚胎期苗勒氏管(副中肾管)发生而来。

体位

俯卧保定。

术式

为了保证足够大的术野以及方便操作，应进行阴茎周围较大范围的皮肤切开(图1)。

插入扩张器后，沿着皮肤切开线斜对肌纤维的走向实施正中线旁切开(图2)。将囊肿以及粘连部分从周围组织中分离出来。穿上2根牵引固定线后，用注射器穿刺吸空囊肿内的液体。

提示!

应该将用注射器吸出的液体进行细菌学检查。

在2根牵引线之间切开脓肿，彻底清除囊肿内容物(图3)。此操作一方面有利于腾出操作空间，另一方面容易对囊肿进行操作。

在最初开腹创缘旁边，切除椭圆形的筋膜实施开窗术。这个开窗部将作为永久性瘘管的开口部位。

在窗口纵轴上切开腹壁肌肉，把前列腺上的支持缝合通过这个切口向外牵引，将囊肿向腹侧方向移动(图4)。

依次闭合最初的肌肉创口(图 5)。

在筋膜窗的位置切开皮肤，将囊肿壁向腹侧移动。在肌肉上设置 4 根牵引线固定位置(图 6)。然后用 2–0 合成可吸收性缝线，用单纯结节缝合法将肌肉和腹壁筋膜缝合(图 7)。接下来为了做成永久性瘘管，将囊肿壁创缘和皮肤创缘对合，用 2–0 合成可吸收性缝线进行单纯结节缝合（图 7、8)。

然后顺便实施去势术，将前列腺活动限制在最小范围内。

术后护理

多数病例在术后 6~8 周瘘管自动闭锁。因此以后不必进行外科处置。这是因为已经实现了前列腺机能的最小化。只有少数病例继续存在小的排液口。此时可将小口切除，常规闭合腹壁。

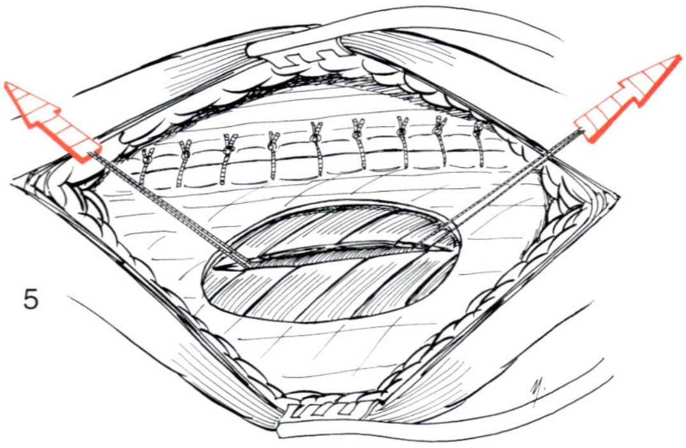
5

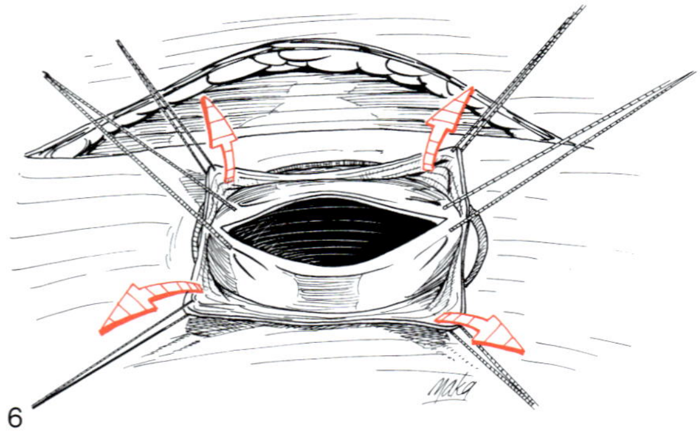
6

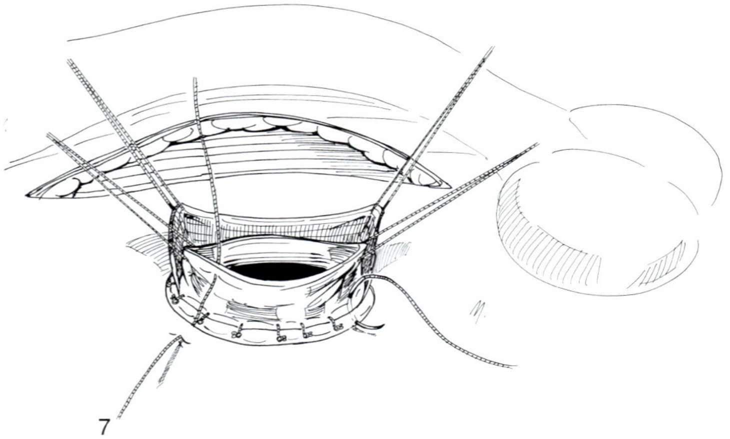
7

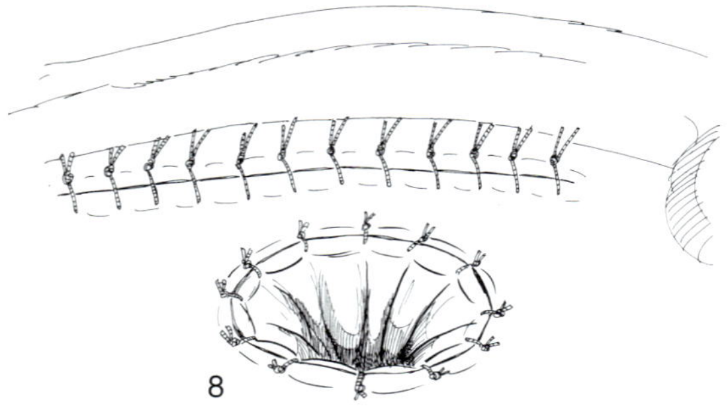
8

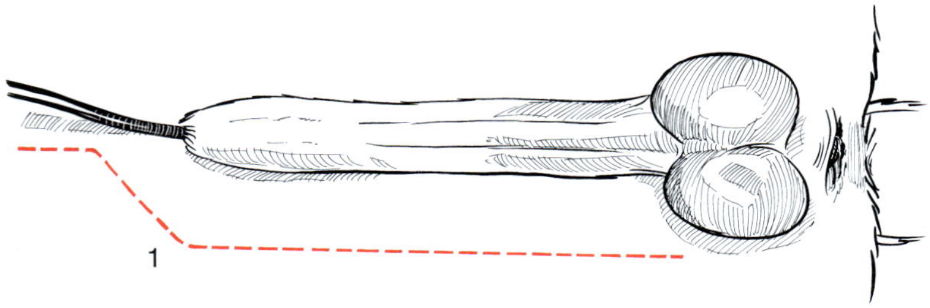

1

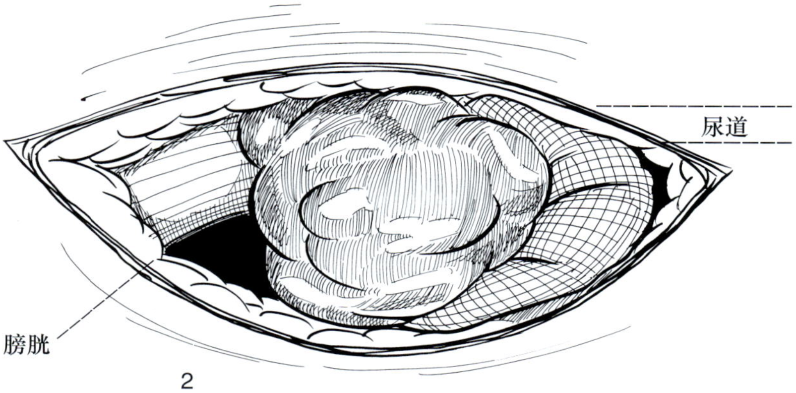

2

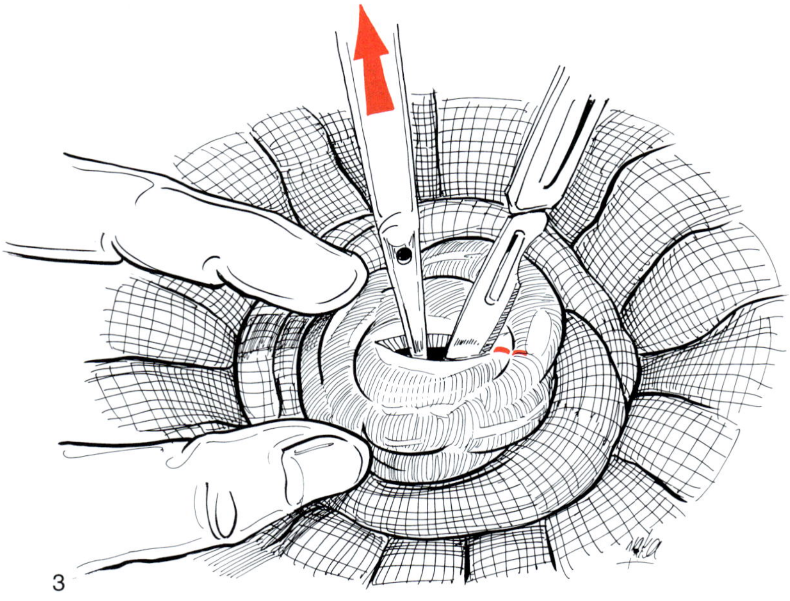

3

7.6.3 前列腺脓肿

适应症

由于慢性前列腺炎形成的前列腺脓肿。

体位

仰卧保定。

术式

留置尿道插管。

沿头侧腹正中线切开皮肤和进行包皮旁皮肤切开(图 1)。

沿腹正中线切开腹腔。

确认前列腺脓肿部位，小心将其移至腹部切口(图 2)。

为了避免污染，将脓肿和其他的腹腔脏器都用浸有同于体温的生理盐水的布或纱布覆盖上。

应该一边吸引出脓液一边切开脓肿(图 3)。

用该脓汁进行微生物的分离鉴定和药敏试验。

用电解质溶液彻底清洗创口。洗净后，从脓肿的切口伸进手指探摸，以便除去脓肿腔内残留的血块和纤维蛋白块。

(下接 379 页)

离开脓肿切口最少 2 cm 的距离重新做一切口，将排液管从第一口插入，从另第二口拔出（图 4）。

提示！

此操作不能固定排液管，可以帮助前列腺保持正确的位置。

在阴茎的两侧切开皮肤，通过这 2 个切口，插入弯止血钳将排液管导出，在腹腔内再插入一根辅助导管（图 5）。用 2–0 非可吸收性缝线将排液管缝合在皮肤内（图 6）。

为了最大限度地抑制前列腺功能，必须对所有的病例实施去势术。

术后护理

连续使用药敏试验敏感的抗生素 2 周以上。

约 3 周后除去导尿管。

同时对前列腺进行超声波检查。

并发症

当再发生脓肿时，应考虑实施前列腺摘除术。

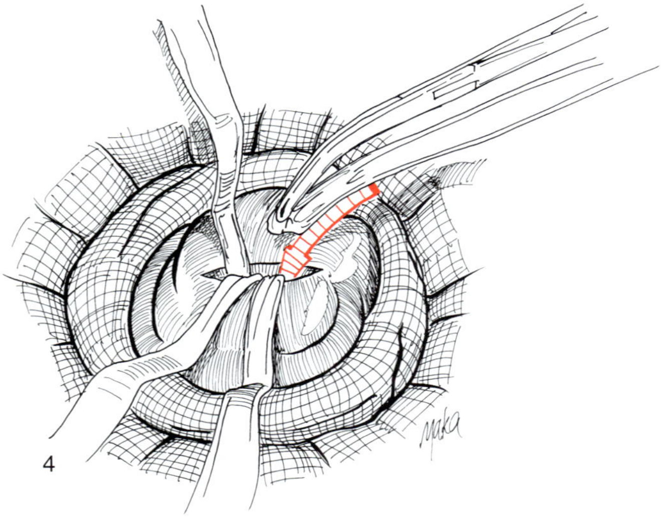
4

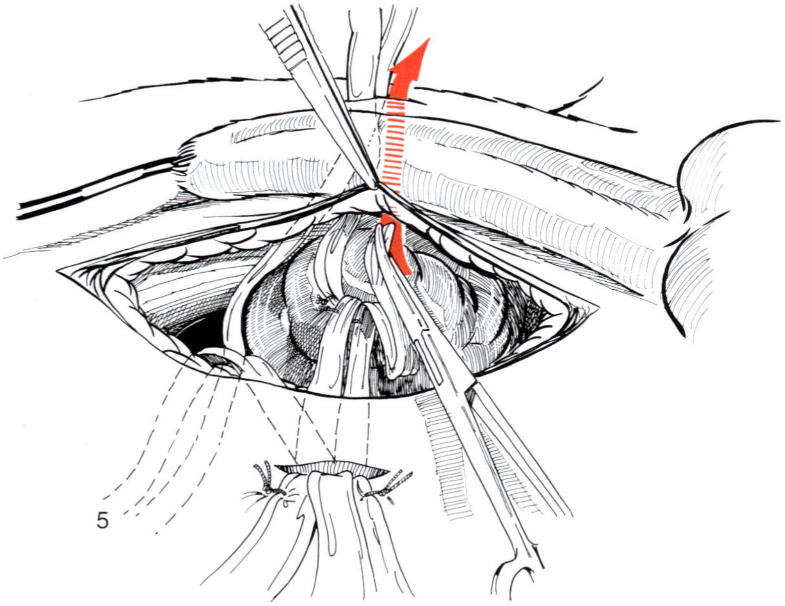
5

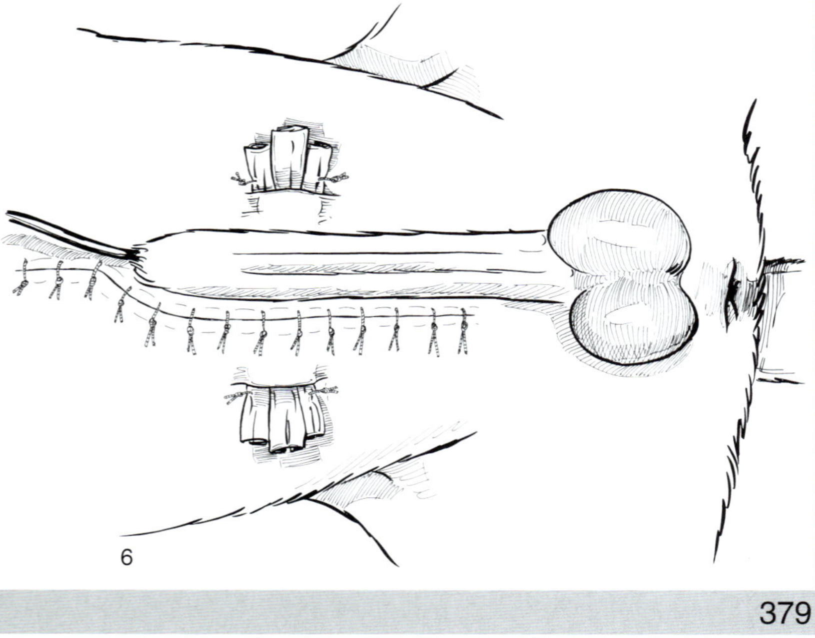
6

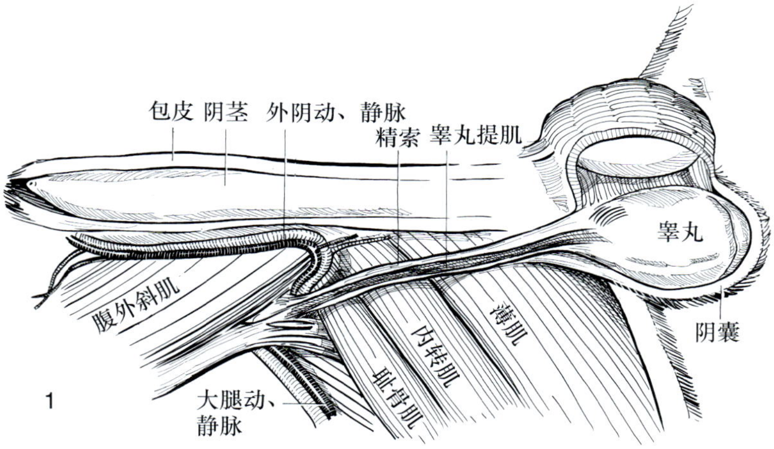

1

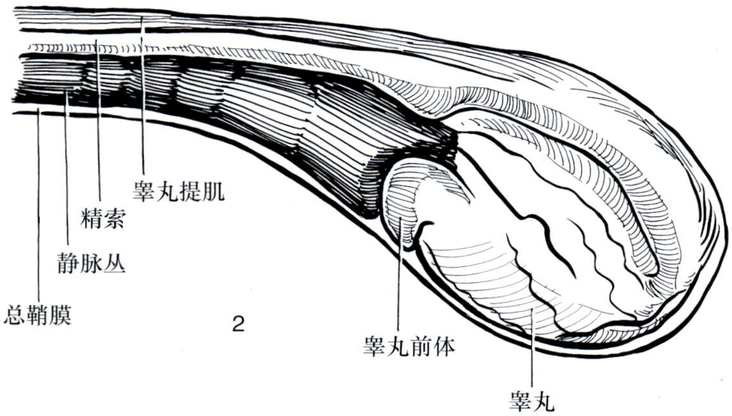

2

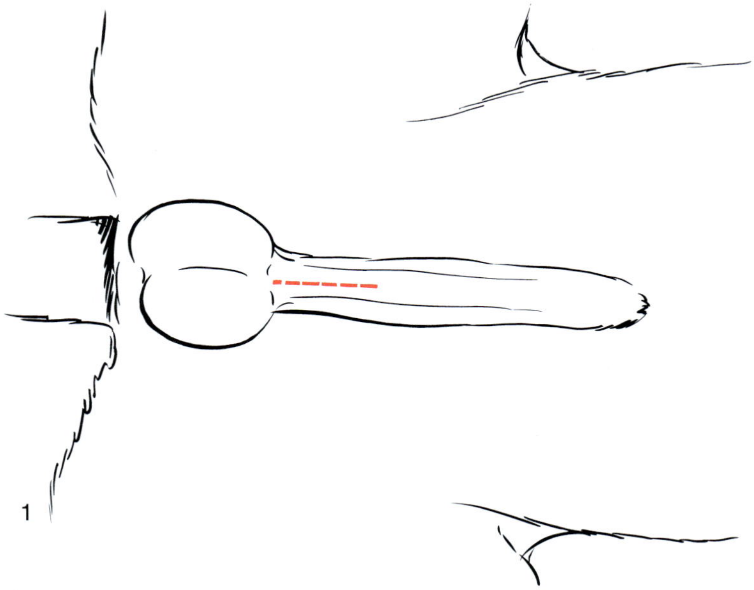

1

7.7 雄犬和雄猫去势术

7.7.1 雄犬生殖器的解剖

睾丸、精索、阴茎以及主要血管和肌肉(图 1)。

睾丸和精索的解剖图(图 2)。

7.7.2 雄犬去势术

适应症

雄性过强。对同性有攻击性。高龄犬前列腺肥大。肛门腺肿。

7.7.2.1 用阴囊前方切开法实施雄犬去势（覆盖着总鞘膜的去势）

体位

俯卧保定。将后肢向外伸展保定。

术式

在阴囊头侧做 5 cm 长的皮肤切口(图 1)。

用左手将睾丸压向前方，使之移向皮肤切开处。用手术刀切开阴囊的结缔组织。此时继续压迫睾丸，使之继续位于皮肤切开处(图 2)。

总鞘膜呈银白色闪光,容易确认。但不能切开。

尽量把睾丸从切口处向外牵引(图 3)。

用直组织剪分离精索上的结缔组织(图 4)。此项操作的目的是结扎时连带的组织尽量少而又不会滑脱。不切开总鞘膜。

提示!

万一不小心切开总鞘膜时，应在不覆盖总鞘膜的情况下进行去势术。

将精索在近位夹上 3 把止血钳。在止血钳 A 的近端，根据动物或精索的大小用 0~2–0 可吸收性缝线结扎(图 5)。解除止血钳 A 后，在钳夹印迹的地方再进行第二道结扎。然后在止血钳 B 和 C 之间用手术刀或手术剪切断精索(图 6)。

止血钳 B 放置原位不动。

将另侧睾丸用同样方法去除。

去掉止血钳 B,确认结扎确实后,依次缝合皮肤(图 7)。

术后护理

术后 10~14 天拆线。

并发症

阴囊血肿或浆液肿。

提示!

当阴囊松弛下垂时，应选择切除阴囊的去势方法!

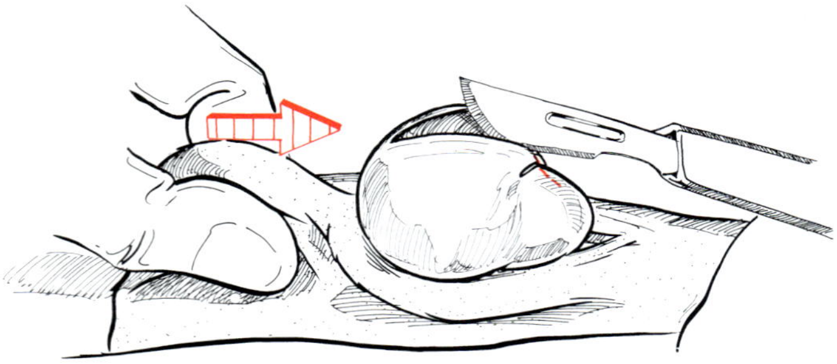
2

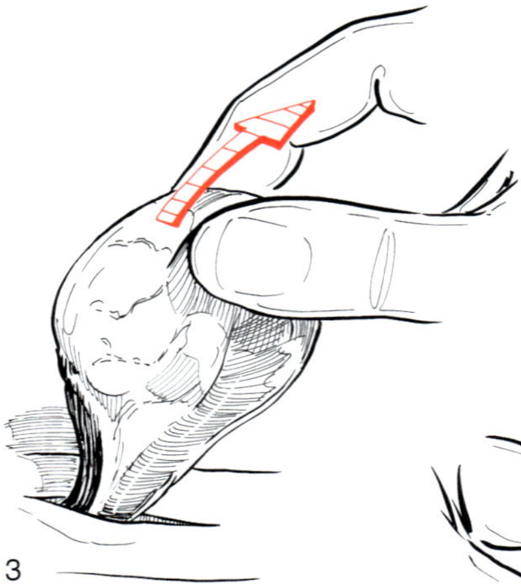
3

4

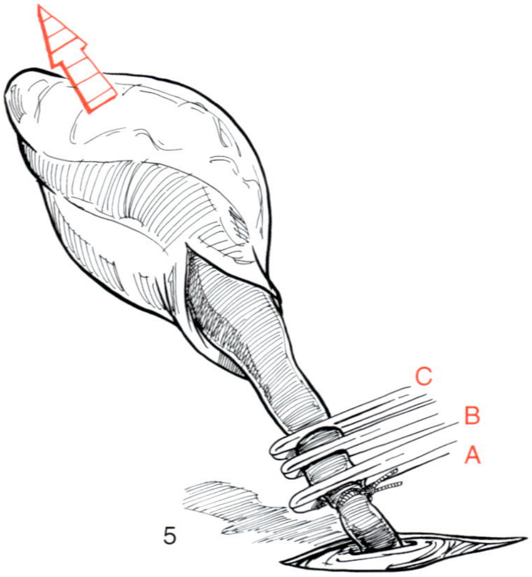

5

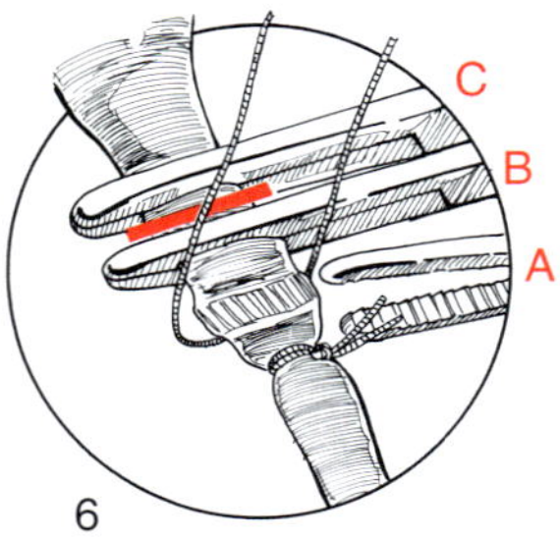

6

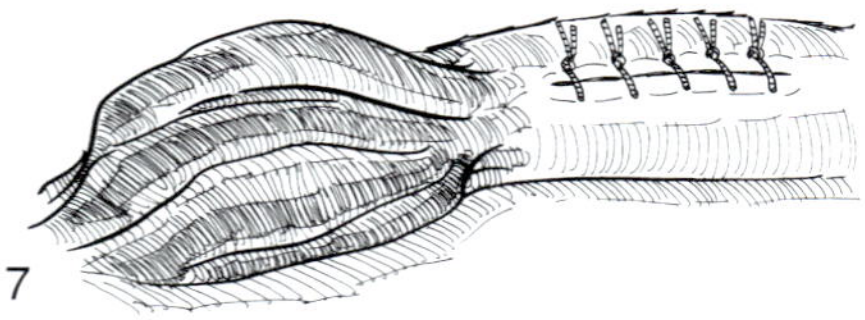
7

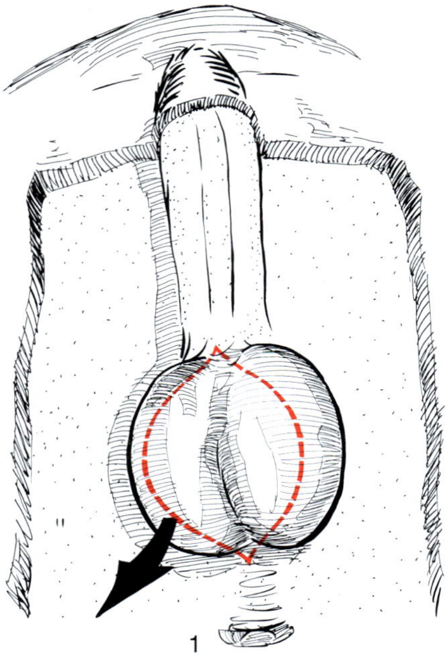

1

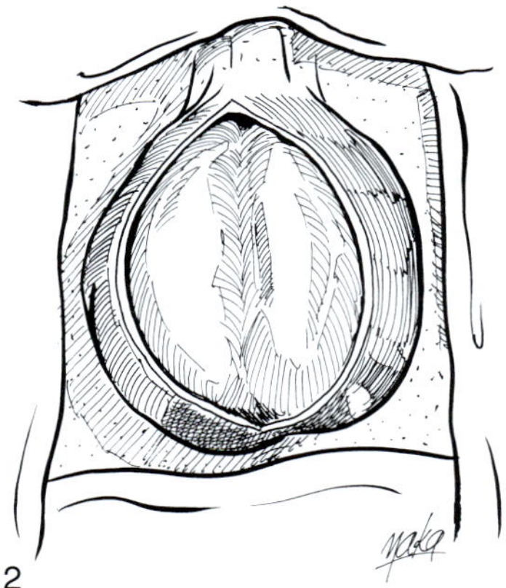

2

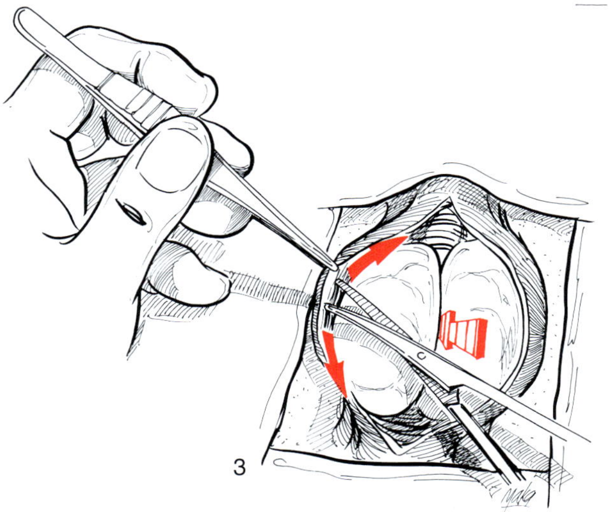

3

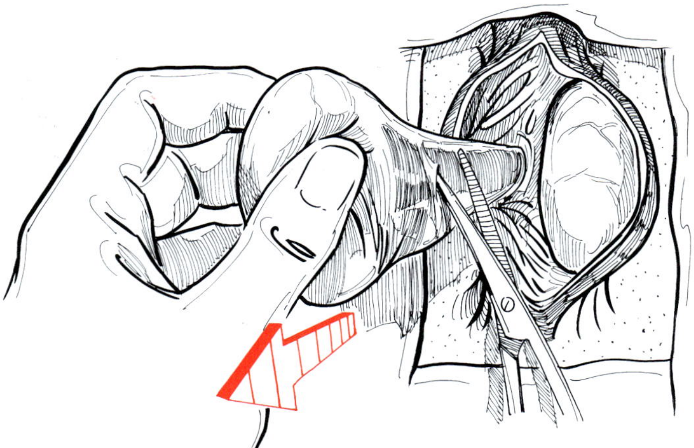

4

7.7.2.2　用阴囊切除术的方法进行雄犬去势

体位

俯卧保定。将后肢向外伸展保定。

术式

用纺锤形皮肤切除的方法，将大部分阴囊切除(图 1)。

用直组织剪钝性分离暴露的阴囊（图 2)的周围结缔组织(图 3)。

最大限度牵引出睾丸。用同样的方法钝性分离精索周围的结缔组织(图 4)。

用纱布包裹剩余的结缔组织并撸向近位。这项操作应边牵引睾丸边进行(图 5)。此项操作也是为了尽量少结扎结缔组织。同样地也不要切开总鞘膜。

提示!

万一不小心切开总鞘膜时，应在不覆盖总鞘膜的情况下进行去势术!

将精索在近位夹上 3 把止血钳。在止血钳 A 的近端，根据动物或精索的大小用 0~2-0 可吸收性缝线进行第一道结扎（图 6)。解除止血钳 A 后，在钳夹印迹的地方再进行第二道结扎。然后在止血钳 B 和 C 之间用手术刀或手术剪切断精索(图 6)。

止血钳 B 放置原位不动。

将另侧睾丸用同样方法去除。

去掉血钳 B，确认结扎确实。为了缩小创腔，在深层进行 2~3 针缝合以使创缘接近(图 7)。

依次缝合皮肤(图 8)。

术后护理

术后 10~14 天拆线。

并发症

阴囊血肿或浆液肿。

注意

对已形成肿瘤的睾丸实施外科摘除时，与使用切除阴囊法去势完全相同，只是在结扎方法上有些不同。

进行附睾手术时，可在不被覆总鞘膜状态下实施，这意味着切开总鞘膜。分别结扎网状静脉丛、附睾动脉和输精管及其周围组织!

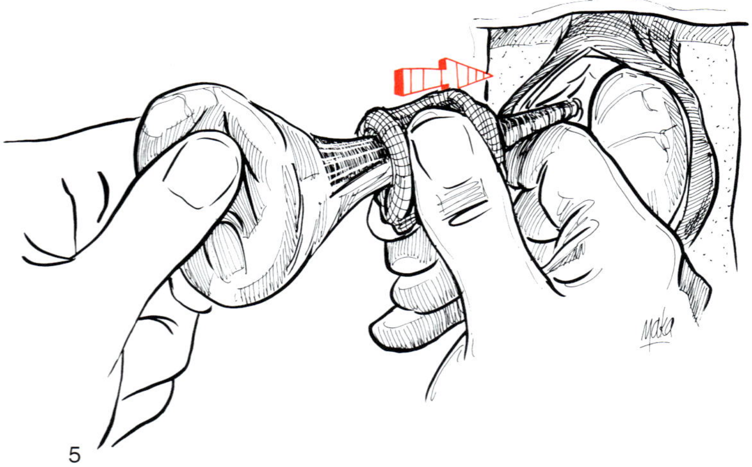

5

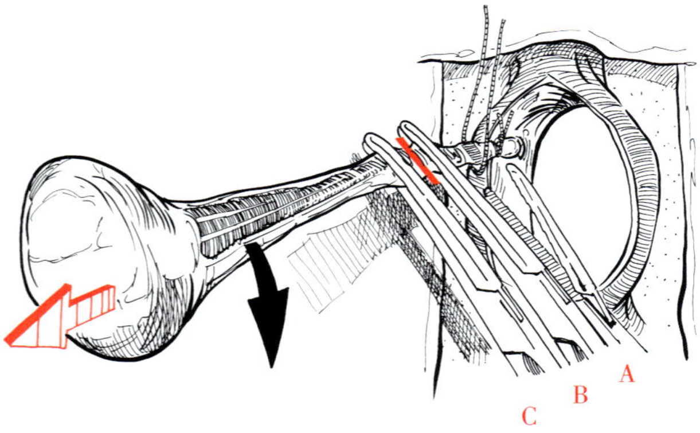

6

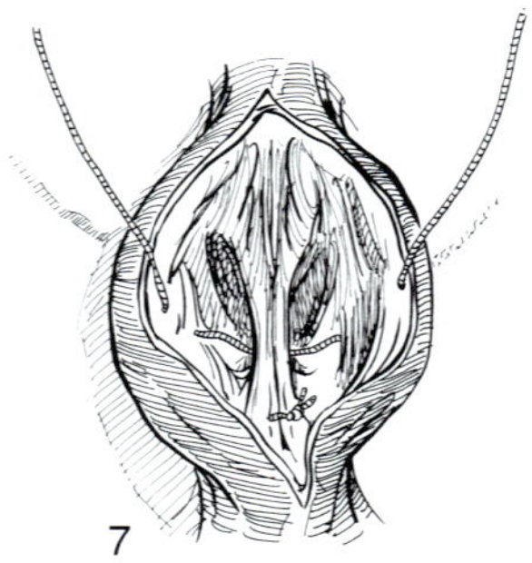

7

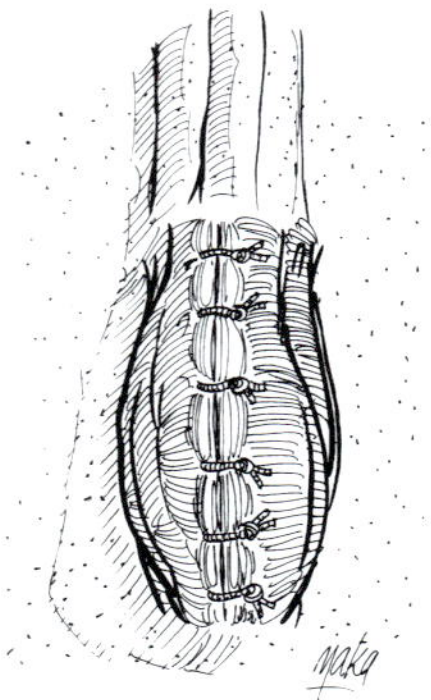

8

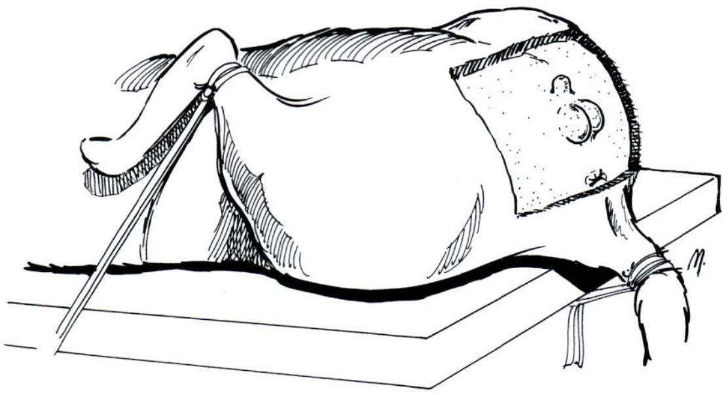

1

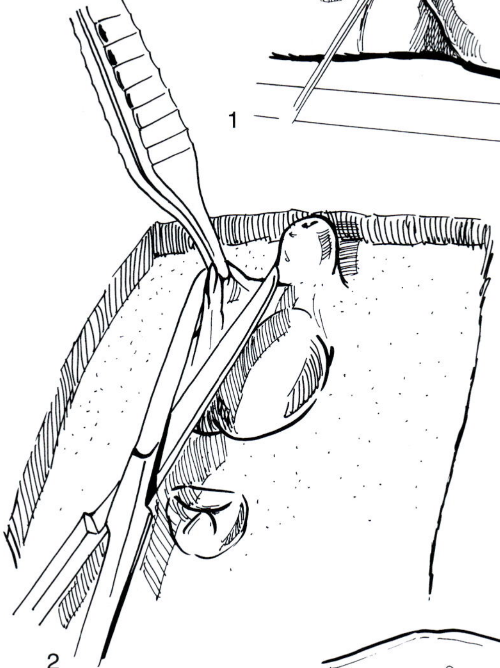

2

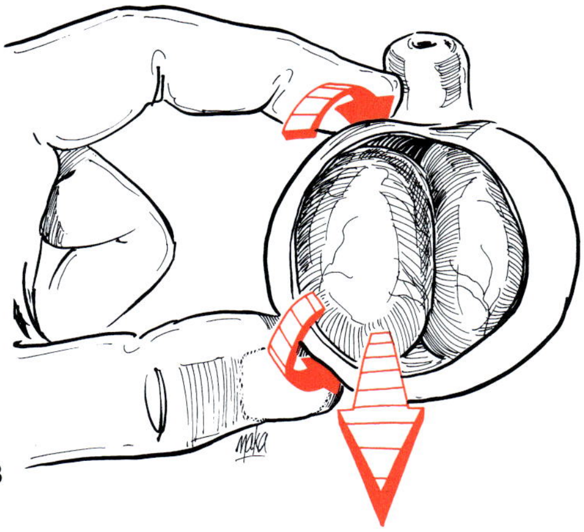

3

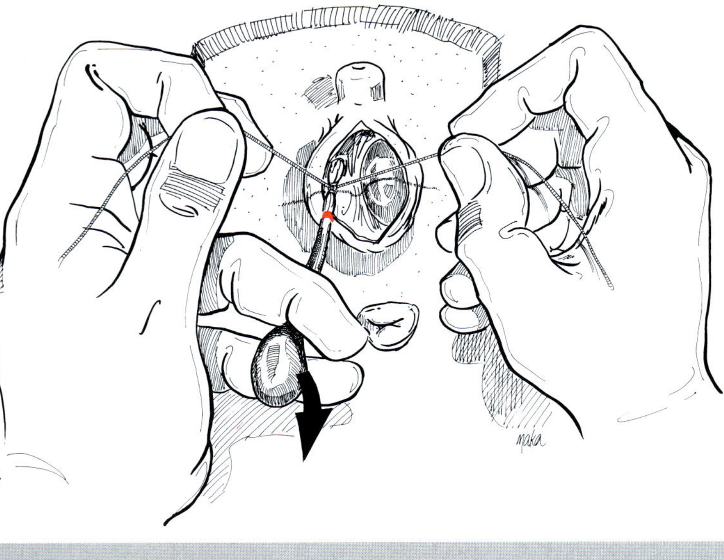

4

7.7.3 雄猫去势术

适应症

阻止性冲动随意交配。

体位

把后肢向头侧牵引，用绳子取仰卧位保定。尾巴向下也用绳子固定(图 1)。

术式

用镊子夹住阴囊正中的皮肤，提起呈帐篷状。用手术剪切除帐篷顶端(图 2)。

这项操作的结果暴露出了睾丸。

用左手把睾丸拉出阴囊外（图 3),切开单侧总鞘膜露出睾丸。右手牵引睾丸最大限度拉伸精索。用手指分离周围的结缔组织。

这样，将拉出的睾丸用左手的无名指和小指固定，用 2–0 可吸收性缝线尽量在近端结扎精索。

距离结扎部位约 1 cm 的地方切断精索。用同样的方法切除另侧睾丸。

确认结扎确实后还纳回阴囊。依次缝合切开的阴囊皮肤。

在多数的病例不缝合阴囊的创口。

术后护理

术后 10~14 天拆线。

7.7.4 雄犬和雄猫腹股沟管隐睾去势

适应症

附睾下降不完全。早期切除隐睾，避免形成肿瘤。

体位

仰卧保定。

术式

用触诊的方法确认隐睾在腹股沟管内的位置(图1)。

在固定的睾丸上方斜向切开皮肤(图2)。

钝性分离局部脂肪组织，暴露腹股沟管的开口部(图3、4)。

此时要十分注意不能损伤伸向腹股沟管内部的动、静脉，即延伸至睾丸内侧的外阴动脉和外阴静脉！

(下接386页)

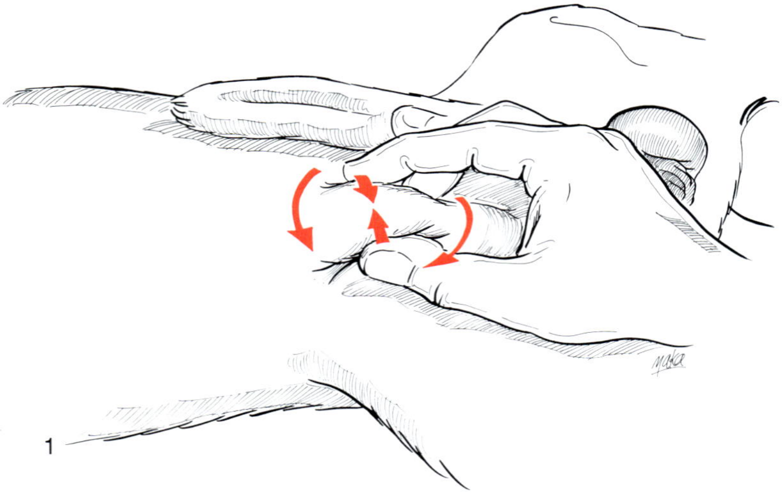

1

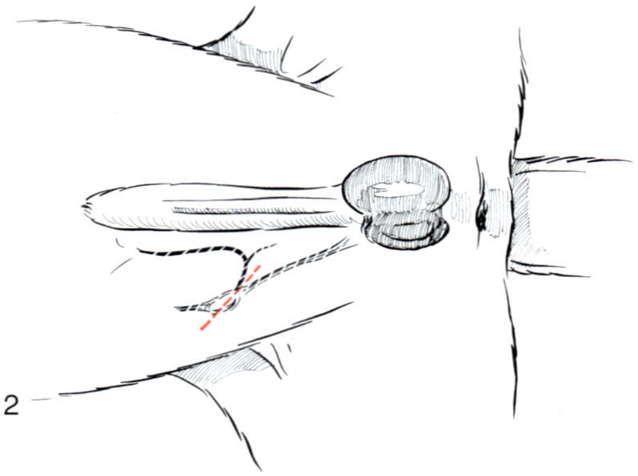

2

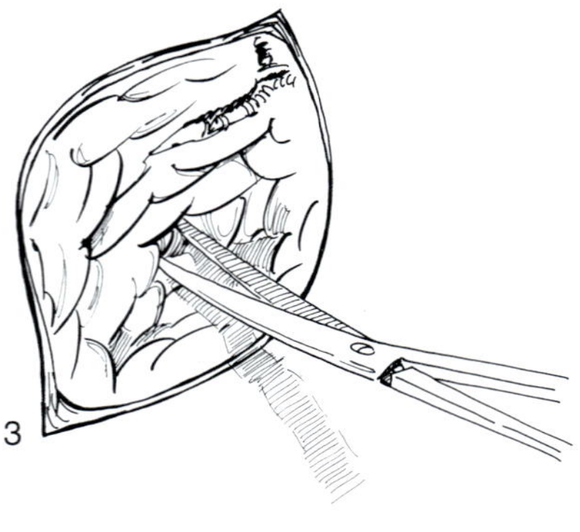

3

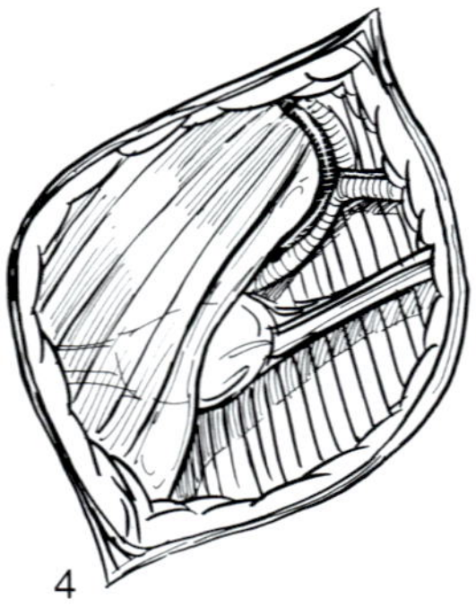

4

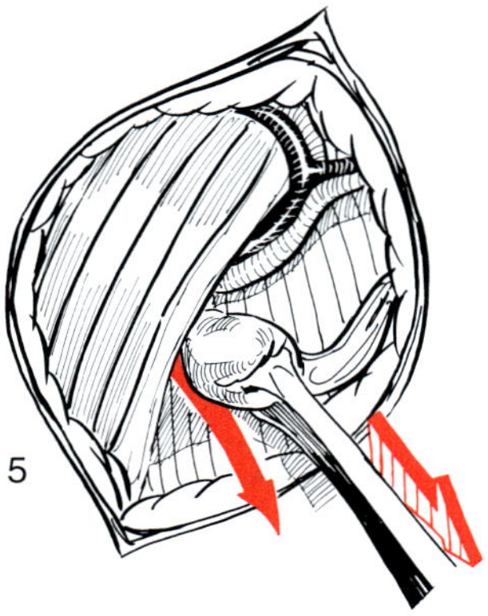

5

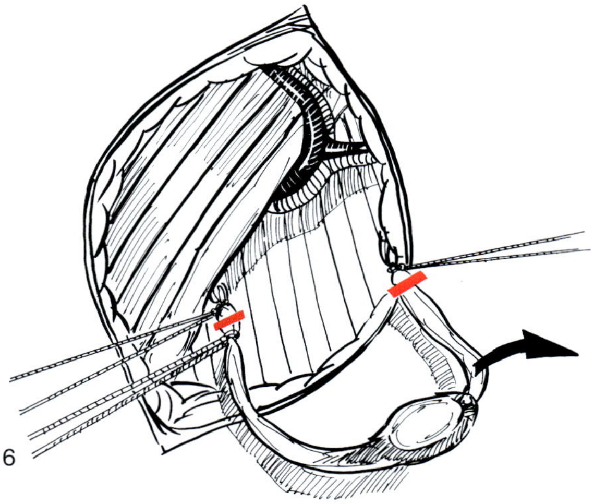

6

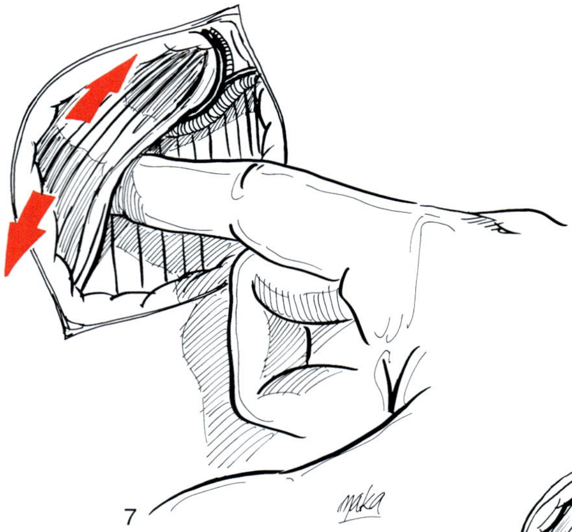

7

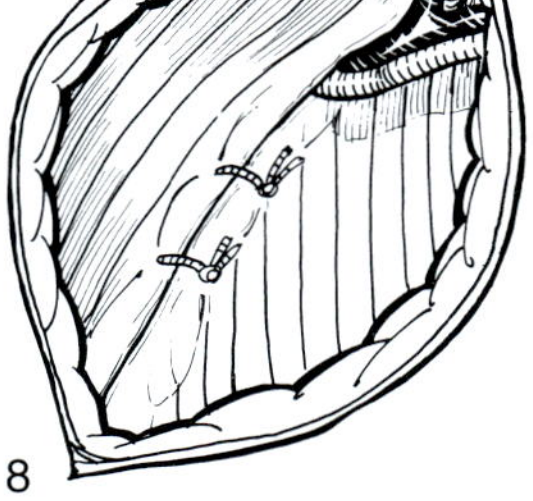

8

用止血钳夹住腹股沟管内隐睾的附睾精索韧带，将其尽量拉向外侧(图 5)。

在睾丸的头侧间隔 2 cm 双重结扎睾丸固有韧带。在睾丸的尾侧也实施同样的结扎。在 2 道结扎线之间切断韧带，摘除睾丸(图 6)。用手指检查腹股沟管的开口状态(图 7)，用 2~3 针的单纯结节缝合法或水平褥式内翻缝合法实施闭锁(图 8)。依据犬的大小，使用 0–2–0 可吸收性缝线。

依次缝合皮肤。

术后护理

术后 10~14 天拆线。

7.7.5 雄犬和雄猫腹腔内隐睾去势

适应症

附睾下降不完全。早期切除隐睾，避免形成肿瘤。

体位

仰卧保定。

术式

插入尿道插管。

在阴茎的头侧部沿正中线切开皮肤，然后进行包皮旁皮肤切开(图 1)。

结扎外阴动脉和外阴静脉的血管分支(图 1a)，沿腹正中线实施开腹术(图 2)。

腹腔的隐睾通常位于肾脏的尾侧、膀胱的侧面(图 3)。将睾丸从腹腔拉出来。把睾丸头侧的精索进行双重结扎、切断。用同样的方法处理睾丸尾侧的精索韧带(图 4)。

确认结扎确实后，将断端还纳回腹腔(图 5)，依次缝合腹壁。

术后护理

术后 10~14 天拆线。

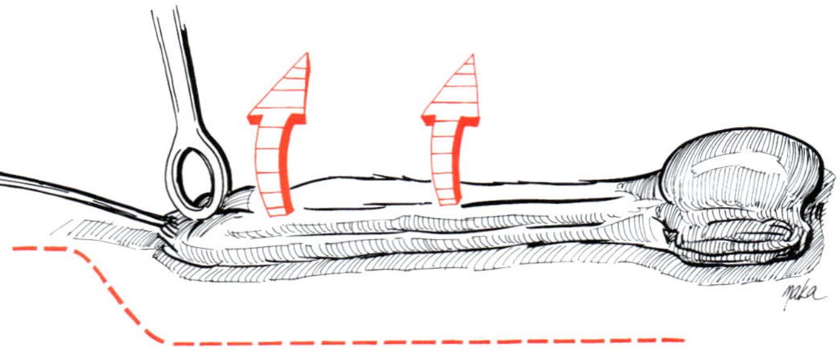

1

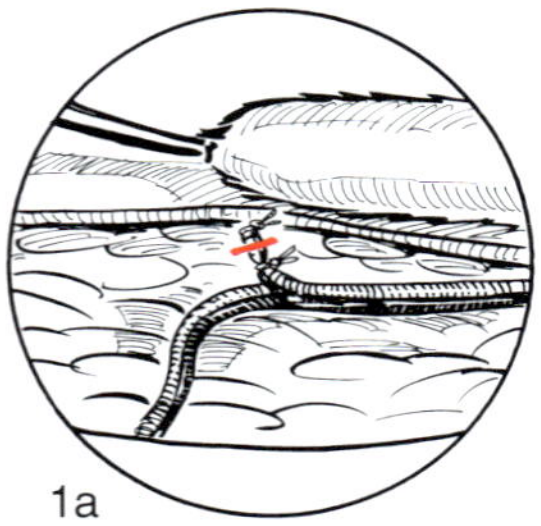

1a

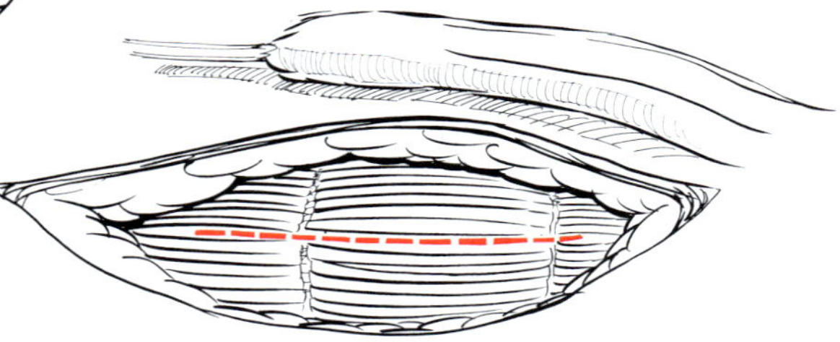

2

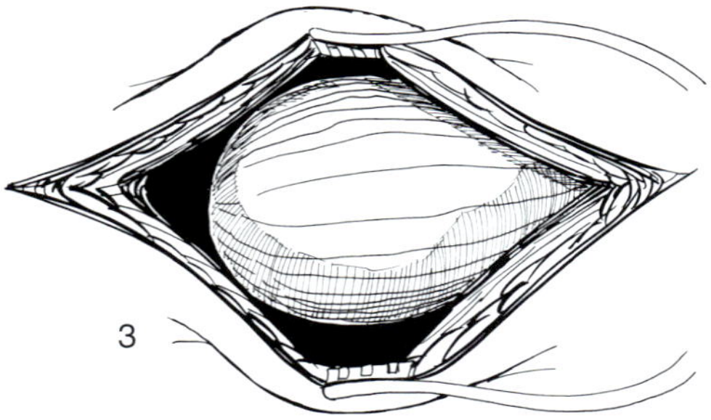

3

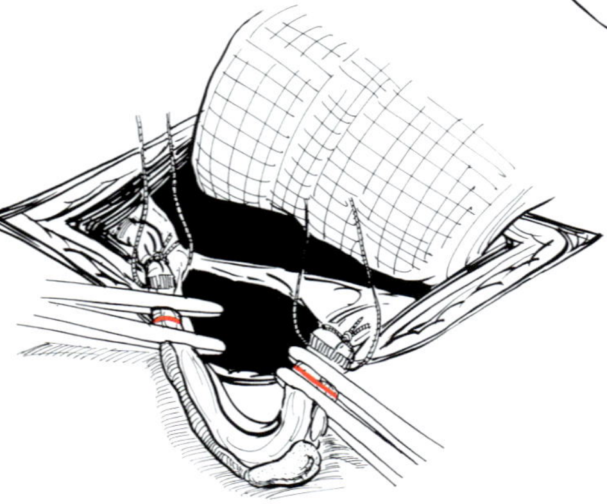

4

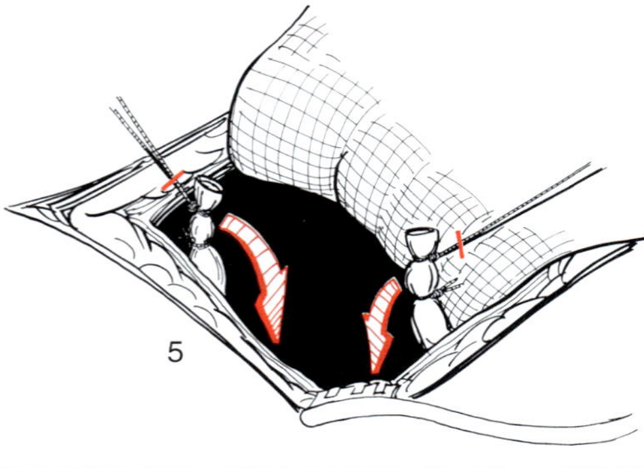

5

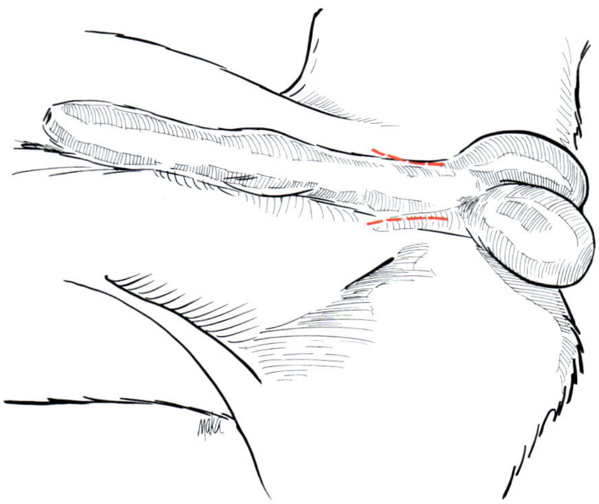
1

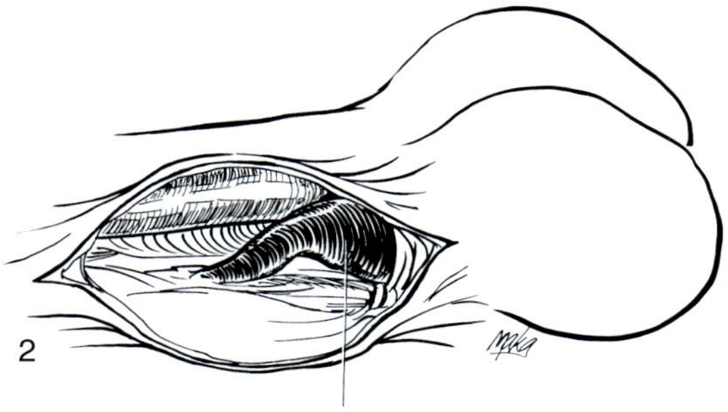

2

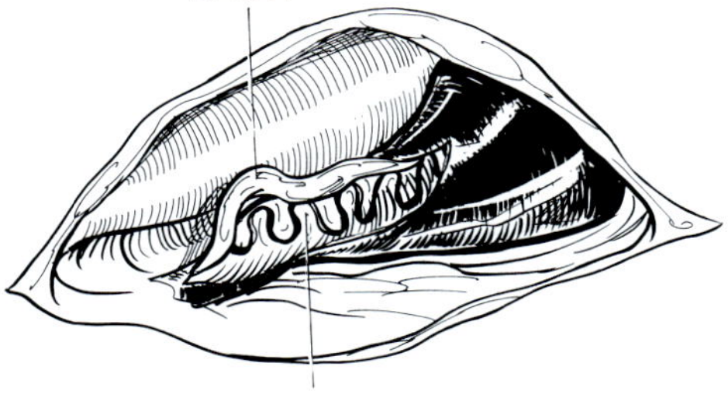

3

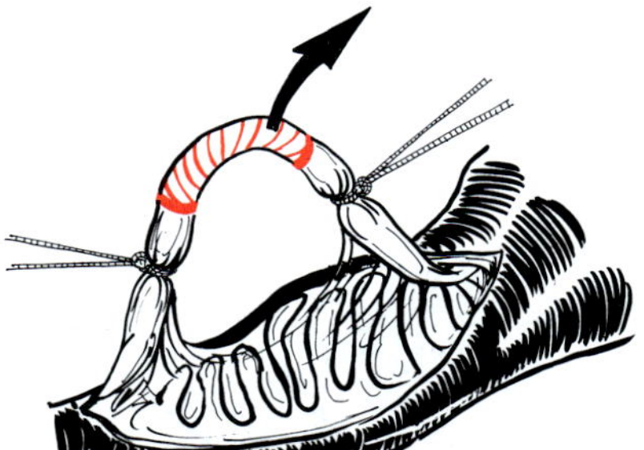
4

7.7.6 雄犬和雄猫输精管切断术(绝育术)

适应症

畜主希望保持动物的性功能而断绝其生育功能。

体位

仰卧保定。

术式

将阴囊稍稍移向头侧，在精索的正上方、阴茎左右侧旁切开约 2 cm 的皮肤切口(图 2)。

确认精索，将其周围的结缔组织小心切开、暴露,移向前方。

纵向切开总鞘膜后,露出精索。小心将其周围的网状静脉钝性分离开来(图 3)。将输精管间隔 2~3 cm 做双重结扎,在结扎之间切断输精管(图 4)。

用 6–0 非常细的可吸收性缝线单纯结节缝合总鞘膜。

依次缝合皮肤创口。

术后护理

术后 10~14 天拆线。

7.8 阴茎手术

7.8.1 包茎、假包茎

适应症

较小的包皮口以及太小的包皮口。

体位

仰卧保定。

术式

切开皮肤前，将包皮内进行清洗、消毒。

用手术剪或手术刀切开包皮皮肤，其意义是从包皮开口沿长轴切开的皮肤切口有足够的长度（图1）。一次性切开皮肤和黏膜。

用3–0~4–0非可吸收缝线单纯结节缝合切开的皮肤和黏膜（图2）。

术后护理

配戴伊丽莎白项圈。

局部和全身使用抗生素。

对包皮腔定期进行清洗消毒。

术后10~14天拆线。

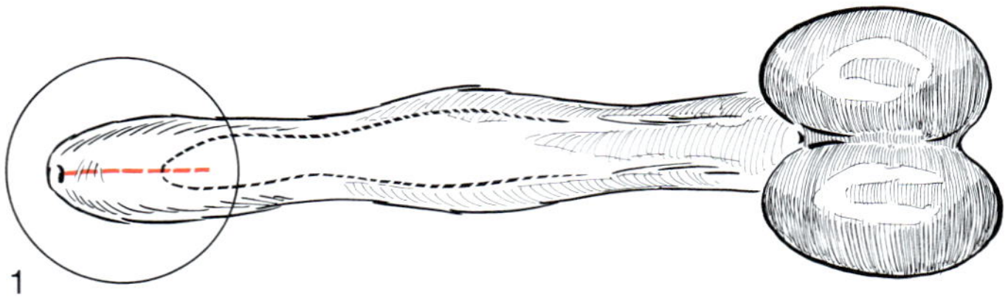

1

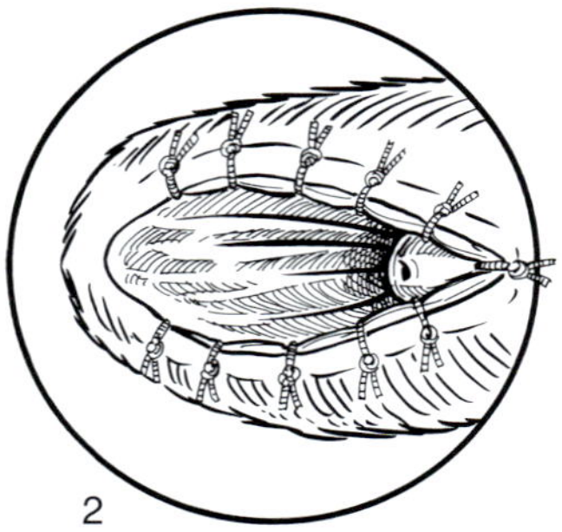

2

7.8.2 阴茎部分切断术

适应症

阴茎头部的肿瘤或者不能愈合的创伤。持续地阴茎脱。

体位

仰卧保定。

7.8.2.1 在尿道球腺头侧切断阴茎

术式

将包皮清洗、消毒后，为了确认尿道的位置关系进行尿道插管。

沿阴茎的长轴方向一次性全长切开阴茎的皮肤和黏膜（图1）。在尿道球腺的尾侧部绑上止血带阻断血液（图2）。

用手术刀将阴茎在尿道球腺的头侧部进行切断（图2）。此时要小心地保护阴茎骨和尿道。分离尿道，将其保留约1 cm长的残端，在其腹侧正中线上连同阴茎骨一起向阴茎尾侧方向切开（图3）。

（下接390页）

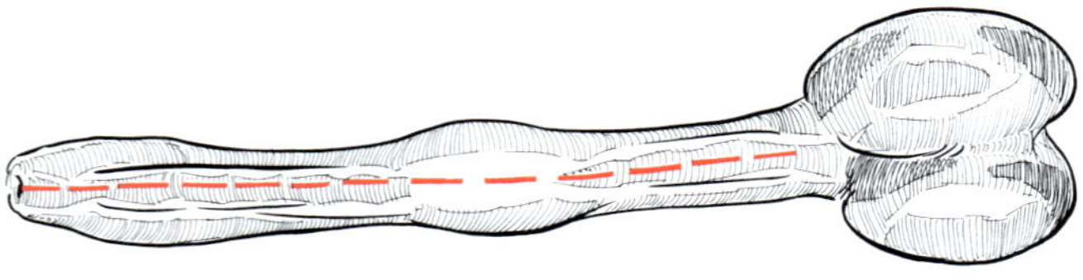

1

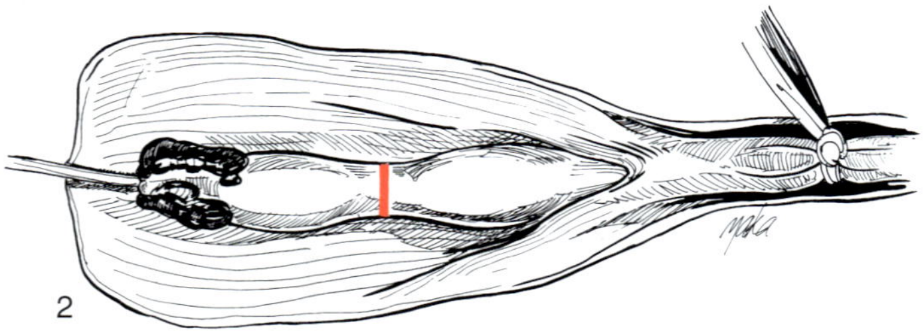

2

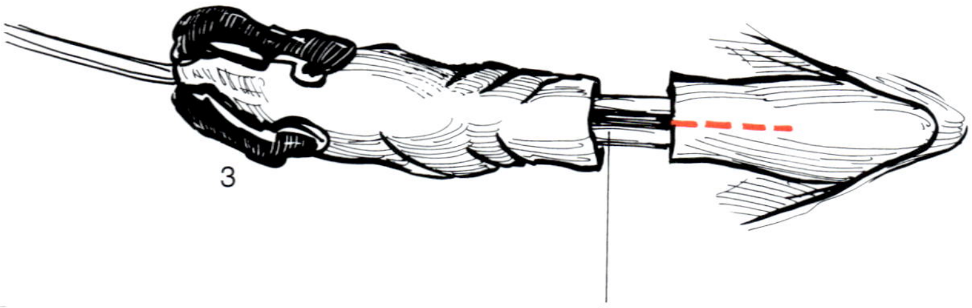

3

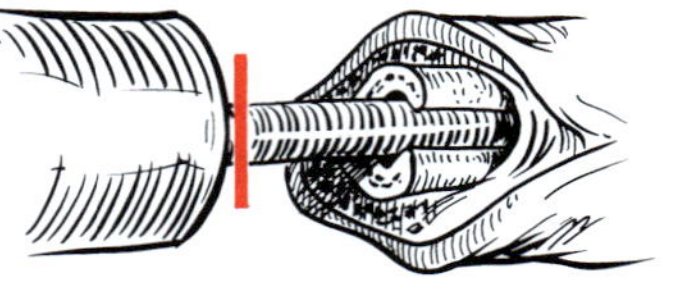
4

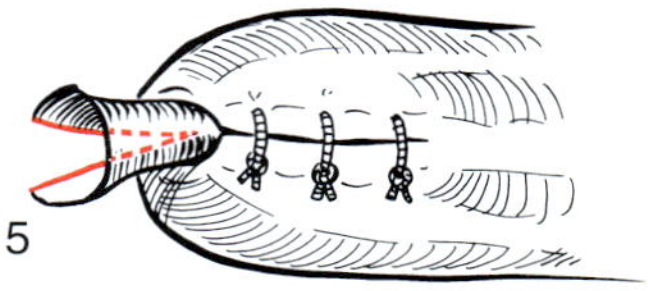
5

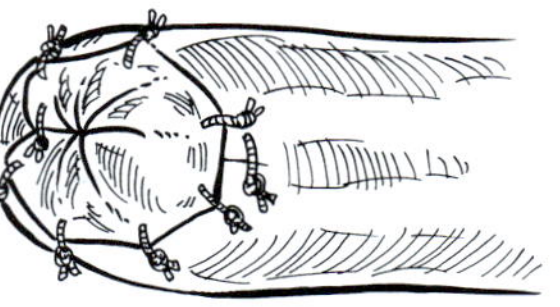
6

尽量在尾侧部切断阴茎骨，将尿道留1 cm后切断(图4)。

松开止血带，结扎出血的血管。要特别注意结扎阴茎背动脉。

将阴茎断端用3-0合成可吸收性缝线，用单纯结节缝合法缝合(图5)。在腹侧切开尿道断端并使创口外翻，用5-0非可吸收性缝线，用单纯结节缝合法将阴茎断端扩展缝合(图6)。

用2~3针定位缝合固定尿道内的插管(图6没有表示尿道插管)。

术后护理

配戴伊丽莎白项圈。

注射抗生素。

术后2~3天去除尿道插管。

术后10~14天拆除皮肤缝线。

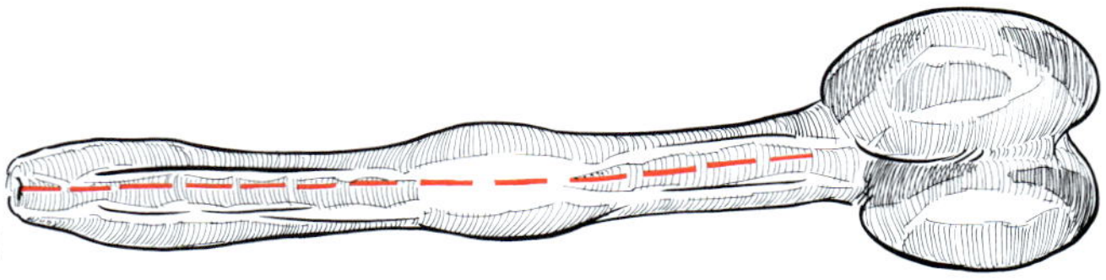
1

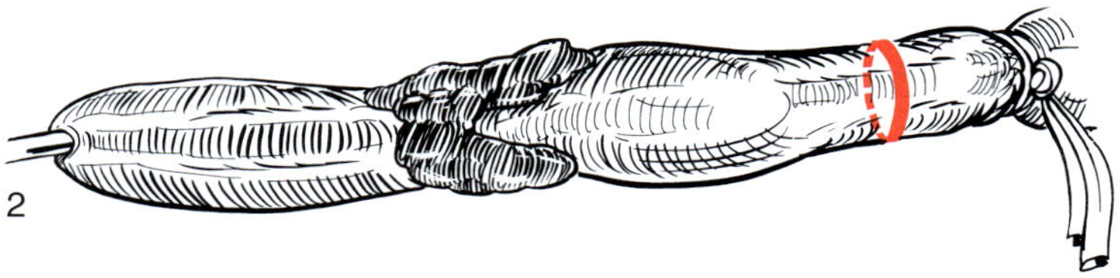
2

7.8.2.2　在尿道球腺尾侧切断阴茎

术式

将包皮进行彻底清洗、消毒后，为了确认尿道位置进行尿道内插管。

沿包皮长轴切开直至会阴部，在阴囊尾侧部切断包皮(图1)。

从阴茎腹侧切断阴茎。

实施去势后，做成尿道永久性瘘管。

为了达成此手术目的，必须在阴茎根部扎上止血带。在距离止血带的2~3 cm的头侧将阴茎实施环状切断(图2)。此时必须慎重处理尿道！将尿道保留1~2 cm的断端后切断。然后切断阴茎(图3)。

解除止血带，结扎出血的血管。当海绵体出血时可用如下方法止血：将海绵体和白膜边缘用3-0合成可吸收性缝线缝合(图3)。

缝合皮肤，使阴茎断端完全固定。沿长轴方向切开尿道(图4)后将其翻转，和皮肤缝合。方法是用5-0非可吸收性缝线，使用单纯结节缝合法(图5)。用2~3针定位缝合固定尿道插管，将其留置于尿道内。

依次缝合皮肤创口。

术后护理

配戴伊丽莎白项圈。

注射抗生素。

术后2~3天去除尿道插管。

术后10~14天拆除皮肤缝线。

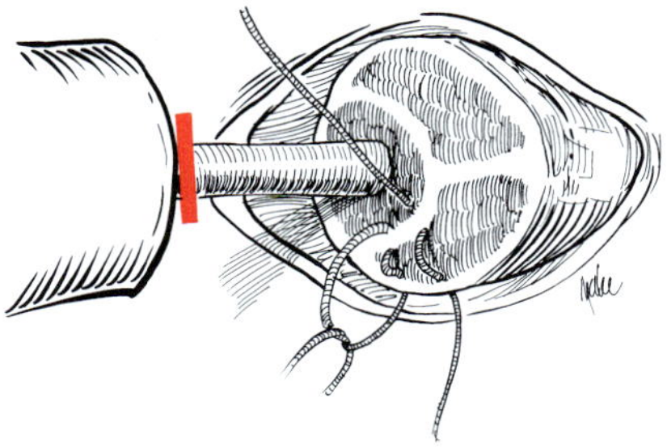
3

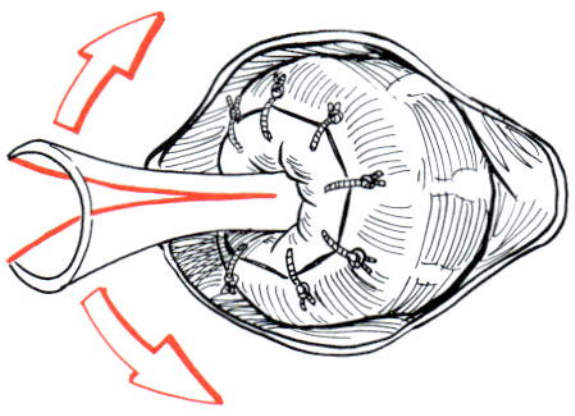
4

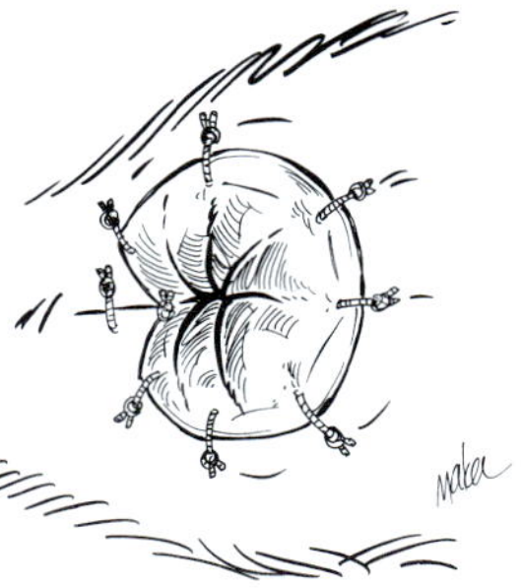
5

7.8.3 雄犬尿道脱

适应症

特别是英国的大斗犬（English Bull-dog ——译者注）泌尿生殖器感染后或者进行性行为时尿道的脱出。

体位

仰卧保定。

术式

将阴茎从包皮露出，清洗、消毒后用左手持握(图 1)。

在尿道脱出时，将阴茎前端进行支持缝合来固定脱出的尿道(图 2、3)。

实施尿道插管并留置于尿道内。

用手术刀于阴茎前端部分切开脱出的尿道(图 2、4)。用非可吸收性缝线将切开部分的尿道和阴茎黏膜进行一边切开一边缝合，直至完成环状缝合(图 5、6)。

最后将尿道插管固定在头侧的皮肤上。

术后护理

配戴伊丽莎白项圈。

注射抗生素。

术后 2~3 天去除尿道插管。

术后 10 天拆线。

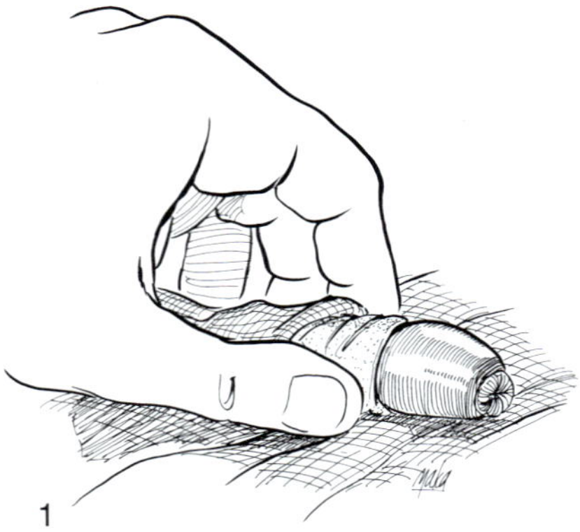
1

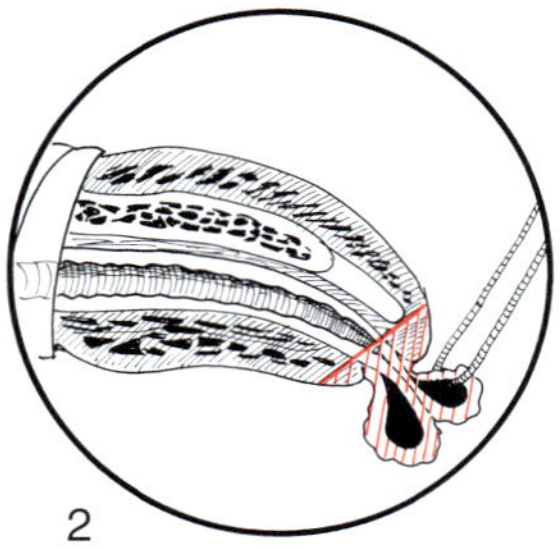
2

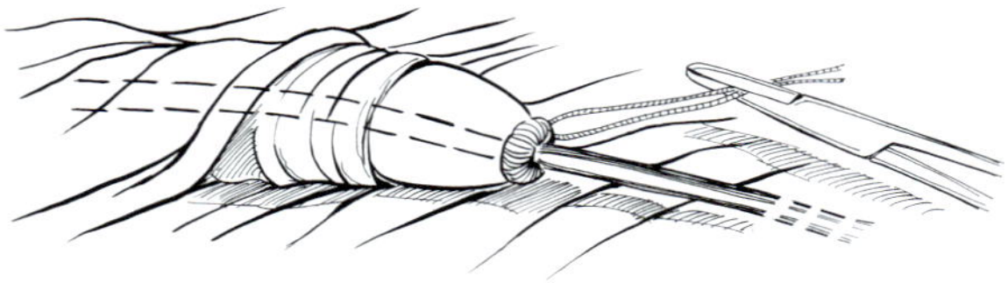
3

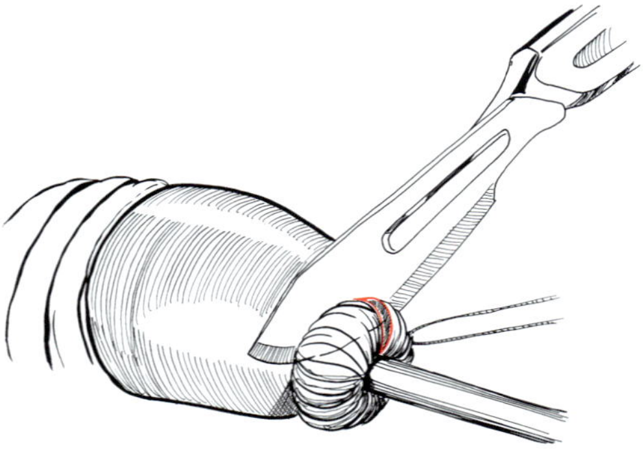
4

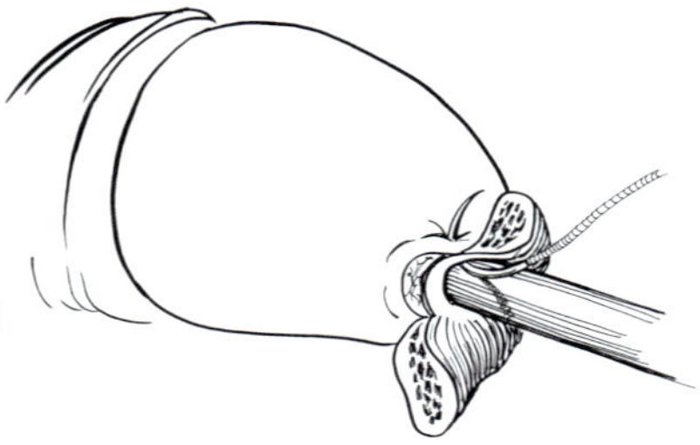
5

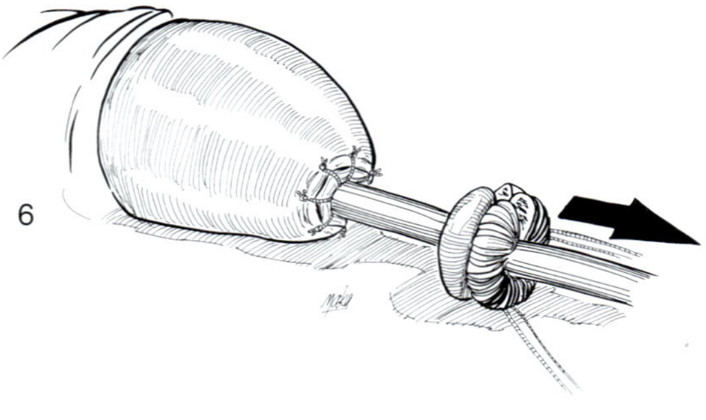
6

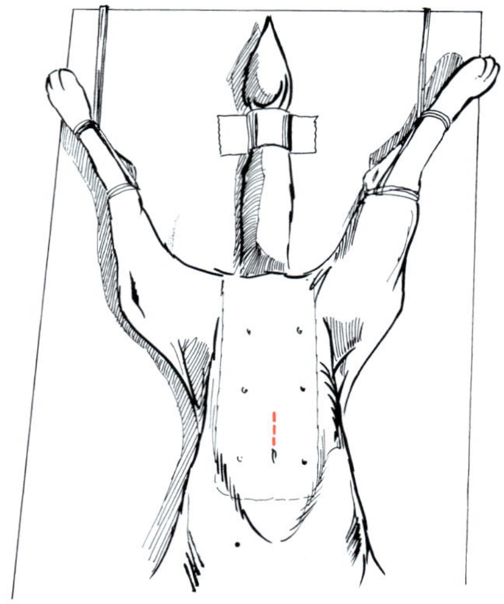

1

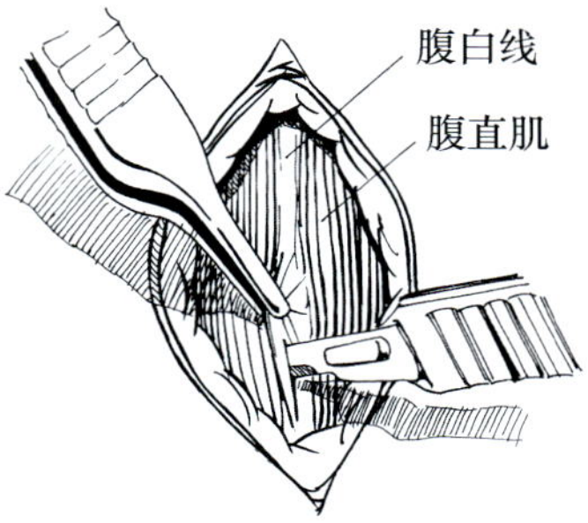

2

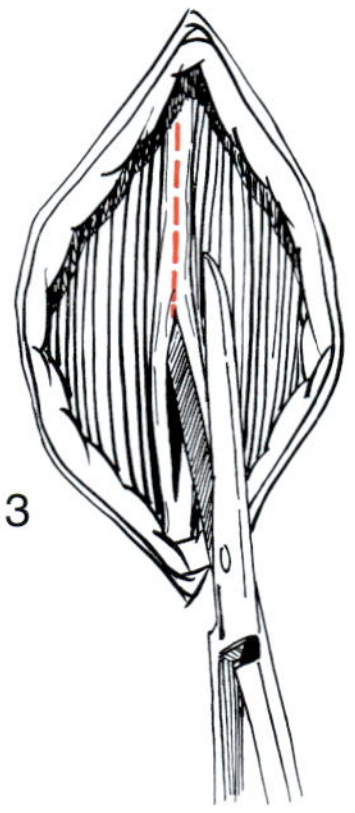

3

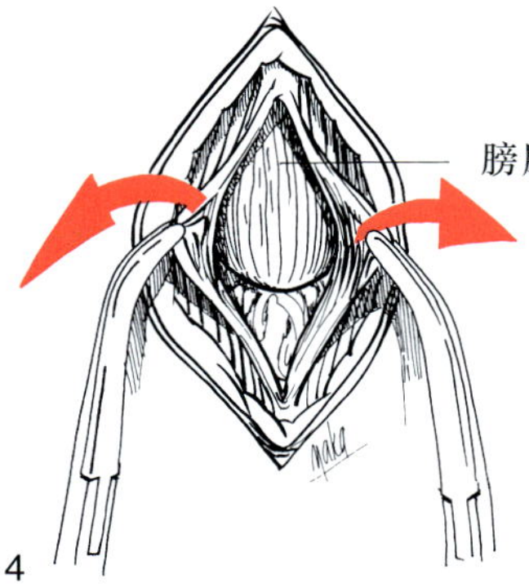

4

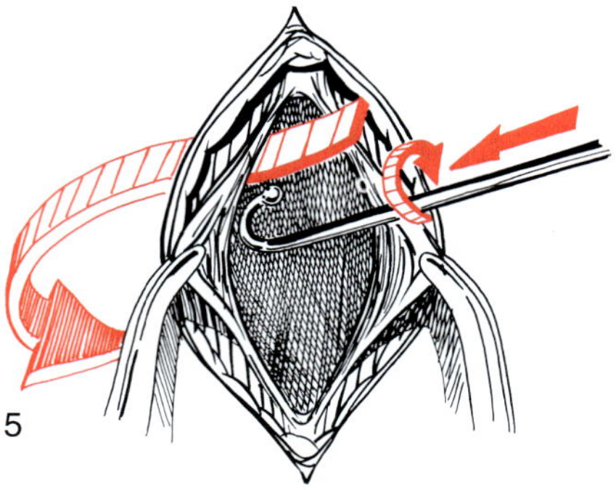

5

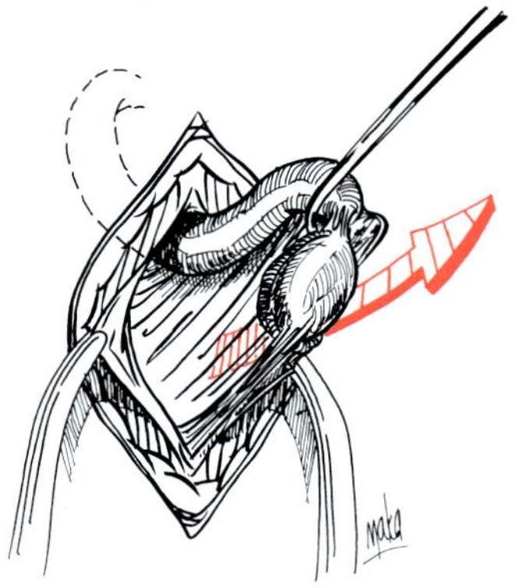

6

7.9 雌猫和雌犬卵巢摘除术

7.9.1 雌猫卵巢摘除术

适应症

防止室内养猫的尿喷。防止室外自由活动猫的妊娠。

体位

仰卧保定(图 1)。

术式

在脐的尾侧 1 cm 处沿正中线切开皮肤 2~3 cm(图 1)。

用镊子夹住并提起腹正中线。用手术刀以穿刺法切开腹腔(图 2)。

用直组织剪剪开延长线,扩大切口(图 3)。将切开腹壁的创缘两侧分别用一把弯止血钳夹住,向外侧扩展固定(图 4)。

用手指或球头卵巢探钩,沿切开的腹壁内侧深入腹腔。在最底部,将手指或探钩经由尾侧向正中方向翻转(图 5),然后将子宫角和卵巢钩出腹腔(图 6)。

注意

操作时不只是钩出子宫角和卵巢,有时连同肠管或大网膜一起被拉出来。此时应小心地用镊子整复这些器官。

术者左手抓住子宫角。右手用止血钳穿刺捅开子宫系膜(图 7、8)。

在子宫角上间隔 1 cm 夹上两把止血钳。再用两把止血钳夹住卵巢血管和卵巢系膜。

在两把止血钳的近位，用 0 号合成可吸收性缝线分别进行结扎。在两把止血钳之间切断、除去子宫和子宫系膜(图 9)。确认结扎确实后,依次缝合腹腔(图 10)。

术后护理

术后 10~14 天拆线。

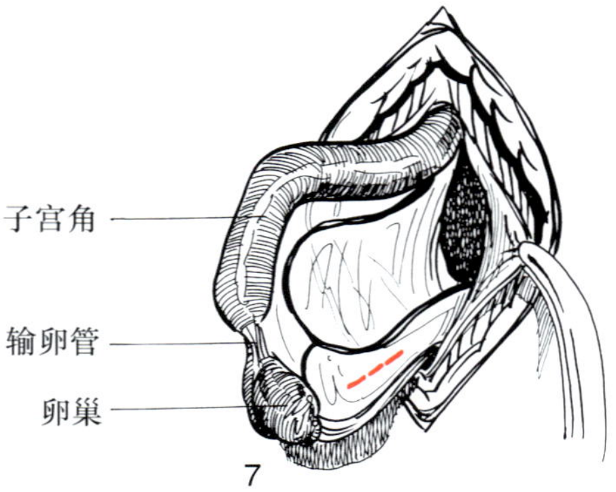

7

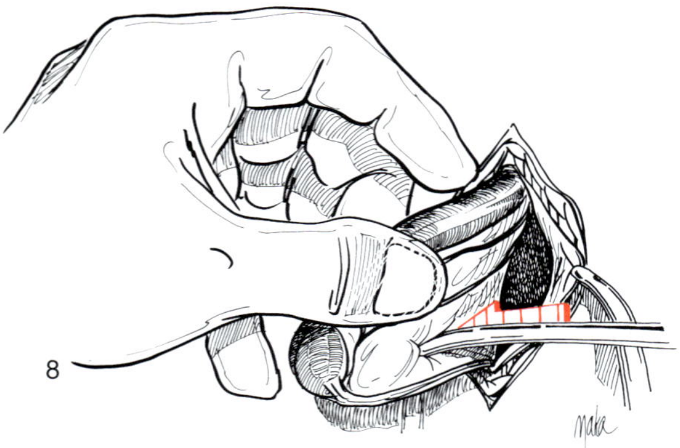
8

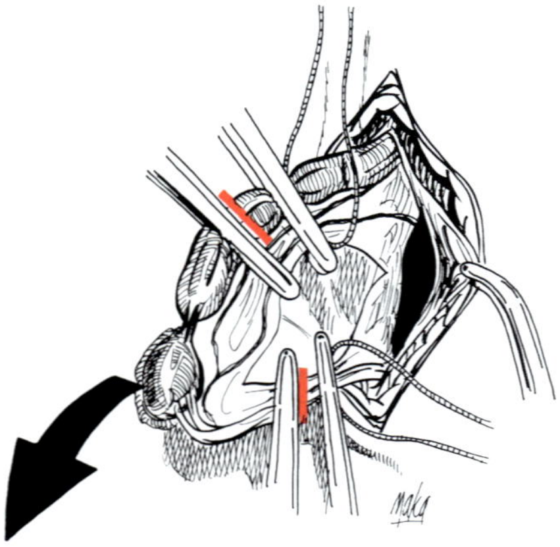
9

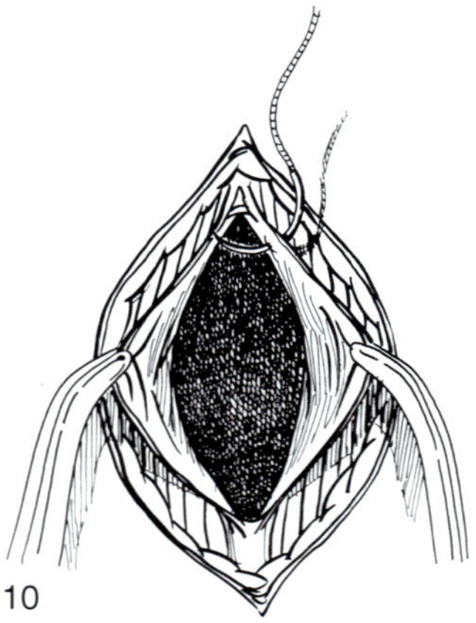
10

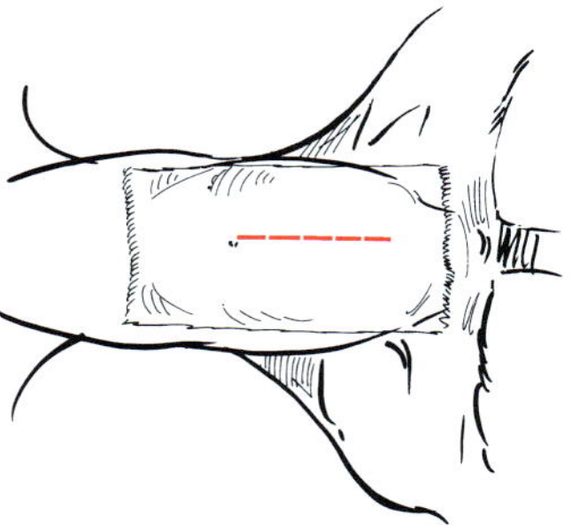

1

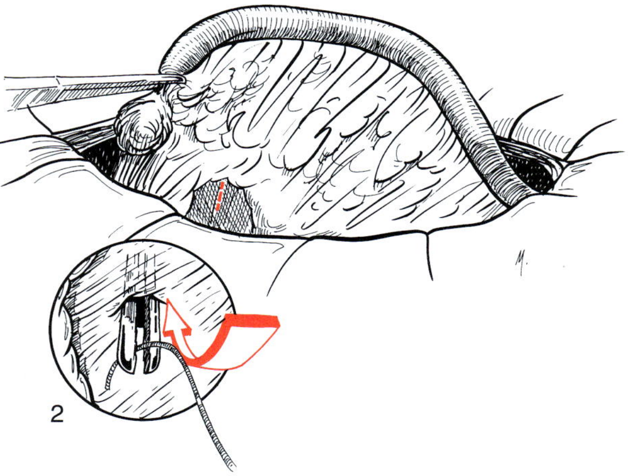

2

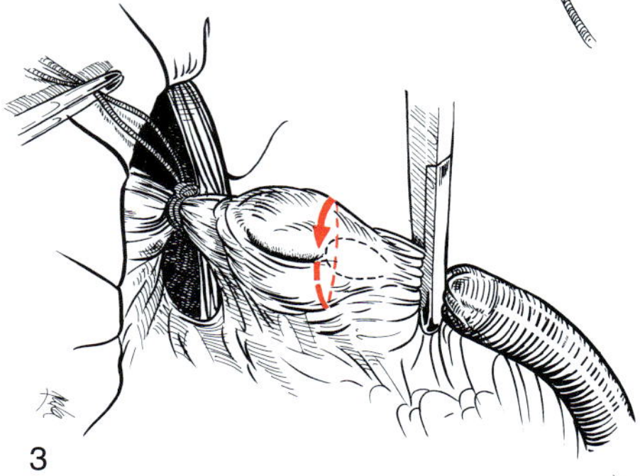

3

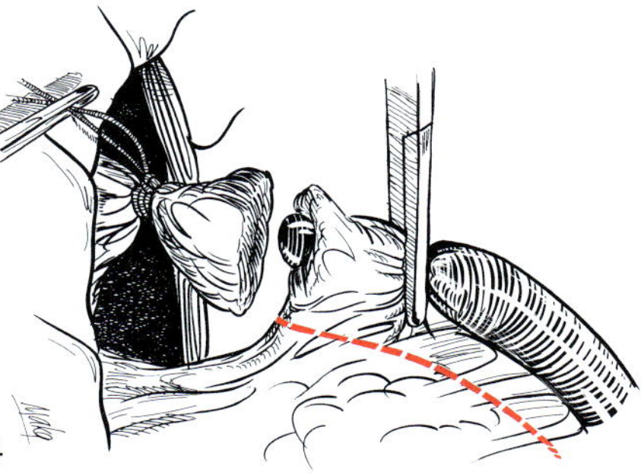

4

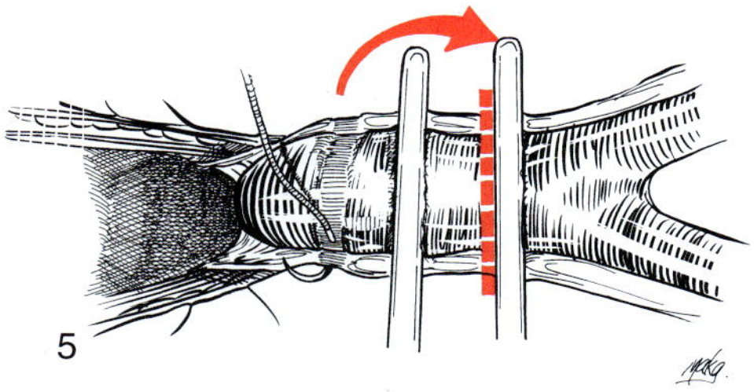

5

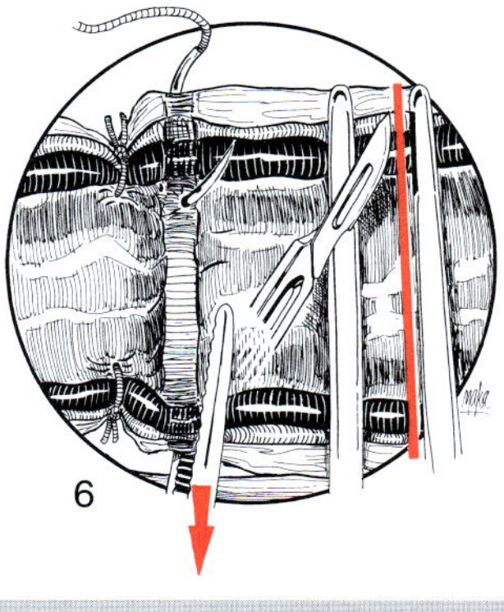

6

7.9.2 雌犬卵巢子宫摘除术

适应症

制止性行为。性功能障碍。伴有皮肤和皮毛变化的卵巢激素功能障碍。发情期过长。子宫蓄脓症。

体位

采取后肢扩展的仰卧保定。

术式

此手术只能由手术技术熟练的术者操作。

从距离脐尾侧约 1 cm 处向后切开皮肤,直至耻骨前缘(图 1)。

沿腹正中线依次切开腹壁。

寻找子宫并提出创口外，将两侧子宫角移向腹侧。提起一侧子宫角,用止血钳夹住子宫角的前端。此操作一方面可避免污染腹腔,另一方面也便于对子宫的操作。子宫系膜位于腹侧的最深部位，为了通过子宫系膜进行结扎，应找出脂肪最少的子宫系膜的部位。

注意

为了结扎卵巢韧带，应将所有的重要血管移向相对于结扎线的头侧部位。

在这脂肪较少的部位，用止血钳从正中向外侧进行穿孔。用止血钳夹住作为结扎线的 2-0 合成可吸收性缝线，从外侧引入中央(图 2)。将分布于卵巢系膜和卵巢的血管拢在一起,实施集束结扎。该结扎应先从中间结扎,然后将一根线头引向外侧,再进行结扎。

之后，用直组织剪剪开卵巢包囊（图 3)。摘除卵巢,剪断血管和子宫系膜(图 4)。

此方法可保证结扎确实，完成卵巢的全切除。

在子宫角和子宫体的附近切开子宫系膜,分离后将其向腹侧方向翻转(图 5)。确认子宫颈管，在其远端夹上 2 把止血钳,留下钳夹痕迹(图 5、6)。在此痕迹部位用 0~2-0 合成可吸收性缝线进行结扎。此时对于子宫动脉和子宫静脉，用带有非损伤性缝合针的缝线实施各自的双重结扎。进行该结扎时应带上子宫壁的表层(图 6)。

结扎血管后,在子宫的钳夹部位,用合成可吸收性缝线实施双重结扎。第 2 道结扎应尽量位于第 1 道结扎部位的附近（图 6)。附带说明一下,对于其他的子宫血管也进行同样的结扎。

用手术刀将子宫在头侧止血钳的稍稍尾侧部位进行切断(图 5)。

有发生污染的可能时,在切除子宫前,将子宫覆盖上湿纱布。去除子宫后,用生理盐水清洗腹腔。

子宫蓄脓症

用手术的方法摘除化脓的子宫时，原则上采用和卵巢子宫全摘除术同样的术式。

对于子宫蓄脓症进行手术时，在近位实施子宫动脉和子宫静脉的结扎。这时，使用 2-0~3-0 合成可吸收性缝线分别进行结扎(图 2)。将断端残留的黏膜用直组织剪尽可能地彻底剪除(图 3)。接下来用碘酊消毒断端(图 4)。进行子宫蓄脓症的手术时，将断端用 2-0~3-0 可吸收性缝线，将浆膜和黏膜实施辅助性缝合(图 5)。

确认结扎确实后，依次缝合腹腔。

注意

将器官还纳至脊柱部位，防止腹腔内出血是十分重要的事情！用纱布进行确实的压迫止血，然后，再用其他方法止血。

术后护理

子宫蓄脓症的手术，连续注射抗生素 5 天以上。

定期检测体温。

术后 10~14 天拆线。

并发症

万一发生子宫破裂污染腹腔的情况时，须彻底清洗腹腔，并设置腹腔引流管。

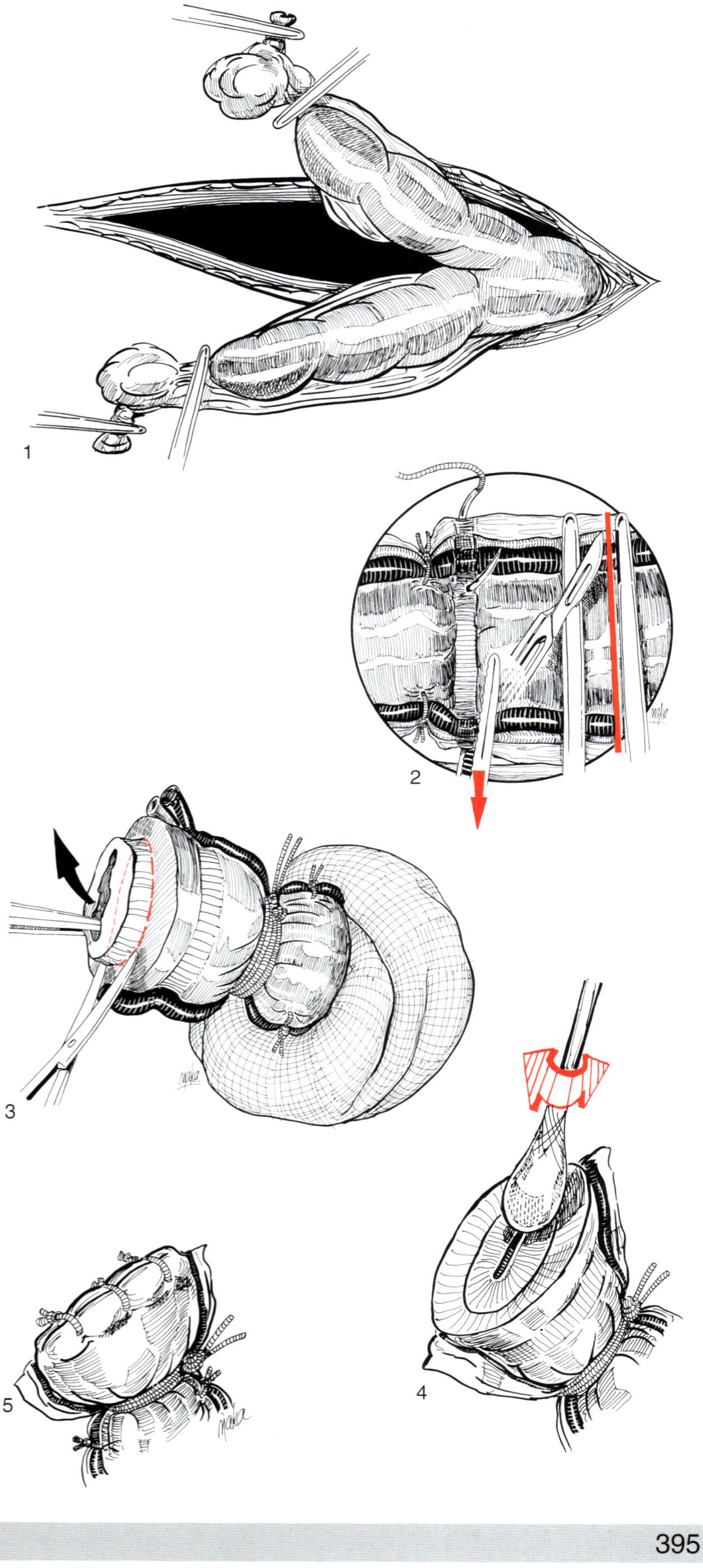
1 2 3 4 5

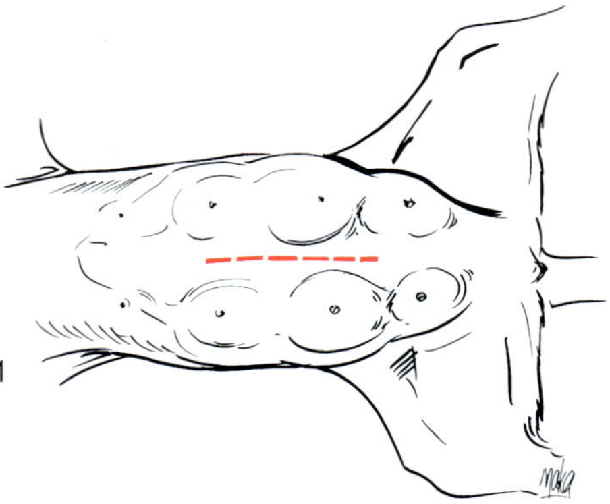

1

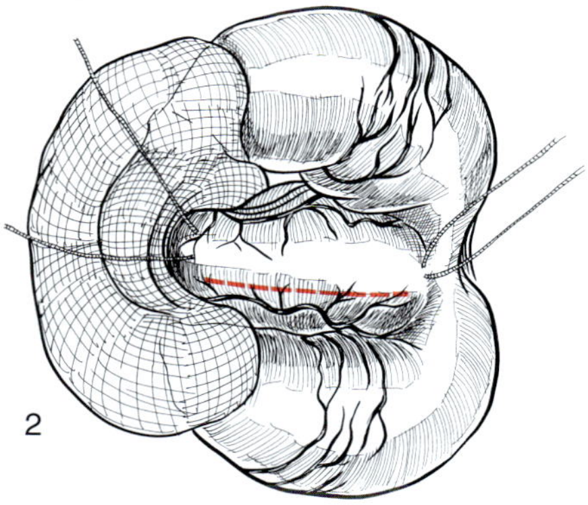

2

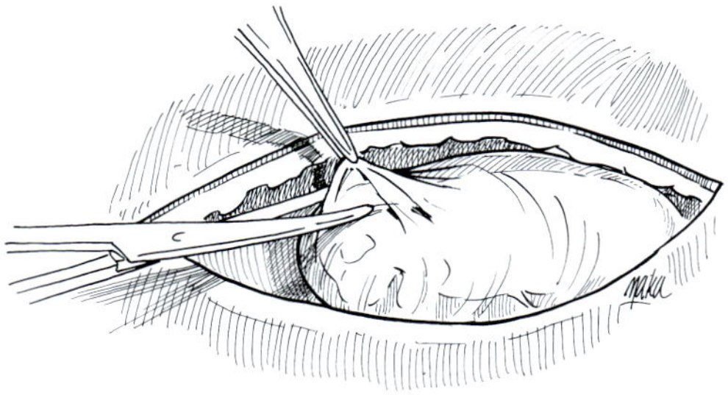

3

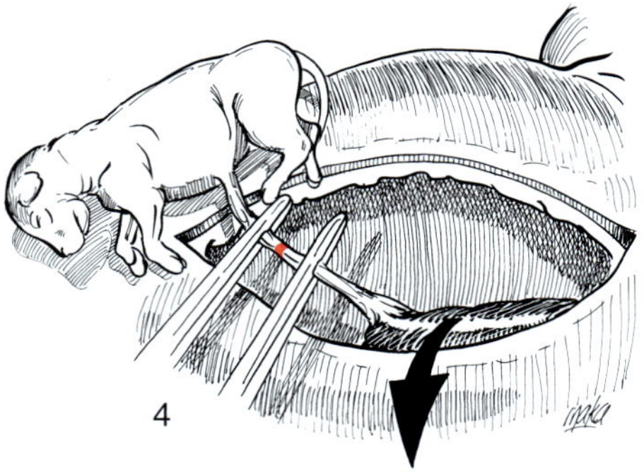

4

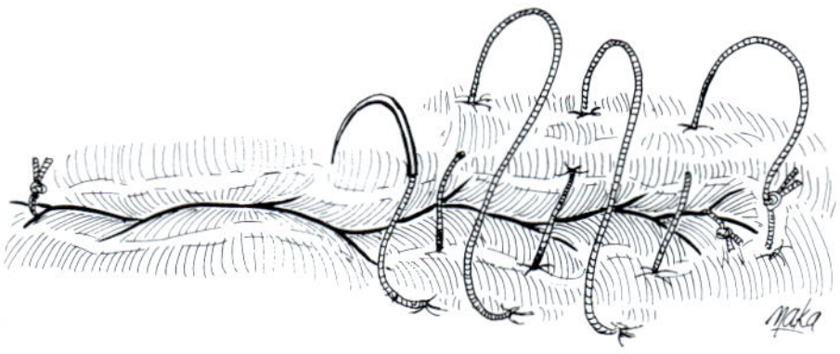

5

7.10 子宫切开、剖腹产

适应症

开始或者二次阵痛微弱。绝对或相对的胎儿过大。宫外孕。子宫过大。妨碍分娩的畸形胎儿。

注意

为了保全母子性命,对于可能发生难产的病例,在自然分娩前应首先考虑剖腹产。

术前应先行准备胎儿的复苏和新生儿的饲养管理!

体位

采取后肢扩展的仰卧保定。

术式

沿腹正中线从脐部切至耻骨前缘(图1)。必要时切口扩大至脐的上方。此时决不能损伤膨大的乳腺群!

切开腹壁后,移动两侧的子宫角和子宫体,将整体子宫尽量折转移向尾侧。

用接近体温的生理盐水浸湿的布或纱布覆盖肠管。为了更好地进行操作,在子宫颈和子宫角的分叉部,用0号缝线进行支持缝合。

用手术刀全长切开暴露的子宫体(图2)。带着胎膜摸出第一个胎儿后,用镊子夹住并提起胎膜,用直组织剪剪开胎膜(图3)。取出胎儿,将脐带进行双重结扎后,钝性捻断脐带(图4)。从子宫角的外部用手去除胎盘。接下来用手挤压出第二个胎儿,用上述同样的方法取出胎儿。

注意

应尽快从胎膜中取出胎儿,立即复苏。将取出其他胎儿和胎盘的工作委托给助手。切断脐带和复苏工作应在手术区域之外进行!

闭合子宫时,使用3–0合成可吸收性缝线,实施连续水平褥式内翻缝合,在其上再进行一次垂直内翻缝合(图5)。

依次缝合腹腔。

术后护理

有必要注射抗生素时,应在术后使用3~5天以上。选择抗生素的种类时,应考虑不能影响婴儿哺乳。

术后10~14天拆线。

并发症

如发生腹腔感染时,有必要清洗腹腔和进行腹腔引流。

在子宫损伤严重并且恢复无望时,应考虑扩大手术范围,实施卵巢子宫全摘除术。

7.11 对卵巢摘除后尿失禁的犬实施手术

适应症

实施卵巢子宫摘除术后，用内科方法不能矫正的尿失禁。

体位

采取后肢扩展的仰卧保定。

术式

该手术的目的是将膀胱重新恢复并固定至正常的解剖学位置。膀胱和卵巢子宫全摘除术后，子宫断端的移动如 398 页图 7 所描述的那样。

术前进行尿道插管，排空膀胱内尿液。

从脐后 2~3 cm 处开始切开皮肤，直至耻骨前缘的稍后侧(图 1)。

插入扩张器，暴露腹直肌和耻骨前筋膜。沿腹正中线切开腹壁至耻骨前筋膜(图 2)。

在腹壁切口重新插入扩张器，将膀胱翻转至外侧。将子宫断端移向尾侧。在骨盆入口处，子宫断端有时和周围组织严重粘连，寻找子宫断端有时会很困难。

钝性分离子宫断端，用止血钳夹住子宫断端，拉至外侧的膀胱韧带下方，尽量向头侧牵引。(图 3)。

（下接 398 页）

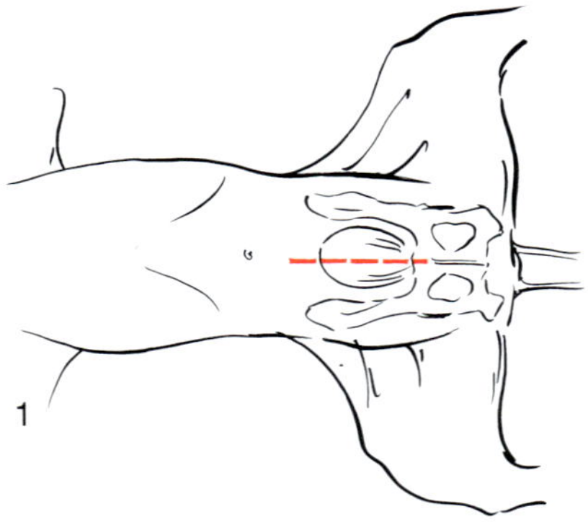
1

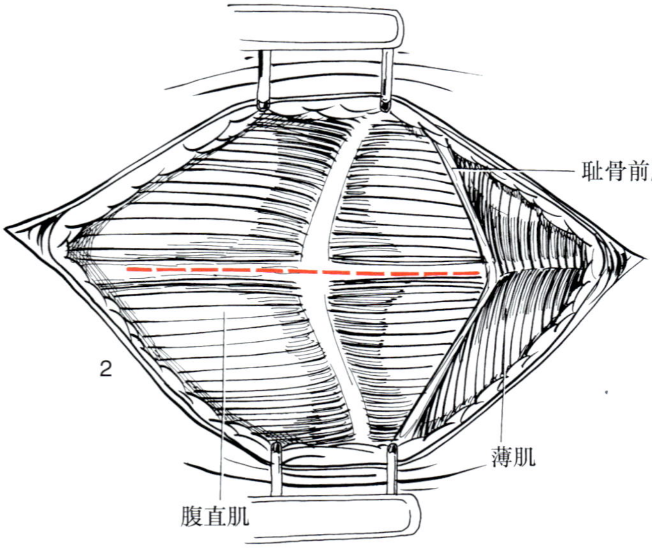

2

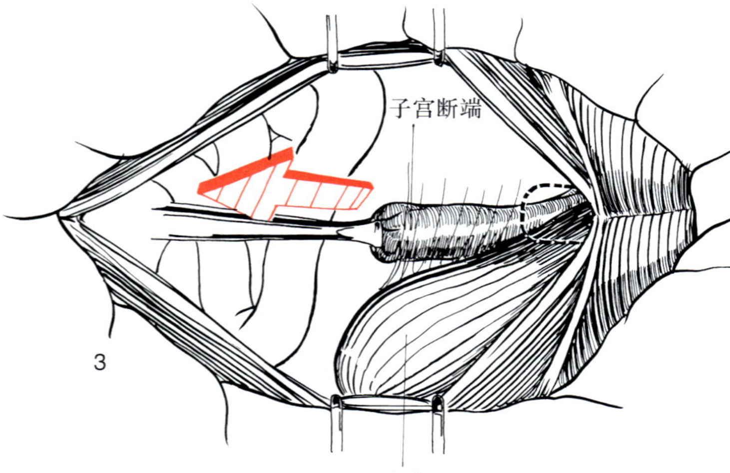

3

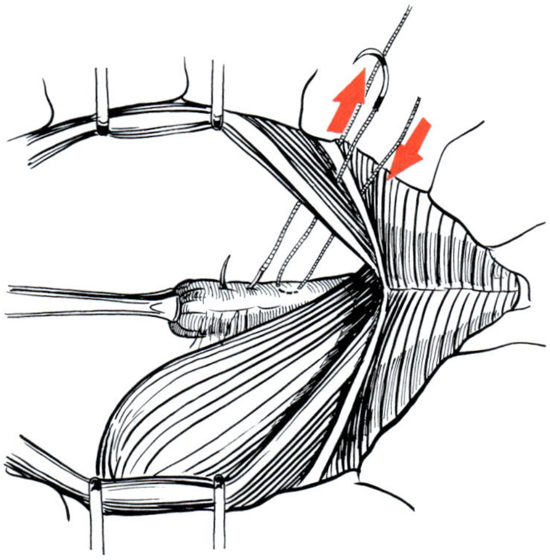

4

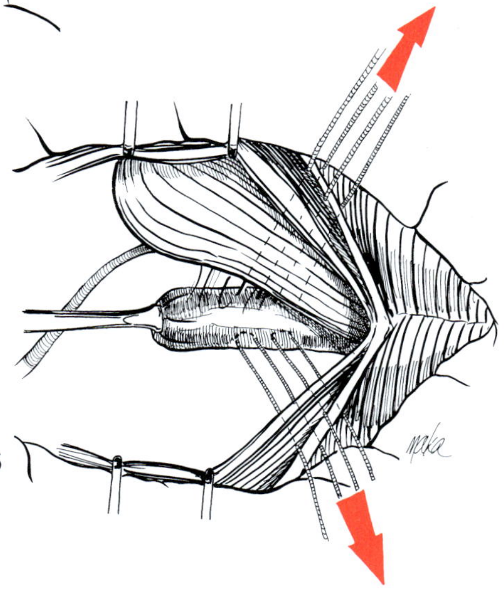

5

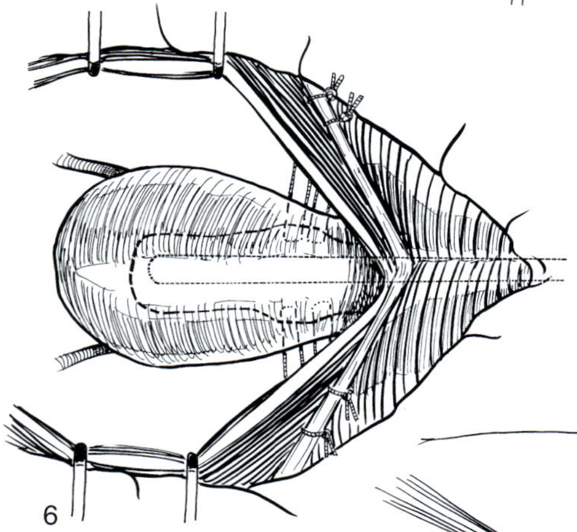

6

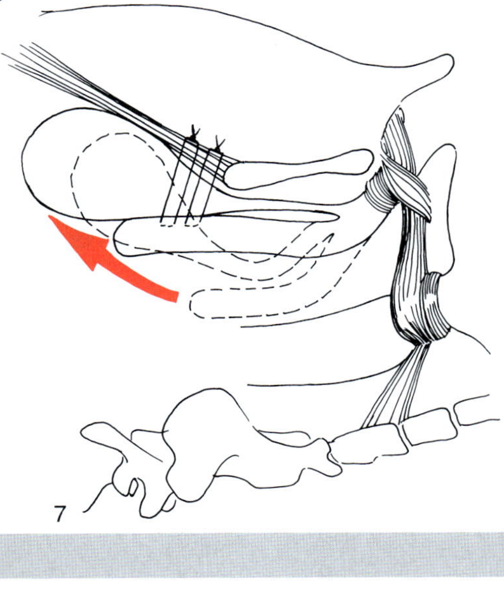

7

用0号非可吸收性缝线，在耻骨前筋膜的周围进行2针水平褥式缝合。先从筋膜尾侧进针，穿过腹直肌、子宫断端的浆膜和肌层，在耻骨前筋膜头侧部位出针（图4）。

移动膀胱，在对侧实施同样的缝合固定（图5）。

将膀胱整复至正中后，穿线结扎（图6、7）。在结扎的同时，将膀胱向头侧牵引，延长膀胱颈部。牵引到不使膀胱颈狭窄的程度，对膀胱颈形成压迫状态结扎固定线！

依次缝合腹腔。

术后护理

在术后最初2周内，使动物规则排尿。

术后10~14天拆除皮肤的缝线。

并发症

实施过渡牵引并实施缝合固定时，会使膀胱颈发生狭窄。这时必须考虑再次手术进行矫正。

7.12 永久性会阴切开术

适应症

外阴畸形。外阴过小。阴道肿瘤。对不能交配者打开通路。

体位

采取使后肢下垂的俯卧保定，用绳子将尾巴固定于头侧，垫高骨盆。

术式

用荷包缝合法闭锁肛门(图 1)。

将 2 把长柄止血钳并行插入并固定于阴道前庭和皮肤上。该操作的目的是对分布于该部位的血管继续止血，还可以作为切开阴道前庭屈曲部的标记。

从外阴裂开始到阴道屈曲部，进行全层切开(图 2)。

逐个解除止血钳，用电止血或结扎止血法进行创口止血。

从创口背侧创缘角开始缝合，使用 2–0 非可吸收性缝线，用单纯结节缝合法将阴道黏膜和皮肤缝合(图 3)。

用同样的方法缝合对侧的创缘。

解除荷包缝合。

术后护理

术后 10~14 天拆线。

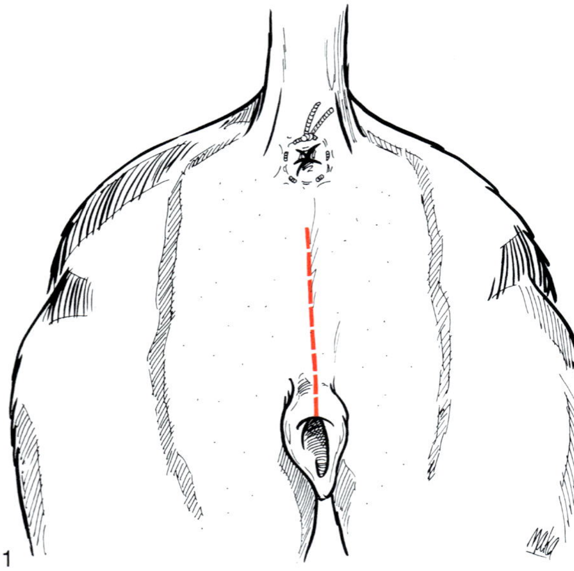

1

2

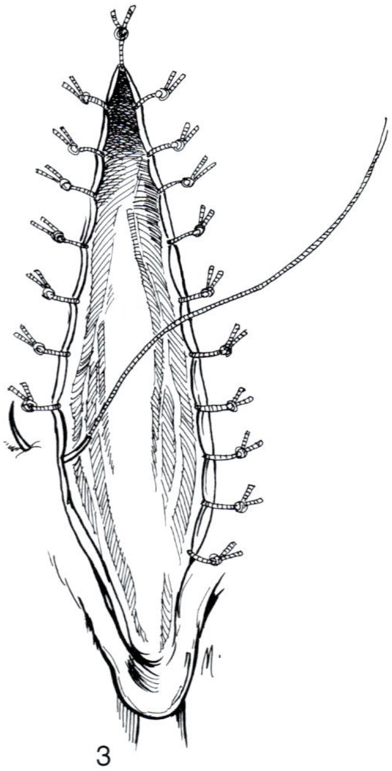

3

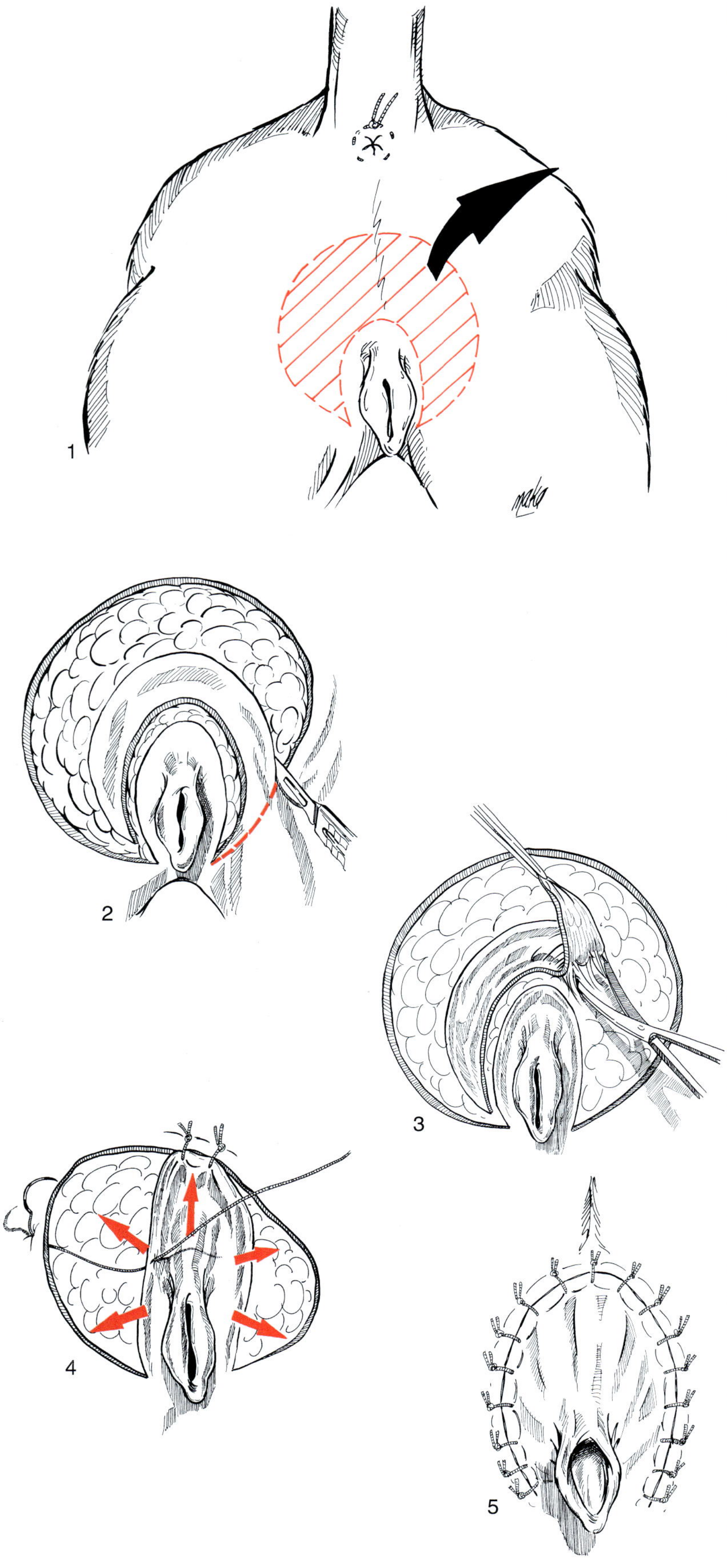

7.13 会阴成形术

适应症

外阴被覆盖。尿液污染使皮肤发炎。

体位

采取使后肢下垂的俯卧保定，用绳子将尾巴固定于头侧，垫高骨盆。

术式

在手术期间，用荷包缝合法闭锁肛门。

图 1 所表示的是皮肤切除术的切开部位。应事先计划切除皮肤的大小，其原则是保持外阴部周围皮肤的适度紧张，又不形成皮肤褶皱。

从外阴部的背侧至外侧区域，切开一个半月形的皮瓣(图 2)。用直组织剪钝性剥离皮瓣(图 3)。

先进行 2 针定位缝合，使外阴部背侧皮肤紧张。

为了保证创缘的均等愈合，避免外阴歪斜，接下来的缝合在 10 点和 2 点处进行，然后缝合 8 点和 4 点处(图 4)。创缘的缝合包括定位缝合，使用 2–0 非可吸收性缝线，用单纯结节缝合法进行全周的调整缝合，注意不要使皮肤形成“犬耳状”(图 5)。

术后护理

术后 10~14 天拆线。

7.14 乳腺切除术

适应症

乳腺肿瘤。

体位

仰卧保定。

术式

通常雌犬的乳腺为5对，雌猫的乳腺为4对。

因为在乳腺的中央部分布有流向头侧及尾侧的淋巴管通路，因此具有特别的意义。与此相对应的是，其他的乳腺群淋巴管的通路走向头侧或者尾侧(图1)。

在进行头侧乳腺群的手术时，为了避免肿瘤转移至中部，故应连同中部的乳腺群一同切除(图2、3)；而中央部乳腺群发生肿瘤时，应将患病侧的乳腺全部切除。

（下接402页）

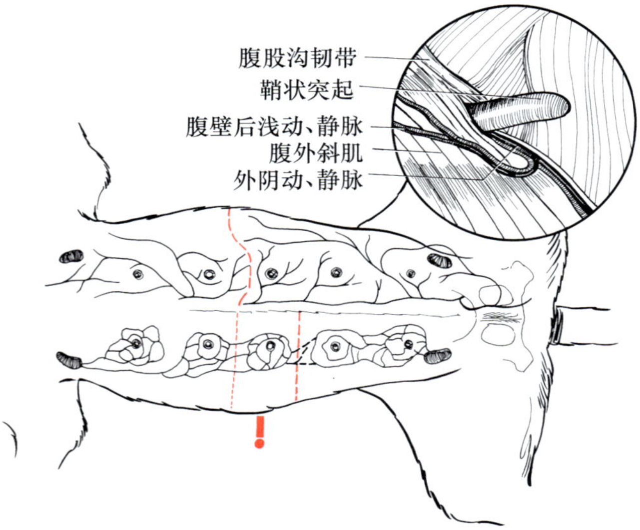

1

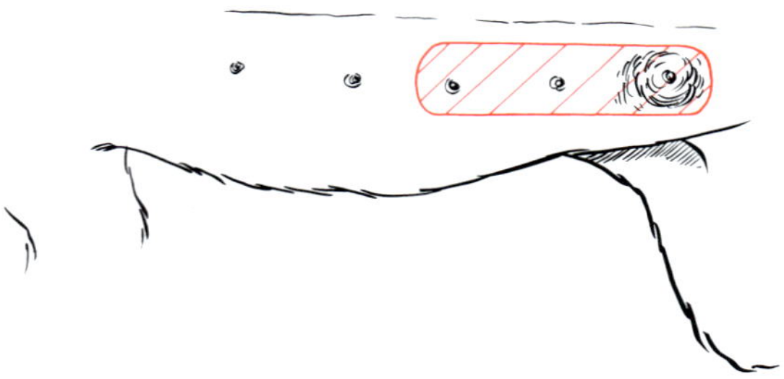
2

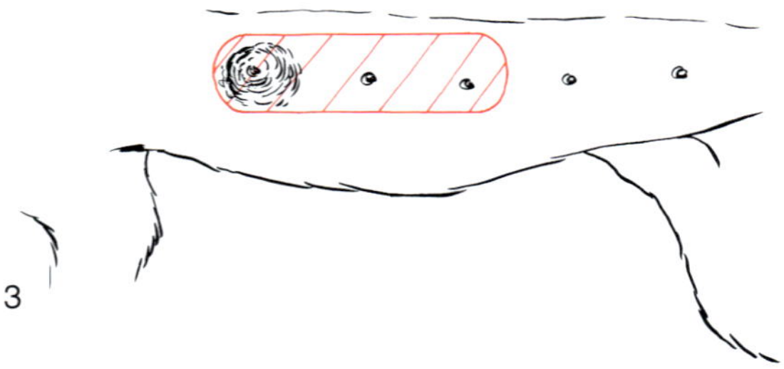
3

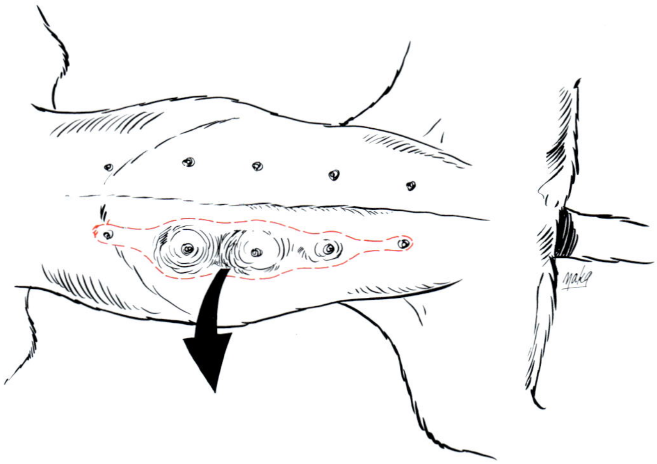

4

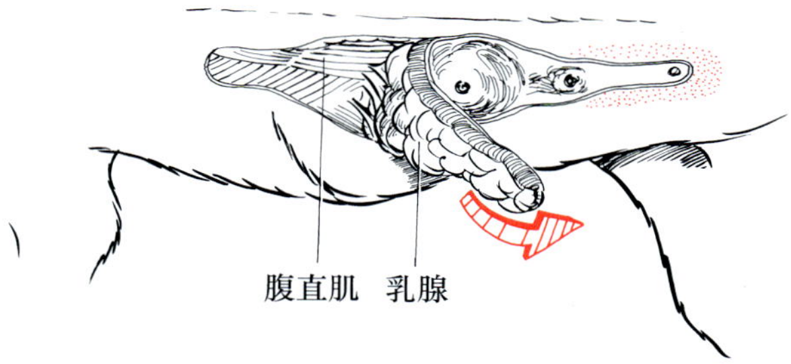

5

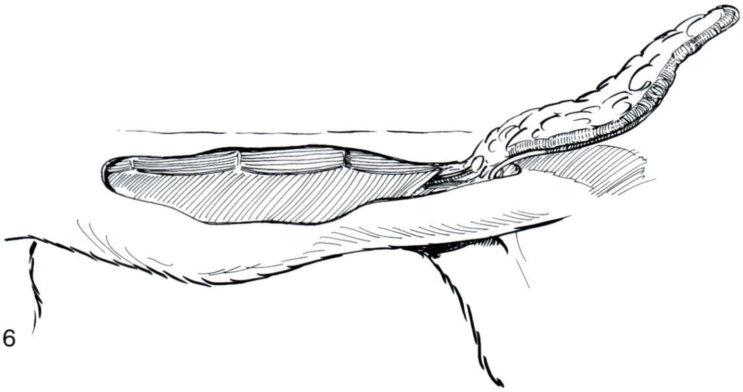

6

该图所描述的是右侧第二、第三以及第四乳腺区域的多发性乳腺肿瘤。在这种情况下，应实施该侧乳腺的全部切除术。

为了避免缝合过大的创口时带来的不必要的皮肤紧张，应根据肿瘤的大小实施纺锤形切口（图4）。

在所有的病例中，切开必须在肉眼上确认无肿瘤病变的组织上进行。切开后将乳腺群连同皮下脂肪组织一起从头侧向尾侧分离，深度达肉眼可见的腹部筋膜（图5、6）。

对于所有分布于乳腺的血管，均应小心结扎或者实施电凝血，必须进行彻底止血(图7)。

在鞘状突起区域，小心将腺组织用纱布反转至尾侧。于是暴露出腹股沟管、外阴动脉和外阴静脉、阴部大腿神经以及鞘状突起(图8)。对于分布于该处的血管进行结扎、切断(图9)。用手将鞘状突起移向前方(图10),在其基底部结扎、切断(图11)。进行这项操作,可以最终除去乳腺。

（下接404页）

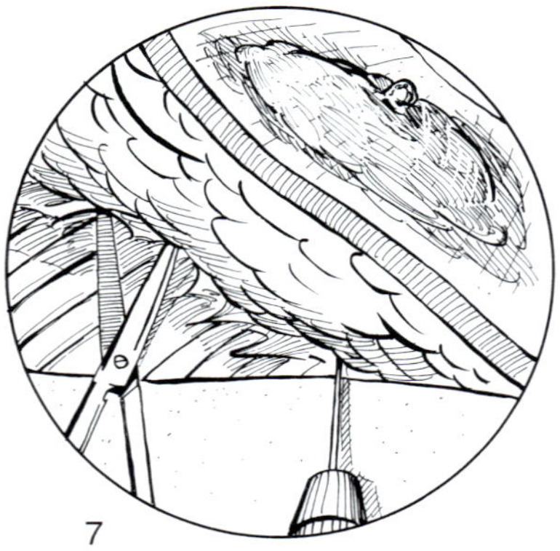

7

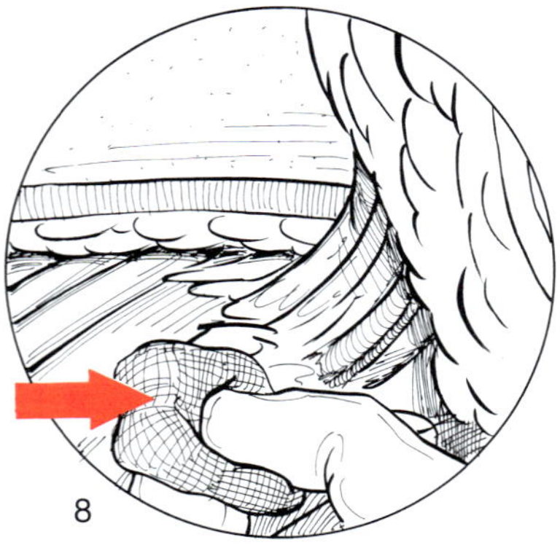

8

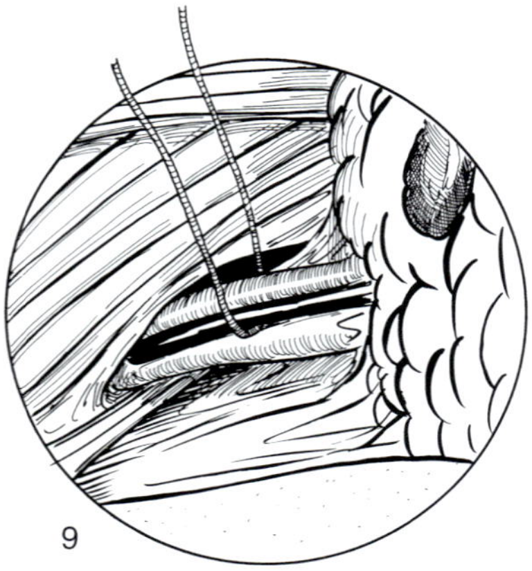

9

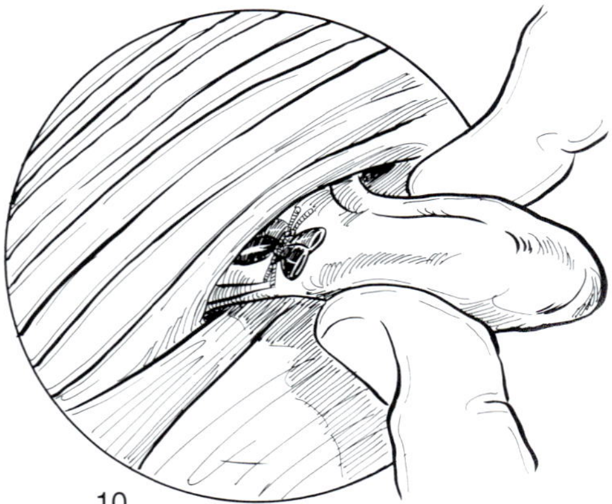

10

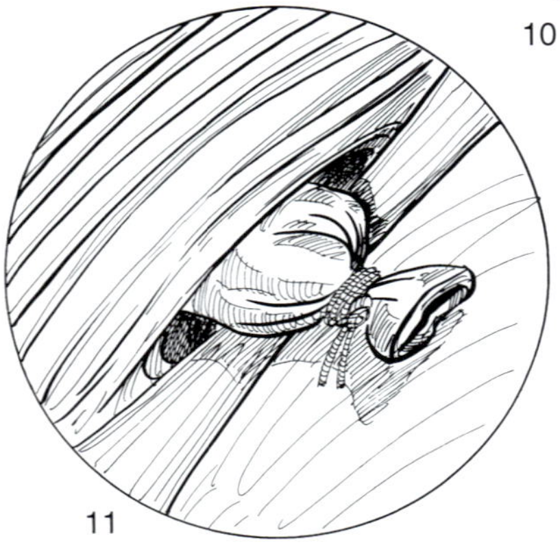

11

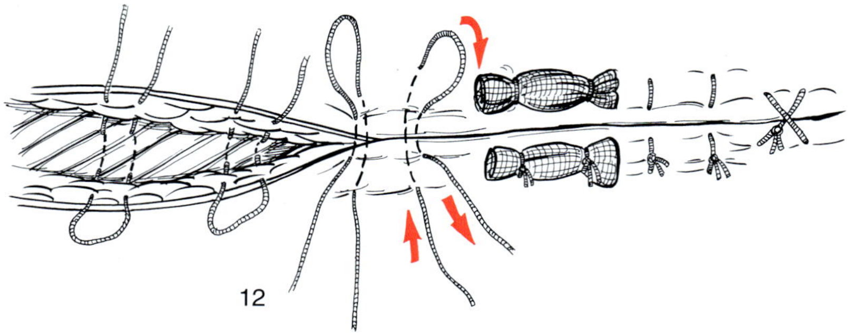

12

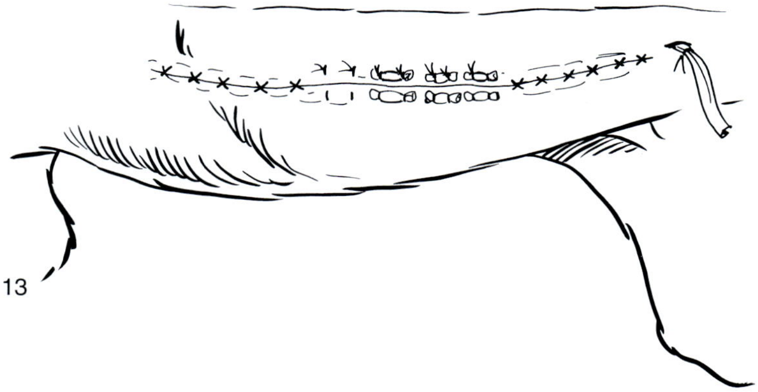

13

根据切除区域的紧张状态，可使用各种减张缝合法。图 12 从左至右顺序地显示各种缝合方法。

● 用水平褥式内翻缝合法缝合皮下组织；为了避免形成死腔，连同腹壁筋膜一起缝合。

● 垂直褥式内翻缝合（缝线的穿透方法）。

● 垂直褥式内翻缝合组合小纱布枕的缝合方法。

● 垂直褥式内翻缝合（已经进行了结扎）。

● 交叉缝合法。

图 13 表示的是各种缝合法的应用例子。

为了防止渗出液潴留，应在创腔内插入引流管 2~3 d。

术后护理

在已经排脓、发生了细菌感染的肿瘤场合，在实施切除后，连续注射抗生素 5~7 天。

在确认已没有浆液流出后去除引流管。

术后 10~14 天拆线。

索 引

索 引